KURZES LEHRBUCH DER ELEKTRISCHEN MASCHINEN

WIRKUNGSWEISE · BERECHNUNG · MESSUNG

VON

RUDOLF RICHTER

MIT 406 ABBILDUNGEN IM TEXT

BERLIN · GÖTTINGEN · HEIDELBERG
SPRINGER-VERLAG
1949

ISBN 978-3-642-92534-4   ISBN 978-3-642-92533-7 (eBook)
DOI 10.1007/978-3-642-92533-7

HERRN PROFESSOR DR. ING. E. H. DR. TECHN. E. H.

FRITZ EMDE

ZU SEINEM 75. GEBURTSTAGE
AM 13. JULI 1948

Vorwort.

Das vorliegende „Kurze Lehrbuch der elektrischen Maschinen" ist
als Einführung in das Verhalten, die Berechnung und die Messungen
der elektrischen Maschinen und Transformatoren gedacht. Es ist wohl
das erste Mal, daß versucht wird, diesen umfangreichen Stoff in einem
kurzen Lehrbuch zu behandeln. Erleichtert wurde das Unternehmen
durch meine Bücher über Elektrische Maschinen, Bd. I bis V, und über
Ankerwicklungen, die ebenfalls im Springer-Verlag verlegt sind (Bd. V
befindet sich noch im Druck). Darin ist das Verhalten der elektrischen
Maschinen und Transformatoren, sowie ihre Berechnung und experimentelle Untersuchung sehr ausführlich behandelt. Einzeluntersuchungen in diesen Büchern, die zwar für den Elektromaschinenbauer
wichtig sind, erschweren den Überblick über das gesamte Gebiet. Sie
sind deshalb als Einführung, wie sie der Student an technischen Lehr-
anstalten und der Anfänger zunächst braucht, weniger geeignet. Es
handelte sich also darum, meine ausführlicheren Bücher von allen
schwierigeren Einzeluntersuchungen zu befreien, im Sinne Lessings
(Sophokles, 2. Absatz) „dem Fleiße den Staub abzukehren, den Schweiß
abzutrocknen, ... eine leichte und angenehme Arbeit". So ist das
Kurze Lehrbuch entstanden. Es soll eine allgemeine Übersicht über
das ganze Gebiet geben und als Vorbereitung zum Studium meiner
ausführlicheren Bücher dienen, auf die jeweils im Kurzen Lehrbuch
verwiesen wird.

Bei aller Kürze war ich bemüht, den Leser in die wissenschaftlichen
Grundlagen der elektrischen Maschinen einzuführen und ihn mit der
quantitativen Berechnung der Maschinen und ihrem Verhalten vertraut
zu machen. Wer sich nicht mit den allgemeinen Grundlagen in diesem
Buche befassen und sich nur mit der einen oder andern Maschinenart
beschäftigen will, kann gleich mit dem Studium dieser Maschinenart
(z. B. dem Transformator, Abschnitt IV) beginnen und nachträglich
auf die einführenden Abschnitte zurückgreifen, auf die bei Behandlung
der einzelnen Maschinenarten hingewiesen wird. In den Abschnitten
I B, C und D (Seite 18 bis 41) wird das Verhalten aller Maschinenarten kurz erläutert.

Die Hinweise auf Abschnitte dieses Buches sind in runde Klammern
und kursiv gesetzt, während Hinweise auf die Hauptwerke in
eckige Klammern und steil gesetzt sind. Bei diesen Hinweisen steht
zuerst der Band (I, II, . . .) des Hauptwerkes oder Aw = „Ankerwicklungen", es folgt dann ein Komma und schließlich die Abschnitts-

bezeichnung; z. B. [I, I B 3] = Elektrische Maschinen Bd. I, Abschnitt I B 3, [Aw, F 3] = Ankerwicklungen, Abschnitt F 3. In der Regel sind am Schluß eines Abschnittes noch die Abschnitte angegeben, in denen die Behandlung im Hauptwerk zu finden ist; hierbei ist „s." vor die Bandnummer oder vor Aw gesetzt; z. B. [s. I, II C 4] = siehe Elektrische Maschinen Bd. I, Abschnitt II C 4. Um Verwechslungen mit den Abbildungen im Hauptwerk zu vermeiden, ist im Kurzen Lehrbuch die Bezeichnung „Bild" gebraucht. Gerichtete Größen sind wie im Hauptwerk durch einen Punkt über dem Formelzeichen gekennzeichnet.

Auf ein Verzeichnis des einschlägigen Schrifttums ist verzichtet, weil dieses in den ausführlicheren Büchern zu finden ist. Auf wichtigere neuere Veröffentlichungen, die noch nicht in jenen Büchern aufgenommen werden konnten, ist durch Fußnoten hingewiesen. Am Schlusse des Buches findet man zunächst einige Bemerkungen über die Schreibweise der Gleichungen und Einheiten, soweit sie für das Lehrbuch in Frage kommen; eine Zusammenstellung der verwendeten Formelzeichen und ein alphabetisches Sachregister schließen das Buch ab. Im Verzeichnis der Formelzeichen sind die Zeichen für dieselbe Größe, sofern sie sich durch den Index unterscheiden, in der Reihenfolge der Hauptabschnitte angeschrieben.

Bei der Abfassung des Buches und seiner Drucklegung hatte Herr Dipl.-Ing. HERMANN MARX die Freundlichkeit, mich weitgehend mit Rat und seiner Hilfe zu unterstützen. Herr Oberingenieur HANS PRASSLER hat sich die Mühe gemacht, die Korrekturen mitzulesen und dabei ebenfalls wertvolle Anregung zu Verbesserungen gegeben. Beiden Herren möchte ich auch an dieser Stelle meinen herzlichen Dank für ihre wichtige Mitarbeit aussprechen.

Dem Verlag bin ich zu Dank verpflichtet, daß er es trotz der schwierigen Wirtschaftslage möglich gemacht hat das Buch in der vorliegenden guten Ausstattung herauszubringen.

Karlsruhe, Juni 1948.   RUDOLF RICHTER.

Inhaltsverzeichnis.

I. Einführung.

II. Die Ankerwicklungen.

III. Berechnungsgrundlagen.

V. Induktionsmaschine.

VI. Synchronmaschine.

VII. Die Gleichstrommaschine.

X. Dreiphasen-Stromwendermaschinen.

XI. Die Regelsätze.

I. Einführung.

A. Magnetische und elektrische Begriffe und Gesetze.

1. Elektromagnetische Verkettung. Schraubenregel. Ein vom elektrischen Strom durchflossener Leiterkreis erregt ein magnetisches Feld, dessen Kraftlinien den Leiter umschlingen; man spricht von einer *Verkettung* der magnetischen Linien mit den Stromlinien. In Bild 1 ist ein geschlossener Stromfaden mit der Stromdichte $\mathfrak{G}$ dargestellt, über den wir uns eine Fläche F gespannt denken. Alle erzeugten magnetischen Linien treten durch die Fläche, d. h. sie sind

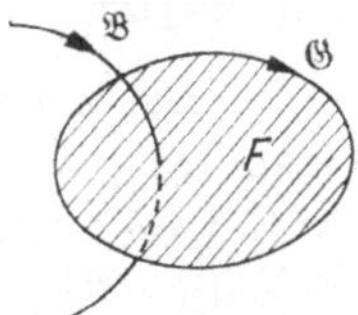

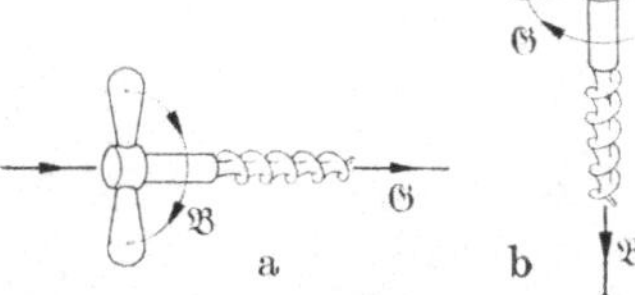

Bild 1. Elektromagnetische Verkettung.   Bild 2a u. b. Schraubenregel.

mit dem Stromfaden verkettet. Eine solche magnetische Linie $\mathfrak{B}$ ist im Bild eingezeichnet. Der mit dem Stromfaden verkettete magnetische Fluß Ψ ist

$$\Psi = \int_F \mathfrak{B}\, \mathrm{d}\mathfrak{f} = \int_F B_n\, \mathrm{d}f. \tag{1}$$

Sehr häufig haben wir es mit linearen elektrischen Leitern (Drähten) zu tun. Der Stromkreis stimmt dann im wesentlichen mit dem Stromfaden überein.

Jeder Strömungsrichtung ist eine bestimmte Richtung der magnetischen Linien zugeordnet, deren Sinn sich sehr leicht nach der *Schraubenregel* merken läßt: Denkt man sich eine *Rechts*schraube in die Richtung der Strömung geschraubt (Bild 2a), so gibt die Drehung der Schraube den Richtungssinn der magnetischen Linien an. In entsprechender Weise ist dann dem Richtungssinn der von elektrischen Strömen erregten magnetischen Linien ein bestimmter Sinn der elektrischen Strömung zugeordnet (Bild 2b).

2. Magnetische Feldstärke und magnetische Induktion. Die Größe des magnetischen Flusses, den ein Strom erregt, ist bei demselben Stromkreis und Strom noch von dem Stoff abhängig, der den magnetisierten Raum ausfüllt. Zur Beschreibung des magnetischen Feldes benötigt man zwei Vektoren, die magnetische Feldstärke $\mathfrak{H}$ und die magnetische

Induktion $\mathfrak{B}$. Beide Vektoren sind einander parallel, wenn der Stoff in allen Richtungen gleiche Eigenschaften hat, was man in der Regel voraussetzen darf.

Das Verhältnis

$$\Pi = \mathfrak{B}/\mathfrak{H} = B/H \tag{2}$$

nennt man Permeabilität des Stoffes. Setzen wir B in Vsec/cm^2 = 10^8 Gß und H in A/cm ein, so erhalten wir die Permeabilität Π in H/cm. Im Vakuum ist

$$\Pi = \Pi_0 = 0{,}4\,\pi\,10^{-8}\ \text{H/cm} = 0{,}4\,\pi\ \text{Gß cm/A}\,^1). \tag{3a}$$

Für Eisen ist Π noch von B und H abhängig und erreicht Werte bis zu $4000 \cdot 10^{-8}$ H/cm und darüber. Für die meisten andern Stoffe, z. B. Luft, ist $\Pi = \text{const} = \Pi_0$. Die auf die Permeabilität des Vakuums bezogene Permeabilität

$$\mu = \Pi/\Pi_0 \tag{3}$$

eines Stoffes bezeichnen wir als relative Permeabilität; sie ist gleich der Permeabilität im elektromagnetischen cgs-Maß. Für Luft ist $\mu = 1$. Zwischen der durch Gl. 2 definierten Permeabilität Π und der relativen Permeabilität μ besteht also die Beziehung

$$\left.\begin{aligned}\Pi &= 0{,}4\,\pi\,10^{-8}\,\mu\ \text{H/cm}\\ &= 1{,}257\,\mu\ \text{Gß cm/A}\,.\end{aligned}\right\} \tag{3b}$$

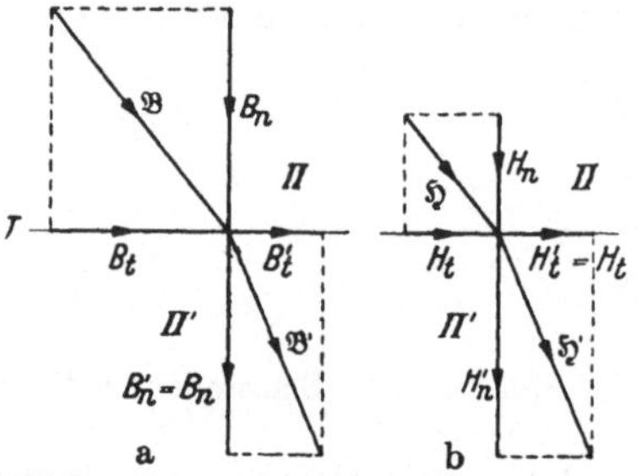

Bild 3a u. b. a Induktion $\mathfrak{B}$. b Feldstärke $\mathfrak{H}$ an der Trennungsschicht T zweier Stoffe mit den Permeabilitäten Π und Π'.

Die Induktionslinien haben weder Anfangs- noch Endpunkte, ihr Feld ist quellenfrei; daher können wir es in Induktionsröhren (Bild 5) einteilen, deren Fluß innerhalb jeder Röhre konstant ist. Daraus läßt sich ableiten, daß die *Normalkomponente B_n der Induktion* von einem Stoff mit der Permeabilität Π in einen andern mit Π' *stetig*, die Normalkomponente H_n der Feldstärke unstetig übergeht:

$$B_n' = B_n, \qquad H_n' = H_n\,\Pi/\Pi' = H_n\,\mu/\mu'. \tag{4a u. b}$$

Andrerseits läßt sich nachweisen, daß die *Tangentialkomponente H_t der Feldstärke* an der Trennungsschicht zweier Stoffe *stetig*, die der Induktion B_t aber unstetig übergeht [I, I B 4]:

$$H_t' = H_t, \qquad B_t' = B_t\,\Pi'/\Pi = B_t\,\mu'/\mu. \tag{5a u. b}$$

Die Bilder 3a u. b veranschaulichen diese Gesetze.

Zuweilen fließt an der Trennungsfläche noch ein elektrischer Strom wie bei Maschinen, wo sich an der Eisenoberfläche die Wicklung befindet.

---

^{1}) Die IEC (Internationale Elektrotechnische Kommission) hat neuerdings an Stelle von Π_0 das Formelzeichen μ_0 empfohlen.

Man kann dann näherungsweise die räumlich verteilte Strömung durch eine unendlich dünne Stromschicht an der Eisenoberfläche ersetzen. Den auf die Längeneinheit der Trennungsschicht bezogenen Strom bezeichnet man als *Strombelag*; er wird in A/cm gemessen. Befindet sich an der Trennungsschicht ein solcher Strombelag, so erleidet die Tangentialkomponente der Feldstärke an dieser Schicht einen Sprung um den Strombelag. Wenn der Strombelag fehlt, so treten die Induktionslinien fast senkrecht aus dem Eisen aus, da die Permeabilität im Eisen groß gegenüber der in Luft ist [I, I B 4].

Das Linienintegral

$$V = \int \mathfrak{H}\, d\mathfrak{l} \tag{6}$$

der magnetischen Feldstärke $\mathfrak{H}$ längs einer gegebenen Kurve bezeichnet man als *magnetische Spannung*. [s. I, I B 2 u. 4].

3. Das Durchflutungsgesetz. Zwei Gesetze beherrschen hauptsächlich die Vorgänge in elektrischen Maschinen: das Durchflutungsgesetz und das Induktionsgesetz. Beide Gesetze verknüpfen die elektrischen und die magnetischen Größen. Wir betrachten zunächst das Durchflutungsgesetz.

Dieses Gesetz sagt aus, daß das Linienintegral der magnetischen Feldstärke über eine geschlossene Kurve (magnetisches Randintegral) gleich dem elektrischen Gesamtstrom

$$\Theta = \int_F \mathfrak{G}\, d\mathfrak{f} = \int_F G_n\, df \tag{7a}$$

ist, der durch eine vom Integrationsweg umrandete Fläche tritt. Man bezeichnet dieses Flächenintegral der Stromdichte $\mathfrak{G}$ als *Durchflutung*. Das Durchflutungsgesetz lautet also:

$$\oint \mathfrak{H}\, d\mathfrak{l} = \oint H\, dl \cos(\mathfrak{H}, d\mathfrak{l}) = \Theta. \tag{7}$$

Die linke Seite der Gl. 7 können wir als magnetische Umlaufspannung bezeichnen und dann das Durchflutungsgesetz in die Worte kleiden: *Die magnetische Umlaufspannung ist gleich der Durchflutung.* Mit Hilfe dieses Satzes und der Gl. 2 können wir die Durchflutung bestimmen, die zur Erregung eines gewissen magnetischen Zustandes erforderlich ist.

Bei elektrischen Maschinen und Apparaten setzt sich die Durchflutung im allgemeinen aus mehreren, gewöhnlich gleich großen und gleichgerichteten Einzelströmen zusammen. Bezeichnen wir dann mit w die Zahl der Leiter, welche durch die über den Integrationsweg gespannte Fläche treten, und fließt in jedem Leiter der Strom J, so ist

$$\Theta = wJ \qquad \text{und} \qquad \oint \mathfrak{H}\, d\mathfrak{l} = wJ. \tag{8a u. b}$$

In der Technik mißt man die Durchflutung wJ in Amperedrähten oder einfach in A.

Gewöhnlich wird der Leiter in Windungen um einen Eisenkern geschlungen. Man kann dann die Durchflutung wJ auch in Amperewindungen angeben, wo die Windungszahl w gleich der Zahl der Leiter ist, welche eine über den Integrationsweg gespannte Fläche schneidet. So erhalten wir z. B. in Bild 4 die maßgebende Windungszahl der Durch-

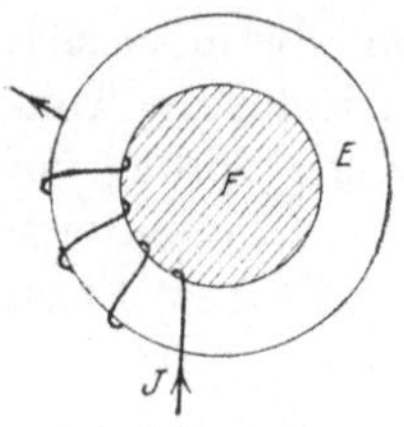

Bild 4.
Zum Begriff „Amperewindungen".

flutung, welche den magnetischen Fluß im Eisenring E erregt, gleich der Zahl der Drähte, die durch die Fläche F treten. Es ist in Bild 4 $w = 4$ und die Durchflutung also gleich $4J$.

4. Magnetischer Widerstand und Leitwert. Wir denken uns eine Induktionsröhre (Bild 5) im elektrisch stromlosen, also *wirbelfreien*, Feldgebiet von der Länge L, mit dem Induktionsfluß φ, dem im allgemeinen veränderlichen Querschnitt q und der veränderlichen Permeabilität Π. Bilden wir längs dieser Röhre das Linienintegral der magnetischen Feldstärke, so erhalten wir die magnetische Spannung

$$V = \int_L \mathfrak{H}\, dl = \int_L \frac{B}{\Pi}\, dl = \varphi \int_L \frac{dl}{\Pi q}, \qquad (9)$$

worin die Permeabilität Π in H/cm, der Fluß φ in Vsec, die Länge l in cm und der Querschnitt q in cm² einzusetzen sind, um die magnetische Spannung in A zu erhalten. Das Verhältnis

$$r = \frac{V}{\varphi} = \int_L \frac{dl}{\Pi q} \qquad (10\,\text{a})$$

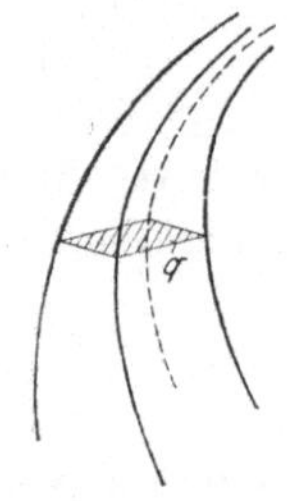

Bild 5.
Induktionsröhre.

wollen wir *magnetischen Widerstand* der Röhre und seinen reziproken Wert

$$\lambda = 1/r \qquad (10\,\text{b})$$

ihren magnetischen *Leitwert* nennen. Wir erhalten den Leitwert nach Gl. 10 a u. b in $\Omega\text{sec} = \text{H}$, wenn die übrigen Größen in den unter Gl. 9 angegebenen Einheiten eingesetzt werden.

Den Raum zwischen Niveauflächen (senkrecht zu den Induktionslinien) können wir in solche parallel geschaltete Röhren zerlegen. Der magnetische Leitwert des von dem Induktionsfluß Φ erfüllten Kanals ist dann

$$\Lambda = 1/R = \Phi/V = \Sigma\,\lambda, \qquad (11)$$

worin V die magnetische Spannung zwischen den beiden Niveauflächen bezeichnet. Für in sich geschlossene Röhren ist V die magnetische Umlaufspannung und gleich der elektrischen Durchflutung Θ.

Mit den Leitwerten rechnen wir hauptsächlich bei der Behandlung der magnetischen Felder in den *Lufträumen* der elektrischen Maschinen. Hierfür ist $\Pi = \Pi_0 = 0{,}4\,\pi\,10^{-3}$ H/cm. Gewöhnlich können wir dabei auch annehmen, daß sich das magnetische Feld längs einer Koordinate des Raumes, z. B. in Richtung der Ankerachse, nicht ändert, so daß wir die Feldröhren in einer Ebene senkrecht zu dieser Koordinate darstellen können. Ist dann die Tiefe der Röhren (senkrecht zur Bildebene) gleich l_i, so ist der Widerstand einer Röhre von der Länge δ und der im allgemeinen längs der Röhre sich ändernden Breite b

$$r = \frac{1}{l_i \Pi_0} \int_{\delta} \frac{\mathrm{d}l}{b} = \frac{1}{l_i \Pi_0} \frac{\delta}{\beta}, \qquad (12)$$

worin β die mittlere Breite der Röhre ist. Teilen wir die Fläche zwischen zwei Niveaulinien durch Feldlinien in Röhren ein, so daß für jede der Röhren die mittlere Breite gleich der Länge ist ($\beta_n = \delta_n$, rechte Seite des Bildes 6), so haben alle Röhren zwischen den Niveaulinien denselben magnetischen Widerstand bzw. Leitwert

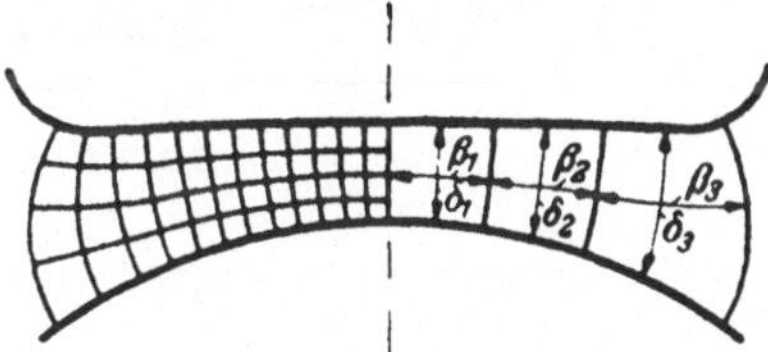

$$r_1 = 1/\Pi_0 l_i \left.\right\}$$
$$\text{bzw.} \qquad \lambda_1 = \Pi_0 l_i. \left.\right\} \qquad (13\,\text{a u. b})$$

Solche Röhren wollen wir als *Einheitsröhren* bezeichnen.

Bild 6. Feld- und Niveaulinien zwischen Anker- und Polschuhfläche.

Der Leitwert des ganzen Raumgebietes, den die Einheitsröhren von der Tiefe l_i (senkrecht zur Bildebene) einnehmen, ist dann

$$\Lambda = \Pi_0 m l_i, \qquad (14)$$

wenn m die Zahl der Einheitsröhren ist, die im Feldbilde zwischen den Niveaulinien liegen. Nach Gl. 11 erhalten wir den Induktionsfluß zwischen den Niveauflächen zu

$$\Phi = \Pi_0 m l_i V, \qquad (15)$$

wenn V die magnetische Spannung zwischen den Enden der Röhren ist.

Die mittlere Breite β jeder Röhre kann abgeschätzt werden, was um so genauer möglich ist, je weniger sich die Breite längs der Röhre ändert. Diese Abschätzung, wie auch die Aufzeichnung des Feldbildes, wird erleichtert, wenn man das ganze Gebiet in der Bildebene in ein Netz von Niveaulinien und Feldlinien unterteilt (linke Seite von Bild 6). Die rechtwinkligen Kurvenvierseiten, die von den benachbarten Niveaulinien und Feldlinien gebildet werden, nähern sich dann um so mehr Quadraten, je feiner die Unterteilung ist.

5. Das Induktionsgesetz. Das zweite wichtige Grundgesetz, das die elektrischen mit den magnetischen Größen verknüpft, ist das Induktionsgesetz, das wir in seiner allgemeinsten Form

$$\oint (\mathfrak{E} - \mathfrak{E}_e)\,\mathrm{d}\mathfrak{l} = -\frac{\mathrm{d}\Psi}{\mathrm{d}t} \qquad (16)$$

schreiben[1]. Darin ist das Linienintegral aus der Differenz der elektrischen Feldstärke $\mathfrak{E}$ und der eingeprägten Feldstärke $\mathfrak{E}_e$ (chemischen oder thermischen Ursprungs) über einen beliebigen, aber in sich geschlossenen Weg zu erstrecken; Ψ ist der mit dem Integrationsweg verkettete Induktionsfluß und t die Zeit. Die linke Seite der Gleichung bezeichnen wir als elektrische Umlaufspannung, die rechte als magnetischen Schwund. Man kann daher das Induktionsgesetz in die Worte kleiden: *Die elektrische Umlaufspannung ist gleich dem magnetischen Schwund.* Wenn wir den Induktionsfluß in Vsec $= 10^8$ Maxwell und die Zeit in sec einführen, so erhalten wir nach Gl. 16 die Umlaufspannung in V.

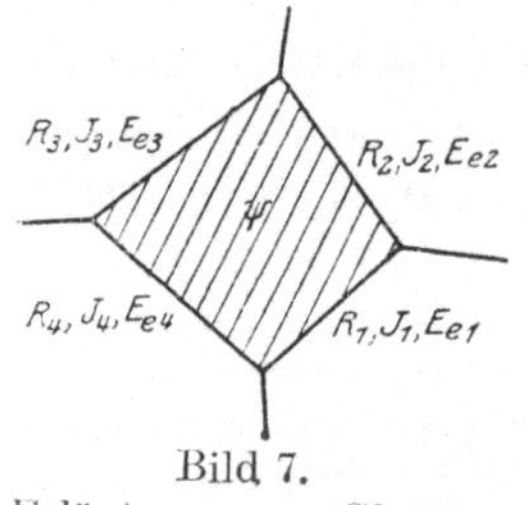

Bild 7.
Erläuterung zu Gl. 17.

Bezeichnen wir das Integral der eingeprägten Feldstärke als eingeprägte *elektromotorische Kraft* (kurz „EMK") E_e, so können wir für *lineare Leiterkreise* das Induktionsgesetz in der Form

$$\sum_O (R_\nu J_\nu - E_{e,\nu}) = -\frac{\mathrm{d}\Psi}{\mathrm{d}t} \qquad (17)$$

schreiben[2], worin R_ν, J_ν und $E_{e,\nu}$ Widerstand, Strom und eingeprägte elektromotorische Kraft im ν-ten Stromkreisteil bedeuten und die Summation über einen geschlossenen Leiterkreis zu erstrecken ist (vgl. Bild 7).

Wenden wir Gl. 16 auf den in Bild 8 dargestellten Weg an, der durch den linearen Leiterkreisteil zwischen den Klemmen a und b und die gestrichelte Verbindungslinie der beiden Klemmen gebildet wird, und setzen die Klemmenspannung gleich dem Integral der Feldstärke vom $+$-Pol zum $-$-Pol

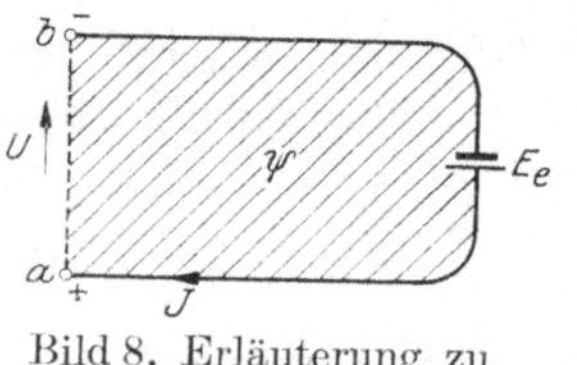

Bild 8. Erläuterung zu
Gl. 18a u. 18[3].

$$U = U_{ab} = \int_a^b \mathfrak{E}\,\mathrm{d}\mathfrak{l}, \qquad (18\,\mathrm{a})$$

so ist mit der positiv angenommenen Richtung des Stromes J

$$R J + U = E_e - \frac{\mathrm{d}\Psi}{\mathrm{d}t}. \qquad (18)$$

Bei zeitlich unveränderlichem Magnetfeld und ruhenden Körpern ist der magnetische Schwund Null (gewöhnlicher Fall bei Gleichstrom); wir erhalten dann das *Ohm*sche Gesetz:

$$R J + U = E_e. \qquad (19\,\mathrm{a})$$

[1] ABRAHAM, M.: Theorie der Elektrizität, 4. Aufl. Gl. 179a u. 270a.
[2] EMDE: Elektrotechn. u. Masch.-Bau Bd. 41 (1923) S. 165.
[3] Der lange Strich am Element (E_e) bedeutet nach internationalem Brauch den $+$-Pol.

Wenn die eingeprägten EMKe Null sind (gewöhnlicher Fall bei Wechselstrom), erhalten wir

$$RJ + U = -\frac{\mathrm{d}\Psi}{\mathrm{d}t}. \tag{19b}$$

Das Induktionsgesetz kann man auch als formal erweitertes Ohmsches Gesetz auffassen, indem man dem magnetischen Schwund die Bedeutung einer elektromotorischen Kraft beilegt, der sog. induzierten EMK

$$E \equiv -\frac{\mathrm{d}\Psi}{\mathrm{d}t}. \tag{20}$$

Es geht dann Gl. 19b über in

$$RJ + U = E. \tag{21}$$

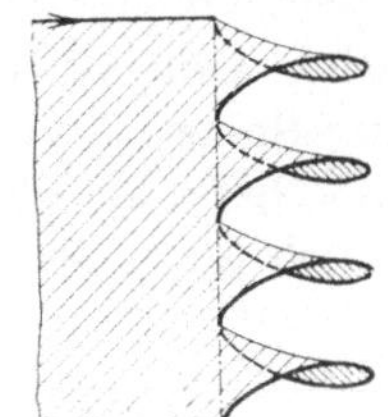

Bild 9.
Windungsfluß und
Spulenfluß.

Im folgenden wollen wir uns nun etwas näher mit der induzierten EMK beschäftigen, die nach Gl. 20 identisch mit dem magnetischen Schwund ist. Der mit einem Leiterkreis verkettete Induktionsfluß bestimmt sich aus dem Integral der Normalkomponente der Induktion über eine Fläche, die von dem Leiterkreis umrandet wird (vgl. Bild 1), aber sonst beliebige Gestalt haben kann. Im allgemeinen haben wir es nicht mit einer einfachen Leiterschleife zu tun, sondern der Stromkreis enthält Spulen mit mehreren Windungen. Auch in diesem Falle läßt sich immer eine Fläche finden, deren Rand mit dem Leiterkreis zusammenfällt (vgl. Bild 9). Diese Fläche können wir willkürlich in beliebige Teile zerlegen; jeder Teilfläche entspricht dann ein bestimmter magnetischer Schwund oder eine induzierte Teil-EMK. Verbinden wir z. B. die Enden einer Windung einer Spule durch eine gerade Linie, so kann man den Fluß, der durch die Fläche tritt, die von der Windung und der Verbindungsgeraden begrenzt wird, als mit der Windung verkettet ansehen und den magnetischen Schwund dieses *Windungsflusses* als die in der Windung induzierte EMK bezeichnen. Der *Spulenfluß* ist dann die Summe sämtlicher Windungsflüsse der Spule, also der Fluß, der durch eine Fläche tritt, die von dem Stromkreis der Spule und einer Linie begrenzt wird, die die Enden der Spule verbindet und die einzelnen Windungen der Spule berührt. Eine solche Fläche ist in Bild 9 für eine zylindrische Spule mit vier Windungen dargestellt. Sie wird von der Spule und der dünnen gestrichelten Linie begrenzt.

Zwischen dem Spulenfluß Ψ und den Windungsflüssen Φ_n besteht hiernach bei einer Spule mit w Windungen die Beziehung

$$\Psi = \Phi_1 + \Phi_2 + \cdots + \Phi_{w-1} + \Phi_w = \sum_{n=1}^{w} \Phi_n. \tag{22}$$

Für die induzierte EMK können wir jetzt auch schreiben

$$E = -\sum_{n=1}^{w} \frac{\mathrm{d}\,\Phi_n}{\mathrm{d}t} = -w\,\frac{\mathrm{d}\,\Phi_W}{\mathrm{d}t}\,, \tag{22a}$$

wenn Φ_W der *mittlere* Windungsfluß ist.

6. EMK der Ruhe und EMK der Bewegung. Die Änderung des Spulenflusses kann man sich immer zerlegt denken in zwei Änderungen besonders einfacher Art: in die durch zeitliche Änderung des magnetischen Feldes bei ruhend gedachter Spule und in die durch Bewegung der Spule bei unveränderlich gedachtem Felde. Es ist also, wenn sich die Spule als starrer Körper zwangsläufig bewegt, so daß ihre Lage durch einen einzigen Parameter x bestimmt ist:

$$\mathrm{d}\,\Psi = \frac{\partial\,\Psi}{\partial t}\,\mathrm{d}t + \frac{\partial\,\Psi}{\partial x}\,\mathrm{d}x\,, \tag{23a}$$

worin das erste Glied auf der rechten Seite der Gleichung der zeitlichen Änderung des magnetischen Feldes bei ruhend gedachter Spule, das zweite Glied der Bewegung der Spule bei zeitlich unveränderlich gedachtem magnetischen Felde entspricht. Wir erhalten

$$\frac{\mathrm{d}\,\Psi}{\mathrm{d}t} = \frac{\partial\,\Psi}{\partial t} + \frac{\partial\,\Psi}{\partial x}\,\frac{\mathrm{d}x}{\mathrm{d}t} \tag{23b}$$

oder für die induzierte EMK

$$E = -\left(\frac{\partial\,\Psi}{\partial t} + v\,\frac{\partial\,\Psi}{\partial x}\right) = E_R + E_B\,, \quad \text{wenn} \quad v = \frac{\mathrm{d}x}{\mathrm{d}t} \tag{24a u. b}$$

die Geschwindigkeit der Bewegung ist und v und $\mathrm{d}x$ immer im selben Sinne positiv gerechnet werden. Man bezeichnet das erste Glied auf der rechten Seite der Gl. 24a als EMK der Ruhe (Ruhe-EMK E_R) oder der Transformation oder der Pulsation, das zweite Glied als EMK der Bewegung (Bewegungs-EMK E_B) oder der Rotation (Drehung), da die Bewegung bei Maschinen gewöhnlich eine Drehung ist.

Die Bewegungs-EMK wollen wir noch auf eine Form bringen, die für die Berechnung der in den Wicklungen elektrischer Maschinen induzierten EMKe besonders zweckmäßig ist. Wir denken uns dazu die aus w Windungen bestehende Spule auf dem Ankermantel einer elektrischen Maschine mit der Eisenlänge l (Bild 10) und setzen voraus, daß die Spulenseiten parallel zur Welle des Ankers liegen und sehr schmal sind, daß die Normalkomponente B_n der Induktion am Ankerumfang in axialer Richtung sich nicht ändert und der Teil des Spulenflusses vernachlässigt werden darf, der nicht durch die Mantelfläche des Ankers tritt. Diese Voraussetzungen sind in den meisten Fällen annähernd erfüllt. Wenn die Spulenseiten an den Stellen x_1 und x_2 des

Ankerumfanges liegen $(x_2 = x_1 + W)$, ist der Spulenfluß

$$\Psi = w\,l \int_{x_1}^{x_2} B_n\,\mathrm{d}x \tag{25}$$

und die induzierte EMK der Bewegung

$$E_B = -w\,v\,l\,\frac{\partial}{\partial x_1}\int_{x_1}^{x_1+W} B_n\,\mathrm{d}x = -w\,v\,l\,(B_{2n} - B_{1n}), \tag{26}$$

wobei die Werte von B_n an den Stellen x_1, x_2 mit B_{1n}, B_{2n} bezeichnet sind. Die EMK der Bewegung ist also proportional der Differenz der Normalkomponenten der Induktion an den Stellen des Ankerumfangs, wo die Spulenseiten liegen; deshalb können wir auch von den Beiträgen der einzelnen Spulenseiten oder der einzelnen Ankerleiter zur EMK der Bewegung in der Spule sprechen. Für einen Leiter der Spule erhalten wir

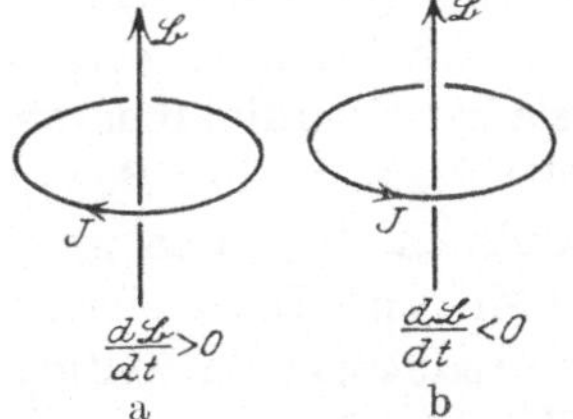

Bild 10.
Erläuterung zu Gl. 26.

$$E_B = -v\,l\,B_n. \tag{27}$$

Beim genuteten Anker denken wir uns *immer* diesen durch einen *ungenuteten* ersetzt (S. 82) und die Spule auf dem Ankermantel angeordnet. Bei der Deutung von Oszillogrammen, die an einer in Nuten befindlichen Spule gewonnen sind, ist dies besonders zu beachten.

Die Beiträge der EMKe der Ruhe und der Bewegung zur gesamten induzierten EMK hängen von der Wahl des Koordinatensystems ab, von dem aus wir die Vorgänge betrachten, ihre Summe natürlich nicht.

In den Gleichungen dieses Abschnitts erhalten wir die EMK der Bewegung in V, wenn wir z.B. B in Vsec/cm² $= 10^5$ Gß, v in cm/sec und l in cm einsetzen. [s. I, I B 7].

7. Richtungssinn der induzierten EMK. Wir hatten in (*1*) gesehen, daß jeder Induktionslinie eine bestimmte Strömungsrichtung zugeordnet ist, die wir nach der

Bild 11 a u. b. Richtungssinn des induzierten Stromes.

Schraubenregel bestimmen können. Das negative Vorzeichen vor dem Differentialquotienten des Induktionsflusses nach der Zeit in Gl. 20 sagt aus, daß die Richtung der induzierten EMK oder, wenn der Stromkreis geschlossen ist, die Richtung des induzierten Stromes bei einer Zunahme des Induktionsflusses diesem linksschraubig, bei einer Abnahme des Induktionsflusses rechtsschraubig zugeordnet ist (Bild 11). Der induzierte Strom ist also so gerichtet, daß er einen Induktionsfluß erregt, der die Änderung wieder aufzuheben sucht.

In Gl. 26 ist nun die EMK der Bewegung nicht als Funktion des Induktionsflusses dargestellt, sondern als Funktion der Induktion an den Stellen, wo sich die Spulenseiten befinden. Denken wir uns die Normalkomponente der Induktion nach oben gerichtet (Bild 10) und die Spulenseite 1 um einen kleinen Betrag in Richtung der Bewegung verschoben, so nimmt der Induktionsfluß ab, und die EMK E_1 ist deshalb der Induktion B_{1n} am inneren Spulenrand nach der Rechtsschraube zugeordnet. Denken wir uns ebenso die Spulenseite 2 in der Bewegungsrichtung verschoben, so ergibt sich eine Zunahme des Induktionsflusses, die EMK E_2 ist der Induktion B_{2n} im umgekehrten Sinne zugeordnet,

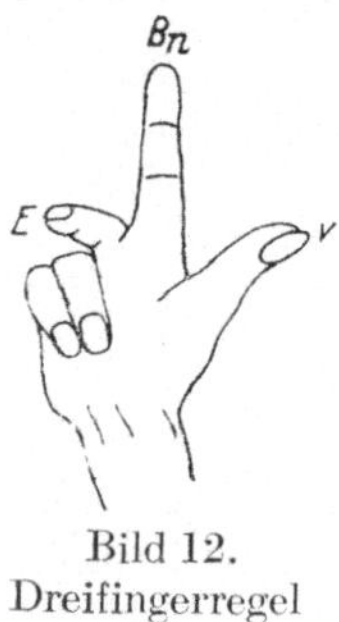

Bild 12.
Dreifingerregel
für EMK E.

als die Rechtsschraube angibt. Je nachdem B_{2n} größer oder kleiner als B_{1n} ist, überwiegt E_2 oder E_1. Wenn sich die beiden Spulenseiten unter ungleichnamigen Polen einer elektrischen Maschine befinden, sind die Induktionen B_{2n} und B_{1n} entgegengesetzt gerichtet, und es kommt die *Summe* der in beiden Spulenseiten induzierten EMKe zur Wirkung. Denken wir uns nun ein (rechtswendiges) Koordinatensystem mit den Koordinaten $x = v$, $y = B_n$ und z und drehen das System so (Bild 10), daß x mit der Richtung der Bewegung der Spulenseite und y mit der Induktion an der Stelle, wo sich die Spulenseite befindet, zusammenfällt, so gibt die Koordinate z die Richtung der induzierten EMK an. In Gl. 27 bedeutet also das Minuszeichen, daß die induzierte EMK der Bewegung der Leiterrichtung l entgegengerichtet ist, wenn v, l und B_n ein (rechtswendiges) Koordinatensystem bilden.

Zur schnellen Bestimmung des Sinnes der EMK der Bewegung spreizen wir Daumen, Zeigefinger und Mittelfinger der *rechten* Hand so, daß sie ein Koordinatensystem bilden (Bild 12), und halten den Daumen in die Richtung der Bewegung v, den Zeigefinger in die Richtung der Induktion B_n, dann gibt der Mittelfinger die Richtung der induzierten EMK an. Die Reihenfolge Daumen $= x =$ Bewegung, Zeigefinger $= y$ $=$ Induktion, Mittelfinger $= z =$ EMK ist sehr leicht zu merken: von der Bewegung, der Ursache, gehen wir aus; die Bewegung erfolgt im magnetischen Felde, und das Ergebnis ist die induzierte EMK. [s. I, I B 8].

8. Die Induktivitäten. Den Quotienten, gebildet aus dem mit einem Stromkreis verketteten Fluß Ψ_1 und dem Strom J_1, der den Fluß Ψ_1 in diesem Stromkreis erregt

$$L_1 = \Psi_1/J_1, \tag{28a}$$

bezeichnet man als *Selbstinduktivität* des Stromkreises (Wicklung oder Spule). Wenn L_1 unabhängig von J_1 ist, können wir für die induzierte „EMK der Selbstinduktion" schreiben

$$E_1 = -\frac{\mathrm{d}\Psi_1}{\mathrm{d}t} = -L_1\frac{\mathrm{d}J_1}{\mathrm{d}t}. \tag{28b}$$

Die Berechnung der Induktivität kann in der Weise erfolgen, daß man das magnetische Feld in Röhren zerlegt und die Induktionsflüsse der mit dem Stromkreis verketteten Röhren summiert. Ψ ist dann gleich der Summe aller Windungsflüsse Φ (Gl. 22). In dem Sonderfall, daß alle Windungsflüsse einer Spule gleich groß sind, ist nach Gl. 11 der magnetische Leitwert Λ_1 und nach Gl. 28a die Selbstinduktivität L_1

$$\Lambda_1 = \Phi_1/V = \Phi_1/w_1 J_1 \quad \text{und} \quad L_1 = w_1^2 \Lambda_1 . \qquad \text{(29a u. b)}$$

Auch wenn die einzelnen Windungsflüsse verschieden sind, kann man die Selbstinduktivität nach Gl. 29b berechnen, sofern man unter Λ_1 einen ideellen magnetischen Leitwert versteht, der für den allgemeinen Fall durch Gl. 29b definiert ist. Den ideellen Leitwert werden wir im nächsten Abschnitt aus der magnetischen Energie berechnen (Gl. 34).

Wenn der mit dem induzierten Stromkreis (1) verkettete Induktionsfluß von einem zweiten Stromkreis (2) herrührt, so bezeichnet man L als *Gegeninduktivität* und die induzierte EMK als EMK der gegenseitigen Induktion. Die Berechnung der Gegeninduktivität kann bei linearen Leiterkreisen im allgemeinen nach Gl. 28a erfolgen, wenn für J_1 der Strom J_2 im zweiten, dem induzierenden Stromkreis, und für Ψ_1 der von dem induzierenden Stromkreis 2 erregte und mit dem induzierten Stromkreis 1 verkettete Induktionsfluß (Ψ_{21}) eingesetzt wird. Bezeichnen wir mit $M = L_{21}$ die Gegeninduktivität, so ist

$$M = L_{21} = \Psi_{21}/J_2 \quad \text{oder} \quad M = w_1 w_2 \Lambda_{21}, \qquad \text{(30a u. b)}$$

wenn w_1 die Windungszahl des induzierten und w_2 die des induzierenden Kreises bezeichnen. Dieselbe Gegeninduktivität ergibt sich zwischen den beiden Stromkreisen, wenn Kreis 1 von Strom durchflossen und Kreis 2 durch J_1 induziert wird; es ist also $L_{12} = L_{21} = M$ und $\Lambda_{12} = \Lambda_{21}$. [s. I, I B 9].

9. Die magnetische Energie. Wir betrachten einen Stromkreis, der an einem Gleichstromnetz mit der Spannung U liegt (Bild 13) und gegenüber seiner Umgebung vollkommen in Ruhe ist. Für diesen Stromkreis gilt Gl. 19b, wenn eingeprägte EMKe nicht vorhanden sind. Multiplizieren wir diese Gleichung mit dem Strom J im Leiterkreis

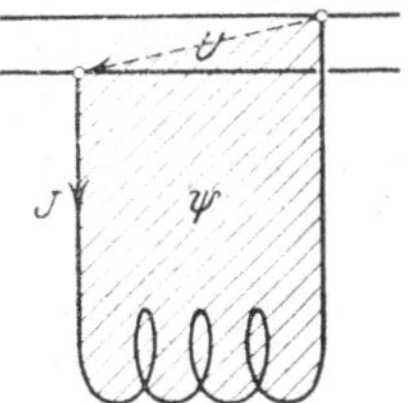

Bild 13. Erläuterung zu Gl. 31.

und bilden das Zeitintegral von der Zeit $t = 0$, wo der Stromkreis an das Netz angeschlossen wurde und $J = 0$ und $\Psi = 0$ war, bis zur Zeit $t = t$, wo der Spulenfluß einen bestimmten Wert Ψ angenommen hat, so erhalten wir die Arbeitsgleichung

$$\int_0^t (-UJ - RJ^2)\,\mathrm{d}t = \int_0^{\Psi} J\,\mathrm{d}\Psi . \qquad (31)$$

Darin ist $\int UJ\,\mathrm{d}t$ die vom Stromkreis an das Netz oder $-\int UJ\,\mathrm{d}t$ die vom Netz an den Stromkreis gelieferte elektrische Arbeit ($B\,6$).

Die linke Seite der Gleichung stellt deshalb die Differenz aus der elektrischen Arbeit, die das Netz während des betrachteten Zeitabschnittes leistet, und der im Stromkreis entwickelten Stromwärme dar. Diese Differenz wird zum Aufbau des magnetischen Feldes aufgewendet; denn da wir uns während des Vorganges den Stromkreis gegenüber seiner Umgebung ruhend denken, wird keine mechanische Arbeit geleistet, die Energie des elektrischen Feldes ist verschwindend klein, und andere Arbeitsäquivalente kommen nicht in Frage. Man bezeichnet die im magnetischen Feld aufgespeicherte Arbeit

$$W = \int\limits_0^t J\,\frac{\mathrm{d}\,\Psi}{\mathrm{d}\,t}\,\mathrm{d}\,t = \int\limits_0^{\Psi} J\,\mathrm{d}\,\Psi \tag{32}$$

als magnetische Energie. Wir erhalten sie z. B. in Wsec $= J$, wenn wir Ψ in Vsec und J in A einführen.

Wenn der Spulenfluß Ψ *proportional* dem Strom J ist, wird nach Gl. 28a u. 32

$$W = L\int\limits_0^J J\,\mathrm{d}\,J = \tfrac{1}{2} L\,J^2 . \tag{33a}$$

Dies ist die strenge Definition der Induktivität L, die auch bei nichtlinearen Leitern nicht versagt. Die magnetische Energie kann man auch unmittelbar aus dem Felde berechnen. Es ist

$$W = \tfrac{1}{2}\int\limits_T H\,B\,\mathrm{d}\,\tau = \tfrac{1}{2}\int\limits_T \Pi\,H^2\,\mathrm{d}\,\tau = \tfrac{1}{2}\int\limits_T B^2/\Pi \cdot \mathrm{d}\,\tau , \tag{33b}$$

wobei die Integration über das ganze Raumgebiet zu erstrecken ist, in dem sich das magnetische Feld ausbreitet. Bei gegebener Induktion B ist also die magnetische Energie eines Volumenelements in Luft $\Pi/\Pi_0 = \mu$ mal so groß wie in Eisen. Der Sitz der magnetischen Energie ist deshalb bei magnetischen Eisenkreisen mit Luftspalt hauptsächlich der *Luftraum*.

Aus den Gl. 33a u. b können wir den ideellen magnetischen Leitwert (Gl. 29b) berechnen, der sich ergibt zu

$$\Lambda = \frac{1}{w^2\,J^2}\int\limits_T H\,B\,\mathrm{d}\,\tau . \tag{34}$$

Wenn bei Vorhandensein *zweier* Stromkreise die *Flüsse proportional den sie erregenden Strömen* sind, ist

$$W = \tfrac{1}{2}\,(J_1\,\Psi_1 + J_2\,\Psi_2) \text{ mit } \Psi_1 = L_1\,J_1 + M\,J_2 , \ \Psi_2 = L_2\,J_2 + M\,J_1 , \tag{35a bis c}$$

also die gesamte magnetische Energie

$$W = \tfrac{1}{2}\,(L_1\,J_1^2 + 2\,M\,J_1\,J_2 + L_2\,J_2^2) . \tag{35}$$

Aus der ,,magnetischen Energie der Gegeninduktivität‘‘

$$W_{12} = \tfrac{1}{2}\,M\,J_1\,J_2 = \tfrac{1}{2}\int\limits_T \mathfrak{H}_1\,\mathfrak{B}_2\,\mathrm{d}\,\tau \tag{36}$$

erhalten wir den ideellen Leitwert, der der Gegeninduktivität entspricht, vgl. Gl. 30b,

$$\Lambda_{12} = \Lambda_{21} = \frac{1}{w_1\,J_1\,w_2\,J} \int\limits_T \Pi\,H_1 H_2 \cos\,(\mathfrak{H}_1,\,\mathfrak{H}_2)\,\mathrm{d}\tau\,. \qquad (37\,\text{a})$$

Λ_{12} ergibt sich z. B. in H, wenn H_1 und H_2 in A/cm, Π in H/cm und τ in cm³ eingesetzt werden. [s. I, I B 10].

10. Die mechanische Arbeit eines Elektromagneten.

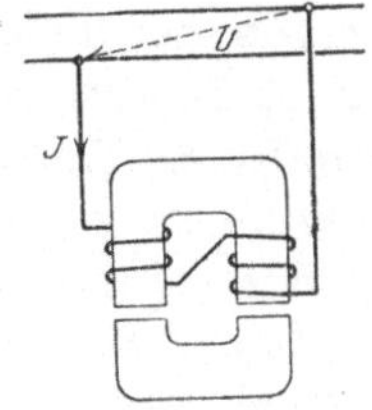

Bild 14. Erläuterung zu Gl. 38 a.

Wir wollen jetzt die im letzten Abschnitt gemachten Voraussetzungen, daß der Stromkreis gegenüber seiner Umgebung ruhe, aufgeben und den Fall betrachten, daß ein Elektromagnet an einem Leitungsnetz mit der Spannung U angeschlossen ist (Bild 14). Den Schenkeln des U-förmigen Elektromagneten gegenüber möge sich ein Anker befinden, der vom Elektromagneten angezogen wird und mechanische Arbeit zu leisten vermag. Wir betrachten den Zeitabschnitt $(t_2 - t_1)$, während sich der Anker von seiner Anfangslage (1) in die Endlage (2) bewegt. Wir erhalten dieselbe Arbeitsgleichung wie im vorigen Abschnitt (Gl. 31), worin jetzt aber die rechte Seite nicht allein die Zunahme der magnetischen Energie $\Delta W = W_2 - W_1$ innerhalb des Zeitabschnittes $(t_2 - t_1)$ enthält, sondern auch die vom Anker geleistete mechanische Arbeit A. Es ist also die Differenz aus der vom Netz geleisteten elektrischen Arbeit $-\int U J\,\mathrm{d}t$ und der Stromwärme $\int R\,J^2\,\mathrm{d}t$ gleich

$$\int\limits_{\Psi_1}^{\Psi_2} J\,\mathrm{d}\Psi = W_2 - W_1 + A\,, \qquad (38\,\text{a})$$

wofür wir in Differentialform schreiben

$$J\,\mathrm{d}\Psi = \mathrm{d}W + \mathrm{d}A\,. \qquad (38\,\text{b})$$

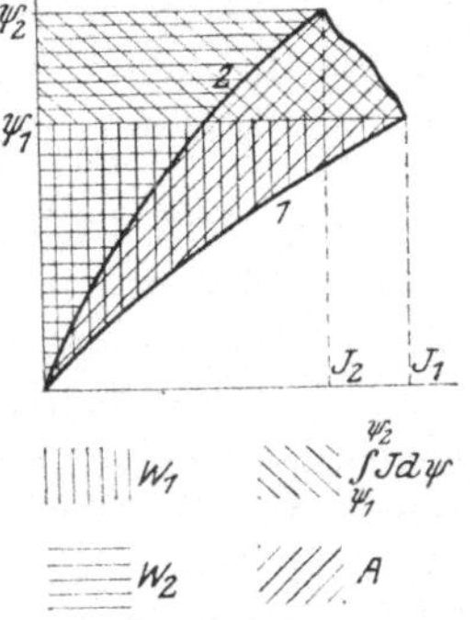

Bild 15. Beziehung zwischen magnetischer Energie und mechanischer Arbeit.

Um die Größe der magnetischen Energie in der Anfangs- und in der Endlage des Ankers zu bestimmen, müssen wir den Anker in diesen Lagen festhalten und das Integral von $J\,\mathrm{d}\Psi$ zwischen den Grenzen $\Psi = 0$ und $\Psi = \Psi_1$ für die Anfangslage, $\Psi = \Psi_2$ für die Endlage bilden. Die zugehörigen Werte von J und Ψ mögen für die Anfangslage des Ankers durch die Kurve 1, für die Endlage durch die Kurve 2 in Bild 15 dargestellt sein. Es ist dann die magnetische Energie W_1 durch die senkrecht schraffierte Fläche, die magnetische Energie W_2 durch die waagrecht schraffierte Fläche gegeben, die zum Teil die erste Fläche überdeckt. Beim Übergang von dem magnetischen Zustand $(J_1,\,\Psi_1)$ zu dem Zustand $(J_2,\,\Psi_2)$ mögen die zugehörigen Werte von J und Ψ auf der „Übergangskurve" liegen, die in Bild 15 die Endpunkte der Kurven 1 und 2 verbindet. Dann stellt die von oben links nach unten rechts schraffierte Fläche das Integral auf der linken Seite von Gl. 38a dar. Die mechanische Arbeit

$$A = \int_{\Psi_1}^{\Psi_2} J \, d\Psi - (W_2 - W_1),\qquad(39)$$

die von den Feldkräften geleistet wird, während sich der Fluß von Ψ_1 auf Ψ_2 ändert, ist durch die schräg von oben rechts nach unten links schraffierte Fläche gegeben, die von den Kurven 1 und 2 und der Übergangskurve begrenzt ist.

Wir erhalten sehr einfache Beziehungen zwischen Feldenergie und mechanischer Arbeit, wenn wir Ψ proportional J annehmen, was in den meisten Fällen annähernd erfüllt ist (9), weil der magnetische Widerstand des Luftspaltes gewöhnlich wesentlich größer ist als der des Eisens. Wir wollen zwei praktisch wichtige Fälle betrachten.

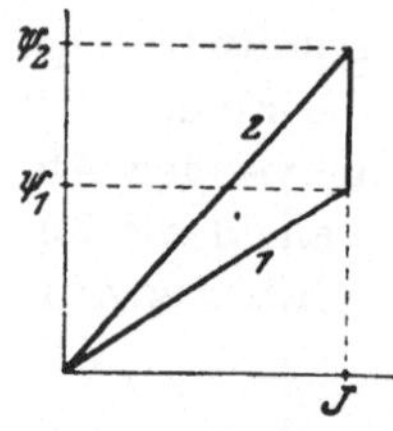

Bild 16 a. Erläuterung zu Gl. 40 a.

a. *Der Strom J bleibe während der Bewegung des Ankers unveränderlich.* Dies ist bei Gleichstrommagneten annähernd erfüllt, wenn die Bewegung des Ankers langsam vor sich geht. Es wird (vgl. Bild 16 a)

$$W_1 = \tfrac{1}{2} J \Psi_1, \qquad W_2 = \tfrac{1}{2} J \Psi_2, \qquad \int_{\Psi_1}^{\Psi_2} J \, d\Psi = J(\Psi_2 - \Psi_1)$$

und nach Gl. 39

$$A = \tfrac{1}{2} J (\Psi_2 - \Psi_1) = W_2 - W_1.\qquad(40\,a)$$

Der Überschuß der vom Netz geleisteten elektrischen Arbeit über die Stromwärme wird also zur Hälfte in mechanische Arbeit umgewandelt, während die andere Hälfte zur Erhöhung der magnetischen Energie dient. Die mechanisch geleistete Arbeit ist gleich der *Zunahme* der magnetischen Energie. Der Anker sucht sich in diesem Fall so einzustellen, daß der Spulenfluß möglichst groß wird.

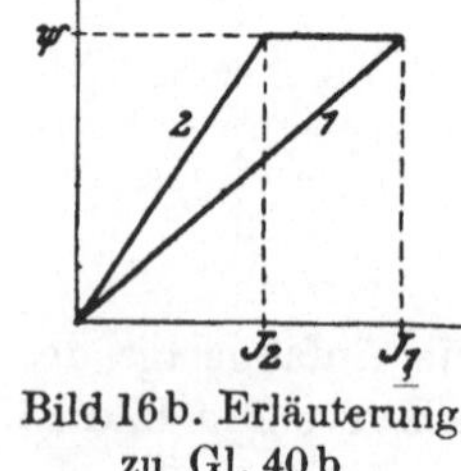

Bild 16 b. Erläuterung zu Gl. 40 b

b. *Der Spulenfluß Ψ bleibe während der Bewegung des Ankers unveränderlich.* Dies ist beim Wechselstrommagneten, dessen Wicklung an einem Netz mit konstanter effektiver Spannung liegt, für den Höchstwert des Flusses annähernd erfüllt. Es wird (Bild 16 b)

$$W_1 = \tfrac{1}{2} J_1 \Psi, \qquad W_2 = \tfrac{1}{2} J_2 \Psi, \qquad \int_{\Psi}^{\Psi} J \, d\Psi = 0$$

und

$$A = -(W_2 - W_1).\qquad(40\,b)$$

Die mechanische Arbeit ist gleich der *Abnahme* der magnetischen Energie. Während der Bewegung des Ankers wird in diesem Falle vom Netz nur die Stromwärme geliefert. [s. I, I B 11].

11. Die Zugkraft eines Elektromagneten. Die Komponente P_x der Zugkraft $\mathfrak{P}$ eines Elektromagneten ergibt sich bei einer unendlich kleinen Verrückung ∂x des beweglichen Teils, des Ankers, gegenüber dem festen Teil des Magneten aus der mechanischen Arbeit zu

$$P_x = \frac{\partial A}{\partial x}. \tag{41}$$

Dabei ist es gleichgültig, ob zur Bestimmung der Elementararbeit während der Verrückung der Strom oder der Spulenfluß unveränderlich angenommen oder irgendeine andere Annahme zugrunde gelegt wird. Lassen wir den Spulenfluß unverändert, so ist nach Gl. 41 u. 40b die Komponente P_x der Zugkraft gleich dem Quotienten aus der Abnahme der magnetischen Energie und der Verrückung:

$$P_x = -\frac{\partial W}{\partial x}\bigg|_{\Psi = \text{const}} \tag{41 b}$$

Bei *unveränderlich gedachtem Spulenfluß* werden sich nach Gl. 41 b die beweglichen Teile der Anordnung immer so einstellen, daß die magnetische Energie ein Minimum wird. Denn P_x wird positiv, wirkt also im Sinne der Verrückung ∂x, wenn die magnetische Energie während der Verrückung abnimmt. [s. I, I B 12].

Zur angenäherten Bestimmung der Zugkraft wollen wir annehmen, daß den Polflächen des Elektromagneten gleich große und parallele Eisenflächen des Ankers gegenüberliegen (Bild 14) und daß die Induktionslinien zwischen Elektromagnet und Anker senkrecht aus den Polflächen zum Anker übertreten. Bezeichnen wir mit F die Gesamtfläche der Pole des Elektromagneten, so erhalten wir bei einer Verrückung um den Betrag ∂x, senkrecht zu den Polflächen und im Sinne einer Vergrößerung des Abstandes der Eisenflächen, die Änderung der magnetischen Energie nach Gl. 33 b zu

$$\partial W = \frac{1}{2} H B F \partial x = \frac{1}{2 \Pi_0} B^2 F \partial x \tag{42}$$

und die Zugkraft nach Gl. 41 b zu

$$P = P_x = -\frac{1}{2 \Pi_0} B^2 F; \tag{43 a}$$

sie ergibt sich in J/cm, wenn wir Π_0 in H/cm, B in Vsec/cm² und F in cm² einführen. In kg erhalten wir die Zugkraft nach der Gleichung

$$P = P_x = -\frac{1}{0,8\,\pi\,9,8} B^2 F \cdot 10^{-6} \text{ kg}, \tag{43 b}$$

wenn wir die Induktion B in Gß und die Fläche F in cm² einsetzen. Das negative Vorzeichen gibt an, daß die Kraft auf eine Verkleinerung des Abstandes x der gegenüberliegenden Eisenflächen hinwirkt. Bei

1 cm² gesamter Oberfläche der Pole des Elektromagneten und einer Induktion $B = 5000$ Gß beträgt die Zugkraft $P = 1,015 \approx 1$ kg, so daß wir setzen können

$$P \approx \left(\frac{B}{5000}\right)^2 F \text{ kg}. \tag{43c}$$

12. Kraftäußerung einer von Strom durchflossenen Spule im magnetischen Felde. Die Kraft, die auf eine vom Strom J durchflossene Spule ausgeübt wird, die sich auf dem Mantel des zylindrischen Ankers einer Maschine befindet (Bild 10), erhalten wir ähnlich wie in (11) nach dem Prinzip der virtuellen Verrückung zu

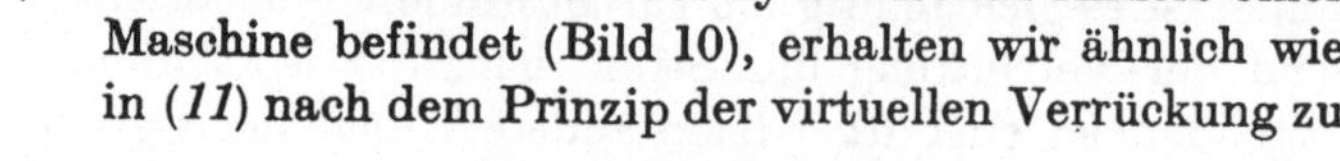
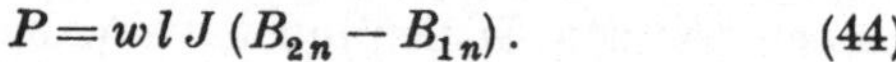

$$P = w\,l\,J\,(B_{2n} - B_{1n}). \tag{44}$$

Zur schnellen Bestimmung der Kraftrichtung spreizen wir wieder Daumen, Zeigefinger und Mittelfinger der *rechten* Hand so, daß sie ein Koordinatensystem bilden (Bild 17). Halten wir dann den Daumen in die Richtung des Stromes, den Zeigefinger in die Richtung des magnetischen Feldes, so gibt der Mittelfinger die Richtung der Kraft P an. Auch diese Regel läßt sich leicht merken: der Zeigefinger stellt wie bei der Dreifingerregel zur Bestimmung des Sinnes der induzierten EMK (Bild 12) die Richtung der Induktionslinien dar; der Daumen entspricht wieder der Ursache, hier also dem Strome, und der Mittelfinger gibt die Wirkung an, hier also die Richtung der Kraft.

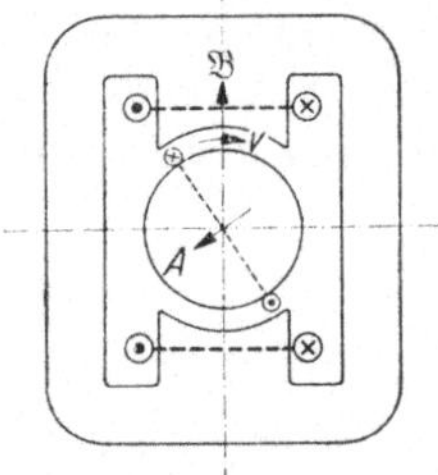

Bild 17.
Dreifingerregel
für Kraft P.

Für einen geraden Leiter ist die senkrecht zum Leiter und zur Induktion ausgeübte Kraft

$$P = l\,J\,B_n, \tag{45a}$$

worin B_n die zum Leiter senkrechte Komponente der Induktion ist. Wir erhalten P in J/cm, wenn wir l in cm, J in A und B in Vsec/cm² einsetzen. Schreiben wir

$$P = \frac{10^{-6}}{9,8}\,l\,J\,B_n \text{ kg}, \tag{45b}$$

so ist l in cm, J in A und B_n in Gß einzusetzen. Bei $l = 100$ cm, $J = 10$ A, $B = 10000$ Gß beträgt die Zugkraft $P = 1,02 \approx 1$ kg, so daß wir setzen können:

$$P \approx \frac{l}{100}\,\frac{J}{10}\,\frac{B}{10000} \text{ kg}. \tag{45c}$$

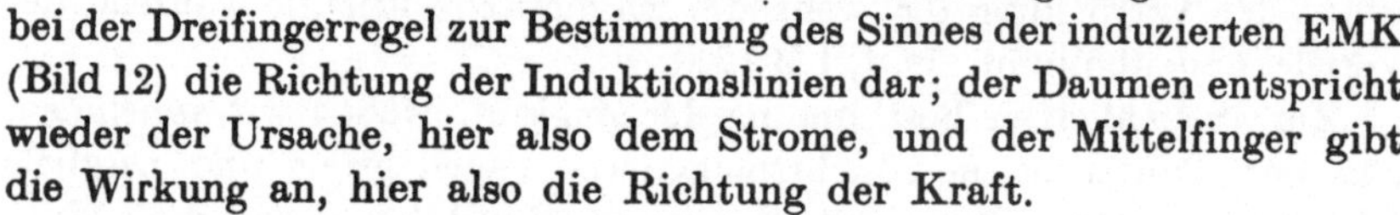

Bild 18. Bewegung einer Stromschleife im zweipoligen Magnetfelde.

Wir denken uns jetzt eine Spule auf einem Anker im zweipoligen Magnetgehäuse (Bild 18), die über Schleifringe, welche sich auf der Welle des Ankers befinden, mit Strom von außen gespeist wird. Bei der angedeuteten Stromrichtung in der Feldmagnetwicklung erregt diese nach der Rechtsschraubenregel ein magnetisches Feld, dessen Induktionslinien in die untere Hälfte des Ankers ein- und aus der oberen Hälfte austreten.

Nach der Dreifingerregel erhalten wir die Bewegung der Spule im Sinne des eingezeichneten Pfeiles v. Die Spule bewegt sich so lange, bis sich die Spulenseiten in der neutralen Zone befinden; das ist der Fall, wenn die Spulenebene in die waagrechte strichpunktierte Linie fällt. Würde sich die Spule vermöge ihrer Massenträgheit über die neutrale Zone hinausbewegen, so würde ein Drehmoment auftreten, das sie wieder in die neutrale Zone zurückführt; denn an der neutralen Zone ändert sich die Richtung der Normalkomponente der Induktion, während die Stromrichtung erhalten bleibt.

Wir erkennen hieraus, daß sich eine von außen gespeiste und im magnetischen Felde frei bewegliche Spule so einstellt, daß sie einen möglichst großen Induktionsfluß umschlingt. Der Drehsinn des Drehmoments, das ein magnetisches Feld auf eine vom Strom durchflossene Ankerwicklung ausübt, ist also gleich dem Drehsinn, in dem die magnetische Achse der Ankerwicklung (A, rechtsschraubig zur Stromrichtung) auf dem kürzesten Wege in die Achse des magnetischen Feldes gedreht werden kann. Oft läßt sich nach dieser Regel der Drehsinn schneller bestimmen als nach der Handregel. [s. I, I B 13].

13. Kraftwirkung zwischen zwei Stromkreisen. Wir betrachten zwei im Luftraum und im gegenseitigen Abstand a parallel geführte Leiter von der Länge l, die von den Strömen J_1 und J_2 durchflossen werden (Bild 19). Bei einer Parallelverschiebung eines der Leiter um ∂x im Sinne einer Verkleinerung des Abstandes a erfährt die Gegeninduktivität M eine Zunahme (vgl. Gl. 30b mit $w_1 = w_2 = 1$)

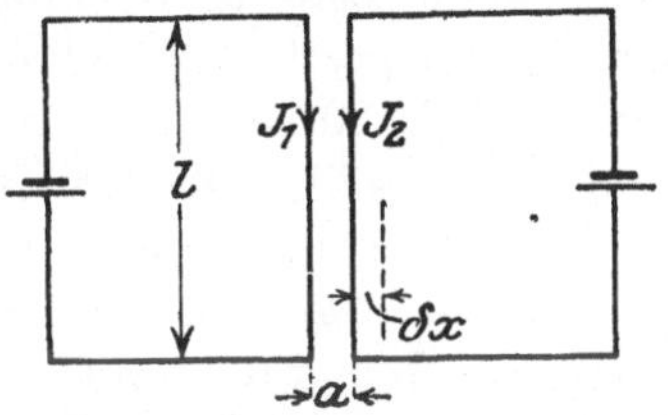

$$\partial M = \partial \Lambda_{12} = \Pi_0 \frac{l\,\partial x}{2\,a\,\pi},\qquad (46)$$

Bild 19. Erläuterung zu Gl. 46.

woraus wir mit Gl. 36 die Kraft P, mit der sich die beiden Leiter gegenseitig anziehen, zu

$$P = 2\,\frac{\partial W_{12}}{\partial x} = \frac{\partial M}{\partial x}\,J_1 J_2 = \Pi_0\,\frac{l}{2\,a\,\pi}\,J_1 J_2 \qquad (47)$$

erhalten. Sind die Ströme entgegengerichtet, so ist der eine negativ einzusetzen, die beiden Leiter stoßen sich ab. Schreiben wir

$$P = \frac{0,2\,l}{a}\,J_1 J_2 \cdot 10^{-8}\,\frac{\mathrm{J}}{\mathrm{cm}} = \frac{0,2\,l}{9,8\,a}\,J_1 J_2 \cdot 10^{-6}\ \mathrm{kg},\qquad (47\,\mathrm{a})$$

so sind die Ströme J_1 und J_2 in A und die Längen l und a in gleichen Längeneinheiten einzusetzen. Bei $l = 100$ cm, $a = 2$ cm und $J_1 = J_2 = 1000$ A beträgt die Kraft $P = 1,02 \approx 1$ kg, mit der die beiden Leiter sich anziehen oder abstoßen. Wir können deshalb setzen:

$$P \approx \frac{2\,l}{100\,a}\,\frac{J_1}{1000}\,\frac{J_2}{1000}\ \text{kg},\qquad\qquad (47\,\text{b})$$

worin die Größen wie bei Gl. 47 a einzusetzen sind. [s. I, I B 14].

B. Stromerzeugung.

1. Wechselstrom. Wir denken uns eine flache Spule derart in einem zeitlich unveränderlichen magnetischen Felde drehbar angeordnet, daß die Drehachse in der Spulenebene und senkrecht zum Feldvektor liegt. Wir wollen bei der Wicklung Anfang und Ende unterscheiden und den Wicklungssinn als positiv bezeichnen, der vom Anfang der Spule zum Ende führt. Entsprechend bezeichnen wir die induzierte EMK positiv,

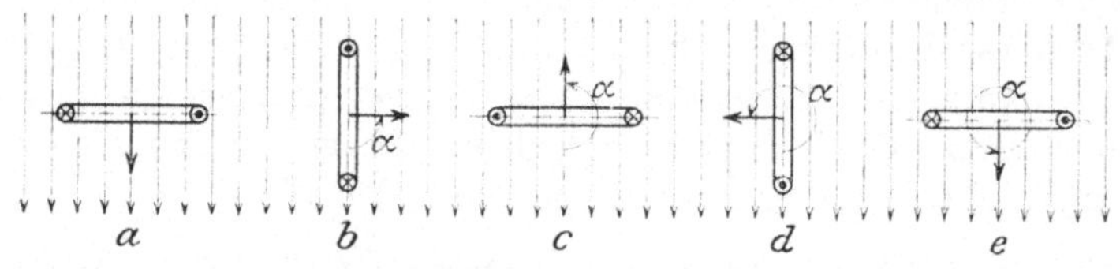

Bild 20. Erläuterung zu Gl. 48 a bis c.

wenn sie im positiven Wicklungssinne wirkt. Dem positiven Wicklungssinn ist eine positive Wicklungsachse nach der Rechtsschraube zugeordnet. In Bild 20 sind verschiedene Lagen der Spule zum magnetischen Felde dargestellt, wobei der Wicklungssinn durch Kreuze (Pfeilende) und Punkte (Pfeilspitze), die positive Wicklungsachse durch einen Pfeil angedeutet ist; die Drehachse steht senkrecht zur Papierebene. In Stellung *a* umschlingt die Spule den größten Induktionsfluß; in Stellung *b* ist der Induktionsfluß Null. Es wird während der Bewegung von *a* nach *b* also eine positive EMK (vgl. Gl. 20) induziert; sie wirkt in demselben Sinne wie der eingezeichnete Wicklungssinn. In Stellung *c* hat der Betrag des Spulenflusses wieder seinen Höchstwert; die Spulenachse ist aber der Richtung des Spulenflusses entgegengesetzt. Der algebraische Wert des Spulenflusses hat also während der Bewegung von *b* nach *c* abgenommen und in *c* seinen kleinsten Wert. Die induzierte EMK ist deshalb auch in diesem Zeitabschnitt positiv. In Stellung *d* ist der Spulenfluß Null, der algebraische Wert hat also während der Bewegung von *c* nach *d* zugenommen; es ist eine negative EMK induziert worden, die im entgegengesetzten Sinne wirkt wie der eingezeichnete Wicklungssinn. Auch während der Bewegung von *d* nach *e* ist die induzierte EMK negativ. Die Stellung *e* stimmt wieder mit *a* überein.

Durch Drehung der Spule im magnetischen Felde wird also eine Wechsel-EMK induziert; wir erhalten an den Enden der Spule eine Wechselspannung, die über Schleifringe auf der Drehachse zu den

Klemmen der Maschine geleitet werden kann. Auf diesem Prinzip beruht die *Synchronmaschine*.

Wenn die Spule mit unveränderlicher Winkelgeschwindigkeit ω umläuft, so ist der Winkel zwischen der Spulenachse und der Richtung der Induktionslinien proportional der Zeit

$$\alpha = \omega t, \tag{48a}$$

und der gesamte mit der Spule verkettete Induktionsfluß ist

$$\psi = \Psi \cos \omega t, \tag{48b}$$

wenn wir mit Ψ den Höchstwert des Spulenflusses bezeichnen. Die induzierte EMK wird nach Gl. 20

$$e = -\frac{d\psi}{dt} = \omega \Psi \sin \omega t. \tag{48c}$$

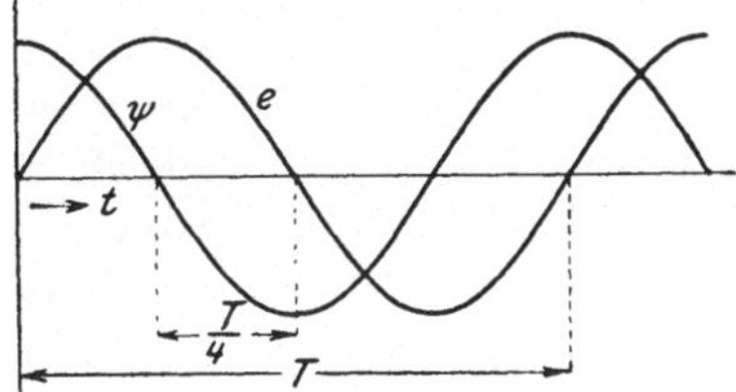

Bild 21. Erläuterung zu Gl. 48a bis c.

Die EMK e ist gegen den Spulenfluß ψ um eine Viertelperiode phasenverspätet (Bild 21). Die Zahl der in 1 sec auftretenden Perioden bezeichnet man als *Frequenz* des Wechselstromes. Mit derselben Frequenz wie die induzierte EMK ändert sich auch der induzierte Strom und das von diesem erregte magnetische Feld.

Bei den elektrischen Maschinen befindet sich die umlaufende Ankerwicklung nicht in einem gleichförmigen magnetischen Felde, wie wir es soeben vorausgesetzt haben, sondern auf dem Mantel eines zylindrischen eisernen Ankers (Bild 10 u. 18). Nach den Untersuchungen in (*A 6*) über die EMK der Bewegung müßte dann die Normalkomponente der Induktion am Ankerumfang sinusförmig verteilt sein, damit die induzierte EMK eine reine Sinusfunktion der Zeit wäre. Die Gl. 48a bis e behalten auch in diesem Falle ihre Gültigkeit. ω ist dann aber nur bei einer zweipoligen Maschine die Winkelgeschwindigkeit, mit der die Spule umläuft, während allgemein für eine $2p$-polige Maschine

$$\omega = p\Omega \tag{49a}$$

ist, wenn Ω die Winkelgeschwindigkeit bedeutet. ω bezeichnet man als *Kreisfrequenz*. Zwischen ω, der Frequenz f und der Periodendauer T besteht die Beziehung

$$\omega = 2\pi f = 2\pi/T. \tag{49b}$$

Bei den elektrischen Maschinen befindet sich gewöhnlich eine größere Anzahl von Spulen am Ankerumfang. Die Schaltung dieser Spulen werden wir in (*II B*) und die Berechnung der induzierten EMK in (*III A*) behandeln.

2. Gleichstrom. Um an den Klemmen der Maschine eine gleichgerichtete Spannung zu erhalten, müssen die Enden der Spule in dem Zeitpunkte vertauscht werden, in dem die Spannung ihre Richtung ändert. Hierzu dient der *Stromwender*, der bei einer einfachen Spule, wie wir sie im letzten Abschnitt vorausgesetzt haben, aus zwei halbkreisförmigen metallischen Ringsegmenten besteht, die mit den Enden der Spule leitend verbunden sind (Bild 22). Zwei relativ zum magnetischen

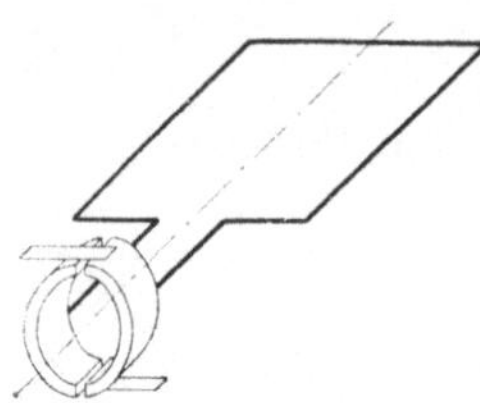

Felde ruhende Bürsten verbinden die Enden der Wicklung mit den Klemmen der Maschine und vertauschen die Wicklungsenden immer dann, wenn der Betrag des Spulenflusses seinen Höchstwert angenommen hat. Wir erhalten eine gleichgerichtete Spannung, die aber periodisch zwischen einem Höchstwert und Null schwankt (Bild 23 a).

Bild 22. Zweiteiliger Stromwender.

Diese Spannungsschwankungen lassen sich bei einem zweiteiligen Stromwender nicht verringern, auch wenn der Anker der Maschine eine fortlaufende Wicklung erhält, wie es in Bild 24 a für eine Ringwicklung (*II A 2*) angedeutet ist. Führt man dagegen *jede* Spule einer fortlaufenden in sich geschlossenen Ankerwicklung zu einem Stromwendersteg (Bild 24 b), so erhält

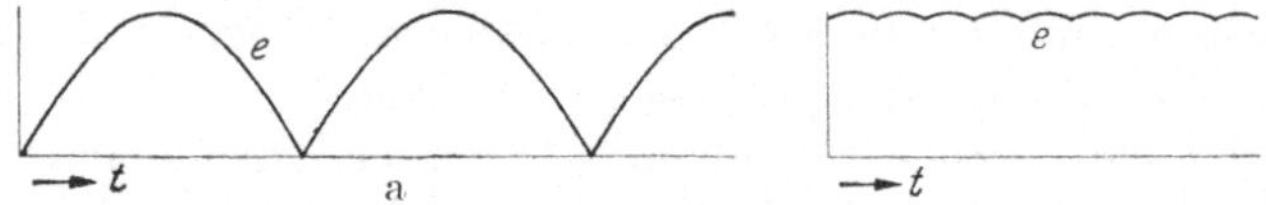

Bild 23 a u. b. Gleichgerichtete EMK. a Zweiteiliger, b mehrteiliger Stromwender.

man bei hinreichender Anzahl von Spulen eine Klemmenspannung, die praktisch unveränderlich ist (Bild 23 b). Diese Stromwenderwicklung ist im Jahre 1864 von PACINOTTI angegeben worden und bedeutet wohl den wichtigsten Fortschritt in der Entwicklung der Gleichstrommaschine.

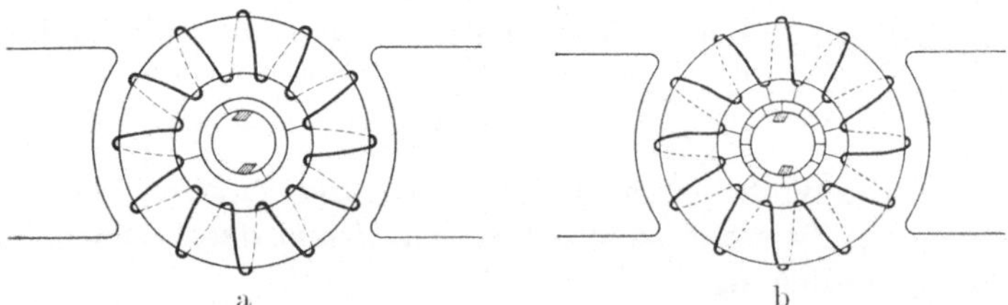

Bild 24 a u. b. Ringwicklung. a Mit zweiteiligem, b mit mehrteiligem Stromwender.

Für die übersichtliche Ringwicklung, die auch PACINOTTI seiner Maschine zugrunde gelegt hatte, ist diese Schaltung in Bild 24 b dargestellt. Durch den Stromwender werden nur die Spulen umgeschaltet, in denen die induzierte EMK gerade Null ist, während die Summe der EMKe der übrigen in einem Wicklungszweig liegenden Spulen nur wenig um einen unveränderlichen Mittelwert schwankt (Bild 23 b). Bei der Wicklung mit zweiteiligem Stromwender muß die ganze

Ankerwicklung beim Stromrichtungswechsel kurzgeschlossen werden, wenn eine Unterbrechung des äußeren Stromkreises vermieden werden soll; bei der geschlossenen Ankerwicklung mit mehrteiligem Stromwender befinden sich dagegen immer nur wenige Spulen der ganzen Wicklung im Kurzschluß. Dadurch wird die Wicklung besser ausgenützt und die Gefahr des Bürstenfeuers wesentlich verringert.

Zeitlich unveränderliche Klemmenspannung erhält man bei der *Unipolarmaschine* ohne Stromwender. Das Prinzip einer solchen Maschine ist in Bild 25 dargestellt. Auf dem Mantel eines um seine Achse drehbaren zylindrischen Stabmagneten befindet sich ein Leiter l, dessen Enden mit Schleifringen verbunden sind, von denen der eine s_1 in der

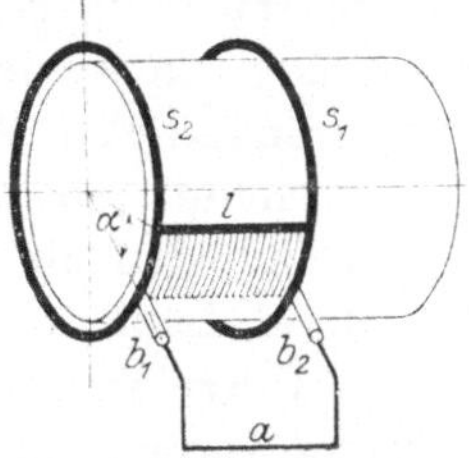

Bild 25. Unipolare Induktion eines Stabmagneten.

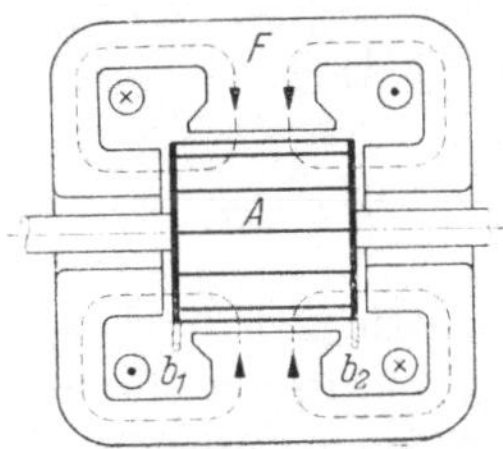

Bild 26. Praktische Ausführung einer Unipolarmaschine.

Mitte des Stabmagneten, in seiner indifferenten Zone, der andere s_2 an einem Ende des Stabmagneten angebracht ist. Auf den Ringen schleifen die Bürsten b_1 und b_2. Die induzierte EMK ist durch die zeitliche Abnahme des Induktionsflusses bestimmt, der mit dem Stromkreis $b_1 - l - b_2 - a$ verkettet ist. Wir zerlegen diesen Stromkreis durch die gestrichelte Linie zwischen den Schleifstellen der Bürsten in einen äußern Teil und einen innern Teil. Der mit dem äußern Kreise verkettete Induktionsfluß ist auch bei umlaufendem Anker im stationären Betrieb unveränderlich und liefert deshalb keinen Beitrag zur induzierten EMK. Der mit dem innern Stromkreis verkettete Fluß tritt durch den schraffierten Teil des Ankermantels, der von der gestrichelten im Raume festen Linie, dem Leiter l und den Schleifringteilen begrenzt wird. Dieser Fluß ist proportional der schraffierten Mantelfläche, also auch proportional dem Drehungswinkel α, und induziert bei unveränderlicher Drehgeschwindigkeit eine unveränderliche EMK. Zwischen den Schleifringen s_1 und s_2 können beliebig viele am Ankerumfang verteilte Leiter parallel geschaltet werden.

Bei der praktischen Ausführung (Bild 26) liegen die Leiter auf einem Anker (A) aus weichem Eisen, und im Feldmagneten (F) wird das gestrichelt angedeutete magnetische Feld erregt. Das Anwendungsgebiet der Unipolarmaschine ist sehr beschränkt, da sie nur für kleine Spannungen geeignet ist.

3. Zweiphasenstrom. Der Anker einer elektrischen Maschine möge mit zwei Wicklungen bewickelt sein, deren Achsen am Ankerumfang um eine halbe Polteilung gegeneinander versetzt sind. In der zweipoligen Anordnung nach Bild 27 sind die Klemmen dieser beiden Wicklungen mit a_1, e_1 und a_2, e_2 bezeichnet. Der positive Wicklungssinn ist von a nach e gerichtet und ergibt nach der Rechtsschraube die am Ankerumfang eingezeichneten Wicklungsachsen.

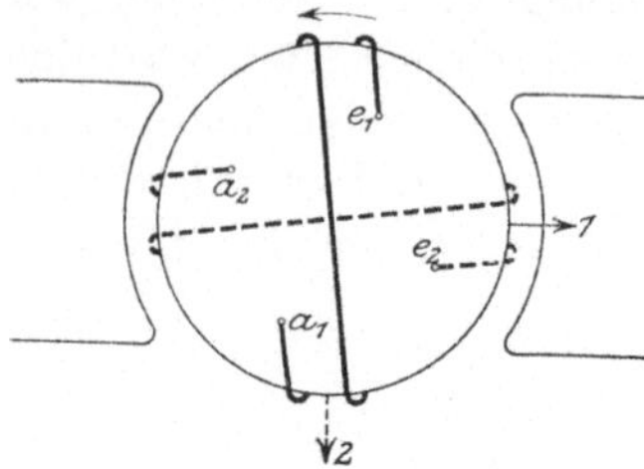

Bild 27. Zweiphasengenerator.

Vom Feldmagneten werde ein zeitlich unveränderliches Magnetfeld erregt. Wenn dann die Normalkomponente der Induktion am Ankerumfang sinusförmig verteilt ist und die Wicklung oder der Anker mit der Wicklung relativ zum Feldmagneten mit unveränderlicher Winkelgeschwindigkeit Ω umläuft, so wird in jeder der beiden Wicklungen eine EMK induziert, die sich nach einer Sinusfunktion ändert. Läuft die Wicklung im positiven Sinne, d. h. entgegen dem Uhrzeigersinne, um (Bild 27), so ist die Spule 1 in der Drehrichtung voraus, und zwar nimmt bei einer zweipoligen Maschine die Spule 2 eine bestimmte Lage im Raume um $1/4$ Umdrehung, bei einer $2p$-poligen Maschine um $1/4 p$ Umdrehungen später ein als die Spule 1. Wir erhalten die Zeit t, die dieser Bewegung entspricht, aus der Beziehung (Gl. 49a u. b)

$$\Omega t = 2 \pi/4 p \quad \text{zu} \quad t = T/4. \qquad (50\text{a u. b})$$

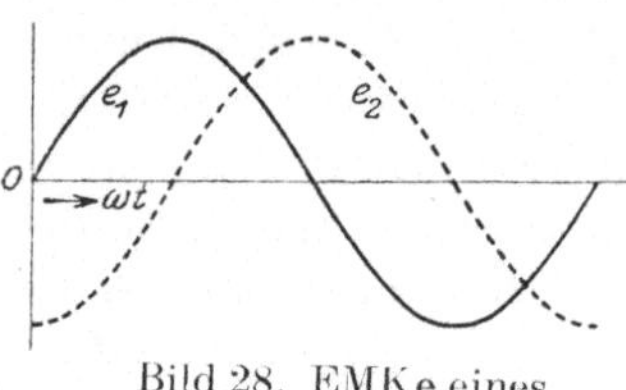

Bild 28. EMKe eines
Zweiphasengenerators.

Das heißt, die EMK in der zweiten Spule ist in der Phase um $1/4$ Periode gegen die EMK der ersten Spule verspätet. Wir haben einen synchronen Generator zur Erzeugung von Zweiphasenstrom mit sinusförmigen Klemmenspannungen vor uns. Nach (1) können wir für die in den Spulen 1 und 2 induzierten EMKe schreiben

$$e_1 = E_1^0 \sin \omega t, \quad e_2 = E_2^0 \sin \omega \, (t - T/4) = E_2^0 \sin (\omega t - \pi/2). \qquad (51\text{a u. b})$$

In Bild 28 sind diese EMKe als Funktion des Winkels ωt dargestellt.

Wenn wir die Drehrichtung umkehren, ändert sich auch die Phasenfolge der in den beiden Wicklungen induzierten EMKe. Die EMK in Spule 2 ist dann gegen die EMK in Spule 1 phasenver*früht*.

Die beiden Wicklungsteile, aus denen sich die Zweiphasenwicklung zusammensetzt, nennen wir *Wicklungsstränge*. Man spricht von *verketteten* Zweiphasenströmen und Wicklungen oder von einem verketteten Zweiphasensystem, wenn die beiden Wicklungsstränge eine Klemme gemeinsam haben.

Verbinden wir z. B. die Anfänge a_1 und a_2 der Wicklungsstränge zu dem Verkettungspunkt a, so erhalten wir die in Bild 29 a dargestellte Schaltung der beiden Stränge mit den drei Klemmen e_1, a und e_2. Die Spannung zwischen den Klemmen der einzelnen Wicklungen bezeichnet man als Strangspannung, die Spannung zwischen den äußeren Klemmen e_1 und e_2 als verkettete Spannung. Entsprechend werden die in der Wicklung induzierten EMKe bezeichnet.

Die Phasenbeziehung zwischen den EMKen können wir in einem Polardiagramm zum Ausdruck bringen, in dem die Amplituden (E_1^0 und E_2^0) unter dem Phasenwinkel, den sie bilden (hier $\pi/2$), dargestellt sind. Denken wir uns eine Gerade, die sog. *Zeitlinie*, im Uhrzeigersinne umlaufend, so stellen die Projektionen der Amplituden auf diese Zeitlinie die Augenblickswerte dar (Gl. 51 a u. b). Die Polardiagramme für zeitlich sinusförmig veränderliche Größen bezeichnet man als *Vektordiagramme* (oder Zeigerdiagramme oder Speerdiagramme) und

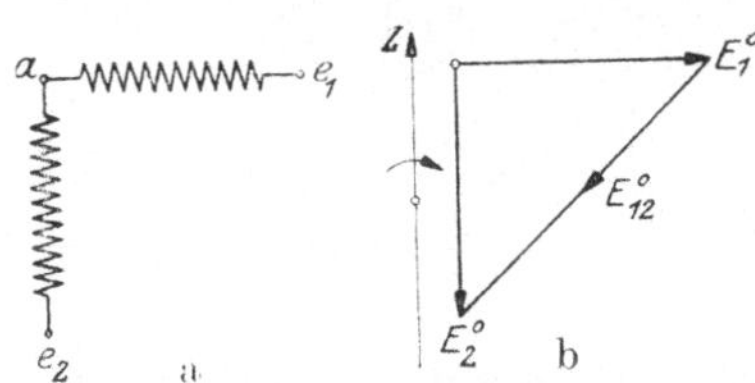

Bild 29 a u. b. a Verkettete Zweiphasenwicklung, b Vektordiagramm mit Zeitlinie Z.

die gerichteten Strecken, die die Amplituden darstellen, als Diagrammvektoren. Sie haben ihrem Wesen nach nichts mit den physikalischen Vektoren zu tun, die eine Richtung im Raume aufweisen [I, I A], und die wir ($A\,1$ bis 5) mit deutschen Buchstaben bezeichnet haben. In Bild 29 b sind E_1^0 und E_2^0 die Amplituden der Strang-EMKe, E_{12}^0 ist die Amplitude der verketteten EMK in der Wicklungsrichtung $e_1 - a - e_2$ und ergibt sich aus der geometrischen Differenz von E_2^0 und E_1^0. Wenn, wie gewöhnlich, $E_1 = E_2$, so besteht zwischen verketteter EMK und Strang-EMK die Beziehung

$$E_{12}^0 = \sqrt{2}\,E_1^0 = \sqrt{2}\,E_2^0. \tag{52}$$

Zur Fortleitung von Zweiphasenströmen sind bei Verkettung der Wicklungsstränge drei Leitungen erforderlich. Die in Bild 29 a gewählte schematische Darstellung der Wicklungen durch Spulen, deren Achsen denselben Winkel einschließen wie die Wicklungen in einer zweipoligen Maschine, ist auch bei mehrpoligen Wicklungen üblich. Die Lage der Wicklungsachsen im Raumdiagramm (Bild 29 a) stimmt aber nur dann mit der Lage der Amplituden im Zeitvektordiagramm (Bild 29 b) überein, wenn, wie wir es in den Bildern 28 und 29 a vorausgesetzt haben, die Achse der Wicklung 1 der Achse der Wicklung 2 im Drehsinne vorauseilt.

4. Dreiphasenstrom und Mehrphasenstrom. Wenn wir am Anker-

versetzt sind, so erhalten wir einen Dreiphasengenerator. Bei positiver unveränderlicher Drehgeschwindigkeit und bei sinusförmiger Verteilung der Normalkomponente der Induktion am Ankerumfang ergeben sich die EMKe, die in den drei Wicklungen induziert werden, zu

$$e_1 = E_1^0 \sin \omega t, \quad e_2 = E_2^0 \sin(\omega t - 2\pi/3), \quad e_3 = E_3^0 \sin(\omega t - 4\pi/3). \quad (52\,\text{a bis c})$$

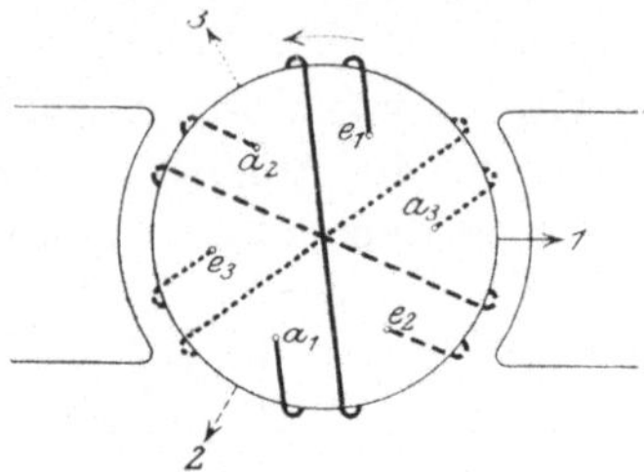

Bild 30. Dreiphasengenerator.

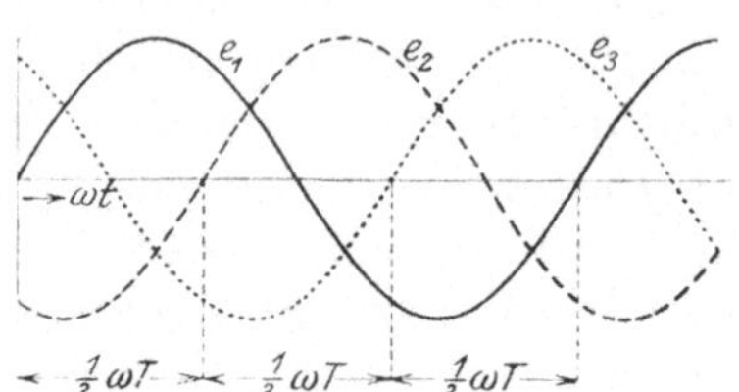

Bild 31. EMKe des Dreiphasengenerators.

Ihre Phasen sind gegeneinander um $^1/_3$ Periode oder um den Phasenwinkel $2\pi/3$ verschoben (Bild 31).

Auch diese Wicklungen oder Wicklungsstränge können wir miteinander verketten. Verbinden wir alle Anfänge miteinander, so erhalten wir die in Bild 32 dargestellte sog. *Sternschaltung* mit dem gemeinsamen

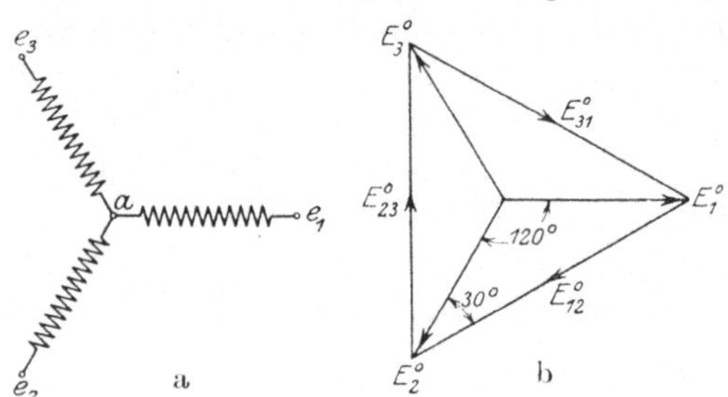

Bild 32a u. b. Sternschaltung mit Vektordiagramm.

Sternpunkt a und den äußeren Klemmen e_1, e_2, e_3. Aus den in Bild 32 durch die Amplituden E_1^0, E_2^0 und E_3^0 dargestellten Strang-EMKen bestimmt sich die von Klemme e_1 nach e_2 gerichtete verkettete EMK E_{12} als geometrische Differenz zwischen E_2^0 und E_1^0. Entsprechend ergeben sich die verketteten EMKe E_{23}^0 und E_{31}^0. Die verketteten EMKe stimmen bei Leerlauf mit den Spannungen an den äußern Klemmen der Wicklungen überein. Wenn die drei Strangspannungen gleiche Größe haben, ist die verkettete Spannung E_{12}^0 gegen die Strangspannung E_2^0 um den Phasenwinkel 30° verspätet, und es besteht nach dem Vektordiagramm in Bild 32 zwischen den Amplituden der verketteten EMKe und der Strang-EMKe die Beziehung

$$E_{12}^0 = E_{23}^0 = E_{31}^0 = \sqrt{3}\, E_1^0 = \sqrt{3}\, E_2 = \sqrt{3}\, E_3^0. \quad (53)$$

Schalten wir die drei Wicklungsstränge des Dreiphasengenerators in Reihe, indem wir nach Bild 33a die Wicklungsklemmen e_1 und a_2,

e_2 und a_3, e_3 und a_1 miteinander verbinden, so erhalten wir die *Dreieckschaltung*. In Bild 33 b ist hierfür das Vektordiagramm dargestellt. Die Klemmenspannungen stimmen jetzt mit den Strang-EMKen überein und sind gegeneinander um den Phasenwinkel 120° verschoben. Die Summe der Strang-EMKe ist Null, so daß bei sinusförmigen EMKen kein Strom fließen kann, der sich innerhalb der Wicklung schließt.

Die Zahl der Wicklungsstränge kann auch größer als 3 sein. Man spricht allgemein von einem m-Phasengenerator, wenn die m Wicklungsstränge am Ankerumfang um $2/m$ Polteilungen gegeneinander versetzt sind. Dieser allgemeinen Definition läßt sich die im letzten Abschnitt behandelte Zweiphasenwicklung nicht unterordnen, die eigentlich eine Vierphasenwicklung ist, von der nur der 1. und 2. Wicklungsstrang benutzt wird. Durch Verbinden der Anfänge aller m Wicklungsstränge erhält man eine Sternschaltung, bei der sich die

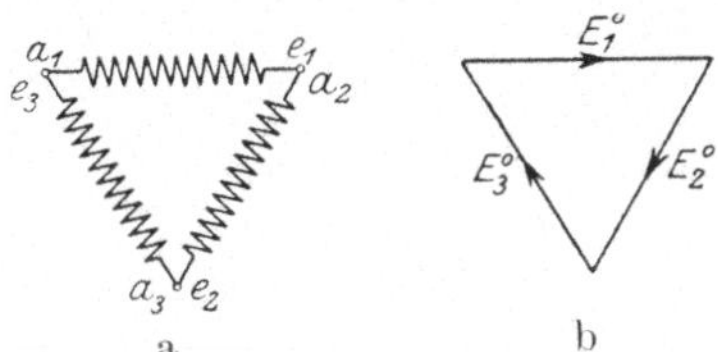

Bild 33 a u. b. Dreieckschaltung und Vektordiagramm.

verketteten EMKe genau wie bei der dreiphasigen Wicklung aus der Differenz benachbarter Strang-EMKe bestimmen. Die Reihenschaltung aller Wicklungsstränge kann man als Vieleckschaltung bezeichnen. Die größte Verbreitung hat der Dreiphasenstrom gefunden, den man auch als Drehstrom bezeichnet.

Zur Fortleitung von m-Phasenströmen ($m > 2$) sind bei verketteten Wicklungen nur m Leitungen erforderlich, doch kann bei Sternschaltung auch noch mit der gemeinsamen Klemme der Wicklungsstränge eine Leitung verbunden werden, um außer den verketteten (für Motoren) auch die Strangspannungen (für Licht) im Netz zur Verfügung zu haben. In diesem Falle führt bei unsymmetrischer Belastung der einzelnen Wicklungsstränge auch der „Mittelleiter" Strom. Wenn dieser Leiter fehlt, muß die algebraische Summe der Augenblickswerte der Strangströme oder die vektorielle Summe ihrer Höchstwerte (Amplituden) immer Null sein, weil sich im Verkettungspunkte keine Elektrizität anhäufen kann.

5. Wechselstromgrößen. Ein Generator mit der Wechsel-EMK oder Wechselspannung

$$e = E_0 \sin \omega t \tag{54a}$$

möge auf einen äußern Stromkreis geschaltet sein. Der in dem Stromkreis fließende Strom wird dann im allgemeinen gegen die EMK des Generators in der Phase verschoben sein; er werde durch die Gleichung

$$i = J_0 \sin (\omega t - \varphi) \tag{54b}$$

dargestellt (Bild 34). Das Produkt

$$e\,i = E_0\,J_0 \sin \omega t \cdot \sin (\omega t - \varphi) = \frac{E_0\,J_0}{2}\,[\cos \varphi - \cos (2\omega t - \varphi)] \tag{54}$$

stellt dann die elektrische Leistung des Generators dar. Sie ändert sich periodisch mit der Zeit und hat die doppelte Frequenz wie der Wechselstrom. Die mittlere Leistung während einer Periode des Wechselstromes ist

$$N = \frac{1}{T} \int\limits_0^T e\,i\,\mathrm{d}t = \frac{E_0\,J_0}{2}\cos\varphi, \tag{55}$$

die auch mit dem Leistungszeiger gemessen wird (Bild 34).

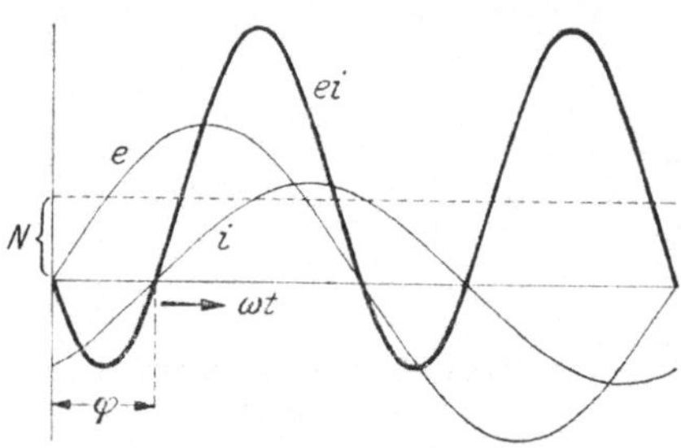

Bild 34. Leistung eines Wechselstroms.

Mit den Spannungs- und Stromzeigern messen wir die *Effektivwerte* der Spannungen und Ströme. Der Effektivwert des Stromes ist definiert durch die Gleichung

$$J = \sqrt{\frac{1}{T}\int\limits_0^T i^2\,\mathrm{d}t} \tag{56}$$

und stellt die Stromgröße dar, die bei unveränderlicher Stärke in einem Leiter dieselbe Wärme entwickeln würde wie der wirklich vorhandene Wechselstrom, wenn er gleichmäßig über den Leiterquerschnitt verteilt ist oder wäre (*III F 4*). Für sinusförmige Ströme ist

$$J = J_0/\sqrt{2}. \tag{56a}$$

Entsprechende Definitionen ergeben sich für die Effektivwerte der Spannung und der EMK.

Ersetzen wir in Gl. 55 die Amplituden durch die Effektivwerte, so wird die mittlere Leistung

$$N = E\,J\cos\varphi. \tag{57}$$

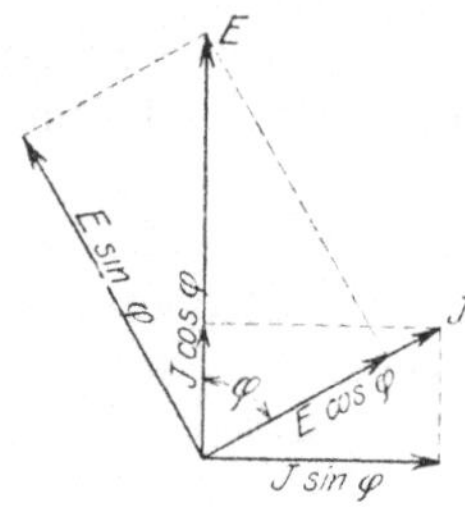

Bild 35.
Erläuterung der Wirk- und Blindkomponenten.

Für sinusförmig veränderliche Größen besteht also Proportionalität zwischen den Amplituden und den Effektivwerten. Deshalb können wir *im Vektordiagramm an Stelle der Amplituden die Effektivwerte einführen* (Bild 35). Bei dieser allgemein üblichen Darstellung ist die Leistung gleich dem Produkt aus der EMK und der mit ihr phasengleichen Stromkomponente $J\cos\varphi$, oder gleich dem Produkt aus dem Strom und der mit ihm phasengleichen EMK-Komponente $E\cos\varphi$. Man bezeichnet $J\cos\varphi$ als Wirkstrom, $E\cos\varphi$ als Wirk-EMK. Die hierzu senkrechten Komponenten geben keinen Beitrag zur mittleren Leistung; man bezeichnet deshalb $J\sin\varphi$ als Blindstrom oder $E\sin\varphi$ als Blind-EMK; sie ergeben mit der EMK E oder mit dem Strom J multipliziert die Blindleistung $EJ\sin\varphi$. Das Produkt EJ wird als Scheinleistung bezeichnet; $\cos\varphi$ heißt der Leistungsfaktor, $\sin\varphi$ der Blindfaktor. Die Scheinleistung gibt multipliziert mit dem Leistungsfaktor die Leistung N, mit dem Blindfaktor die Blindleistung $EJ \sin \varphi$.

Die Darstellung der Wechselstromgrößen in Vektordiagrammen ist nur für solche Größen statthaft, die sich sinusförmig ändern. Bei andern periodischen Funktionen kann man diese in Sinusschwingungen zerlegen und für die Wechselstromgrößen gleicher Frequenz je ein Vektordiagramm aufzeichnen. Für jede Einzelschwingung gelten dann die für sinusförmige Größen abgeleiteten Beziehungen. Die *gesamte* (mittlere) Leistung ist die algebraische Summe aus den Einzelleistungen der Sinusschwingungen

$$N = \sum_{\nu=1}^{\infty} N_{\nu}, \tag{58a}$$

der Effektivwert des gesamten Stromes ergibt sich aus den Effektivwerten der Einzelströme J_{ν} zu

$$J = \sqrt{\sum_{\nu=1}^{\infty} J_{\nu}^{2}}, \tag{58b}$$

und entsprechend die EMK und die Spannung.

In praktischen Fällen behandelt man gewöhnlich auch die nichtsinusförmigen periodischen Größen so, als wären sie sinusförmig, indem man sie durch sinusförmige Größen mit demselben Effektivwert ersetzt. Der Phasenwinkel zwischen Spannung und Strom ergibt sich dann durch Messung von Spannung, Strom und Leistung aus Gl. 57.

In einem Stromkreis mit der effektiven Spannung U und dem effektiven Strom J bezeichnet man die Verhältnisse

$$Z = U/J, \qquad R = N/J^{2} \quad \text{und} \quad X = \sqrt{Z^{2} - R^{2}} \tag{59a bis c}$$

als Scheinwiderstand, Wirkwiderstand (bei Sinusform gleich $Z \cos \varphi$) und Blindwiderstand (bei Sinusform gleich $Z \sin \varphi$).

Greift man aus der Leistung N die in einer stromführenden Wicklung entwickelte Stromwärmeleistung Q heraus, so kommt man auf den Begriff des Echtwiderstands

$$R_{e} = Q/J^{2}: \tag{59d}$$

trennt man auch noch die Wirbelstromwärme ab, so bleibt der Gleichwiderstand R_{G} übrig, den man mit Gleichstrom messen kann. Der *Verlust*-Wirkwiderstand R_{W} enthält noch die Wirbelstromverluste, die die stromführende Wicklung in benachbarten Metallteilen hervorruft. Es ist also im allgemeinen $R_{W} > R_{e} > R_{G}$.

6. Die Klemmenspannung und ihre Darstellung im Vektordiagramm.
Betrachten wir einen am Netz mit den Klemmen a und b liegenden Stromzweig, in dem eine *Gleich*-EMK E wirksam ist, beispielsweise induziert im Anker einer Gleichstrommaschine, so können wir grundsätzlich die Klemmenspannung U entweder von a nach b (entsprechend der Richtung

des elektrischen Feldes, vgl. Bild 8) oder von b nach a positiv zählen. Ebenso können wir die positive Richtung des Stromes J willkürlich, entweder von b über die Maschine nach a oder umgekehrt, annehmen. Die in einem Schaltplan eingezeichneten positiven Richtungen bezeichnet man als *Zählpfeile*. In den Bildern 36a bis d sind solche Zählpfeile eingezeichnet. In Bild a laufen alle Zählpfeile im selben Sinne um; in

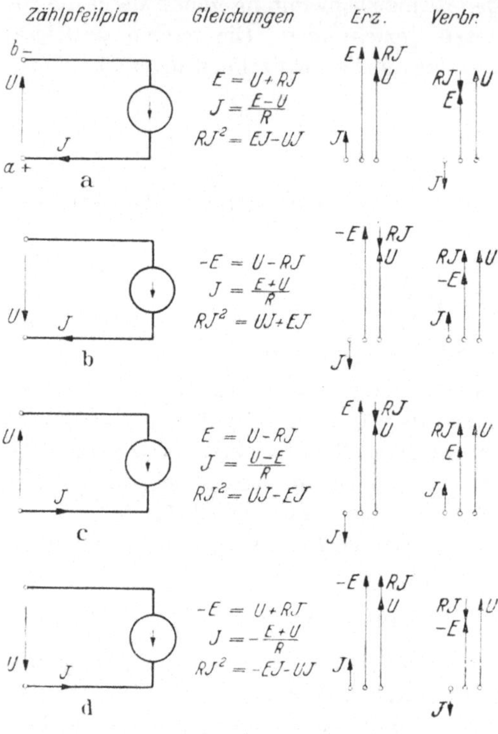

Bild 36. Verschiedene Zählpfeilsysteme mit Gleichungen und Vektordiagrammen.

Bild b ist der Zählpfeil der Klemmenspannung U, im Bilde c der des Stromes J und in Bild d sowohl der von U als auch der von J gegenüber Bild a umgekehrt. Der Pfeil im Anker der Gleichstrommaschine deutet die *Umlaufrichtung* an, in der die EMK E der Gleichstrommaschine positiv gerechnet ist. Neben den Bildern sind die Gleichungen angeschrieben, die sich nach Gl. 21 ergeben, wenn R der Ohmsche Widerstand von b über die Maschine bis a ist[1]. Rechts daneben sind die Vektordiagramme für Stromabgabe an das Netz (Erzeuger) und Stromaufnahme vom Netz (Verbraucher) aufgezeichnet, wobei die Klemmenspannung U konstant angenommen und in die Richtung der Ordinatenachse gelegt ist. Bei den Zählpfeilrichtungen in Bild a und d stellt UJ die an das Netz *abgegebene* Leistung dar; in Bild a ist $+EJ$, in d $-EJ$ die im Stromzweig erzeugte Leistung. Bei den Zählpfeilrichtungen in Bild b und c stellt UJ die dem Netz *entnommene* Leistung dar; in b ist $+EJ$, in c $-EJ$ die im Stromzweig erzeugte Leistung.

Mit den in unserer Zusammenstellung eingezeichneten Zählpfeilrichtungen kommt man bei rechnerischen und zeichnerischen Unter-

---

[1] Beim Anschreiben der Gleichungen ist zu beachten, daß nach den Gl. 16 und 19b die *Umlauf*spannung gleich der induzierten EMK ist. Beim Umlaufen des Stromkreises ist also unter Beachtung der Zählpfeilrichtungen nicht, wie man vielleicht bei Betrachtung des Zählpfeilplanes erwarten möchte, $E + U + RJ = 0$, sondern $E = U + RJ$.

suchungen zu demselben Ergebnis, wenn man die Vorzeichen beachtet.
Hat man es nur mit Erzeugern *oder* nur mit Verbrauchern zu tun, so liegt es nahe, sowohl für U und J als auch für E und J solche Zählpfeilrichtungen im Schaltplan einzuzeichnen, daß sich Erzeugerleistungen bzw. Verbraucherleistungen immer *positiv* ergeben. Diese Bedingungen erfüllt das System nach Bild a für Erzeuger ($U + RJ = E$) und das nach Bild c für Verbraucher ($U - RJ = E$).

Eine elektrische *Maschine* kann aber im allgemeinen sowohl als Generator als auch als Motor arbeiten; oft ist beim Aufstellen der Gleichungen für die Maschine auch nicht bekannt, ob die eine oder die andere Betriebsart vorliegt, und in vielen Fällen kommen überhaupt beide Betriebsarten abwechselnd vor. Dann wird man für Erzeuger und Verbraucher dasselbe Zählpfeilsystem zugrunde legen. Das System nach Bild 36a ist nun besonders einprägsam, weil alle Zählpfeilrichtungen in dieselbe Umlaufrichtung fallen. Es liegt auch bei elektrischen Maschinen näher, eine erzeugte Leistung positiv, und eine verbrauchte negativ zu bezeichnen, wie es für UJ und EJ nur beim System Bild 36a der Fall ist, als umgekehrt. Wir *entscheiden uns* deshalb *für dieses System*, für das die Spannungsgleichung lautet

$$U + RJ = E. \tag{60}$$

Besondere Beachtung verdient der Fall, daß mehrere Stromzweige an denselben Klemmen a und b liegen. Legen wir auch in diesem Falle die Schreibweise nach Gl. 60 zugrunde, so müssen wir bei Beibehaltung desselben Zählpfeils für die Klemmenspannung, z. B. von a nach b, die zur Klemme a hinfließenden Ströme positiv zählen (Bild 37a). Die Spannungsgleichungen lauten dann

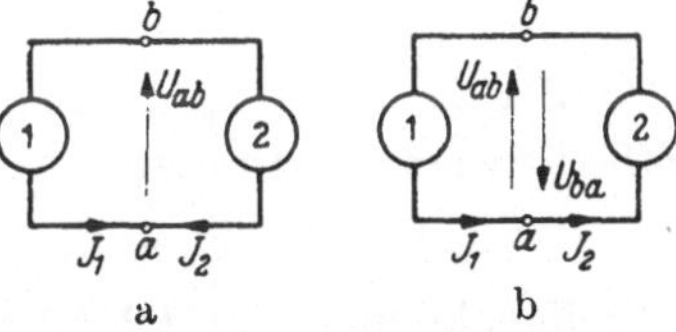

$$\left.\begin{aligned} U_{ab} + R_1 J_{b1a} &= E_{b1a}, \\ U_{ab} + R_2 J_{b2a} &= E_{b2a}, \end{aligned}\right\} \tag{61 a u. b}$$

Bild 37 a u. b. Zwei Stromzweige
an denselben Klemmen.

wenn R_1 der Ohmsche Widerstand von b über 1 bis a und R_2 der von b über 2 bis a ist. Führen wir dagegen, wie es bei nur zwei Stromzweigen natürlicher ist, die Zählpfeile der Ströme im selben Umlaufsinne des gesamten Stromkreises ein, so müssen wir den Zählpfeil der Klemmenspannung für die beiden Kreisteile verschieden annehmen (Bild 37b). Wir erhalten dann

$$U_{ab} + R_1 J_{b1a} = E_{b1a}, \qquad U_{ba} + R_2 J_{a2b} = E_{a2b}. \tag{62 a u. b}$$

Ändern wir (Bild 37b) bei unveränderlicher EMK E_1 der ersten Maschine den Betrag der EMK E_2 der zweiten, die der EMK E_1 der ersten entgegenwirken soll, so erhalten wir die in Bild 38a bis c dargestellten

Spannungsdiagramme. In Bild 38a ist $E_1 > E_2$, die Maschine 1 arbeitet als Generator, Maschine 2 als Motor; in Bild 38b ist $E_1 = \dot{E}_2$, die Maschinen laufen leer; in Bild 38c ist $E_1 < E_2$, Maschine 1 arbeitet als Motor, 2 als Generator. Im Diagramm hat bei unsrer Wahl der positiven Richtungen der Strom J beim Generatorbetrieb dieselbe Richtung, beim Motorbetrieb (Verbraucherkreis) die entgegengesetzte Richtung wie EMK und Klemmenspannung. Betrachten wir nur *einen* Kreis, so ist für Generator und Motor die positive Richtung der Klemmenspannung immer dieselbe.

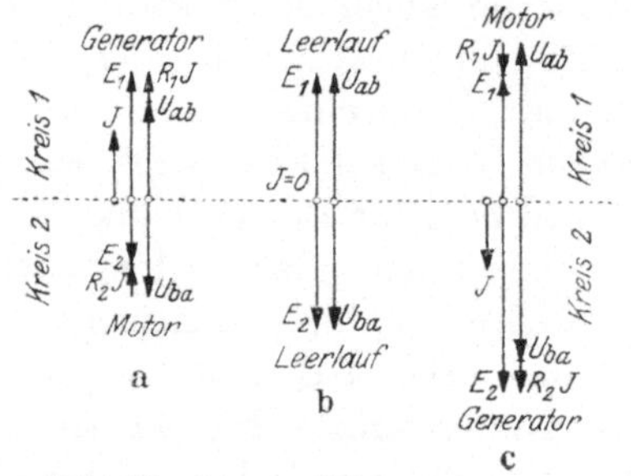

Es ist nun leicht, unsere Betrachtungen auf *Wechselstrom* zu übertragen. Dabei können wir uns auf *einen* Kreis beschränken, da die Beziehungen zwischen den beiden Stromkreisteilen gegenüber Gleichstrom nichts Neues bieten. Mit dem Augenblickswert u der Klemmenspannung schreiben wir

$$R\,i + u = -\frac{d\,\psi}{d\,t}. \tag{63}$$

Bild 38a bis c. Diagramm zu Bild 37b.

Den Spulenfluß ψ können wir uns aus zwei Teilen zusammengesetzt denken, aus dem Teil ψ_0, der bei offenem Stromkreis, also bei Leerlauf auftritt, und dem Teil ψ_s, um den sich der Leerlauffluß bei Belastung ändert. Diesen Flüssen entsprechen die induzierten EMKe

$$e_0 = -\frac{d\,\psi_0}{d\,t} \quad \text{und} \quad e_s = -\frac{d\,\psi_s}{d\,t}, \tag{63a u. b}$$

so daß wir für Gl. 63, indem wir noch statt der Augenblickswerte die Effektivwerte einführen,

$$R\,J + \dot{U} = \dot{E}_0 + \dot{E}_s \quad \text{oder} \quad \dot{E}_0 = \dot{U} + (R\,J - \dot{E}_s) \tag{64a u. b}$$

schreiben können, vgl. Gl. 60, worin die einzelnen Glieder jetzt aber nicht algebraisch, sondern entsprechend ihrer Phase geometrisch zu addieren sind, was durch den Punkt über U, E und J angedeutet ist. Den Klammerausdruck bezeichnen wir als gesamten *Spannungsverlust;* darin ist $R\,J$ der induktionsfreie Spannungsverlust (Wirkverlust), $-\dot{E}_s$ der induktive Spannungsverlust (Blindverlust). Ist der Betrag des induktiven Spannungsverlusts proportional dem Strom, so können wir den (konstanten) Blindwiderstand X einführen und

$$-\dot{E}_s = j\,X\,J \tag{64c}$$

setzen, worin der Faktor j eine Drehung der Richtung von J oder $X\,J$ um 90° im positiven Winkelsinne (Voreilung) andeutet. Gl. 64b können wir dann schreiben:

$$\dot{U} + (R\,J + j\,X\,J) = \dot{E}_0. \tag{65}$$

Die geometrische Summe aus Klemmenspannung und Spannungsverlust ist gleich der induzierten EMK bei Leerlauf.

Ist der Phasenwinkel zwischen Strom und Klemmenspannung spitz, so erhalten wir beispielsweise für einen um den Winkel φ gegen die Klemmenspannung phasenverspäteten Strom das Spannungsdiagramm in Bild 39a. $UJ \cos\varphi$ ist dann positiv; die Maschine gibt Leistung an das Netz ab. Wenn der Winkel zwischen Klemmenspannung und Strom dagegen stumpf ist, so erhalten wir beispielsweise für einen um den Winkel φ gegen die Klemmenspannung phasenverfrühten Strom das Spannungsdiagramm in Bild 39b. $UJ \cos\varphi$ ist dann negativ; die Ma-

schine nimmt Leistung vom Netz auf. Bei der von uns getroffenen Wahl der positiven Richtungen erkennt man also aus der relativen Lage zwischen Strom und Klemmenspannung, ob die Maschine für das Netz Verbraucher oder Generator ist, und zwischen Strom und EMK, ob sie mechanische Leistung abgibt oder aufnimmt.

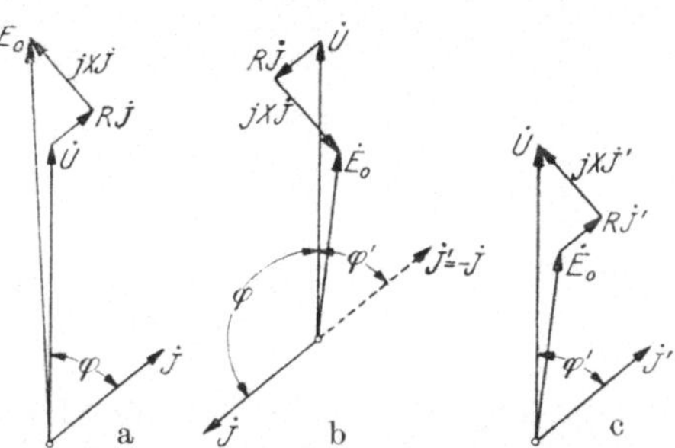

Bild 39a bis c. Vektordiagramme bei Wechselstrom. a Generator, b und c Verbraucher.

Häufig wird jedoch auch im Verbraucherkreise der Phasenunterschied zwischen Klemmenspannung und Strom durch einen *spitzen* Winkel gekennzeichnet, durch den Supplementwinkel $\varphi' = 180° - \varphi$ in Bild 39b. Es wird dann ein um φ phasenverfrühter Strom zu dem um φ' phasenverspäteten Strom und umgekehrt. Wenn wir beim Verbraucher den spitzen Winkel einführen, müssen wir an Stelle von Gl. 65

$$\dot{U} - (R\dot{J}' + jX\dot{J}') = \dot{E}_0 \quad \text{mit} \quad \dot{J}' = -\dot{J} \tag{66}$$

schreiben. Es ist dann die geometrische *Differenz* zwischen Klemmenspannung und Spannungsverlust gleich der bei Leerlauf induzierten EMK (Bild 39c). In diesem Falle ist der Strom in einem am Netz liegenden Wirkwiderstand ($E_0 = 0$, $X = 0$) in Phase mit $\dot{U}$, in einem induktiven Blindwiderstand ($E_0 = 0$, $R = 0$) um $\pi/2$ gegen $\dot{U}$ verspätet, während bei *unserer* Wahl der Vorzeichen (Gl. 65) der *Wirkstrom in Gegenphase* zu $\dot{U}$, der *Blindstrom* um $\pi/2$ gegen $\dot{U}$ *verfrüht* ist. Bei Belastung mit einem Kondensator ist bei unserer Vorzeichenwahl der *kapazitive Blindstrom* um $\pi/2$ *gegen $\dot{U}$ verspätet*, während er nach Gl. 66 verfrüht wäre.

C. Krafterzeugung.

1. Gleichstrommotoren. Im allgemeinen kann jeder Generator auch als Motor betrieben werden, wenn er von außen mit Strom gespeist wird. Schicken wir durch die Ankerwicklung einer Gleichstrommaschine

Gleichstrom und erregen durch den Feldmagneten ein zeitlich unveränderliches Feld, so wirkt nach (*A 12*) auf die Ankerwicklung ein Drehmoment. Der Anker wird sich fortlaufend drehen, weil während der Drehung sowohl bei der Unipolarmaschine als auch bei der Stromwendermaschine die Verteilung des Ankerstromes relativ zum Feldmagneten im wesentlichen erhalten bleibt.

2. Die Entstehung von Drehfeldern. Die Ankerwicklung des in (*B 4*) behandelten dreiphasigen Generators (Bild 30) schalten wir so auf die Ankerwicklung einer zweiten genau gleichen Maschine, daß immer Ende

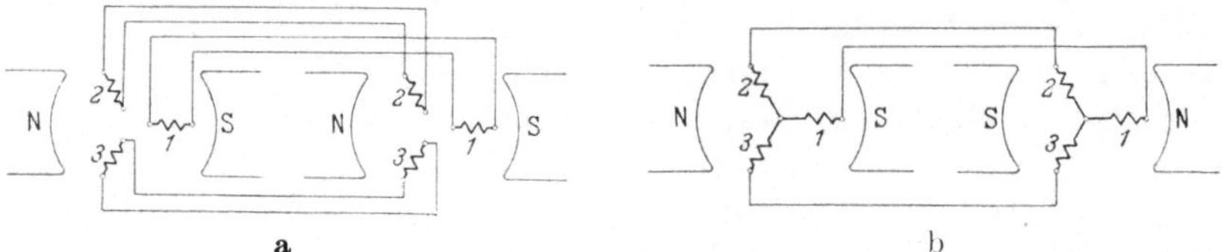

Bild 40a u. b. Kraftübertragung. a Mit unverketteten, b mit verketteten Dreiphasenwicklungen.

und Anfang entsprechender Wicklungsstränge miteinander verbunden sind (Bild 40a). Praktisch wird man die Ankerwicklungen verketten, um mit nur drei Leitungen auszukommen. Führen wir die Anfänge der Stränge zu den Verkettungspunkten (Bild 40b), so müssen wir uns bei der zweiten Maschine Nord- und Südpole vertauscht denken, um vollkommen dieselben Verhältnisse zu erhalten wie in Bild 40a. Der Generator speist dann die zweite Maschine mit Wechselströmen, die wie die Klemmenspannungen des Generators gegeneinander eine Phasenverschiebung von $1/3$ Periode aufweisen, gegen die Spannungen aber im allgemeinen phasenverschoben sind, weil der Scheinwiderstand der

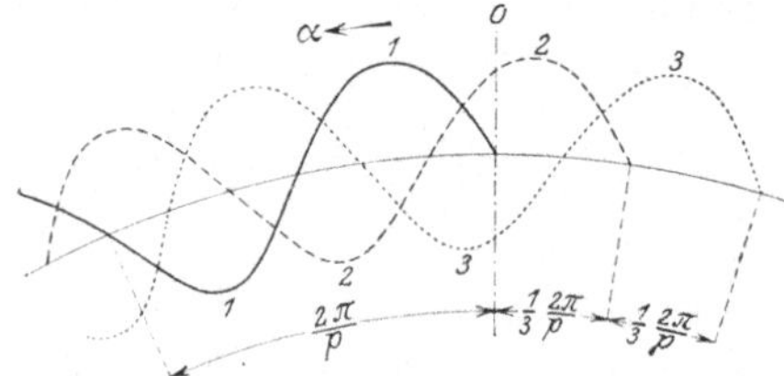

Bild 41. Zur Erläuterung von Gl. 67a.

Ankerwicklung kein reiner Wirkwiderstand ist. Wir wollen es dahingestellt sein lassen, wie groß die Phasenverschiebung zwischen den Klemmenspannungen und Strömen ist, und nur festhalten, daß die Ströme gegeneinander um $1/3$ Periode in der Phase verschoben sind. Wir nehmen ferner an, daß sich die Ströme zeitlich sinusförmig ändern, und daß jeder der Wicklungsstränge immer ein solches Feld erregt, daß die Normalkomponente der Induktion am Ankerumfang für jeden Zeitpunkt sinusförmig verteilt ist.

Denken wir uns die drei unverketteten Wicklungsstränge des ruhenden Ankers (Bild 41) im positiven Sinne von Gleichstrom durchflossen, so erregt jeder der drei Stränge ein sinusförmig am Ankerumfang verteiltes Feld mit so vielen vollen Wellen, wie die Wicklung Polpaare hat. Gegeneinander sind die Sinuswellen je um den Raumwinkel $2\pi/3p$ verschoben; denn der Winkel $2\pi/p$ entspricht einer Polpaarteilung. Wenn die Wicklungsstränge 1, 2, 3 am Ankerumfang im negativen Winkelsinn aufeinanderfolgen, wie wir es auch beim Generator (Bild 30) angenommen haben, so können wir für die Normalkomponente der Induktion, die jeder der drei Wicklungsstränge erregt,

$$b_1 = B_1 \sin p\alpha, \quad b_2 = B_2 \sin(p\alpha + 2\pi/3), \quad b_3 = B_3 \sin(p\alpha + 4\pi/3) \qquad (67\,\mathrm{a})$$

schreiben, wenn α den laufenden Winkel am Ankerumfang bezeichnet.

In Wirklichkeit werden aber die Wicklungsstränge mit phasenverschobenen Wechselströmen gespeist. Die Amplituden B_1, B_2 und B_3 in Gl. 67a sind dann nicht mehr unveränderlich, sondern bei passender Wahl des Zeitpunktes $t = 0$ durch die Sinusfunktionen, vgl. Gl. 52a bis c,

$$B_1 = B_0 \sin \omega t, \quad B_2 = B_0 \sin(\omega t - 2\pi/3), \quad B_3 = B_0 \sin(\omega t - 4\pi/3) \qquad (67\,\mathrm{b})$$

gegeben. Wir erhalten daher die resultierende Induktion am Ankerumfang durch Superposition der Teilinduktionen zu

$$b = B_0 \left[\sin \omega t \cdot \sin p\alpha + \sin(\omega t - 2\pi/3) \cdot \sin(p\alpha + 2\pi/3) \atop + \sin(\omega t - 4\pi/3) \cdot \sin(p\alpha + 4\pi/3) \right] \qquad (68\,\mathrm{a})$$

oder, wenn wir die Kreisfunktionen von Winkelsummen und -differenzen auflösen und die gleichartigen Glieder zusammenfassen,

$$b = \tfrac{3}{2} B_0 (\sin \omega t \cdot \sin p\alpha - \cos \omega t \cdot \cos p\alpha) = -\tfrac{3}{2} B_0 \cos(\omega t + p\alpha). \qquad (68)$$

Dies ist die Gleichung einer umlaufenden Welle, und zwar im Sinne *negativer* Winkel, weil das Argument der Kreisfunktion die *Summe* der Zeit- und Ortsgröße enthält. Die unveränderliche Amplitude ist $\tfrac{3}{2} B_0$; denn das negative Vorzeichen läßt sich beseitigen, wenn man die Zeit $t = 0$ um $^1/_2$ Periode früher oder später, oder den Ort am Ankerumfang $\alpha = 0$ um π/p zurück oder voraus bezeichnet. Wir bestimmen die Winkelgeschwindigkeit, mit der die Induktionswelle am Ankerumfang umläuft, indem wir einen bestimmten Wert von b ins Auge fassen und die Bewegung dieses Wertes am Ankerumfang untersuchen. Aus

$$b = -\tfrac{3}{2} B_0 \cos(\omega t + p\alpha) = \mathrm{const} \qquad (69\,\mathrm{a})$$

erhalten wir

$$\omega t + p\alpha = \mathrm{const} \quad \text{oder} \quad \omega\,\mathrm{d}t + p\,\mathrm{d}\alpha = 0 \qquad (69\,\mathrm{b\ u.\ c})$$

und die Winkelgeschwindigkeit

$$\Omega = \mathrm{d}\alpha/\mathrm{d}t = -\omega/p. \qquad (69)$$

Es ergibt sich ein *Drehfeld*, das mit derselben Winkelgeschwindigkeit, aber im entgegengesetzten Sinne umläuft wie die Ankerwicklung des Generators, Gl. 49a. Für die zweipolige Maschine ($p = 1$) ist die Winkelgeschwindigkeit des Drehfeldes gleich $-\omega = -2\pi f$.

Ein im negativen Sinne umlaufendes Drehfeld wird auch von der Ankerwicklung des Generators erregt, der die zweite Maschine speist. Das von der Ankerwicklung des Generators erregte Drehfeld steht also relativ zum Feldmagneten still (vgl. Bild 30).

Sehr anschaulich wird das Fortschreiten der Induktionswelle, wenn wir sie für verschiedene Zeitpunkte über dem abgewickelten Anker-umfang (α) auftragen, wie es beispielsweise in Bild 42 geschehen ist. Im oberen Teil des Bildes sind die Induktionswellen aufgezeichnet, die von den einzelnen Wicklungen am Ankerumfang erregt werden, wenn sie in positivem Sinne von Gleichstrom durchflossen werden (Gl. 67a), und darunter für die Zeitpunkte $t_1 = 0$, $t_2 = 60°/\omega$, $t_3 = 120°/\omega$ ... die Einzelwellen und ihre Summe (Gl. 67 u. 68). Während einer halben Periode des Wechselstroms ist die resultierende Welle bei der vier-poligen Maschine um $\pi/p = 90°$ im negativen Sinne fortgeschritten.

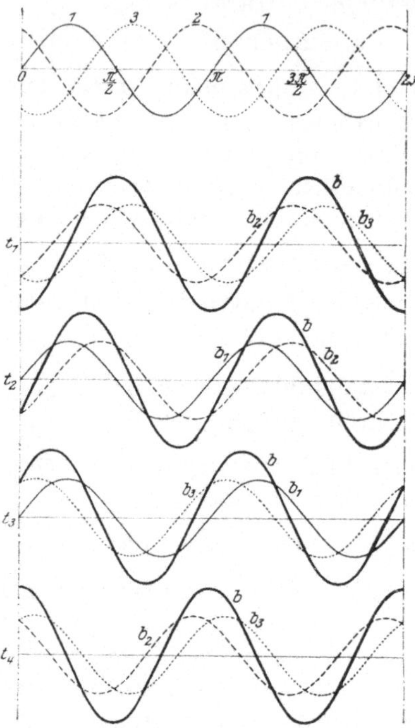

Bild 42. Drehfeld einer vierpoligen Dreiphasenwicklung.

Wir haben bei den Untersuchungen über die Entstehung des Drehfeldes angenommen, daß die Wicklungsstränge genau um $^2/_3$ Pol-teilungen am Ankerumfang gegen-einander versetzt sind und daß sie mit Strömen gespeist werden, die gegeneinander um genau $^1/_3$ Periode in der Phase verschoben sind. Wir haben ferner vorausgesetzt, daß die Normalkomponente der Induktion, die die einzelnen Wicklungsstränge am Ankerumfang erregen, immer sinusförmig verteilt ist und die Ströme, mit denen die Wicklungsstränge gespeist werden, sich zeitlich sinusförmig ändern. Wenn dann noch, wie wir stillschweigend angenommen haben, die Windungszahlen der drei Stränge gleich groß und auch die Effektivwerte der Ströme gleich und unveränderlich sind, so ist das Drehfeld am Ankerumfang sinus-förmig verteilt, und seine Amplitude ist unveränderlich. Wenn außerdem die Frequenz der Wechselströme sich nicht ändert, so läuft das Dreh-feld mit unveränderlicher Geschwindigkeit um. Sind diese Bedingungen nicht alle erfüllt, so ändert sich im allgemeinen sowohl die Amplitude des Drehfeldes als auch seine Verteilung und Geschwindigkeit. Die für die Entstehung eines Drehfeldes *notwendigen Bedingungen* sind, daß die *Wicklungen* am Ankerumfang *gegeneinander versetzt* sind, *und* daß sie *mit phasenverschobenen Strömen* gespeist werden. Wenn nur eine der beiden Bedingungen erfüllt ist, kann niemals ein Drehfeld entstehen, sondern nur ein relativ zur Ankerwicklung ruhendes Wechselfeld.

Dieselben Bedingungen, die wir hier für die dreiphasigen Drehfelder abgeleitet haben, gelten sinngemäß auch für alle Mehrphasenströme, wobei sich die Zweiphasenwicklung wie eine Vierphasenwicklung verhält.

Jedes Drehfeld ändert seine Drehrichtung, wenn die Reihenfolge der Wicklungsstränge am Ankerumfang umgekehrt wird. In Gl. 67a ist dann nicht die Summe, sondern die Differenz der Winkel einzusetzen und Gl. 68 geht über in

$$b = \tfrac{3}{2} B_0 \cos(\omega t - p\alpha), \tag{70}$$

die Gleichung für eine in *positivem* Sinne umlaufende Welle. Praktisch erfolgt die Umkehr der Drehrichtung des Drehfeldes bei einer dreiphasigen verketteten Wicklung durch Vertauschen zweier Zuleitungen zur Wicklung [I, I C 7].

3. Synchronmotoren. Schalten wir die Ankerwicklung eines mehrphasigen Synchrongenerators auf ein Dreiphasennetz, so entsteht, wie wir in (2) gesehen haben, in der Maschine ein Drehfeld. In diesem Drehfeld befindet sich der von außen mit Gleichstrom erregte Feldmagnet. Wir hatten am Schluß von (*A 12*) abgeleitet, daß sich eine von außen gespeiste und im Magnetfeld frei bewegliche Spule so einstellt, daß sie einen möglichst großen Induktionsfluß umschlingt. Um dieser Bedingung zu genügen, muß also der Feldmagnet relativ zum Drehfelde in Ruhe bleiben, d. h. bei feststehendem Anker (Innenpolmaschine) wird der Feldmagnet synchron mit dem Drehfelde, bei feststehendem Feldmagneten (Außenpolmaschine) wird der Anker entgegen dem Drehfeldsinn umlaufen, damit das Drehfeld gegenüber dem Feldmagneten in Ruhe bleibt. Wir haben einen *mehrphasigen Synchronmotor*. Wenn die Geschwindigkeit des Drehfeldes allmählich von Null auf den stationären Wert gebracht wird, indem z. B. die Drehzahl des synchronen Generators, der den synchronen Motor speist, allmählich erhöht wird, so läuft der Mehrphasen-Synchronmotor auch von selbst an. Wird dagegen der Motor ohne weiteres an das Mehrphasennetz mit unveränderlicher Frequenz geschaltet, so bildet sich das Drehfeld sofort mit voller Geschwindigkeit aus, der der rotierende Teil des Motors wegen seiner Massenträgheit nicht folgen kann. Das Drehmoment, das die beiden Teile des Motors aufeinander ausüben, wechselt nun bei stillstehendem Feldmagneten und Anker nach jeder halben Welle sein Vorzeichen, so daß das mittlere Drehmoment Null ist. Der mehrphasige Synchronmotor läuft deshalb als solcher nicht von selbst an, und es ist notwendig, ihn durch andere Hilfsmittel zuerst auf eine Geschwindigkeit zu bringen, die in der Nähe der synchronen Geschwindigkeit liegt. Wenn trotzdem in praktischen

Fällen ein Selbstanlauf möglich ist, so beruht dieser auf dem Prinzip des in (4) behandelten Induktionsmotors, indem in den massiven Polschuhen oder in einer in diesen untergebrachten Kurzschlußwicklung Ströme induziert werden.

Hat der Feldmagnet ausgeprägte Pole, so erhalten wir auch dann einen synchron mit dem Drehfelde umlaufenden Motor, wenn wir den Erregerkreis des Feldmagneten unterbrechen oder die Feldmagnetwicklung vollständig entfernen *(Reaktionsmaschine)*. Wir haben früher in *(A 11)* gesehen, daß sich bei unveränderlichem Spulenfluß die beweglichen Eisenteile immer so einzustellen suchen, daß die magnetische Energie ein Minimum wird. Einer bestimmten Zugkraft am Ankerumfang entspricht dann eine bestimmte Lage des Feldmagneten relativ zum Drehfelde, die bei unveränderlicher Belastung erhalten bleibt, so daß der Motor synchron umläuft. Dieser synchrone Motor hat nur für ganz kleine Leistungen (Grammophonantrieb) praktische Bedeutung, weil er nur ein verhältnismäßig kleines Drehmoment zu entwickeln vermag.

Auch der *Einphasen*-Synchrongenerator wird zum Synchronmotor, wenn wir die Ankerwicklung mit einphasigem Wechselstrom speisen. Wir wollen an dieser Stelle nicht auf die Wirkungsweise des einphasigen Motors eingehen und nur hervorheben, daß auch der einphasige Synchronmotor nicht von selbst anläuft. Wird dagegen die Drehzahl des ihn speisenden Generators allmählich von Null auf den stationären Wert gebracht, so läuft gewöhnlich auch der einphasige Synchronmotor ohne besondere Hilfsmittel von selbst an.

4. Asynchronmotoren. Ersetzen wir den Feldmagneten des mehrphasigen Synchronmotors durch einen massiven Eisenring, so induziert das Drehfeld, das die Mehrphasenwicklung des Ankers erregt, in dem massiven Eisenring Ströme, die mit dem Drehfeld ein Drehmoment ergeben. Dieser Motor kann nicht synchron laufen, weil bei Synchronismus die Relativgeschwindigkeit zwischen Drehfeld und Eisenring Null ist, und dann keine Ströme induziert werden. Es genügt aber schon ein geringes Zurückbleiben des Eisenringes gegenüber dem Drehfeld, um genügend große Ströme und Drehmomente zu erzeugen, besonders wenn der Eisenring, wie es gewöhnlich der Fall ist, eine in sich kurzgeschlossene Wicklung von geringem Widerstand trägt. Die Stärke der induzierten Ströme ist proportional der Geschwindigkeitsdifferenz zwischen Drehfeld und Eisenring, die man Schlüpfung (oder Schlupf) nennt und in Hundertsteln der synchronen Geschwindigkeit angibt. Diese Art von Motoren bezeichnet man als *Induktionsmotoren*; sie gehören zur Klasse der *Asynchronmotoren*. Die mehrphasigen Induktionsmotoren laufen von selbst an, auch wenn die Ankerwicklung ohne weiteres an das Netz mit unveränderlicher Frequenz geschaltet wird.

Auch wenn der Eisenring des Induktionsmotors keine Wicklung trägt und so fein unterteilt ist, daß keine Ströme im Eisen induziert werden können, wird auf den Eisenring ein Drehmoment ausgeübt[1]. Dieses Drehmoment ist jedoch im allgemeinen gering und gleich dem Quotienten aus der sekundlich im ruhenden Eisenring entwickelten Hysteresewärme und der Winkelgeschwindigkeit des Drehfeldes.

Die *einphasigen* Induktionsmotoren zeigen im wesentlichen dasselbe Verhalten wie die mehrphasigen Induktionsmotoren, doch laufen sie nicht ohne weiteres von selbst an, sondern müssen durch besondere Hilfsmittel angelassen werden.

Die Induktionsmotoren sind auch befähigt, als *Generatoren* zu arbeiten, wenn sie an ein Wechselstromnetz geschaltet werden, das von synchronen Maschinen gespeist wird. Die Induktionsmaschine muß in diesem Falle mit übersynchroner Geschwindigkeit angetrieben werden.

Zur Klasse der asynchronen Motoren gehören auch die *Wechsel-strom-Stromwendermotoren*. Am verbreitetsten sind die Reihenschluß-motoren. Schaltet man die Feldmagnetwicklung einer Gleichstrom-maschine durch die auf dem Stromwender schleifenden Bürsten mit der Ankerwicklung in Reihe, so erhält man die einfachste Form des ein-phasigen Reihenschlußmotors. Das Magnetfeld ändert sich dann mit derselben Frequenz wie der Strom und der Motor entwickelt ein Dreh-moment, das ähnlich wie die Leistung eines Wechselstroms (vgl. Gl. 54) periodisch um einen Mittelwert schwankt.

Beim dreiphasigen Reihenschlußmotor trägt der Feldmagnet eine dreiphasige Wicklung, die über Bürsten mit einer dreiphasig gespeisten Gleichstrom-Stromwenderwicklung in Reihe geschaltet ist. Da die Wechselstrom-Stromwendermotoren nicht an die synchrone Geschwin-digkeit gebunden sind, laufen sie von selbst an.

5. Stabilitätsbedingung bei Motoren. Die Möglichkeit eines stabilen Betriebs von elektrischen Motoren bei der Drehzahl n_1 und dem Dreh-moment M_1 hängt von der Kurve des Belastungsmo-ments $M_b(n)$ ab. Stabil ist

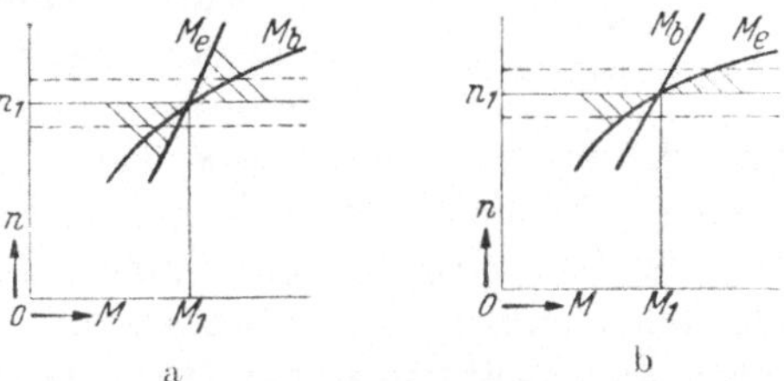

Bild 43 a u. b. Stabilitätskriterium. a stabil, b unstabil.

der Betrieb (Bild 43a), wenn sich die Kurven des im Motor ent-wickelten Drehmoments und des Belastungsmoments im Punkte (M_1, n_1) so schneiden, daß mit zunehmender Drehzahl das Belastungs-moment M_b überwiegt (der Motor wird gebremst), und mit abnehmender Drehzahl das entwickelte Drehmoment M_e überwiegt (der Motor wird beschleunigt). Ist dies nicht der Fall (Bild 43b), so wird bei zunehmender Drehzahl der Motor weiter beschleunigt, bei abnehmender Drehzahl weiter gebremst. Im ersten Falle geht er durch, im zweiten kommt er

---

[1] JAESCHKE: Der Hysteresemotor. Elektrot. u. Masch.-Bau Bd. 59 (1941) S. 176.

zum Stillstand, wenn sich die Drehmomentkurven nicht bei höherer oder niedrigerer Drehzahl nochmals, und zwar dann stabil, schneiden. Das letztere kann unter Berücksichtigung des Ausgleichsvorgangs eintreten, den eine Änderung des Belastungszustands zur Folge hat, so daß unter Umständen ein Betrieb, der nach den „statischen" Kennlinien (Bild 43b) unstabil sein müßte, noch stabil ist; die Drehzahl nimmt dann nur vorübergehend höhere oder niedrigere Werte an.

Wenn die statischen Kennlinien zugrunde gelegt werden, so erkennt man durch Vergleich der Bilder 43a u. b, daß für stabilen Betrieb die Kurve des Belastungsmoments M_b in die schraffierten Gebiete fallen muß, die zwischen der durch den Gleichgewichtspunkt (M_1, n_1) zur Abszissenachse gelegten Parallelen und der Kurve des entwickelten Drehmoments $M_e(n)$ liegen.

D. Umformung.

1. Umformer. Zur Umwandlung einer Stromart in irgendeine andere dienen die Umformer, die gewöhnlich umlaufende Maschinen sind. Die

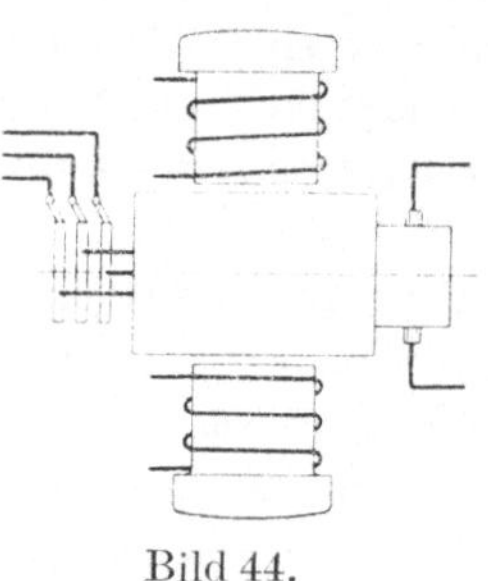

Bild 44.
Einankerumformer.

gebräuchlichsten Umformer sind die *Motorgeneratoren.* Der Generator zur Erzeugung der verlangten Stromart wird hierbei mit einem Motor gekuppelt, der mit der Stromart betrieben werden kann, die das zur Verfügung stehende Netz liefert. Das Verhalten des Motorgenerators ergibt sich ohne weiteres aus dem Verhalten der einzelnen Maschinen.

Antriebsmotor und Generator lassen sich jedoch auch ganz oder teilweise miteinander vereinigen. Die wichtigste und verbreitetste Anordnung dieser Art ist der *Einankerumformer*, schlechthin auch Umformer genannt. Er dient zur Umwandlung von Wechselstrom in Gleichstrom und besteht aus einem Feldmagneten (Gleichstromgehäuse), in dem ein Gleichstromanker mit Stromwender umläuft, dessen Wicklung mehrphasig angezapft und zu Schleifringen geführt ist. Für Dreiphasenstrom erhält der Umformer drei Schleifringe; er ist in Bild 44 schematisch dargestellt. Wenn die Schleifringe an ein Dreiphasennetz geschaltet werden, so läuft die Maschine als Synchronmotor, und den auf dem Stromwender schleifenden Bürsten kann Gleichstrom entnommen werden. Der Einankerumformer hat gegenüber dem Motorgenerator den Vorzug der Billigkeit, aber den Nachteil einer schlechteren Regulierbarkeit, weil die Spannungen des Gleichstroms und des Wechselstroms nicht voneinander unabhängig sind; auch muß man deswegen im allgemeinen einen Transformator vorschalten.

2. Transformatoren. Die Umwandlung von Wechselströmen gegebener Spannung in Ströme derselben Frequenz aber andrer Spannung kann durch eine Maschine ohne bewegliche Teile, den Transformator (auch Umspanner genannt), erfolgen. Beim Einphasentransformator befinden sich auf einem Eisenkern (Bild 45) zwei Wicklungen, die primäre 1 mit der Windungszahl w_1 und die sekundäre 2 mit der Windungszahl w_2. Legen wir die primäre Wicklung an ein Wechselstromnetz mit der effektiven Klemmenspannung U_1, so muß bei Leerlauf, wo der Spannungsverlust in den Wicklungen verschwindend klein ist, in jedem Zeitpunkte $u_1 = -\,\mathrm{d}\psi/\mathrm{d}t$ sein. Da der Induktionsfluß im wesentlichen innerhalb des Eisenkerns fließt, so können die einzelnen Windungsflüsse der Wicklungen annähernd gleich groß angenommen werden und gleich dem Fluß φ im Eisenkern. Wir dürfen deshalb auch schreiben $u_1 = -\,w_1\,\mathrm{d}\varphi/\mathrm{d}t$. In der zweiten Wicklung herrscht im wesentlichen der-

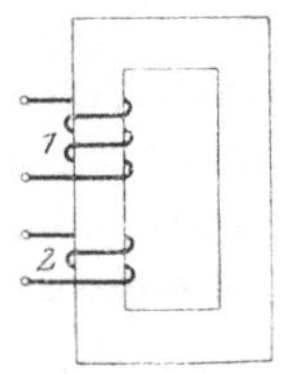

Bild 45. Einphasentransformator.

selbe Fluß, und es ist deshalb bei Leerlauf die Spannung an der zweiten Wicklung gegeben durch die Gleichung $u_2 = -\,w_2\,\mathrm{d}\varphi/\mathrm{d}t$. Damit erhalten wir die Beziehung

$$u_2/u_1 = U_2/U_1 = w_2/w_1, \tag{71}$$

d. h. die Klemmenspannungen stehen bei Leerlauf annähernd im Verhältnis der Windungszahlen der Wicklungen. Bei Belastung der Sekundärwicklung tritt durch die Streuflüsse ($III\ G\ 1$) der beiden Wicklungen und die Wirkwiderstände ein Spannungsverlust auf, so daß die sekundäre Klemmenspannung bei nacheilenden Strömen etwas kleiner ist, als Gl. 71 angibt. Der Induktionsfluß im Eisenkern wird bei Vernachlässigung des Spannungsverlustes in den Wicklungen auch bei Belastung nur durch die Klemmenspannung bestimmt. Die Ströme, die die Primärwicklung dem Wechselstromnetz entnimmt, müssen sich daher immer so einstellen, daß die resultierende Durchflutung von Primär- und Sekundärwick-

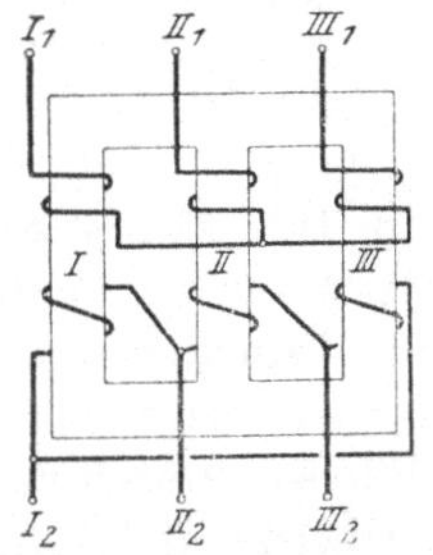

Bild 46. Dreiphasentransformator.

lung den durch Gl. 22a vorgeschriebenen Induktionsfluß φ erregt.

Zur Umwandlung der Spannung von *Mehrphasenströmen* kann man für jeden Wicklungsstrang einen einphasigen Transformator nach Bild 45 verwenden, wobei dann die primären und die sekundären Wicklungen je unter sich in der bei Mehrphasenwicklungen üblichen Weise verkettet werden können. Man kann aber auch die magnetischen Kreise miteinander vereinigen, indem man die Eisenkerne in ähnlicher Weise miteinander „verkettet" wie die Wicklungen. Bei der wichtigsten Ausführung des Dreiphasen-Transformators werden die drei Kerne in einer Ebene angeordnet und durch Jochplatten miteinander magnetisch verbunden. Bild 46 zeigt einen solchen Transformator mit seinen

Wicklungen; die Primärwicklung ist beispielsweise in Stern, die sekundäre in Dreieck geschaltet. [s. I, I C 9].

3. Stromrichter. Neben den Motorgeneratoren und Einankerumformern zur Umwandlung einer Stromart in eine beliebige andere müssen wir noch die sog. Stromrichter erwähnen, die auf der elektrischen Entladung in gasgefüllten Gefäßen beruhen. Man unterscheidet *Gleichrichter*, die Wechselstrom in Gleichstrom, *Wechselrichter*, die Gleich- in Wechselstrom umformen, und *Umrichter*, die Wechselstrom gegebener Frequenz in solchen anderer Frequenz oder Gleichstrom gegebener Spannung in solchen anderer Spannung umrichten. Da diese Apparate außerhalb des Rahmens elektrischer Maschinen liegen, begnügen wir uns damit, das Grundsätzliche bei einem aus einem Dreiphasennetz gespeisten Gleichrichter zu erläutern.

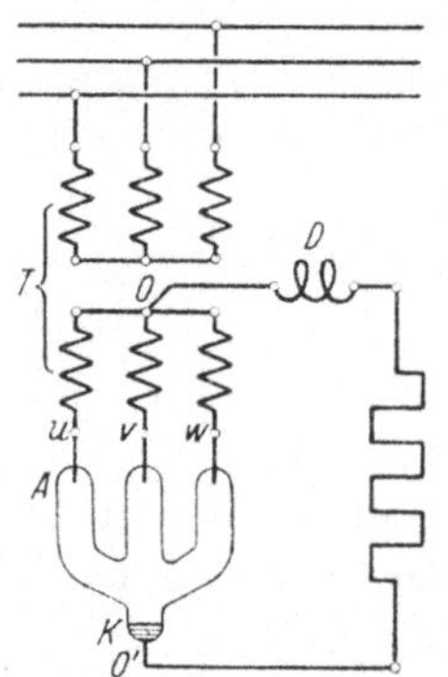

Bild 47a. Dreiphasengleichrichter.

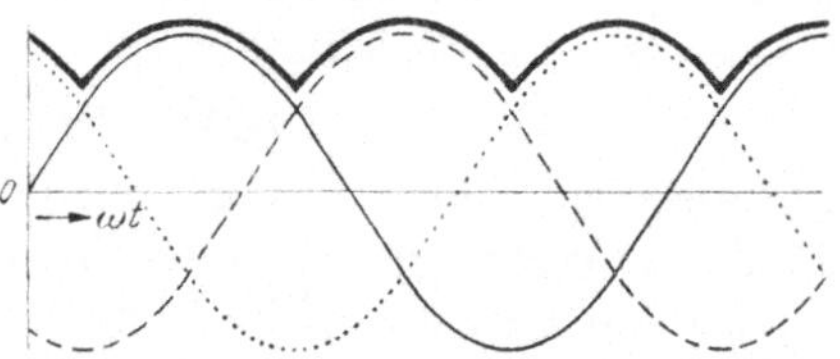

Bild 47b. Gleichgerichtete Spannung.

In Bild 47a ist die Schaltung angedeutet. An die Klemmen u, v, w der in Stern geschalteten Sekundärwicklung des Transformators T sind die drei Anoden A des Gleichrichters geschaltet. Die Spannung zwischen den Klemmen u, v, w und dem Sternpunkt 0 der Sekundärwicklung sind in Bild 47b durch verschiedene Stricharten gekennzeichnet. Wegen der Ventilwirkung des Entladungsgefäßes kann nur ein Strom von der Anode zur gemeinsamen Kathode K fließen, und zwar nur dann, wenn die Anode gegenüber der Kathode positiv ist. Wird zwischen die Klemmen 0 und 0′ ein Widerstand geschaltet, so fließt, wenn dieser induktionsfrei ist, der durch starke Linien in Bild 47b hervorgehobene gleichgerichtete Strom, dessen Schwankungen noch durch eine in den Gleichstromkreis eingeschaltete „Glättungsdrossel" D mehr oder weniger, je nach der Stärke der Drosselwirkung, beseitigt werden können. Dort wo sich die positiven Wellen in Bild 47b überschneiden, wird der Strom in einer Anode von dem in einer andern abgelöst. Die Kathode ist gewöhnlich Quecksilber, das bei der hohen Stromdichte des Lichtbogens verdampft, so daß der Lichtbogen in Quecksilberdampf brennt. Für höhere Spannung werden die Gleichrichter häufig dem Einankerumformer vorgezogen.

Bei Wechselrichtern und Umrichtern verwendet man zwei Stromrichter, von denen mindestens der eine ein Gitter zwischen jeder Anode und Kathode erhält, durch dessen Spannung gegenüber der Kathode der Lichtbogen gesteuert werden kann.

In neuester Zeit sind auch Starkstrom-Gleichrichter ohne Entladungsgefäße, sog. *Kontaktumformer*, entwickelt worden, bei denen die Umschaltung durch gesteuerte Kontakte erfolgt[1].

II. Die Ankerwicklungen.

A. Gleichstrom-Ankerwicklungen.

1. Allgemeine Begriffe. Die Gleichstrom-Ankerwicklungen, die auch für Wechselstrom-Stromwendermaschinen verwendet werden (*IX A 1* u. *X A 1*), setzen sich aus einzelnen Spulen gleicher Windungszahl und im wesentlichen auch gleicher Form zusammen, die in Nuten eingebettet und in besonderer Schaltung miteinander verbunden werden. Aus Herstellungsgründen werden gewöhnlich die Spulenseiten jeder Nut in zwei Schichten übereinander angeordnet, so daß die eine Seite der Spule in der unteren Hälfte, die andere Seite in der oberen Hälfte

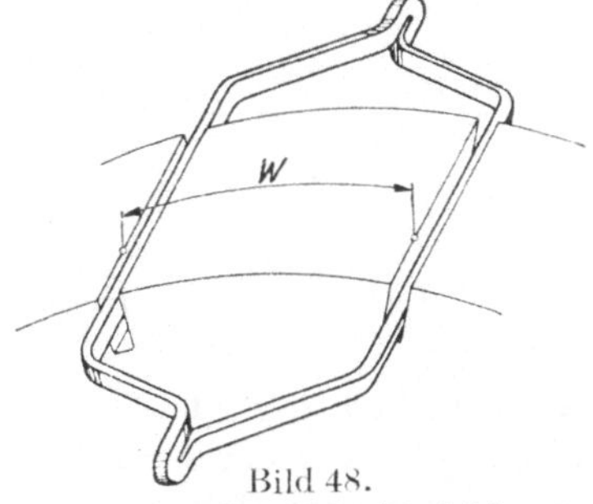

Bild 48.
Spule einer Zweischichtwicklung.

einer Nut liegt (Bild 48). Die in der Nut übereinanderliegenden Spulenseiten gehören dann stets verschiedenen Spulen an. Eine aus solchen Spulen bestehende Wicklung bezeichnet man als *Zweischichtwicklung*. Nur bei den Kleinstmotoren werden die Spulen unmittelbar in die Nuten eingewickelt.

a   b

Bild 49 a u. b.   a $u = 1$, b $u = 3$.

Die Verbindungen je zweier Spulen werden zu je einem Stromwendersteg geführt, so daß die Zahl der Spulen gleich der Zahl der Stromwenderstege k ist. Wenn die Nutenzahl N gleich k ist, liegt quer zur Nut immer nur eine Spulenseite (Bild 49 a). Ist das Verhältnis

$$u = k/N = \text{ganz} \tag{72}$$

dagegen größer als 1, so liegen in jeder Nut immer u Spulenseiten nebeneinander, wie es in Bild 49 b für $u = 3$ dargestellt ist.

---

[1] Koppelmann: ETZ Bd. 62 (1941) S. 3.

Alle in derselben Nut liegenden Spulenseiten verhalten sich im wesentlichen so, als lägen sie am Ankerumfang in der Mitte der Nut-öffnung, denn eine durch die Mitte der Nutöffnung gelegte Ebene grenzt im wesentlichen den Induktionsfluß am Ankerumfang ab, der mit der Spule verkettet ist. Die in einer Spule induzierte EMK ist proportional dem Höchstwert des Ankerflusses, der mit der Spule ver-kettet ist (*III A 1*). Da die Normalkomponente der Induktion nach je einer Polteilung τ ihr Vorzeichen wechselt, erhalten wir die größte EMK, wenn die Spulenweite W, d. i. die Länge des Bogens am Anker-umfang zwischen den Schlitzmitten der Nuten, in denen die Spule liegt (Bild 48), gleich τ ist. Die Spule ist dann mit Rücksicht auf die in ihr induzierte EMK am besten ausgenützt. Man bezeichnet Wicklungen,

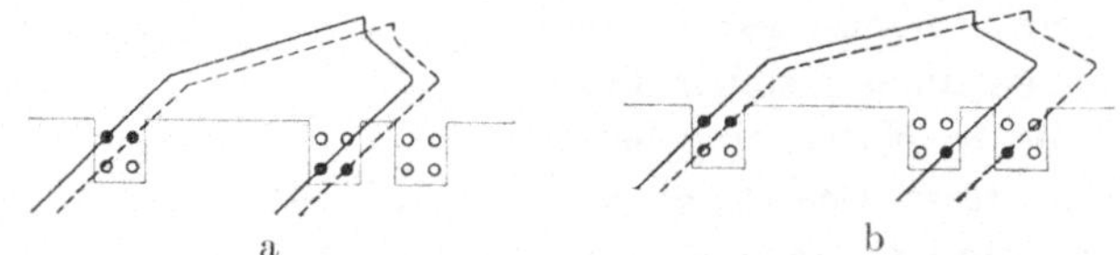

Bild 50 a u. b.   a Gewöhnliche, b Treppen-Wicklung; $u = 2$.

deren Spulenweite gleich der Polteilung ist ($W = \tau$), als *Durchmesser-wicklungen*, weil bei der zweipoligen Maschine die Verbindungslinie der beiden um eine Polteilung auseinander liegenden Spulenseiten einen Durchmesser bildet.

Wenn die Spulenweite gegenüber der Polteilung verkürzt ($W < \tau$) oder verlängert ($W > \tau$) ist, bildet die Verbindungslinie der Spulenseiten bei der zweipoligen Maschine eine Sehne; deshalb bezeichnet man solche Wicklungen als *Sehnenwicklungen*. Eine geringe Abweichung der Spulenweite von der Polteilung verringert die Ausnutzung der Wicklung nur wenig, bietet aber in mancher Hinsicht, besonders durch Verringe-rung der EMK der Stromwendung (*VII C*), wesentliche Vorteile.

Bei Wicklungen mit mehreren in der Nut nebeneinander liegenden Spulenseiten ($u > 1$) sind zwei grundsätzlich verschiedene Ausführungen möglich. Entweder liegen die zu einer Spule gehörigen Spulenseiten in Ober- und Unterschicht an derselben Stelle der Nut, wie z. B. in Bild 50a mit $u = 2$, oder an verschiedenen Stellen, wie in Bild 50b mit $u = 2$. Im ersten Falle (Bild a) haben alle Spulen dieselbe Weite. Diese Aus-führung wird gewöhnlich bevorzugt, weil sich dann immer u nebenein-anderliegende Spulen vor dem Einlegen in die Nuten gemeinsam ab-isolieren lassen. Im zweiten Falle (Bild b) sind Spulen verschiedener Weite zu unterscheiden. Ein Teil der Spulen hat stets eine um die Nut-teilung t größere Spulenweite als der andere Teil. Solche Wicklungen sind für die Unterdrückung des Bürstenfeuers günstig, man bezeichnet sie als *Treppenwicklungen*.

Die Spulenweite W wird gewöhnlich in Nutteilungen (t) angegeben: $W = \eta_1 t$. Um von der einen Seite einer Spule zu der andern Seite derselben Spule zu gelangen, sind η_1 Nuten abzuzählen. Man bezeichnet η_1 als den Nutenschritt; er bestimmt die Spulenweite. Statt der Nuten kann man auch die Zahl der am Ankerumfang nebeneinander liegenden Spulenseiten abzählen. Bezeichnet man diese Zahl mit y_1, so ist bei der gewöhnlichen Wicklung (Bild 50 a) $y_1 = u\,\eta_1$ der Schritt in nebeneinander liegenden Spulenseiten, der die Spulenweite bestimmt. y_1 ist auch für alle Spulen einer Treppenwicklung derselbe. Bei dieser Wicklung ist aber y_1/u eine gebrochene Zahl; die Wicklung setzt sich dann aus kurzen und langen Spulen zusammen, deren Nutenschritte η_1' und η_1'' gleich der

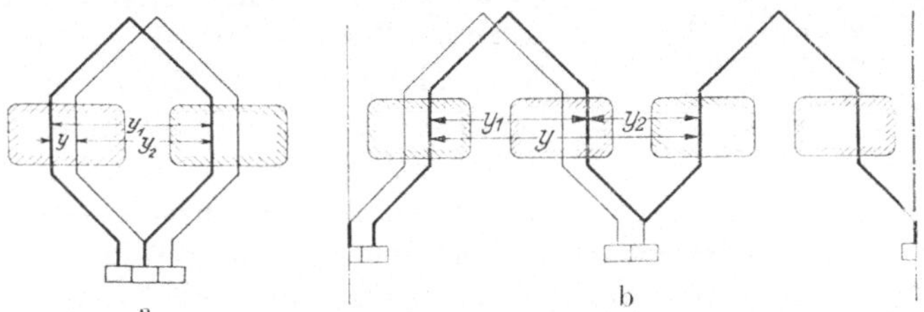

Bild 51 a u. b. a Schleifen-, b Wellenwicklung; $p = 2$.

nächst kleineren und der nächst größeren ganzen Zahl von y_1/u sind (vgl. Bild 56a u. b).

Die einzelnen Spulen der Ankerwicklung werden nun so miteinander verbunden, daß die Spulenseiten zweier in der Schaltung aufeinander folgender Spulen entweder unter demselben Polpaar (Bild 51 a) oder unter benachbarten Polpaaren (Bild 51 b) liegen. Im ersten Fall schreitet die Wicklung schleifenförmig am Ankerumfang fort und wird als *Schleifenwicklung* bezeichnet; im zweiten Fall schreitet sie wellenförmig fort und wird als *Wellenwicklung* bezeichnet. Die Zahl y_2 der am Ankerumfang nebeneinander liegenden Spulenseiten, die wir abzuzählen haben, um von der zweiten Spulenseite der einen Spule zur ersten Spulenseite der in der Schaltung folgenden Spule zu gelangen, nennen wir den Schaltschritt. Als *resultierenden Wicklungsschritt* bezeichnen wir die Zahl y der am Ankerumfang nebeneinander liegenden Spulenseiten, oder hier auch der am Ankerumfang nebeneinander liegenden *Stromwenderstege*, die wir abzählen müssen, um von einer Spule zu der in der Schaltung unmittelbar folgenden Spule zu gelangen. Aus Bild 51 a u. b folgt ohne weiteres für die *Schleifen-* bzw. *Wellenwicklung*

$$y = y_1 - y_2 \quad \text{bzw.} \quad y = y_1 + y_2, \qquad (73\,\text{a u. b})$$

wenn y_1 und y_2 immer als positive Größen eingeführt werden.

Zur Darstellung der Schaltung empfiehlt es sich, den Ankermantel mit der Wicklung in der Papierebene abzurollen. Da es hierbei nur auf die Lage und die Verbindungen der einzelnen Spulen ankommt, zeichnet man im Schaltplan gewöhnlich nur eine Windung für jede Spule, wenn auch die Spulen aus mehreren Windungen bestehen (Bild 51 a u. b). [s. Aw I, 1, 2 u. 8].

2. Schleifenwicklungen. Die Eigenschaften der Schleifenwicklung lassen sich leicht aus der Ringwicklung ableiten, die wir bereits in (*I B 2*) kennengelernt haben. Die Richtung der in den einzelnen Ankerleitern

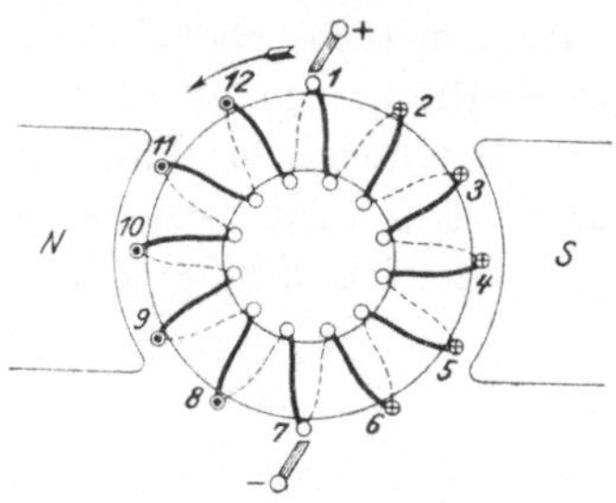

Bild 52. Ringwicklung.

dieser Wicklung induzierten EMKe der Bewegung ist in Bild 52 für den eingezeichneten Drehsinn durch Punkte und Kreuze angedeutet. Diese Zeichen geben auch die Stromverteilung am Ankerumfang an, wenn durch die Bürsten Strom fließt. Der Übersichtlichkeit wegen ist im Bild der Stromwender nicht gezeichnet, sondern angenommen, daß die äußern Leiter am Ankerumfang als Stromwenderstege ausgebildet sind, wie es früher auch zuweilen ausgeführt wurde. Bei der heute üblichen Ausführung ergibt sich dieselbe Stromverteilung wie bei der im Bild gezeichneten Bürstenstellung, wenn die in der neutralen Zone liegenden Spulen kurzgeschlossen sind (vgl. Bild 24 b).

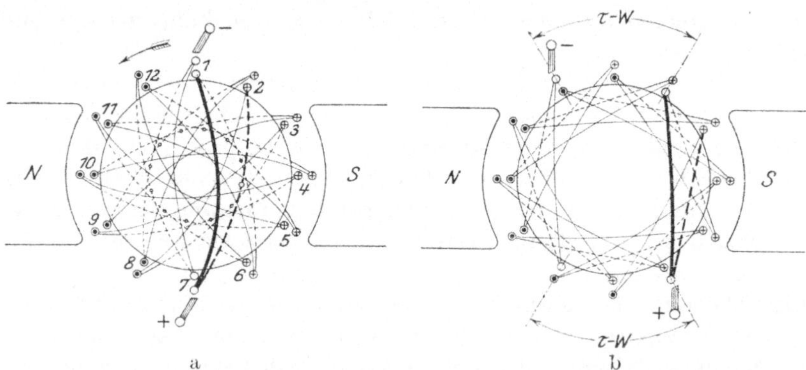

Bild 53 a u. b. Schleifenwicklung. a Durchmesser-, b Sehnenspulen.

Während bei der Ringwicklung immer die eine Seite der Spule im feldfreien Innern des Ringes untergebracht ist, liegen bei der „Trommelwicklung" beide Seiten der Spule am äußern Ankerumfang. Bei derselben Spulen- oder Stromwenderstegzahl hat deshalb die Trommelwicklung am äußern Ankerumfang doppelt so viele Spulenseiten wie die Ringwicklung, die gewöhnlich in zwei übereinander liegenden Schichten angeordnet werden. Wir erhalten aus der Ringwicklung in Bild 52 die in Bild 53 a dargestellte Trommelwicklung mit Spulen, deren Weite gleich der Polteilung ist (Durchmesserwicklung). Der in Bild 53 a durch dicke Linien hervorgehobene Wicklungsteil entspricht dem Wicklungsteil zwischen den Leitern 1 und 2 in Bild 52. Solche Teile reihen sich bei der Trommelwicklung in genau derselben Weise aneinander wie bei der Ringwicklung. Die Anschlüsse zum Stromwender bei der heute üblichen Ausführung sind bei der Darstellung in Bild 53a auf der Rückseite des Ankers (gestrichelte Querverbindungen) zu denken und sind durch kleine Kreise angedeutet; die auf dem Stromwender schleifenden Bürsten müssen dann unter der Polmitte liegen. Wenn die Bürsten die in der neutralen Zone liegenden Spulenseiten kurzschließen, erhalten wir die durch Punkte und Kreuze bezeichnete Stromverteilung, die in Unter- und Oberschicht genau dieselbe ist wie die am äußern Ankerumfang der Ringwicklung (Bild 52). Bei einer Sehnenwicklung verschieben sich die Stromverteilungen in Ober- und Unterschicht um den Bogen $\tau - W$ gegeneinander (Bild 53b), so daß in jeder Pollücke eine Zone von der um eine Spulenseitenteilung (Nutteilung) verkürzten Breite $\tau - W$ besteht, wo die Ströme in Ober- und Unterschicht entgegengesetzte Richtung haben. Die aus der zweipoligen Ringwicklung in Bild 52 abgeleitete zweipolige Schleifenwicklung besitzt wie die Ringwicklung zwei parallele Ankerzweige.

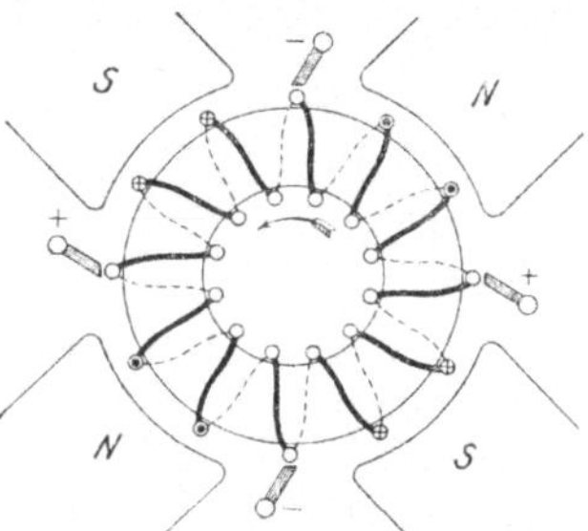

Bild 54. Ringwicklung im vierpoligen Felde.

Obgleich bei den Trommelwicklungen mit symmetrischen Querverbindungen die Bürsten in der Polmitte liegen, ist es in *schematischen Darstellungen* üblich, sie wie bei der Ringwicklung in der *Mitte der Pollücke* zu zeichnen, so daß im zweipoligen Schaltbild die Verbindungslinie der Bürsten die magnetische Achse der Wicklung bildet (s. z. B. Bild 279). [s. V, I A 3c].

Die Ringwicklung hat die Eigenschaft, daß derselbe Anker für Maschinen beliebiger Polpaarzahl Verwendung finden kann. Es ist nur eine entsprechende Zahl von Bürsten auf dem Stromwender anzuordnen. In Bild 54 ist eine vierpolige Maschine mit Ringwicklung dargestellt. Am Ankerumfang wechseln positive und negative Bürsten ab; alle gleichpoligen Bürsten sind miteinander zu verbinden, so daß die Zahl der parallelen Ankerzweige proportional der Polzahl ist. Sie ist gleich der Polzahl, wenn es sich, wie wir zunächst vorausgesetzt haben, um eine eingängige Wicklung handelt, d. h. um eine Wicklung, bei der immer benachbarte Spulen miteinander verbunden sind, die Spulen mit ihren Verbindungsleitungen also mit einer eingängigen Schraube verglichen werden können.

Auch bei der eingängigen Schleifenwicklung, die im $2p$-poligen Feldmagneten umläuft, müssen $2p$ Bürsten auf dem Stromwender angeordnet werden, und wir erhalten dann dieselbe Zahl der parallelen Ankerzweige wie bei der eingängigen Ringwicklung. Bezeichnen wir die Zahl der parallelen Ankerzweige mit 2a, so ist für eingängige Schleifenwicklungen $2a = 2p$. Im Gegensatz zur Ringwicklung ist aber eine Schleifenwicklung nicht für jede beliebige Polzahl geeignet, da nach (1) die Spulenweite annähernd gleich der Polteilung sein soll.

Verbinden wir bei einer Ringwicklung nicht die unmittelbar nebeneinander liegenden Spulen, sondern überspringen wir immer eine Spule am Ankerumfang (Bild 55), so sind die Spulen mit ihren Verbindungsleitungen so gewunden wie eine zweigängige Schraube. Wir sprechen deshalb von einer *zweigängigen* Ringwicklung. Wir erhalten eine *m*-gängige Ringwicklung, wenn wir bei der Schaltung $m - 1$ Spulen am Ankerumfang überspringen, also den resultierenden Wicklungsschritt $y = m$ ausführen. Dasselbe gilt für die Schleifenwicklung.

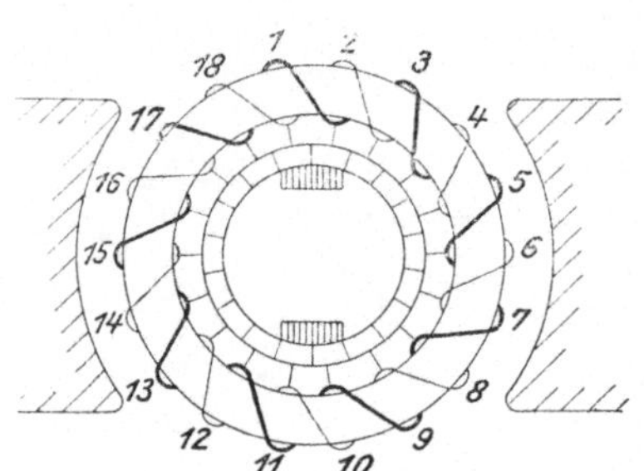

Bild 55. Zweigängige zweifach geschlossene Ringwicklung.

Wenn die Spulen- oder Stegzahl *k* durch die Gangzahl *m* teilbar ist (wie z. B. in Bild 55), so erhalten wir *m* getrennte Wicklungen. Haben *m* und *k* den gemeinsamen Teiler *t*, so ergeben sich *t* getrennte Wicklungen. In jedem Falle erhalten wir für die *m*-gängige Schleifenwicklung ebenso wie für die *m*-gängige Ringwicklung

$$2a = 2mp \tag{74}$$

parallele Ankerzweige. Der resultierende Wicklungsschritt ist

$$y = m. \tag{75}$$

Größere Gangzahlen als $m = 2$ kommen bei der Schleifenwicklung praktisch nicht in Frage. Gewöhnlich wird sie eingängig ausgeführt.

Beim *Entwurf* einer Schleifenwicklung hat man die Spulenweite, je nachdem ob eine Durchmesserwicklung oder eine Sehnenwicklung verlangt wird, gleich oder etwas abweichend von der Polteilung, zweckmäßig etwas kleiner als die Polteilung, zu wählen und solche Spulen am Ankerumfang miteinander zu verbinden, die um den resultierenden Wicklungsschritt $y = m$ Stromwenderstege auseinander liegen. In Bild 56a u. b sind die Schaltpläne für eingängige Schleifenwicklungen ($m = 1$) mit $u = 2$ dargestellt. Bild 56a ist eine gewöhnliche (Sehnen-) Wicklung, Bild 56b eine Treppenwicklung. *u* nebeneinander liegende Ankerspulen sind durch dicke Linien hervorgehoben. In beiden Schaltplänen sind die Spulenseiten, die in derselben Nut liegen, auch an derselben

Stelle des Ankerumfanges gezeichnet, nämlich in der Nutenschlitzmitte, weil diese Stelle für das Verhalten der Wicklung maßgebend ist. Die Stromwenderstege sind fortlaufend numeriert, ebenso die nebeneinander liegenden Spulenseiten, und zwar in der Nut von oben nach unten in derselben Reihenfolge, wie sie von links nach rechts in der Nut nebeneinander liegen. Die von links oben nach rechts unten randschraffierten

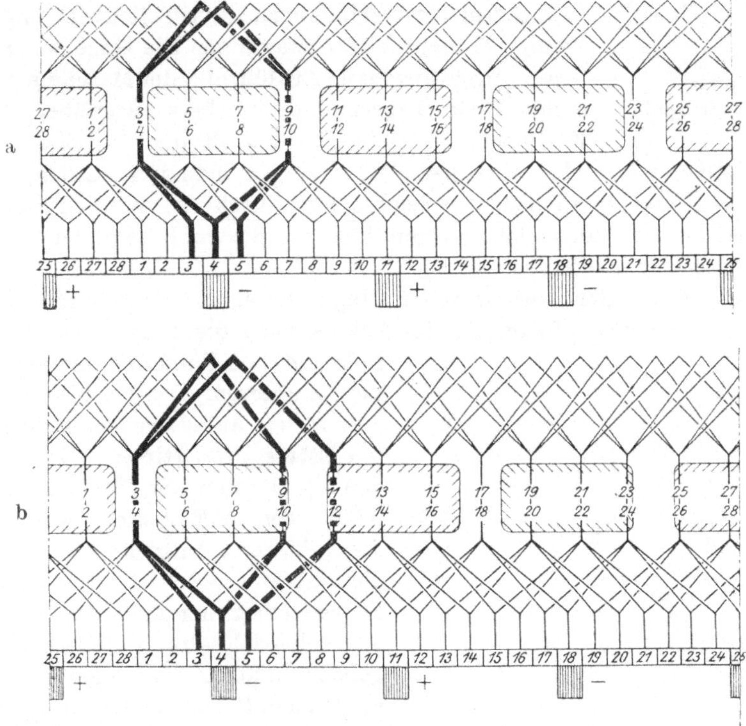

Bild 56 a u. b. Vierpolige eingängige Schleifenwicklungen mit $u = 2$. a Gewöhnliche; $y_1 = 6$, $y_2 = 5$, $\eta_1 = 3$. b Treppenwicklung, $y_1 = 7$, $y_2 = 6$, $\eta_1 = 3, 4, 3, 4 \ldots$

Flächen deuten die Nordpole, die von rechts oben nach links unten randschraffierten Flächen die Südpole an. Wenn sich die Wicklung unterhalb dieser Polflächen von rechts nach links bewegt, ergeben sich die eingezeichneten Bürstenpolaritäten.

Die in Bild 56a u. b dargestellten Schleifenwicklungen bezeichnet man als *ungekreuzte* Wicklungen, weil sich die Enden einer Spule, die zu den Stromwenderstegen führen, nicht kreuzen. Alle ungekreuzten Schleifenwicklungen lassen sich auch als gekreuzte Wicklungen ausführen. Die zu den Stromwenderstegen führenden Enden jeder Spule kreuzen sich dann, wie es in Bild 57 dargestellt ist. Bei der gekreuzten

Schleifenwicklung ist der resultierende Wicklungsschritt $y = -m$. In ihrem Verhalten sind die gekreuzten und die ungekreuzten Wicklungen vollkommen gleichwertig, nur ist die Bürstenpolarität bei beiden verschieden. Da die ungekreuzte Schleifenwicklung etwas weniger Wicklungsmetall erfordert, wird man die Schleifenwicklungen immer als ungekreuzte Wicklungen ausführen. [s. Aw, 3 bis 5, 8].

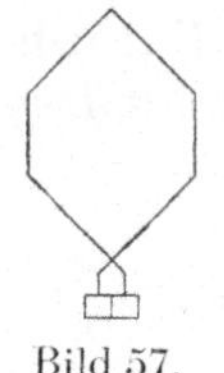

Bild 57.
Gekreuzte Spule.

3. Ausgleichsverbindungen bei Schleifenwicklungen. Wenn bei mehrpoligen Maschinen die einzelnen Polflüsse durch ungenaue Ausführung der Maschine oder exzentrische Lagerung des Ankers gegenüber dem Feldmagneten nicht gleich groß sind, so sind auch die EMKe, die in den einzelnen Ankerzweigen induziert werden, verschieden, und es fließen Ausgleichströme durch die Verbindungsleitungen zwischen den gleichpoligen Bürsten. die zu Bürstenfeuer Veranlassung geben können.

Bild 58 erläutert dies an einer Ringwicklung im vierpoligen Felde. Durch exzentrische Lagerung des Ankers seien die Flüsse der oberen Pole um je 2 Einheiten kleiner als die der unteren. Den Polflüssen sind die in den Ankerzweigen induzierten EMKe proportional. Zwischen den $+$-Bürsten ist deshalb eine EMK von 2 Einheiten wirksam, durch die ein Ausgleichstrom über die Bürsten fließt. Bei der *Schleifen-Trommel*wicklung sind die Mittelwerte benachbarter Polflüsse maßgebend, und es wird auch hier bei ungleichen Polflüssen ein Ausgleichstrom über die Bürsten fließen. Um diese Ausgleichströme zu unterdrücken, werden die Punkte der Wicklung, zwischen denen bei gleichen Polflüssen die Spannung Null wäre, durch *innere* Ausgleichsleitungen miteinander verbunden. Die durch die inneren Ausgleichsverbindungen fließenden Ströme erreichen nur eine mäßige Stärke, weil sie auf das unsymmetrische Feldsystem zurückwirken und die Unterschiede der Polflüsse mehr oder weniger verringern. Um diese ausgleichende Wirkung der inneren Verbindungsleitungen hervorzurufen, ist es nicht nötig, so viele innere Ausgleichsverbindungen anzubringen, wie Gruppen von spannungsgleichen Punkten bei Gleichheit der Polflüsse vorhanden wären. 5 bis 8 Gruppen von Ausgleichsverbindungen, die möglichst gleichmäßig am Ankerumfang verteilt sind, unter-

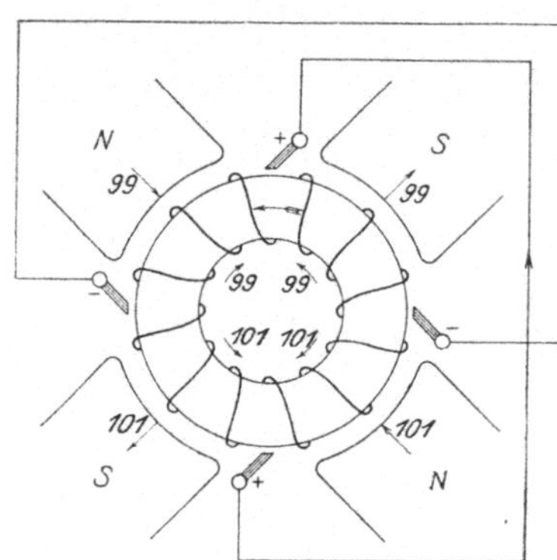

Bild 58. Ringwicklung im unsymmetrischen vierpoligen Felde.

drücken die Ausgleichströme gewöhnlich schon in praktisch hinreichendem Maße.

Bei einer $2p$-poligen Schleifenwicklung erhalten wir bei gleich großen Polflüssen je p Punkte ohne Spannungsunterschied, wenn

$$N/p = k/u\,p = \text{ganz} \tag{76a}$$

ist. Diese sind durch innere Ausgleichsleitungen, deren Schritt

$$y_v = k/p \tag{76b}$$

ist, miteinander zu verbinden. Die vierpoligen Wicklungen in Bild 56a u. b genügen der Bedingung 76a; es ist hier $y_v = 14$, und wir erhalten

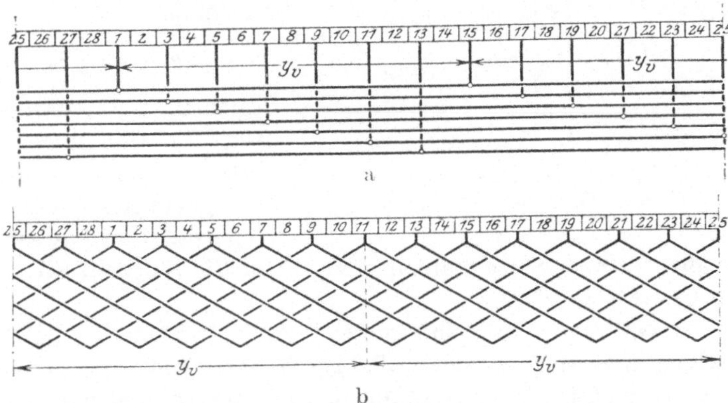

Bild 59a u. b. Ausgleichsverbindungen. a In Form von Ringleitungen, b in Form von Querverbindungen.

bei 7 Gruppen von Ausgleichsverbindungen die in Bild 59a u. b dargestellten Schaltpläne, von denen Bild 59a die Ausführung der Ausgleichsverbindungen in Form von Ringleitungen, Bild 59b die in Form von Querverbindungen, ähnlich den Querverbindungen der Wicklung, veranschaulicht. Die Ausgleichsverbindungen sind entweder an die Stromwenderstege oder an andere um den Schritt y_v auseinander liegende Stellen der Wicklung anzuschließen. [s. Aw, 11, 12 C, 13].

4. Wellenwicklungen. Bei der Wellenwicklung werden immer solche Spulen miteinander verbunden, die um annähernd eine Polpaarteilung auseinander liegen. Wir gelangen deshalb zum ersten Male wieder in die Nähe der Ausgangsspule, nachdem wir p Spulen miteinander verbunden haben. Beginnen wir z. B. in Bild 60, die für $2p = 6$ Pole gilt, die Wicklung mit der Spule $a_1 - b_1$, so ist diese mit der Spule $b_1 - c_1$ und diese mit der Spule $c_1 - d_1$ zu verbinden, die alle um den resultierenden Wicklungsschritt y, der nur wenig von der Polpaarteilung abweicht, auseinander liegen. Den Wicklungsteil $a_1 - d_1$ bezeichnen wir als einen *Umlauf* der Wellenwicklung. Solche Umläufe mit je p Spulen reihen sich dann in derselben Weise aneinander, wie die einzelnen Spulen bei der Schleifenwicklung. Wenn die Stege a_1 und d_1 unmittelbar nebeneinander liegen, erhalten wir eine eingängige Wellenwicklung. Liegen ihre Mitten um m Stegteilungen auseinander, so erhalten wir eine m-gängige Wellenwicklung. Wenn sich die Enden des Umlaufs nicht kreuzen, wie in Bild 60, sprechen wir von einer *ungekreuzten* Wellenwicklung, im andern Falle von einer gekreuzten Wellenwicklung.

Während eine Schleifenwicklung für jede· beliebige Zahl von Stromwenderstegen (oder Spulen) ausführbar ist, muß nach Bild 60 bei der Wellenwicklung zwischen der Polpaarzahl p, der Stegzahl k, der Gangzahl m und dem resultierenden Wicklungsschritt y die Beziehung

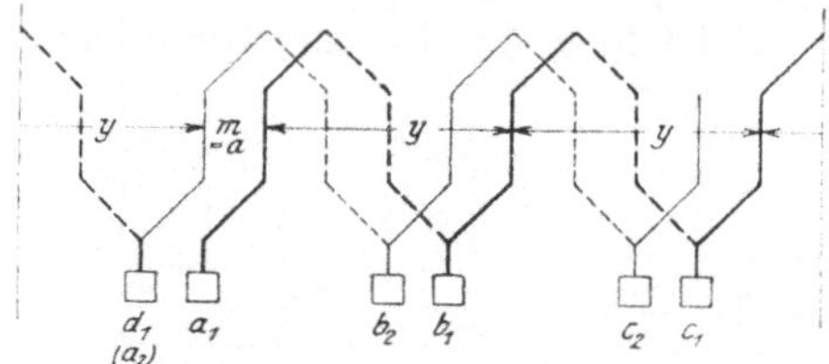

Bild 60. Umlauf einer sechspoligen
Wellenwicklung, ungekreuzt.

$$k = p\,y \pm m \qquad (77)$$

bestehen, worin das $+$-Zeichen für eine ungekreuzte (Bild 60), das $-$-Zeichen für eine gekreuzte Wellenwicklung gilt. Da in dieser Gleichung alle Größen ganze Zahlen sind, kann die Stegzahl nicht willkürlich gewählt werden.

Bei der Wellenwicklung sind immer p Spulen, welche bei der Schleifenwicklung in verschiedenen parallel geschalteten Ankerzweigen liegen, in Reihe geschaltet. Es ist deshalb die Zahl der parallelen Wicklungszweige bei einer eingängigen Wellenwicklung stets 2, bei der m-gängigen Wellenwicklung

$$2a = 2m. \qquad (78)$$

Zur Stromabnahme braucht nur eine positive und eine negative Bürste auf dem Stromwender aufzuliegen. Durch Auflegen sämtlicher Bürsten werden nur einzelne Spulen durch die Verbindungsleitungen der gleichpoligen Bürsten nochmals kurzgeschlossen, wie man ohne weiteres aus dem Schaltplan (Bild 61) erkennt, wenn man sich die gleichpoligen Bürsten durch äußere Leitungen miteinander verbunden denkt.

Wir erhalten nach Gl. 77 u. 78 für den resultierenden Schritt der Wellenwicklung

$$y = \frac{k\,(\mp)\,m}{p} = \frac{k\,(\mp)\,a}{p}, \qquad (79)$$

wobei das eingeklammerte $+$-Zeichen einer gekreuzten Wicklung entspricht. Auch bei den Wellenwicklungen wird man im allgemeinen ungekreuzte Wicklungen bevorzugen, doch wird dadurch die Ausführungsmöglichkeit der Wellenwicklung beschränkt, so daß man zuweilen die Wicklung auch als gekreuzte Wicklung ausführen muß. Die Wellenwicklungen werden auch mit größerer Gangzahl als die Schleifenwicklung ausgeführt, bis zu $m = a = 4$ und darüber.

In Bild 61 ist eine ungekreuzte zweigängige Treppenwicklung mit $u = 3$ in der Nut nebeneinander liegenden Spulenseiten dargestellt. Es ist die Zahl der Stromwenderstege $k = u\,N = 36$ und nach Gl. 79 der resultierende Wicklungsschritt $y = (36 - 2)/2 = 17$. Je drei nebeneinander liegende Spulen und ein Umlauf sind im Schaltplan durch starke Linien hervorgehoben.

Wie die mehrgängige Schleifenwicklung, so kann auch die mehrgängige Wellenwicklung einfach oder mehrfach geschlossen sein. Wir erhalten eine einfach geschlossene Wellenwicklung, wenn der resultierende

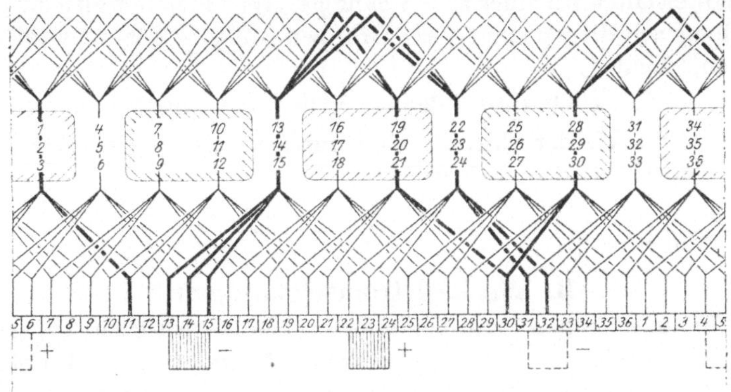

Bild 61. Zweigängige Treppen-Wellenwicklung. $u = 3$, $p = 2$, $y_1 = 8$, $y_2 = 9$. $y = 17$, $\eta_1 = 2, 3, 3, 2, 3, 3, \ldots$

Schritt y und die Gangzahl $a = m$ keinen gemeinsamen Teiler haben. Es entstehen t getrennte, je in sich geschlossene Wicklungen, wenn y und a den größten gemeinsamen Teiler t haben. Für das Verhalten der Wicklung ist es nicht wesentlich, ob die Wellenwicklung einfach oder mehrfach geschlossen ist. [s. Aw, I 6, 7, 12, 14 B].

Wellenwicklungen lassen sich bei gegebener Polpaarzahl nicht immer für alle Werte von u und a ausführen. So erhält man z. B. bei $p = 2$, $u = 2$ und $a = 1$ nach Gl. 79 für y keine ganze Zahl. In solchen Fällen kann die Wicklung mit einer *blinden* Spule ausgeführt werden, so daß die Stegzahl $k = u\,N - 1$ wird, oder bei $k = u\,N$ *künstlich* geschlossen werden. [s. Aw, I 15].

5. Ausgleichsverbindungen bei mehrgängigen Wellenwicklungen. Wie wir in (*3*) gesehen haben, werden bei mehrpoligen Schleifenwicklungen innere Ausgleichsverbindungen angebracht, um Ungleichheiten der Polflüsse zu unterdrücken. Bei den Wellenwicklungen setzen sich die einzelnen Wicklungszweige aus einer größeren Zahl von Umläufen zusammen, die immer p in Reihe geschaltete Spulen enthalten, welche unter verschiedenen Polpaaren der Maschine liegen. Es liegt deshalb bei Wellenwicklungen im allgemeinen nicht das Bedürfnis vor, die Ungleichheiten der Polflüsse zu beseitigen.

Bei mehrgängigen Wellenwicklungen wird aber durch ungleiche Verteilung des Stromes auf die einzelnen Ankerzweige, die hauptsächlich der schwankende Übergangswiderstand zwischen der Bürste und den Stromwenderstegen hervorruft, die gleichförmige Spannungsverteilung am Stromwender gestört. Die Erfahrung hat auch gelehrt, daß sich das Bürstenfeuer bei mehrgängigen Wellenwicklungen im allgemeinen nur dann unterdrücken läßt, wenn die Punkte der Wicklung, die bei gleichmäßiger Verteilung der Stegspannung keine Spannungsunterschiede aufweisen, durch innere Ausgleichsleitungen miteinander verbunden werden. Wir erhalten bei einer $m = a$-gängigen Wicklung mit gleichmäßiger Verteilung der Stegspannung k/a Gruppen mit je a spannungsgleichen Punkten, wenn

$$N/a = k/u\,a = \text{ganz} \quad \text{und} \quad p/a = \text{ganz} \tag{80a}$$

ist. Die a Punkte der Gruppen sind durch innere Ausgleichsleitungen zu verbinden, mit dem Schritt

$$y_v = k/a. \tag{80b}$$

[s. Aw, I 14 B bis E].

B. Wechselstromwicklungen.

1. Die angezapften und aufgeschnittenen Gleichstrom-Ankerwicklungen. Eine Gleichstrom-Ankerwicklung ·kann auch als Einphasen- oder Mehrphasenwicklung verwendet werden, wenn sie entsprechend angezapft wird.

Bei zweipoligen Wicklungen liegen die Anzapfpunkte um $360°/m'$ am Ankerumfang auseinander, wie es für die übersichtliche Ringwicklung im oberen Teil der Bilder 62a bis c für Einphasenstrom ($m' = 2$), Dreiphasenstrom ($m' = 3$) und Sechsphasenstrom ($m' = 6$) dargestellt ist. Wir erhalten in m'-Eck geschaltete Wechselstromwicklungen. Bei Trommelwicklungen haben die Anzapfpunkte dieselbe Lage wie bei der Ringwicklung; sie können entweder auf der Stromwenderseite oder der andern Seite des Ankers liegen. Die von der Grundwelle der Induktion am Ankerumfang herrührende Spannung zwischen den Klemmen der Wicklung wird nach Größe und Phase durch die Strecken zwischen den Punkten a bis f in den Diagrammen der Bilder 62a bis c dargestellt. Bei Einphasenstrom ($m' = 2$) ist der Höchstwert der Wechselspannung gleich der Spannung der Gleichstrom-Ankerwicklung und gleich dem Durchmesser des umschriebenen Kreises (Bild 62a). Die kleinen Sehnen stellen die Spannungen der einzelnen Spulen nach Größe und Phase dar; sie bilden ein Vieleck, das bei unendlich vielen Seiten in den umschriebenen Kreis übergeht [Aw, I 9]. Die Spannungen der einzelnen Spulen jedes Wicklungsstrangs addieren sich also nicht algebraisch, sondern geometrisch. Die Wicklung wird deshalb um so besser ausgenützt, je größer die Zahl der Anzapfpunkte ist. Das Verhältnis zwischen der geometrischen und algebraischen Summe der EMKe der einzelnen

Spulen eines Wicklungsstrangs ist ein Maß für die Ausnützung der Wicklung und wird als *Wicklungsfaktor* bezeichnet. Bei sehr großer Spulen- und Nutenzahl, wie sie gewöhnlich in Frage kommt, ist dieser annähernd

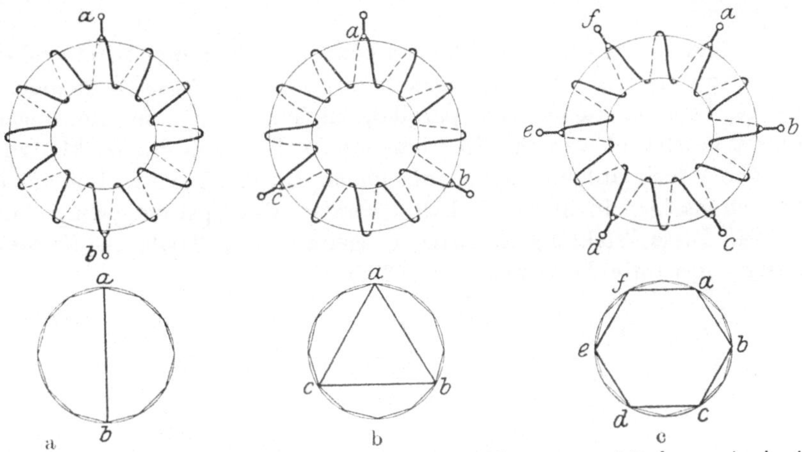

Bild 62a bis c. Zweipolige Ringwicklungen mit Spannungsvieleck. a einphasig ($m' = 2$), b dreiphasig ($m' = 3$), c sechsphasig ($m' = 6$) angezapft.

gleich dem Verhältnis zwischen Sehne und Bogen im Spannungsdiagramm. Dieses Verhältnis ist

$$\xi_{m'} = \frac{2\sin\pi/m'}{2\,\pi/m'} = \frac{m'}{\pi}\sin\frac{\pi}{m'} \tag{81}$$

und für Ein- ($m' = 2$), Drei- ($m' = 3$) und Sechsphasenstrom ($m' = 6$):

$$\xi_{II} = 2/\pi = 0{,}637\,,\quad \xi_{III} = 3\sqrt{3}/2\,\pi = 0{,}826\,,\quad \xi_{VI} = 3/\pi = 0{,}955. \tag{81a bis c}$$

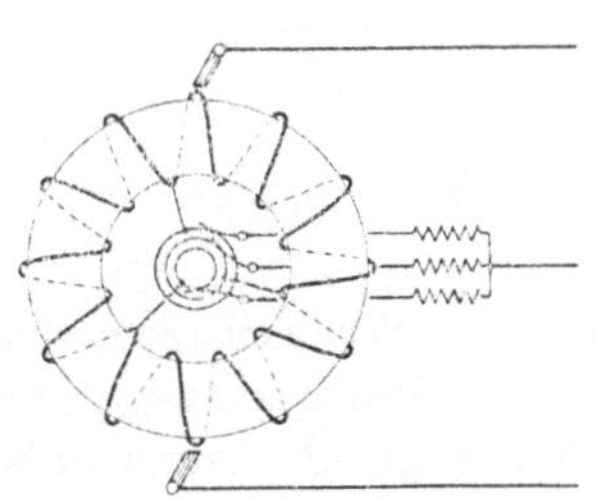

Bild 63. Dreileitermaschine mit Drossel.

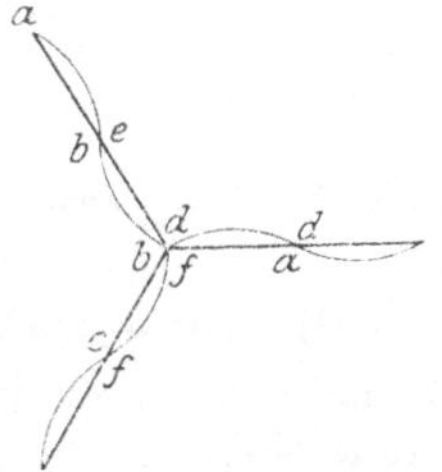

Bild 64. Sechsfach aufgeschnittene und dreiphasig geschaltete Wicklung.

Bild 65. Dreileitermaschine ohne Drossel.

Die angezapften Gleichstrom-Ankerwicklungen werden hauptsächlich bei Einanker-Umformern und bei Gleichstrom-Dreileitermaschinen verwendet. Bei den letzteren werden die Anzapfstellen über Schleifringe zu einer Drosselspule geführt, an deren Sternpunkt der Nulleiter angeschlossen ist. Die Zahl der Schleifringe ist gewöhnlich 2 oder 3. Für den letzten Fall ist in Bild 63 die Schaltung der Dreileitermaschine, der Übersichtlichkeit wegen mit einer Ringwicklung, dargestellt.

Die Gleichstrom-Ankerwicklungen können auch an den Anzapfstellen aufgeschnitten und die Wicklungsteile in geeigneter Weise, d. h. gleichphasige Teile in Reihe oder parallel, ungleichphasige in Stern oder Dreieck geschaltet werden. So erhält man z. B., wenn die Wicklung in Bild 62 c 6-fach aufgeschnitten, die gleichphasigen Teile in Reihe, die ungleichphasigen in Stern geschaltet werden, das Spannungsdiagramm Bild 64. Diese Wicklung ist besser ausgenutzt ($\xi = 0{,}955$) als die dreiphasig angezapfte Wicklung ($\xi = 0{,}826$).

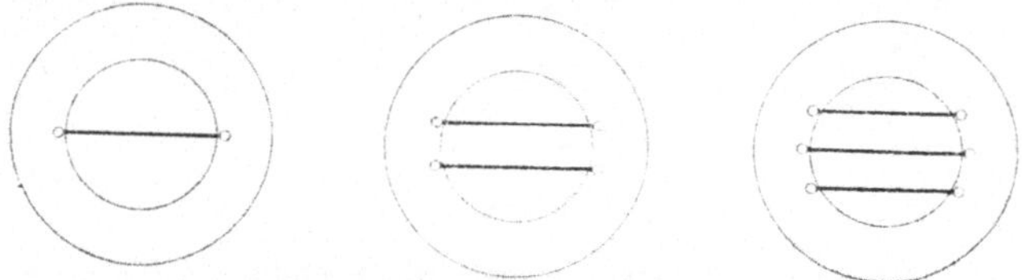

Bild 66. Einphasige Ein-, Zwei- und Dreilochwicklungen.

Eine aufgeschnittene und in Stern geschaltete Wicklung kann der geschlossenen Wicklung parallel geschaltet werden (Bild 65), um den Nullpunkt der Wicklung zum Anschluß eines Mittelleiters zu erhalten (Dreileitermaschine). [s. Aw, II 24].

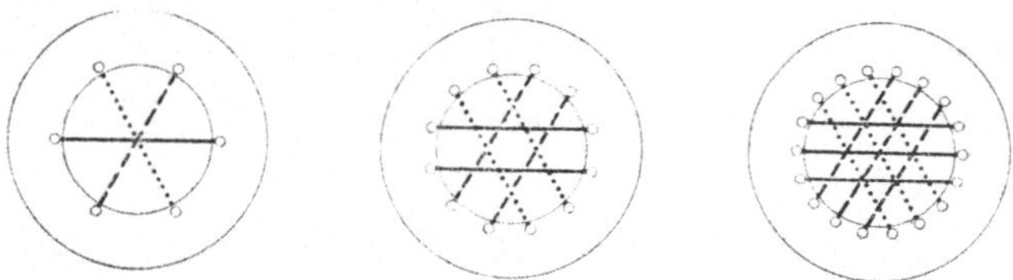

Bild 67. Dreiphasige Ein-, Zwei- und Dreilochwicklungen.

2. Die wichtigsten Wechselstromwicklungen. Die Wechselstromwicklungen werden in einfachster Form als Einschichtwicklungen ausgeführt, bei denen immer nur eine Spulenseite in der Nut liegt. Je nachdem bei diesen *Einschichtwicklungen* die Zahl der Nuten, in denen die gleichsinnig vom Strom durchflossenen Spulenseiten eines Wicklungsstranges liegen, innerhalb einer Polteilung gleich 1, 2, 3, . . . q ist, spricht man von Einloch-, Zweiloch-, Dreiloch-, . . . q-Lochwicklungen, die wir auch als einnutige, zweinutige usw. Wicklungen bezeichnen können. Für zweipolige Außenanker sind in den Bildern 66 u. 67 bei Ein- und Dreiphasenstrom ein-, zwei- und dreinutige Wicklungen dargestellt. Die Spulenköpfe (Querverbindungen) sind hier quer über die Bohrung des Ankers gezeichnet, während sie in Wirklichkeit abgebogen werden, damit die Ankerbohrung für den Einbau des Innenteils der Maschine frei bleibt. In Bild 67a bis c sind die drei Wicklungsstränge durch volle, gestrichelte und punktierte Linien unterschieden. Bei den gewöhnlichen Wechselstromwicklungen sind die Zonen, in denen gleichsinnig vom Strom durchflossene Spulenseiten desselben Wicklungsstranges liegen (Spulenbreiten), immer um eine Polteilung verschoben.

Bei den Mehrlochwicklungen nach den Bildern 66 u. 67 liegen die Verbindungslinien der zu derselben Spule gehörigen Spulenseiten im allgemeinen auf einer Sehne, und die Spulenweiten sind im allgemeinen verschieden. Die Wicklungen lassen sich auch mit Spulen gleicher Weite ausführen (Bild 68), denn es ist vollkommen gleichgültig, in welcher Reihenfolge die q unter einem Pol liegenden Spulenseiten jedes Wicklungsstrangs miteinander verbunden werden [Aw, III 44 A].

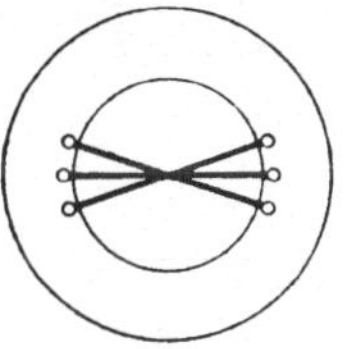

Bild 68. Spulen gleicher Weite.

Bezeichnet N' die Zahl der bewickelten Nuten des Ankers und m die Zahl der Wicklungsstränge, so ist

$$q = N'/2pm \qquad (82)$$

die auf einen Pol und einen Wicklungsstrang bezogene Zahl der bewickelten Nuten, die wir kurz als *Nutenzahl je Pol und Strang* bezeichnen. Bei Mehrphasenmaschinen sind gewöhnlich alle Nuten bewickelt; es ist also $N' = N$. Die *Spulenbreite* ist hierfür τ/m. Bei Einphasenmaschinen bleibt gewöhnlich ein Drittel des Ankerumfangs unbewickelt, so daß also bei Einphasenwicklungen die Spulenbreite doppelt so groß ($2\tau/3$) wie bei Dreiphasenwicklungen ist. Dies ergibt die günstigste Ausnützung der Einphasenmaschinen.

Verschiedene technische Ausführungen der Wicklung ergeben sich, indem die Spulenköpfe auf verschiedene Weise aus der Ankerbohrung abgebogen werden. Die Spulenköpfe werden so geformt, daß sie auf der Oberfläche gedachter Rotationskörper liegen, deren Achsen mit der Maschinenachse zusammen-

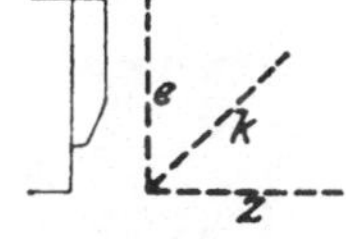

Bild 69. Lage der Spulenköpfe.

fallen. Diese Oberflächen (vgl. Bild 69) sind in den meisten Fällen Zylinder- (z) oder Kegelflächen (k) oder Ebenen (e) senkrecht zur Maschinenachse, doch nehmen diese Flächen auch weniger einfache Formen an. Bei mehrphasigen Wicklungen überschneiden sich die Spulenköpfe der einzelnen Wicklungsstränge und können deshalb nicht auf *derselben* Rotationsfläche liegen. Man sagt, die Wicklungen liegen in verschiedenen Ebenen oder Etagen.

Werden die Spulenköpfe einer zweipoligen viernutigen Wicklung so abgebogen, daß die Wicklungsköpfe der drei Wicklungsstränge auf je einer besonderen Rotationsfläche liegen, so nennt man die Wicklung eine *Drei-Etagen-Wicklung*. In Bild 70a sind die Spulenköpfe gleichmäßig am Ankerumfang verteilt; jede der drei Spulengruppen ist zur Hälfte nach der einen, zur Hälfte nach der andern Seite der Bohrung

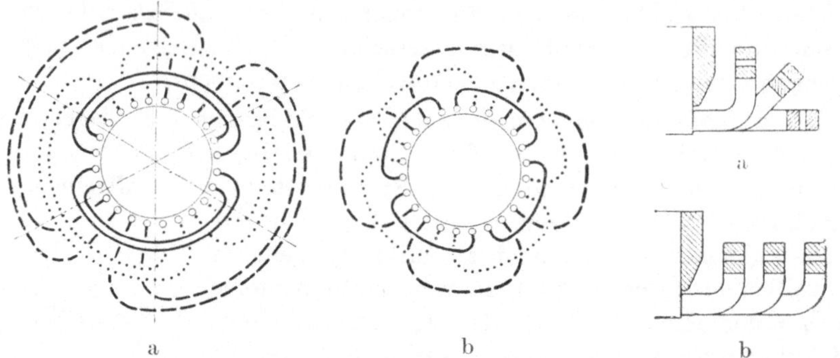

Bild 70a u. b. Dreiphasenwicklungen, Wicklungsköpfe in 3 Etagen. a $p = 1$, $q = 4$, b $p = 2$, $q = 2$.

Bild 71a u. b. Form der Spulenköpfe.

abgebogen. An $6p$ Stellen laufen die Wicklungsköpfe der drei Stränge nebeneinander (in Bild 70a durch strichpunktierte Linien angedeutet). Bild 70b stellt die Lage der Spulenköpfe einer vierpoligen Wicklung mit $q = 2$ dar. Die Spulenköpfe können etwa nach Bild 71a oder b (mit $q = 4$) geformt werden. Bild 71a hat die kürzesten Windungslängen; die Wicklungsköpfe nach Bild 71b lassen sich aber betriebssicherer befestigen. Bild 72 ist das Lichtbild einer Drei-Etagen-Wicklung.

Bild 72. Lichtbild einer Drei-Etagen-Wicklung. $p = 3$, $q = 4$. BBC.

Wenn der Anker *zweiteilig* ausgeführt wird und beide Teile vor dem Versand vollständig bewickelt werden sollen, müssen die Wicklungsköpfe so zusammengedrängt werden, daß sie die Stoßfugen der Ankerteile nicht überschneiden. Die Spulenköpfe einer solchen Wicklung sind für eine vierpolige Maschine mit $q = 1$ in Bild 73 angedeutet, wobei die Trennungsfuge des Ankers durch die strichpunktierte Linie bezeichnet ist. Die Wicklungsköpfe werden zweckmäßig so auf die drei Etagen verteilt, daß sich die mittleren Windungslängen in jedem Strang möglichst wenig voneinander unterscheiden (vgl. Bild 73). Es sei hier erwähnt, daß bei unsymmetrischem magnetischen Kreis, wozu auch im allgemeinen der Anker mit Stoßfugen gehört, sich Ströme ausbilden können, die über Welle, Lager und

Gehäuse fließen und die Laufflächen des Lagers anfressen. Zur Unterdrückung dieser *Lagerströme* werden die Lagerböcke durch Papierzwischenlagen vom Gehäuse isoliert [II, II B 8].

Die Wicklungsstränge können bei den Dreiphasenwicklungen auch in nur zwei Etagen angeordnet werden. Eine solche *Zwei-Etagen-Wicklung* entsteht, indem sämtliche Spulen einer Spulengruppe nach derselben Seite von der Bohrung abgebogen werden, wie Bild 74a für eine vierpolige Wicklung mit $q = 2$ zeigt. Während bei der Drei-Etagen-Wicklung in der Regel alle Spulenköpfe desselben Wicklungsstrangs in *einer* Etage liegen, liegen sie hier immer auf beide Etagen verteilt. Bei ungerader Polpaarzahl müssen die Spulenköpfe einer der Spulengruppen von einer in die andere Ebene als gekröpfte Spulen übergehen, wie beispielsweise die punktierte Spulengruppe in Bild 74b unten links für $p = 3$ und $q = 2$. Bild 75a u. b stellt Formen der Wicklungsköpfe mit $q = 3$ dar.

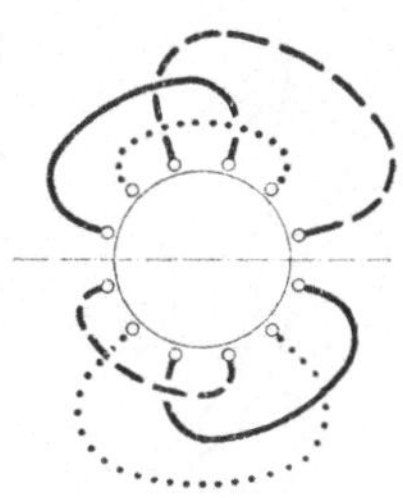

Bild 73. Drei-Etagen-Wicklung für geteilten Anker. $p = 2$, $q = 1$.

Gewöhnlich werden die Dreiphasenwicklungen als Zwei-Etagen-Wicklungen ausgeführt, so z. B. die Wicklung der Maschine in Bild 227 und 228.

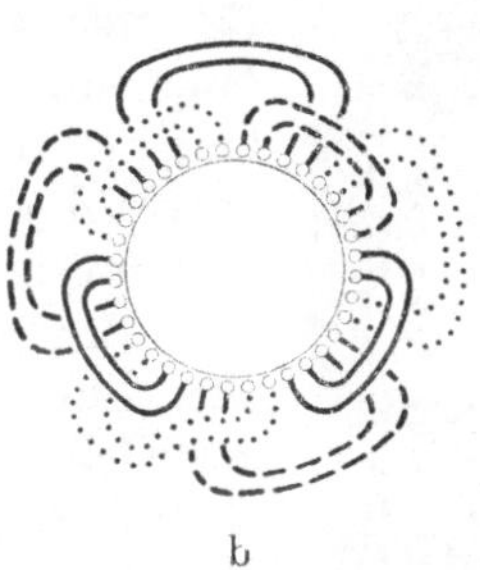
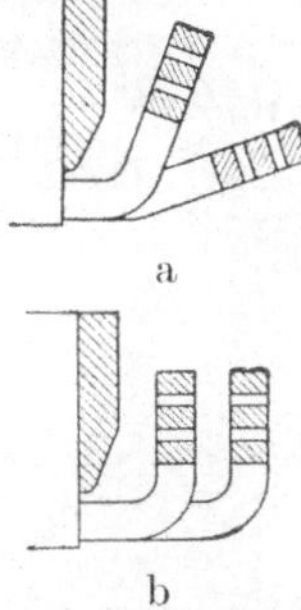

Bild 74a u. b. Zwei-Etagen-Wicklungen. a $p = 2$, $q = 2$, b $p = 3$, $q = 2$.

Bild 75a u. b. Form der Spulenköpfe.

Die Wicklung wird auch mit Spulen gleicher Weite und Form hergestellt. So entspricht z. B. Bild 76 für $p = 1$, $q = 4$ mit Spulen gleicher Form der Drei-Etagen-Wicklung in Bild 70a. In Bild 77 sind Formen solcher Spulenköpfe angedeutet. Bild 78 zeigt das Lichtbild einer Maschine für $p = 3$ und $q = 2$, mit noch nicht vollständig in die Nuten eingelegten Spulen. [s. Aw, I 25 bis 27].

Bei modernen Maschinen wird die Wicklung häufig als *Zweischichtwicklung* ausgeführt, wobei dann gewöhnlich die Spulenweite gegenüber der Polteilung verkürzt wird, um eine günstigere Spannungskurve zu erhalten (*III A 3*). In Bild 79 sind z. B. die Wicklungsköpfe für eine solche Wicklung mit $p = 1$ und die um eine Nutteilung verkürzte Spulenweite dargestellt. Bild 80 ist das Lichtbild der Zweischichtwicklung eines zweipoligen Turbogenerators. [s. II, II L 6].

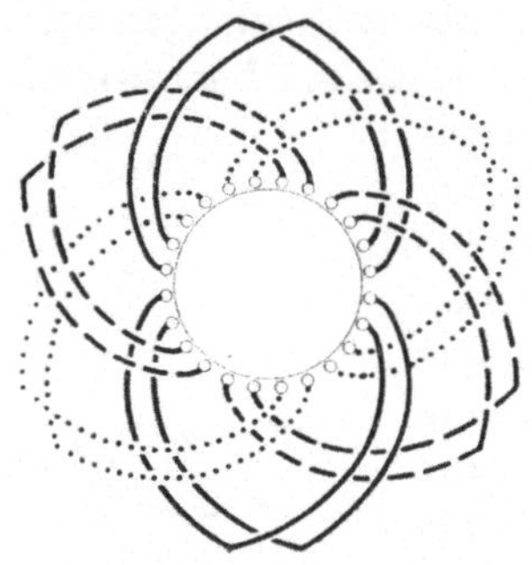

Bild 76. Spulen gleicher Form: gleichmäßig verteilte Wicklungsköpfe, $p = 1, q = 4$.

Wenn die Nutenzahl q je Pol und Strang eine ganze Zahl ist, wie wir es bisher vorausgesetzt haben, bezeichnet man die Wicklung als *Ganzlochwicklung*. Um bei Generatoren günstige Spannungskurven zu erhalten, wird die Wicklung auch mit gebrochenen Werten von

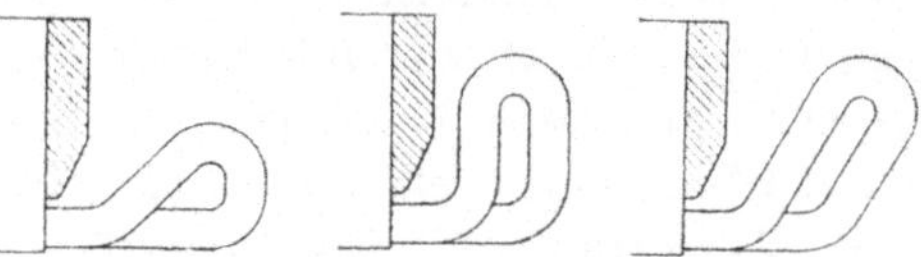

Bild 77. Formen der Spulenköpfe.

q ausgeführt. Bei der wichtigsten Art solcher dreiphasigen *Bruchlochwicklungen* ist q eine gebrochene Zahl mit dem Nenner 2; die Spulengruppen

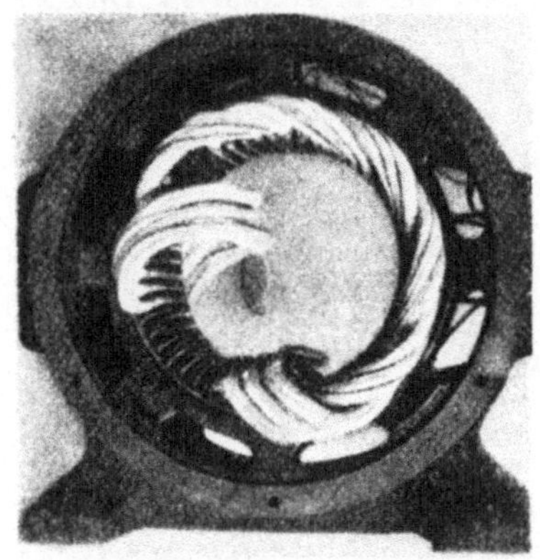

Bild 78. Dreiphasenwicklung mit Spulen gleicher Form. Einlegen der Spulen.

haben dann abwechselnd $q - \frac{1}{2}$ und $q + \frac{1}{2}$ Spulen, wie es in Bild 81a für eine vierpolige Einschichtwicklung angedeutet ist. Diese Wicklung setzt eine geradzahlige Polpaarzahl p voraus. Auch Wicklungen mit ungerader Polpaarzahl sind als Bruchlochwicklungen ausführbar. Bei $p = 3$ muß die Bruchlochwicklung mit 3 unbewickelten Nuten ausgeführt werden. Mit $Q = N/6p$, $q = (N - 3)/6p$ ergibt sich dann die Anordnung der Spulengruppen nach Bild 81b. Auch die Bruchlochwicklungen werden vorteilhaft zweischichtig ausgeführt. [s. Aw, I 28 bis 31].

Die Schaltung der Spulen wird gewöhnlich im abgewickelten Schaltplan angegeben. Bild 82 zeigt z. B. den Schaltplan einer Zwei-Etagen-Wicklung für $p = 2$, $q = 2$, wobei alle Spulen in Reihe, die Stränge in Stern geschaltet sind. [s. Aw, I 27].

Für die *Zweiphasenwicklungen* kommt bei Einschichtwicklungen neben der Wicklung mit Spulen gleicher Weite nur eine Zwei-Etagen-Wicklung in Frage. Die *Einphasenwicklung* ergibt sich aus der Drei-

phasenwicklung, indem ein Strang unbenutzt bleibt oder ganz wegfällt.
Die Spulenköpfe können dann aber in einer Etage angeordnet werden.

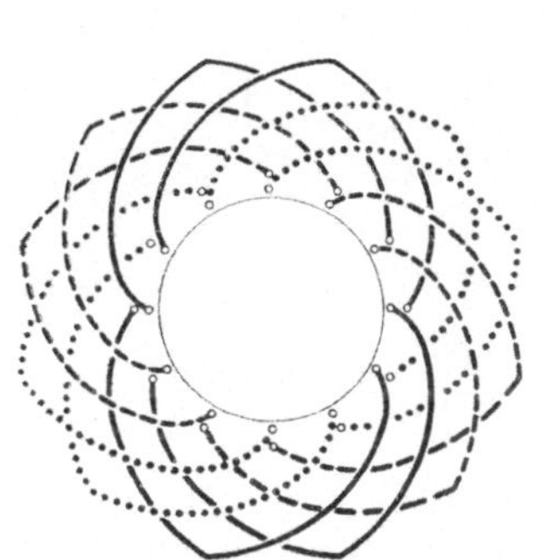

Bild 79. Zweischichtwicklung mit Sehnenspulen, $W/t = 5/6$. $p = 1$. $q = 2$.

Bild 80. Turbogenerator mit zweischichtigen Sehnenspulen.

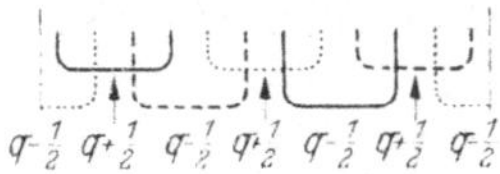

a

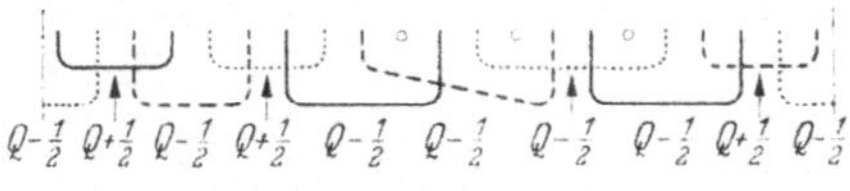

b

Bild 81 a u. b. Spulenköpfe von Bruchlochwicklungen. a Für $p = 2$, b für $p = 3$ mit drei unbewickelten Nuten.

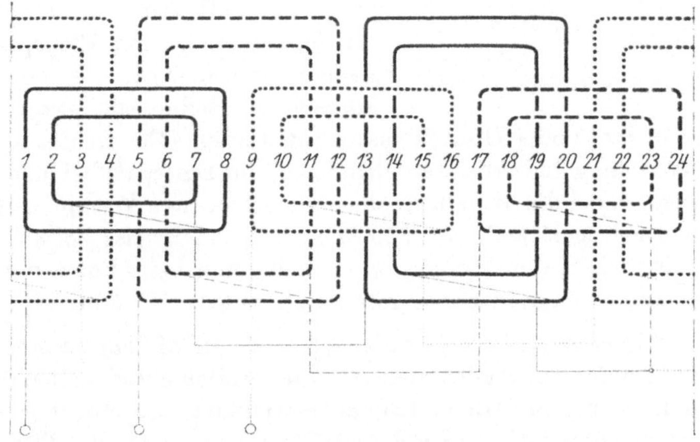

Bild 82. Schaltbild einer dreiphasigen Zwei-Etagen-Wicklung. $p = 2$, Sternschaltung.

3. Polumschaltbare Wicklungen. Die Wicklung läßt sich durch Umschaltung von Wicklungsteilen für verschiedene Polpaarzahlen einrichten, um z. B. beim Induktionsmotor verschiedene Leerlaufdrehzahlen zu erhalten. Die häufigste und einfachste Umschaltung ist die im Polzahlverhältnis 2:1. Um für beide Polzahlen keine zu ungünstige Felderregerkurve zu erhalten, wird gewöhnlich eine Zweischichtwicklung

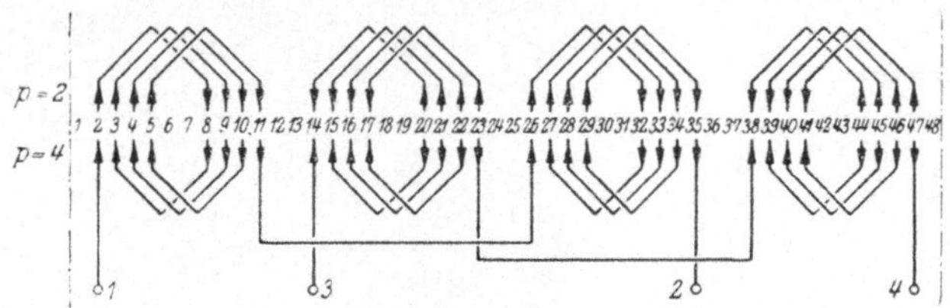

Bild 83. Wicklungsstrang einer von 8 auf 4 Pole umschaltbaren
Zweischichtwicklung.

verwendet. In Bild 83 ist ein Strang einer von 8 auf 4 Pole umschaltbaren Dreiphasenwicklung, beispielsweise mit der Spulenweite gleich der Polteilung bei 8 Polen ($\eta = 6$), dargestellt. Die übrigen Wicklungsstränge muß man sich je $^2/_3$ der Polteilung bei 8 Polen versetzt angeordnet denken. Die Wicklung ist in 2 Teile 1—2 und 3—4 geschaltet. Wenn die Wicklungszweige 1—2 und 3—4 im gleichen Sinne von Strom durchflossen werden, ergibt sich die im unteren Teil durch Pfeilspitzen angedeutete Stromverteilung für 8 Pole; wird 3—4 im entgegengesetzten Sinne wie 1—2 vom Strom durchflossen, so ergeben sich 4 Pole, wie die oberen Pfeilspitzen erkennen lassen. Die beiden Zweige

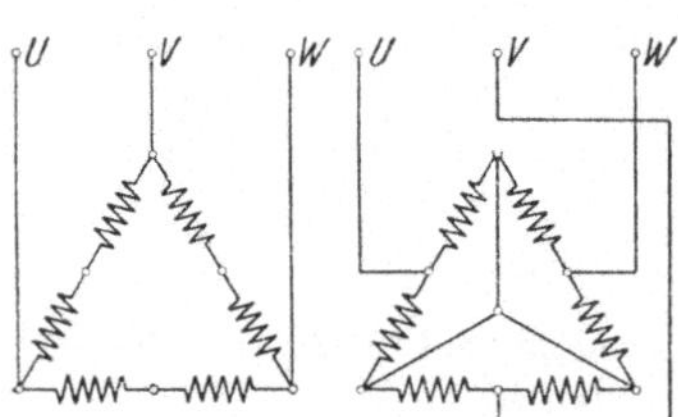

Bild 84. Polumschaltung für
Bild 83. Links $p = 4$, Reihen- und
Dreieckschaltung, rechts $p = 2$,
Parallel- und Sternschaltung.

können in Reihe oder parallel, die Stränge in Stern oder Dreieck geschaltet werden. Das richtet sich nach der gewünschten Induktionsamplitude B_1 im Luftspalt bei den beiden Polzahlen, wobei die im allgemeinen verschiedenen Wicklungsfaktoren zu berücksichtigen sind. In Bild 84 sind beispielsweise bei 8 Polen die Zweige in Reihe, die Stränge in Dreieck, und bei 4 Polen die Zweige parallel, die Stränge in Stern geschaltet. [s. Aw, II 35 bis 38].

4. Zweischichtige Läuferwicklung für Induktionsmotoren. Für Schleifringläufer verwendet man oft eine Zweischichtwicklung, die technisch ähnlich wie die Gleichstromankerwicklung ausgeführt wird, aber eine ganze Nutenzahl q je Pol und Strang aufweist. In Bild 85a ist ein Strang einer solchen dreiphasigen Wicklung mit $q = 2$ aufgezeichnet.

Die Stäbe werden, bei A_1 beginnend, wie bei der Wellenwicklung geschaltet. Jeder Teilschritt ist hier aber gleich der Polteilung, und nach jedem Umlauf wird der Schaltschritt um eine Nutteilung verkürzt. Nachdem q Umläufe ausgeführt sind, hat man in der Schaltung je einen der beiden in der Nut übereinander liegenden Stäbe ($A_1 - e$ in Bild 85a, starke Linien). Um auch die andern Stäbe des Wicklungsstrangs in die Schaltung einzufügen, sind dieselben Nuten nochmals in Wellenform, aber im umgekehrten Sinn zu durchlaufen ($a - E$, dünne Linien). In

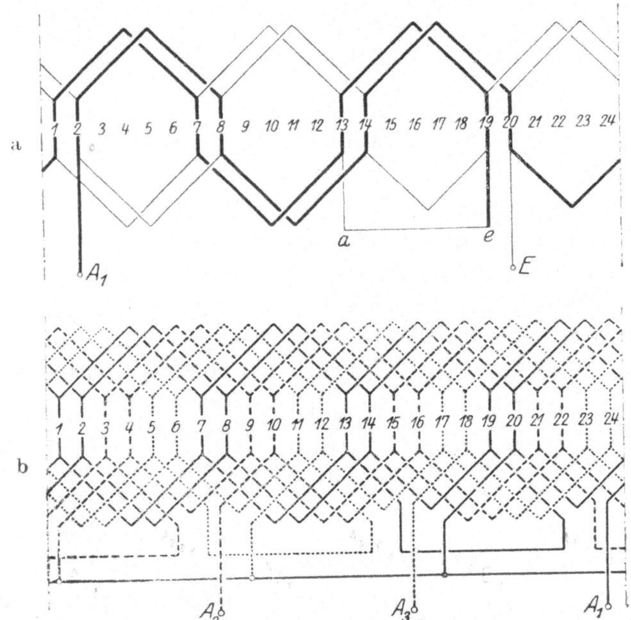

Bild 85 a u. b. Zweischichtige dreiphasige Stabwicklung. a Ein Strang,
b Sternschaltung.

Bild 85a sind beispielsweise die beiden Wicklungszweige in Reihe geschaltet. Bild 85b stellt den vollständigen Schaltplan mit beispielsweise Sternschaltung der Stränge dar. [s. Aw, II 32].

5. Käfigwicklung. In ihrer einfachsten Form besteht die Käfigwicklung aus in Nuten gebetteten Stäben, deren Anzahl gleich der Nutenzahl N_2 des Ankers ist. Die Stäbe sind an den beiden Stirnseiten des Ankers durch Kurzschlußringe miteinander verbunden (Bild 86c). Man bezeichnet einen solchen Anker als Käfiganker.

Wir können die Käfigwicklung als eine Mehrphasenwicklung mit N_2 Strängen auffassen, wobei jeder Strang aus einem einzigen Stab besteht. Diese Auffassung wird sofort verständlich, wenn wir uns die einzelnen Stäbe zu in sich kurzgeschlossenen Ringwindungen ergänzen,

deren eine Seite durch das Innere des Ankers führt (Bild 86a). Wir
erhalten dann eine Mehrphasenwicklung mit N_2 kurzgeschlossenen
Wicklungssträngen. Die Summe der von einem sinusförmigen Drehfelde in dieser Wicklung induzierten Ströme ist in jedem Augenblick Null, und wir können die Rückleitungen durch das Innere des
Ankers ersparen, wenn wir alle Stäbe auf beiden Seiten des Ankers

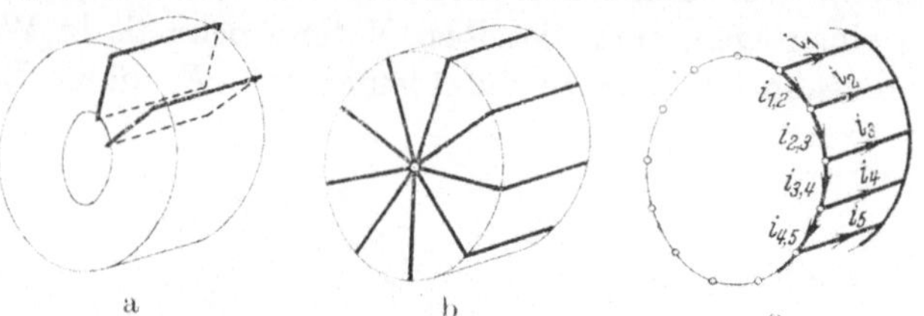

Bild 86a bis c.   Entwicklung des Käfigankers.

in je einem Knotenpunkt verbinden (Bild 86b). Die Käfigwicklung
unterscheidet sich von dieser Wicklung nur dadurch, daß die Knoten-
verbindungen durch Ringleitungen ersetzt sind (Bild 86c).

Den Widerstand der in Vieleck geschalteten Kurzschlußverbin-
dungen können wir auf jeden der N_2 Stränge umrechnen. Die von
einem sinusförmig ver-
teilten Feld induzierten
Stabströme i_1, i_2, ... i_{N_2}
(Bild 86c) sind um den
Phasenwinkel

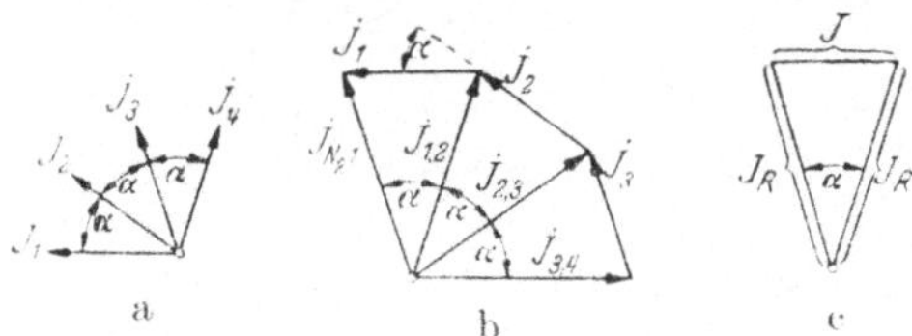

Bild 87a bis c.   Stab- und Ringströme.

$$\alpha = 2\,\pi\,p/N_2 \qquad (83)$$

gegeneinander verschoben
(Bild 87a). Die Ringseg-
mente bilden einen in Vieleck geschalteten Widerstand. Die Stabströme
sind die verketteten Ströme dieser Vieleckschaltung, die sich als
Differenz benachbarter Ringströme ergeben (Bild 86c), die wie die
Stabströme um den Phasenwinkel α gegeneinander verschoben sind
(Bild 87b). Bezeichnen wir den Effektivwert eines Stabstromes mit J
und den eines Ringsegmentes mit J_R, so ist (Bild 87c)

$$J_R = J/2 \sin (\alpha/2). \qquad (84)$$

Beziehen wir den Widerstand R_R der einzelnen Ringsegmente auf die
Sternschaltung, welche die Stäbe mit den Widerständen R_S miteinander
bilden (Bild 86c), so erhalten wir den gesamten auf Sternschaltung bezogenen Widerstand R_2 eines Läuferstrangs aus der Leistungsgleichung

$$N_2 R_S J^2 + 2 N_2 R_R J_R^2 = N_2 R_2 J^2 \quad \text{zu} \quad R_2 = R_S + R_R/2 \sin^2(\alpha/2). \qquad (85\,\text{a u.b})$$

Die Käfigwicklung wird im Läufer von Induktionsmaschinen verwendet. Auch Synchronmaschinen und Einankerumformer erhalten

häufig in den Polschuhen Stäbe, die durch Kurzschlußringe zu einer Dämpferwicklung vereinigt werden, um Pendelerscheinungen zu unterdrücken. [s. IV, D 1 u. 2].

C. Isolierung.

1. Leiter. Dünne Drähte werden mit Lack isoliert. Nach VDE 6435 beträgt der doppelseitige Lackauftrag zwischen isoliertem Drahtdurchmesser d' und blankem Drahtdurchmesser d (in mm)

bei	$d = 0,$ bis 0,2	0,2 bis 0,3	0,3 bis 0,4	0,4 bis 0,5 mm
$(d' - d) =$	0,02	0,025	0,03	0,035 mm.

Lackdrähte werden hauptsächlich bei Apparaten und sehr kleinen Maschinen verwendet; bei mittleren Maschinen wird Lackdraht noch umsponnen.

Man verwendet zur Umspinnung von Leitern Seide (S), Baumwolle (B) und Papier (P). Nach VDE 6436 ergeben sich die folgenden doppelseitigen Aufträge der Isolierung.

d	$1 \times S$	$2 \times S$	$1 \times B$	$2 \times B$	$1 \times P + 1 \times B$
0,5 bis 1,5 mm	0,04	0,08	0,12	0,22	0,32 mm
1,5 bis 3 „			0,15	0,26	0,40 „

Wenn bei der Herstellung der Wicklung die Isolierung stärkeren mechanischen Beanspruchungen ausgesetzt ist, wird der isolierte Draht noch umklöppelt. Der zusätzliche doppelseitige Auftrag kann dabei zu etwa 0,5 mm angenommen werden.

Zur besseren Ausnutzung des Nutenraumes verwendet man schon bei kleinen Querschnitten rechteckige Leiter.

Größere Leiterquerschnitte und Litzen erhalten Bandbewicklung. Bei einfacher Überlappung der Bandlage kann $(d' - d)$ zu etwa 0,6 mm angenommen werden. Bei massiven Stäben wird der gerade Leiterteil auch mit Papier beklebt, wobei der Papierstreifen so breit wie der zu isolierende Teil des Stabes ist. Es wird 0,1 bis 0,2 mm dickes Papier verwendet, das lackiert in mehreren Lagen um den Stab gewickelt und gepreßt wird und gleichzeitig als Nutisolierung dienen kann.

2. Wicklung. Für die Isolierung der Wicklung gegen die Nuten verwendet man bis zu 500 V sowohl für Gleichstrom als auch für Wechselstrom Edelpreßspan, Lackpapier oder Lackleinwand und ähnliche Stoffe mit einer einseitigen Gesamtstärke 0,5 bis 0,9 mm, die in mehreren, meist drei Einzellagen unterteilt ist, etwa 2 Lagen Preßspan von 0,2 mm und dazwischen Lackpapier von 0,15 mm Stärke. Beispiele für die Nutisolierung sind in den Bildern 88a bis f dargestellt. Bei offenen Nuten können die Spulen mit der Nutisolierung hergestellt und in die Nuten eingelegt werden, wie es Bild 88a für eine mit Holzkeil verschlossene Nut darstellt. Bild 89 zeigt das Einlegen in die Nuten beim Gleichstromanker; bis zu etwa 20 cm Ankerdurchmesser fällt gewöhnlich der

Holzkeil weg, und die Wicklung wird durch Bandagen gehalten. Bei halbgeschlossenen Nuten werden die Leiter durch den Nutenschlitz

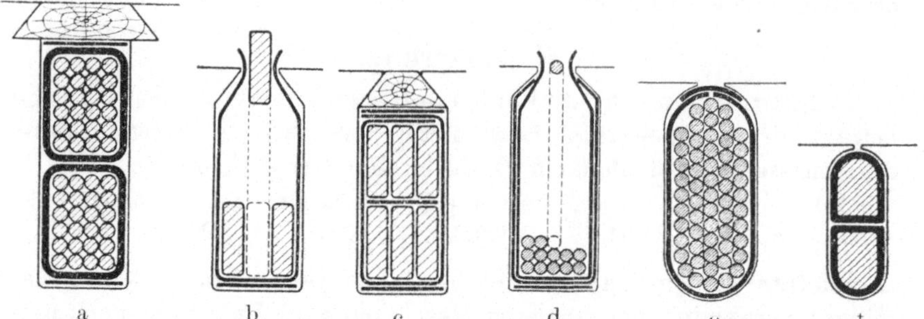

Bild 88a bis f. Beispiele für die Isolierung der Wicklung innerhalb der Nut.

„eingeträufelt" (Bild 88d u. e, vgl. auch Bild 78). Bild 88f ist ein Beispiel für papierisolierte Läuferstäbe (vgl. Bild 85b).

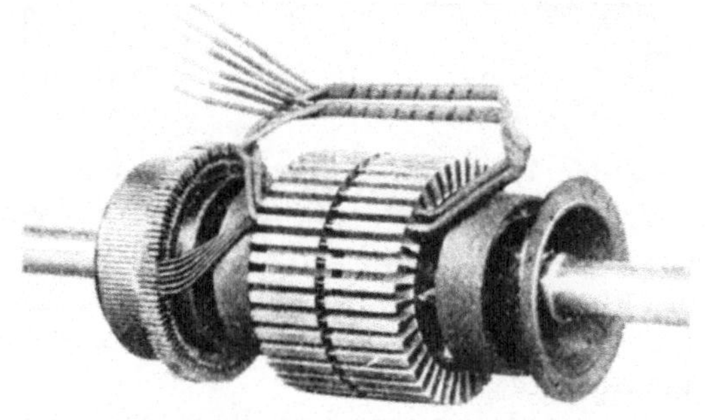

Bild 89. Einlegen der Spulen einer Wellenwicklung $(u = 3)$ in die offenen Nuten.

Bei Spannungen über 1000 V werden geschlossene Isolierhülsen aus Papier oder Glimmerpräparaten verwendet. Bei offenen Nuten können dann die fertigisolierten Spulen in die Nuten eingelegt werden. Bei halbgeschlossenen Nuten werden solche Spulen an der einen Seite der Querverbindungen aufgeschnitten und gerade gebogen, so daß sie axial in die Nuten eingeschoben werden können, und dann die Enden der aufgeschnittenen Leiter wieder ver-

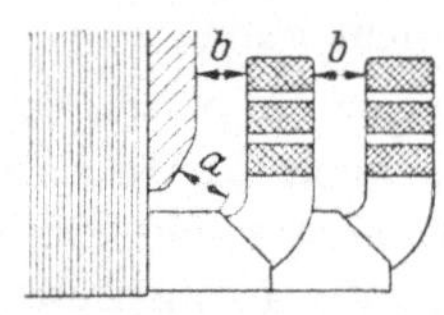

Bild 90. Abstände der Wicklungsköpfe.

schweißt und isoliert. Will man das Aufschneiden vermeiden, so müssen die Leiter in die Hülsen „eingefädelt" werden. Die Hülsenstärke beträgt etwa $1 + U_N/4$ mm, wenn die Nennspannung U_N in kV eingesetzt wird. Die Hülsenausladung ist so zu bemessen, daß der kleinste Abstand von dem Blechpaket mit Preßplatten (a in Bild 90) etwa $(5 + 9\,U_N)$ mm beträgt, worin U_N in kV einzusetzen ist; der Abstand b der Wicklungsköpfe gegeneinander und gegen Eisen kann etwa halb so groß bemessen werden. Die Spulenköpfe werden gewöhnlich mit Band umwickelt, bei höheren Spannungen mit Glimmer umpreßt. Bei Spannungen unter 500 V können die

Abstände wegfallen, wenn die Wicklungsköpfe durch Zwischenlagen voneinander isoliert werden. Bei Klemmenspannungen von 3000 V ab erhalten etwa 10% der Eingangswindungen eine verstärkte Lagenisolierung, und bei größeren Maschinen auch eine verstärkte Leiterisolierung, um die Wicklung vor eintretenden Sprungwellen zu schützen (*IV F 4*).

Um bei hohen Spannungen ($U_N \geq 4000$ V) Glimmentladungen in den Lufträumen zwischen den Leitern und Nut zu verhindern, werden die Spulen „kompoundiert", d. h. die Lufträume im Vakuum mit bei höherer Temperatur flüssigem Isolierstoff ausgefüllt und dann unter Druck zum Erkalten gebracht. [s. Aw, I 19 bis 21 u. II 40 u. 41]; [Grundlagen der Lüftungs- und Erwärmungsberechnung s. I, II N u. O].

III. Berechnungsgrundlagen.
A. Die induzierte EMK.

1. Augenblickswert, Mittelwert, Effektivwert. Wenn wir es mit periodisch veränderlichen Vorgängen zu tun haben, bezeichnen wir die Augenblickswerte mit kleinen Buchstaben und schreiben für die induzierte EMK

$$e = -\frac{d\psi}{dt}. \tag{86a}$$

Der Mittelwert der EMK über eine positive Halbwelle ist

$$E_m = \frac{2}{T} \int_0^{T/2} e\,dt = -\frac{2}{T}\int_\Psi^{-\Psi} d\psi = \frac{4}{T}\,\Psi, \tag{86}$$

wenn Ψ die Amplitude des Spulenflusses bedeutet; er ist von den Zwischenwerten des Spulenflusses unabhängig und wird nur durch seine Grenzwerte bestimmt [Aw, III 43].

Bezeichnen wir mit w die Windungszahl der Wicklung, mit Φ_W die Amplitude des mittleren Windungsflusses und beachten die Beziehung $f = 1/T = n\,p$ bei umlaufenden Maschinen, so können wir für den Mittelwert auch

$$E_m = \frac{4}{T}\,w\,\Phi_W = 4f\,w\,\Phi_W = 4\,n\,p\,w\,\Phi_W \tag{87}$$

schreiben, je nachdem wir ihn durch die Periodendauer T, die Frequenz f oder die Drehzahl n (bei Maschinen) ausdrücken.

Der Effektwert E der induzierten EMK hängt von der Form der Kurve $\varphi_W(t)$ oder auch $e(t)$ ab. Man bezeichnet das Verhältnis

$$\xi_E = E/E_m \tag{88a}$$

als Formfaktor. Ändert sich der Induktionsfluß zeitlich *sinusförmig* so ist

$$\xi_E = \pi/2\sqrt{2} = 1{,}11. \tag{88b}$$

Damit erhalten wir den *Effektivwert* der Grundschwingung zu

$$E = \sqrt{2}\,\pi\, f\, w\, \Phi_W = 4{,}44\, f\, w\, \Phi_W. \tag{88}$$

2. Wicklungsfaktor. Die Größe des mittleren Windungsflusses ist unter sonst gleichen Verhältnissen von der Ausführung der Wicklung, nämlich von der Weite der Einzelspulen und ihrer Lage am Ankerumfang, abhängig. Deshalb empfiehlt es sich, bei der Berechnung der in der Ankerwicklung von Maschinen induzierten EMK den Fluß Φ_W nicht unmittelbar einzuführen, sondern ihn durch Multiplikation des ganzen Polflusses Φ im Anker mit dem Wicklungsfaktor

$$\xi = \Phi_W / \Phi \tag{89a}$$

auszudrücken und für die in der Wicklung induzierte EMK zu schreiben

$$E = \sqrt{2}\,\pi\, f\, \xi\, w\, \Phi. \tag{89}$$

3. Einfluß der Oberwellen. Zerlegen wir den mit einer Ankerwicklung verketteten Fluß nach den Einzelwellen (Sinuswellen), aus denen sich die Feldkurve, d. i. die Radialkomponente der Induktion am Ankerumfang (*III B*), im allgemeinen zusammensetzt, so entspricht jeder Einzelwelle ein Wicklungsfaktor, der ausschließlich durch die Wicklung bestimmt

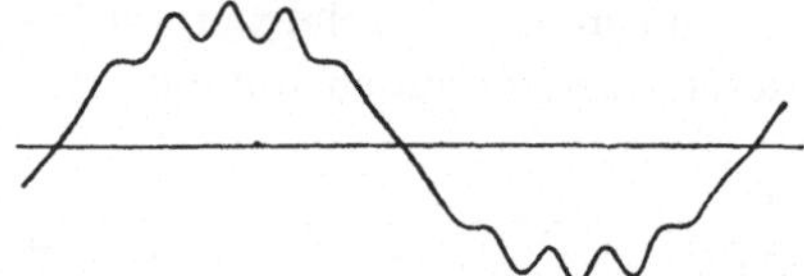

Bild 91. Nutungsoberwellen, $q = 2$.

ist. Wir erhalten den Effektivwert der ν-ten Schwingung der EMK

$$E_\nu = 4{,}44\, f_\nu\, \xi_\nu\, w\, \Phi_\nu \quad \text{mit} \quad \xi_\nu = \Phi_{W\nu} / \Phi_\nu \quad \text{und} \quad f_\nu = \nu f, \tag{90a bis c}$$

worin ξ_ν der Wicklungsfaktor, $\Phi_{W\nu}$ und Φ_ν mittlerer Windungsfluß und Polfluß der ν-ten Welle ist.

Die Wicklungsfaktoren der Oberwellen sind im allgemeinen kleiner als die der Grundwelle. Es läßt sich aber nachweisen, daß die sog. *Nutungsoberwellen*, für die

$$\nu = \frac{N}{p} \pm 1, \qquad \nu = 2\,\frac{N}{p} \pm 1, \qquad \nu = 3\,\frac{N}{p} \pm 1, \ldots \tag{91}$$

ist, denselben Wicklungsfaktor haben wie die Grundwelle (vgl. Zahlentafel 1, S. 68). Dadurch ergeben sich bei den Ganzlochwicklungen Oberschwingungen in der Kurve der EMK, die sich besonders für die Nutungsoberwelle erster Art ($\nu = N/p \mp 1$) bemerkbar machen, wie es das Oszillogramm Bild 91 für $N/p = 12$ erkennen läßt. [s. Aw, III 46].

Die resultierende EMK ist (vgl. Gl. 58b)

$$E = \sqrt{\sum_\nu E_\nu^2}. \tag{92}$$

Wenn die Effektivwerte der Oberschwingungen wesentlich kleiner als der Effektivwert der Grundschwingung sind, geben sie nur einen kleinen

Beitrag zum gesamten Effektivwert, so daß gewöhnlich $E \approx E_1$ ist.
Kommt z. B. außer der Grundschwingung nur eine Oberschwingung vor,
deren Effektivwert 10% von der Grundschwingung beträgt, so ist
$E = \sqrt{E_1^2 + 0{,}1^2\, E_1^2} = 1{,}005\, E_1$, der Effektivwert der resultierenden EMK
also nur 0,5% größer als der der Grundschwingung.

4. Der Wicklungsfaktor eines Wicklungsstrangs. Der Wicklungsfaktor des ganzen Wicklungsstrangs ist für jede Einzelwelle der Feldkurve auch gleich dem Verhältnis der von dieser Einzelwelle in dem
Wicklungsstrang induzierten EMK zum Produkt aus
der Zahl der in Reihe geschalteten Leiter des Wicklungsstrangs und der in einem Leiter induzierten
EMK. Er läßt sich im allgemeinen aus der geometrischen Summe der einzelnen EMKe entweder zeichnerisch oder genauer rechnerisch ermitteln. Dabei
ist zu beachten, daß für die Grundwelle der Feldkurve die Polteilung dem Phasenwinkel π, die Nutteilung dem Phasenwinkel $2\pi\, p/N$ entspricht.

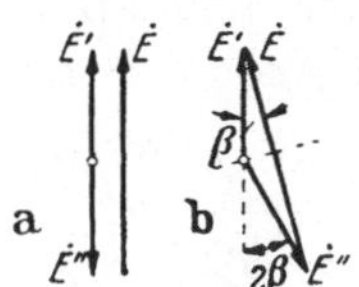

Bild 92 a u. b.
Ermittlung des
Spulenfaktors.

Bei einer Durchmesserspule sind die EMKe $\dot{E}'$ und $\dot{E}''$, die in den
beiden Seiten der Spule induziert werden, um 180° phasenverschoben.
Da durch Vereinigung der beiden Spulenseiten zu einer Spule, die
eine Seite gegen die andere geschaltet wird, ist die EMK der Spule
$E = E' + E'' = 2\,E'$ (Bild 92 a). Ist die Spulenweite um den Phasenwinkel 2β verkürzt, so ist nach Bild 92 b der Betrag der EMK der Spule $2\,E' \cos\beta$; der Wicklungsfaktor der Spule, den wir als *Spulenfaktor* bezeichnen, ist also für die Grundwelle

$$\varsigma = \cos\beta. \tag{93}$$

Für die Einzelwellen der Feldkurve ν-ter Ordnung sind die Winkel mit der Ordnungszahl ν zu
multiplizieren. Beschränken wir uns auf den praktisch wichtigen Fall, daß die negative Halbwelle der Feldkurve das
Spiegelbild der positiven ist, so kommen nur *ungerade* Ordnungszahlen ν
vor, und wir erhalten für die ν-te Einzelwelle den Spulenfaktor

Bild 93.
Ermittlung des
Gruppenfaktors.

$$\varsigma_\nu = \cos\nu\beta \qquad \text{oder auch} \qquad \varsigma_\nu = \sin\nu\frac{\pi}{2}\cdot\sin\nu\frac{W}{\tau}\frac{\pi}{2}, \tag{94a u. b}$$

wenn wir das Verhältnis von Spulenweite W zu Polteilung τ einführen.

Den Wicklungsstrang können wir uns in Spulengruppen zerlegt
denken, deren Spulen alle dieselbe Weite haben und deren EMKe um
den Phasenwinkel φ für die Grundwelle gegeneinander verschoben sind.
Der Wicklungsfaktor einer solchen Spulengruppe mit S Spulen ist
dann (Bild 93 für $\nu = 1$)

$$\xi_\nu = \frac{\sin S\,\nu\varphi/2}{S\sin\nu\varphi/2}\cdot\varsigma_\nu. \tag{95}$$

5*

Der erste Faktor wird auch als Gruppen- oder Zonenfaktor, der zweite als Sehnenfaktor bezeichnet.

Setzt sich der Wicklungsstrang aus mehreren in Reihe geschalteten Spulengruppen mit verschiedener Spulenzahl zusammen, so kann unter Berücksichtigung der Spulenzahl und der Phasenwinkel der einzelnen Spulengruppen der resultierende Wicklungsfaktor ermittelt werden.

Bei den *Ganzlochwicklungen* sind aber die Wicklungsfaktoren aller Spulengruppen dieselben und alle phasengleich. Gewöhnlich enthält auch jede Spulengruppe $q = N/2\,p\,m$ Spulen, die in q nebeneinander liegende Nuten untergebracht sind. Der Wicklungsfaktor eines Stranges einer solchen m-phasigen Ganzlochwicklung ist also gleich dem *einer* Spulengruppe und nach Gl. 95 mit $S = q$ und $\varphi = 2\,\pi\,p/N = 180°/q\,m$

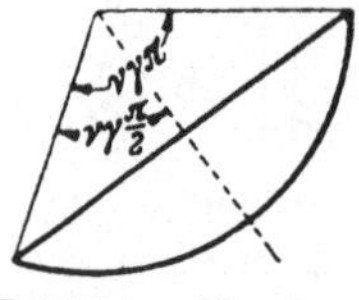

$$\xi_\nu = \frac{\sin \nu\,90°/m}{q \sin \nu\,90°/q\,m} \cdot \varsigma_\nu. \qquad (96)$$

Bild 94. *N* sehr groß.

Für Einschichtwicklungen und Zweischichtwicklungen mit Durchmesserspulen ist $\varsigma_\nu = 1$.

Für Einphasenwicklungen ($S = q$, $\varphi = 180°/Q$ in Gl. 95) erhalten wir

$$\xi_\nu = \frac{\sin \nu\,q\,90°/Q}{q \sin \nu\,90°/Q} \cdot \varsigma_\nu, \qquad (97)$$

worin Q die Zahl der gesamten Nuten je Pol und Strang, q die der bewickelten Nuten ist.

In Zahlentafel 1 sind die Wicklungsfaktoren der einschichtigen drei- und einphasigen (mit $q = 2\,Q/3$) Ganzlochwicklungen bis zur 19. Einzelwelle zusammengestellt.

Zahlentafel 1. *Wicklungsfaktoren von einschichtigen Ganzlochwicklungen.*

	q	$\nu = 1$	3	5	7	9	11	13	15	17	19
dreiphasig	1	1,000	1,000	1,000	1,000	1,000	1,000	1,000	1,000	1,000	1,000
	2	0,966	0,707	0,259	−0,259	−0,707	−0,966	−0,966	−0,707	−0,259	0,259
	3	0,960	0,667	0,217	−0,177	−0,333	−0,177	0,217	0,667	0,960	0,960
	6	0,957	0,644	0,197	0,145	−0 236	−0 102	0 092	0,172	0 084	−0 084
	∞	0 955	0 636	0 191	−0 136	−0 212	−0 087	0 073	0,127	0 056	−0 050
einphasig $Q = 1{,}5\,q$	2	0 866	0	−0,866	−0,866	0	0,866	0,866	0	−0,866	−0,866
	4	0,836	0	−0,224	0,224	0	−0,836	−0,836	0	0,224	−0,224
	6	0,831	0	−0,188	0,154	0	−0,154	0,188	0	−0,831	−0,831
	∞	0,827	0	−0,165	0,118	0	−0,075	0,064	0	−0,049	0,044

Sind die Spulen gleichmäßig am Ankerumfang verteilt, und ist die Nutenzahl sehr groß, so kann man nach Bild 94 auch schreiben

$$\xi_\nu = \frac{\sin \nu\,\gamma\,90°}{\nu\,\gamma\,\pi/2} \cdot \varsigma_\nu, \qquad (98)$$

wenn die Spulenseiten einer Spulengruppe den Bogen $\gamma\,\tau$ am Ankerumfang einnehmen. [s. Aw, III 44 und IV, F].

5. Die EMK in verketteten Mehrphasenwicklungen. Bei Sternschal-
tung ist die verkettete EMK gleich der Differenz der EMKe zweier in
der Phase aufeinander folgender Wicklungsstränge (vgl. Bild 32 b).
Die gegenseitige Phasenverschiebung dieser Stränge ist für die ν-te
Einzelwelle $\nu\varphi = \nu\,2\pi/m$. Die verkettete EMK erhalten wir aus der
Strang-EMK durch Multiplikation mit dem Faktor

$$\mu_\nu = 2\sin\nu\pi/m; \tag{99}$$

er ist Null für alle durch m teilbaren Ordnungszahlen. Bei Dreiphasenwicklungen verschwinden also in der verketteten EMK alle Wellen,
deren Ordnungszahlen $\nu = 3$ oder ein Vielfaches von 3 sind; für die
übrigen Wellen ist $\mu_\nu = \sqrt{3}$.

Bei Vieleckschaltung (vgl. Bild 33 a) sind die in den m Strängen
induzierten EMKe der Ordnungszahlen ν, die durch m teilbar sind,
phasengleich und haben einen Ausgleichstrom innerhalb der Wicklung
zur Folge. An den Klemmen der Wicklung machen sie sich ebensowenig
bemerkbar wie bei Sternschaltung. [s. Aw, III 45].

6. Nutschrägungsfaktor. Zur Unterdrückung störender Geräuschbildung und schädlicher zusätzlicher Drehmomente, die die Oberwellen
der Feldkurve hervorrufen ($V\,C\,11$), werden die Nutschlitze des Läufers gegenüber den Nutschlitzen des
Ständers häufig schräg gestellt, besonders bei Käfigwicklungen. Durch die gegenseitige Schrägstellung
der Nutschlitze wird ein von der Primärwicklung er-
regtes Luftspaltfeld in der Sekundärwicklung eine
kleinere EMK induzieren, was sich praktisch aber nur
für die Oberschwingungen auswirkt. Wir können dies

Bild 95.
Nutschrägung.

durch den Nutschrägungsfaktor berücksichtigen, indem wir den Wicklungsfaktor der Sekundärwicklung noch mit dem Nutschrägungsfaktor
multiplizieren; für die *Primärwicklung* bleibt dann der Nutschrägungsfaktor *unberücksichtigt*.

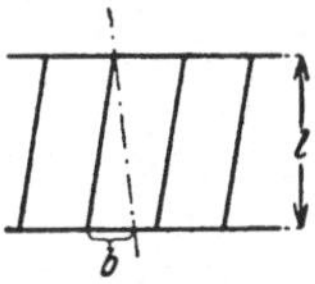

Bei Schrägstellung der Läufernutschlitze gegenüber den Ständer-
nutschlitzen um den Betrag b für die Ankerlänge (Bild 95) verhält sich
die Läuferwicklung genau so, als wären die Nutschlitze der Ständer-
und der Läuferwicklung parallel zur Läuferachse und jeder Stab durch
eine Ringspule (Bild 86 a) mit der Spulenbreite b ersetzt. Der Nutschrägungsfaktor ist also (nach Gl. 98 mit $\gamma = b/\tau$ und $\varsigma_\nu = 1$) für die
ν-te Einzelwelle (N_2 Nutenzahl, t_2 Nutteilung des Läufers)

$$\chi_{2\nu} = \frac{\sin(\nu\,b\pi/2\,\tau)}{\nu\,b\pi/2\,\tau} = \frac{\sin(\nu\,p\,b\pi/t_2\,N_2)}{\nu\,p\,b\pi/t_2\,N_2}. \tag{100}$$

7. Die m-phasige Ersatzwicklung. Bei Transformatoren und Maschinen ersetzt man zur rechnerischen Behandlung die eine der beiden magnetisch gekoppelten Wicklungen durch eine gleichwertige Wicklung mit Strangzahl, Wicklungsfaktor und Windungszahl wie sie die andere Wicklung aufweist. Man kann zwei Wicklungen als gleichwertig bezeichnen, wenn die Amplituden der Felderregerkurven (*III B*), die Gesamtleistungen, die Stromwärmeleistungen und die Streublindleistungen übereinstimmen. Gewöhnlich ist es die Sekundärwicklung, die man durch die entsprechenden Größen (m_1, ξ_1, w_1) der Primärwicklung ersetzt. Wir bezeichnen dann die Ersatzgrößen durch einen Beistrich oben am Formelzeichen und nennen sie *„auf die Primärwicklung bezogen“*.

Die Amplituden der Felderregerkurven werden einander gleich, wenn

$$m_1\,\xi_1\,w_1\,J_2' = m_2\,\xi_2\,\chi_2\,w_2\,J_2 \tag{101}$$

ist. Daraus ergeben sich der *Ersatzstrom* und aus $E_2'\,J_2' = E_2\,J_2$ die *Ersatz-EMK* zu

$$J_2' = \frac{m_2\,\xi_2\,\chi_2\,w_2}{m_1\,\xi_1\,w_1}\cdot J_2 \quad \text{und} \quad E_2' = \frac{m_1\,\xi_1\,w_1}{m_2\,\xi_2\,\chi_2\,w_2}\cdot E_2. \tag{101a u. b}$$

Die Stromwärmeleistungen und die Streublindleistungen werden für die Wicklungen je einander gleich, wenn

$$m_1\,R_2'\,J_2'^{\,2} = m_2\,R_2\,J_2^2 \quad \text{und} \quad m_1\,X_{2\sigma}'\,J_2'^{\,2} = m_2\,X_{2\sigma}\,J_2^2 \tag{102a u. b}$$

ist. Mit der Beziehung in Gl. 101a erhalten wir

$$R_2' = \varrho\,R_2 \quad \text{und} \quad X_{2\sigma}' = \varrho\,X_{2\sigma}, \quad \text{worin} \quad \varrho = \frac{m_1}{m_2}\left(\frac{\xi_1\,w_1}{\xi_2\,\chi_2\,w_2}\right)^2 \tag{103a bis c}$$

der Faktor ist, der durch Multiplikation mit den sekundären Widerstandsgrößen diese auf die Primärwicklung (m_1, ξ_1, w_1) bezieht.

Für *Transformatoren* ist in der Regel $m_2 = m_1$, $\xi_1 = \xi_2 = \chi_2 = 1$; nur bei Zickzackschaltung (*IV B 3*) ist $\xi_2 = \sqrt{3}/2$.

Für die *Käfigwicklung* ist mit $w_2 = 1/2$, $m_2 = N_2$ und $\xi_2 = 1$

$$\varrho = \frac{4\,m_1}{N_2}\left(\frac{\xi_1\,w_1}{\chi_2}\right)^2; \tag{103}$$

sind die Nutschlitze ungeschrägt, so ist $\chi_2 = 1$.

Entsprechende Gleichungen können bei Maschinen für die Oberwellen angeschrieben werden, wenn $\xi_{1\nu}$, $\xi_{2\nu}$, $\chi_{2\nu}$, ϱ_ν an Stelle von ξ_1, ξ_2, χ_2, ϱ gesetzt wird.

8. EMK einer Gleichstrom-Ankerwicklung. Bei der üblichen Ausführung der Gleichstrom-Ankerwicklung mit vielteiligem Stromwender ist die EMK praktisch unveränderlich und gleich dem Mittelwert. Wir erhalten also nach Gl. 87, wenn wir noch die Beziehung $w = z/4a$ zwischen der Zahl w der in Reihe geschalteten Windungen und der *gesamten*

Leiterzahl z am Ankerumfang beachten,

$$E = z \frac{p}{a} n \Phi_W. \tag{104}$$

Darin ist Φ_W der Fluß, der mit einer der von Bürsten überbrückten Ankerwindungen verkettet ist. [s. Aw, III 47].

B. Die Felderregerkurve.

Wenn die Ankerwicklung von Strom durchflossen wird, erregen die Ströme im Luftspalt der Maschine ein magnetisches Feld, das von der Größe des Luftspaltes und der magnetischen Spannung im Eisen abhängt. Um diese Einflüsse, die von Fall zu Fall verschieden sein können, bei der Beurteilung der Wicklung auszuscheiden, empfiehlt es sich, nicht die Feldkurve sondern die „Felderregerkurve" einzuführen, das ist die magnetische Spannung zwischen den Eisenteilen der Maschine längs des Ankerumfangs bei unendlich großer Permeabilität im Eisen, wobei man sich den Luftspalt zwischen den Eisenteilen und gewöhnlich auch die Nutschlitze sehr schmal denkt. [s. Aw, III 48 u. 49].

1. Zeichnerische Ermittlung. Die zeichnerische Ermittlung der Felderregerkurve wollen wir an einer zweipoligen Dreiphasenwicklung mit $q = 2$ Nuten je Pol und Strang zeigen. In Bild 96a ist die Nutung des bewickelten Ankers mit der glatten Spur des andern Eisenteils in der Abwicklung dargestellt. Die Stromrichtung in den Nuten ist durch $\times$ und $\bullet$ angedeutet, wenn die Wicklungsstränge, die mit I, II und III bezeichnet sind, im positiven Wicklungssinne durchflossen werden. In Bild 96b rechts ist das Zeit-Vektordiagramm der Ströme, die wir sinusförmig voraussetzen, aufgezeichnet mit der Lage der Zeitlinie zur Zeit $t = 0$, wenn der Strom im Strang I seinen Höchstwert hat; die Ströme in den Strängen II und III sind dann halb so groß und negativ. Mit diesen Strömen erhalten wir unter der Annahme unendlich schmaler Nutschlitze die voll ausgezogene Treppenkurve. An jeder Nutschlitzmitte springt die magnetische Spannung um den Betrag der Nutdurchflutung. Die Nullinie ist so zu legen, daß die Fläche der negativen Halbwelle gleich der der positiven wird, damit der aus dem Anker austretende Fluß gleich dem eintretenden ist. Nach Verlauf einer Zeit von 1/24 Periode, entsprechend dem Zeitwinkel $\omega t = 15°$, nimmt die Zeitlinie die in Bild 96c rechts gezeichnete Lage $t = T/24$ ein, und wir erhalten mit den Projektionen von I, II, III auf die Zeitlinie die voll ausgezogene Felderregerkurve in Bild 96c. Bild 96d gilt schließlich für den Zeitwinkel $\omega t = 30°$.

Bei Vernachlässigung der magnetischen Spannung im Eisen und sehr schmalen Nutschlitzen stellen die vollausgezogenen Kurven auch die Feldkurve dar. Ist die Felderregerkurve in A dargestellt, so ergibt sich mit δ in cm die Induktion im Luftspalt in Gß, indem die Ordinaten mit $\Pi_0/\delta = 0{,}4\,\pi/\delta$ Gß/A multipliziert werden. Wollen wir die Nutschlitz-breite angenähert berücksichtigen, so können wir uns die Nutdurch-flutung über die Nutschlitzbreite gleichmäßig verteilt denken; in der Felderregerkurve treten dann an Stelle der Unstetigkeitsstellen die gestrichelt gezeichneten Abschrägungen über der Nutschlitzbreite auf.

Wir erkennen aus Bild 96b bis d, daß sich ein Drehfeld ausbildet, das bei der angenommenen Strang- und Stromfolge von links nach rechts fortschreitet. Die Augenblickswerte dieses Drehfeldes schwanken um die sinusförmige Grundwelle. [s. Aw, III 48 u. 49].

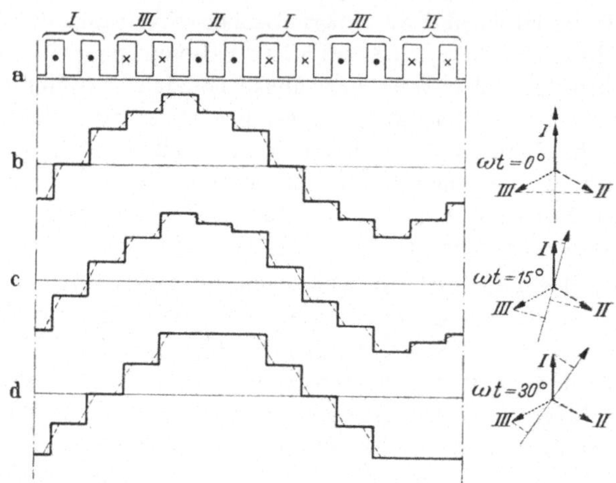

Bild 96a bis d. Zeichnerische Darstellung der Felderregerkurve.

2. Rechnerische Ermittlung. Rechnerisch läßt sich die Felderreger-kurve einer Wicklung aus den Felderregerkurven der einzelnen Win-dungen ableiten, aus denen sich die Wicklung zusammensetzt. In Bild 97a ist die Felderregerkurve einer Spule mit der Weite W dargestellt, wobei die Durchflutung einer Spule zu $s\,i = 1$ vorausgesetzt ist. Diese Feld-erregerkurve zerlegen wir nach FOURIER in ihre Einzelwellen. Setzen wir dann die Durchflutung $s\,i = \mathrm{s}\sqrt{2}\,J \sin \omega t$, so erhalten wir die Feld-erregerkurve einer mit Wechselstrom gespeisten Ankerspule. Addieren wir schließlich die Felderregerkurven aller Spulen der Wicklung und führen dabei die Wicklungsfaktoren ξ ein, so ergibt sich die Felderreger-kurve einer $2p$-poligen Einphasenwicklung mit w Windungen zu

$$f(x) = \frac{2\sqrt{2}}{\pi}\,\frac{w\,J}{p}\,\sin \omega t \cdot \left(\xi_1 \cos \frac{x\pi}{\tau} - \frac{1}{3}\,\xi_3 \cos 3\,\frac{x\pi}{\tau} + \\ + \frac{1}{5}\,\xi_5 \cos 5\,\frac{x\pi}{\tau} - \cdots \right). \quad \Bigg\} \quad (105\,\mathrm{a})$$

Das ist eine stehende Wechselwelle, die wir in zwei gegeneinander umlaufende Wellen von halber Amplitude zerlegen können. Bild 97 erläutert diese Zerlegung für die Grundwelle. Wir erhalten

$$f(x) = \frac{\sqrt{2}}{\pi} \frac{w\,J}{p} \left\{ \xi_1 \left[\sin\left(\omega t - \frac{x\pi}{\tau}\right) + \sin\left(\omega t + \frac{x\pi}{\tau}\right) \right] - \right. \\ \left. - \frac{1}{3}\xi_3 \left[\sin\left(\omega t - 3\frac{x\pi}{\tau}\right) + \sin\left(\omega t + 3\frac{x\pi}{\tau}\right) \right] + \cdots \right\}. \tag{105b}$$

Diese Gleichung gilt auch für einen Wicklungsstrang einer Mehrphasenwicklung. Addieren wir die Felderregerkurven aller m Stränge, so verschwinden alle Wellen, für die $(\nu \mp 1)/m$ gebrochen ist, während

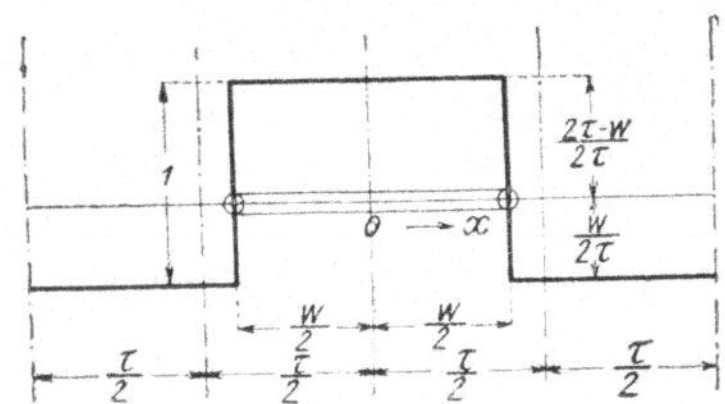

Bild 97a. Felderregerkurve einer Spule.

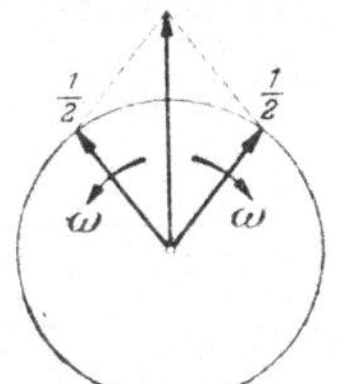

Bild 97b. Zerlegung einer Wechselwelle in zwei gegeneinander umlaufende Wellen.

die mit $(\nu \mp 1)/m = $ ganz (einschließlich Null) sich algebraisch addieren. Wir erhalten für eine $2p$-polige *dreiphasige Ganzlochwicklung* $(m = 3)$

$$f(x) = \frac{3\sqrt{2}}{\pi} \frac{w\,J}{p} \left[\xi_1 \sin\left(\omega t - \frac{x\pi}{\tau}\right) + \frac{1}{5}\xi_5 \sin\left(\omega t + 5\frac{x\pi}{\tau}\right) - \right. \\ \left. - \frac{1}{7}\xi_7 \sin\left(\omega t - 7\frac{x\pi}{\tau}\right) - \frac{1}{11}\xi_{11} \sin\left(\omega t + 11\frac{x\pi}{\tau}\right) + \cdots \right]. \tag{106}$$

Die Wellen der Ordnungszahlen 7, 13, 19 ... laufen im Sinne der Grundwelle (mitlaufende Wellen), die der Ordnungszahlen 5, 11, 17 ... entgegen der Grundwelle (gegenlaufende Wellen) um. [s. Aw, III 48 A u. B und I, II D].

3. Durchflutung und Strombelag. Für die meisten Untersuchungen können wir uns auf die Felderregerkurve der *Grundwelle* beschränken. Bezeichnen wir die Amplitude dieser Welle einer Mehrphasenwicklung oder *einer* der gegeneinander umlaufenden Wellen einer Einphasenwicklung mit V, so ist nach den Gl. 105 u 106 (mit m an Stelle von 3)

$$V = \frac{\sqrt{2}\,m}{\pi} \frac{\xi_1 w}{p} J = \frac{\sqrt{2}}{\pi} \tau \xi_1 \overline{A}, \tag{107a}$$

worin noch

$$\overline{A} = \frac{m \cdot 2\,w\,J}{\pi\,D} = \frac{m\,w}{p\,\tau} J \tag{107b}$$

der *mittlere effektive Strombelag* ist; das ist das Verhältnis der gesamten

Beträge des am Ankerumfang fließenden Stromes zum Ankerumfang; vgl. ($I\,A\,2$) und [I, I B, S. 13]. Bei Mehrphasenmaschinen, wo der ganze Ankerumfang bewickelt ist, ist der mittlere effektive Strombelag $\overline{A}$ gleich dem effektiven Strombelag A.

Die *Ankerdurchflutung* Θ_A für einen Integrationsweg, der an den Stellen durch den Luftspalt tritt, wo die Amplituden der Felderregerkurve liegen (vgl. Bild 96), ist bei der Mehrphasenwicklung das Doppelte, bei der Einphasenwicklung das Vierfache von V, also

$$\Theta_{A\,\text{mehrph}} = 2\,V, \qquad \Theta_{A\,\text{einph}} = 4\,V. \qquad\text{(108a u. b)}$$

Für die Ankerdurchflutung der Mehrphasenwicklung können wir auch schreiben [II, II A 1]

$$\Theta_A = g\,J \quad\text{mit}\quad g = \frac{2\sqrt{2}\,m}{\pi}\,\frac{\xi_1\,w}{p}. \qquad\text{(109a u. b)}$$

C. Drehmoment und Ausnutzung des Ankermantels.

1. Drehmoment. Um eine Gleichung zu gewinnen, die das Drehmoment einer elektrischen Maschine in Abhängigkeit von den elektrischen und magnetischen Größen darstellt, gehen wir vom Energieprinzip aus. Setzen wir dabei im allgemeinen eine m-phasige Wechselstrommaschine voraus, so erhalten wir eine Formel für das Drehmoment, die auf alle elektrische Maschinen anwendbar ist.

Beim Generator wird die mechanische Leistung

$$N_i = \Omega\,M = 2\,\pi\,n\,M, \qquad\qquad\text{(110a)}$$

worin Ω die Winkelgeschwindigkeit, n die Drehzahl und M das Drehmoment ist, unmittelbar in die (innere) elektrische Leistung

$$N_i = m\,E\,J \cos(\dot{E},\dot{J}) \qquad\qquad\text{(110b)}$$

umgesetzt, wenn E die in einem Wicklungsstrang bei *Belastung* induzierte EMK und J der Strangstrom ist. Beim Motor findet die Umsetzung der Leistung umgekehrt statt. In beiden Fällen muß die mechanische Leistung gleich der elektrischen sein, wenn beim Generator die Verluste, die unmittelbar von der mechanischen Leistung bestritten werden (Reibungsverluste, Lüftungsverluste, gewisse Eisenverluste), ausgeschieden, beim Motor diese Verluste aber in die Leistung eingeschlossen sind.

Nach Gl. 110a u. b erhalten wir das in der Maschine entwickelte Drehmoment zu

$$M = \frac{m\,E\,J \cos(\dot{E},\dot{J})}{\Omega} = \frac{m\,E\,J \cos(\dot{E},\dot{J})}{2\,\pi\,n}, \qquad\text{(110c)}$$

und zwar in J, wenn wir E in V, J in A, Ω in 1/sec, n in Uml/sec einsetzen, oder zu

$$M = \frac{30}{9,8\,\pi\,n}\,m\,E\,J\cos(\dot{E},\dot{J}) = 0{,}974\,\frac{m\,E\,J\cos(\dot{E},\dot{J})}{n}\ \text{kgm}, \qquad\text{(110d)}$$

wenn wir die Drehzahl in Uml/min einführen.

2. Mittlerer Drehschub. Die mittlere tangentiale Zugkraft am Ankerumfang, bezogen auf die Oberflächeneinheit des Ankermantels mit dem Durchmesser D und der ideellen Ankerlänge l_i, bezeichnen wir als mittleren Drehschub. Er ist nach Gl. 110a

$$\sigma = \frac{2M}{\pi D^2 l_i} = \frac{1}{\pi^2}\frac{N_i}{n D^2 l_i}. \tag{111}$$

Wir erhalten ihn in J/cm³ (oder kJ/m³), wenn N_i in W (kW) D und l_i in cm (m) und n in Uml/sec eingesetzt werden. Der mittlere Drehschub ist ein Maß für die elektromagnetische Ausnutzung des Ankermantels.

Für die *Gleichstrommaschine* ist in Gl. 110b $m = 1$, $\cos(\dot{E}, \dot{J}) = 1$. Setzen wir in Gl. 104 für die EMK

$$\Phi_W \approx \Phi = \alpha B \tau l_i \quad \text{mit} \quad \alpha = b_i/\tau, \tag{112a u. b}$$

worin α das Verhältnis von ideellem Polbogen ($E\,2$) zu Polteilung τ ist, und führen an Stelle von J in $N_i = EJ$ den Strombelag

$$A = \frac{zJ}{2\,a\,\pi\,D} \tag{112c}$$

ein, so erhalten wir nach Gl. 111

$$\sigma = \alpha\,A\,B \approx 0{,}675\,A\,B. \tag{112}$$

Bei *Wechselstrom* wird die Größe der Maschine nicht durch die „innere" Wirkleistung N_i, sondern durch die innere *Scheinleistung* $N_{si} = N_i/\cos(\dot{E}, \dot{J})$ bestimmt. Den mit dieser Scheinleistung nach Gl. 111 berechneten *scheinbaren* Drehschub

$$\sigma_s = \frac{1}{\pi^2}\frac{N_{si}}{n D^2 l_i}, \tag{113}$$

der nur bei Phasengleichheit zwischen $\dot{E}$ und $\dot{J}$ wirklich auftritt, müssen wir zur Beurteilung der Ausnutzung der Mantelfläche des Ankers heranziehen.

Für die *mehrphasige* Maschine ($m > 1$) ist mit der Induktionsamplitude B_1

$$\Phi = \frac{2}{\pi}\,B_1\,\tau\,l_i \quad \text{und} \quad A = \frac{m\,2\,w\,J}{\pi D}. \tag{113a u. b}$$

Damit erhalten wir nach Gl. 111 u. 89

$$\sigma_s = \frac{\xi}{\sqrt{2}}\,A\,B_1, \quad \text{für} \quad m = 3: \quad \sigma_s = 0{,}675\,A\,B_1. \tag{114a u. b}$$

Bei der *Einphasen*maschine ist nur 2/3 der Ankeroberfläche bewickelt, der Wicklungsfaktor ist $\sqrt{3}/2$ von dem der Dreiphasenmaschine, also der scheinbare mittlere Drehschub

$$\sigma_s = \frac{2}{3}\cdot\frac{\sqrt{3}}{2}\cdot 0{,}675\,A\cdot B_1 = 0{,}39\,A\,B_1. \tag{115}$$

Durch die Verjüngung der Wicklungsräume in Nuten und Pollücken, die sich besonders bei kleinen Durchmessern D auswirkt (Bild 98a u. b) und dann kleine Werte von A und B verlangt, sinken σ und σ_s mit kleiner werdendem D schnell ab (vgl. die Bilder 218, 253 u. 304).

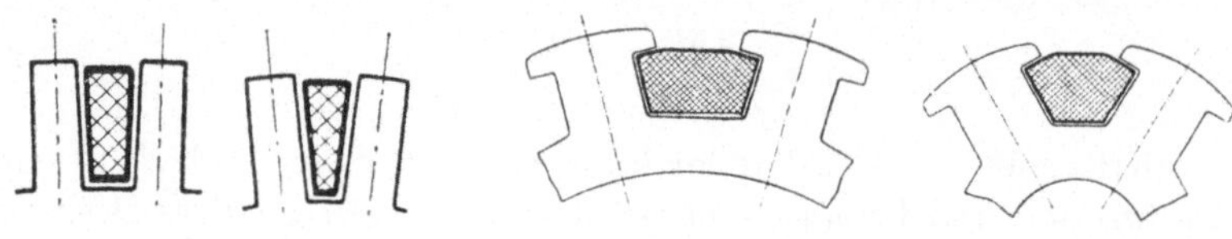

a   b

Bild 98a u. b. Verjüngung des Wicklungsraums bei kleinen Durchmessern.
a In der Nut, b in der Pollücke.

3. Das Produkt Strombelag mal Stromdichte $(A\,G)$. In dem Teil der Ankerwicklung, der in Nuten eingebettet ist, wird die Stromwärmeleistung $\varrho\,m\,2\,w\,l\,J^2/q = \varrho\,m\,2\,w\,l\,J\,G$ entwickelt, wenn l die Ankerlänge und q der Leiterquerschnitt ist. Ersetzen wir den Strom durch den Strombelag nach Gl. 113b, so erhalten wir je Flächeneinheit des Ankermantels

$$\frac{Q_{WM}}{\pi D l} = \varrho\,A\,G \quad \text{oder} \quad \frac{Q_{WM}}{\pi D l} = \varrho\,\frac{A}{100}\,G\,\frac{\text{W}}{\text{cm}^2}\,, \qquad \text{(116a u. b)}$$

wenn der spezifische Widerstand ϱ der Wicklung in $\Omega\,\text{mm}^2/\text{m}$, die Stromdichte G in A/mm^2 und der Strombelag A in A/cm eingesetzt wird.

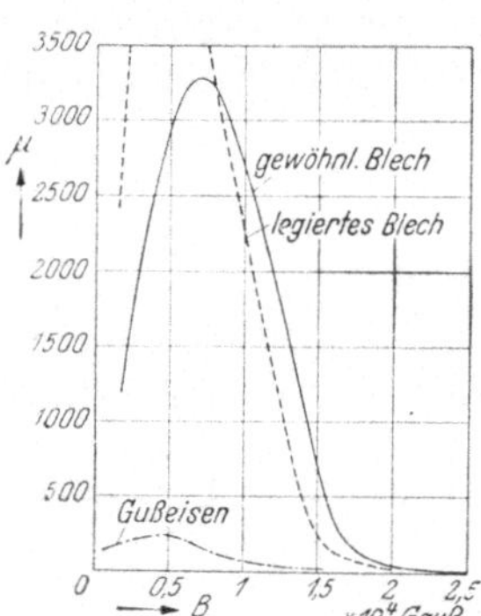

Bild 99. Relative Permeabilität über Induktion B.

Dieselbe Wärmeabgabe je Einheit der Manteloberfläche vorausgesetzt, kann also mit Rücksicht auf Erwärmung der Strombelag A um so größer gewählt werden, je kleiner die Stromdichte ist. Für Kupferwicklung ($\varrho \approx 0{,}02\,\Omega\,\text{mm}^2/\text{m}$) und die heute übliche Lüftung liegt GA etwa zwischen den Grenzen 1500 und 2500 A^2/mm^2 cm, entsprechend einer Wärmeabgabe von 0,3 bis 0,5 W/cm^2. [s. I, II E].

D. Die elektromagnetischen Eigenschaften des Eisens.

1. Magnetisierungskurven. Für vollständig unmagnetisch gewesenes oder entmagnetisiertes Eisen ist die Permeabilität der Erstmagnetisierung eine eindeutige Funktion der Feldstärke oder der Induktion, die wir im allgemeinen bei der Berechnung der elektrischen Maschinen zugrunde legen. Bild 99 läßt den Verlauf der relativen Permeabilität μ über der Induktion B für verschiedene Eisensorten erkennen. Kurven, die die Indukton B über der Feldstärke H darstellen, bezeichnet man als Magnetisierungskurven; sie sind für die wichtigsten im Elektro-

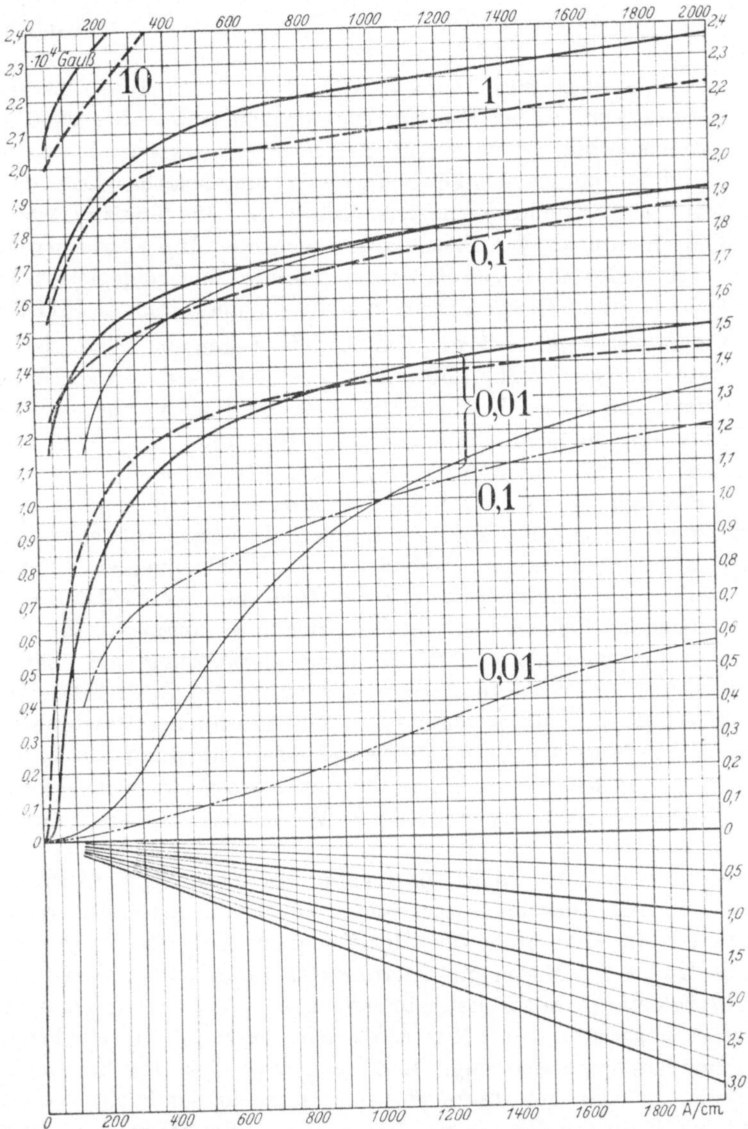

Bild 100. Magnetisierungskurven. —— gewöhnliches Dynamoblech, Dynamo-
stahl; — — — hochlegiertes Blech; ——— Siemens-Martin-Stahl; — · — · — Gußeisen. Unterhalb der Abszissenachse verschiedene Geraden mit $k_Z = 0{,}5$, 1, … 3
zur Ermittlung der wirklichen aus der scheinbaren Zahninduktion
(Gl. 137 u. Bild 108).

maschinenbau verwendeten Eisensorten, nämlich gewöhnliches Dynamoblech, „hochlegiertes Blech" und Gußeisen in Bild 100 dargestellt. Zur
Erhöhung der Ablesungsgenauigkeit sind die Kurven für vier verschiedene Abszissenmaßstäbe aufgetragen, die im Verhältnis $0{,}01 : 0{,}1 : 1 : 10$

stehen. Angeschrieben sind die Abszisseneinheiten nur für die Kurven-
teile 1, für die andern müssen sie mit 0,01, 0,1 oder 10 multipliziert
werden.

Das legierte Blech enthält größere Mengen von Silizium, bis etwa
5%. Dadurch wird es bei höheren Induktionen (etwa über 8000 Gß)
magnetisch schlechter, seine Ummagnetisierungsverluste sind aber wesentlich geringer als die des gewöhnlichen Dynamoblechs. Das teuere
und schwer bearbeitbare hochlegierte Blech wird für Transformatoren
benutzt, wo man niedrigste Eisenverluste anstrebt. In elektrischen Maschinen verwendet man gewöhnliches, seltener schwachlegiertes Dynamoblech. Normale Blechstärken sind 0,35, 0,5 und 1 mm. [s. I, II F 1].

2. Ummagnetisierungswärme. Im Transformator und mindestens in
einem Teil jeder elektrischen Maschine wird das Eisen periodisch um-
magnetisiert. Zu dieser Ummagnetisierung ist Energie aufzuwenden,
die in Wärme, die sog. Ummagnetisierungswärme, umgesetzt wird.
Dadurch wird nicht nur Energie vergeudet, sondern auch die Temperatur der Maschine erhöht und ihre Leistungsfähigkeit begrenzt.

Die Ummagnetisierung in einem Eisenteilchen kann entweder durch
Verändern des Betrages der Feldstärke bei gleichbleibender Richtung
(„Wechsel") oder durch Verändern der Richtung der Feldstärke bei
gleichbleibendem Betrage („Drehung") zustande kommen. Die erste
Art bezeichnet man als wechselnde Ummagnetisierung, sie liegt im
wesentlichen beim Transformator vor, die zweite Art als drehende Ummagnetisierung, sie tritt gewöhnlich im Ankerkern einer Maschine auf.

Zur Beurteilung der Ummagnetisierungsverluste dient die in 1 kg
Eisen in 1 sec entwickelte Wärme bei *wechselnder Ummagnetisierung*.
Wir haben dabei Hystereseverluste und Wirbelstromverluste zu unter-
scheiden.

a. Hystereseverluste. Wird eine völlig unmagnetische Eisenprobe
einer von 0 bis H_1 allmählich wachsenden Feldstärke ausgesetzt und die
Induktion in der Eisenprobe über der Feldstärke aufgetragen, so erhält
man die Kurve der Erstmagnetisierung (OB in Bild 101). Lassen wir
nun die Feldstärke allmählich abnehmen, so erhalten wir eine neue
Magnetisierungskurve mit höheren Werten der Induktion als bei der
Kurve der Erstmagnetisierung. Man bezeichnet diese Erscheinung als
Hysterese. Bei der Feldstärke $H = 0$ herrscht in der Probe noch die
Induktion OR, die sog. Remanenz. Lassen wir die Feldstärke dann weiter
abnehmen, so wird die Induktion bei der Feldstärke $H = OK$, die die sog.
Koerzitivkraft aufhebt, Null. Verringern wir die Feldstärke bis zu
$-H_1$ und lassen sie dann wieder bis zu H_1 anwachsen, so erhalten wir
die Hystereseschleife $B R K B' R' K' B$ in Bild 101.

Bei einem solchen magnetischen Kreisprozeß wird die im ansteigen-
den Ast der Hystereseschleife dem Felde zugeführte magnetische
Energie ($I A 9$) auf dem absteigenden Ast nicht mehr vollständig

zurückgewonnen; der verbleibende Rest stellt die im Eisen in Wärme umgesetzte Energie, die Hysteresewärme dar, die zur Ummagnetisierung des Eisens aufgewendet werden muß. Sie ist proportional dem Flächeninhalt der Schleife und in einem Volumenelement $d\tau$ für eine vollständige Periode der Ummagnetisierung, vgl. ($I A 9$ u. 10),

$$d V_H = d\tau \oint H\, d B. \tag{117}$$

Die Hystereseverluste sind für ein gegebenes Material unabhängig von der Blechstärke und proportional der Zahl der Ummagnetisierungen. Wenn die Ummagnetisierung zwischen den beiden Grenzwerten der Induktion $+ B$ und $- B$ Gß stattfindet und wir mit f die Frequenz der Ummagnetisierung bezeichnen (in Hz), so können wir für die Hystereseverluste schreiben

$$V_H = \varepsilon\, \frac{f}{100} \left(\frac{B}{10000}\right)^2 \frac{\mathrm{W}}{\mathrm{kg}}. \tag{118}$$

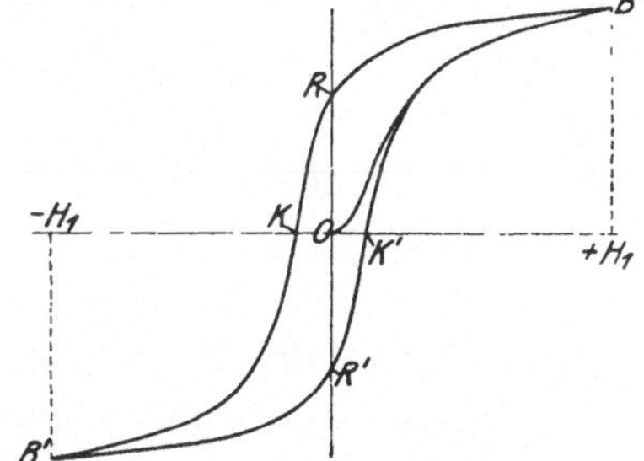

Bild 101. Hystereseschleife.

b. Die Wirbelstromverluste werden durch die Ströme hervorgerufen, die bei der Ummagnetisierung im Eisen induziert werden. Um diese Wärme möglichst zu unterdrücken, werden die Eisenteile der Maschine, die der Ummagnetisierung unterworfen sind, aus Blechen zusammengesetzt, deren Ebenen parallel zu den Induktionslinien liegen. Bei mäßigen Blechstärken (etwa $\varDelta \leq 1$ mm) und der üblichen Frequenz ($f \leq 100$ Hz) kann man für die in der Volumeneinheit entwickelten Wirbelstromverluste

$$V_W = \frac{4}{3\varrho}\left(\varDelta\, \frac{f}{100}\, \xi_E\, \frac{B}{10000}\right)^2 \frac{\mathrm{W}}{\mathrm{cm}^3} \tag{119}$$

schreiben, worin ϱ in Ω mm²/m, $\varDelta$ in cm, und B in Gß einzusetzen sind; ξ_E ist der Formfaktor. Bei sinusförmiger Änderung der Induktion ($\xi_E = 1{,}11$) lassen sich die Wirbelstromverluste für ein bestimmtes Blech nach der Gleichung

$$V_W = \sigma\left(\frac{f}{100}\, \frac{B}{10000}\right)^2 \frac{\mathrm{W}}{\mathrm{kg}} \tag{120}$$

berechnen. Bei sehr hoher Ummagnetisierungsfrequenz oder sehr dicken Blechen muß die Rückwirkung der Wirbelströme berücksichtigt werden, die sich darin äußert, daß die Induktion und die Wirbelströme auf die Seitenflächen der Bleche gedrängt werden [I, II F 2 b].

c. Für die *gesamten Ummagnetisierungsverluste*, die in 1 sec in 1 kg Eisenblech entwickelt werden, können wir nach Gl. 118 u. 120 schreiben

$$V = \left[\varepsilon\, \frac{f}{100} + \sigma\left(\frac{f}{100}\right)^2\right]\left(\frac{B}{10000}\right)^2 \frac{\mathrm{W}}{\mathrm{kg}}. \tag{121}$$

Die Werte ε und σ sind für die wichtigsten Bleche in Zahlentafel 2 angegeben. Für die meist vorliegenden 50 Hz lassen sich die beiden Glieder in Gl. 121 zusammenfassen, und wir erhalten

$$V = \varkappa \left(\frac{B}{10\,000} \right)^2 \frac{\text{W}}{\text{kg}} . \qquad (122)$$

Zahlentafel 2.
Materialkonstanten ε, σ und $\varkappa$.

Blechsorte	$\varDelta$ in mm	ε	σ	$\varkappa = V_{10}$
Gewöhnl.	1	4,4	22,4	7,80
Dynamo-	0,5	4,4	5,6	3,60
blech	0,35	4,7	3,2	3,15
Mittel-	0,5	3,0	1,2	1,80
legiertes	0,35	2,4	0,6	1,35
Hochleg.	0,35	2,0	0,4	1,10

$\varkappa$ ist in Zahlentafel 2 ebenfalls angegeben. Die nach dieser Gleichung berechneten Verluste nennt man *Verlustziffer* und bezeichnet sie bei $B = 10\,000$ Gß mit V_{10}, bei $B = 15\,000$ Gß mit V_{15}. [s. I, II F 2].

E. Magnetische Kennlinie bei Leerlauf.

Die Kurve, die den Induktionsfluß im Anker der Maschine als Funktion der Durchflutung eines magnetischen Kreises darstellt, bezeichnet man als magnetische Kennlinie. Ihre Berechnung bei Leerlauf soll in diesem Abschnitt behandelt werden, wobei wir eine mit Gleichstrom erregte Schenkelpolmaschine zugrunde legen. Die Anwendung auf andere Maschinen wird bei diesen gezeigt werden.

In Bild 102 ist ein Teil einer Maschine, beispielsweise einer Aussenpolmaschine, im Querschnitt aufgezeichnet. Die Röhrenwandungen des Induktionsflusses, der in den Anker eintritt, sind durch die stärkeren Linien hervorgehoben. Für diesen magnetischen Kreis haben wir die magnetische Umlaufspannung zu bilden. Dabei werden wir die magnetischen Spannungen der einzelnen in Reihe geschalteten Teile des Kreises getrennt berechnen. Ihre Summe ist dann gleich der Durchflutung Θ des Feldmagneten, die mit dem Ankerfluß verkettet ist:

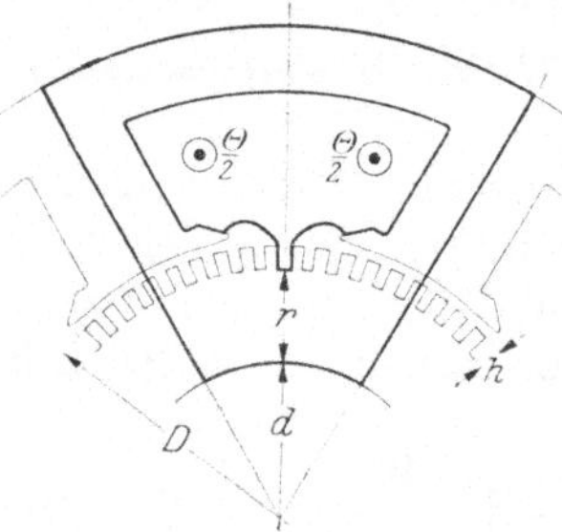

Bild 102. Magnetischer Kreis einer Außenpolmaschine.

$$\sum_O V = \Theta . \qquad (123)$$

1. Ankerkern. Zur Berechnung der *mittleren* Induktion im Querschnitt des Ankerkerns durch die neutrale Zone müssen wir beachten, daß das Eisen in Richtung der Welle der Maschine durch die Isolationszwischenlagen der Bleche (Papier oder Lack) unterbrochen ist. Wir müssen deshalb die gesamte axiale Länge l des Ankers abzüglich der etwa vorhandenen Lüftungskanäle noch mit einem Faktor k_E multiplizieren, der bei 0,5 mm dicken Blechen und einer Pressung von etwa

6 kg/cm² $k_E \approx 0,9$ gesetzt werden kann. Für die mittlere Induktion im Ankerkern erhalten wir dann (Bild 103a u. b)

$$B_A = \Phi/2 k_E l \, r, \tag{124}$$

wenn Φ der in den Ankermantel eintretende Induktionsfluß, also $\Phi/2$ der Induktionsfluß im Ankerkern ist. Die magnetische Spannung längs des Ankerkerns liefert in den meisten Fällen nur einen sehr kleinen Beitrag zur gesamten Umlaufspannung [I, II G 1 u. II, II B 2]. Wir setzen deshalb die Feldstärke H_A für die mittlere Induktion B_A (nach

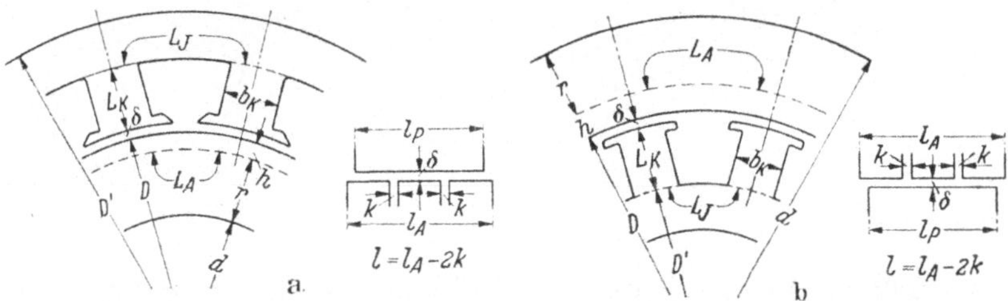

Bild 103a u. b. Bezeichnungen für den magnetischen Kreis. a Außen-, b Innenpolmaschine.

Bild 100) ein und legen eine mittlere Weglänge L_A zugrunde. Damit erhalten wir die „Ankerkernspannung"

$$V_A = L_A H_A. \tag{125}$$

Für Innen- und Außenanker ist (vgl. Bild 103a u. b)

$$L_A \approx \pi \, . \, /2p. \tag{125a u. b}$$

Nur bei Maschinen großer Kerninduktion B_A ist diese Berechnung zu ungenau. Die so berechnete Ankerkernspannung ist dann noch mit einem Faktor k_A' zu multiplizieren, der gewöhnlich erheblich kleiner als 1 ist [II, II B 2].

2. Luftspalt. Die Beziehung zwischen Fluß und Luftspaltspannung können wir aus einem Feldbild im Schnitt senkrecht zur Ankerwelle ermitteln. Für einen ungenuteten Anker sind in Bild 104 die Einheitsröhren ($I A 4$) des Feldbildes durch stärkere Linien, ihre Unterteilung durch schwächere angedeutet. Wir erhalten nach Gl. 15 für die Luftspaltspannung

$$V_L = \Phi/\Pi_0 \, m \, l_i, \tag{126a}$$

wenn Φ der in den Ankermantel von der Länge l_i eintretende Induktionsfluß und m die Zahl der Einheitsröhren ist. In Bild 104 ist z. B. $3^3/_4 < m/2 < 4$, also $m \approx 7,6$. Drücken wir die Luftspaltspannung durch die Induktion B_L unter Polmitte aus, wo die Luftspaltlänge δ_0 sei, so erhalten wir

$$V_L = \delta_0 H_L = \delta_0 B_L/\Pi_0 \approx 0,8 \, \delta_0 B_L \text{ Amp}, \tag{126b}$$

wenn δ_0 in cm und B_L in Gß eingesetzt wird.

Setzen wir die Flächen, die die Feldkurve (das ist die Normalkomponente der Induktion am ungenuteten Ankerumfang) mit der Abszissenachse einschließt (Bild 105), gleich dem Produkt aus der Luftspaltinduktion B_L unter Polmitte und dem „ideellen Polbogen" b_i, so ist der Fluß einerseits nach dieser Definition, andrerseits nach Gl. 126 a u. b

$$\Phi = B_L\, b_i\, l_i = B_L\, l_i\, m\, \delta_0, \quad \text{woraus sich} \quad b_i = m\, \delta_0 \qquad \text{(127 a u. b)}$$

ergibt. Zur Bestimmung des ideellen Polbogens ist also die Kenntnis

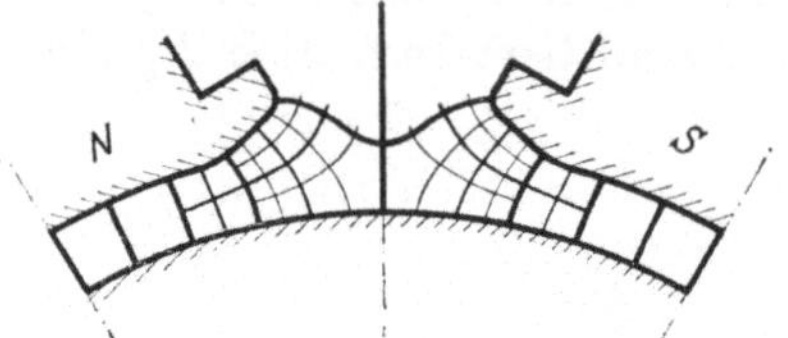

Bild 104. Feld- und Niveaulinien im Luftspalt.

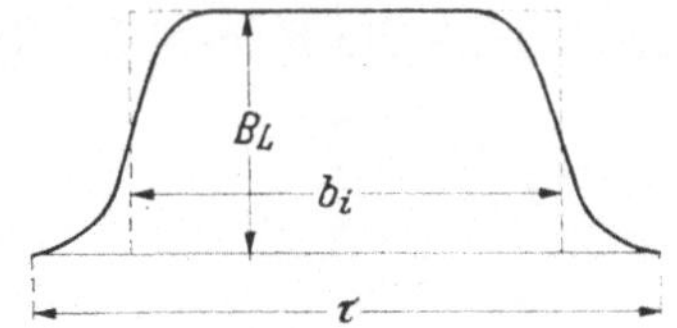

Bild 105. Feldkurve und ideeller Polbogen b_i.

der Feldkurve nicht erforderlich. Es ist nur nötig, die Zahl m der am Ankermantel mündenden Einheitsröhren abzuzählen und diese mit der Luftspaltlänge δ_0 unter Polmitte zu multiplizieren. In den meisten praktischen Fällen wird $\alpha = b_i/\tau$ (Gl. 112 b) geschätzt [I, II G 2 a u. b].

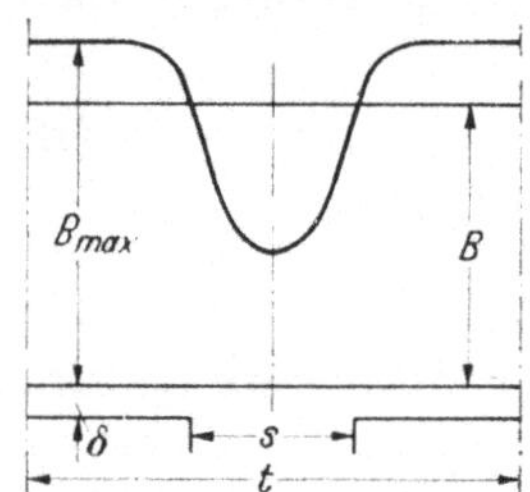

Bild 106. Induktionsverteilung bei genutetem Anker.

Durch die *Nutung* des Ankers wird die mittlere Induktion B über der Nutteilung geschwächt (Bild 106) oder bei demselben Fluß die Luftspaltspannung vergrößert ($B_{max} > B$). Man denkt sich dann den genuteten Anker durch einen ungenuteten mit vergrößertem Luftspalt ersetzt. Für diesen Luftspalt schreiben wir

$$\delta' = k_C\, \delta. \qquad (128)$$

k_C bezeichnen wir als CARTERschen Faktor, er hängt von den Verhältnissen Nutschlitzbreite zu Luftspaltlänge (s/δ) und Nutteilung zu Luftspaltlänge (t/δ) ab und ergibt sich zu

$$k_C = \frac{t}{t - \gamma\,\delta} \quad \text{mit} \quad \gamma = \frac{(s/\delta)^2}{5 + s/\delta}. \qquad \text{(129 a u. b)}$$

Wenn beide Teile der Maschine genutet sind, erhält man

$$k_C = k_{C1} \cdot k_{C2}, \qquad (130)$$

worin k_{C1} unter der Annahme, daß Teil 2, k_{C2}, daß Teil 1 ungenutet ist, nach Gl. 129 a u. b berechnet werden kann [I, II G 2 c].

Die *ideelle Ankerlänge*, die dem Einfluß der Ausbreitung der Induktionslinien an den Stirnflächen des Blechpakets Rechnung trägt [I, II G 2 d], berechnen wir als Mittelwert aus der Polschuhlänge l_P und der

Ankerlänge l, abzüglich der etwa vorhandenen Lüftungskanäle (Bild 103a u. b und *III F* 2) zu

$$l_i \approx (l_P + l)/2. \tag{131}$$

3. Ankerzähne. Wie die Luftspaltspannung berechnen wir auch die Zahnspannung in der Mittellinie der Pole. Die Zahninduktion, die wir unter der Annahme berechnen, daß alle Induktionslinien, die durch die Mittellinien benachbarter Nuten abgegrenzt werden, im Zahn verlaufen (Bild 107), nennen wir *scheinbare* Zahninduktion. Der Fluß zwischen den Mittelebenen benachbarter Nuten ist

$$\Phi'_Z = B_L l_i t, \tag{132a}$$

worin B_L die Induktion unter Polmitte für die glatte Ankeroberfläche, die die genutete ersetzt (2), und t die Nutteilung am Ankerumfang mit dem Durch-
messer D ist. Der Eisenquerschnitt des
Zahnes ändert sich im allgemeinen in radialer Richtung und ist an der Stelle, die auf
dem Kreisumfang mit dem Durchmesser D_z
liegt (Bild 109, $D - 2h \leq D_z \leq D$),

$Q_Z = k_E l c$ mit $c = (\pi D_z/N) - a$. (132b u. c)
Darin ist $k_E l$ die wirkliche axiale Eisenlänge (ohne Isolierung) und c die Zahnbreite, wenn N die Zahl der Nuten und a

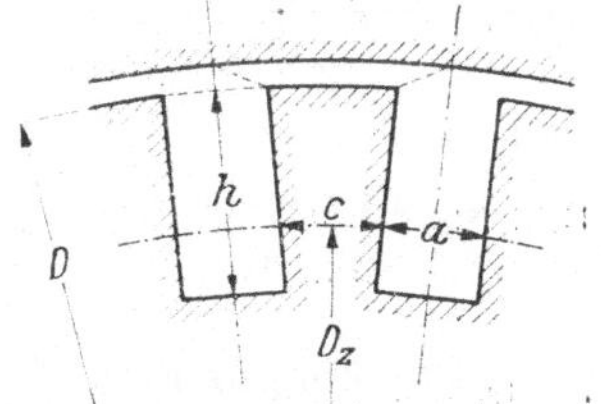

Bild 107. Zur Berechnung der Zahninduktion und -spannung.

ihre Breite am Kreisumfang mit dem Durchmesser D_z ist. In den meisten Fällen sind die Nutflanken parallel; es ist dann a unabhängig von D_z.

Aus den Gl. 132a bis c erhalten wir die scheinbare Zahninduktion zu

$$B'_Z = \frac{\Phi'_Z}{Q_Z} = \frac{l_i}{k_E l} \frac{t}{c} B_L = \frac{l_i}{l} \frac{\pi D}{k_E (\pi D_z - a N)} \cdot B_L. \tag{133}$$

Bei scheinbaren Zahninduktionen über etwa 17000 Gß darf der magnetische Fluß in den parallel geschalteten Nutenräumen und Isolationszwischenlagen der Bleche nicht vernachlässigt werden. Bezeichnen wir
den Induktionsfluß durch diese Nebenwege mit Φ_N und den wirklichen
Zahnfluß mit Φ_Z, so ist $\Phi'_Z = \Phi_Z + \Phi_N$. Durch Division mit dem Eisenquerschnitt des Zahnes Q_Z erhalten wir

$$B'_Z = B_Z + k_Z B_N, \quad \text{worin} \quad k_Z = Q_N/Q_Z \tag{134a u. b}$$

das Verhältnis zwischen dem gesamten Querschnitt der „unmagnetischen‘‘
Nebenwege (Q_N) und dem Eisenquerschnitt des Zahnes (Q_Z), B_Z die
wirkliche Zahninduktion und B_N die Induktion in den Nebenwegen ist.
Da die Tangentialkomponente der Feldstärke von einem Stoff in den

ändern stetig übergeht ($I\,A\,3$), ist $B_N = \Pi_0\,H$ oder

$$B_N = 0{,}4\,\pi\,H \ \ \text{GB}, \qquad\qquad (135)$$

worin H die zu der wirklichen Zahninduktion B_Z gehörige Feldstärke in A/cm einzusetzen ist. Wir erhalten somit die wirkliche Zahninduktion zu

$$B_Z = B_Z' - 0{,}4\,\pi\,k_Z\,H \ \ \text{GB}. \qquad (136)$$

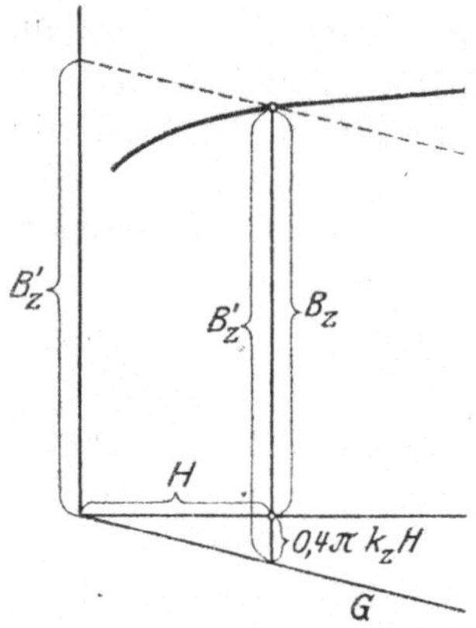

Tragen wir in der Magnetisierungskurve (Bild 108) die Gerade

$$G = -0{,}4\,\pi\,k_Z\,H \ \ \text{GB} \qquad (137)$$

als Funktion von H auf und ziehen von dem Punkte der Ordinatenachse, der der scheinbaren Zahninduktion B_Z' entspricht, eine Parallele zu der Geraden G, so bestimmt der Schnittpunkt mit der Magnetisierungskurve die wirkliche Zahninduktion B_Z und der entsprechende Abschnitt auf der Abszissenachse die zugehörige Feldstärke H in A/cm. Für die praktisch

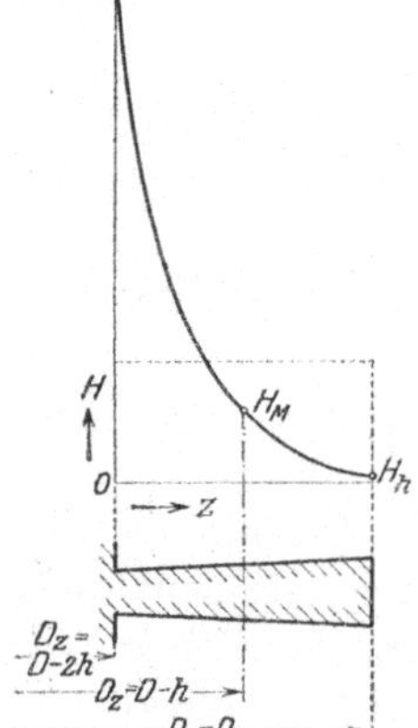

Bild 108. Bestimmung von B_Z aus B_Z'.

in Frage kommenden Werte k_Z ist die Funktion $G = -0{,}4\,\pi\ k_Z\,H$ in den Magnetisierungskurven Bild 100 eingetragen und zwar als Funktion der Feldstärke H in demselben Abszissenmaßstab wie die mit 1 bezeichneten Kurven.

Die den Zähnen parallel geschalteten unmagnetischen Nebenwege bestehen im wesentlichen aus dem Nutenraum und den Isolierschichten zwischen den einzelnen Blechen. Unter Vernachlässigung der Ausbreitung der Induktionslinien an den Stirnflächen können wir ihren Querschnitt

$$Q_N \approx l\,[a + (1 - k_E)\,c] \qquad (138\text{a})$$

setzen, so daß wir mit Gl. 132b für das Querschnittsverhältnis

$$k_Z = \frac{Q_N}{Q_Z} = \frac{a+c}{k_E\,c} - 1 = \frac{\pi\,D_z}{k_E\,(\pi\,D_z - a\,N)} - 1 \qquad (138)$$

Abb. 109. Feldstärke längs des Zahns.

erhalten.

Bei Bestimmung der magnetischen Zahnspannung V_Z müssen wir beachten, daß die Zahnbreite c im allgemeinen nicht über die ganze Länge des Zahnes dieselbe ist. Wir erhalten die magnetische Spannung längs eines Zahnes zu

$$V_Z = \int\limits_{z=0}^{h} H\,\mathrm{d}z \qquad\qquad (139)$$

(Bild 109). Am schnellsten führt die Integration nach der Simpsonschen Regel zum Ziel. Dabei wird es gewöhnlich genügen, die Feldstärke H an der Wurzel (H_0, $D_z = D - 2h$) in der Mitte (H_M, $D_z = D - h$) und am Kopfe des Zahnes (H_h, $D_z = D$) zu bestimmen [I, II G 3]. Es ist dann

$$V_Z \approx h \frac{H_0 + 4H_M + H_h}{6} . \tag{140}$$

4. Polkern. Bei der Bestimmung der magnetischen Induktion längs des Polkerns müssen wir den Streufluß berücksichtigen, der aus der Oberfläche der Pole austritt, sich aber nicht durch den Ankerkern, sondern durch die benachbarten Pole und Joche schließt. Dieser Streufluß beträgt bei Außenpolmaschinen gewöhnlich 10 bis 20%, bei Innenpolmaschinen 10 bis 30% des Ankerflusses und wird meistens geschätzt. Wollen wir ihn genauer erhalten, so bestimmen wir

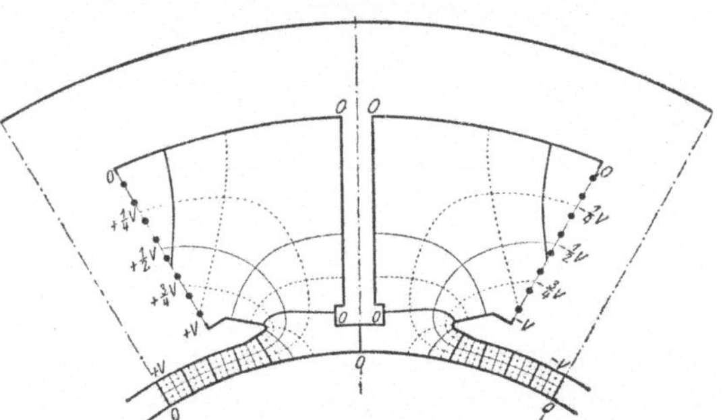

Bild 110. Feld- und Niveaulinien im Querschnitt einer sechspoligen Gleichstrommaschine; vierfache Unterteilung der Einheitsröhren.

ihn aus einem Feldbilde im Schnitt senkrecht zur Maschinenwelle, wobei wir uns die räumlich verteilte Erregerwicklung auf die Polkernflanken als Strombelag zusammengedrängt denken. In Bild 110 ist für eine Gleichstrommaschine das Potential des linken „Polschuhs" (S. 222) mit $+V$, das des rechten mit $-V$ bezeichnet. Längs des Strombelags an den Polflanken und längs der Polmittellinie im Luftspalt ändert sich das Potential bis auf Null. Das Potential Null haben Joche und Ankeroberfläche, die unerregten Wendepole (wenn solche vorhanden sind) und die Mittellinie durch die neutrale Zone im Luftraum. Die Verteilung des Potentials längs der Polflanken ist linear, wenn, wie wir annehmen wollen, der Strombelag längs der Polflanke sich nicht ändert, und linear längs der Polmittellinie, wenn wir den geringen Einfluß der Krümmung der Oberflächen vernachlässigen. Die Niveaulinien, die den Luftspalt unter der Polmitte in n gleiche Teile teilen, endigen im Strombelag und teilen dann den bewickelten Teil der Polflanken ebenfalls in n gleiche Teile. Wir können jetzt das quadratische Netz aus Niveau- und Feldlinien in der in (I A 4) näher beschriebenen Weise aufzeichnen. Bei vierfacher Unterteilung der magnetischen Spannung zwischen Anker und Polschuh erhalten wir das Netz in Bild 110, wobei die Grenzen der Einheitsröhren stärker hervorgehoben sind. Bild 111 stellt noch ein Feldbild für eine sechspolige Innenpolmaschine dar, wobei die Feldlinien voll ausgezogen, die Niveaulinien punktiert sind.

Aus dem Feldbilde können wir bei Vernachlässigung des Einflusses der Stirnflächen den Streufluß bestimmen. Zwischen den strombelagsfreien Oberflächen ist der Luftraum in Einheitsröhren ($I\,A\,4$) geteilt, deren mittlere Breite gleich der mittleren Länge ist. Alle Einheitsröhren führen den Fluß $\varphi_1 = \Pi_0\, l_P\, V$ oder alle Teilröhren den Fluß $\varphi_1/n = \Pi_0\, l_P\, V/n$, wenn jede Einheitsröhre in n Teilröhren unterteilt und l_P die

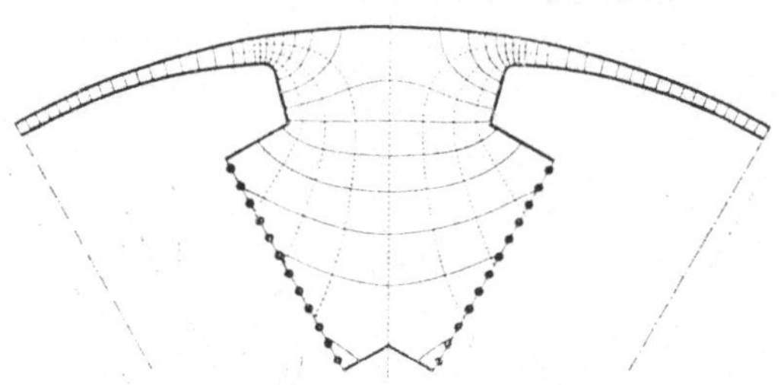

Bild 111. Feld- (—) und Niveaulinien (·····) im Querschnitt einer Synchronmaschine; vierfache Unterteilung der Einheitsröhren.

Länge der Pole in Richtung der Ankerwelle ist. Denselben Fluß führt aber auch jede der Teilröhren, die ganz oder teilweise am Strombelag endigen, weil ihr Leitwert gegenüber dem der andern Röhren in demselben Verhältnis vergrößert wie ihre Spannung vermindert ist.

Bezeichnen wir mit m_s die Zahl der nicht unterteilten Einheitsröhren, so ist der Streufluß

$$\Phi_s = \Pi_0\, m_s\, l_P\, V \qquad\qquad (141)$$

(in Bild 110 ist $m_s/2 \approx 1^1/_4$, in Bild 111 ist $m_s/2 \approx 1^3/_4$).

Den Streufluß an den Stirnflächen können wir aus einem Feldbilde im Schnitt durch die Achse der Maschine ermitteln. Angenähert wird er miterfaßt, wenn wir für den Kern eine ideelle Kerntiefe $l_{i\,K}$ einführen. Der gesamte Streufluß ist dann

$$\Phi_\cdot = \Pi_0\, (m_K\, l_{i\,K} + m_P\, l_P)\, V\ ^1) \qquad \text{mit} \qquad l_{i\,K} \approx U_K/2, \qquad (142\,\text{a u. b})$$

worin U_K der Umfang des Polkernquerschnitts, m_K die Zahl der aus dem Kern, m_P die Zahl der aus dem Polschuh tretenden Einheitsröhren ist (in Bild 110 ist $m_K/2 \approx 5/8$, $m_P/2 \approx 5/8$). [s. I, II G 4].

Die Induktion B_K an der Wurzel des Polkerns erhalten wir aus

$$\Phi_K = \Phi + \Phi_s \qquad \text{zu} \qquad B_K = \Phi_K/Q_K, \qquad (143\,\text{a u. b})$$

wenn Q_K den Polkernquerschnitt bezeichnet. Wir entnehmen der Magnetisierungskurve die zu B_K gehörige magnetische Feldstärke H_K und

---

$^1)$ In [II, II D, Gl. 187] ist versehentlich V_P statt $V_P/2$ geschrieben ($V_P = 2\,V$). V_P ist die magnetische Spannung zwischen benachbarten Polschuhenden, die bei Leerlauf gleich $V_R = V_A + 2\,(V_L + V_Z)$ ist.

erhalten mit der Polkernlänge L_K (vgl. Bild 103a u. b) die *Polkern-spannung* etwas reichlich zu

$$V_K = L_K H_K. \tag{143}$$

5. Joch. Entsprechend erhalten wir die Jochspannung V_J (vgl. Bild 103a u. b, Q_J = Jochquerschnitt) aus

$$B_J = \Phi_K/2\,Q_J \quad \text{zu} \quad V_J = L_J H_J \quad \text{mit} \quad L_J \approx \pi\,D'/2\,p. \tag{144a bis c}$$

Für Maschinen großer Jochinduktion gilt das am Schlusse von (*1*) Gesagte.

6. Feldmagnetdurchflutung. Die magnetischen Spannungen für Anker und Luftspalt können wir zu $V_R = V_A + 2\,(V_L + V_Z)$, die des Feldmagneten zu $V_F = 2\,V_K + V_J$ zusammenfassen. Wir erhalten dann die für den angenommenen Polfluß erforderliche Feldmagnetdurch-flutung je Polpaar

$$\Theta = V_R + V_F = V_A + 2\,(V_L + V_Z) + 2\,V_K + V_J. \tag{145a}$$

Ausgehend von verschiedenen Pol-flüssen können wir die Leerlauf-kennlinie ermitteln. Der Streu-fluß Φ_s ist im wesentlichen der Spannung zwischen den Polkanten, also bei Leerlauf der Spannung V_R proportional. Bild 112 erläutert den Zusammenhang zwischen den Flüs-sen und den magnetischen Span-nungen. $\Phi(\Theta)$ ist die Leerlaufkenn-linie; sie ist proportional $B_L(\Theta)$ und der induzierten EMK $E(\Theta)$. Aus Θ erhalten wir den Strom in der Feld-magnetwicklung zu

$$i = p\,\Theta/w_E, \tag{145b}$$

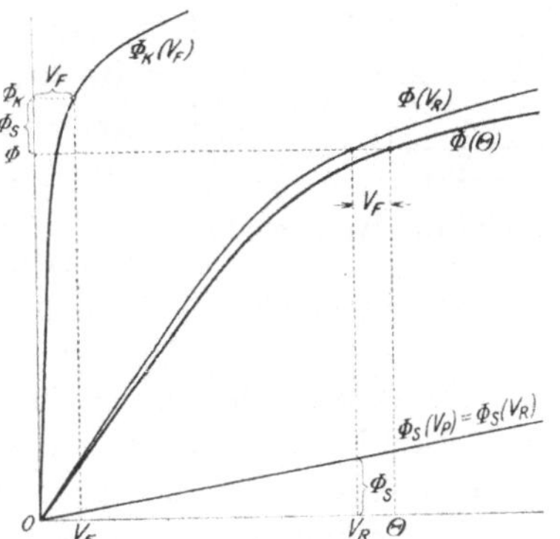

Bild 112. Ermittlung der Leerlaufkennlinie $\Phi(\Theta)$ bei Gleichstromerregung.

worin w_E die Zahl der in Reihe geschalteten Windungen der *ganzen* Feldmagnetwicklung (Erreger-wicklung) ist [s. I, II G 5].

F. Die Verluste.

1. Eisenverluste. Beim *Transformator* liegt fast reine wechselnde Ummagnetisierung vor. Die Klemmenspannung ändert sich auch in den meisten Fällen annähernd sinusförmig. Da hier ferner die Induktion gleichmäßig über den Eisenquerschnitt verteilt ist, brauchen wir nur die nach Gl. 121 oder 122 berechneten Eisenverluste für 1 kg mit dem Eisengewicht der Teile des magnetischen Kreises, in denen der Quer-schnitt derselbe ist, zu multiplizieren, um die gesamte Eisenwärme in diesen Teilen zu erhalten. Das spezifische Gewicht von gewöhnlichem Dynamoblech ist 7,8, das von hochlegiertem Blech 7,6 g/cm³. Die Frequenz der Ummagnetisierung ist die Netzfrequenz.

Bei den elektrischen *Maschinen* müssen wir die spezifischen Verluste, die wir in (D) für gleichmäßige Induktionsverteilung über dem Blechquerschnitt und wechselnde sinusförmige Ummagnetisierung angegeben haben, noch mit einem Faktor k_H für die Hysterese-, k_W für die Wirbelstromverluste multiplizieren, der den abweichenden Verhältnissen Rechnung trägt.

In den *Zähnen* liegt im wesentlichen wechselnde Ummagnetisierung vor. Mit genügender Annäherung können wir dabei die Verluste mit der Induktion berechnen, die in der Mitte des Zahnes (B_M vgl. Bild 109) herrscht. Diese ändert sich zeitlich im wesentlichen ebenso, wie sich die Normalkomponente der Induktion längs des Ankerumfangs (Feldkurve) ändert. Für die Hystereseverluste ist der Höchstwert von B_M maßgebend, der im allgemeinen bei Belastung wegen der Feldverzerrung unter dem Polschuh größer ist als bei Leerlauf mit demselben Fluß ($k_H > 1$). Wegen der Abweichung der Ummagnetisierung von der Sinusform ist auch für die Wirbelstromverluste der Faktor $k_W > 1$. [s. I, II H 2].

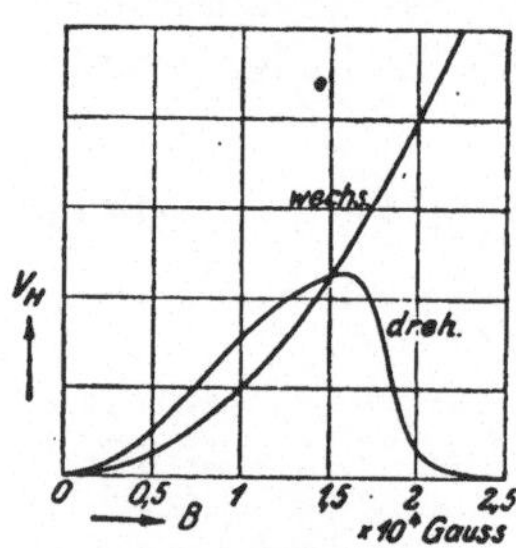

Bild 113. Wechselnde und drehende Hystereseverluste.

Im *Ankerkern* haben wir im wesentlichen drehende Ummagnetisierung. Bild 113 läßt den Unterschied der spezifischen Hystereseverluste V_H bei wechselnder und drehender Ummagnetisierung erkennen. Da im Ankerkern die Induktion gewöhnlich kleiner als 15000 Gß ist, können wir $k_H \approx 1{,}8$ setzen. Die Abweichung der Induktionsverteilung im Anker von der im einfachen Blech berücksichtigen wir wieder durch einen Faktor k_W, wenn wir die mittlere Kerninduktion B_A zugrunde legen. [s. I, II H 1].

Im allgemeinen ist die Eisenwärme bei ausgeführten Maschinen wesentlich größer als die Berechnung ergibt. Diese Abweichung ist zum Teil auf die mechanische Bearbeitung der Ankerbleche zurückzuführen. Schätzen wir den Zuschlag bei vorsichtiger Bearbeitung mit scharfen Werkzeugen für die Hysteresewärme zu etwa 20%, für die Wirbelstromwärme zu etwa 50%, so erhalten wir folgende einfache Formeln zur Berechnung der Eisenverluste, die der Polfluß im Ankerkern und in den Zähnen von Gleichstrommaschinen und Drehfeldmaschinen hervorruft (vgl. Bild 103a u. b).

Ankerkern:
$$Q_A = (k_H\, V_H + k_W\, V_W)\, P_A \text{ Watt};\qquad(146)$$

Innenanker:
$$k_H \approx 2,\quad k_W \approx 2{,}3,\quad P_A = 22 l\,[(D/2 - h)^2 - (d/2)^2] \cdot 10^{-3} \text{ kg};\quad(147\text{a bis c})$$

Außenanker:

$$k_H \approx 2, \quad k_W \approx 1,8, \quad P_A = 22\,l\,[(d/2)^2 - (D/2 + h)^2] \cdot 10^{-3}\ \text{kg}. \quad \text{(148a bis c)}$$

Zähne: $\qquad\qquad Q_Z = (k_H\,V_H + k_W\,V_W)\,P_Z\ \text{Watt};$ $\qquad\qquad$ (149)

$\qquad$ bei Gleichstrommaschinen: $\quad k_H \approx 1,2, \qquad k_W \approx 3,$ $\qquad$ (150a u. b)

$\qquad$ bei Drehfeldmaschinen: $\qquad k_H \approx 1,2, \qquad k_W \approx 1,5;$ $\qquad$ (150c u. d)

$\qquad$ für Innenanker: $\quad P_Z = 7\,h\,l\,[(D - h)\,\pi - N\,a] \cdot 10^{-3}\ \text{kg},$ $\qquad$ (151a)

$\qquad$ für Außenanker: $\quad P_Z = 7\,h\,l\,[(D + h)\,\pi - N\,a] \cdot 10^{-3}\ \text{kg}.$ $\qquad$ (151b)

Zur Berechnung der Gewichte P_A und P_Z sind die Abmessungen der Anker (Bild 103a u. b) in cm einzusetzen; es ist der Faktor $k_E = 0,9$ (0,5 mm starkes Blech, S. 80) und das spezifische Gewicht $s = 7,8$ g/cm³ (gewöhnliches Dynamoblech) angenommen. Die spezifischen Eisenverluste V_H und V_W sind nach Gl. 118 u. 120 zu berechnen mit B_A nach Gl. 124 für den Kern und B_M für die Zähne. Die Ummagnetisierungsfrequenz ergibt sich bei Gleichstrommaschinen und Synchronmaschinen zu $f = p\,n$; im primären Teil der Drehfeldmaschine ist es die Netzfrequenz. [s. I, II H 3].

Zu den nach den Gl. 146 bis 151 zu berechnenden Eisenverlusten kommen im allgemeinen noch die sog. „zusätzlichen" *Verluste*, die je nach der besonderen Maschinenart in gewissen Eisenteilen der Maschine auftreten. Diese zusätzlichen Verluste sind Oberflächenverluste und Zahnpulsationsverluste und können schon bei Leerlauf vorhanden sein oder erst bei Belastung auftreten.

Im *Leerlauf* werden die *Oberflächenverluste* [I, II H 4 u. IV, M 1 c] bei Gleichstrommaschinen und bei Synchronmaschinen dadurch hervorgerufen, daß einer Stelle des Polschuhes abwechselnd Zahnmitte und Nutmitte gegenüberliegt. Die Frequenz der Induktionsschwankungen an dieser Stelle ist gleich dem Produkt $N\,n$ aus Nutzahl und Drehzahl. Zu ihrer Unterdrückung werden die Polschuhe aus gut voneinander isolierten Blechen zusammengesetzt. Auch an der bearbeiteten Mantelfläche von asynchronen Maschinen treten Oberflächenverluste auf [I, II H 4 u. IV, M 1 c].

Die *Zahnpulsationsverluste* [I, II H 5 u. IV, M 1 d] entstehen bei Maschinen, deren beide Teile genutet sind, indem einem Zahn des einen Teiles abwechselnd Zahn und Nut des andern Teiles gegenüber liegt, wodurch Induktionsschwankungen der Frequenz $N_1 n$ bzw. $N_2 n$ entstehen.

Bei Drehfeldmaschinen kommen zu den zusätzlichen Verlusten bei Leerlauf noch solche bei *Belastung* hinzu [II, II B 7 b u. c und IV, M 1], die hauptsächlich dadurch entstehen, daß die Durchflutung der Ankerwicklung in *Nuten* eingebettet ist. Sie sind unter sonst gleichen Verhältnissen um so größer, je größer die Verhältnisse Nutteilung zu Luftspaltlänge (t/δ) und Nutschlitzbreite zu Luftspaltlänge (s/δ) sind.

Auf die Berechnung der zusätzlichen Eisenverluste, sowie auf andere zusätzliche Verluste in Preßplatten und Wicklungen [I, II L 6; II, II B 7; IV, M 2] können wir nicht näher eingehen.

2. Reibungs- und Lüftungsverluste. Kleine Maschinen erhalten heute meist Kugellager, mittlere Rollenlager. Gleitlager werden bei großen Maschinen und für geräuscharmen Lauf bei kleinen verwendet. Zur Abführung der in der Maschine entwickelten Wärme muß die Maschine belüftet werden. Die Lüftung erfolgt entweder durch radiale Kanäle (Bild 103a u. b) von der Breite $k \approx 1$ cm, wobei jedes Blechpaket etwa 5 bis 6 cm breit ist, oder axial über den Gehäuse- oder Ankermantel, durch axiale Kanäle im Blechpaket und durch die Pollücken. [Grundlagen der Lüftungsberechnung s. I, II N, der Erwärmungsberechnung s. I, II O].

Die *Lagerreibungsverluste* und die *Lüftungsleistung*, wobei die letztere in der Regel bei weitem überwiegt, hängen von der Bauart der Maschine ab und lassen sich nur sehr ungenau vorausberechnen. Beide zusammengenommen (Q_{RL}) sind im wesentlichen von der Umfangsgeschwindigkeit v des umlaufenden Teils abhängig. Im Durchschnitt können wir dafür etwa setzen

$$Q_{RL} = 20\,D\,(l + \tau/2)\,v^2 \text{ Watt,} \qquad (152)$$

worin Ankerdurchmesser D, -länge l und Polteilung τ in m, Umfangsgeschwindigkeit v in m/sec einzusetzen sind.

Für die *Bürstenreibungsverluste* schreiben wir

$$Q_B = 9{,}8\,\mu\,p\,F\,v_K \text{ Watt.} \qquad (153)$$

Darin ist μ (0,15 bis 0,3, vgl. Zahlentafel 3, S. 92) die Reibungsziffer, p der Auflagedruck der Bürsten in kg/cm², F die Bürstenauflagefläche in cm² und v_K die Umfangsgeschwindigkeit des Schleifringes oder Stromwenders in m/sec.

3. Spannungs- und Stromwärmeverluste der Bürsten. Der Spannungsverlust in den Bürsten ist bei allen in Frage kommenden Bürsten, also auch bei Kohlebürsten verschwindend klein. Dagegen tritt beim Übergang von der Bürste zum Schleifkörper (Schleifring oder Stromwender) oder umgekehrt ein Spannungsverlust auf, der wesentlich größer ist. Dieser Spannungsverlust ist hauptsächlich abhängig vom Bürstenmaterial, der Stromdichte und der Beschaffenheit der sich berührenden Oberflächen.

In Bild 114 stellt die mit 1 bezeichnete Kurve die Übergangsspannung bei ruhender Bürste gegenüber dem metallischen Schleifkörper über der Stromdichte unter der Bürste dar; die Kurve ist praktisch eine Gerade.

Bei gegenseitiger Bewegung zwischen Bürste und Schleifkörper ist die Übergangsspannung unter sonst gleichen Verhältnissen bei kleinen Stromdichten größer, bei größern kleiner als bei gegenseitiger Ruhe der

Berührungsflächen (vgl. die Kurven 1 und 2a u. b), so daß bei größeren Stromdichten die Übergangsspannung nur noch wenig mit der Stromdichte zunimmt. Außerdem tritt Polarität auf, d. h. die Übergangsspannung ist von der Stromrichtung abhängig (vgl. die Kurven 2a u. b in Bild 114). Das läßt sich durch die sehr hohen Temperaturen erklären, die an der Berührungsstelle herrschen, wodurch sich die Berührungsstelle dem Verhalten eines Lichtbogens nähert.

Die Abnahme des Übergangswiderstandes mit zunehmender Stromdichte scheint sich letzten Endes durch die Erwärmung der Bürstenteilchen an der Schleiffläche erklären zu lassen. Das bestätigen auch Versuche mit Wechselstrom, nach denen die Augenblickswerte der Übergangsspannung als Funktion der Augenblickswerte der Stromdichte sich wesentlich mehr dem geradlinigen Verlauf nähern. Die Kurven 3a u. b in Bild 114 stellen die zusammengehörigen Augenblickswerte von Übergangsspannung und Stromdichte bei einer effektiven Stromdichte von 4,35 A/cm² und einer Frequenz von 30 Hz dar. Bei demselben Effektivwert stimmt deshalb die

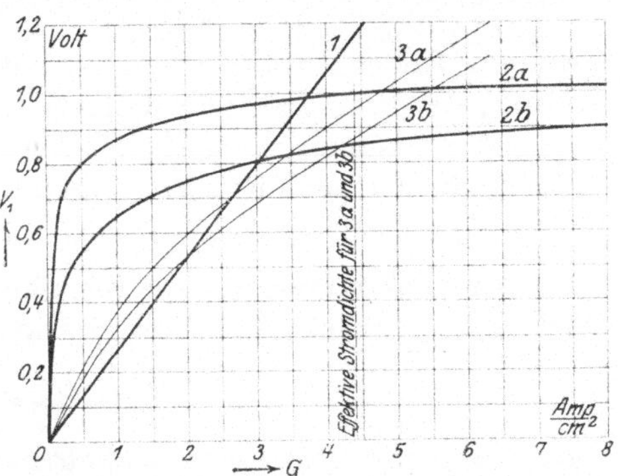

Bild 114. Übergangsspannung als Funktion der Stromdichte. *1* Ruhe; *2* Bewegung Gleichstrom; *3* Wechselstrom; *a* Metall-Kohle; *b* Kohle-Metall.

Übergangsspannung bei Wechselstrom im wesentlichen mit der bei Gleichstrom überein.

Bei der Wahl des Bürstenmaterials ist zu beachten, daß bei Stromwendermaschinen zur Unterdrückung des Bürstenfeuers der Übergangswiderstand und damit die Übergangsspannung möglichst groß sein sollte; denn je größer der Übergangswiderstand ist, desto kleiner sind in der von Bürsten kurzgeschlossenen Ankerspule die induzierten Ströme. Mit zunehmendem Übergangswiderstand wird aber die in der Einheit der Berührungsfläche von Bürsten und Schleifkörper entwickelte Wärmeleistung, die gleich dem Produkt aus Übergangsspannung und Stromdichte ist, vergrößert. Man wird deshalb in der Regel bei Maschinen mit niedriger Klemmenspannung und günstiger Stromwendung Bürsten mit kleinem Übergangswiderstand verwenden und Bürsten mit um so größerem Übergangswiderstand wählen, je höher die Klemmenspannung und je ungünstiger die Stromwendung ist.

In Zahlentafel 3 sind für eine Reihe der wichtigsten praktisch in Frage kommenden Bürsten die im Dauerbetrieb zulässige Stromdichte, die bei dieser Stromdichte etwa auftretende Summe V der Übergangs-

Zahlentafel 3. *Eigenschaften und Verwendung von Bürsten.*

Bürste	G in A/cm²	V in V	p in kg/cm²	v_K in m/s	μ	Verwendung
Pronze-Graphit (MK$_1$)	25 bis 30	0,4	0,15	25	0,15	Schleifringe
Kupfer-Graphit (KK$_4$)	20	0,7	0,15	20	0.16	Gl.-M. 6—20V
Hochgraphitische (LFC$_1$)	12 bis 15	1,5	0,10	45	0,17	Schleifringe
weiche Kohlen (LFC$_2$)	12 bis 15	1,4	0,10	45	0,15	Gl.-Masch.
(LFC$_3$)	10 bis 12	1 9	0,10	45	0,18	Umformer
Elektrogr. K. weich (X)	10 bis 12	1.6	0,12	10 bis 15	0 27	Schleifringe
Elektrogr. mittelhart (Z)	8	1,7	0,12	20	0 28	Gl.-M. 120 V
Elektrogr. mittelhart(EG30)	8	1,8	0,12	20	0.28	Gl.- u. W.-M.
Harte Kohle (ζS$_3$)	4 bis 5	1,9	0,15	15	0,23	über 500 V
Sehr harte Kohle (QS$_4$)	3 bis 4	2,1	0,15	15	0,25	über 500 V

spannung beider Bürsten (positive und negative Bürste), der Auflage-druck p, die Umfangsgeschwindigkeit v_K und die dabei geltende Reibungsziffer zusammengestellt. Für die praktische Berechnung setzt man gewöhnlich bei metallhaltigen Bürsten $V = 0{,}6$, bei Kohlebürsten für Gleichstrom $V = 2$, für Wechselstrom-Stromwender $V = 2{,}5$ V. [s. I, II K].

4. Stromwärmeverluste der Wicklung. Den Gleichwiderstand einer Wicklung oder eines Wicklungsstranges berechnen wir zu

$$R_G = \varrho \, U_m w/q. \tag{154a}$$

Darin ist ϱ der spezifische Widerstand, U_m die mittlere Länge einer Windung, w die Zahl der in einem Strang in Reihe geschalteten Windungen mit dem Leiterquerschnitt q. Für Gleichstrom-Ankerwicklungen empfiehlt sich die Schreibweise

$$R_G = \frac{\varrho \, l_m z}{(2a)^2 \, q} \, ; \tag{154b}$$

worin $l_m = U_m/2$ die mittlere Länge eines Leiters, $2a$ die Zahl der parallelen Ankerzweige, $z = 4a\,w$ die gesamte Zahl der Ankerleiter und q der Querschnitt *eines* Ankerleiters ist. Wir erhalten R_G in Ω, wenn ϱ in $\Omega \text{mm}^2/\text{m}$, U_m und l_m in m und q in mm² eingeführt werden.

Der spezifische Widerstand ϱ ist von der Temperatur abhängig und kann für die Temperatur $t\,°\text{C}$ gleich

$$\varrho_t = \varrho_{20} \left[1 + \alpha \, (t - 20) \right] \tag{154c}$$

gesetzt werden, worin ϱ_{20} der spezifische Widerstand bei 20° C und α der Temperaturkoeffizient ist. Nach den *Kupfernormen* VDE 0201 kann ϱ_{20} zu 0,01786 $\Omega \text{mm}^2/\text{m}$ eingesetzt werden und $\alpha = 3{,}81 \cdot 10^{-3}\,°\text{C}^{-1}$ ($s = 8{,}89$ g/cm³). Für *Aluminium* ist $\varrho_{20} = 0{,}031$, $\alpha = 3{,}7 \cdot 10^{-3}$, $s = 2{,}70$.

Bei Wechselstrom werden in den in Nuten eingebetteten Leitern durch das pulsierende Nutenquerfeld Wirbelströme induziert, so daß die gesamten Stromwärmeverluste größer als bei Gleichstrom sind. Das Verhältnis der Stromwärmen bei Wechselstrom und Gleichstrom für denselben von außen zugeführten effektiven Strom, das gleich dem Verhältnis der Widerstände ist,

$$k = Q_W/Q_G = R/R_G, \tag{155}$$

bezeichnen wir als „*Widerstandsverhältnis*". Bei Wicklungen mit nur *einer Leiterlage* wird der Strom durch das von ihm selbst erzeugte Nutenquerfeld nach dem an der Nutöffnung liegenden Leiterrand gedrängt, wie es Bild 115a für einen 6 cm hohen mit 50-periodigem Wechselstrom gespeisten Kupferleiter darstellt; man spricht von *einseitiger Stromverdrängung*. Wenn der Leiter genügend hoch ist, werden die unteren Teile

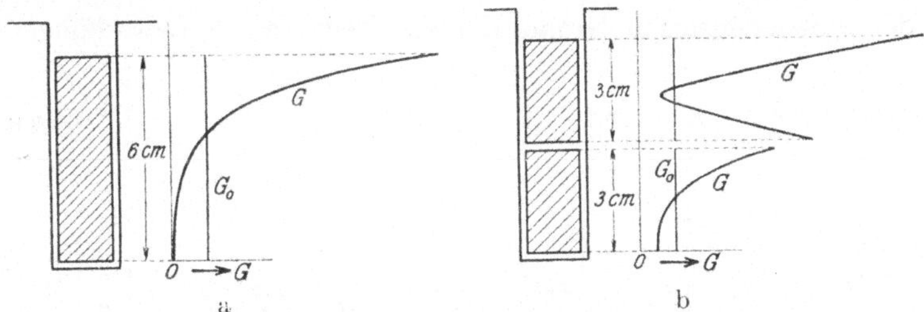

Bild 115a u. b. Effektive Stromdichte G über der Leiterhöhe. a Einlagige, b zweilagige Kupferwicklung bei $f = 50$ Hz; G_0 bei Gleichstrom.

des Leiters strom- und feldfrei. Bei Wicklungen mit *mehreren Leiterlagen* wird der Strom auch zum Teil nach dem auf der Seite des Nutengrundes liegenden Leiterrand gedrängt, wie es Bild 115b für eine zweilagige Wicklung mit je 3 cm hohen Kupferleitern erkennen läßt. In den oberen Leiterlagen haben wir also eine doppelseitige Stromverdrängung. Bei gleichem Gesamtstrom ist der quadratische Mittelwert der ungleichmäßig verteilten Stromdichte (G) stets größer als bei gleichmäßiger Stromverteilung (G_0); ebenso verhalten sich die dem Quadrat der Stromdichte proportionalen Stromwärmeverluste.

Für die Wicklungen in Bild 115a u. b ergeben sich die in die Leiterquerschnitte von Bild 116a u. b eingeschriebenen Widerstandsverhältnisse der einzelnen Lagen. Zum Vergleich sind in Bild 116c auch noch die Widerstandsverhältnisse einer Dreilagen-Wicklung mit derselben *gesamten* Leiterhöhe in der Nut angegeben. Wir ersehen aus diesen Beispielen, welche gewaltigen Beträge die Wirbelstromwärme bei massiven Leitern annehmen kann. Die Stromwärme der in Nuten eingebetteten Wicklungsteile ist hier bei der Zweilagen-Wicklung am größten und beträgt das 8,4-fache der Gleichstromwärme. Bei noch größerer Lagenzahl nimmt dann das Widerstandsverhältnis bei derselben gesamten Leiterhöhe schnell ab.

Für das Widerstandsverhältnis einer Leiterlage mit rechteckigem Leiterquerschnitt, die in ganz oder halb offenen Nuten mit parallelen

Nutflanken liegt, kann man schreiben:

$$k_N = \varphi\left(\xi\right) + \frac{J_u\left(J_u + J_p \cos\gamma\right)}{J_p^2} \cdot \psi\left(\xi\right). \tag{156}$$

Darin ist (Bild 117) J_p' der gesamte Strom der betrachteten (p-ten) Leiterlage und J_u der Gesamtstrom zwischen dieser Leiterlage und dem Nutengrund, γ der Phasenwinkel zwischen J_p und J_u. Es ist ferner

$$\varphi\left(\xi\right) = \xi\,\frac{\mathfrak{Sin}\,2\xi + \sin 2\xi}{\mathfrak{Cof}\,2\xi - \cos 2\xi}, \qquad \psi\left(\xi\right) = 2\xi\,\frac{\mathfrak{Sin}\,\xi - \sin\xi}{\mathfrak{Cof}\,\xi + \cos\xi} \tag{157a u. b}$$

mit der dimensionslosen Größe, der sog. reduzierten Leiterhöhe,

$$\xi = \alpha\,h \qquad \text{und} \qquad \alpha = 2\pi\sqrt{\frac{n\,b}{a}\,\frac{f}{\varrho\,10^5}}\ \mathrm{cm^{-1}}. \tag{158a u. b}$$

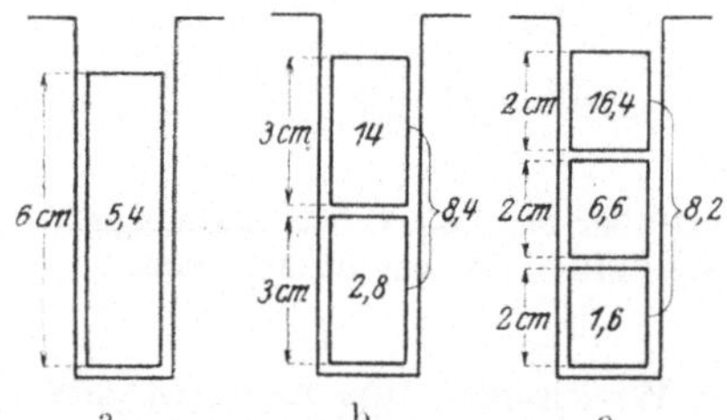
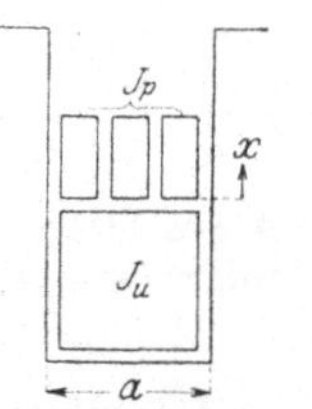
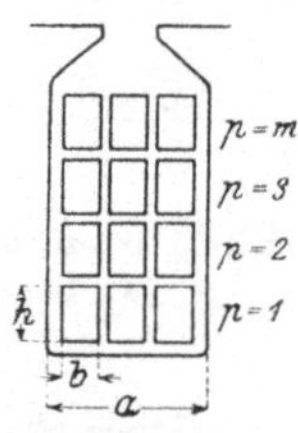

Bild 116a bis c. Widerstandverhältnis der einzelnen Lagen und mittleres der ganzen Nut.

Bild 117. Zur Erläuterung der Gl. 156.

Bild 118. Zur Erläuterung der Gl. 158 bis 162.

n ist die Zahl der in der betrachteten Leiterlage nebeneinander liegenden Leiter; b ihre Breite und h ihre Höhe (Bild 118) ist in cm, f die Frequenz in Hz, ϱ in $\Omega\,\mathrm{mm^2/m}$ einzusetzen. Für kupferne Leiter mit $n\,b = a$ (Isolierung vernachlässigt) und $f = 50\,\mathrm{Hz}$ ist $\alpha \approx 1\,\mathrm{cm^{-1}}$, ξ also ungefähr gleich der Maßzahl der Leiterhöhe in cm.

$$\text{Für } 0 \leqq \xi \leqq 1 \text{ ist} \qquad \varphi\left(\xi\right) \approx 1 + \tfrac{4}{45}\xi^4, \qquad \psi\left(\xi\right) \approx \tfrac{1}{3}\xi^4; \tag{159a u. b}$$

$$\text{für } \xi > 2 \text{ ist} \qquad \varphi\left(\xi\right) \approx \xi, \qquad \psi\left(\xi\right) \approx 2\xi. \tag{160a u. b}$$

Für $1 < \xi < 2$ können φ und ψ Bild 119 entnommen werden.

In den meisten praktischen Fällen führen alle Leiter denselben Strom. Wir erhalten dann für das Widerstandsverhältnis in der p-ten Lage der Nut (Bild 118) nach Gl. 156 mit $\cos\gamma = 1$

$$k_{Np} = \varphi\left(\xi\right) + \left(p^2 - p\right)\psi\left(\xi\right) \tag{161}$$

oder nach Gl. 159a u. b

$$\text{für } 0 \leqq \xi \leqq 1: \qquad k_{Np} = 1 + \frac{p\left(p-1\right) + 0{,}27}{3}\,\xi^4. \tag{161b}$$

Durch Mittelwertsbildung über alle Leiterlagen finden wir das (mittlere) Widerstandsverhältnis der in Nuten eingebetteten Wicklungsteile zu

$$k_N = \varphi(\xi) + \frac{m^2-1}{3}\,\psi(\xi), \qquad\qquad (162\,\text{a})$$

für $0 \leq \xi \leq 1$:
$$k_N = 1 + \frac{m^2-0,2}{9}\,\xi^4, \qquad\qquad (162\,\text{b})$$

wenn m die Zahl der übereinander liegenden Leiterlagen bezeichnet.

Bei kleinen Leiterhöhen und besonders bei Runddrähten kann $k_N \approx 1$ gesetzt werden.

Jede Wechselstromwicklung hat bei einer gewissen Leiterhöhe den kleinsten Wirkwiderstand, so daß bei Überschreitung dieser Leiterhöhe *trotz Vergrößerung* des Leiterquerschnitts die Stromwärme der Wicklung zunimmt. Diese *kritische Leiterhöhe* hängt von der Lagenzahl m ab und tritt bei $\xi = \xi_0 \approx 1,32/\sqrt{m}$ auf; das Widerstandsverhältnis beträgt dabei $k_{N_0} \approx 1,33$.

Würde man die Wicklungen großer Wechselstrommaschinen mit nur wenigen Leiterlagen in der Nut für kleinste Stromwärme entwerfen, so könnte man die bei großen Maschinen sonst zulässigen

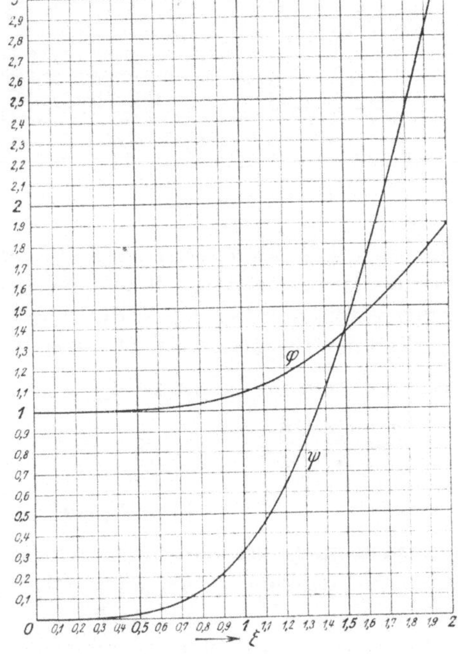

Bild 119. $\varphi(\xi)$ und $\psi(\xi)$, Gl. 157a u. b.

Nuttiefen nicht ausnutzen. Man ist deshalb gezwungen, bei großen Maschinen und Wicklungen mit nur wenigen Leiterlagen die Leiter in parallel geschaltete Einzelleiter zu unterteilen. Die einfache Unterteilung des Leiters hat aber noch keine wesentliche Verringerung der zusätzlichen Stromwärme zur Folge. Alle parallel geschalteten Einzelleiter müssen mit demselben Fluß verkettet sein, damit keine Wirbelströme zwischen verschiedenen parallel geschalteten Einzelleitern fließen. In Bild 120 ist z. B. der von ROEBEL angegebene Leiter dargestellt, der diese Bedingung erfüllt, wenn l der in Nuten eingebettete Teil der Einzelleiter ist. Außerhalb der Nuten können alle Einzelleiter (in Bild 120 2 neben-, 6 übereinander) leitend miteinander verbunden werden. Wenn alle Einzelleiter denselben Strom führen, ergibt sich das Widerstandsverhältnis nach den Gl. 161 u. 162b, sofern für p und m die Lagenzahl der Einzelleiter in der Nut und für h in Gl. 158a die Höhe des Einzelleiters gesetzt wird. [s. I, II L u. Aw,33].

Das *Widerstandsverhältnis* der *ganzen Wicklung* setzt sich aus den Widerstandsverhältnissen k_N der in Nuten eingebetteten Wicklungsteile und k_S der außerhalb der Nuten liegenden Wicklungsteile zusammen nach der Gleichung

$$k = \frac{k_N l + k_S l_S}{l + l_S} = \frac{k_N + k_S \lambda}{1 + \lambda} \quad \text{mit} \quad \lambda = \frac{l_S}{l}, \qquad (163\,\text{a u. b})$$

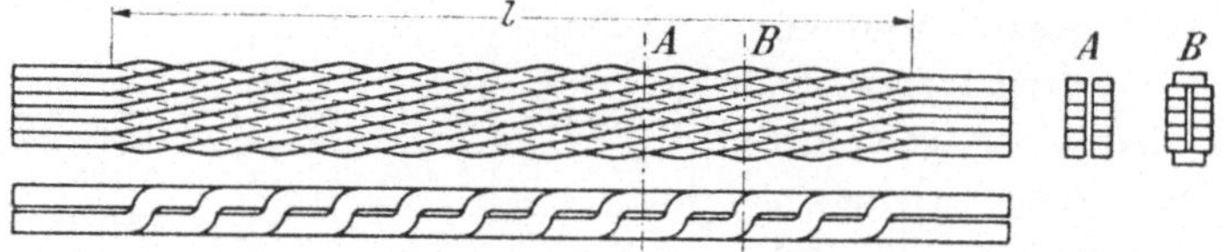

Bild 120. Stromverdrängungsfreier Leiter nach ROEBEL.

wenn wir mit l die Ankerlänge, mit l_S die mittlere Länge eines Wicklungskopfes bezeichnen. Bei Turbogeneratoren mit großen Leiterquerschnitten werden auch die Querverbindungen mit verdrillten Einzelleitern ausgeführt [I, II L 3 u. II, II B 7 a].

In den meisten Fällen ist $k_S \approx 1$; dann wird

$$k \approx \frac{k_N + \lambda}{1 + \lambda}, \quad \text{für } \xi \leq 1: \quad k \approx 1 + \frac{m^2 - 0{,}2}{9(1 + \lambda)}\xi^4. \qquad (164\,\text{a u. b})$$

G. Die Blindwiderstände.

1. Benennung der Flüsse, Induktivitäten und Blindwiderstände. Die meisten elektrischen Maschinen und Transformatoren haben mindestens zwei Wicklungen, welche einander gegenüberstehen und sich gegenseitig magnetisch beeinflussen. Diese Wicklungen, die primäre und sekundäre, bezeichnen wir mit 1 und 2. Sie sind in Bild 121 angedeutet, das insofern idealisiert ist, als jede Wicklung nur durch eine einfache Spule dargestellt ist.

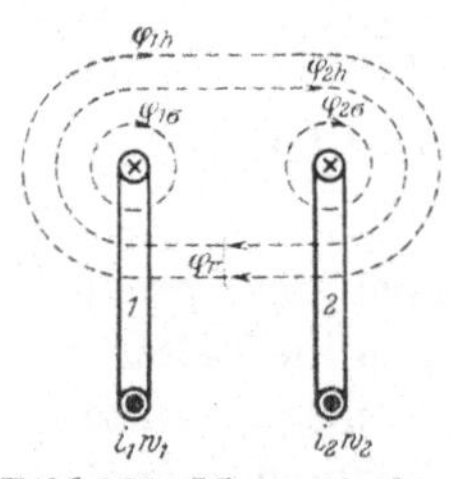

Bild 121. Magnetische Verkettung zweier Wicklungen.

Wenn die Wicklung 1 allein von Strom durchflossen ist, können wir den *gesamten primären Fluß*

$$\varphi_1 = \varphi_{1h} + \varphi_{1\sigma} \qquad (165\,\text{a})$$

in den *primären Hauptfluß* (Nutzfluß) φ_{1h}, der auch mit der sekundären Wicklung verkettet ist, und den *primären Streufluß* $\varphi_{1\sigma}$ zerlegen, der nur mit der primären Wicklung verkettet ist.

Führt die sekundäre Wicklung allein Strom, so erregt sie den *gesamten sekundären Fluß*

$$\varphi_2 = \varphi_{2h} + \varphi_{2\sigma}, \qquad (165\,\text{b})$$

worin φ_{2h} der *sekundäre Hauptfluß* (Nutzfluß) und $\varphi_{2\sigma}$ der *sekundäre Streufluß* ist.

Wenn beide Wicklungen gleichzeitig von Strom durchflossen werden, fassen wir den primären und sekundären Hauptfluß unter dem Namen *resultierender Fluß* (Hauptfluß, Nutzfluß, gemeinsamer Fluß)

$$\varphi_r = \varphi_{1h} + \varphi_{2h} \tag{165}$$

zusammen. Diese Zusammenfassung setzt Proportionalität zwischen den Strömen und Flüssen voraus. Sie hat aber allgemeinere Gültigkeit, wenn wir unter φ_{1h} und φ_{2h} fiktive Flüsse verstehen, die dem Sättigungsgrad des Eisens entsprechen.

Die einzelnen Flüsse berechnen wir mit Hilfe der Induktivitäten aus den sie erregenden Strömen i und Windungszahlen w nach den Formeln (*I A 8*)

$$w_1 \varphi_{1h} = L_{1h} i_1, \qquad w_1 \varphi_{1\sigma} = L_{1\sigma} i_1, \qquad w_1 \varphi_1 = L_1 i_1, \tag{166a bis c}$$

$$L_1 = L_{1h} + L_{1\sigma} = L_{1h}(1 + \sigma_1), \qquad \sigma_1 = L_{1\sigma}/L_{1h}, \tag{166d u. e}$$

$$w_2 \varphi_{2h} = L_{2h} i_2, \qquad w_2 \varphi_{2\sigma} = L_{2\sigma} i_2, \qquad w_2 \varphi_2 = L_2 i_2, \tag{167a bis c}$$

$$L_2 = L_{2h} + L_{2\sigma} = L_{2h}(1 + \sigma_2), \qquad \sigma_2 = L_{2\sigma}/L_{2h}. \tag{167d u. e}$$

Wir nennen

L_{1h} (L_{2h}) die primäre (sekundäre) Haupt- oder Nutzinduktivität,
$L_{1\sigma}$ ($L_{2\sigma}$) die primäre (sekundäre) Streuinduktivität,
L_1 (L_2) die primäre (sekundäre) Selbstinduktivität,
σ_1 (σ_2) die primäre (sekundäre) Streuziffer und

$$\sigma = 1 - \frac{1}{(1 + \sigma_1)(1 + \sigma_2)} \quad \text{die gesamte Streuziffer.} \tag{168}$$

Ein sinusförmiger mit der Kreisfrequenz ω pulsierender Fluß vom Höchstwert Φ induziert in einer Spule von w Windungen eine EMK vom Effektivwert $E = \omega L J$. Diese Beziehung legt es nahe, an Stelle der Induktivitäten L die entsprechenden Blindwiderstände einzuführen. Wir bezeichnen mit

$$X_{1h} = E_{1h}/J_1 = \omega L_{1h} \tag{169a}$$

den primären Hauptblindwiderstand, mit $X_{1\sigma} = \omega L_{1\sigma}$ den primären Streublindwiderstand und mit

$$X_1 = \omega L_1 = X_{1h} + X_{1\sigma} = X_{1h}(1 + \sigma_1) \tag{169b}$$

den (gesamten) primären Blindwiderstand. Entsprechendes gilt für die sekundären Größen.

Der Strom J_1 der primären Wicklung erzeugt in dieser eine EMK der Selbstinduktion

$$\dot{E}_{11} = \dot{E}_{1h} - j X_{1\sigma} J_1 = -j X_{1h}(1 + \sigma_1) J_1 \tag{170a}$$

und in der sekundären die EMK der Gegeninduktion

$$\dot{E}_{12} = -j X_{1h} J_1 w_2/w_1. \tag{170b}$$

Andrerseits induziert der Strom J_2 der sekundären Wicklung in derselben eine EMK der Selbstinduktion

$$\dot{E}_{22} = \dot{E}_{2h} - j\,X_{2\sigma}\,J_2 = -\,j\,X_{2h}\,(1 + \sigma_2)\,J_2 \qquad (170\,\mathrm{c})$$

und in der primären die EMK der Gegeninduktion

$$\dot{E}_{21} = -\,j\,X_{2h}\,J_2\,w_1/w_2. \qquad (170\,\mathrm{d})$$

Da die Blindwiderstände von der Frequenz abhängig sind, diese sich aber bei umlaufenden Maschinen für manche Wicklungen ändert, geben wir die *Blindwiderstände in der Regel für Netzfrequenz* an, so daß sie noch

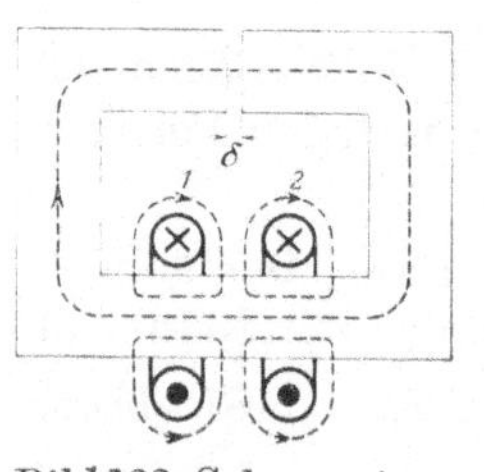
Bild 122. Schema eines Transformators.

mit dem Verhältnis der wirklich auftretenden Frequenz zur Netzfrequenz multipliziert werden müssen.

2. Spannungsgleichungen und Ersatzstromkreis des allgemeinen Transformators. Bild 122 ist das Schema eines einphasigen Transformators mit Luftspalt (δ). Die gestrichelten Linien deuten die Bahn der Haupt- und Streuflüsse an.

Die primäre Spule mit der Windungszahl w_1 sei mit dem Strom J_1 gespeist, die sekundäre zunächst stromlos. Vernachlässigt man die magnetische Spannung längs des Eisens gegenüber der längs des Luftspaltes, so gilt für den Höchstwert der magnetischen Feldstärke im Luftspalt

$$H = \sqrt{2}\,J_1\,w_1/\delta. \qquad (171)$$

Daraus erhalten wir die Induktion $B = \Pi_0 H$, den Fluß $\Phi_{1h} = q\,B$, wenn q der Querschnitt des Luftspaltes ist, und die in der Primärwicklung induzierte EMK $E_{1h} = \sqrt{2}\,\pi\,w_1\,f\,\Phi_{1h}$. Setzen wir diese Werte nacheinander ein und führen an Stelle der wirklichen Luftspaltlänge δ eine im Verhältnis der gesamten Umlaufspannung zur Luftspaltspannung vergrößerte ideelle δ'' ein, so erhalten wir den Hauptblindwiderstand der Primärwicklung

$$X_{1h} = \frac{E_{1h}}{J_1} = 2\,\pi\,\Pi_0\,f\,\frac{q}{\delta''}\,w_1^2 \quad \text{oder} \quad X_{1h} = 8\,\pi^2\,f\,\frac{q}{\delta''}\,w_1^2 \cdot 10^{-9}\ \text{Ohm} \qquad (172\,\mathrm{a\ u}$$

(f in sec^{-1}, q in cm^2 und δ'' in cm). Entsprechend ist

$$X_{2h} = 2\,\pi\,\Pi_0\,f\,\frac{q}{\delta''}\,w_2^2 = X_{1h}\left(\frac{w_2}{w_1}\right)^2. \qquad (172\,\mathrm{c})$$

Wir wollen jetzt annehmen, daß beide Wicklungen Strom führen. Bezeichnen wir mit U die Klemmenspannung und mit R den Wirkwiderstand, so ergibt die Anwendung der Gl. 60 auf beide Stromkreise

$$\dot{U}_1 = -\,(R_1 + j\,X_{1\sigma})\,J_1 + \dot{E}_1, \quad \dot{U}_2 = -\,(R_2 + j\,X_{2\sigma})\,J_2 + \dot{E}_2. \qquad (173\,\mathrm{a\ u.\ b})$$

Darin ist mit Gl. 172a bis c

$$\dot{E}_1 = \dot{E}_{1h} + \dot{E}_{21} = -j\,X_{1h}\,(\dot{J}_1 + \dot{J}_2\,w_2/w_1) \tag{174}$$

die resultierende EMK in der Primärwicklung und

$$\dot{E}_2 = \dot{E}_{2h} + \dot{E}_{12} = -j\,X_{2h}\,(\dot{J}_1\,w_1/w_2 + \dot{J}_2) \tag{174b}$$

die in der Sekundärwicklung. Beziehen wir die Sekundärgrößen nach $(A\,7)$ auf die Primärwicklung, d. h. multiplizieren wir die Spannungen mit w_1/w_2, den Strom mit w_2/w_1 und die Widerstände mit $(w_1/w_2)^2$, so erhalten wir die Grundgleichungen des Transformators

$$\dot{U}_1 = -(R_1 + j\,X_{1\sigma})\,\dot{J}_1 - j\,X_{1h}\,(\dot{J}_1 + \dot{J}_2') = -(R_1 + j\,X_{1\sigma})\,\dot{J}_1 + \dot{E}_1, \tag{175a}$$

$$\dot{U}_2' = -(R_2' + j\,X_{2\sigma}')\,\dot{J}_2' - j\,X_{1h}\,(\dot{J}_1 + \dot{J}_2') = -(R_2' + j\,X_{2\sigma}')\,\dot{J}_2' + \dot{E}_1. \tag{175b}$$

Man erkennt leicht, daß die Gl. 175a u. b auch für den Stromkreis Bild 123 Gültigkeit haben. Man bezeichnet diesen Stromkreis als *Ersatzstromkreis* des allgemeinen Transformators. Die meisten Wechselstromkreise lassen sich auf irgendeine Weise darauf zurückführen.

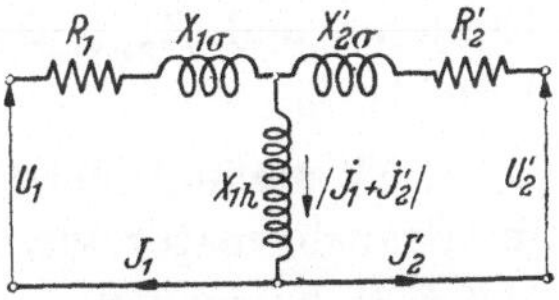

In den Gl. 175a u. b bedeutet

Bild 123. Ersatzstromkreis des Transformators.

$$\dot{E}_1 = \dot{E}_2' = -j\,X_{1h}\,(\dot{J}_1 + \dot{J}_2') \tag{175c}$$

die vom resultierenden Fluß induzierte EMK oder kurz die EMK des Nutzfeldes. Die Größe $(\dot{J}_1 + \dot{J}_2')$ nennen wir den *Magnetisierungsstrom*. [s. II, I 3a u. b].

3. Hauptblindwiderstände bei Maschinen. Bei den elektrischen Maschinen entspricht der Hauptblindwiderstand dem magnetischen Fluß im Luftspalt, also dem in den Ankermantel eintretenden Fluß. Für die Amplitude der Grundwelle ($\nu = 1$) der Felderregerkurve einer *Einphasenwicklung* erhalten wir nach Gl. 107a

$$2\,V = \frac{2\sqrt{2}}{\pi}\,\frac{\xi\,w}{p}\,J. \tag{176a}$$

Der zeitliche und örtliche Höchstwert der Induktion im Luftspalt ergibt sich hieraus zu

$$B = \Pi_0\,\frac{2\,V}{\delta''} = \frac{2\sqrt{2}}{\pi}\,\Pi_0\,\frac{\xi\,w}{p\,\delta''}\,J, \tag{176b}$$

wobei in der fiktiven Luftspaltlänge δ'' der Einfluß der Nutung ($E\,2$) und die magnetische Spannung längs der Eisenwege für einen halben magnetischen Kreis berücksichtigt sein soll.

Der zeitliche Höchstwert der Grundwelle des primären Hauptflusses ist

$$\Phi_{1h} = 2/\pi \cdot \tau\,l_i\,B. \tag{176c}$$

Daraus erhalten wir für den Effektivwert der vom primären Hauptfluß in der primären Wicklung induzierten EMK

$$\dot{E}_{1h} = -j\,2\,\pi\,f\,\xi_1\,w_1\,\Phi_{1h}/\sqrt{2} = -j\,X_{1h}\,J_1. \tag{176}$$

Der primäre Hauptblindwiderstand ist also nach Gl. 176b u. c

$$X_{1h} = \frac{8}{\pi}\,\Pi_0 f\,\frac{\tau\,l_i}{p\,\delta''}\,\xi_1^2\,w_1^2 = 3{,}2\,\frac{f}{100}\left(\frac{\xi_1\,w_1}{100}\right)^2\frac{\tau}{100\,\delta''}\,\frac{l_i}{p}\ \text{Ohm}, \tag{177}$$

wenn f in $\mathrm{sec^{-1}}$, τ, l_i, δ'' in cm eingesetzt werden.

Für eine m-phasige Wicklung ist nach $(B\,3)$ dieser Wert noch mit $V_{\text{mehrph}}/V_{\text{einph}} = m/2$ zu multiplizieren. Damit erhalten wir für den Hauptblindwiderstand einer *Dreiphasenwicklung*

$$X_{1h} = 4{,}8\,\frac{f}{100}\left(\frac{\xi_1\,w_1}{100}\right)^2\frac{\tau}{100\,\delta''}\,\frac{l_i}{p}\ \text{Ohm}. \tag{178}$$

Entsprechend X_{2h}, wenn $\xi_2\,w_2$ an Stelle von $\xi_1\,w_1$ gesetzt wird. [s. II I 3c bis e].

4. Streublindwiderstände. Die Streublindwiderstände $X_{1\sigma}$ und $X_{2\sigma}$ im Transformator werden wir aus den Streufeldern im Luftraum in $(IV\,E\,1)$ berechnen.

Bei *umlaufenden Maschinen* spielen sich die Streuungserscheinungen im Luftspalt, in den Nuten und in den Stirnräumen der Wicklung ab. Entsprechend unterscheiden wir die Blindwiderstände der Spaltstreuung (X_{1o}, X_{2o}), der Nutstreuung (X_{1N}, X_{2N}) und der Stirnstreuung (X_{1S}, X_{2S}). Ihre Summe

$$X_{1\sigma} = X_{1o} + X_{1N} + X_{1S}, \qquad X_{2\sigma} = X_{2o} + X_{2N} + X_{2S} \tag{179}$$

ist der gesamte Streublindwiderstand der Wicklung 1 bzw. 2.

a. Spaltstreuung. Bei den umlaufenden Maschinen rechnet man den Blindwiderstand der Oberwellen zur Spaltstreuung, weil sie unerwünscht sind und sich nur störend bemerkbar machen, in der Nähe des Nennbetriebs aber keinen merklichen Beitrag zum Drehmoment liefern. Schreiben wir für den Spaltstreuwiderstand X_{1o} (Zeiger o, Oberwellen) eines Stranges der Wicklung 1

$$X_{1o} = \sigma_{1o}\,X_{1h}, \tag{180a}$$

worin X_{1h} (Gl. 178) der Hauptblindwiderstand der Wicklung ist, so ergibt sich die Streuziffer der Wicklung 1 zu

$$\sigma_{1o} = \sum_{\nu > 1}\left(\frac{\xi_{1\nu}}{\nu\,\xi_1}\right)^2. \tag{180b}$$

ξ_1 ist darin der Wicklungsfaktor der Grundwelle, $\xi_{1\nu}$ der der ν-ten Welle. Entsprechende Gleichung gilt für die Wicklung 2.

Die Auswertung der Gl. 180b ergibt für ein- oder zweischichtige Dreiphasenwicklung mit unverkürzter Spulenweite die folgenden Werte für

$100\,\sigma_0$ bei verschiedenen Nutenzahlen q je Pol und Strang

$$\left.\begin{array}{lcccccccc} q= & 1 & 2 & 3 & 4 & 5 & 6 & 8 & \infty \\ 100\,\sigma_0= & 9{,}7 & 2{,}85 & 1{,}41 & 0{,}88 & 0{,}65 & 0{,}52 & 0{,}39 & 0{,}215 \end{array}\right\} \quad (180)$$

Wegen der großen Spaltstreuung werden Wicklungen mit $q = 1$ nicht ausgeführt.

Bei dreiphasigen Zweischichtwicklungen mit verkürzter Spulenweite W ändert sich σ_0 nach Bild 124 als Funktion von W/τ. Die klein·ste Spaltstreuung ergibt sich bei $W/\tau \approx 0{,}82$.

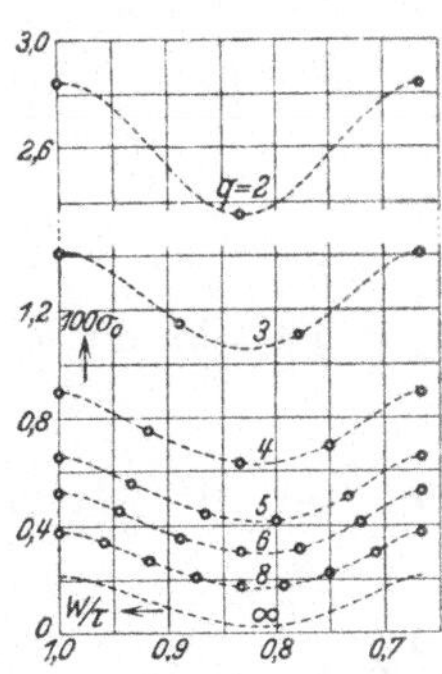

Bild 124. Streuziffer σ_0 über W/τ.

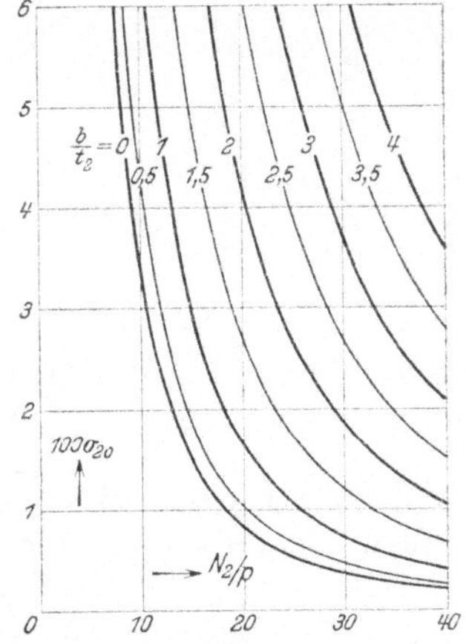

Bild 125. σ_0 einer Käfigwicklung über N_2/p.

Die Spaltstreuung bei Käfigwicklungen ist von dem Verhältnis Nutenzahl zu Polpaarzahl (N_2/p) und der Nutschrägung (b/t_2, Bild 95) abhängig; die Streuziffer σ_{20} ist in Bild 125 für verschiedene Nutschrägungen dargestellt. [s. II, II B 4a u. IV, G 1].

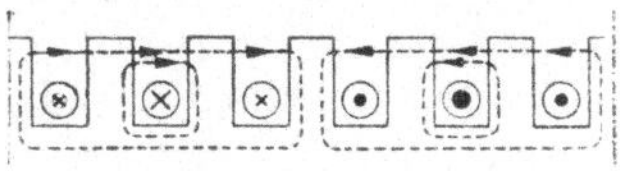

Bild 126. Nutstreufeld.

b. Nutstreuung. In Bild 126 ist das fiktive Streufeld, wie es sich z. B. bei einer dreiphasigen Einlochwicklung ausbildet, wenn der Strom in einem Wicklungsstrang seinen Höchstwert hat, über eine Polpaarteilung durch gestrichelte Linien angedeutet. Wenn wir die geringe magnetische Spannung längs des Eisens vernachlässigen, ist der Querfluß einer Nut nur abhängig von der Durchflutung der betreffenden Nut und wird durch die Durchflutung der übrigen Nuten nicht beeinflußt. Bezeichnen wir den ideellen Leitwert einer Nut mit Λ_N, so ist die Selbstinduktivität einer Spule mit w_N Windungen, die dem Nutenquerfluß entspricht, nach Gl. 29 $L_{N1} = w_N^2 \cdot 2\Lambda_N$. In einem Wicklungsstrang der Einschichtwicklung befinden sich pq Spulen; die Selbstinduktivität des

Wicklungsstrangs oder der entsprechende Blindwiderstand ist daher

$$L_N = p\,q\,w_N^2 \cdot 2\Lambda_N \quad \text{oder} \quad X_N = 2\pi f L_N = 4\pi f p q w_N^2 \Lambda_N. \qquad \text{(181 a u. b)}$$

Führen wir in diesen Ausdruck die in einem Wicklungsstrang in Reihe geschaltete Windungszahl $w = p\,q\,w_N$ ein, so wird

$$X_N = 4\pi f w^2 \Lambda_N/pq, \qquad \Lambda_N = \Pi\, l_i\, \lambda_N. \qquad \text{(181 c u. d)}$$

λ_N ist eine dimensionslose Zahl, die durch Multiplikation mit der Anker-länge l_i und der Permeabilität $\Pi = 0,4\,\pi\,10^{-8}$ H/cm im Nutenraum den

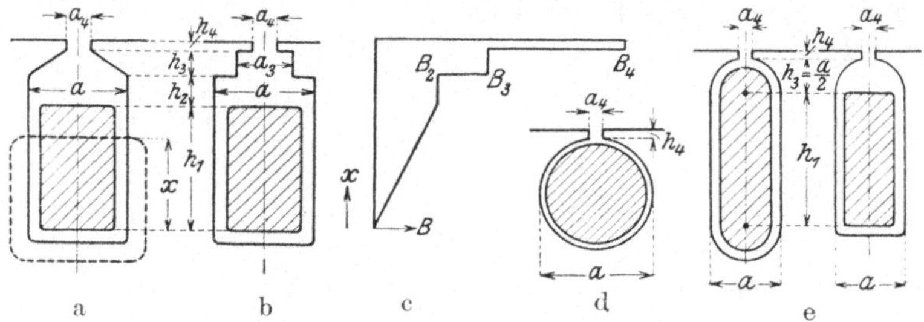

Bild 127 a bis e.　a Bezeichnungen, b Ersatzbild, c Querfeld, d u. e andere Nutformen.

ideellen Leitwert der Nut ergibt. Wir wollen sie mit „*Leitwertzahl*" bezeichnen. Schreiben wir für praktische Zwecke

$$X_N = 0,158\,\frac{f}{100}\left(\frac{w}{100}\right)^2 \frac{l_i}{p}\,\frac{\lambda_N}{q}\ \text{Ohm}, \qquad \text{(182)}$$

so ist in dieser Gleichung f in Hz, l_i in cm einzusetzen.

Den *ideellen Leitwert* Λ_N der Nut berechnen wir nach Gl. 34 aus der magnetischen Energie im Nutraum. Unter Berücksichtigung von Gl. 181 d erhalten wir dann die Leitwertzahl

$$\lambda_N = \int\limits_0^h \left(\frac{H}{w_N J_{\max}}\right)^2 a\,\mathrm{d}x, \qquad \text{(183)}$$

worin H die magnetische Feldstärke, a die Nutbreite, h die Nuttiefe ist. Zur Vereinfachung der Rechnung nehmen wir an, daß die Induktions-linien geradlinig und senkrecht zur Mittelebene der Nut verlaufen. Er-setzen wir das Nutprofil in Bild 127 a durch das in Bild 127 b, so ist

$$a_3 \approx (a + a_4)/2,3. \qquad \text{(184 a)}$$

Die Auswertung des Integrals liefert

$$\lambda_N = h_1/3a + h_2/a + h_3/a_3 + h_4/a_4. \qquad \text{(184)}$$

Für andre Nutformen ist die ideelle Leitwertzahl ähnlich zu berechnen.

Bei halb offenen Nuten mit kreisförmigem Profil an der Nutöffnung kann man die Breite a_3, die dem Ersatzprofil in Bild 127 b entspricht, schätzen.

Die in Bild 127e links dargestellte Nut mit Spulenseitenquerschnitt kann man zur Berechnung der Leitwertzahl durch die rechts ersetzen, die auch in dem Grenzfall der kreisförmigen, ganz mit Leitern ausgefüllten Nut ($h_1 = 0$, Bild 127d) gilt. Es ist dann

$$\text{für } \frac{a_4}{a} \approx \frac{1}{4}: \qquad \lambda_N = \frac{h_1}{3a} + 0{,}66 + \frac{h_4}{a_4}, \qquad (185)$$

worin für kreisförmige Nuten das erste Glied Null ist.

Die angeschriebenen Gleichungen gelten auch mit genügender Annäherung für Zweischichtwicklungen, wenn die Spulenweite gleich der Polleitung ist und h_1 die Höhe beider Schichten einschließlich der Isolierung zwischen den Schichten bedeutet. Bei Mehrphasenwicklungen mit verkürzter Spulenweite sind jedoch die Ströme in Unter- und Oberschicht nicht mehr phasengleich. Dadurch wird der

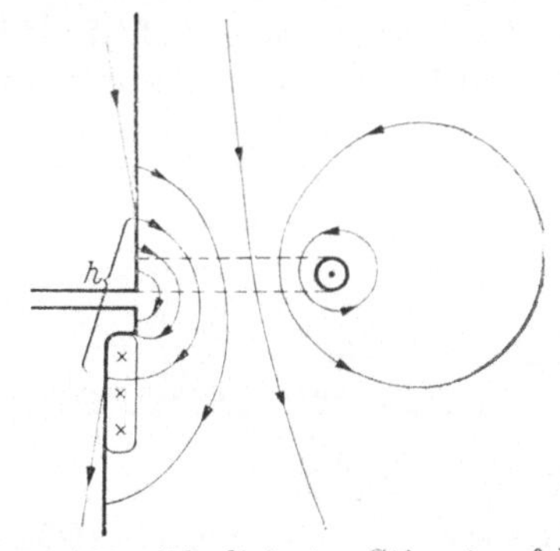

Bild 128. Idealisiertes Stirnstreufeld.

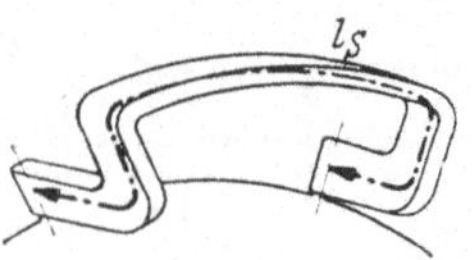

Bild 129. Mittlere Länge l_S.

Streublindwiderstand für die praktisch in Frage kommende Spulenverkürzung $W/\tau \leq 2/3$ im Verhältnis $(1 + 3\,W/\tau)/4$ verringert[1].

Für eine dreiphasig angezapfte Gleichstromankerwicklung mit Durchmesserspulen erhält man für einen Wicklungsstrang

$$X_N = 0{,}0789\,\frac{f}{100}\left(\frac{z}{100 \cdot 2a}\right)^2 \frac{l_i}{N}\,\lambda_N \text{ Ohm}, \qquad (186)$$

worin z die gesamte Zahl der Ankerleiter, $2a$ die Zahl der parallelen Wicklungszweige bei einphasiger Speisung, l_i die ideelle Ankerlänge in cm, N die Nutenzahl und λ_N die Leitwertzahl ist, wie sie für die Einschichtwicklung berechnet wird. Für die in Stern gedachte Ersatzwicklung ist der Blindwiderstand $X_N/3$. [s. I, II M 1 u. 2; IV, G 2 u. 4].

c. *Stirnstreuung.* Bild 128 zeigt beispielsweise das idealisierte Stirnfeld in der Mittelebene einer Synchronmaschine. Wir können zwei Gruppen von Feldlinien unterscheiden. Eine Gruppe (h) in der Nähe des Luftspaltes ist mit der Ankerwicklung und der Feldmagnetwicklung verkettet und gehört zum Hauptfeld. Die andern Feldlinien zählen zum Streufeld. Schreiben wir für den Streublindwiderstand in Übereinstimmung mit Gl. 182

$$X_S = 0{,}158\,\frac{f}{100}\left(\frac{w}{100}\right)^2 \frac{l_i}{p}\,\lambda_S \text{ Ohm}, \qquad (187)$$

---

[1] In [I, II, S. 272, Zeile 13] lies n Spulenseiten statt n Nuten.

worin l_S die mittlere Länge einer Querverbindung in cm ist (Bild 129), so ist λ_S die Leitwertzahl der Stirnstreuung einer Spulen*gruppe*, deshalb tritt die Nutenzahl q je Pol und Strang hier nicht auf. λ_S ist von der Art der Maschine, der Wicklung und der Lage der Querverbindungen abhängig und kann experimentell bestimmt werden. In Zahlentafel 4 sind Durchschnittswerte für λ_S der Ankerwicklung von Synchronmaschinen mit Vollpolen und Schenkelpolen zusammengestellt; die Einschicht- und Zweischichtwicklungen unter dem Querstrich gelten für Spulen gleicher Form. Zahlentafel 5 enthält Durchschnittswerte der Leitwertzahlen für dreiphasige Induktionsmaschinen. Mit diesen Leitwertzahlen erhält man nach Gl. 187 den Streublindwiderstand der Ankerwicklung von Synchronmaschinen und den *gesamten* auf die Primärwicklung bezogenen von Induktionsmaschinen; seine Anteile auf Ständer und Läufer können geschätzt werden. [s. I, II M 3; II, II B 4 d; IV, G 3].

Zahlentafel 4.
λ_S für Synchronmaschinen.

Wicklung	Vollpole	Schenkel-pole
Einphasig	0,13	0,17
Zweietagen	0,28	0,31
Dreietagen	0,24	0,27
Einschicht	0,31	0,32
Zweischicht	0,25	0,26

Zahlentafel 5.
λ_S für Induktionsmaschinen.

Läufer	Ständer		
	Zwei-etagen	Drei-etagen	Spulen gl Weite
Zweietagen	0,42		
Dreietagen		0,34	
Trommelw.	0,35	0,34	0,31
Käfigwickl.	0,35	0,32	0,30

H. Ortskurven.

Den geometrischen Ort, den der Endpunkt eines Diagrammvektors (gewöhnlich der Strom) in Abhängigkeit von einem Parameter (gewöhnlich dem Schlupf s) beschreibt, bezeichnet man als Ortskurve des Vektors. In vielen praktisch wichtigen Fällen ist die Ortskurve ein Kreis von allgemeiner Lage. Für diesen Kreis läßt sich die Gleichung des Vektors in der Form

$$J = \frac{\dot{A} + \dot{B}s}{\dot{C} + \dot{D}s} = \frac{A_x + jA_y + (B_x + jB_y)s}{C_x + jC_y + (D_x + jD_y)s} \tag{188}$$

schreiben, worin s ein reeller Parameter ist und $\dot{A}$, $\dot{B}$, $\dot{C}$, $\dot{D}$ Diagrammvektoren, die wir in die reellen Komponenten A_x, B_x, ... in Richtung der angenommenen x-Achse und A_y, B_y, ... in Richtung der y-Achse zerlegt haben. Die Bestimmungstücke des Kreises, nämlich die Mittelpunktskoordinaten x_m und y_m und der Halbmesser R des Kreises, sind dann gegeben durch die Gleichungen

$$x_m = (A_x D_y + B_y C_x - A_y D_x - B_x C_y)/2N, \tag{188a}$$

$$y_m = (A_x D_x - B_y C_y + A_y D_y - B_x C_x)/2N, \tag{188b}$$

$$N = C_x D_y - C_y D_x, \quad R^2 = x_m^2 + y_m^2 + (A_y B_x - A_x B_y)/N. \tag{188c u. d}$$

Auf die Darstellung des Parameters s im Kreisdiagramm werden wir bei den einzelnen Maschinenarten z. B. in ($V\ C\ 4$ bis 8) eingehen. [s. II, I 2].

J. RET und REM.

Für die Bewertung und Prüfung von Transformatoren und elektrischen Maschinen sind von dem Verband Deutscher Elektrotechniker (VDE) Regeln für Transformatoren (RET, VDE 0532, 1940) und für Maschinen (REM, VDE 0530, 1937) aufgestellt, aus denen wir einige öfter gebrauchte Begriffe und Festsetzungen gekürzt anführen wollen.

1. Begriffe. *Nenn*größen (z. B. Nennspannung U_N, Nennstrom J_N) sind die Größen, für die der Transformator oder die Maschine bemessen ist, und die auf dem Leistungsschild angegeben sind. Nennsekundärspannung ist bei Transformatoren nach § 14 der RET die bei Leerlauf auftretende Sekundärspannung. Unter *Abgabe* bzw. *Aufnahme* versteht man die abgegebene bzw. aufgenommene Wirk-Leistung.

Genormte Klemmenspannungen für die *Primär*wicklung von *Transformatoren* und für *Wechselstrommotoren* sind bei 50 Hz.

125, 220, 380, 500, 1000, 3000, 6000, 10000, 15000, ... Volt.

Die entsprechenden Spannungen der *Sekundär*wicklung von Transformatoren und die von Wechselstrom*generatoren* sind um 5% höher. Für *Gleichstrommotoren* sind die Spannungen 110, 220 und 440 V genormt; für *Generatoren* sind sie um 5% höher.

2. Erwärmung. Die zulässige Erwärmung von Transformatoren und Maschinen ist von dem verwendeten Isolierstoff abhängig. Die RET und REM unterscheiden hauptsächlich drei Klassen von Isolierstoffen:

    A. Faserstoffe: Baumwolle, Seide, Papier, getränkt; A_0 unter Öl.

    B. Glimmer- und Asbestpräparate, Lackdraht.

    C. Feuerfeste Stoffe: Glimmer, Porzellan, Glas, Quarz, ...

Unter der Voraussetzung, daß die Kühlmitteltemperatur (gewöhnlich die äußere Luft) 35° C nicht überschreitet, beträgt die zulässige Grenzerwärmung für Isolierung nach Klasse A bzw. B bei mehrphasigen Wicklungen in Transformatoren und Maschinen 60° (A_0 70°) bzw. 80°, bei blanken dauernd kurz geschlossenen Transformatorenwicklungen 65° bzw. 85°, bei einlagigen Feldmagnetwicklungen 70° bzw. 90°, für Eisenbleche 60° bzw. 80°, für Öl im Transformator sowie für Stromwender und Schleifringe bei Maschinen 60°. Die zulässige Grenzerwärmung bei Isolierstoffen der Klasse C ist nur durch den Einfluß auf benachbarte andere Isolierteile beschränkt.

Als Grenzerwärmung der Wicklungen gilt der größte mit Thermometer und aus der Widerstandszunahme ermittelte Wert. Der letztere wird nach der Gleichung

$$\vartheta = \frac{R_w - R_k}{R_k}\,(235 + t_k) - (t_M - t_k) \tag{189}$$

berechnet, worin R_w der Widerstand unmittelbar nach Beendigung, R_k vor Beginn mit der Temperatur t_k des Erwärmungsversuchs ist. t_M ist die Temperatur des zugeführten Kühlmittels, die bei der gewöhnlich vorliegenden Selbstbelüftung gleich der Raumtemperatur t_k ist. Die Widerstände werden gewöhnlich durch Strom- und Spannungsmessung bei Gleichstrom ($R = U/J$) bestimmt, zuweilen auch mit der WHEATSTONEschen oder der THOMSONschen Brücke, je nach der Größe der Widerstände, unmittelbar gemessen.

3. Isolierfestigkeit. Die Wicklungsisolation soll folgenden Spannungsproben unterworfen werden: Wicklungsprobe, Sprungwellenprobe, Windungsprobe. Wir werden diese Proben beim Transformator näher erläutern; das dort Gesagte gilt auch für die Maschinen. Die bei den Transformatoren anzuwendenden Prüfspannungen in kV sind in Zahlentafel 6, die für Maschinen in Zahlentafel 7 in V angegeben.

<table>
<tr><td colspan="3">Zahlentafel 6. Transformatoren.</td></tr>
<tr><td>Kühlmittel</td><td>U_N in kV</td><td>Prüfspannung in kV</td></tr>
<tr><td rowspan="2">Luft</td><td>≤ 10</td><td>$3{,}6\,U_N$, aber $\geq 2{,}8$</td></tr>
<tr><td>> 10</td><td>$2\,U_N + 16$</td></tr>
<tr><td rowspan="3">Öl</td><td>≤ 10</td><td>$3{,}25\,U_N$, aber $\geq 2{,}5$</td></tr>
<tr><td>> 10</td><td>$1{,}75\,U_N + 15$</td></tr>
<tr><td>> 60</td><td>$2\,U_N$</td></tr>
</table>

<table>
<tr><td colspan="3">Zahlentafel 7. Maschinen.</td></tr>
<tr><td>Leistung</td><td>U_N in V</td><td>Prüfspannung in V</td></tr>
<tr><td>$< 1\,\mathrm{kW}$</td><td>U_N</td><td>$2\,U_N + 500$</td></tr>
<tr><td rowspan="4">$\geq 1\,\mathrm{kW}$</td><td>≤ 100</td><td>1000</td></tr>
<tr><td>≤ 1000</td><td>$2\,U_N + 1000$, aber ≥ 1500</td></tr>
<tr><td>≤ 3000</td><td>$3\,U_N$</td></tr>
<tr><td>> 3000</td><td>$2\,U_N + 3000$</td></tr>
</table>

Für die Windungsprobe ist die Prüfspannung bei Transformatoren das 2-fache, bei Maschinen das 1,5-fache der Nennspannung.

4. Wirkungsgrad. Nach § 62 der RET ist bei *Transformatoren* der Wirkungsgrad aus der Summe der Leerlauf- und Kurzschlußverluste ($IV\,G\,3$) zu berechnen.

Bei der Ermittlung des Wirkungsgrades von *elektrischen Maschinen* unterscheiden die REM die direkte und die indirekte Messung.

Bei der *direkten Messung* kommt das Leistungsmeßverfahren, das Bremsverfahren oder das Belastungsverfahren zur Anwendung. Beim *Leistungsmeßverfahren* wird Abgabe und Aufnahme elektrisch gemessen; es kommt also nur für Motorgeneratoren und Umformer in Frage. Beim *Bremsverfahren* wird die mechanische Leistung mit einer Bremse oder einem Dynamometer, die Aufnahme elektrisch gemessen. Beim *Belastungsverfahren* wird die mechanische Leistung mit einer geeichten Hilfsmaschine gemessen.

Bei der *indirekten* Ermittlung des Wirkungsgrads werden die Gesamtverluste gemessen, entweder nach dem Rückarbeitsverfahren, dem Übererregungsverfahren (bei Synchronmaschinen) oder dem Einzelverlustverfahren, und daraus der Wirkungsgrad berechnet.

Bei dem *Einzelverlustverfahren* werden die Gesamtverluste gleich der Summe aus Leerverlusten, Erregerverlusten und Lastverlusten gesetzt.

Leerverluste sind die Summe aus den Verlusten durch Lüftung, Lager- und Bürstenreibung sowie Verlusten im Eisen, in andern Metallteilen und im Isolierstoff (gewöhnlich verschwindend klein) bei Leerlauf.

Erregerverluste (bei Maschinen mit besonderer Erregerwicklung) sind Stromwärmverluste in Nebenschluß- und fremderregten Erregerkreisen und Übergangsverluste an den Erregerschleifringen.

Lastverluste sind Stromwärmeverluste in Anker- und Reihenschlußwicklungen, Übergangsverluste an Bürsten, die Laststrom führen, und Zusatzverluste. Die letzteren werden in der Regel durch einen Zuschlag berücksichtigt.

Die Leerlaufverluste unterscheiden sich von den hier genannten Leerverlusten dadurch, daß sie außer den Leerverlusten noch die Erregerverluste bei Leerlauf enthalten.

Zur Berechnung der Stromwärmeverluste bei Transformatoren und bei der indirekten Messung des Wirkungsgrades von Maschinen sind alle Widerstände auf den betriebswarmen Zustand umzurechnen, der zu 75° C einzusetzen ist, wenn die Erwärmung der Maschine nicht durch Versuch bestimmt ist.

IV. Transformator.

A. Grundsätzlicher Aufbau.

Bei den *Kern*transformatoren liegen die Wicklungen teilweise frei, während sie bei den *Mantel*transformatoren vom magnetischen Kreis

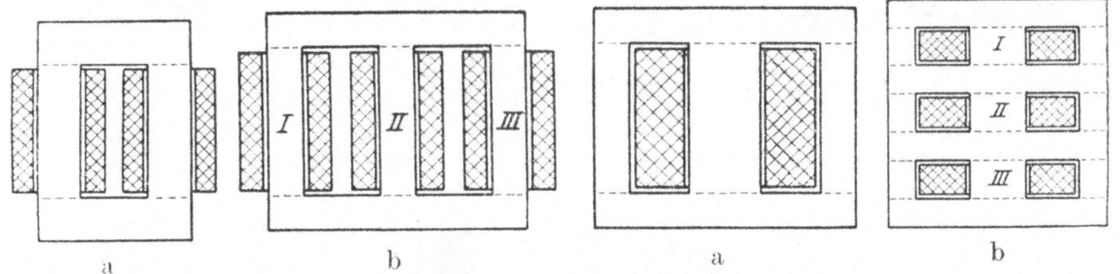

Bild 130a u. b. Kerntransformatoren.
a Ein-, b dreiphasig.

Bild 131 a u. b. Manteltransformatoren.
a Ein-, b dreiphasig.

mantelförmig umhüllt werden. Der magnetische Kreis wird aus Blechen gebildet. Die Bilder 130a u. b zeigen den parallel zur Blechebene geschnittenen einphasigen und dreiphasigen Kerntransformator, die Bilder 131 a u. b die entsprechenden Manteltransformatoren. Auf den Kernen, die bei den Dreiphasentransformatoren mit I, II, III bezeichnet sind, befinden sich die Wicklungen, deren Querschnitte schraffiert sind, wobei zwischen Primär- und Sekundärwicklung nicht besonders unterschieden ist. Die unbewickelten Teile des Blechkörpers bezeichnet man als Joche.

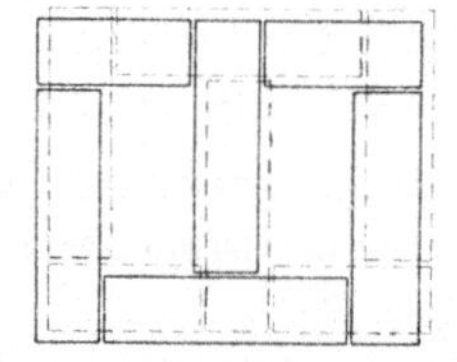

Bild 132. Überlappung der
Bleche.

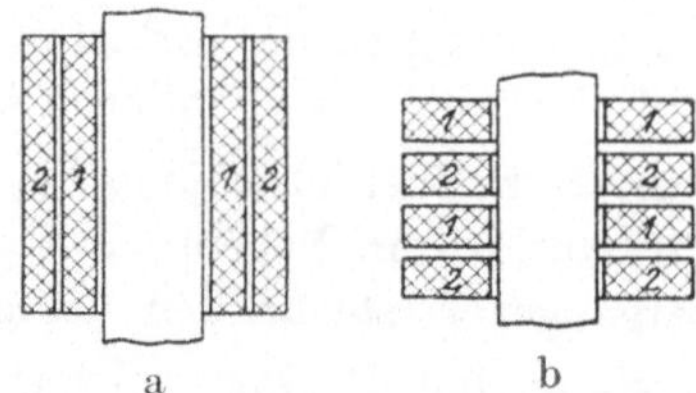

Bild 133 a u. b. a Zylinder-, b Scheibenwicklung.

a

b

c

**Bild 134 a bis c. a Öltransformator 100 kVA, 6000 V Ober-, 400 V Unter-
spannung, b aus dem Kessel herausgehoben, c Zusammenbau.**

Um die Wicklungen außerhalb des Transformators im wesentlichen fertig herstellen zu können, müssen die einzelnen Bleche in mindestens zwei Teile zerschnitten werden. Häufig werden dann die Kerne und Joche getrennt hergestellt, so daß sich beim Zusammenbau Stoßfugen bilden, wie sie in den Bildern 130 u. 131 a u. b gestrichelt angedeutet sind. Um den magnetischen Widerstand der Stoßfugen zu verringern, werden diese bei kleinen und mittleren Transformatoren gewöhnlich in den einzelnen Blechschichten versetzt angeordnet (Bild 132), so daß sich die Bleche übereinander liegender Schichten überlappen. Die Schlußbleche müssen dann nach dem Zusammenbau der Wicklung mit den Kernen eingeschichtet werden (Bild 134 c).

Im Laufe der Jahre sind die Manteltransformatoren immer mehr durch die Kerntransformatoren verdrängt worden.

Die *Wicklung* wird als Zylinder- oder als Scheibenwicklung ausgeführt. Bei der Zylinder- oder Röhrenwicklung (Bild 133 a) bilden Primär- und Sekundärwicklung konzentrische Zylinder. Bei der Scheibenwicklung (Bild 133 b) sind abwechselnd primäre und sekundäre Spulen in Richtung der Achse des Transformatorkerns übereinander geschichtet.

Man unterscheidet Trocken- und Öltransformatoren. Gewöhnlich, besonders bei höheren Spannungen, wird der Transformator als Öltransformator ausgeführt, d. h. er wird in einem mit Öl gefüllten Kessel untergebracht. Bild 134 b zeigt einen aus dem Kessel herausgehobenen Dreiphasentransformator für 100 kVA, 50 Hz, 6000 V Ober- und 400 V Unterspannung, Bild 134 a den Transformator mit Ölkessel, der zur Vergrößerung der Abkühlungsoberfläche ($F\,7$) als Wellblechkessel ausgebildet ist. Auf dem Kessel ist das Ausdehnungsgefäß ($F\,6$) für das Öl angeordnet. Bild 134 c läßt den Zusammenbau des Transformators mit Zylinderwicklung erkennen. Nachdem alle Kerne bewickelt sind, werden die oberen Jochbleche nach Bild 132 eingeschichtet. [s. I, II A 4 u. III, H].

B. Betriebsverhalten.

1. Vektordiagramm und Spannungsänderung. In (*III G 2*) hatten wir bei Vernachlässigung der Eisenverluste die Grundgleichungen des Transformators und den Ersatzstromkreis abgeleitet (Gl. 175 a u. b). Wir wollen nun, ausgehend vom sekundären Belastungszustand (U_2, J_2, φ_2), das Diagramm für einen Wicklungsstrang aufbauen, wobei wir der Übersichtlichkeit wegen annehmen, daß Primär- und Sekundärwicklung entweder in Stern oder in Dreieck geschaltet sind (Transformator A 1 oder A 2 der Zusammenstellung auf S. 115), so daß die EMK $\dot{E}_2$ in der Sekundärwicklung phasengleich mit der EMK $\dot{E}_1$ in der Primärwicklung ist (4). Alle sekundären Größen beziehen wir auf die primäre Seite des Transformators (*III A 7* u. *G 2*), d. h. wir multiplizieren die Spannungsgrößen mit dem Windungsverhältnis (Übersetzung) w_1/w_2, das wir beispielsweise zu 1,5 annehmen. Die bezogenen Größen kennzeichnen wir durch einen Beistrich am Formelzeichen. Zunächst berücksichtigen wir neben dem Magnetisierungsstrom auch noch die Eisenverluste.

Indem wir zu der auf die Primärwicklung bezogenen Sekundärspannung $\dot{U}_2'$ den Blindspannungsverlust $j\,X_{2\sigma}'\,\dot{J}_2'$ und den Wirkspannungsverlust $R_2'\,\dot{J}_2'$ addieren (Bild 135a), erhalten wir die auf die Primärwicklung bezogene EMK der Sekundärwicklung $\dot{E}_2'$, die gleich der in der Primärwicklung induzierten EMK $\dot{E}_1$ ist. Gegenüber dieser EMK um eine Viertelperiode verfrüht ist der resultierende Induktionsfluß Φ

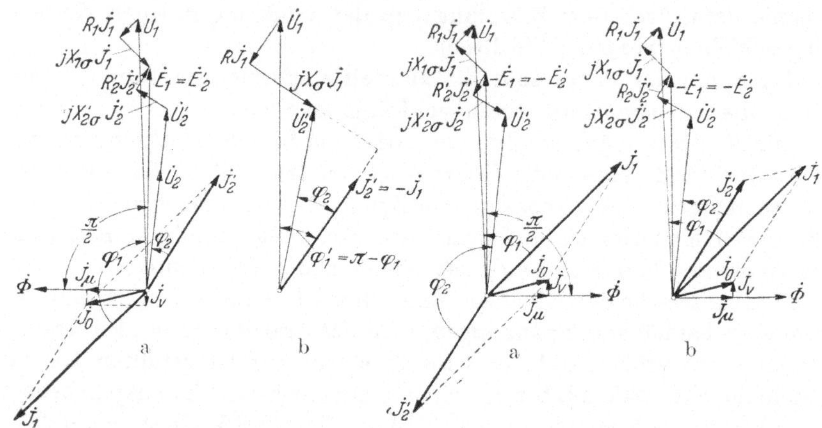

Bild 135a u. b. Vektordiagramm des Transformators (vgl. Bild 36a). a Vollständiges, b vereinfachtes.

Bild 136a u. b. Andere übliche Darstellungen des Vektordiagramms. a Entsprechend Bild 36b, b entsprechend Bild 36d.

im Transformatorkern und in Phase damit der Magnetisierungsstrom $\dot{J}_\mu$. Der dem Eisenverlust Q_E entsprechende Strom ergibt sich zu

$$J_v = Q_E/m\,E_1. \tag{190}$$

$\dot{J}_v$ ist in Gegenphase zu $\dot{E}_1$. Aus $\dot{J}_\mu$ und $\dot{J}_v$ erhalten wir den Leerlaufstrom $\dot{J}_0$.

Die Durchflutung des Leerlaufstromes ist gleich der Resultierenden aus der primären und sekundären Durchflutung,

$$w_1\,\dot{J}_0 = w_1\,\dot{J}_1 + w_2\,\dot{J}_2 \quad \text{oder} \quad \dot{J}_0 = \dot{J}_1 + \dot{J}_2'. \tag{191a u. b}$$

Daraus ergibt sich der primäre Strom $\dot{J}_1$. Ziehen wir von der EMK $\dot{E}_1$ in der Primärwicklung den Blindspannungsverlust $j\,\dot{X}_{1\sigma}\,\dot{J}_1$ und den Wirkspannungsverlust $R_1\,\dot{J}_1$ der Primärwicklung ab, so erhalten wir die primäre Klemmenspannung $\dot{U}_1$.

In Wirklichkeit sind nun die Ströme $\dot{J}_\mu$ und $\dot{J}_0$ sehr klein, etwa 1/10 von den in Bild 135a gezeichneten Strömen, wenn der Belastungsstrom $\dot{J}_2'$ für Nennbetrieb gilt. Wir können deshalb für alle praktischen Fälle bei Nennbetrieb $J_0 \approx 0$ setzen. J_1 ist dann in Gegenphase zu J_2, und es ist $J_2' = -J_1$. Wir brauchen dann nicht zwischen primärem und sekundärem Spannungsverlust zu unterscheiden, sondern können annehmen, daß der gesamte Spannungsverlust in der Primärwicklung auftritt. Wir müssen dann setzen

$$R = R_1 + R_2', \qquad X_\sigma = X_{1\sigma} + X_{2\sigma}'. \qquad \text{(192a u. b)}$$

Mit diesen Vereinfachungen geht Bild 135a über in Bild 135b.

Als *Spannungsänderung* wird die auf die Nennsekundärspannung bezogene Änderung der Sekundärspannung beim Übergang von Leerlauf auf Nennbetrieb bei konstanter Primärspannung bezeichnet. Die auf die Primärseite bezogene Nennsekundärspannung ist praktisch gleich der Primärspannung U_1. Die Spannungsänderung hängt bei demselben Transformator vom Phasenwinkel φ_2 ab. Nach Bild 135b erhalten wir

$$U_2' = \sqrt{(U_1 \cos \varphi_1' - R_1 J_1)^2 + (U_1 \sin \varphi_1' - X_\sigma J_1)^2}, \qquad (193)$$

und mit den Abkürzungen

$$\varepsilon_w = R\,J_1/U_1, \qquad \varepsilon_b = X_\sigma\,J_1/U_1 \quad \text{und} \quad \varepsilon_k = \sqrt{\varepsilon_w^2 + \varepsilon_b^2} \qquad \text{(194a bis c)}$$

für den relativen Wirkspannungsverlust oder den relativen Stromwärmeverlust (ε_w), den relativen Blindspannungsverlust oder die relative Streuspannung (ε_b) und die relative Kurzschlußspannung (ε_k) wird die Spannungsänderung

$$\left. \begin{aligned} v &= (U_1 - U_2')/U_1 = 1 - \sqrt{(\cos \varphi_1' - \varepsilon_w)^2 + (\sin \varphi_1' - \varepsilon_b)^2} \\ &\approx \varepsilon_w \cos \varphi_1' + \varepsilon_b \sin \varphi_1' - \varepsilon_k^2/2. \end{aligned} \right\} \qquad (194)$$

In praktischen Fällen können wir $\varphi_1' \approx \varphi_2$ setzen und ε_k^2 gegenüber $2\,(\varepsilon_w \cos \varphi_1' + \varepsilon_b \sin \varphi_1')$ vernachlässigen. Wir erhalten

$$v \approx \varepsilon_w \cos \varphi_2 + \varepsilon_b \sin \varphi_2, \qquad (194)$$

was man auch aus Bild 135b ohne weiteres ablesen kann, wenn man beachtet, daß der Winkel zwischen $\dot{U}_1$ und $\dot{U}_2$ in praktischen Fällen sehr klein ist.

In den Bildern 136a u. b sind unserer Darstellung des vollständigen Transformatordiagramms noch zwei andere übliche gegenübergestellt. In Bild 136a ist der Winkel zwischen Strom und Klemmenspannung auf der Primärseite spitz, auf der Sekundärseite stumpf; dies entspricht der Darstellung in Bild 36b für Gleichstrom. In Bild 136b sind beide Winkel spitz, das entspricht für die primäre Seite dem Bild 36b, für die sekundäre Seite Bild 36d. Wir behalten aber die Darstellung, für die wir uns in ($I\,B\,6$) entschieden haben (Bild 135a), bei.

2. Kreisdiagramme. Zwei Kreisdiagramme geben den Einfluß des Spannungsverlustes auf die Sekundärspannung besonders anschaulich wieder.

a. Konstanter Strom und veränderlicher Phasenwinkel φ_2. Halten wir wie in Bild 137 den Strom $J_2' = -J_1$ fest und tragen vom Anfangspunkt 0 des Stromvektors J_2' den Spannungsverlust $RJ_1 + j\,X_\sigma\,J_1$ ab, so erhalten wir den Punkt 0′. Schlagen wir um 0 und 0′ Kreise mit dem Radius der konstanten Primärspannung U_1, so stellt der erste Kreis den geometrischen Ort für den Endpunkt des primären Spannungsvektors U_1, der zweite den des sekundären U_2' dar. Der Beweis hierfür folgt aus den beiden für verschiedene Phasenwinkel φ_2 in Bild 137 eingezeichneten Spannungsdiagrammen. Wir erkennen aus diesem Diagramm die Abhängigkeit der Sekundärspannung U_2' von dem Phasenwinkel φ_2. Für

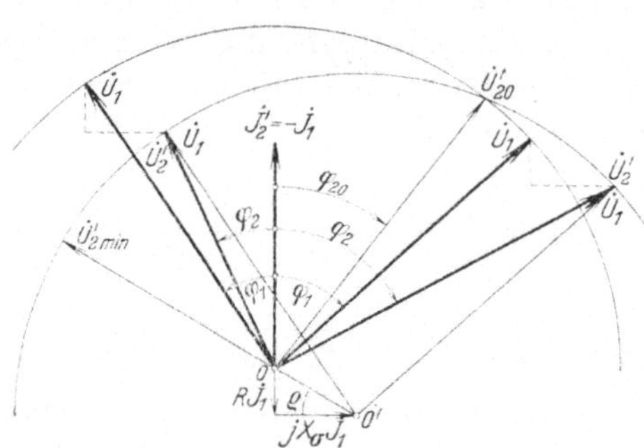

Bild 137. U_2' bei konstantem Strom J_2 und veränderlichem Phasenwinkel φ_2.

gegen die Spannung phasenverspätete Ströme ist die Sekundärspannung U_2' immer kleiner, für genügend phasenverfrühte Ströme ist sie größer als die primäre Spannung U_1.

b. Konstanter Phasenwinkel φ_2 und veränderlicher Strom. In Bild 138a ist das Spannungsdiagramm des Transformators für einen Belastungszustand mit phasenverspätetem Strom gegenüber der sekundären Klemmenspannung durch starke Linien hervorgehoben. Der Winkel

$$\gamma = \pi - (\pi/2 - \varrho - \varphi_2) = \pi/2 + \varrho + \varphi_2 \qquad (195)$$

ist bei konstantem Phasenwinkel φ_2 unabhängig vom Strom, also konstant; deshalb bewegt sich der Endpunkt des Spannungsvektors U_2' bei fester Primärspannung U_1 auf einem Kreis (c), der durch Anfangs- und Endpunkt von U_1 geht. Die Bestimmung des Mittelpunktes dieses Kreises ist in Bild 138a angedeutet. Verlängern wir RJ_1 bis zum Schnittpunkt mit dem Kreis c in 0 , so ist der Winkel 0 c 0 $= \varphi_2 =$ const, der Punkt 0′ gilt also für jeden beliebigen Belastungsstrom. Da der Winkel bei a ein rechter ist, erhalten wir als geometrischen Ort für den Punkt a einen Kreis, der die Verbindungslinie von 0′ und dem Endpunkt von U_1 als Durchmesser hat. Bei Leerlauf fallen die Punkte a und c in den Endpunkt von U_1, und es ist $U_2' = U_1$. Mit wachsender Belastung wandert der Endpunkt von U_2' auf dem Kreis c, wobei die Klemmenspannung U_2' sinkt. Bei Kurzschluß ist $U_2' = 0$, Punkt c fällt in 0, Punkt a in a_1. Der Betrag des jeweiligen Belastungsstromes wird durch den Betrag des Vektors $jX_\sigma J_1$ dargestellt, der dem Betrage der Ströme J_1 und J_2 proportional ist. Um die Änderung des Phasenwinkels φ_1 zwischen Primärstrom und primärer Klemmenspannung zu erkennen, ziehen wir vom

Endpunkt des Vektors $\dot{U}_1$ den Vektor $j\,\dot{U}_1$. Der Winkel zwischen den Vektoren $j\,X_\sigma\dot{J}_1$ und $j\,\dot{U}_1$ ist dann gleich dem Winkel zwischen $\dot{J}_1$ und $\dot{U}_1$, also gleich dem Phasenwinkel φ_1.

In Bild 138b u. c sind die entsprechenden Diagramme für $\varphi_2 = 0$ bzw. für einen negativen Phasenwinkel, d. h. für Voreilung des Stromes $\dot{J}_2$ gegenüber der Klemmenspannung $\dot{U}_2$ dargestellt, die sich auf ähnliche Weise bestimmen lassen wie das Diagramm in Bild 138a. Wir erkennen durch Vergleich der Bilder 138a bis c, die für denselben Transformator,

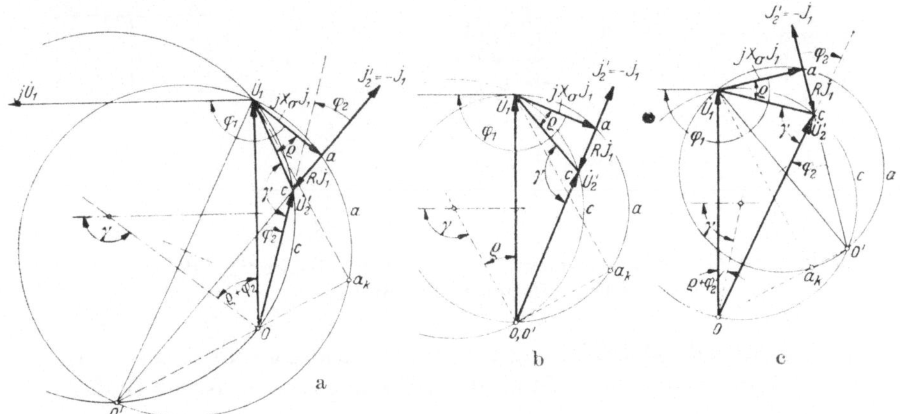

Bild 138a bis c. Kreisdiagramme für $\varphi_2 = $ konst, a φ_2 positiv, b $\varphi_2 = 0$, c φ_2 negativ.

d. h. für dieselben Werte R und X_σ und dieselbe Primärspannung $\dot{U}_1$ gezeichnet sind, daß die sekundäre Klemmenspannung mit dem Belastungsstrom um so langsamer sinkt, je kleiner der Winkel φ_2 ist, und daß sie bei negativem Winkel φ_2, d. h. bei Voreilung des Stromes gegenüber der Klemmenspannung vom Leerlauf ausgehend sogar zunächst anwächst, um dann später wieder zu sinken, bis auf Null bei Kurzschluß. Im Kurzschluß und bei Leerlauf stimmen alle drei Diagramme überein [s. III, D 1 u. 2].

3. Zickzackschaltung bei Dreiphasen-Transformatoren. In elektrischen Verteilungsanlagen wird gewöhnlich außer den Außenleitern noch der Nulleiter verlegt, um neben der Spannung zwischen den Außenleitern (für Motoren) auch noch die kleinere $(1/\sqrt{3})$ zwischen Nulleiter und Außenleitern (für Licht) zur Verfügung zu haben. Wird dann die Primärwicklung in *Dreieck* geschaltet (Bild 139a) oder bei Sternschaltung der Nulleiter auf der *Primärseite* verlegt (Bild 139b), so kann bei einseitiger Belastung die Durchflutung der Sekundärwicklung für jeden Kern durch die der Primärwicklung aufgehoben werden, wie es die Strompfeile in den Bildern 139a u. b andeuten.

Die Dreieckschaltung auf der Primärseite ist nun bei höherer Spannung unerwünscht, weil die Wicklung wegen der größeren Windungszahl mehr Raum durch Isolierung erfordert als die Sternschaltung. Läßt man aber den Nulleiter auf der Primärseite weg, so kann bei einseitiger Belastung die Durchflutung der Sekundärwicklung nicht mehr durch

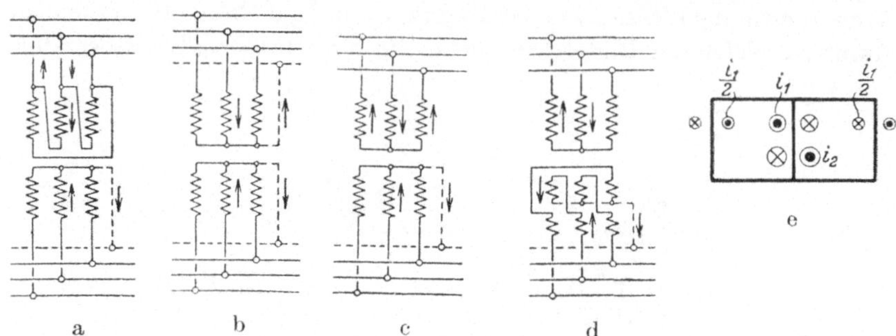

Bild 139a bis e. a bis d verschiedene Schaltungen bei einseitiger Belastung; e Durchflutungen für Bild c.

eine entsprechende Durchflutung der Primärwicklung aufgehoben werden; der Primärstrom muß durch die Wicklungen aller Kerne fließen (Bild 139 c).

In Bild 139 e ist die Durchflutungsverteilung für die Schaltung nach Bild 139 c eines Kerntransformators angegeben. Wir erkennen, daß die resultierenden Durchflutungen der drei Kerne phasengleich sind und

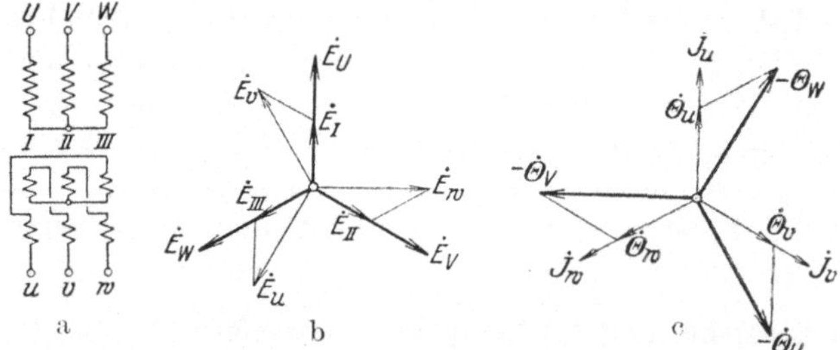

Bild 140a bis c. a Zickzackschaltung, b Spannungs-, c Durchflutungsdiagramm.

einen Fluß von Joch zu Joch durch den Luftraum erregen, der einen zusätzlichen Spannungsverlust zur Folge hat und den Sternpunkt im Spannungsdiagramm verschiebt ($D\,2$). Nach § 10 der RET ist deshalb eine einseitige Belastung von nur höchstens 10% des Nennstromes zulässig. Noch ungünstiger verhält sich der Manteltransformator, weil hier die Wicklungen jedes Strangs von Eisen umschlossen sind. Der dreiphasige Manteltransformator darf deshalb nicht einseitig belastet werden.

Die besprochenen Übelstände vermeidet die Zickzackschaltung, bei der die Sekundärwicklung auf jedem Kern in zwei gleichwertige Teile unterteilt wird und je zwei Teile verschiedener Kerne gegeneinander geschaltet werden, wie es Bild 139d veranschaulicht. Wie die Strompfeile erkennen lassen, kann dann die Durchflutung der Sekundärwicklung bei einseitiger Belastung für jeden Kern durch die Primärdurchflutung aufgehoben werden.

Die Bilder 140b u. c zeigen Spannungs- und Durchflutungsdiagramm für die Zickzackschaltung nach Bild 140a. $\dot{E}_\mathrm{I}$, $\dot{E}_\mathrm{II}$, $\dot{E}_\mathrm{III}$ in Bild 140b stellen die EMKe der einzelnen Wicklungsteile der Sekundärwicklung dar, die sich zu den resultierenden EMKen $\dot{E}_u$, $\dot{E}_v$, $\dot{E}_w$ in der Sekundärwicklung zusammensetzen. Ebenso ergeben in Bild 140c die Durchflutungen in einem Kern z. B. $\Theta_u - \Theta_w$ die resultierende Durchflutung $- \Theta_W$ in Gegenphase zur Primärdurchflutung Θ_W. Die *Übersetzung* des Transformators in Zickzackschaltung ist

$$\ddot{u} = E_U/E_u = 2/\sqrt{3} \cdot w_1/w_2. \quad (196)$$

Dieses Verhältnis (und nicht w_1/w_2) ist bei der Zickzackschaltung für die bezogenen Größen maßgebend. [s. III, B 2].

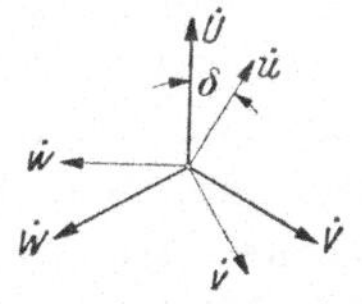

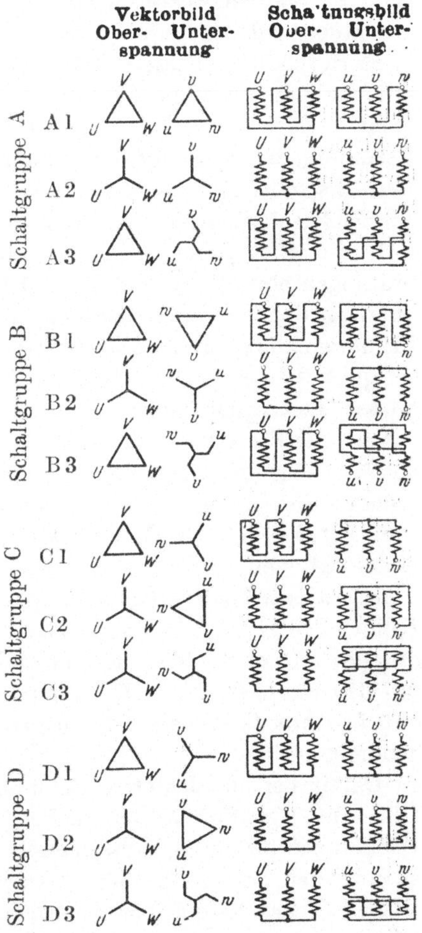

4. Parallelbetrieb. Um einen einwandfreien Betrieb von Transformatoren zu erhalten, die *sowohl* auf der primären als auch auf der sekundären Seite an denselben Sammelschienen liegen, muß eine Reihe von Bedingungen erfüllt sein.

Zunächst müssen wir verlangen, daß bei unbelastetem Sekundärnetz die Sekundärwicklungen aller parallel geschalteten Transformatoren stromlos sind.

Bild 141. Phasenwinkel δ.

Schaltgruppen.

Vektorbild — Schaltungsbild
Ober- Unter- Ober- Unter-
spannung spannung

Schaltgruppe A: A 1, A 2, A 3
Schaltgruppe B: B 1, B 2, B 3
Schaltgruppe C: C 1, C 2, C 3
Schaltgruppe D: D 1, D 2, D 3

Das ist nur möglich, wenn die Spannungsvektoren zwischen dem wirklichen oder einem gedachten Nullpunkt und Außenklemmen (U, V, W für Oberspannung, u, v, w für Unterspannung) für alle parallel geschalteten Transformatoren denselben Winkel δ bilden (Bild 141).

Bei Einphasentransformatoren kann dieser Winkel nur 0 oder 180° sein; bei Dreiphasentransformatoren kann er dagegen 0 oder ein beliebiges Vielfaches von 30° betragen. In den RET sind die Transformatoren nach Schaltgruppen (mit Vektor- und Schaltbild) so geordnet, daß δ in jeder Gruppe denselben Wert hat. Die Transformatoren *derselben Schaltgruppe* sind also grundsätzlich geeignet, unter sich parallel zu arbeiten. In der Zusammenstellung auf Seite 115 sind nur die in Deutschland üblichen Schaltungen aufgenommen. Bei Dreiphasentransformatoren ist für Schaltgruppe A $\delta = 0$, für B $\delta = 180°$, für C $\delta = 150°$, für D $\delta = 330°$.

Von den Schaltungen A 1, A 2, A 3 der Schaltgruppe A ist die Schaltung A 2 die wichtigste, weil man die Wicklung für die Oberspannung mit Rücksicht auf gute Raumausnützung und Betriebssicherheit gern in Stern schaltet. Diese Schaltung ist jedoch nach (*3*) für Sekundärnetze mit Nulleiter im allgemeinen nicht geeignet, weil primär der Nulleiter nicht verlegt wird. Die Schaltung A 3 gestattet nun zwar einseitige Belastung, hat aber auf der Primärseite die gewöhnlich unerwünschte Dreieckschaltung, daneben auch noch die ungünstige Ausnutzung der Zickzackschaltung auf der Sekundärseite. In den Schaltungen C 1 und C 3 haben wir die Möglichkeit, die Sekundärseite ohne Störungen einseitig zu belasten. Die Schaltung C 1 hat eine gute Ausnutzung der Sekundärwicklung, verlangt aber Dreieckschaltung der Primärwicklung, und ist deshalb besonders für große Transformatoren geeignet, bei denen die Dreieckschaltung wegen der verhältnismäßig großen Leiterquerschnitte weniger nachteilig ist. Die Schaltung C 3 hat auf der Primärseite die günstige Sternschaltung, verlangt aber dafür auf der Sekundärseite die Zickzackschaltung; sie kommt deshalb hauptsächlich für kleine Verteilungstransformatoren in Frage. Die Schaltung C 2 kommt für Haupttransformatoren größerer Kraftwerke und Unterstationen in Betracht, wo kein Nulleiter verlangt wird.

Mit diesen beiden Schaltgruppen A und C könnten alle praktischen Bedürfnisse gedeckt werden, so daß es überflüssig wäre, weitere Schaltgruppen zu verwenden. In Deutschland sind aber noch ältere Anlagen mit den Gruppen B und D vorhanden und der Parallelbetrieb verlangt, daß neu hinzukommende Transformatoren derselben Schaltgruppe angehören.

Damit bei unbelastetem Sekundärnetz keine Ausgleichströme zwischen den Transformatoren fließen, die eine zusätzliche Belastung der Wicklungen bedeuten, müssen auch die *Übersetzungen* (*G 1*) der parallel geschalteten Transformatoren dieselben sein. Schon Abweichungen von einigen Tausendsteln können merkliche zusätzliche Belastungen der Wicklung hervorrufen.

Wir müssen ferner verlangen, daß sich der sekundäre *Belastungsstrom im Verhältnis der Nennleistungen* auf die parallel arbeitenden Transformatoren verteilt. Die relativen Nennkurzschlußspannungen müssen dazu praktisch dieselben sein. Das heißt, die den Spannungsverlust verursachenden Scheinwiderstände $\sqrt{R^2 + X_\sigma^2}$ müssen sich umgekehrt wie die Nennleistungen der Transformatoren verhalten.

Schließlich verlangt die Forderung, daß die Sekundärströme der parallel arbeitenden Transformatoren phasengleich sein sollen, für alle Transformatoren dasselbe Verhältnis zwischen Wirk- und Streublindwiderstand (R/X_σ). Diese Bedingung ist jedoch von untergeordneter Bedeutung, wenn das Verhältnis der Leistungen der parallel arbeitenden Transformatoren nicht größer als 3 ist, wie es die RET in § 71 empfehlen [s. III, D 3].

C. Sonderschaltungen.

1. Spar- und Zusatztransformatoren.
Wenn die Unterspannung von derselben Größenordnung wie die Oberspannung ist, kann man mit Vorteil Unter- und Oberspannungswicklung teilweise vereinigen (Bild 142a).

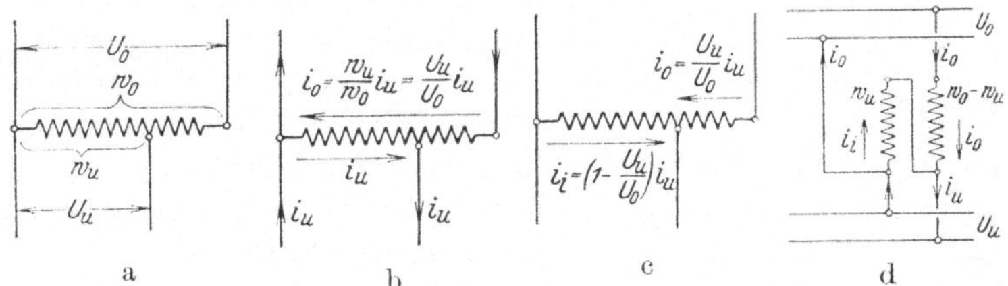

Bild 142 a bis d. Einphasige Sparschaltung. d Praktische Ausführung.

Die Unterspannungswicklung ist dann ein Teil der Oberspannungswicklung und wird durch Anzapfung der Oberspannungswicklung erhalten.

Auch bei diesem Transformator ist das Verhältnis der Leerlaufspannungen durch das Verhältnis der Windungszahlen $U_o/U_u = w_o/w_u$ gegeben. Wenn wir den Leerlaufstrom vernachlässigen, muß bei Belastung des Transformators $w_u J_u + w_o J_o = 0$ sein. Daraus erhalten wir den Strom J_o in der Oberspannungswicklung und den Strom J_i im gemeinsamen Wicklungsteil (Bild 142b u. c) zu

$$J_o = -\frac{w_u}{w_o} J_u = -\frac{U_u}{U_o} J_u \quad \text{und} \quad J_i = \left(1 - \frac{w_u}{w_o}\right) J_u = \left(1 - \frac{U_u}{U_o}\right) J_u. \qquad (197\text{a u. b})$$

Der Strom J_i in dem gemeinsamen Wicklungsteil ist also kleiner als der Strom der Unterspannungsseite und wird um so kleiner, je weniger die Unterspannung von der Oberspannung abweicht. Dadurch werden die Abmessungen kleiner als beim gewöhnlichen Transformator; es wird also an Baustoffen gespart. Man bezeichnet deshalb solche Transformatoren als *Spartransformatoren*.

Für die *Bemessung des Transformators* ist nicht die „*Durchgangsleistung*" $N_s = U_u J_u$ maßgebend, sondern die „*Eigenleistung*"

$$N_s' = U_u J_i = \left(1 - \frac{U_u}{U_0}\right) N_s = \frac{w_0 - w_u}{w_0} N_s, \qquad (198)$$

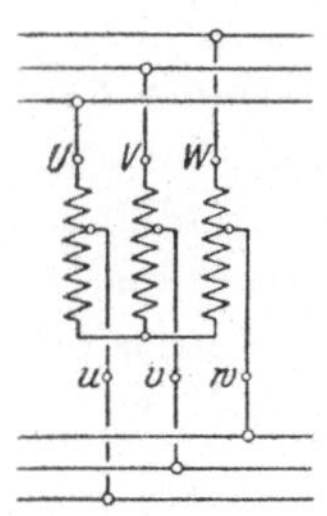

Bild 143.
Dreiphasige
Sparschaltung.

die von dem einen Wicklungsteil (Strom J_i) auf den andern (Strom J_0) transformatorisch übertragen wird (Bild 142c). Bei der praktischen Ausführung wird der gemeinsame Wicklungsteil und der Rest so angeordnet, wie beim gewöhnlichen Transformator (Bild 142d).

Sinngemäß ergibt sich die Sparschaltung bei Dreiphasen-Transformatoren (Bild 143).

Der *Zusatztransformator* ist mit dem Spartransformator eng verwandt und unterscheidet sich von diesem nur dadurch, daß die beiden Wicklungsabteilungen des Spartransformators nicht fest, sondern umschaltbar miteinander elektrisch verbunden werden, um nach Bedarf die Spannung der einen Wick-

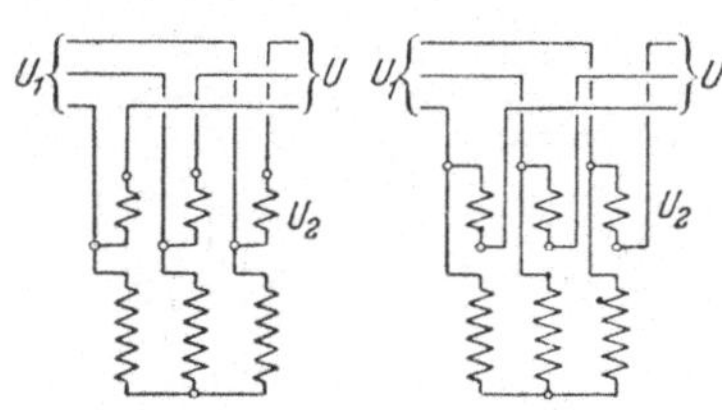

Bild 144. Zusatzschaltungen.

lungsabteilung zur Spannung der andern zu addieren oder zu subtrahieren (Bild 144), die Sekundärspannung also zu erhöhen oder zu erniedrigen. [s. III, E 2; „Dreiwicklungstransformator" s. III, E 1].

2. Phasenumformung. In manchen Fällen, z. B. bei Einankerumformern und Gleichrichtern, ist es erwünscht, die *Phasenzahl* eines aus einem Dreiphasennetz gespeisten Transformators auf der Sekundärseite zu vergrößern. Eine Umformung

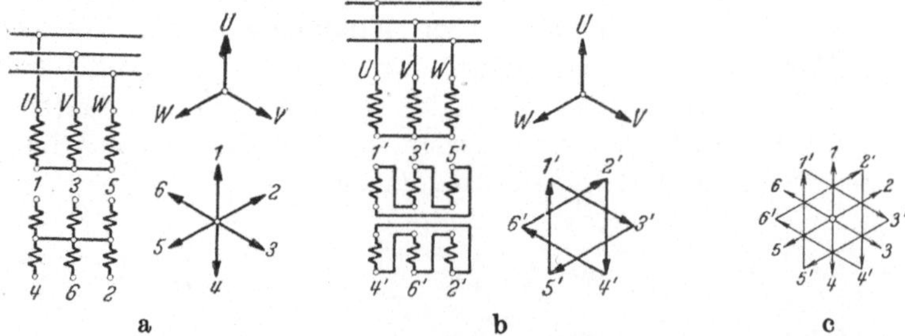

a   b   c

Bild 145a bis c. Schaltungen mit Vektorbildern zur Vergrößerung der Phasenzahl.

von 3 auf 6 Phasen erhält man durch Verkettung der Sekundärwicklungen in ihren Mitten zu einem Sternpunkt oder bei Verwendung zweier in verschiedenem Sinne in Dreieck geschalteten Sekundärwicklungen. Diese beiden Schaltungen werden mit ihren Spannungssternen durch Bild 145a u. b veranschaulicht. Werden die Sekundärwicklungen

nach diesen Bildern in demselben Transformator angeordnet, so er......
man den Spannungsstern in Bild 145c, also eine Umformung auf
12 Phasen. Auch die Umformung auf 9 Phasen ist durch entsprechende
Unterteilung und Schaltung der Wicklung möglich. Bei Gleichrichtern
werden noch andere Schaltungen, besonders mit Zickzackschaltung
verwendet. [s. II, III A 1].

Auch die *Herabsetzung* der Phasenzahl von 3 auf 2 kann praktische Bedeutung haben, wenn z. B. zwei aus einem Dreiphasennetz gespeiste Einphasenmotoren dieses gleichmäßig belasten sollen. Die wichtigste Schaltung dieser Art ist die SCOTTsche Schaltung, bei der zwei Einphasentransformatoren (I und II in Bild 146a) mit den Übersetzungen $\ddot{u}_\mathrm{I} =
\sqrt{3/2} \cdot w_1/w_2$ und $\ddot{u}_\mathrm{II} = w_1/w_2$ verwendet werden. Die Primärwicklung

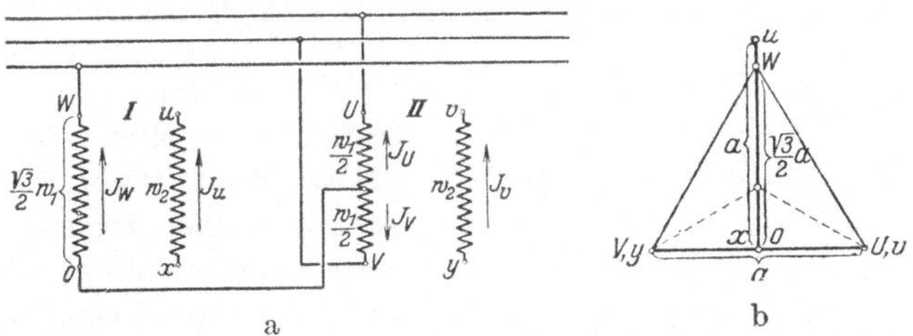

Bild 146a u. b. SCOTTsche Schaltung mit Spannungsdiagramm.

des Transformators II wird in der Mitte angezapft und mit dem einen
Ende der Primärwicklung des Transformators I verbunden. Wenn dann
die Primärwicklung an einem symmetrischen Dreiphasennetz liegt und
beispielsweise $w_2 = w_1$ ist, erhalten wir bei Leerlauf das in Bild 146b
dargestellte Spannungsdiagramm. Die beiden sekundären Transformator-
spannungen sind gegeneinander um eine Viertelperiode phasenverschoben, entsprechen also den Leerlaufspannungen eines unverketteten
symmetrischen Zweiphasensystems. Bei symmetrischer Belastung der
Sekundärseite wird auch die Primärseite symmetrisch belastet. [Andere
Schaltungen s. III, E 3 u. 4].

3. Spannungsregelung. Eine Regelung in weiten Grenzen kommt
nur in Sonderfällen in Frage. Bei Transformatoren mittlerer Größe begnügt man sich mit drei Stufen, um je nach dem Aufstellungsort
des Transformators die Nennspannung und zwei um $\pm 4\%$ von der
Nennspannung abweichende Leerlaufspannungen im spannungslosen
Zustand einstellen zu können. Die Umschaltung erfolgt in diesem Falle
der kleineren Ströme wegen in der Oberspannungswicklung. Größere
Netztransformatoren verlangen eine weitgehendere Regelung bis
etwa $\pm 20\%$. Eine stetige Regelung ermöglicht der Drehtransformator
($V A$ u. B) und der *Schubtransformator* [III, E 5].

Die Stufenregelung in größeren Grenzen erfolgt durch Abschalten von Windungen der Sekundärwicklung (Bild 147a). Der angezapfte Teil der Wicklung kann auch in Zusatzschaltung zum unangezapften Teil verwendet werden.

Um bei der Regelung ohne Stromunterbrechung den Kurzschluß von Windungen zu vermeiden, sind besondere Schaltmaßnahmen erforderlich. Bild 147b zeigt eine Schaltung mit Drossel D als Spannungsteiler, wie sie z. B. bei Vollbahnen verwendet wird. Um die Kontakte am Transformator stromlos zu schalten, wird vor der Um-

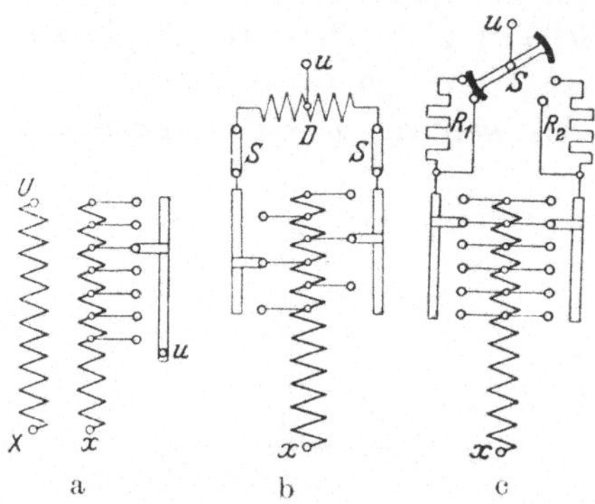

Bild 147a bis c. Spannungsregelung.
a Abschalten von Windungen, b mit Drossel, c für Netztransformatoren.

schaltung der zugehörige außerhalb des Transformators liegende Schalter S kurzzeitig geöffnet.

Für größere Netztransformatoren wird die Schaltung nach Bild 147c angewandt, in der eine Betriebsstellung, bei der der Hauptstrom über den linken Gleitkontakt fließt, dargestellt ist. Beim Übergang auf die nächste Betriebsstellung wird zuerst der rechte stromlose Gleitkontakt auf die nächste Stufe verschoben. Hierauf wird der obere zur Klemme u führende Unterbrechungsschalter in die waagrechte Lage gedreht, in der die Widerstände R_1 und R_2 in Reihenschaltung an zwei benachbarten Anzapfstellen des Transformators liegen. Dann wird der Unterbrecherschalter weiter gedreht, bis er die symmetrische Lage zu der in Bild 147c eingezeichneten einnimmt. Der durch R_1 fließende Strom wird dabei zunächst unterbrochen, der Widerstand R_2 vorübergehend vom Hauptstrom durchflossen und schließlich kurzgeschlossen. Diese Schaltbewegungen werden in sehr kurzer Zeit ausgeführt, für die richtige Reihenfolge der Schaltbewegungen sorgt ein entsprechend ausgebildetes Getriebe. Der Schalter S wird gewöhnlich außerhalb des Transformators angeordnet. [s. III, F].

D. Magnetisierungserscheinungen.

1. Einphasentransformator. Beim Einphasentransformator haben wir im Vergleich zur Maschine (*III E*) einen sehr einfachen magnetischen Kreis; er besteht aus den bewickelten Kernen, den diesen verbindenden Jochblechen und den Luftspalten. Wenn die Joche stumpf auf die Kerne aufgesetzt werden, wie es bei größeren Transformatoren üblich ist, müssen beide Teile durch Zwischenlagen aus Hartpapier oder

Glimmer elektrisch voneinander isoliert werden, sonst könnten die Eisenbleche des einen Teils die Isolierung der Bleche des andern überbrücken, und es würden unzulässig starke Kurzschlußströme auftreten, die den Transformator zerstören (Eisenbrand). Bei sorgfältig bearbeiteten Stoßflächen der Blechpakete kann für Transformatoren mittlerer Leistung die Länge einer Stoßfuge mit Zwischenlage zu etwa $\delta = 0{,}15$ mm gesetzt werden. Wenn die Joch- und Kernbleche nicht stumpf aufeinander stoßen, sondern sich überlappen (Bild 132), können die Induktionslinien an den Stoßfugen der Bleche quer durch die Bleche treten und die Stoßfuge magnetisch entlasten. Bei den praktisch in Frage kommenden Induktionen kann dann $\delta \approx 0$ gesetzt werden.

Der Augenblickswert i des Magnetisierungsstromes ergibt sich aus dem Augenblickswert der magnetischen Umlaufspannung v nach dem Durchflutungsgesetz (Gl. 7) zu $i = v/w$, worin w die Windungszahl ($I\,A\,3$) der magnetisierenden Wicklung ist. Die Umlaufspannung v ist gleich der Summe aus den magnetischen Spannungen längs der Kerne ($L_K\,h_K$), der Joche ($L_J\,h_J$) und der Luftspalte ($\Sigma\,\delta\,h_L$) für einen magnetischen Kreis. Ausgehend von einem Kernfluß φ erhalten wir bei Kerntransformatoren mit dem Kernquerschnitt q_K und dem Jochquerschnitt q_J die Induktionen $b_K = \varphi/q_K$, $b_J = \varphi/q_J$ und können der Magnetisierungskurve (Bild 100) die Feldstärken h_K und h_J entnehmen. Der Querschnitt der Luftspalte ergibt sich an den Kernenden zu $q_L = q_K/k_E$, worin der Eisenfaktor k_E bei 0,35 mm dicken Blechen $k_E \approx 0{,}86$ ist. Mit $b_L = \varphi/q_L$ wird $h_L = b_L/\Pi_0 = 0{,}8\,b_L$ Amp/cm, wenn b_L in Gß eingesetzt wird. Der Augenblickswert der Umlaufspannung ist also bei Kerntransformatoren mit 4 Luftspalten (Bild 130a)

$$v = 2\,L_K\,h_K + 2\,L_J\,h_J + 4\,\delta\,h_L. \tag{199}$$

Bei Manteltransformatoren ist zu berücksichtigen, daß der Fluß in den Jochen $\varphi/2$ ist (Bild 131a).

Ermitteln wir für verschiedene angenommene Flüsse φ im Eisenkern den Magnetisierungsstrom i, so erhalten wir die magnetische Kennlinie des Transformators $\varphi(i)$ oder auch $b(i)$, worin b die dem Fluß φ proportionale Kerninduktion ist. In Bild 148 (links) ist b für hochlegiertes Blech (Bild 100) über dem Verhältnis der magnetischen Spannung v zur gesamten Länge L_E des Eisenwegs durch die stärker hervorgehobene Kurve aufgetragen, wobei die Summe der Luftspaltlängen ($4\,\delta$) zu 0,04% von L_E angenommen ist. Gestrichelt ist die Hystereseschleife für einen Höchstwert $B = 14\,000$ Gß der Kern- und Jochinduktion angedeutet.

Für einen gegebenen zeitlichen Verlauf von φ oder b können wir aus der magnetischen Kennlinie den zeitlichen Verlauf des Magnetisierungsstromes ermitteln. Die Netzspannung, an die der Transformator angeschlossen wird, weicht gewöhnlich nicht wesentlich von der Sinusform ab; dann verlaufen auch φ und b sehr angenähert sinusförmig, da der Spannungsverlust in der Wicklung sehr klein ist (Kurve b in Bild 148 rechts). In Bild 148 ist die Ermittlung der Kurve i des Magnetisierungsstromes aus der Kurve b ($B = 14000$ Gß) angedeutet. Wäre die Permeabilität des Eisens unendlich groß, so würde die Gerade L die magnetische Kennlinie darstellen und i sinusförmig verlaufen. Die Kurve i wird um so „spitzer" je größer die Induktion B im Eisen ist.

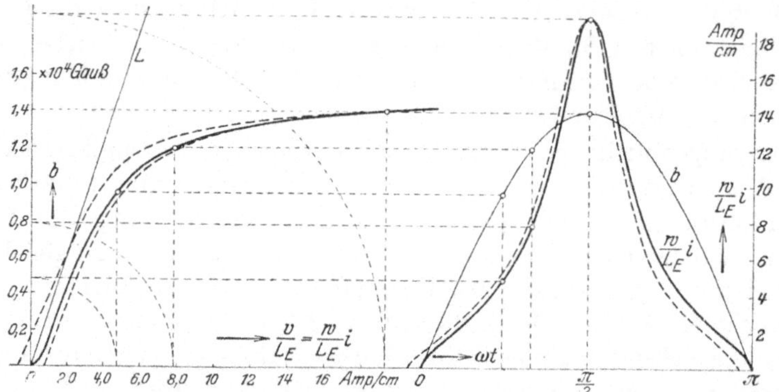

Bild 148. Ermittlung der Stromkurve i aus der Induktionskurve b und der magnetischen Kennlinie. Gestrichelte Kurven mit Berücksichtigung der Hysterese.

Nachstehend sind Grundschwingung des Magnetisierungsstromes und die auf die Grundschwingung bezogenen Einzelschwingungen bis zur 9. Ordnung für verschiedene Kerninduktionen B (hochlegiertes Blech) und $4\,\delta/L_E = 0,04\%$ zusammengestellt. Die Oberschwingungen des Magnetisierungsstromes, die bis zu etwa $B = 16000$ Gß sehr schnell

B Gß	$\dfrac{w}{L_E}\sqrt{2}\,J_1$ A/cm	$\dfrac{J_3}{J_1}$	$\dfrac{J_5}{J_1}$	$\dfrac{J_7}{J_1}$	$\dfrac{J_9}{J_1}$
10000	4,76	−0,045	0,014	0,003	0,002
12000	6,54	−0,109	0,036	−0,005	0,004
14000	12,1	−0,312	0,157	−0,067	0,037
16000	31,2	−0,549	0,272	−0,099	0,026
18000	80,9	−0,605	0,253	−0,488	−0,016

mit der Induktion anwachsen, induzieren in dem das Netz speisenden Generator und der Leitungsanlage einen Blindspannungsverlust, der proportional der Ordnungszahl des Oberwellenstromes ist und bei höheren Kerninduktionen eine erhebliche *Verzerrung der Netzspannung* zur Folge haben kann [III, A 3]. Mit Rücksicht auf diese Kurvenverzerrung empfiehlt es sich, mit der Kerninduktion bei Netzen für 50 Hz unter $B = 14000$ Gß zu bleiben.

Den *Effektivwert* J des Magnetisierungsstromes berechnet man aus dem Höchstwert $i_{\max}$, den man mit dem Höchstwert $B_K = \Phi/q_K$ erhält, und dem Scheitelfaktor σ zu

$$J = i_{\max}/\sigma; \qquad (200)$$

für Kerninduktionen $B = 11000$ bis 14000 Gß liegt σ etwa zwischen den Grenzen 1,6 und 2,3. [s. III, A 1].

2. Symmetrischer Dreiphasen - Kerntransformator. Schaltet man drei Einphasentransformatoren in *Stern* und legt sie an ein Dreiphasennetz *mit Nulleiter*, so können sich die Magnetisierungsströme ebenso wie beim einphasig betriebenen Transformator ausbilden. Genau so verhält sich auch der in Stern magnetisch verkettete symmetrische Transformator Bild 149, wenn er

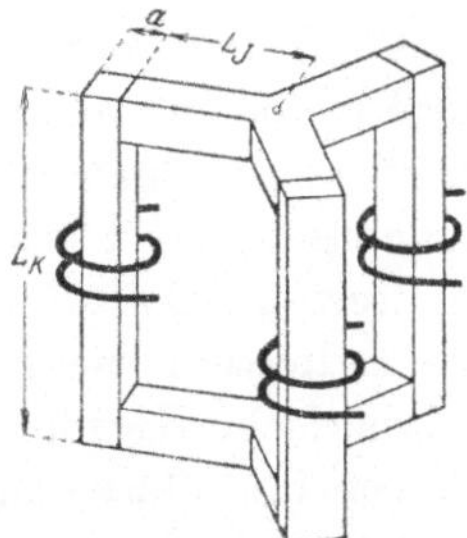

Bild 149. Symmetrischer Dreiphasentransformator.

an einem symmetrischen Dreiphasennetz mit Nulleiter liegt. Ändert sich die Strangspannung sinusförmig, so gilt dies angenähert auch für den Induktionsfluß, und in jedem Augenblick ist die Summe der Flüsse, die im Verkettungspunkt zusammenfließen, Null. Jeder Kern mit den zugehörigen Jochteilen verhält sich genau so wie ein Einphasentransformator. Im Nulleiter fließt die Summe der Strangströme, also im wesentlichen der dreifache Strom der 3. Schwingung eines Strangs (alle nicht durch 3 teilbaren Ordnungszahlen ergeben die Summe Null). In Bild 150 sind die Ströme der Stränge, i_I, i_{II}, i_{III}, durch stärkere Kurven hervorgehoben, der Strom der 3. Ordnung (i_3) und der Nulleiterstrom ($i_0 \approx 3\,i_3$) sind gestrichelt ($B_K = 14000$ Gß, $2\,\delta/L_E = 0,04\%$, Hysterese vernachlässigt).

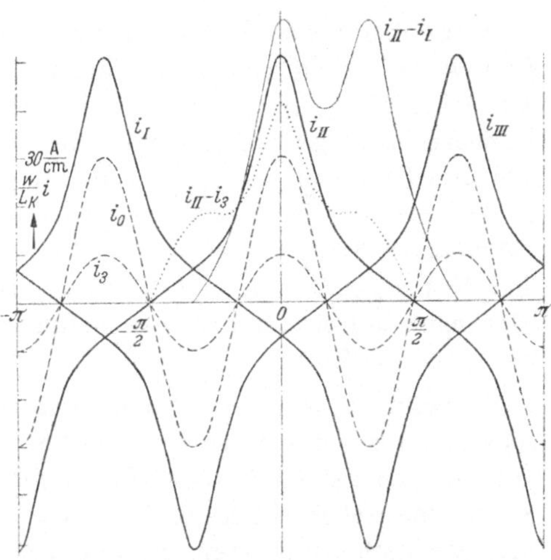

Bild 150. Netzströme i_I, i_{II}, i_{III} bei Sternschaltg m. Nulleiter (Strom i_0); Strom 3. Ordnung i_3; Netzstrom $i_{II}-i_I$ bei Dreieckschaltg ; $i_{II} - i_3$ bei Sternschaltung ohne Nulleiter.

Bei *Dreieckschaltung* der Primärwicklung sind die Ströme der Ordnungszahl 3 und ihrer Vielfachen (in der Folge lassen wir der Kürze wegen die Vielfachen von 3 außer acht) in den drei Wicklungssträngen gleichphasig und schließen sich innerhalb der Wicklung, während der dem Netz entnommene Magnetisierungsstrom diese Oberschwingungen nicht aufweist. In Bild 150 ist eine Halbwelle des dem Netz entnommenen Magnetisierungsstroms $i_{II} - i_I$ durch die schwach ausgezogene Kurve dargestellt.

Wenn bei *Sternschaltung* der Primärwicklung der *Nulleiter fehlt*, so muß in jedem Augenblick die Summe der Strangströme Null sein, und es können im Magnetisierungsstrom nicht die Schwingungen 3. Ordnung auftreten. Dafür weisen dann, wenn die Sekundärwicklung unverkettet in Stern geschaltet oder nicht vorhanden ist, der Induktionsfluß und die Induktion die Schwingungen dieser Ordnung auf, so wie es die magnetische Kernlinie des Transformators verlangt. Diese Oberschwingungen der Flüsse sind in allen drei Kernen phasengleich und müssen sich über die beiden Joche durch den Luftraum und den etwa vorhandenen eisernen Ölkessel schließen; sie haben zusätzliche Stromwärmeverluste zur Folge [III, A 5]. Die von ihnen induzierten EMKe heben sich in dem Stromkreis über zwei Netzklemmen auf. Dagegen treten zwischen den Verkettungspunkten der Transformatorwicklung und des Netzes Spannungen dreifacher Frequenz auf. Die Kurve des dem Netz entnommenen Magnetisierungsstromes erhalten wir angenähert als Differenz von Strangstrom und Strom der 3. Ordnung. In Bild 150 ist eine Halbwelle dieser Kurve ($i_{II} - i_3$) punktiert angedeutet.

Wenn bei Sternschaltung ohne Nulleiter die *Sekundärwicklung in Dreieck* geschaltet ist, so werden in ihr durch den Luftfluß Ströme dreifacher Frequenz induziert, die ihn abdämpfen. Ebenso wie die Dreieckschaltung verhält sich auch eine Kurzschlußwicklung, die alle drei Kerne umschlingt. Eine solche „*Tertiärwicklung*" kann zur Unterdrückung des Flusses dreifacher Frequenz bei Sternschaltung der Sekundärwicklung Verwendung finden, um die Spannung zwischen den Nullpunkten von Transformator und Netz zu unterdrücken, die Störungen durch Resonanzerscheinungen im Netz zur Folge haben kann [III, A 3].

Gewöhnlich wird die Primärwicklung in Stern ohne Nulleiter geschaltet. Im Netzstrom tritt dann die 3. Schwingung des Stromes nicht auf. Die nächst stärkere ist die 5. Schwingung. Diese hat nun, wenn ein magnetischer Rückschluß zwischen den Jochen angebracht wird, bei Sternschaltung der Sekundärwicklung und kurzgeschlossener Tertiärwicklung das entgegengesetzte Vorzeichen wie ohne diese Wicklung. Es läßt sich dann bei passender Einstellung einer in den Tertiärkreis eingeschalteter Drossel die 5. Schwingung im Magnetisierungsstrom zum Verschwinden bringen. Ohne Verwendung einer Tertiärwicklung kann dasselbe durch passende Bemessung des Leitwerts des Rückschlusses erreicht werden. Auch wenn die Joche statt in Stern in Dreieck magnetisch verkettet werden, läßt sich die 5. und auch die 7. Schwingung unterdrücken. Man kann nach diesen Prinzipien Transformatoren bauen, deren Magnetisierungsstrom sich sehr der Sinusform nähert[1].

Bei der Schaltung der Primärwicklung in Stern mit Nulleiter ergibt sich der *Effektivwert* des Magnetisierungsstromes wie beim Einphasentransformator. Für die Schaltungen, bei denen die 3. Schwingung im Strom fehlt, ist natürlich der Effektivwert unter sonst gleichen Verhältnissen kleiner [s. III, A 2 u. 4 d].

3. Unsymmetrischer Dreiphasen - Kerntransformator.

Die dreiphasigen Kerntransformatoren werden gewöhnlich so ausgeführt, daß die drei Eisenkerne in einer Ebene liegen (Bild 151). Der magnetische Aufbau wird dadurch unsymmetrisch. Die Verkettungspunkte liegen etwa in der Mitte der Joche, so daß der Weg zwischen den Verkettungspunkten für den mittleren Kern kürzer ist als für die beiden äußeren Kerne.

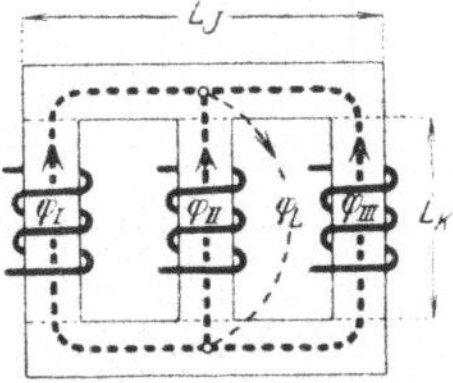

Bild 151. Unsymmetrischer Dreiphasentransformator.

Die grundsätzlichen Betrachtungen in (2) gelten auch für diesen Transformator. Als neue Erscheinung beobachten wir jedoch, daß der Magnetisierungsstrom in der Wicklung des mittleren Kerns kleiner ist als in einer der äußeren Kerne.

In Bild 152a sind die dem Bild 150 entsprechenden Kurven i_I,

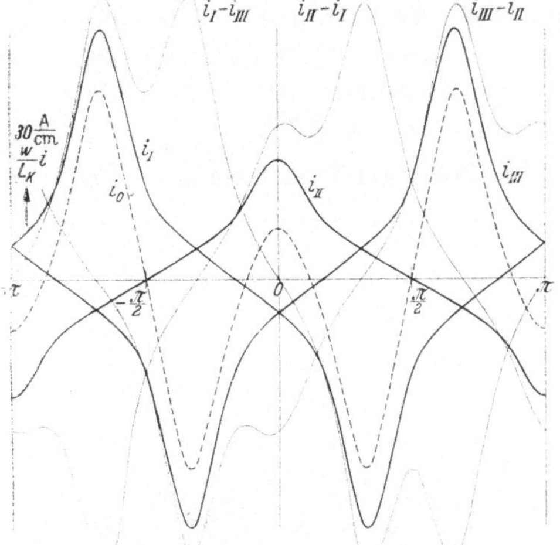

Bild 152a. Netzströme i_I, i_{II}, i_{III} bei Sternschaltung mit Nulleiter (i_0); $i_I - i_{III}$, $i_{II} - i_I$, $i_{III} - i_{II}$ bei Dreieckschaltung.

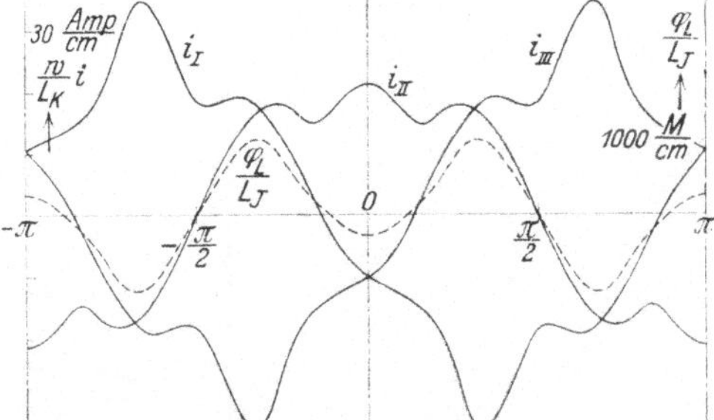

Bild 152b. Netzströme i_I, i_{II}, i_{III} bei Sternschaltung ohne Nulleiter; φ_L Luftfluß von Joch zu Joch.

i_{II}, i_{III}, i_0 und $i_I - i_{III}$, $i_{II} - i_I$, $i_{III} - i_{II}$ für $L_J/L_K = 1{,}8$ dargestellt. Bild 152b zeigt die Kurven i_I, i_{II}, i_{III} für den Fall, daß die Primärwicklung

---

[1] BUCH u. HUETER: ETZ Bd. 56 (1935) S. 933. — BIERMANNS: ETZ Bd. 58 (1937) S. 622. — KÜBLER: Elektrotechn. u. Masch.-Bau (1944) S. 230.

in Stern ohne Nulleiter geschaltet ist; φ_L ist der Fluß, der sich von Joch zu Joch durch den Luftraum schließt (Bild 151). [s. III, A 4].

Die Oberschwingungen des Magnetisierungsstromes lassen sich auch beim unsymmetrischen Transformator unterdrücken. Der magnetische Rückschluß kann wie beim Fünfschenkel-Transformator (5), die Dreieckschaltung der Joche durch Schlitzung der Jochteile verwirklicht werden[1].

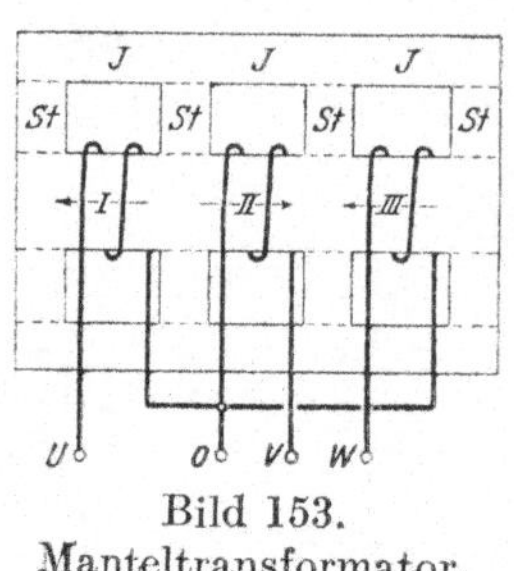
Bild 153.
Manteltransformator.

4. Dreiphasen - Manteltransformator. Die Wicklungen des Transformators (Bild 153) sind so geschaltet, daß sie, in positivem Sinne von Strom durchflossen, den inneren Kern II im entgegengesetzten Sinne magnetisieren wie die äußeren Kerne I und III. Die inneren Stege St führen dann nur etwa den halben Kernfluß, während sie bei gleichsinniger Schaltung der Wicklungsstränge etwa $\sqrt{3}$ mal so große Flüsse führen müßten. Da der dreiphasige Manteltransformator nur noch selten ausgeführt wird, wollen wir die Magnetisierungsströme nicht näher untersuchen. [s. III, A 7].

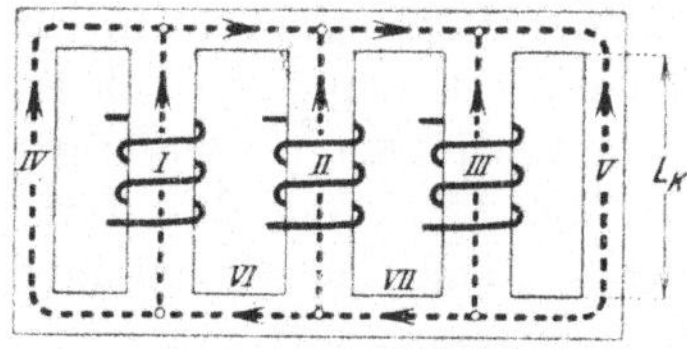
Bild 154.
Fünfschenkeltransformator.

5. Fünfschenkel-Transformator. Bei sehr großen Transformatoren werden

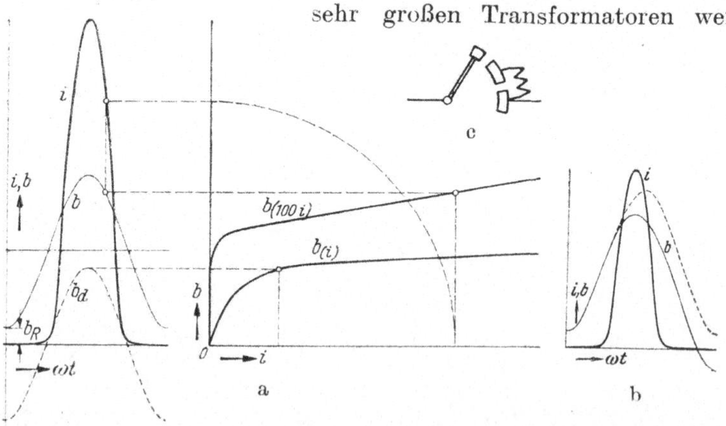

Bild 155a bis c. a Ermittlung von i aus der Induktion b und der Magnetisierungskurve $b(i)$, wenn Wirkwiderstand Null; b Einfluß des Wirkwiderstandes; c Vorkontaktschalter.

zuweilen neben den drei bewickelten Schenkeln noch zwei unbewickelte (IV u. V in Bild 154) angeordnet, die nach Art des Manteltransformators

[1] Siehe Fußnote S. 125.

die Wicklungen umgeben. Der Jochquerschnitt braucht dann nur etwa 0,6 des dreischenkeligen Transformators zu sein, so daß die Bauhöhe des Transformators kleiner wird und er mit Rücksicht auf das Eisenbahnprofil betriebsfertig versandt werden kann. [s. III, A 6].

6. Der Einschaltstromstoß. Wenn die Primärwicklung eines sekundär offenen Transformators in dem Augenblick an Spannung gelegt wird, in dem diese ihren positiven oder negativen Höchstwert hat, also $d\varphi/dt = 0$ ist, so fließt beim Einschalten sofort der stationäre Leerlaufstrom. In allen andern Fällen tritt ein Ausgleichsvorgang auf, der den Magnetisierungsstrom in den stationären Zustand überführt. Unter sonst gleichen Verhältnissen ist der Einschalt-Stromstoß am größten, wenn die Netzspannung im Augenblick des Einschaltens Null ist.

Kurzschlußartige Erscheinungen können beim Transformator mit Eisenweg auftreten, besonders dann, wenn noch ein gewisser remanenter Magnetismus vorhanden ist. Bild 155a erläutert diesen Vorgang bei Vernachlässigung des Wirkwiderstandes der Wicklung. Die gestrichelte Kurve b_d entspräche der Kerninduktion im stationären Zustand, wenn zur Zeit $t = 0$ die Spannung von ihrem positiven zum negativen Wert durch Null ginge (Bild 21). Wenn aber der Transformator erst zur Zeit $t = 0$ ans Netz gelegt wird und noch ein positiver remanenter Magnetismus, der der Induktion b_R im Kern entspricht, vorherrscht, so muß nach Gl. 20 die Kerninduktion der voll ausgezogenen Kurve b folgen. In Bild 155a ist rechts die magnetische Kennlinie des Transformators für einen praktischen Fall in zwei verschiedenen Abszissenmaßstäben dargestellt. Mit Hilfe dieser Kennlinie können wir den Strom i in der angedeuteten Weise ermitteln. Wir erkennen das außerordentliche Anwachsen des Stromes i. In dem herangezogenen Beispiel mit $B_d = 14000$ GB und $b_R = 3000$ GB ergibt sich der Stromstoß zu 480 mal so groß wie die Amplitude des Dauermagnetisierungsstromes oder etwa 58 mal so groß wie die des Nennstromes.

Unter dem dämpfenden Einfluß des Wirkwiderstandes der Wicklung sinken Induktion und Strom zeitlich ab (Bild 155b für $\varepsilon_w = 3,1\%$). Damit er die Amplitude des stationären Magnetisierungsstromes nicht wesentlich überschreitet, wird ein Schalter mit Vorkontakt und Vorwiderstand verwendet, wie ihn Bild 155c darstellt. [s. III, A 9].

E. Streuungserscheinungen.

1. Streublindwiderstand. Für die praktische Berechnung der gesamten Streuinduktivität können wir zur Vereinfachung annehmen, daß die sekundäre Windungszahl gleich der primären (w_1) ist und die Wicklungen gegeneinander geschaltet sind; wir erhalten dann ein reines Streufeld und aus der magnetischen Energie die auf die primäre Windungszahl bezogene gesamte Streuinduktivität des Transformators [III, B 1].

Die *Scheibenwicklung* wird aus Symmetriegründen so ausgeführt, daß die in der Nähe des Joches liegenden Endspulen, gewöhnlich der Unterspannungswicklung, als halbe Spulen mit halber Windungszahl ausgebildet sind. Bild 156 stellt links im Schnitt durch eine Kernachse die Spulenseitenquerschnitte für $q = 2$ volle Spulen je Primär- und Sekundärwicklung und den wesentlichen Verlauf der Streulinien (gestrichelt) außerhalb des Eisens dar.

Zur Berechnung des Streublindwiderstandes denken wir uns die Spulen ganz von Eisen umschlossen, wie es Bild 156 Mitte andeutet. Die Streulinien gehen dann radial durch den Luftraum, und wir erhalten

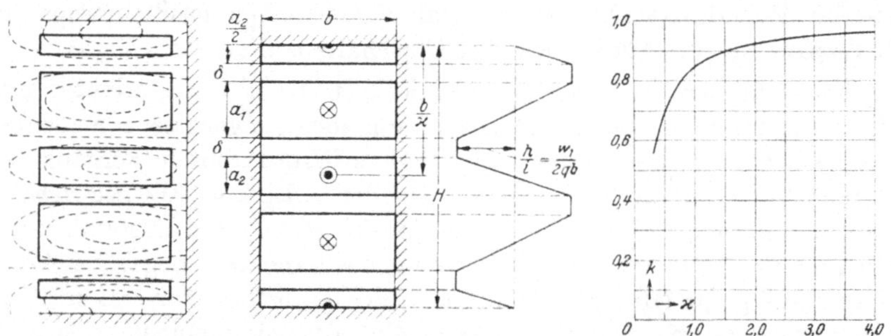

Bild 156. Symmetrische Scheibenwicklung;
Streufeld, Ersatzbild und Feldverteilung.

Bild 157. Korrektions-
faktor k über $\varkappa$.

nach dem Durchflutungsgesetz die ganz rechts dargestellte Feldverteilung längs der Höhe H. Die Streuinduktivität L_σ berechnen wir aus der magnetischen Energie

$$W = \tfrac{1}{2} \Pi_0 \int_T h^2 \, d\tau, \qquad (201)$$

wobei wir nur die Energie im Raum außerhalb des Eisens zu beachten brauchen, da sie im Eisen verschwindend klein ist (*I A 10*). Die Auswertung des Integrals in Gl. 201 in Verbindung mit Gl. 29 u. 34 und der mittleren Windungslänge U_m liefert

$$X_\sigma = 2\pi L_\sigma = 3{,}95 \, \frac{f \, U_m \, w_1^2}{q \, b} \, k \left(\delta + \frac{a_1 + a_2}{6} \right) 10^{-8} \text{ Ohm}, \qquad (202\text{a})$$

wenn f in Hz und die Längen in cm eingesetzt werden und $k < 1$ ein Korrektionsfaktor ist, der die Abweichung des Ersatzfeldes in Bild 156 vom wirklichen Feldbild berücksichtigt; k ist in Bild 157 über dem Verhältnis

$$\varkappa = b/(2\,\delta + a_1 + a_2) \qquad (202\text{b})$$

dargestellt. Der Streublindwiderstand der Scheibenwicklung kann nach Gl. 202a durch entsprechende Unterteilung, Vergrößerung von q, wobei auch a_1 und a_2 kleiner werden, beliebig verringert werden.

In Bild 158 oben ist der Schnitt durch die Kernachse einer *Zylinderwicklung* mit dem Verlauf der Streulinien angedeutet. Darunter ist unser Ersatzbild und ganz unten die Feldverteilung dafür dargestellt. Wir erhalten für die Zylinderwicklung

$$X_\sigma = 7,9 \frac{f\,U_m\,w_1^2}{b}\,k\left(\delta + \frac{a_1 + a_2}{3}\right) 10^{-8}\ \text{Ohm}.\qquad (203\,\text{a})$$

Mit
$$\varkappa = b/2\,(\delta + a_1 + a_2)\qquad (203\,\text{b})$$

kann der Korrektionsfaktor k Bild 157 entnommen werden. Bei Zickzackschaltung tritt noch eine zusätzliche Streuung auf. Wenn die beiden Wicklungsteile je Kern unmittelbar übereinander gewickelt werden (Bild 167) und der Abstand zwischen den blanken Teilen der beiden Lagen δ' beträgt, ist der zusätzliche Blindwiderstand

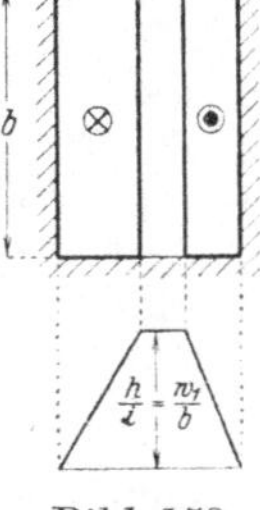

$$X_{\sigma z} = 7,9 \frac{f\,U_m\,w_1^2}{b}\,k\left(\frac{\delta'}{3} + \frac{a_2}{36}\right) 10^{-8}\ \text{Ohm}.\qquad (203\,\text{c})$$

Um die Streuung der Zylinderwicklung zu verringern, kann die eine der beiden Wicklungen mit Halbspulen, ähnlich wie bei der symmetrischen Scheibenwicklung mit $q = 1$, ausgeführt werden. Der Streublindwiderstand dieser *Doppel-Zylinderwicklung* ist dann nach Gl. 202a mit $q = 1$ zu berechnen, wobei δ, a_1, a_2 und b nach Bild 158 einzusetzen sind. [s. III, B 1 u. 2].

2. Kurzschlußstrom. Den primären Strom, der bei Nennspannung und kurzgeschlossener Sekundärwicklung auftritt, bezeichnet man als Kurzschlußstrom. Gegenüber diesem Kurzschlußstrom darf die zur Ummagnetisierung erforderliche Stromkomponente vernachlässigt werden. Es wird dann $\dot{J}_1 = -\dot{J}_2'$ $(B\,1)$ und wir erhalten mit

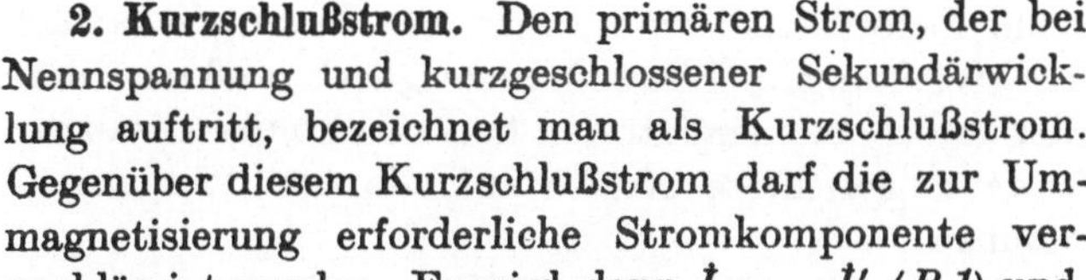

Bild 158. Zylinderwicklung.

der Übersetzung $\ddot{u}$ den *Dauerkurzschlußstrom* zu

$$J_k = U_1/\sqrt{R^2 + X_\sigma^2},\qquad \text{worin}\qquad R = R_1 + R_2' = R_1 + \ddot{u}^2\,R_2\qquad (204\,\text{a u. b})$$

der gesamte auf die Primärwicklung bezogene Wirkwiderstand und X_σ der gesamte Streublindwiderstand ist $(IV\,B)$.

Multiplizieren wir $\sqrt{R^2 + X_\sigma^2}$ mit dem Nennstrom J_N, so erhalten wir den gesamten Spannungsverlust bei Nennstrom, die Nenn-Kurzschlußspannung. Auf die primäre Nennspannung U_1 bezogen, nennt man sie *relative* Kurzschlußspannung,

$$\varepsilon_k = \sqrt{R^2 + X_\sigma^2}\cdot J_N/U_1.\qquad (205)$$

Der Kurzschlußstrom $J_k = J_N/\varepsilon_k$ beträgt bei Einheitstransformatoren (DIN 2600) etwa das 20- bis 30-fache des Nennstromes.

Wird der leerlaufende Transformator plötzlich auf der Sekundärseite kurzgeschlossen, so entsteht ein Ausgleichsvorgang, ähnlich wie beim Einschalten des sekundär offenen Transformators, der einen *Stoßkurzschlußstrom* zur Folge hat. Dieser ist bei den Einheitstransformatoren

$$i_{kr} \approx 1{,}5\, J_k; \tag{206}$$

das ist etwa das 30- bis 45-fache des Effektivwertes des Nennstromes. Bei sehr großen Transformatoren kann i_{kr} bis etwa $2{,}4\, J_k$ anwachsen. Nach § 68 der RET müssen Transformatoren den Stoßkurzschlußstrom ohne Schaden aushalten, sofern dieser das 75-fache des Effektivwertes des Nennstromes nicht übersteigt. Wenn höhere Werte auftreten können, muß die Streuinduktivität durch strombegrenzende Vorschaltdrosseln vergrößert werden. [s. III, B 4 a].

3. Die Stromkräfte. Die in den stromdurchflossenen Wicklungen auftretenden mechanischen Kräfte sind nach (*I A 13*) dem Quadrat des Stromes proportional und müssen deshalb bei Kurzschluß gewaltig anwachsen.

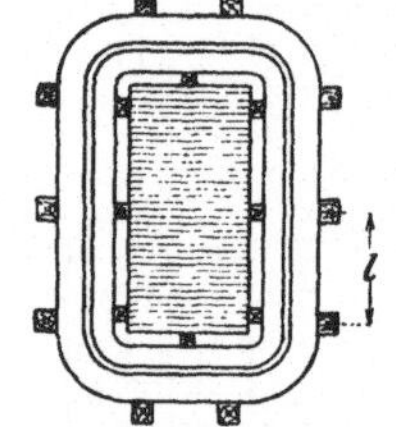

Die radiale Kraft, mit der sich die beiden Wicklungen einer *Zylinderwicklung* je cm des mittleren Umfangs abstoßen, ist für den Stoßkurzschlußstrom i_{kr}

$$P_\delta^1 = \frac{0{,}064}{b}\left(\frac{w_1\, i_{kr}}{1000}\right)^2 \text{ kg}, \tag{207}$$

Bild 159.
Abstützung
rechteckiger
Zylinderspulen.

wenn b in cm und i_{kr} in A eingesetzt werden. Kreisförmige Spulen nehmen diese Kraft ohne besondere konstruktive Maßnahmen auf, dagegen müssen rechteckige Spulen nach Bild 159 gut abgestützt werden, um Deformation zu verhindern. Wenn die axialen Längen b der beiden Wicklungen (Bild 158) nicht gleich groß oder diese axial gegeneinander verschoben sind, treten bei kreisförmigen Zylinderwicklungen auch-*axial* gerichtete Kräfte auf, die der Wicklung gefährlich werden können.

Bei *Scheibenwicklung* suchen die Stromkräfte die Spulen gegen die Joche zu drücken mit der Gesamtkraft (symmetrische Wicklung)

$$P_\delta = 0{,}016\, \frac{U_m}{q^2 b}\left(\frac{w_1\, i_{kr}}{1000}\right)^2 \text{ kg}, \tag{208}$$

worin U_m die mittlere Windungslänge und q die Zahl der vollen Spulen der Primär- oder Sekundärseite ist. Da bei Scheibenwicklung diese Kraft in axialer Richtung wirkt, verhalten sich, im Gegensatz zur Zylinderwicklung, rechteckige Spulen nicht ungünstiger als Kreisspulen. [s. III, B 4 b[1]].

4. Zusätzliche Verluste durch das Streufeld. Ähnlich wie bei in Nuten eingebetteten Wicklungen (*III F 4*) erzeugt das Streufeld auch in den

---

[1] Gl. 111 muß lauten: $P_\delta = \dfrac{\partial W}{2_q\, \partial \delta} = 0{,}016\, \dfrac{U_m}{q^2 b}\left(\dfrac{w_1\, i_1}{1000}\right)^2$ kg.

Wicklungen des Transformators zusätzliche *Stromwärmeverluste*, wenn die Leiter größere Querschnitte aufweisen. Wir berücksichtigen diese Verluste, indem wir den Gleichwiderstand mit dem Widerstandsverhältnis k multiplizieren (*III F 4*).

Bei *Scheibenwicklungen* (Bild 160) verlaufen die Streulinien im wesentlichen radial (Bild 156). Etwa dasselbe Streufeld erregt die in Nuten gebettete Spule halber Höhe. Setzen wir in Gl. 162 b $m/2$ an Stelle von m, so erhalten wir das Widerstandsverhältnis bei rechteckigen Leiterquerschnitten und $\xi \leq 1$ für $m \geq 2$ oder $\xi \leq 2$ für $m = 1$ zu

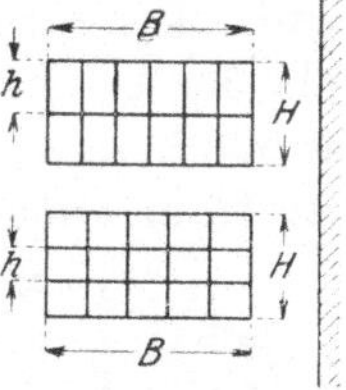

Bild 160. Scheibenwicklung.

$$k = 1 + \frac{m^2 - 0{,}8}{36}\,\xi^4. \tag{209}$$

ξ ist nach Gl. 158 a u. b zu berechnen mit $a \approx B + 0{,}6\,H$; n ist die Zahl der radial nebeneinander, m die der axial übereinander liegenden Leiter (obere Spule $n = 6$, $m = 2$, untere Spule $n = 5$, $m = 3$).

Ebenso folgt für die *Zylinderwicklung*, bei der die Streulinien im wesentlichen axial verlaufen (Bild 158), aus Bild 161 für rechteckige Leiterquerschnitte

$$k = 1 + \frac{m^2 - 0{,}2}{9}\,\xi^4. \tag{210}$$

In Gl. 158 a u. b für ξ ist $a \approx B + 2\,H$ zu setzen; n ist die Zahl der *axial* übereinander, m die der radial nebeneinander liegenden Leiter (innere Spule $n = 17$, $m = 2$, äußere Spule $n = 25$, $m = 5$ in Bild 161). [s. I, II L 5 u. III, B 3 a].

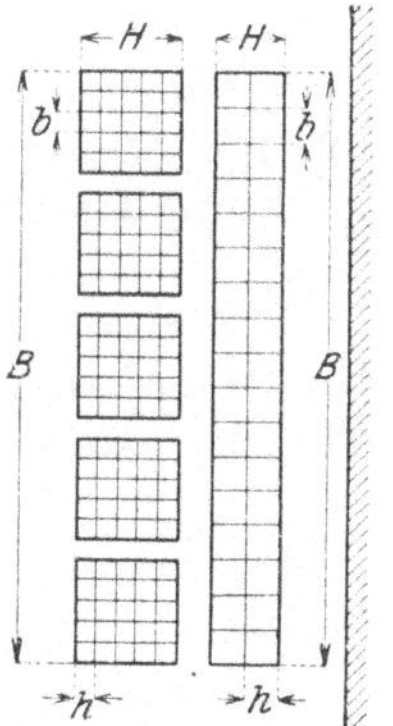

Bild 161. Zylinderwicklung.

Außer diesen zusätzlichen Verlusten durch das Streufeld treten noch zusätzliche Verluste im Ölkessel und weitere zusätzliche Verluste bei unsymmetrischer Wicklung auf, wie sie z. B. beim Abschalten einiger Spulen oder Windungen entsteht. Auf diese zusätzlichen Verluste können wir hier nicht eingehen. [s. III, B 3 b bis d].

F. Entwurf.

1. Querschnitt des Eisenkerns. Die Scheinleistung *eines* bewickelten Kerns ist

$$N_s^1 = E_1 J_1 = \sqrt{2}\,\pi\, f\, \Phi\, w_1\, J_1 = \sqrt{2}\,\pi\, f\, \Phi^2\, w_1\, J_1/\Phi. \tag{211}$$

Daraus erhalten wir den Kernquerschnitt

$$q_K = \frac{\Phi}{B_K} = C\sqrt{\frac{N_s^1}{f}} \tag{212a}$$

mit
$$C = \frac{1}{\sqrt[4]{2}\,\sqrt{\pi}\,B_K}\sqrt{\frac{\Phi}{w_1 J_1}} = \frac{0{,}474}{B_K}\cdot\sqrt{\frac{\Phi}{w_1 J_1}}. \tag{212b}$$

Der Faktor C schwankt bei ausgeführten günstig entworfenen Transformatoren nur innerhalb kleiner Grenzen und wäre bei geometrisch ähnlich gebauten Transformatoren mit derselben Kerninduktion konstant. Die gesamte Nennleistung N_s ist gleich dem Produkt aus der Zahl der bewickelten Kerne und der Leistung N_s^1. Damit erhalten wir für einphasige Mantel-, einphasige Kern- und dreiphasige Mantel- oder Kerntransformatoren

$$q_K = C\sqrt{\frac{N_s}{f}}, \qquad q_K = \frac{C}{\sqrt{2}}\sqrt{\frac{N_s}{f}}, \qquad q_K = \frac{C}{\sqrt{3}}\sqrt{\frac{N_s}{f}}. \qquad \text{(213 a bis c)}$$

In der Größe des Faktors C kommt zum Ausdruck, ob der Transformator schlank oder gedrungen gebaut ist. Für neuere Transformatoren ergibt sich der günstigste Entwurf für Werte von C, die etwa zwischen den Grenzen

$$4\,\text{cm}^2\,\text{J}^{-1/2} \leq C \leq 6\,\text{cm}^2\,\text{J}^{-1/2} \qquad (213)$$

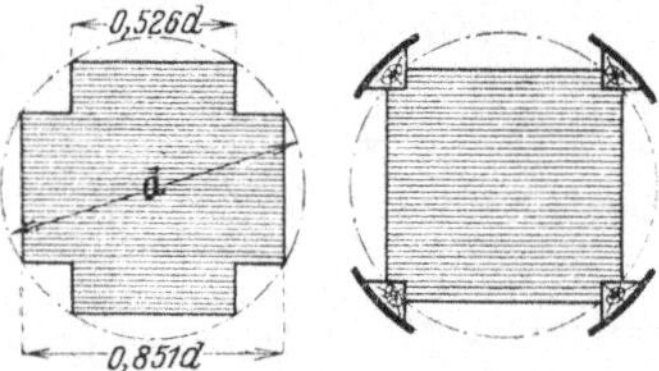

Bild 162. Kernquerschnitte bei kleinen Transformatoren.

liegen. q_K ergibt sich damit in cm², wenn N_s in VA und f in Hz eingesetzt werden. [s. III, L 1 a].

Wir müssen nun eine Form des Eisenquerschnitts annehmen. Für Kerntransformatoren werden kreisförmige Spulen bevorzugt, die sich einfacher wickeln lassen als rechteckige und gegen die Stromkräfte bei

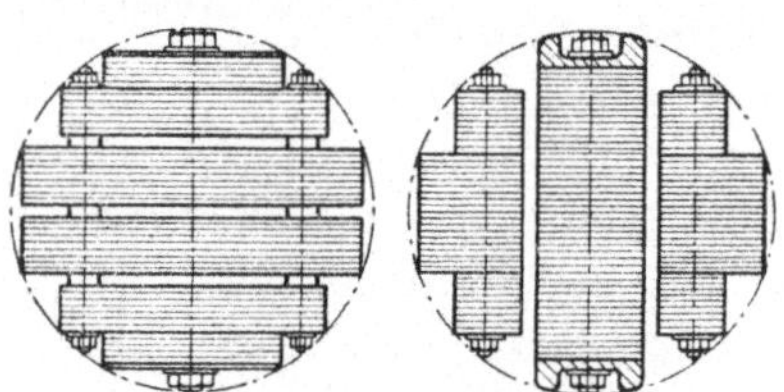

Bild 163. Kernquerschnitte und Zusammenpressen der Bleche bei großen Transformatoren.

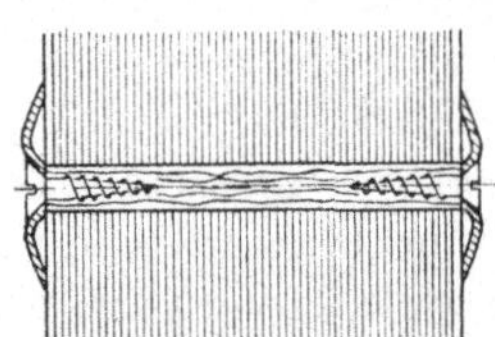

Bild 164. Zusammenpressen der Bleche bei mittleren Transformatoren.

Kurzschluß betriebssicherer sind (*E 3*). Dieser Kreisform muß sich der Eisenquerschnitt anpassen. Bei Manteltransformatoren wird der Kernquerschnitt gewöhnlich rechteckig ausgeführt. Verwendet wird bei 50 Hz hochlegiertes 0,35 mm starkes Blech mit einem Faktor $k_E \approx 0{,}86$ (*III E 1*).

In Bild 162 sind Kernquerschnitte für kleinere, in Bild 163 solche für größere Transformatoren dargestellt, wobei noch Kühlkanäle angeordnet werden. Bei kleinen Transformatoren können die Bleche durch Umwickeln mit einer kräftigen Rebschnur zusammengepreßt werden. Bei Transformatoren mittlerer Größe werden Holzbolzen durch Löcher getrieben und die Bleche mit Holzschrauben zusammengepreßt (Bild 164 links) oder mit *gut* gegen die Bleche *isolierten* Rohren vernietet

(Bild 164 rechts). Bei großen Transformatoren werden die Bleche durch gut isolierte Bolzen und Schrauben zusammengepreßt (Bild 163). [s. III, H 1].

2. Eisenkörper. Die Verteilung der Gesamtverluste auf Eisen und Wicklung richtet sich nach der Verwendung des Transformators. Je länger die vorkommenden Zeiten des Leerlaufs sind, desto kleiner müssen die Eisenverluste bemessen werden, um über größere Zeiträume die kleinsten Gesamtverluste zu erhalten. Bei *dauernd mit Vollast* betriebenen Transformatoren sollten die Eisenverluste etwa gleich den Wicklungsverlusten sein. [s. III, L 3 u. 4].

Gewöhnlich sind die Leerlaufverluste des Transformators vorgeschrieben, wie z. B. bei den Einheitstransformatoren (VDE 2600), oder wir können sie je nach dem Zweck des Transformators abschätzen. Aus den Eisenverlusten Q_E und dem Kernquerschnitt können wir die gesamte Länge der Eisenwege berechnen, wenn die Kerninduktion B_K (etwa 11000 bis 14000 Gß bei 50 Hz) angenommen wird. Setzen wir voraus, daß der Jochquerschnitt gleich dem Kernquerschnitt sein soll, so erhalten wir die gesamte Länge von Kernen und Jochen (bei Manteltransformatoren die halbe gesamte Länge der Joche) zu

$$L_E = \frac{Q_E \, 10^3}{s \, V_{10} \, (B_K/10000)^2 \, q_K} \ \text{cm}, \tag{214}$$

wenn wir Q_E in W, die Verlustziffer V_{10} in W/kg, die Kerninduktion B_K in Gß, q_K in cm^2 und das spezifische Gewichts des Eisens in g/cm^3 (hochlegiertes Blech 7,6 g/cm^3) einsetzen.

Wir müssen nun die gesamte Länge L_E auf die einzelnen Teile des magnetischen Kreises aufteilen. Diese Aufteilung ist eindeutig, wenn wir ein Verhältnis Jochlänge zu Kernlänge, etwa zwischen 1 und 1,8 bei dreiphasigen Kerntransformatoren annehmen. Damit erhalten wir die vollständigen Abmessungen des Eisenkörpers.

Zuweilen werden die Joche mit größerem Querschnitt als die Kerne ausgeführt. Die Abmessungen des Eisenkörpers können dann auf ähnliche Weise festgelegt werden, worauf wir aber nicht näher eingehen wollen. [s. III, L 1b].

3. Leiterquerschnitte. Um das Fenster des Transformators gut auszunutzen, muß das Verhältnis der Stromdichten, gleiche Wicklungsmetalle in Ober- und Unterwicklung vorausgesetzt, bei Zylinderwicklung $G_o/G_u \approx 1$, bei Scheibenwicklung etwas größer als 1 sein, um so größer, je mehr Raum für die Isolierung der Oberspannungswicklung erforderlich ist. [s. III, L 2 a bis c].

Gewöhnlich sind die gesamten Wicklungsverluste

$$Q_K = Q_o + Q_u \tag{215a}$$

vorgeschrieben; die Stromdichten können dann nicht mehr willkürlich

gewählt werden. Für das Verhältnis der Wicklungsverluste in Ober-
und Unterspannungswicklung können wir schreiben

$$\frac{Q_o}{Q_u} = \frac{\varrho_o\, U_{mo}\, w_o\, J_o^2\, q_u}{\varrho_u\, U_{mu}\, w_u\, J_u^2\, q_o} = \frac{\varrho_o}{\varrho_u}\, \frac{U_{mo}}{U_{mu}}\, \frac{G_o}{G_u}\, \frac{\Theta_o}{\Theta_u}, \qquad (215\,\mathrm{b})$$

worin ϱ spezifischer elektrischer Widerstand, U_m mittlere Windungslänge, w Windungszahl, J Nennstrom, q Leiterquerschnitt, G Stromdichte,
Θ Durchflutung für Ober- (Zeiger o) und Unterspannungswicklung (Zeiger u) ist. In ϱ sind auch die zusätzlichen Stromwärmeverluste zu berücksichtigen. Die Windungszahlen w_u und w_o ergeben sich nach Gl. 88.

Gewöhnlich ist $\varrho_o \approx \varrho_u$ und bei Zylinderwicklung $G_o \approx G_u$. Für
gewöhnliche Schaltung (keine Zickzackschaltung) ist dann mit $\Theta_o \approx \Theta_u$
nach den Gl. 215a u. b

$$q_o \approx \frac{m\, \varrho_o\, w_o\, J_o^2}{Q_K}\, (U_{mu} + U_{mo}), \quad q_u \approx \frac{m\, \varrho_u\, w_u\, J_u^2}{Q_K}\, (U_{mu} + U_{mo}), \qquad (216\,\mathrm{a\ u.\ b})$$

für Zickzackschaltung mit $\Theta_o/\Theta_u = \sqrt{3}/2 \approx 0{,}87$

$$q_o \approx \frac{m\, \varrho_o\, w_o\, J_o^2}{Q_K}\, (1{,}16\, U_{mu} + U_{mo}), \quad q_u \approx \frac{m\, \varrho_u\, w_u\, J_u^2}{Q_K}\, (U_{mu} + 0{,}87\, U_{mo}). \qquad (217\,\mathrm{a\ u.\ b})$$

Die *Einheitstransformatoren* werden mit derselben Unterspannungswicklung sowohl für A 2-Schaltung mit 230 V als auch für C 3-Schaltung
(Zickzack) mit 400 V verwendet. Es empfiehlt sich in diesem Falle, die
Stromdichte in der Unterspannungswicklung bei A 2-Schaltung etwas
kleiner, bei C 3-Schaltung etwas größer zu wählen, als dem günstigsten
Verhältnis der Stromdichten entspricht. Mit der Annahme $\Theta_o \approx \Theta_u$ und
$G_o \approx G_{um}$, wenn G_{um} der Mittelwert $(1 + \sqrt{3}/2)\, G_u/2 \approx 0{,}93\, G_u$ bei A 2-
und A 3-Schaltung ist, erhalten wir für den Entwurf in A 2-Schaltung

$$q_o \approx \frac{m\, \varrho_o\, w_o\, J_o^2}{Q_K}\, (0{,}93\, U_{mu} + U_{mo}), \qquad (218\,\mathrm{a})$$

$$q_u \approx \frac{m\, \varrho_u\, w_u\, J_u^2}{Q_K}\, (U_{mu} + 1{,}08\, U_{mo}). \qquad (218\,\mathrm{b})$$

[s. III, L 2 d].

4. Wicklung. Mehrlagige Scheibenspulen werden fast immer in folgender Weise ausgeführt.

Die Spule besteht aus *zwei Halbspulen*, von denen eine jede für sich
auf der Drehbank gewickelt wird, beide in entgegengesetztem Sinne, so
daß die Leiter der beiden Halbspulen so aufeinanderfolgen, wie es die
gestrichelten mäanderförmigen Linienzüge in dem Spulenseitenquerschnitt von Bild 165a andeuten. Die beiden Halbspulen werden, durch
eine oder mehrere Papierzwischenlagen getrennt, aufeinandergelegt, die
am innern Umfang liegenden Spulenenden miteinander verlötet und
dann diese volle Spule an mehreren Stellen des Umfangs mit Papier

isoliert und umbandelt. Die Enden der so gebildeten Spulen liegen am
äußern Umfang, so daß die einzelnen Spulen bequem geschaltet werden
können und die Verbindungsstellen nicht stören. Zwischen den einzelnen

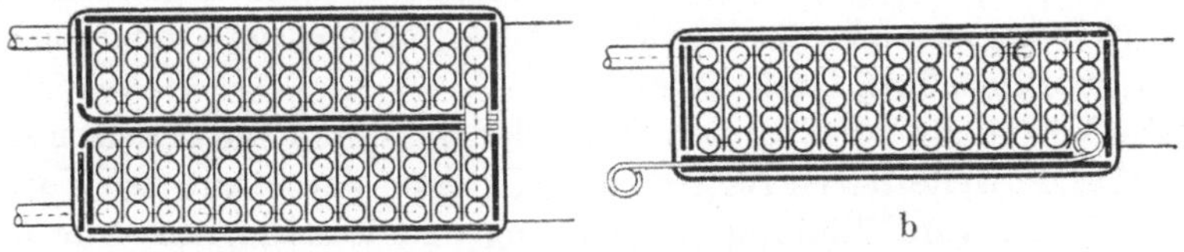

Bild 165a u. b. Scheibenspulen. a Vollspule, b Halbspule.

Lagen wird gewöhnlich noch ein Papierstreifen von etwa 0,1 mm Stärke
eingewickelt. Bei der Scheibenwicklung werden die Endspulen, wie wir
in ($E\,1$) gesehen haben, zweckmäßig als
Halbspulen ausgeführt (Bild 165 b).

Bei Spulen mit mehreren Windungen in
einer Lage geht beim Übergang von der
einen zur andern Lage immer etwas Raum
verloren, so daß für eine Spule mit n nebeneinander liegenden Windungen der Raum
für $n + 1$ Windungen vorzusehen ist. Eine
bessere Ausnutzung des Wickelraums ergibt sich bei Wicklungen mit größeren Leiterquerschnitten, wenn jede Halbspule nur
mit *einer Windung in jeder Lage* ausgeführt
wird (Bild 166). Solche Spulen werden häufig aus blankem Kupfer mit eingelegtem
Papier gewickelt, so daß ein Teil der blanken Kupferoberfläche mit dem Kühlmittel
unmittelbar in Berührung kommt.

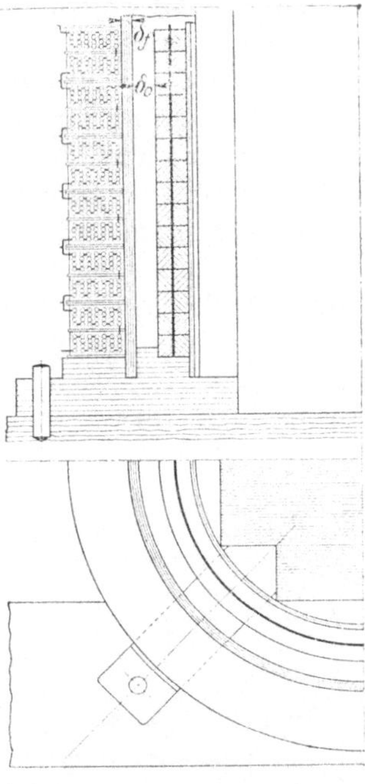

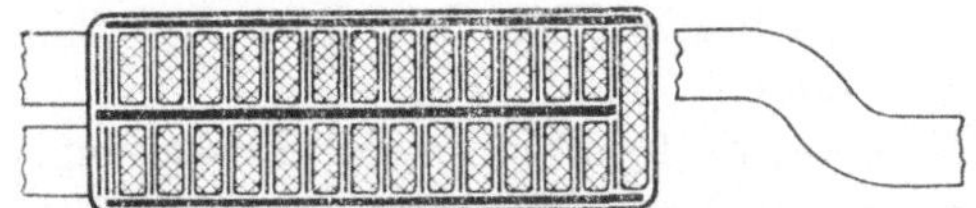

Bild 166. Scheibenspule mit *einer* Windung
je Lage.

Bild 167. Aufbau der
Zylinderwicklung.

Für die Leiterisolierung wird heute im Transformatorbau Papier
gegenüber Baumwolle bevorzugt, und zwar auch bei Runddrähten.

Bei Transformatoren für 6000 V Oberspannung und darüber ist die
Wicklung gegen *Sprungwellen* zu schützen. Solche Wellen können bei
Schaltvorgängen und atmosphärischen Entladungen auftreten. Die
dabei in die Wicklung einziehende *Wanderwelle* hat eine verhältnismäßig steile Front, wodurch die Spannung zwischen den Windungen

und Lagen am Eintritt der Welle hohe Werte annehmen kann [III, C]. Zum Schutz gegen Sprungwellen werden die Eingangswindungen, etwa 10% der Gesamtwindungen, für volle Nennspannung gegeneinander isoliert; bei Spulen mit mehreren Windungen in jeder Lage kann man sich erfahrungsgemäß mit einer solchen Verstärkung der Isolierung zwischen den einzelnen *Lagen* begnügen.

Die Verteilung der Spannung über den gesamten Wicklungszug, die eine Wanderwelle hervorruft, hängt von dem Verhältnis der Kapazitäten ab, die von Windung zu Windung und Windung zu Erde herrschen. Durch besondere Ausbildung der Wicklung läßt sich erreichen, daß die Stirn der Welle stark abgeschliffen wird, so daß die Spannung von Klemme zu Sternpunkt annähernd linear verläuft. Man bezeichnet solche Wicklungen als *schwingungsfrei*[1].

In den meisten Fällen werden die Transformatoren als Kerntransformatoren mit gewöhnlicher *Zylinderwicklung ausgeführt*. Die Unterspannungswicklung wird gewöhnlich auf einen Hartpapierzylinder von etwa 2 mm Stärke in zwei Lagen gewickelt (Bild 167), um sie auch für Zickzackschaltung verwenden zu können (*B 3*). Die Oberspannungswicklung wird auch bei Zylinderwicklungen in mehrere Spulen unterteilt, die wie die Scheibenspulen ausgeführt werden. Die Spannung jeder vollen Spule soll möglichst 1000 V nicht überschreiten, weil bei höheren Spannungen die gegenseitige Isolierung der beiden Hälften der vollen Spule schwierig betriebssicher auszuführen ist. Auch zwischen benachbarten vollen Spulen muß ein genügend langer Kriechweg vorhanden sein. Die Dicke δ_f der Papierschicht, δ_o der Ölschicht zwischen Unter- und Oberspannungswicklung (vgl. Bild 167), deren Summe $\delta = \delta_f + \delta_o$ gleich dem Abstand der blanken Wicklungen ist, richtet

U_o	6	10	15	20 kV
δ_f	0,2	0,2	0,3	0,3 cm
δ_o	0,4	0,6	0,7	0,9 cm
δ	0,6	0,8	1,0	1,2 cm

sich nach der Oberspannung U_o und kann etwa nach nebenstehender Zusammenstellung angenommen werden. Der Abstand zwischen Oberspannungswicklung und Joch oder Kesselwand ist 2 bis 2,5 δ zu wählen. [s. III, K].

In der Regel werden Verteilungstransformatoren mit Anzapfungen an der Oberspannungswicklung ausgeführt, um außer der Nennübersetzung noch Übersetzungen einstellen zu können, die um ± 4% von der Nennübersetzung abweichen. Bild 168 zeigt eine Ausführung des Schalters, bei der die Anzapfungen aus Symmetriegründen (*E 3*) in der Mitte der Wicklung liegen. Je zwei Kontakte sind immer geschlossen; in der eingezeichneten Stellung des Schalters hat die Wicklung die kleinste Windungszahl. [s. III, H 2].

Bild 168.

5. Fensterausnutzung und Nenn-Kurzschlußspannung. Die Leiterquerschnitte haben wir in (*3*) für die verlangten Wicklungsverluste be-

---

[1] BIERMANNS: ETZ Bd. 58 (1937) S. 660.

messen. Die mittleren Windungslängen mußten zunächst geschätzt
werden und ergaben sich genauer, nachdem die Wicklung nach (4) festgelegt war. Dabei kann es sich zeigen, daß die Fensteröffnung des nach
(2) festgelegten Eisenkörpers nicht ausreicht, um die Wicklung mit den
verlangten Abständen unterzubringen. Man kann dann die Joche verlängern, so daß die Fensteröffnung größer wird. Sollen dabei die Eisenverluste nicht größer werden, so müssen die Jochquerschnitte verstärkt
werden (kleinere Jochinduktion).

Wir haben nun auch noch zu prüfen, ob der Streublindwiderstand
($E\,1$) angemessen ist. Gewöhnlich ist die relative Nenn-Kurzschlußspannung ε_k ungefähr vorgeschrieben (Parallelbetrieb). Ihre Wirkkomponente ist bei Drehstrom $\varepsilon_w = Q_K/N_N = Q_K/3\,UJ$. Damit erhalten wir
die etwa erforderliche Blindkomponente von ε_k zu $\varepsilon_b = \sqrt{\varepsilon_k^2 - \varepsilon_w^2}$.

Ist die für den Transformator berechnete relative Streublindspan-
nung $X_\sigma\,J_N/U$ zu groß oder zu klein, so muß der Entwurf entsprechend
abgeändert werden. Das kann bei demselben Kernquerschnitt durch
Änderung der Kerninduktion geschehen; denn der relative Streublindwiderstand ist umgekehrt proportional Φ^2 [III, B 1 d]. Ferner läßt sie
sich durch den Abstand δ zwischen Primär- und Sekundärwicklung und
schließlich dadurch ändern, daß die Abmessung b geändert wird; mit
wachsendem b sinkt ε_b und umgekehrt. Bei Scheibenwicklung kann ε_b
durch die Unterteilung (Gl. 202a) beeinflußt werden. [s. III, L 5 u. 6].

6. Zusammenbau. Bei Öltransformatoren kleinerer und mittlerer
Leistung mit überlappten Kern- und Jochblechen werden die Preßplatten
aus Holz ausgeführt (Bild 134b). Bei großen Transformatoren verwendet
man wenigstens in der Nähe der Stoßfugen unmagnetisches Metall.

Die Durchführungen für die Klemmen werden gewöhnlich aus Por-
zellan (Bild 134 a u. b), seltener aus Hartpapier hergestellt (VDE 8104
bis 8108). Der Kessel soll bei Öltransformatoren bis zum Deckel mit Öl
gefüllt sein, um eine Oxydation des Öls zu verhindern. Ein besonderes
Ausdehnungsgefäß wird durch ein Rohr mit dem Kessel verbunden, das
entweder auf dem Deckel des Transformators untergebracht (Bild 134a)
oder getrennt angeordnet wird. [s. III, H 3, dort weitere Schutzein-
richtungen].

7. Kühlung. Die im Transformator entwickelte Wärme muß nach
dem Außenraum ohne unzulässige Erwärmung der Wicklungen abgeführt
werden. Wir haben dabei die Abführung durch Strahlung und die durch
Leitung und Konvektion zu unterscheiden. Für die bei „Selbstkühlung‟
abgeführte Wärmeleistung können wir schreiben

$$Q \approx (6\,O_S + 7\,O_K)\,\vartheta \text{ Watt,} \tag{219}$$

worin die strahlende Oberfläche O_S, die durch Leitung und Konvektion
Wärme abführende O_K in m² und die Temperaturdifferenz ϑ zwischen
Oberfläche und Raum in °C einzusetzen sind. Für O_S kommt nur die
freie Oberfläche in Betracht, alle sich gegenseitig bestrahlenden Flächen

müssen außer acht bleiben. Für O_K ist die wirkliche Oberfläche einzusetzen $(O_K > O_S)$ also einschließlich von Lüftungskanälen, wenn diese mindestens 15 mm breit sind. Bei schmäleren Kanälen darf nur ein entsprechend kleinerer Teil von O_K eingesetzt werden. [s. III, J 2].

Bezeichnet in Gl. 219 Q die gesamte im Transformator entwickelte Wärmeleistung, so kann mit der zulässigen Erwärmung ϑ die Oberfläche $(6\,O_S + 7\,O_K)$ berechnet und damit z. B. bei Öltransformatoren der Ölkessel entworfen werden. Dabei ist zu berücksichtigen, daß die Temperatur der Wicklung größer ist als die Oberflächentemperatur. Die Erwärmung der Wicklung mit Faserstoffen (*III J 2*) darf nach den RET bei Öltransformatoren 70° C nicht überschreiten. Der Temperaturabfall von Wicklung bis Oberfläche des Ölkessels kann zu etwa 30° angenommen werden. Die zulässige Erwärmung ϑ der Oberfläche des Ölkessels (mittlere Temperatur gegenüber Raum) kann also zu etwa 40° C eingesetzt werden. Um die Wärmeabgabe durch Leitung zu vergrößern, wird der Ölkesselmantel aus Wellblech hergestellt (Bild 134a). Bei großen Transformatoren mit Selbstkühlung werden zur Vergrößerung der Oberfläche seitlich am Kessel noch „Kühltaschen“ angebracht oder Rohre angeschweißt, durch die das Öl umlaufen kann. [s. III, J 3].

Für ganz große Transformatoren wird *künstliche Kühlung* angewendet. So kann z. B. das Öl im Transformator mittels Pumpe durch eine in fließendes Wasser verlegte Kühlschlange geleitet werden, oder es können besondere Lüfter aufgestellt werden, die den Transformator anblasen. [s. III, J 1].

G. Messungen.

1. Übersetzung. Nach § 13 der RET ist die Übersetzung gleich dem Verhältnis der Ober- und Unterspannung bei Leerlauf und praktisch

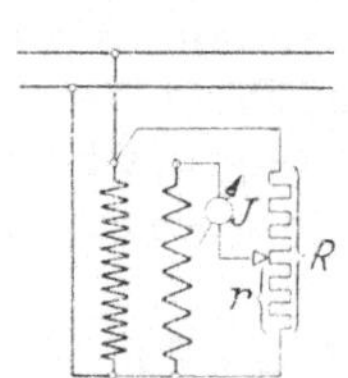

Bild 169. Messung der Übersetzung.

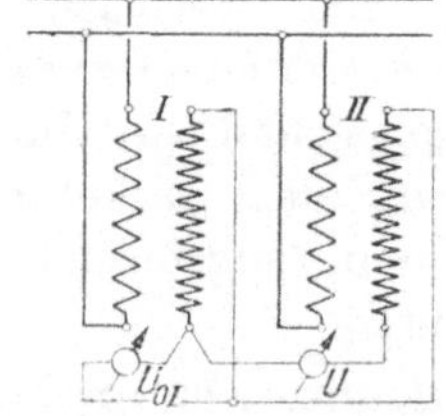

Bild 170. Messung des Verhältnisses der Übersetzungen zweier Transformatoren.

gleich dem Verhältnis der Windungszahlen unter Berücksichtigung der Schaltart (für Zickzack nach Gl. 196 mit $\ddot{u} = 2w_o/\sqrt{3}\,w_u$). Ihre Ermittlung aus den gemessenen Spannungen mit einer Genauigkeit von wenigen Tausendsteln, wie sie erforderlich ist, um beurteilen zu können, ob die Transformatoren für einen Parallelbetrieb geeignet sind (*B 4*), setzt sehr genau anzeigende und ablesbare Spannungszeiger voraus. Man verwendet deshalb zweckmäßig einen praktisch induktions- und kapazitätsfreien Spannungsteiler in der Schaltung nach Bild 169 und stellt den Teilwiderstand r des Spannungsteilers mit dem Gesamtwiderstand R so ein, daß der Stromzeiger J im Kreis der Unterspannungswicklung keinen Ausschlag anzeigt. Die Übersetzung ist dann $\ddot{u} = U_o/U_u = R/r$.

Um die Abweichung der Übersetzungen zweier Transformatoren, die für den Parallelbetrieb bestimmt sind, zu ermitteln, kann man die Transformatoren nach Bild 170 schalten und außer der Spannung U_{oI} des einen Transformators die Differenzspannung U messen. Das Verhältnis der Übersetzungen ergibt sich dann zu

$$\frac{\ddot{u}_I}{\ddot{u}_{II}} = \frac{U_{oI}}{U_{oII}} = \frac{U_{oI}}{U_{oI} \pm U} = 1 \mp \frac{U}{U_{oI} \pm U} \,. \tag{220}$$

2. Schaltgruppe. Die Schaltgruppe bei Dreiphasen-Transformatoren läßt sich durch Vergleich mit einem Transformator ermitteln, von dem die Lage des sekundären Spannungssternes zum primären bekannt ist, und der ungefähr dieselbe Übersetzung wie der zu untersuchende Transformator hat. Zweckmäßig wird als Hilfstransformator ein solcher mit Sternschaltung auf beiden Seiten verwendet, wie er in der Mitte

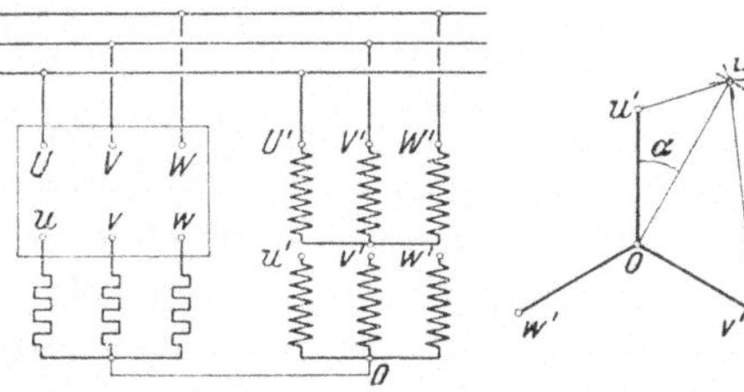

Bild 171. Ermittlung der Schaltgruppe.

von Bild 171 angedeutet ist. Von dem zu untersuchenden Transformator (links) sei nur die Klemmenbezeichnung bekannt. Auf der Sekundärseite dieses Transformators schafft man einen künstlichen Nullpunkt durch Widerstände und verbindet diesen mit dem Nullpunkt der Sekundärseite des Hilfstransformators. Durch Messung der Spannung zwischen den Klemmen $0\,u'$, $0\,u$, $u'\,u$ und $v'\,u$ kann die gegenseitige Lage der Spannungen $\overline{0\,u'}$ und $\overline{0\,u}$ ermittelt werden und auf ähnliche Weise die der übrigen Spannungen. Die Messung der Spannung $\overline{v'\,u}$ ist notwendig, um festzustellen, ob $\overline{0\,u}$ gegen $\overline{0\,u'}$ vor- oder nacheilt. [s. III, G 1 b].

3. Leerlauf und Kurzschluß. Bei sekundär offener Wicklung messen wir an der Primärwicklung bei Nennspannung die Leerlaufverluste, die praktisch gleich den Eisenverlusten (Q_E) sind. [s. III, G 2 a bis c].

Schließen wir die Klemmen der Sekundärwicklung kurz und messen die (verkettete) Primärspannung U_k bei Nennfrequenz und verschiedenen in die Klemmen der Primärwicklung fließenden Strömen J_k, so erhalten wir die Kurzschlußkennlinie $U_k\,(J_k)$, die bei konstanter Wicklungstemperatur sehr angenähert eine Gerade ist, weil der Weg des Streuflusses zum größten Teil durch den Luftraum führt und der Magnetisierungsstrom bei Kurzschluß verschwindend klein ist. Um die

Wicklung nicht durch zu große Erwärmung zu gefährden, ist die Kurz-
schlußmessung bei solchen Strömen auszuführen, die nicht größer sind als
der Nennstrom. Die bei Nennstrom und betriebswarmem Transformator
(*III J 4*) auftretende Kurzschlußspannung U_{kN} ist die Nenn-Kurzschlußspannung. Beziehen wir diese auf die primäre (verkettete) Nennspannung U_N, so erhalten wir die relative Nenn - Kurzschlußspannung
$\varepsilon_k = U_{kN}/U_N$. [s. III, G 2 d].

4. Erwärmungsprobe. Um bei größeren Transformatoren das Netz
bei der Erwärmungsprobe zu entlasten und Stromkosten zu ersparen,
wendet man das „*Rückarbeitsverfahren*" an. Außer dem zu unter-

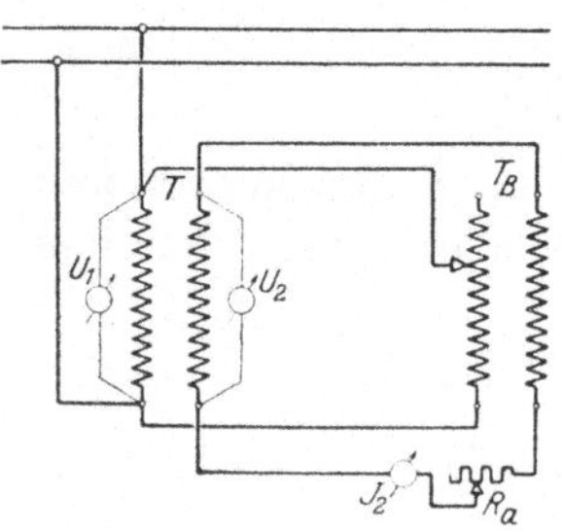

suchenden Transformator ist noch ein zweiter
von mindestens derselben Leistung erforderlich.
Die Schaltung hierfür ist in Bild 172 dargestellt. T ist der zu untersuchende Transformator, T_B der Belastungs-Transformator.
Beide sind primär und sekundär parallel geschaltet. Die Übersetzung des Transformators
T_B ist durch Änderung der Windungszahl der
Primärwicklung regelbar, so daß die Übersetzung so eingestellt werden kann, daß der
Ausgleichstrom J_2 gleich dem Nennstrom des
zu untersuchenden Transformators ist. Da die

Bild 172. Rückarbeits-
verfahren.

Übersetzung nur in Stufen geändert werden kann, ist zwischen die
Sekundärwicklungen der beiden Transformatoren noch ein regelbarer
Widerstand R_a eingeschaltet, um den Nennstrom des Transformators T
genauer einstellen zu können. Die Änderung der Übersetzung des Be-
lastungstransformators T_B ist nicht erforderlich, wenn die Sekundärwicklung eines vom Netz gespeisten kleinen Hilfstransformators zwischen die beiden parallel geschalteten Primärwicklungen der Transformatoren T und T_B gelegt wird.

Außer dem Rückarbeitsverfahren sind noch Kunstschaltungen üblich, auf die wir hier nicht eingehen können. [s. III, G 3].

5. Die Isolationsproben. Die *Wicklungsprobe* dient zur Feststellung
der ausreichenden Isolierung der Wicklungen gegeneinander und gegen
den Eisenkörper. Die Prüfspannung (*III J 2*) soll praktisch sinusförmig,
ihre Frequenz gleich der Nennfrequenz oder 50 Hz sein. Bei der Probe
darf höchstens die halbe Prüfspannung unmittelbar durch Schließen
eines Schalters an den Prüfgegenstand gelegt werden. Die Steigerung
der Spannung auf den vollen Wert soll in mindestens 10 sec stetig oder
in einzelnen Stufen von höchstens 5% der Endspannung erfolgen. Der
Endwert der Prüfspannung ist während 1 min einzuhalten. Ein Pol
der Stromquelle wird an die zu prüfende Wicklung, der andere an die
Gesamtheit der untereinander und mit dem Eisenkörper verbundenen
andern Wicklungen gelegt.

In Bild 173 ist die Schaltung für die Wicklungsprobe einer Hochspannungswicklung dargestellt. T ist der Transformator, der der Probe unterworfen werden soll, T_H der Prüftransformator. Die Unterspannungswicklung des Prüftransformators wird von einem Synchrongenerator G gespeist, dessen Spannung durch einen Widerstand im Erregerkreis des Generators genügend weit und fein geregelt werden kann. Die Speisung des Prüftransformators aus einem Wechselstromnetz und die Einstellung der Prüfspannung durch besondere regelbare Transformatoren ist nicht zu empfehlen, weil die Kurvenform des Netzes stark von der Sinusform abweichen kann und Spannungsschwankungen im Netz stören können. Die Wicklungsenden der Unterspannungswicklung sind untereinander und mit dem Eisenkörper und Erde verbunden. Die ebenfalls untereinander verbundenen Wicklungsenden der Oberspannungswicklung des zu prüfenden Transformators sind an die nicht geerdete Klemme der Oberspannungswicklung des Prüftransformators gelegt. Die Verbindung aller Enden jeder Wicklung ist bei Hochspannungstransformatoren zu empfehlen, um zu verhindern, daß durch Kapazitätserscheinungen zwischen Anfang und Ende der Wicklung Spannung auftritt.

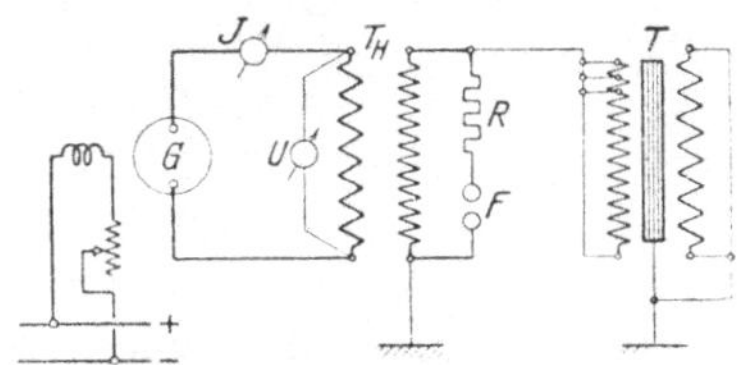

Bild 173. Schaltung für die Wicklungsprobe bei hoher Nennspannung.

Bei *hohen* Prüfspannungen ist oft die Messung der Spannung mit Schwierigkeiten verknüpft. Man kann dann die Prüfspannung mit einer Kugelfunkenstrecke (F) messen, die beim Höchstwert der Spannung überschlagen wird. Der Spannungszeiger U der Unterspannungsseite des Prüftransformators ist mit dieser Kugelfunkenstrecke zuerst zu eichen, die Kugelfunkenstrecke dann zu vergrößern und die Prüfspannung nach dem Spannungszeiger U auf der Unterspannungsseite einzustellen. Die Eichung muß bei angelegtem Transformator T erfolgen und ist bei einer Spannung vorzunehmen, die etwa 20% unter der Prüfspannung liegt. Mit der Kugelfunkenstrecke wird ein Widerstand R in Reihe geschaltet, der den Strom beim Überschlag auf einige Amp beschränkt. Für die Einstellung des Kugelabstandes der Funkenstrecke für eine gegebene Prüfspannung und seine Abhängigkeit vom Barometerstand, sowie über die Ausführung der Messung bestehen besondere Vorschriften des VDE. Der Stromzeiger J in der Unterspannungswicklung des Prüftransformators dient zur Feststellung, daß die Isolierung unter der Probe nicht gelitten hat. Bei konstanter Spannung darf der Strom nicht steigen, und es dürfen keine Schwankungen des Stromes bemerkbar sein.

Die *Sprungwellenprobe* dient zur Feststellung, daß die Wicklungsisolation gegenüber den etwa im Betrieb auftretenden Sprungwellen ausreicht. In Bild 174 ist die Schaltung für die Spannungsprobe eines Dreiphasen-Transformators angegeben. Die zu prüfende Wicklung des Transformators ist über Funkenstrecken F aus massiven Kupferkugeln von mindestens 50 mm Durchmesser auf Kondensatoren K geschaltet, deren Kapazität nach § 58 der RET bis zu 6 kV Nennspannung mindestens 0,05 µF betragen soll und für höhere Spannungen umgekehrt proportional der Spannung sinken darf. Für Spannungen bis zu 35 kV können als Kondensatoren auch Kabel verwendet werden. Der Kugelabstand jeder Funkenstrecke wird für einen Überschlag bei dem 1,1-fachen der Nennspannung eingestellt. Der Transformator ist durch den Generator G mit mindestens Nennfrequenz auf etwa das 1,3-fache der Nennspannung zu erregen. Nach dem Zünden wird ein Funkenspiel von 10 sec Dauer aufrechterhalten. Die Funkenstrecken sind dabei mit einem Luftstrom von etwa 3 m/s Geschwindigkeit anzublasen.

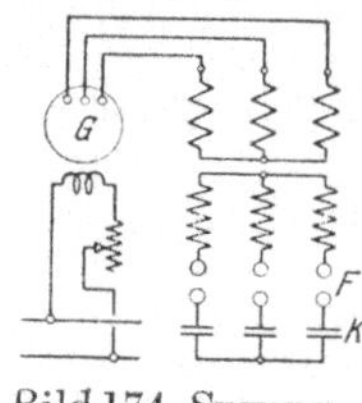

Bild 174. Sprungwellenprobe.

Durch die Funkenüberschläge werden die Kondensatoren von der Wicklungsspannung immer wieder umgeladen, bei jedem Funkenüberschlag zieht eine Sprungwelle in die zu prüfende Wicklung ein. [s. III, C 3].

Die *Windungsprobe* dient zur Feststellung der ausreichenden Isolierung benachbarter Windungen gegeneinander und zum Auffinden von Wicklungsdurchschlägen, die durch die Sprungwellenprobe eingeleitet sein können. Der Transformator wird hierbei auf die doppelte Nennspannung erregt und dieser Spannung 5 min lang ausgesetzt. Damit bei dieser Probe der Magnetisierungsstrom nicht zu hoch anwächst, darf die Frequenz gegenüber der Nennfrequenz entsprechend erhöht werden. [s. III, G 4].

V. Induktionsmaschinen.

A. Grundsätzlicher Aufbau.

Bei den Induktionsmaschinen kann der Begriff des Ankers auf beide Teile der Maschine angewandt werden. Wir sprechen deshalb zur Unterscheidung der beiden Anker vom primären und vom sekundären Teil. Der primäre Teil ist der von außen gespeiste Teil, also der induzierende Teil. Der sekundäre (induzierte) Teil trägt eine kurzgeschlossene Wicklung, in der die Ströme induziert werden, die mit dem Drehfelde das Drehmoment entwickeln.

Der primäre Teil ist gewöhnlich der äußere feststehende Teil, der Ständer, weil der von außen zugeführte Strom dann nicht über Schleifringe geleitet werden muß, und weil die primäre Wicklung mehr Raum beansprucht als die sekundäre. Die Nuten werden gewöhnlich halb geschlossen ausgeführt, um eine möglichst kleine Durchflutung für die

Erregung des Drehfeldes und damit einen kleinen Blindstrom, also einen möglichst großen Leistungsfaktor zu erhalten. Zu diesem Zwecke wird auch der Luftspalt zwischen dem primären und sekundären Teil wesentlich kleiner bemessen als bei den Maschinen, deren Magnetfeld durch Gleichstrom erregt wird.

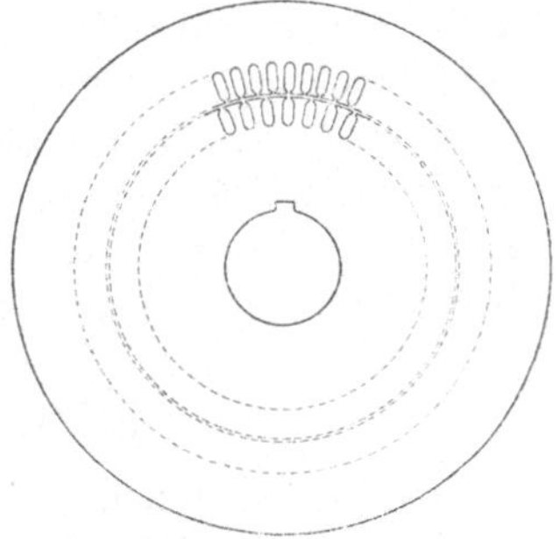

Der sekundäre Teil, der Läufer, trägt bei kleinen und heute auch häufig bei größeren Motoren eine Käfigwicklung. Um ein möglichst großes Anzugsmoment bei geringer Stromaufnahme zu erhalten und zum Zwecke der Drehzahlregelung verwendet man den Schleifringanker. Der Schleifringanker trägt bei Ein- und Mehrphasenmaschinen eine zwei- oder dreiphasige verkettete Wicklung, deren drei Klemmen zu Schleifringen geführt sind.

Bild 175. Bleche eines Induktionsmotors.

Beim Anlauf wird dann die Wicklung des sekundären Teils zunächst über Schleifringe und Bürsten auf Wirkwiderstände geschaltet, die nach erfolgtem Anlauf kurzgeschlossen werden; die Läuferwicklung verhält sich dann im wesentlichen wie die Käfigwicklung.

Bild 176. Induktionsmotor mit Schleifringläufer, 15 kW.

Primärer und sekundärer Teil werden aus Blechen aufgeschichtet, um die Ausbildung von Wirbelströmen im Eisen zu verhindern. Diese Wirbelströme ergeben zwar im sekundären Teil ein nützliches Drehmoment, aber bei verhältnismäßig großem Strom und schlechtem Leistungsfaktor; deshalb ist es vorteilhaft, auch im Sekundärteil dem Strom durch eine Wicklung ganz bestimmte Wege vorzuschreiben und die Wirbelströme im Eisen möglichst zu unterdrücken.

In Bild 175 sind die Ankerbleche eines Induktionsmotors dargestellt. Bild 176 läßt die Teile eines Induktionsmotors der SSW mit Schleifringläufer für 15 kW bei 965 Uml/min erkennen. Der sekundäre (umlaufende) Teil trägt eine Stabwicklung, an deren Stirnverbindungen Kupferfahnen zur Lüftung und Kühlung der Wicklung angelötet sind. Die Scheibe rechts von den drei Schleifringen, auf denen die im Lagerschild (Mitte des Bildes) sichtbaren Bürsten schleifen, dient zum Kurzschließen der Schleifringe und Abheben der Bürsten nach dem Anlassen, so daß im Betriebe kein Bürstenverschleiß und keine Reibungs- und Stromwärmeverluste an den Bürsten auftreten.

B. Der Drehtransformator.

Zu der Induktionsmaschine im weiteren Sinne gehören auch die Drehtransformatoren oder Drehregler, da ihr Aufbau im wesentlichen mit dem der Induktionsmaschine übereinstimmt.

1. Einphasiger Drehtransformator. In seiner einfachsten Form trägt dieser Transformator im Ständer und Läufer je eine Einphasenwicklung

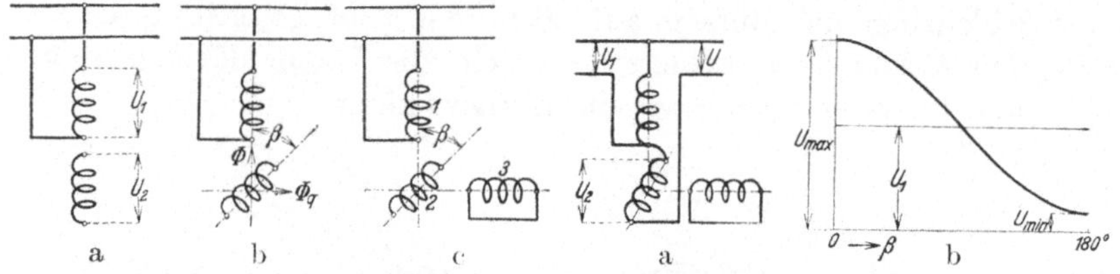

Bild 177a bis c. Einphasen-
Drehtransformator.

Bild 178a u. b. a Zusatzschaltung,
b Spannung U.

(Bild 177a). Wenn der Läufer so eingestellt ist, daß beide Wicklungen gleichachsig liegen, so unterscheidet sich dieser Drehtransformator von dem gewöhnlichen Transformator nur dadurch, daß mit jeder Windung im allgemeinen nur ein Teil (Φ_W) des Luftspaltflusses (Φ) verkettet ist. Werden die beiden Wicklungen durch Verdrehen des Läufers gegeneinander um den Winkel β verschoben (Bild 177b), so ändert sich die Spannung an der Sekundärwicklung mit $\cos \beta$. Bei Belastung wirkt die Durchflutung Θ_2 der Sekundärwicklung nur mit der Komponente $\Theta_2 \cos \beta$ auf die Primärwicklung zurück; die Komponente $\Theta_2 \sin \beta$ erzeugt einen Querfluß (Φ_q), der einen starken Spannungsverlust in der Sekundärwicklung zur Folge hat.

Um den Transformator für praktische Zwecke geeignet zu machen, wird das Querfeld durch eine Kurzschlußwicklung (3 in Bild 177c) abgedämpft, die in demselben Teil des Transformators angeordnet ist, der die Primärwicklung trägt; das Querfeld ist dann praktisch Null.

Gewöhnlich wird der Drehtransformator in Zusatzschaltung Bild 178a verwendet (*IV C 1*). Er braucht dann nicht für die ganze Leistung $U J_2$, die „Durchgangsleistung", bemessen zu werden, sondern nur für die „Eigenleistung" $U_2 J_2$. U läßt sich durch Verdrehen des Läufers gegenüber dem Ständer zwischen einem Höchstwert U_{max} und einem Kleinstwert U_{min} stetig regeln (Bild 178b). [s. IV, A 1].

2. Dreiphasiger Drehtransformator. Dieser trägt im Ständer und Läufer je eine Dreiphasenwicklung. Wenn die Achsen der Wicklungen von Läufer und Ständer zusammenfallen, können wir das Vektordiagramm für ein Strangpaar genau so wie beim gewöhnlichen Transformator (Bild 135a) aufbauen. Zur Berechnung der Durchflutung für einen magnetischen Kreis sind aber an Stelle der wirklichen Windungszahlen w_1 und w_2 die auf ein Polpaar bezogenen fiktiven Windungen

$$W_1 = \xi_1 w_1/p, \qquad W_2 = \xi_2 w_2/p \qquad \text{(221a u. b)}$$

und die Übersetzung $\quad ü = W_1/W_2 = \xi_1 w_1/\xi_2 w_2 \qquad$ (221c)

einzuführen, worin w_1 und w_2 die in Reihe geschaltete Windungszahl je Strang, ξ_1 und ξ_2 die Wicklungsfaktoren bedeuten.

Wird der Läufer um den Raumwinkel β/p aus der Achse der Primärwicklung im Drehfeldsinne verdreht, so nennen wir β den *„räumlichen Phasen*winkel", das ist der auf die zweipolige Maschine bezogene Verdrehungswinkel. Das umlaufende Drehfeld gelangt dann zur Sekundärwicklung um den *zeitlichen* Phasenwinkel β später als zur Primärwicklung. Bezeichnen wir wie beim gewöhnlichen Transformator die auf die Primärwicklung bezogenen Größen der Sekundärwicklung durch einen Beistrich am Formelzeichen (*III A 7*), so ist

$$E_2' = ü E_2 = E_1 \quad \text{und} \quad \dot{E}_2' = \dot{E}_1 \, \varepsilon^{-j\beta}. \qquad \text{(222a u. b)}$$

Durch Verdrehen der Sekundärwicklung gegen die Primärwicklung entsprechend dem räumlichen Phasenwinkel β im Sinne der Drehfeldrichtung würde die Welle des Strombelags der Sekundärwicklung um diesen Phasenwinkel vorgeschoben werden, wenn die Phase des Sekundärstromes erhalten bliebe. Wenn aber bei der Verdrehung an der Sekundärbelastung nichts geändert wird, erhält der Sekundärstrom eine zeitliche Phasenverspätung um den Winkel β gegenüber der Phase beim Zusammenfallen der Achsen von Sekundär- und Primärwicklung (Bild 179), der eine Verschiebung des sekundären Strombelags um den räumlichen Phasenwinkel β *gegen* den Drehfeldsinn entspricht, so daß die Lage des sekundären Strombelags gegenüber der Primärwicklung durch Verdrehen des Läufers nicht geändert wird. Durch Verdrehen des sekundären Teils gegenüber dem primären wird also nur die Phase von Spannung und Strom im *äußeren* Kreis der Sekundärwicklung geändert. Betrachten wir die Vorgänge im *Innern* des Drehtransformators, so werden diese, von Oberwellen abgesehen, überhaupt nicht durch die gegenseitige Lage der beiden Teile beeinflußt, und wir können die *Sekundärwicklung gleichachsig mit der Primärwicklung annehmen.*

Ausgehend von einem sekundären Belastungszustand $\dot{U}_2'\,\dot{J}_2'$ (Bild 179) erhalten wir zunächst in bekannter Weise die vom Luftspaltfluß Φ induzierte EMK $\dot{E}_2'$ und die primäre $\dot{E}_1$, die gegen $\dot{E}_2'$ um den Winkel β phasenverfrüht ist. Die Lage der Magnetisierungsdurchflutung hängt davon ab, ob wir die Vorgänge vom Ständer oder vom Läufer aus betrachten. Im ersten Falle ist bei Vernachlässigung des kleinen Verluststromes J_v die resultierende Durchflutung eines Strangpaares $W_1\,J_\mu$ gegen $\dot{E}_1$ um eine Viertelperiode verfrüht.

Um die Primärdurchflutung zu erhalten, müssen wir die Durchflutung $W_2\,J_2$ um den Winkel β vordrehen (Bild 179), woraus sich dann mit $W_1\,J_\mu$ die Durchflutung $W_1\,J_1$ und damit J_1 ergibt.

Zwischen Läufer und Ständer tritt bei Belastung ein *Drehmoment* auf, das wir erhalten, wenn wir die innere Leistung durch die Winkelgeschwindigkeit Ω_1 des Drehfeldes dividieren. Wir erhalten

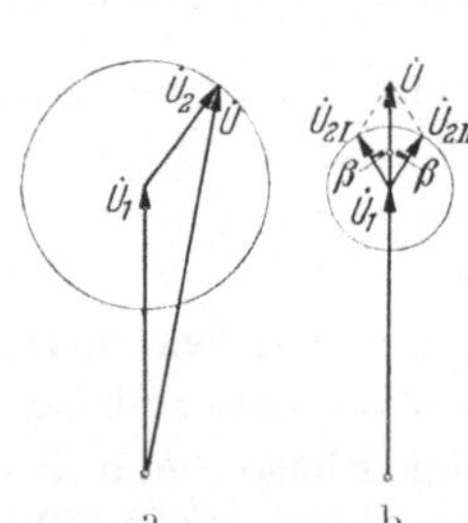

Bild 179. Dreiphasiger Drehtransformator.

$$M = \frac{m_2\,E_2\,J_2\cos(\dot{E}_2,\,J_2)}{\Omega_1} = \frac{m_2\,E_2\,J_2\cos\psi_2}{2\pi\,n_1} \qquad (223\,\mathrm{a})$$

$$\text{oder}\qquad M = 0{,}974\,\frac{m_2\,E_2\,J_2\cos\psi_2}{n_1}\ \mathrm{kgm}, \qquad (223\,\mathrm{b})$$

wenn in der letzten Gleichung E_2 in V, J_2 in A und n_1 in Uml/min eingesetzt wird.

Der dreiphasige Drehtransformator wird wie der einphasige gewöhnlich in Zusatzschaltung verwendet (Bild 144 u. 178). Bezeichnet U_1 die an der Primärwicklung liegende Spannung und U_2 die der Sekundärwicklung (je Strang), so ist durch Verdrehen des Läufers gegenüber dem Ständer eine Spannungsregelung innerhalb der Grenzen $U_1 - U_2$ und $U_1 + U_2$ möglich. Dabei ändert sich auch die Phase der geregelten Spannung $\dot{U}$ gegenüber der primären $\dot{U}_1$, wie es Bild 180a erkennen läßt. Wenn eine solche Phasenänderung unerwünscht ist, kann man zwei Drehtransformatoren verwenden, deren Sekundärwicklungen in Reihe geschaltet sind, wobei die des einen Transformators im Drehfeldsinne, die des andern im entgegengesetzten Sinne um denselben Winkel β gegenüber ihren Primärwicklungen verdreht wird. In Zusatzschaltung addieren sich die Spannungen $\dot{U}_{2\,\mathrm{I}}$ und $\dot{U}_{2\,\mathrm{II}}$ der beiden Sekundärwicklungen zur primären Spannung $\dot{U}_1$, wobei $\dot{U}$ praktisch in Phase mit $\dot{U}_1$ bleibt (Bild 180b). Werden die beiden Transformatoren miteinander gekuppelt, wobei dann die Drehfelder in verschiedenem Sinne umlaufen müssen, so spricht man

Bild 180a u. b. Spannungsregelung in Zusatzschaltung. a Einfacher, b Doppel-Drehtransformator.

von einem *Doppel-Drehtransformator*, bei dem sich die Belastungsdrehmomente gegenseitig aufheben. [s. IV, A 2].

Schaltet man die primären und sekundären Wicklungsstränge eines dreiphasigen Drehtransformators mit der Übersetzung $ü = 1$ in Reihe, so erhält man eine *dreiphasige Drossel*, deren Induktivität durch Verdrehen des Läufers in weiten Grenzen geregelt werden kann [IV, L 6].

C. Wirkungsweise der mehrphasigen Induktionsmaschine.

Bei diesen Betrachtungen vernachlässigen wir wie in (*B*) zunächst die Oberwellenerscheinungen, auf die wir erst in (*11*) eingehen werden. Den zeitlichen Verlauf der Ströme setzen wir sinusförmig voraus, wie es in Wirklichkeit auch angenähert der Fall ist [IV, E 2 b].

1. Vorgänge bei umlaufendem Läufer. Denken wir uns zunächst einen ruhenden Anker in einem mit der Winkelgeschwindigkeit $\Omega_1 = 2\pi\, n_1$ umlaufenden Magnetfeld (Bild 181). Das Ankereisen wird durch die Ummagnetisierung erwärmt. Trägt der Anker eine in sich kurzgeschlossene Wicklung, so werden auch in dieser Ströme induziert, die Wärme erzeugen. Die gesamte im Läufer entwickelte Wärmeleistung Q_2 muß vom Magnetfeld auf den Läufer übertragen werden. Ist die Läuferwicklung auf einen äußeren Stromkreis geschaltet,

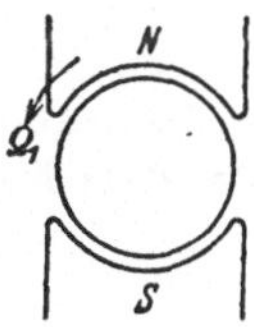

Bild 181.

der die Leistung N_a verbraucht, so muß auch diese Leistung vom Feldmagneten auf den Läufer übertragen werden. Bezeichnen wir die gesamte vom Feldmagneten auf den Läufer übertragene Leistung mit N_i, so folgt für das Drehmoment

$$M_A = N_i/\Omega_1 = (Q_2 + N_a)/\Omega_1. \tag{224}$$

Wird das magnetische Feld durch einen Magneten erzeugt, wie es in Bild 181 der Anschaulichkeit wegen angenommen ist, so ist N_i als mechanische Leistung aufzuwenden, um den Feldmagneten zu drehen. Erregt man dagegen das Magnetfeld (Drehfeld) durch Mehrphasenströme in dem ruhenden äußeren Teil (Ständer), so ist die Leistung N_i aus dem Mehrphasennetz, also elektrisch, zu decken.

Der Läufer wird, wenn er nicht festgebremst und das entwickelte Drehmoment größer als das Drehmoment der Reibung ist, anlaufen, und zwar im Sinne des Drehfeldes. Die Winkelgeschwindigkeit $\Omega_{\mathrm{mech}} = 2\pi n$, die er im stationären Zustand annimmt, wird von der Belastung abhängen. Bezeichnen wir mit N_{mech} die mechanische Leistung, die der Läufer entwickelt, so muß jetzt die Leistungsgleichung

$$N_i = N_{\mathrm{mech}} + Q_2 + N_a \tag{225a}$$

gelten, worin N_a positiv einzuführen ist, wenn, wie wir es hier immer voraussetzen, im äußeren Läuferkreis Leistung verbraucht wird. Daraus erhalten wir das auf den Läufer einwirkende Drehmoment zu

$$M = N_{\mathrm{mech}}/\Omega_{\mathrm{mech}} = N_i/\Omega_1. \tag{225b}$$

Die relative Geschwindigkeit zwischen Drehfeld und Läufer (Bild 182) und die entsprechenden Kreisfrequenzen und Frequenzen sind

$$\Omega_2 = \Omega_1 - \Omega_{\text{mech}}, \qquad \omega_2 = \omega_1 - \omega_{\text{mech}}, \qquad f_2 = f_1 - f_{\text{mech}}; \qquad \text{(226a bis c)}$$

f_1 ist die Frequenz des primären Netzes, $f_{\text{mech}} = p\,n$ die der Drehzahl des Läufers entsprechende Frequenz und f_2 die Frequenz der im Läufer auftretenden Ströme. Man bezeichnet

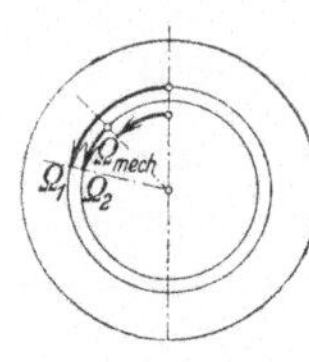

$$s = \frac{n_1 - n}{n_1} = \frac{\Omega_1 - \Omega_{\text{mech}}}{\Omega_1} = \frac{\Omega_2}{\Omega_1} = \frac{\omega_2}{\omega_1} = \frac{f_2}{f_1} \qquad (226)$$

als Schlüpfung oder Schlupf des Läufers (gegenüber dem Drehfeld). Mit dieser Schlüpfung ergibt sich nach Gl. 225 a u. b

Bild 182.

$$Q_2 + N_a = s\,N_i \quad \text{und} \quad N_{\text{mech}} = (1 - s)\,N_i. \qquad \text{(227a u. b)}$$

Bei kurzgeschlossener Läuferwicklung ist $N_a = 0$. Die Winkelgeschwindigkeit des Läufers ist nach Gl. 226

$$\Omega_{\text{mech}} = (1 - s)\,\Omega_1. \qquad (227)$$

Bild 183 veranschaulicht die Leistungsbilanz bei Motorbetrieb. Von der dem Netz entnommenen Leistung N_1 werden im Ständer die Strom-

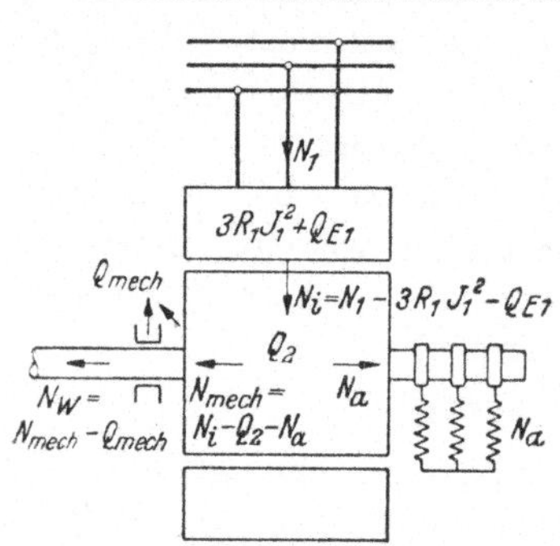

Bild 183. Leistungsbilanz.

wärmeverluste $3R_1 J_1^2$ und die Eisenverluste Q_{E1} in Wärme umgesetzt, der Rest $N_i = N_1 - 3R_1 J_1^2 - Q_{E1}$ wird vom Ständer auf den Läufer übertragen. Davon werden die Verluste Q_2 im Läufer, N_a in den äußeren Widerständen verbraucht, der Rest $N_{\text{mech}} = N_i - Q_2 - N_a$ ist die mechanische Leistung, die der Motor entwickelt, von der aber noch die Verluste Q_{mech} bestritten werden müssen, das sind Reibungs- und Lüftungsverluste und gewisse zusätzliche Verluste. An der Welle steht deshalb die mechanische Leistung $N_W = N_{\text{mech}} - Q_{\text{mech}}$ zur Verfügung.

Für $s = 0$ ist $\Omega_2 = 0$ und $\Omega_{\text{mech}} = \Omega_1$. Der Läufer läuft synchron mit dem Drehfeld. Nach Gl. 227a ist $Q_2 + N_a$ Null, d. h. der Läufer ist stromlos, und die vom Ständer auf den Läufer übertragene Leistung, und damit auch die mechanische Leistung des Läufers, ist Null (*idealler Leerlauf* der Induktionsmaschine).

Für $s = 1$ ist $\Omega_2 = \Omega_1$ und $\Omega_{\text{mech}} = 0$. Der Läufer steht still (*Drehtransformator*).

Im Bereich $0 < s < 1$ ist $0 < \Omega_2 < \Omega_1$ und $\Omega_1 > \Omega_{\text{mech}} > 0$. Der Läufer läuft im Sinne des Drehfeldes mit untersynchroner Geschwindigkeit. Nach Gl. 227a u. b ist sowohl die vom Ständer auf den Läufer übertragene Leistung als auch die mechanische Leistung positiv. Die Induktionsmaschine arbeitet als *Motor*.

Für $s < 0$ ist Ω_2 negativ und $\Omega_{\text{mech}} > \Omega_1$. Der Läufer läuft im Sinne des Drehfeldes mit übersynchroner Geschwindigkeit. Nach Gl. 227a ist die vom Ständer auf den Läufer übertragene Leistung, und damit nach Gl. 227b auch die mechanische Leistung, negativ; d. h. es muß mechanische Leistung zum Antrieb der Maschine aufgewendet werden, deren Überschuß über die Läuferkreisverluste $Q_2 + N_a$ an den Ständer zurückgegeben wird. Die Maschine arbeitet als *Generator*.

Für $s > 1$ ist $\Omega_2 > \Omega_1$ und Ω_{mech} negativ. Der Läufer läuft entgegen dem Drehfeld. Nach Gl. 227a ist N_i positiv, d. h es wird dem Läufer durch das Drehfeld Leistung zugeführt. Die mechanische Leistung, die der Läufer entwickelt, ist nach Gl. 227b negativ, d. h. es muß dem Läufer auch durch den Antrieb mechanische Leistung zugeführt werden. Die Summe der Beträge der Leistungen N_i und N_{mech}, die dem Läufer durch das Drehfeld und durch den Antrieb zugeführt werden, wird nach Gl. 225a im Läuferkreis verbraucht. Man bezeichnet den Betrieb in diesem Bereich als *Bremse*. [s. IV, B 1].

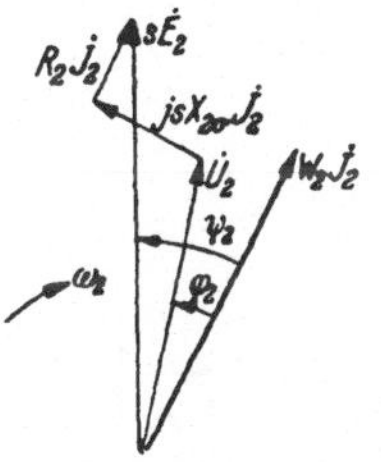

2. Das Vektordiagramm der Induktionsmaschine.

Wir haben in (*1*) gesehen, daß die Frequenz f_2 der in der Läuferwicklung induzierten Spannungen und Ströme von der Drehzahl des Läufers abhängt. Für

Bild 184. Vektordiagramm des Läufers.

eine bestimmte Drehzahl können wir deshalb das Vektordiagramm des Läufers in bekannter Weise aufzeichnen, wobei die Zeitlinie mit der Winkelgeschwindigkeit ω_2 umläuft. Setzen wir dabei voraus, daß die Läuferwicklung (über Schleifringe) auf einen äußeren Scheinwiderstand geschaltet ist, so erhalten wir das in Bild 184 für einen Wicklungsstrang dargestellte Vektordiagramm. Abgesehen von der Frequenz, unterscheidet sich das Diagramm von dem bei Stillstand des Läufers dadurch, daß die vom Luftspaltfeld induzierte EMK und der induktive Spannungsverlust ihrem Betrage nach proportional der Schlüpfung verringert erscheinen. In diesem Diagramm stellt nach den Betrachtungen in (*B 2*) $s\,\dot{E}_2$ auch die Welle der EMK und $W_2\,J_2$ die des Strombelags längs des Läuferumfangs dar. $R_2\,J_2$, $js\,X_{2\sigma}\,J_2$ und $\dot{U}_2$ sind fiktive Spannungswellen, die wir uns in gleicher Weise längs des Läuferumfangs fortschreitend denken können.

Bild 184 stellt also die Vorgänge dar, wie sie vom Läufer aus gesehen erscheinen. Der Läufer selbst läuft aber mit der Winkelgeschwindigkeit Ω_{mech} um. Vom Ständer aus betrachtet laufen deshalb die einzelnen Wellen am Ankerumfang mit der Winkelgeschwindigkeit $\Omega_{\text{mech}} + \Omega_2$ um, und wir erhalten die Vorgänge im Läufer vom Ständer aus betrachtet, wenn wir im Diagramm Bild 184 die Zeitlinie mit der Winkelgeschwindigkeit $\omega_{\text{mech}} + \omega_2 = \omega_1$ umlaufen lassen. Wir können deshalb die Wellen des Läufers mit denen des Ständers in einem einzigen

Diagramm zusammensetzen, wie es in Bild 185 geschehen ist, in der die sekundären Spannungsgrößen auf die Ständerwicklung bezogen sind. Alle sekundären Spannungsgrößen sind also im Verhältnis $\overline{W_1/W_2} = \xi_1 w_1/\xi_2 w_2$ multipliziert. Wenn die Strangzahl m_2 des Läufers von der des Ständers m_1 verschieden ist, ist im Durchflutungsdiagramm $W_2 \, J_2 \, m_2/m_1$ an Stelle von $W_2 \, J_2$ zu setzen (*III A 7*). Daß das Diagramm als räumliche Darstellung der Wellen unabhängig von der jeweiligen Lage des Läufers zum Ständer ist, haben wir bereits in (*B 2*) festgestellt. [s. IV, B 2 a].

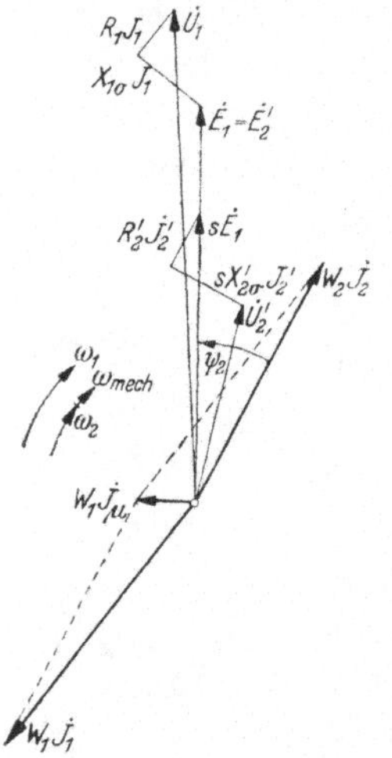

Bild 185. Vektordiagramm der Induktionsmaschine.

3. Mechanische Leistung und Drehmoment.

Die Gl. 223 a u. b gelten auch für den Induktionsmotor. Nach Bild 184 können wir dafür auch schreiben

$$M = m_2 \, (U_2 \cos \varphi_2 + R_2 \, J_2) \, J_2/\Omega_1. \qquad (228\,\text{a})$$

Daraus erkennen wir, daß das Drehmoment unter sonst gleichen Verhältnissen am größten ist, wenn $\varphi_2 = 0$ ist, nämlich

$$M = m_2 \, (U_2 + R_2 \, J_2) \, J_2/\Omega_1. \qquad (228)$$

Soll also ein Induktionsmotor durch Widerstände im Läuferkreis angelassen werden, so wird man hierfür Wirkwiderstände verwenden, damit das erforderliche Drehmoment bei möglichst kleiner Stromaufnahme entwickelt wird.

Wir wollen noch den Zusammenhang zwischen der elektrischen Leistung des äußern Kreises bei Stillstand und der mechanischen Leistung der Maschine im Betriebe veranschaulichen, wobei wir voraussetzen, daß die Läuferwicklung zum Anlauf über Schleifringe auf induktionsfreie Widerstände geschaltet ist, die allmählich kurzgeschlossen werden. [s. IV, B 2 b].

In Bild 186 a ist für diesen Fall das Vektordiagramm der Läuferwicklung bei *Stillstand* des Läufers in etwas anderer Form als bisher dargestellt. Die vom Ständer auf den Läufer übertragene Leistung ist

$$N_i = m_2 \, E_2 \, J_2 \cos \psi_2 = m_2 \, U \, J_2. \qquad (229\,\text{a})$$

Von dieser Leistung wird in der Wicklung des Läufers $m_2 \, R_2 \, J_2^2$ in Wärme umgesetzt, der Rest

$$N_{a\,0} = N_2 = m_2 \, (U - R_2 \, J_2) \, J_2 = m_2 \, U_2 \, J_2 \qquad (229\,\text{b})$$

wird bei Vernachlässigung der Eisenverluste des Läufers in den Widerständen des äußern Läuferkreises verbraucht. Die Verluste im Läuferkreis sind $Q_2 + N_{a\,0} = N_i$.

In Bild 186 b ist der Zustand während des *Anlaufs* dargestellt, wenn noch Widerstände im äußern Läuferkreis eingeschaltet sind. Ziehen wir von der Leistung N_i (Gl. 229a) die Stromwärmeleistung $m_2 R_2 J_2^2$ in der Läuferwicklung und die Leistung $N_a = m_2 U_a J_2$ in den Widerständen des äußern Läuferkreises ab, so kann der Rest nur die mechanische Leistung (einschließlich Beschleunigungsleistung) des Läufers

$$N_{\mathrm{mech}} = N_i - m_2 R_2 J_2^2 - N_a = m_2 (U_2 - U_a) J_2 \qquad (230\,\mathrm{a})$$

darstellen. Die Verluste im Läuferkreis sind hier

$$N_a + Q_2 = m_2 (U_a + R_2 J_2) J_2 \quad (230\,\mathrm{b})$$

und damit die Schlüpfung nach Gl. 227a

$$\left.\begin{aligned} s &= (Q_2 + N_a)/N_i \\ &= (U_a + R_2 J_2)/U. \end{aligned}\right\} \qquad (230)$$

Bild 186c stellt schließlich das Vektordiagramm bei *kurzgeschlossenen Widerständen* im äußern Läuferkreis dar. U_a und N_a sind Null geworden. Ziehen

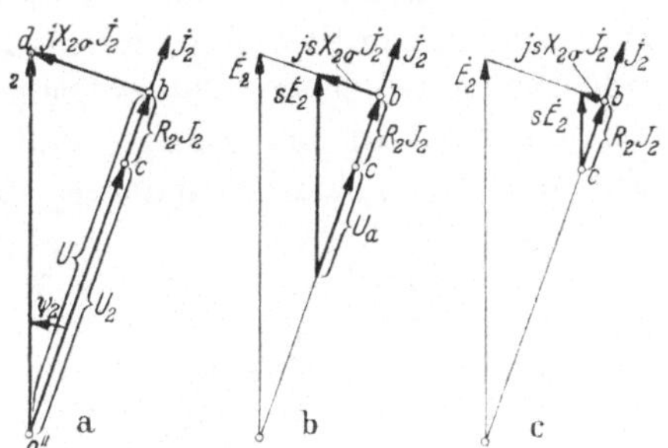

Bild 186a bis c. Spannungsdiagramme des Läufers. a Stillstand, b Anlauf, c Betrieb.

wir von der auf den Läufer übertragenen Leistung die Stromwärmeverluste in der Läuferwicklung ab, so erhalten wir

$$N_{\mathrm{mech}} = N_2 = m_2 (U - R_2 J_2) J_2 = m_2 (1 - s) U J_2 = m_2 U_2 J_2. \qquad (231\,\mathrm{a})$$

Die Stromwärmeleistung in der Läuferwicklung ist $Q_2 = m_2 R_2 J_2^2$, und damit erhalten wir die Schlüpfung zu

$$s = m_2 R_2 J_2^2 / N_i = R_2 J_2 / U. \qquad (231\,\mathrm{b})$$

Aus dem Vergleich der Bilder 186a u. c und der Gl. 229b u. 231a geht hervor, daß die mechanische Leistung bei kurzgeschlossener Läuferwicklung gleich ist der äußern (elektrischen) Leistung N_{a0} bei Stillstand mit einem Wirkwiderstand im äußern Läuferkreis, der denselben Strom im Läufer ergibt wie beim Betrieb mit kurzgeschlossener Läuferwicklung. Dieser Widerstand, der beim Kurzschlußläufer ein gedachter ist, ist mit Gl. 231b und $U_2/U = (1 - s)$ (Bild 186a)

$$R_{a0} = \frac{U_2}{J_2} = \frac{U_2}{U} \frac{R_2}{s} = (1 - s) \frac{R_2}{s}. \qquad (232\,\mathrm{a\ u.\ b})$$

Damit haben wir die Induktionsmaschine mit kurzgeschlossener Läuferwicklung zurückgeführt auf einen Drehtransformator, in dessen äußeren Läuferkreis der fiktive Widerstand R_{a0} je Strang eingeschaltet ist. Die mechanische Leistung der Induktionsmaschine ist gleich den Verlusten in den gedachten Widerständen R_{a0},

$$N_{\mathrm{mech}} = m_2 R_{a0} J_2^2 = m_2 (1 - s) \frac{R_2}{s} J_2^2, \qquad (232\,\mathrm{c})$$

und der Läuferstrom J_2 ergibt sich mit

$$R_{20} = R_{a0} + R_2 = \frac{R_2}{s} \quad \text{zu} \quad J_2 = \frac{E_2}{\sqrt{X_{2\sigma}^2 + (R_2/s)^2}} \qquad (232\,\mathrm{d})$$

4. Vereinfachtes Kreisdiagramm. In (3) haben wir das Vektordiagramm der Induktionsmaschine auf das des gewöhnlichen Transformators zurückgeführt. Beziehen wir die sekundären Größen im Diagramm von Bild 186a auf die primäre Wicklung und fügen die Größen des primären Stromkreises an, so erhalten wir bei Vernachlässigung des Magnetisierungsstromes und der Eisenverluste das in Bild 187a aufgezeichnete Vektordiagramm, worin die Punkte O'', b, c und d denen in Bild 186a entsprechen. Dieses Diagramm haben wir bereits in ($IV\,B\,2$) näher betrachtet und gezeigt, daß bei fester Primärspannung $\dot{U}_1$ die Punkte a und c sich bei Änderung des Sekundärstromes J_2 auf Kreisen

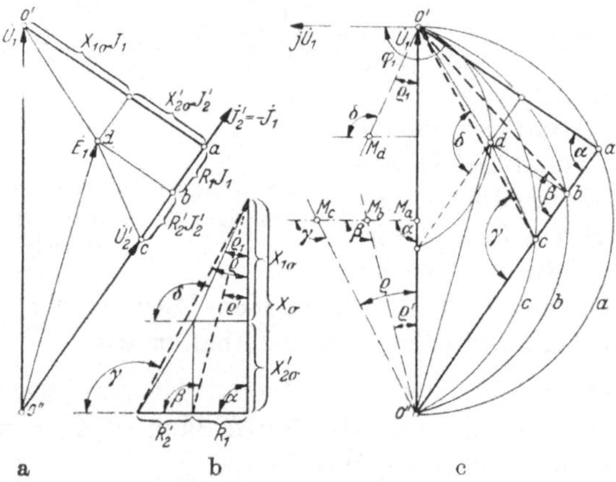

a   b   c

Bild 187a bis c. Spannungsdiagramme; Magnetisierungsstrom vernachlässigt.

bewegen, die durch Anfangs- und Endpunkt von $\dot{U}_1$ gehen; dasselbe gilt für den Punkt b. Diese Kreise sind in Bild 187c eingeschrieben; die Bestimmung ihrer Mittelpunkte ist angedeutet. Der Mittelpunkt M_a des a-Kreises liegt auf $\dot{U}_1$, weil der Winkel α (bei Punkt a) ein rechter ist. Die Winkel β (bei Punkt b) und γ (bei Punkt c), die ebenfalls fest bleiben, ergeben sich aus Wirk- und Streublindwiderstand der Primär- und Sekundärwicklung nach Bild 187b. Es ist

$$\alpha = \pi/2, \qquad \beta = \pi/2 + \varrho', \qquad \gamma = \pi/2 + \varrho, \qquad \text{(233a bis c)}$$
$$\operatorname{tg}\varrho' = R_1/X_\sigma, \qquad \operatorname{tg}\varrho = (R_1 + R_2')/X_\sigma. \qquad \text{(233d u. e)}$$

Auch der Punkt d (Endpunkt von $\dot{E}_1$) bewegt sich auf einem Kreis, weil der Winkel δ (bei Punkt d) konstant ist,

$$\delta = \pi/2 + \varrho_1, \qquad \operatorname{tg}\varrho_1 = R_1/X_{1\sigma}. \qquad \text{(233f u. g)}$$

In ($IV\,B\,2$) hatten wir schon gezeigt, daß die Strecke $\overline{O'a}$ in Bild 187a bei Vernachlässigung des Magnetisierungsstromes und der Eisenverluste dem Primärstrom J_1 proportional ist, und daß der Phasenwinkel zwischen primärem Strom und primärer Klemmenspannung gleich dem Winkel zwischen dem Vektor $\overline{O'a} = j\,X_\sigma\,\dot{J}_1$ und dem Vektor $j\,\dot{U}_1$ ist. Dividieren wir alle Spannungsvektoren im Spannungsdreieck $O''a\,O'$ von Bild 187c durch $j\,X_\sigma$, so erhalten wir ein Stromdiagramm, in dem der Vektor $\overline{O'a}$ den primären, der Vektor $\overline{a\,O'}$ den sekundären Strom darstellt. Die zugehörige primäre Klemmenspannung hat dann die Lage des Vektors $j\,\dot{U}_1$ in Bild 187c.

Bei der Induktionsmaschine dürfen wir wegen des verhältnismäßig großen Luftspalts, der zwischen Ständer und Läufer erforderlich ist, den Magnetisierungsstrom J_μ nicht mehr vernachlässigen. Der Magnetisierungsstrom und im wesentlichen auch die Eisenverluste im Ständer werden durch die EMK E_1 bestimmt. Es gilt bei Vernachlässigung der Eisenverluste im Läufer der in Bild 188a gezeichnete Ersatzstromkreis, worin r ein fiktiver Wirkwiderstand ist, der durch Multiplikation mit

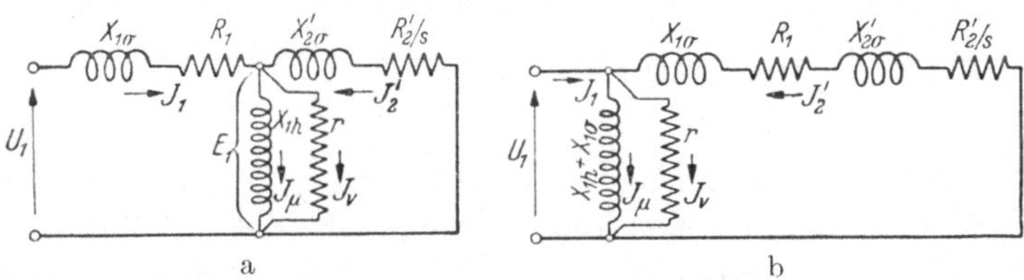

Bild 188a u. b. Ersatzstromkreise der Induktionsmaschine. b Vereinfachter.

dem Quadrat des in ihm fließenden Stromes J_v und der Strangzahl im Ständer die Eisenverluste Q_{E1} im Ständer ergibt ($Q_{E1} = m_1\,E_1\,J_v = m_1\,r\,J_v^2$).

Die Änderung der EMK $\dot{E}_1$ mit der Belastung geht aus Bild 187c hervor. Von Leerlauf bis Nennbetrieb ändert sich E_1 in praktischen Fällen nicht wesentlich (bei $R_1 = 0$ um etwa 2%), so daß wir für diesen Bereich und auch etwas darüber hinaus den Ersatzstromkreis in Bild 188b annehmen dürfen, in dem der um $X_{1\sigma}$ vergrößerte Hauptblindwiderstand X_{1h} und der Widerstand r vor die primären Widerstände gelegt sind. Den Spannungsverlust, den der Magnetisierungsstrom J_μ im Streublindwiderstand $X_{1\sigma}$ hervorruft, berücksichtigen wir dadurch, daß wir in Bild 187c für den Durchmesser $\overline{O''O'}$ des a-Kreises setzen

$$U_D = U_1 - X_{1\sigma}\,J_\mu. \qquad (234\,\mathrm{a})$$

Wir ergänzen nun das Stromdiagramm in Bild 187c durch die Ströme J_μ und J_v und erhalten das in Bild 189 gezeichnete Stromdiagramm mit angenäherter Berücksichtigung des Magnetisierungsstromes und der Eisenverluste, das wir gegenüber Bild 187c noch um 90° gedreht haben, um es in Übereinstimmung mit der allgemein üblichen Darstellung zu bringen, bei der der Vektor der Klemmenspannung senkrecht angeordnet wird. Der Durchmesser $\overline{O'O''}$ des a-Kreises im Stromdiagramm ist mit $X_\sigma = X_{1\sigma} + X'_{2\sigma}$ (Bild 187b)

$$D = (U_1 - X_{1\sigma}\,J_\mu)/X_\sigma = U_D/X_\sigma. \qquad (234\,\mathrm{b})$$

Nach dem Ersatzstromkreis Bild 188b lautet die Spannungsgleichung

$$\dot{U}_D = (R_1 + R_2'/s + j\,X_\sigma)\,\dot{J_2}', \qquad (235\,\mathrm{a})$$

woraus sich der Sekundärstrom

$$\dot{J_2}' = \frac{\dot{U}_D}{R_1 + R_2'/s + j\,X_\sigma} = \frac{R_1 + R_2'/s - j\,X_\sigma}{(R_1 + R_2'/s)^. + X_\sigma^2}\,\dot{U}_D \qquad (235\,\mathrm{b})$$

ergibt. Bei Stillstand ist $s = 1$ (Punkt a_1 in Bild 189), bei unendlich großer Drehzahl $s = \infty$ (Punkt a_∞). Die Abschnitte $O''a_1$ und $\overline{O''a_\infty}$ ergeben sich mit den Gl. 234b u. 245a zu

$$\overline{O''a_1} = \sqrt{D^2 - J_{2k}'^2} = \frac{R_1 + R_2'}{\sqrt{(R_1 + R_2')^2 + X_\sigma^2}} \cdot \frac{U_D}{X_\sigma} \qquad (236\,\mathrm{a})$$

und

$$\overline{O''a_\infty} = \sqrt{D^2 - J_{2\infty}'^2} = \frac{R_1}{\sqrt{R_1^2 + X_\sigma^2}} \cdot \frac{U_D}{X_\sigma}. \qquad (236\,\mathrm{b})$$

Aus dem „HEYLANDschen" Kreisdiagramm Bild 189 wollen wir nun die Wirkungsweise der Maschine, zunächst als Motor, ablesen.

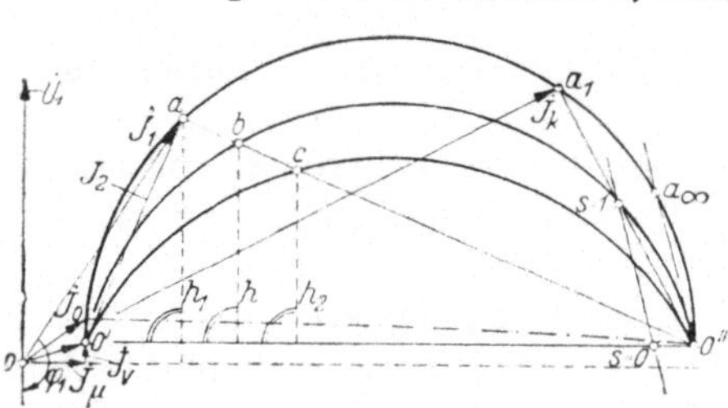

Bild 189. Vereinfachtes HEYLANDsches Kreisdiagramm.

Bei ideellem Leerlauf ist $s = 0$ und $\dot{J_2} = 0$; der Motor läuft mit synchroner Geschwindigkeit und nimmt den Primärstrom $\dot{J_0}' = \dot{J_\mu} + \dot{J_v}$ auf (Punkt O' in Bild 189). Belasten wir den Motor bis zum Stillstand ($s = 1$), so wandert der Endpunkt des primären *Stromvektors* $\dot{J_1}$ auf der oberen Hälfte des a-Kreises bis Punkt a_1. Sein Betrag wächst dauernd von $J_1 = J_0'$ bis $J_1 = J_k$, dem sog. Kurzschlußstrom. Der Betrag des Leistungsfaktors wächst dabei zunächst ebenfalls, erreicht, wenn $\dot{J_1}$ den Kreis a berührt, seinen größten Wert, um dann dauernd zu sinken.

Die *primäre Leistungsaufnahme* $m_1 U_1 J_1 \cos\varphi_1$ wird durch das Lot h_1 in Bild 189 auf die gestrichelte Verlängerung von $\dot{J_\mu}$ dargestellt. Wird h_1 im Strommaß gemessen, so ist

$$N_1 = m_1 U_1 h_1. \qquad (237)$$

Die auf den Läufer *übertragene Leistung* ist nach Gl. 229a $N_i = m_2 U J_2$ (vgl. Bild 186), verhält sich also zu der primär aufgenommenen Leistung abzüglich der Eisenverluste wie $\overline{O''b}/\overline{O''a}$ in Bild 187c. Das Lot h vom Punkte b auf $\overline{O'O''}$ (Bild 189) ist also proportional der inneren Leistung N_i. Messen wir es im Strommaß, so ist

$$N_i = m_1 U_1 h. \qquad (238)$$

Dieser Leistung ist das *Drehmoment* des Läufers proportional,

$$M = \frac{N_i}{2\,\pi.n_1} \quad \text{oder} \quad M = 0{,}974\,\frac{N_i}{n_1}\ \text{kgm}, \qquad \text{(238a u. b)}$$

wenn in die letzte Gleichung die synchrone Drehzahl n_1 in Uml/min und die innere Leistung N_i in W eingesetzt werden.

Wir erkennen aus Bild 189, daß die Leistung N_i einen Höchstwert annimmt, wenn die Verlängerung des Lotes h durch den Mittelpunkt des b-Kreises geht. Man bezeichnet diesen Höchstwert als innere Kippleistung und das entsprechende Moment als *Kippmoment*, weil der Motor ein größeres Moment nicht hergeben kann, sondern bei stärkerer Belastung auf die Drehzahl Null abfällt. Das Verhältnis zwischen Kippmoment und Nennmoment bezeichnet man als *Überlastbarkeit*.

Die *mechanische Leistung* ist nach Gl. 231a $m_2\,U_2\,J_2$ (vgl. Bild 186a), verhält sich also zu der auf den Läufer übertragenen Leistung wie $\overline{O''c}/\overline{O''b}$. Sie ist also dem Lot h_2 auf der Strecke $\overline{O''O'}$ in Bild 189 proportional und gleich

$$N_2 = m_1\,U_1\,h_2, \qquad (239\,\text{a})$$

wenn h_2 im Strommaßstab abgelesen wird. Wegen der Schlüpfung wird die größte mechanische Leistung schon bei etwas kleinerem Primärstrom erreicht als die innere Kippleistung.

Ein Teil der Leistung N_2 wird durch Reibungswärme und Lüftungsleistung, ein anderer Teil durch solche zusätzliche Verluste verbraucht, die aus der mechanischen Leistung gedeckt werden. Bezeichnen wir die Summe dieser Teile mit Q_{mech}, so ist die Nutzleistung N_W, die an der *Welle* des Läufers zur Verfügung steht,

$$N_W = N_2 - Q_{\text{mech}}; \qquad (239\,\text{b})$$

sie ist proportional dem Lot vom Punkte c bis zur strichpunktierten Kurve in Bild 189, die im Abstande $Q_{\text{mech}}/m_1\,U_1$ von der Waagrechten $\overline{O'O''}$ verläuft. Diese Kurve ist von Leerlauf bis zur Nennbelastung praktisch eine Parallele zu $\overline{O'O''}$ und nähert sich ihr mit zunehmender Schlüpfung; sie erreicht sie bei Stillstand ($s = 1$) im Punkt O''.

Für die *Schlüpfung* können wir nach (3) Gl. 231b setzen

$$s = \frac{m_1\,R_2'\,J_2'^{\,2}}{N_i} = \frac{\overline{c\,b}}{\overline{O''b}} \sim \frac{\overline{O'b}}{\overline{O''b}}\ . \qquad (240\,\text{a})$$

Ziehen wir von dem Punkt b_1 bei $s = 1$ (Bild 190) unter dem Winkel β gegen $\overline{O'O''}$ eine Gerade, so ist

$$\overline{O'b}/\overline{O''b} = \overline{fs}/\overline{O''f}. \qquad (240\,\text{b})$$

Da $\overline{O''f}$ fest ist, ist nach Gl. 240a

$$s = \overline{fs}/\overline{fb_1} \qquad (240)$$

die Schlüpfung. Teilen wir die Strecke $\overline{f\,b_1}$ in hundert Teile ein, so gibt die Zahl der Teile, die die Gerade $\overline{O''a}$ im Diagramm vom Punkt f aus auf der Schlüpfungsgeraden $\overline{f\,b_1}$ abschneidet, die Schlüpfung für den Betriebspunkt a in Hundertsteln an. Um die Schlüpfung in der Nähe des Nennbetriebes genauer ablesen zu können, empfiehlt es sich, eine $\overline{f\,b_1}$ parallele Gerade durch den Punkt f' auf der Geraden $\overline{O'O''}$ zu ziehen, der in größerem Abstand von O'' als der Punkt f liegt. Die Schlüpfung ergibt sich dann im $\overline{O''f}\,/\overline{O''f}$-fachen Maßstab (in Bild 190 z. B. im 5-fachen Maßstab).

Der Schnittpunkt der Parallelen zu $\overline{f\,b_1}$ durch den Punkt O'' (Tangente an den b-Kreis) stellt den Punkt a_∞ dar, bei dem das Drehmoment Null und die Schlüpfung $s = \infty$ ist (vgl. Bild 189). [s. IV, B 3a bis c].

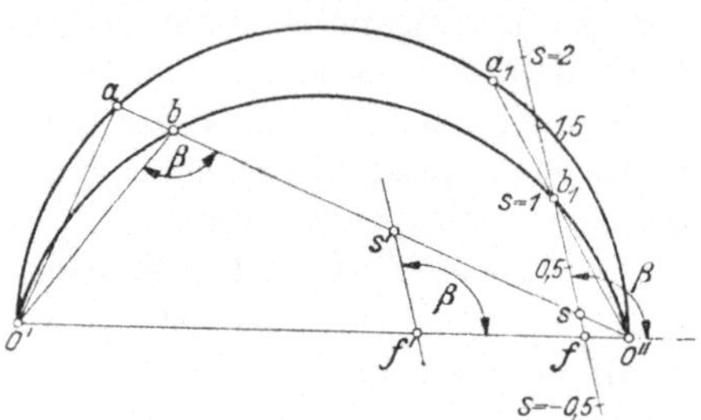

Bild 190. Schlüpfungsgerade f-b_1 bzw. $f'\,s'$.

5. Vereinfachte Darstellung der Leistungen. Der Anschaulichkeit wegen haben wir in dem Kreisdiagramm die innere Leistung N_i und die sekundäre Leistung N_2 durch Lote von den Hilfskreisen b und c auf die Strecke $\overline{O'O''}$ dargestellt, so daß der Zusammenhang mit dem Spannungsdiagramm des Transformators erhalten blieb. Die Aufzeichnung der Kreise b und c ist entbehrlich, wenn die Leistungen durch Abschnitte auf dem Lot h_1, das der primären Leistung N_1 proportional ist, dargestellt werden. Die Abschnitte werden durch Geraden gebildet, die den Punkt $a_0 \equiv O'$, der dem ideellen

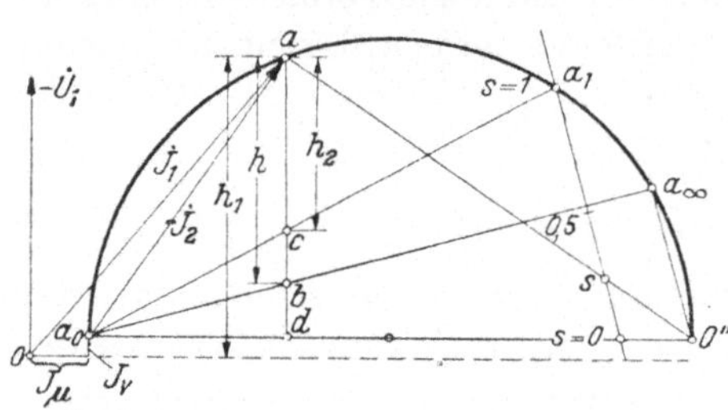

Bild 191. Vereinfachte Darstellung der Leistungen.

Leerlauf entspricht, mit den Punkten a_1 ($s = 1$) und a_∞ ($s = \infty$) verbinden. Es ist dann im Stromdiagramm von Bild 191 die innere und die sekundäre Leistung

$$N_i = m_1\,U_1\,h \quad \text{und} \quad N_{\text{mech}} = N_2 = m_1\,U_1\,h_2. \qquad \text{(241a u. b)}$$

Der Beweis hierfür läßt sich leicht erbringen. Es ist nach Bild 191

$$\frac{\overline{d\,b}}{\overline{O'd}} = \frac{\overline{O''a_\infty}}{\overline{O'a_\infty}} = \frac{\overline{O''a_\infty}}{\overline{a_0\,a_\infty}} = \frac{R_1}{X_\sigma} \qquad \text{(242a)}$$

(Gl. 236b u. 245b, $s = \infty$) und mit

$$\overline{O'd} = J_2'^2/D = X_\sigma\,J_2'^2/U_D \quad \text{wird} \quad \overline{d\,b} = R_1\,J_2'^2/U_D. \qquad \text{(242b u. c)}$$

Mit dem Proportionalitätsfaktor $m_1 U_1$ erhalten wir

$$m_1 U_1 \cdot \overline{d\,b} = m_1 \frac{U_1}{U_D} R_1 J_2'^{\,2} \approx m_1 R_1 J_1^2 . \tag{243}$$

In gleicher Weise erhalten wir mit Gl. 236a für den Abschnitt $\overline{d\,c}$, der den Verlusten proportional sein muß, die der sekundäre Strom in der primären *und* sekundären Wicklung hervorruft,

$$m_1 U_1 \cdot \overline{d\,c} = m_1 \frac{U_1}{U_D} (R_1 + R_2') J_2'^{\,2} . \tag{244}$$

Die Schlupfgerade liegt wieder parallel zu $\overline{O''a_\infty}$. Legen wir sie durch den Punkt a_1, der $s = 1$ entspricht, so erhalten wir die Einteilung der Schlupfgeraden nach Bild 191. Der Schnittpunkt der Geraden $\overline{O''a}$ mit der Schlupfgeraden gibt den Schlupf s an. [s. IV, B 3 e].

6. Generator- und Bremsbetrieb. Für die Betrachtung des Generatorbetriebs brauchen wir auch die untere Hälfte des Kreises, wobei wir die Darstellung in Bild 191 zugrunde legen wollen. Der Abschnitt $\overline{c\,c_1}$ der unteren strichpunktierten Kurve von der Geraden $\overline{a_0 a_1}$ in Bild 192 stellt die mechanischen Verluste dar, die von Leerlauf ($a_0 \equiv O'$) bis zum Stillstand (a_1) nach Maßgabe der jeweiligen Drehzahl bis auf Null sinken und dann wieder anwachsen, um bei a_∞ unendlich groß zu werden. Der Abschnitt $\overline{a\,c_1}$ stellt also das an der Welle bei Motorbetrieb verfügbare Drehmoment dar. Bei Generatorbetrieb ist der Schlupf negativ, die Drehzahl also größer als bei Motorbetrieb. Die mechanischen Verluste werden in diesem Falle etwa durch den Abschnitt $\overline{c\,c_1'}$ der oberen strichpunktierten Kurve von der Geraden $\overline{a_0 a_1}$ dargestellt. Denken wir uns die Maschine als Motor leerlaufen ($J_1 = J_0$, Bild 192), so hat sie eine mechanische Leistung zu entwickeln, die gleich der Summe aus den Reibungsverlusten, der Lüftungsleistung und den mechanisch zu deckenden Zusatzverlusten ist. Treiben wir nun den Läufer im Sinne der Bewegung des Drehfeldes von außen an, so wandert der Stromvektor J_1 auf dem Kreis nach unten, und es werden zunächst die mechanischen Verluste durch den Antrieb des Läufers gedeckt, und zwar restlos, wenn der Endpunkt des Stromvektors in den Punkt $a_0 \equiv O'$ fällt ($J_1 = J_0'$). Der Sekundärstrom wird dann Null, der Läufer läuft mit synchroner Geschwindigkeit um ($s = 0$). Bei verstärktem Antrieb wird die Schlüpfung negativ. Durch die Antriebsleistung werden sämtliche Verluste im Motor gedeckt, wenn der Stromvektor J_1 senkrecht zu U_1 liegt. Wird die Antriebsleistung noch weiter gesteigert, so gibt die Maschine Leistung an das Netz ab. Der Phasenwinkel φ_1 wird spitz, die Maschine arbeitet als Generator.

Die an das Netz abgegebene Leistung ist proportional $h_1' = \overline{e\,a'}$, die vom Läufer auf den Ständer übertragene Leistung und das Drehmoment proportional dem Lot $h' = \overline{b\,a'}$, die sekundäre Leistung N_2 proportional

$h' = \overline{c\,a'}$ und die mechanisch aufgenommene Leistung proportional $\overline{c_1'\,a'}$. Der Proportionalitätsfaktor ist wie in Bild 189 $m_1\,U_1$.

Auch bei Generatorbetrieb wachsen zunächst mit zunehmendem Betrag der negativen Schlüpfung die Leistungen N_1, N_i und N_2 bis zu Höchstwerten, um dann bei weiterer Zunahme des Betrages der Schlüpfung wieder zu sinken. Die Tangenten an den Kreis, parallel zu $\overline{a_0\,a_\infty}$, bestimmen die innere Kippleistung (oder das Kippmoment), $N_K = m_1\,U_1\,h_K$ bei Motor-, $N_K = m_1\,U_1\,h_K'$ bei Generatorbetrieb. Wird beim Generator der Betrag der Schlüpfung größer als h_K' entspricht, so geht

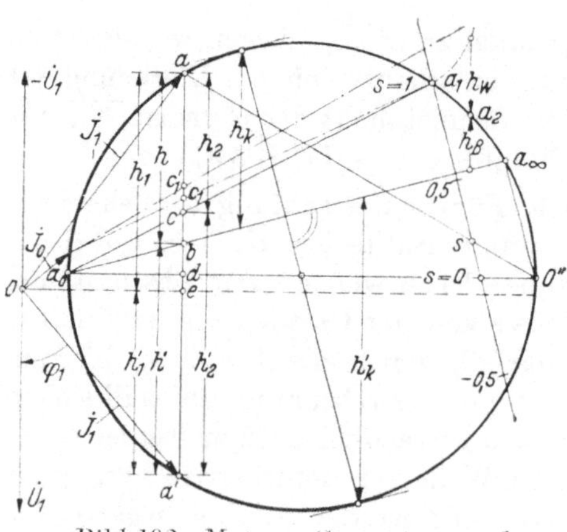

Bild 192. Motor-, Generator- und Bremsbetrieb.

die Maschine durch, weil das entwickelte Drehmoment mit zunehmender Geschwindigkeit dauernd sinkt.

Aus dem Diagramm in Bild 192 geht hervor, daß die Maschine Magnetisierungsblindstrom dem Netz entnimmt. Der Betrieb der Maschine als Generator setzt also voraus, daß das Netz für die Blindströme aufkommt. Sobald die Maschine vom Netz abgetrennt wird, verschwindet das Drehfeld und die Maschine ist im allgemeinen nicht in der Lage, elektrische Leistung zu erzeugen. Nur wenn sie auf eine Kapazität geschaltet wird, kann sie sich ihr magnetisches Feld selbst erregen [IV, B 7]. Dieser Umstand schränkt die Verwendung der Induktionsmaschine als Generator stark ein.

Der Bereich zwischen a_∞ und a_1 entspricht dem Lauf gegen das Drehfeld, den wir in (1) als *Bremsbetrieb* bezeichnet haben. In diesem Bereich gilt für die mechanischen Verluste der rechte Ast der durch a_1 gehenden strichpunktierten Kurve. Betrachten wir z. B. den Betriebszustand, bei dem der Endpunkt des Stromvektors in den Punkt a_2 fällt, er entspricht etwa der Schlüpfung $s = 2$, also einer Drehzahl, die dem Betrage nach gleich der synchronen Drehzahl ist. Das Drehmoment, proportional h_B, ist positiv, d. h. es wird Leistung vom Ständer auf den Läufer übertragen. Die sekundär mechanisch aufgewandte Leistung (h_W, einschließlich der mechanischen Verluste) ist negativ, weil die Drehrichtung des Läufers negativ ist (vgl. auch Bild 193 å). Die der Maschine durch den Ständer elektrisch und den Läufer mechanisch zugeführte Leistung wird durch die Verluste in der Maschine in Wärme umgesetzt. Durch Einschalten von Widerständen in den Läuferkreis läßt sich das Bremsmoment (h_B) regeln. Der Punkt a_2 verschiebt sich dann auf dem Kreis, während die Gerade $\overline{a_0 a_\infty}$, von der aus das Drehmoment gemessen wird, ihre Lage beibehält. [s. IV, B 3 d].

7. Ströme und Leistungen. Den auf die Primärwicklung bezogenen *Sekundärstrom* erhalten wir nach Gl. 235b zu

$$J_2' = \frac{U_D}{\sqrt{(R_1 + R_2'/s)^2 + X_\sigma^2}}, \quad \text{bei } s = \pm \infty: \quad J_2' = \frac{U_D}{\sqrt{R_1^2 + X_\sigma^2}}. \qquad \text{(245a u. b)}$$

Er erreicht seinen größten Wert (Punkt O'' in Bild 189, 191 oder 192)

$$J_{2\,\text{max}}' = U_D/X_\sigma = D \quad \text{bei} \quad s = -R_2'/R_1. \qquad \text{(245c u. d)}$$

Den *Primärstrom* J_1 erhalten wir aus den Beträgen der Wirk- und Blindkomponenten $J_{1w} = J_{2w}' \pm J_v$, wobei das $+$-Zeichen für Motor-, das $-$-Zeichen für Generatorbetrieb gilt, und $J_{1b} = J_{2b}' + J_\mu$ zu $J_1 = \sqrt{J_{1w}^2 + J_{1b}^2}$; mit Gl. 235b ist

$$J_{1w} = \left| \frac{(R_1 + R_2'/s)\,U_D}{(R_1 + R_2'/s)^2 + X_\sigma^2} \right| \pm J_v, \qquad J_{1b} = \frac{X_\sigma U_D}{(R_1 + R_2'/s)^2 + X_\sigma^2} + J_\mu, \qquad \text{(246a u. b)}$$

womit der Leistungsfaktor $\cos\varphi_1 = J_{1w}/J_1$ berechnet werden kann.

Die *innere Leistung* N_i ergibt sich nach Gl. 231b ($R_2 J_2^2 = R_2' J_2'^2$), wenn wir J_2' nach Gl. 245a einsetzen. Beachten wir dabei, daß wir bei der angenäherten Berücksichtigung des Spannungsverlustes durch den Magnetisierungsstrom den Durchmesser des a-Kreises mit U_D/X_σ (Gl. 234b) eingesetzt haben, aber nicht das Produkt aus U_D und Wirkstrom, sondern aus U_1 und Wirkstrom gleich der Wirkleistung ist, so erhalten wir

$$N_i = \frac{U_1}{U_D}\, \frac{m_1 U_D^2 R_2'/s}{(R_1 + R_2'/s)^2 + X_\sigma^2} = \frac{m_1 U_1 U_D s R_2'}{(s R_1 + R_2')^2 + (s X_\sigma)^2}. \qquad \text{(247)}$$

Die innere *Kippleistung* N_K ergibt sich aus $d N_i/ds = 0$ bei dem Kippschlupf

$$s_K = \pm \frac{R_2'}{\sqrt{R_1^2 + X_\sigma^2}} \quad \text{zu} \quad N_K = \frac{m_1 U_1 U_D}{2\left(R_1 \pm \sqrt{R_1^2 + X_\sigma^2}\right)}, \qquad \text{(248a u. b)}$$

worin das $+$-Zeichen vor der Wurzel für Motorbetrieb, das $-$-Zeichen für Generatorbetrieb gilt.

Die *primäre Leistung* abzüglich $Q_{E1} = m_1 U_1 J_v$ ist nach Bild 189 $N_1 - m_1 U_1 J_v = N_i(h_1 - J_v)/h = N_i \cdot \overline{O''a}/\overline{O''b}$. Darin ist $\overline{O''a} = \sqrt{\overline{O'O''}^2 - \overline{O'a}^2}$, $\overline{O''b} = \overline{O''a} - \overline{ab}$ und $\overline{O'O''} = D = J_{2\,\text{max}}'$, $\overline{O'a} = J_2'$, $\overline{ab} = J_2' \cdot R_1/X_\sigma$. Setzen wir J_2' und $J_{2\,\text{max}}'$ nach Gl. 245a u. c ein, so erhalten wir

$$N_1 - Q_{E1} = (1 + s R_1/R_2')\, N_i. \qquad \text{(249)}$$

Die *sekundäre* (mechanische) Leistung ist nach Bild 189 und Gl. 231a u. 229a

$$N_\text{mech} = N_2 = N_i \cdot h_2/h = (1 - s)\, N_i. \qquad \text{(250)}$$

$N_1 - Q_{E1} - N_i$ stellt die Verluste in der Primärwicklung, $N_i - N_2 = N_i - N_{\mathrm{mech}}$ die in der Sekundärwicklung (einschl. N_a) dar (vgl. Bild 183).

In Bild 193a sind der primäre Strom J_1 und der sekundäre Strom J_2', beide bezogen auf $J_{2\,\mathrm{max}}'$, die primäre Leistung N_1, die innere N_i und die sekundäre N_2, alle bezogen auf die innere Kippleistung N_K bei Motorbetrieb, sowie der Leistungsfaktor $\cos\varphi_1$ über dem ganzen Schlupfbereich von $+\infty$ bis $-\infty$ aufgetragen. Links unten sind die bezogenen Ströme noch für einen größeren Schlupfmaßstab dargestellt. Die Kurven gelten für einen Drehstrommotor von etwa 5 kW Leistung mit $R_1 = R_2' = 0{,}25\,X_\sigma$, wofür auch die Bilder 189, 191 u. 192 gezeichnet sind. Für den gewöhnlichen Betrieb kommt nur die Gegend in der Nähe von

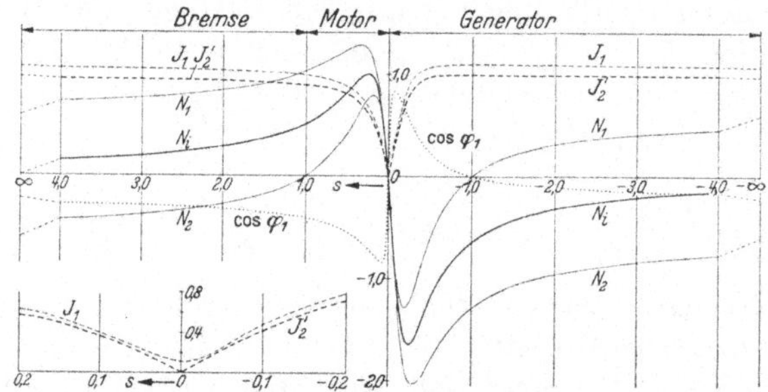

Bild 193a. J_1 und J_2', bezogen auf $J_{2\,\mathrm{max}}'$; N_1, N_i, N_2, bezogen auf N_{K+}; $\cos\varphi_1$; über dem Schlupf.

$s = 0$ in Betracht. $s = 1$ entspricht Stillstand ($n = 0$), $s = 0$ der synchronen Drehzahl n_1. Der Kippschlupf tritt nach Gl. 248a bei $s_K = \pm\, 0{,}243$ auf. Bei $R_1 = 0$ wäre, abgesehen vom Vorzeichen, auch die innere Leistung bei Generator- und Motorbetrieb dieselbe. Mit wachsendem R_1 wächst die innere Kippleistung bei Generatorbetrieb und kann bei großem R_1 sehr hohe Werte annehmen. Der inneren Leistung ist nach Gl. 238 das Drehmoment proportional.

In Bild 193b sind die auf $J_{2\,\mathrm{max}}'$ bezogenen Ströme J_1 und J_2', der Schlupf s, die relative Drehzahl $n/n_1 = 1 - s$ und der Betrag des Leistungsfaktors $|\cos\varphi_1|$ über dem auf M_K bezogenen Drehmoment M für den „stabilen Bereich" dargestellt. Unter „stabilem Betrieb" versteht man gewöhnlich den Betrieb von $s = 0$ bis $s = s_K$, wie er in der Regel praktisch in Frage kommt; man denkt sich dabei das Belastungsmoment als unabhängig von der Drehzahl. Unter Umständen kann das Belastungsmoment über der Drehzahl aber auch so verlaufen, daß außerhalb des „stabilen Bereichs" ein stabiler Gleichgewichtszustand zwischen entwickeltem und Belastungsmoment möglich ist, was in jedem Falle noch ($I\,C\,5$) leicht festzustellen ist.

Die Kennlinien in Bild 193b ergeben sich aus dem Kreisdiagramm in Bild 189 oder 191 oder genauer rechnerisch nach den in diesem

Abschnitt angeschriebenen Gleichungen. Der Leistungsfaktor bei ideellem Leerlauf ($M/M_K = 0$) ist verhältnismäßig groß, weil wir der Deutlichkeit wegen J_v in den Kreisdiagrammen etwas reichlich angenommen haben. Der Nennbetriebspunkt hängt von der geforderten Überlastbarkeit $\ddot{u} = M_K/M$ ab und liegt z. B. für $\ddot{u} = 2$ bei $M/M_K = 0{,}5$.

Nach Gl. 248b ist die innere Kippleistung und damit auch das Kippmoment vom Widerstand des Läuferkreises R_2' unabhängig. Dagegen ist nach Gl. 248a die Schlüpfung, bei der das Kippmoment auftritt, proportional dem Widerstand R_2' im Läuferkreis und hat denselben Betrag für Motor- und Generatorbetrieb. Mit zunehmendem Widerstand im Läuferkreis verschiebt sich das Kippmoment von der Ordinate $s = 0$

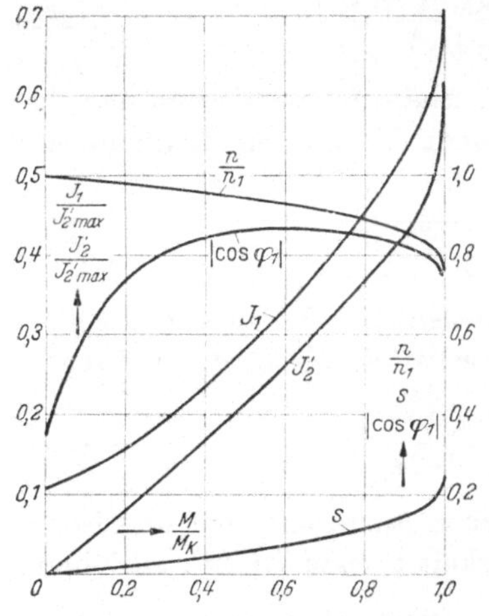

Bild 193b. Kennlinien bei Motorbetrieb über dem relativen Drehmoment M/M_K.

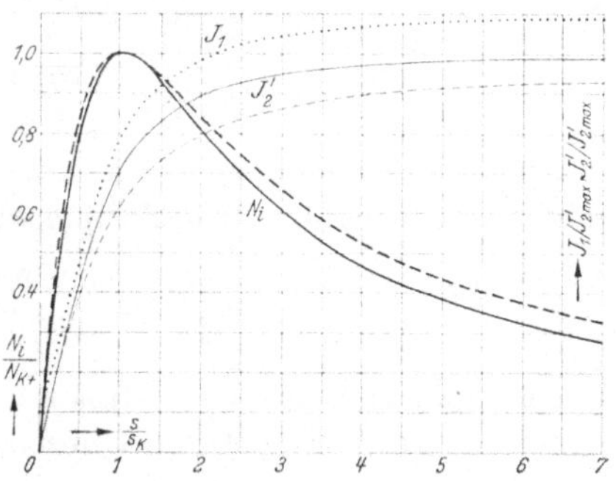

Bild 194. $J_2'/J_{2\,\mathrm{max}}'$ bei $R_1/X_\sigma = 0$ (——) und 0,25 (- - -), $J_1/J_{2\,\mathrm{max}}'$ bei $R_1/X_\sigma = 0$ (· · · · ·), N_i/N_{K+} bei $R_1/X_\sigma = 0$ (——) und 0,25 (— — —) über s/s_K.

nach beiden Seiten der Abszissenachse proportional dem Läuferwiderstand. Durch Einschalten von Widerstand in den Läuferkreis kann das Anzugsmoment ($s = 1$) bis zum Betrag des Kippmoments vergrößert werden. Setzen wir $M_K = M_{s=1}$, so erhalten wir nach Gl. 248a mit $s_K = 1$ den Widerstand $R_2' = \sqrt{R_1^2 + X_\sigma^2}$, bei dem der Motor ein Anzugsmoment entwickelt, das gleich dem Kippmoment ist.

Bilden wir das Verhältnis zwischen der vom Ständer auf den Läufer übertragenen Leistung N_i und der inneren Kippleistung bei Motorbetrieb, die wir mit N_{K+} bezeichnen, so wird mit Gl. 247 u. 248a u. b

$$\frac{N_i}{N_{K+}} = \frac{M}{M_{K+}} = \frac{2\,(1+\varepsilon)}{s/s_K + s_K/s + 2\varepsilon}\,, \tag{251a}$$

worin zur Abkürzung

$$\varepsilon = |s_K|\,\frac{R_1}{R_2'} = \frac{R_1}{\sqrt{R_1^2 + X_\sigma^2}} \approx \frac{R_1}{X_\sigma} \tag{251b}$$

gesetzt ist. Für den Entwurf kann zunächst $\varepsilon \approx 4\,s_N$ (vgl. Bild 219 u. Gl. 274c) geschätzt werden.

In Bild 194 ist die auf die Kippleistung N_{K+} bezogene innere Leistung N_i über dem Schlüpfungsverhältnis s/s_K bei Vernachlässigung des Wirkwiderstandes R_1 in der Primärwicklung durch die voll ausgezogene Kurve dargestellt. Den Einfluß des Wirkwiderstandes R_1 läßt für den Fall, daß $R_1/X_\sigma = 0{,}25$ ist, die gestrichelte Kurve erkennen.

Die *Überlastbarkeit* bei Motorbetrieb ist nach Gl. 251a

$$\ddot{u} = \frac{M_{K+}}{M_N} = \frac{s_N/s_K + s_K/s_N + 2\varepsilon}{2\,(1+\varepsilon)}\,. \tag{252}$$

Aus Gl. 251a u. 252 ergibt sich das Verhältnis m zwischen dem bei der Schlüpfung s auftretenden Drehmoment M und dem Nennmoment M_N zu

$$m = \frac{M}{M_N} = \frac{s_N/s_K + s_K/s_N + 2\varepsilon}{s/s_K + s_K/s + 2\varepsilon}\,. \tag{253}$$

Für das *Verhältnis zwischen Anzugsmoment* $(s=1)$ bei kurzgeschlossener Läuferwicklung *und Kippmoment* erhalten wir nach Gl. 251a

$$\frac{M_A}{M_{K+}} = \frac{2\,(1+\varepsilon)}{1/s_K + s_K + 2\varepsilon}\,. \tag{254}$$

Damit ergibt sich das Verhältnis a zwischen Anzugsmoment und Nennmoment, wenn wir noch die Überlastbarkeit $\ddot{u}$ nach Gl. 252 einführen,

$$a = \frac{M_A}{M_N} = \frac{2\,(1+\varepsilon)}{1/s_K + s_K + 2\varepsilon}\cdot\ddot{u} = \frac{2\,(1+\varepsilon)\,s_K}{1 + 2\varepsilon\,s_K + s_K^2}\cdot\ddot{u}\,. \tag{254a}$$

Wir können daraus die Kippschlüpfung berechnen, die bei vorgeschriebener Überlastbarkeit $\ddot{u}$ und dem vorgeschriebenen Anzugsmoment (a), bezogen auf das Nennmoment, der Motor haben muß. Wir erhalten die Kippschlüpfung

$$s_K = \ddot{u}_a\,(\mp)\,\sqrt{\ddot{u}_a^2 - 1} = \frac{1}{\ddot{u}_{a\,(\pm)}\,\sqrt{\ddot{u}_a^2 - 1}} \quad \text{mit } \ddot{u}_a = \frac{\ddot{u}}{a}\left(1 + \frac{\ddot{u}-a}{\ddot{u}}\,\varepsilon\right). \tag{255a}$$

Das obere Wurzelvorzeichen in Gl. 255a gilt für den praktisch hauptsächlich in Frage kommenden Betriebsbereich, in dem das Kippmoment bei Schlüpfungen $s_K < 1$ auftritt, während das untere Vorzeichen voraussetzt, daß $s_K > 1$ ist. Bei genügend kleinem Wirkwiderstand im Ständer $(\varepsilon \approx 0)$ ist $\ddot{u}_a \approx \ddot{u}/a$.

Die Gl. 255a ist für den Entwurf des Motors von praktischer Bedeutung. Gewöhnlich ist bei Motoren mit Kurzschlußläufer die Überlastbarkeit $\ddot{u}$ und das relative Anzugsmoment a vorgeschrieben. Wir können dann die erforderliche Kippschlüpfung s_K nach Gl. 255a berechnen, wobei wir in erster Annäherung $\varepsilon = 0$ setzen oder auch ε nach Gl. 251b mit den angenommenen Werten von R_1 und X_σ, die nicht wesentlich verändert werden können, schätzen. Damit ergibt sich dann nach Gl. 248a der erforderliche Wirkwiderstand R_2' der Läuferwicklung.

Wir können die Kippschlüpfung, die für ein bestimmtes Anzugsmoment erforderlich ist, auch dem Bild 194 entnehmen, wenn wir nicht, wie es ursprünglich gedacht war, s_K als konstant und s als veränderlich annehmen, sondern wenn wir $s = 1$ setzen ($N_i = N_A$) und uns die Kippschlüpfung als Veränderliche denken. Die zu $M_A/M_K = N_A/N_K = a/\ddot{u}$ gehörige Abszisse (gewöhnlich auf dem rechten Ast) stellt dann $1/s_K$ dar; der reziproke Wert davon ist also s_K. [s. IV, B 4].

8. Das „genaue" Kreisdiagramm. Bei der Behandlung des Kreisdiagramms in (*3* u. *4*) haben wir den Magnetisierungsstrom als unabhängig von der Belastung vorausgesetzt und seinen Spannungsverlust in der Primärwicklung näherungsweise berücksichtigt. Wir wollen nun das Kreisdiagramm unter Berücksichtigung der Veränderlichkeit des Magnetisierungsstromes mit der Belastung ableiten. Dabei müssen wir aber auch hier voraussetzen, daß die Induktivitäten und die Wirkwiderstände konstant sind. Insofern ist die Bezeichnung „genaues" Kreisdiagramm mit Vorsicht zu bewerten. Zur Vereinfachung unserer Betrachtungen werden wir den Verluststrom J_v durch die Eisenverluste vernachlässigen, den wir angenähert wie in (*4*) berücksichtigen können.

Für den Ersatzstromkreis in Bild 188a lauten bei Vernachlässigung der Eisenverluste die Spannungsgleichungen

$$\dot{U}_1 + (R_1 + j\,X_{1\sigma})\,\dot{J}_1 = \dot{E}_1 \quad \text{und} \quad (R_2'/s + j\,X_{2\sigma}')\,\dot{J}_2' = \dot{E}_1, \qquad \text{(256a u. b)}$$

worin

$$\dot{E}_1 = -j\,X_{1h}\,\dot{J}_\mu = -j\,X_{1h}\,(\dot{J}_1 + \dot{J}_2') \qquad \text{(256c)}$$

ist (*III G 2* u. *3*). Aus diesen Gleichungen berechnen wir

$$\dot{J}_2' = -\frac{j\,s\,X_{1h}}{R_2' + j\,s\,(X_{1h} + X_{2\sigma}')}\,\dot{J}_1 = -\frac{j\,s\,X_{1h}}{R_2' + j\,s\,X_2'}\,\dot{J}_1 \qquad \text{(257a)}$$

und

$$\dot{J}_1 = -\frac{R_2' + j\,s\,X_2'}{(R_1 + j\,X_1)\,R_2' + s\,[j\,X_2'\,(R_1 + j\,X_1) + X_{1h}^2]}\cdot\dot{U}_1. \qquad \text{(257b)}$$

Die Gleichung stellt nach (*III H*) einen Kreis von allgemeiner Lage zum Koordinatenanfangspunkt dar. Legen wir die Klemmenspannung $\dot{U}_1$ in die negative Ordinatenachse (Bild 195), so ergeben sich die Mittelpunktskoordinaten x_m und y_m und der Radius R des HEYLANDschen Kreises nach Gl. 188a bis c mit

$$A_x = 0, \qquad B_x = -X_2'\,U_1, \qquad C_x = R_1\,R_2', \qquad D_x = X_{1h}^2 - X_1\,X_2',$$
$$A_y = R_2'\,U_1, \qquad B_y = 0, \qquad C_y = R_2'\,X_1, \qquad D_y = R_1\,X_2'.$$

Setzen wir zur Abkürzung

$$r = R_1/X_1 \quad \text{und} \quad \sigma = 1 - X_{1h}^2/X_1\,X_2', \qquad \text{(258a u. b)}$$

worin σ die Gesamtstreuziffer ist (*III G1*, Gl. 168), so erhalten wir nach einfachen Umformungen

$$x_m = \frac{1+\sigma}{\sigma+r^2} \cdot \frac{U_1}{2X_1}, \quad y_m = \frac{2r}{\sigma+r^2} \cdot \frac{U_1}{2X_1}, \quad R = \frac{1-\sigma}{\sigma+r^2} \cdot \frac{U_1}{2X_1}. \quad \text{(259 a bis c)}$$

Die Punkte a_0, a_1 und a_∞ in Bild 195 entsprechen der Reihe nach ideellem Leerlauf ($s = 0$), Stillstand ($s = 1$) und unendlich großer Drehzahl ($s = \infty$). Die Punkte a_0 und a_∞ ergeben sich als Schnittpunkte des Diagrammkreises mit einem Kreis b (in Bild 195 gestrichelt), dessen Radius $U_1/2R_1$ ist, und dessen Mittelpunkt C auf der Ordinatenachse im Abstand $U_1/2R_1$ vom Koordinatenanfangspunkt liegt. Der Kreis ist für dieselben Werte $J_\mu = U_1/X_1$ und $R_1 = 0{,}25\,X_\sigma$ wie beim vereinfachten Diagramm aufgezeichnet, wobei $X_{1\sigma} = X'_{2\sigma}$ angenommen ist. Es ist also $r = 0{,}0238$ (Gl. 258a), $\sigma = 0{,}0930$. Zum Vergleich ist der Kreis des vereinfachten Diagramms dünn angedeutet.

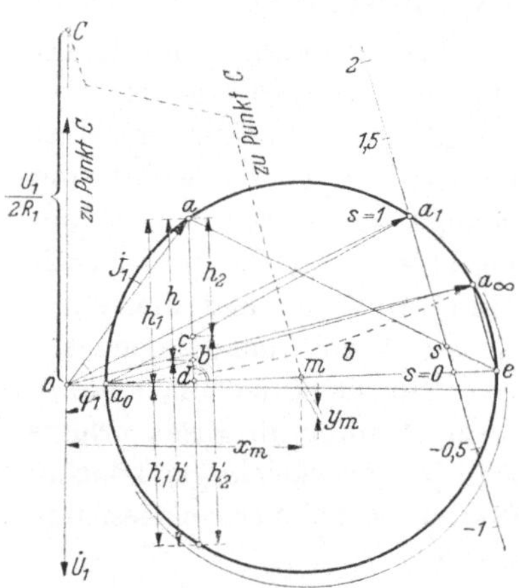

Bild 195. „Genauer" HEYLAND-Kreis (schwach vereinfachter) für unser Beispiel.

Die im Strommaß gemessenen Abstände des Endpunktes des Stromes J_1 von der Abszissenachse ergeben wie in (*4*, S. 154) die primäre Leistung mit dem Maßstabfaktor $m_1 U_1$; denn $J_1 \cos\varphi_1$ ist der Wirkstrom. Die innere und die mechanische Leistung können ähnlich wie beim vereinfachten Kreisdiagramm (Bild 191 u. 192) dargestellt werden; sie ergeben sich als Abschnitte auf der Senkrechten zu $\overline{a_0\,m}$ vom Betriebspunkt a in Bild 195 (bzw. a', Bild 192). Es ist $N_i = m_1 U_1 h$, $N_2 = m_1 U_1 h_2$. Den Schlupf messen wir in Übereinstimmung mit Bild 191 durch die Strecke, die die Gerade $\overline{a\,e}$ auf der Schlupfgeraden (Parallele zu $\overline{e\,a_\infty}$) abschneidet.

Rechnerisch erhalten wir die innere Leistung nach Gl. 231b ($R_2 J_2^2 = R'_2 J'^2_2$). Führen wir den Strom J_1 nach Gl. 257a in Gl. 256a ein und lösen sie nach J'^2_2 auf, so wird

$$J'^2_2 = \frac{s^2 X^2_{1h} \dot{U}^2_1}{(R_1 R'_2 + s X^2_{1h} - s X_1 X'_2)^2 + (R'_2 X_1 + s R_1 X'_2)^2}. \quad \text{(260a)}$$

Damit ergibt sich nach einfachen Umformungen mit Gl. 231b

$$N_i = \frac{m_1 U^2_1}{2R_1 + \dfrac{R'_2}{s}\dfrac{R^2_1 + X^2_1}{X^2_{1h}} + \dfrac{s}{R'_2} X'^2_2 \dfrac{R^2_1 + \sigma^2 X^2_1}{X^2_{1h}}}. \quad \text{(260)}$$

Die Schlüpfung s_K, bei der das Kippmoment oder die innere Kippleistung auftritt, erhält man aus der Gleichung $dN_i/ds = 0$ zu

$$s_K = \pm \frac{R_2'}{X_2'} \sqrt{\frac{R_1^2 + X_1^2}{R_1^2 + \sigma^2 X_1^2}} \tag{261a}$$

und damit die innere Kippleistung:

$$N_K = \frac{m_1 U_1^2}{2\left[R_1 \pm \dfrac{X_2'}{X_{1h}^2} \sqrt{(R_1^2 + X_1^2)(X_1^2 \sigma^2 + R_1^2)} \right]} . \tag{261b}$$

Das Verhältnis zwischen innerer Leistung und innerer Kippleistung ist gleich dem Verhältnis zwischen Drehmoment und Kippmoment und führt nach einfachen Umformungen zu dem Ausdruck

$$\frac{M}{M_K} = \frac{N_i}{N_K} = \frac{2(1 + \sin\alpha)}{s_K/s + s/s_K + 2\sin\alpha} \tag{262}$$

mit

$$\sin\alpha = \frac{r(1-\sigma)}{\sqrt{(1+r^2)(\sigma^2 + r^2)}} \approx \frac{r(1-\sigma)}{\sigma} \quad \text{und} \quad r = \frac{R_1}{X_1} . \tag{262a u. b}$$

[s. IV, B 5].

9. Praktische Bedeutung des „genauen" Kreisdiagramms.

Wir haben sowohl bei dem vereinfachten als auch bei dem „genauen" HEYLAND-Kreis die Blindwiderstände als unabhängig vom Strom vorausgesetzt. Bis etwa in die Gegend des Nennbetriebs ist diese Annahme zulässig, sofern der Läufer nicht mit ganz geschlossenen Nuten ausgeführt ist. Bei größeren Strömen macht sich jedoch der Einfluß der magnetischen Spannung im Eisen auf die Streublindwiderstände bemerkbar,

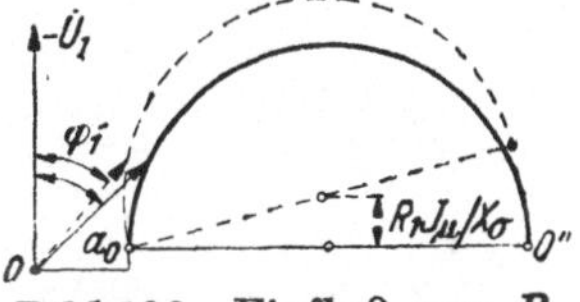

Bild 196. Einfluß von R_1 auf $\cos\varphi_1'$.

so daß für diese Ströme größere Kreise gelten als für Nennbetrieb. Dadurch weicht das „genaue" Kreisdiagramm (Bild 195) noch mehr von der Wirklichkeit ab als das vereinfachte (Bild 189, 191, 192). Es ist deshalb für Maschinen mittlerer und größerer Leistung das vereinfachte Kreisdiagramm nicht ungenauer als das „genaue".

Für das Kippmoment erhält man auch bei größeren Werten von R_1 und J_μ nach Gl. 248b des vereinfachten Diagramms praktisch denselben Wert wie nach dem „genauen"; denn es läßt sich nachweisen, daß der Nenner in Gl. 261b sehr angenähert gleich dem $(1 + \sigma_1)$-fachen des Nenners in Gl. 248b ist $(1 + \sigma_1 = U_1/U_D)$. Dagegen ergibt sich bei sehr großen Werten von R_1 und J_μ der primäre Leistungsfaktor $\cos\varphi_1'$ etwas zu klein, weil wir den Spannungsverlust $R_1 J_\mu$ in unserm vereinfachten Diagramm nicht berücksichtigt haben. Wir erhalten in diesem Falle den genaueren Leistungsfaktor, wenn wir den vereinfachten Kreis so drehen, daß der Mittelpunkt um $R_1 J_\mu / X_\sigma$ über $\overline{a_0 O''}$ liegt (Bild 196). [s. IV, B 6].

10. Die Stromverdrängungsmotoren. Zur Entwicklung eines hohen Anzugsmomentes bei kleinem Strom ist ein verhältnismäßig großer Wirkwiderstand im Läufer günstig, während er im Betriebe mit Rücksicht auf guten Wirkungsgrad möglichst klein sein soll. Um diese Änderung des Wirkwiderstandes bei Kurzschlußläufer selbsttätig zu erreichen, kann die Läuferwicklung so ausgebildet werden, daß sich bei Stillstand die Stromverdrängung (*III F 4*) stark bemerkbar macht, mit wachsender Drehzahl, also sinkender Läuferfrequenz, aber allmählich verschwindet. Solche Motoren bezeichnet man als „Stromverdrängungsmotoren". Wir unterscheiden

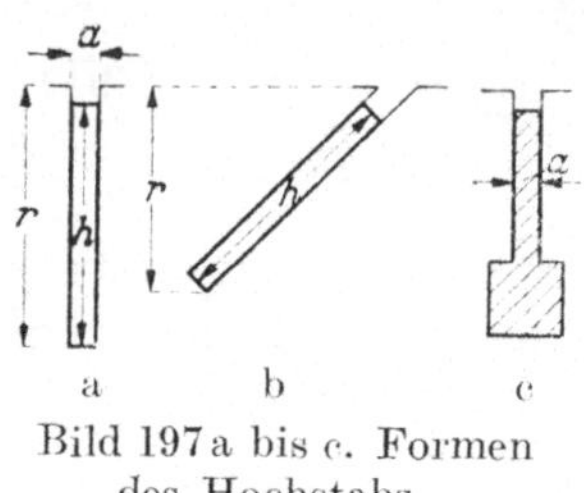

Bild 197 a bis c. Formen des Hochstabs.

im wesentlichen Hochstabläufer und Doppelkäfigläufer. [s. IV, J 1 u. 2].

Beim *Hochstabläufer* (Bild 197 a) ist die Leiterhöhe so bemessen ($h > 2$ cm), daß bei Stillstand, wenn die Ströme im Läufer Netzfrequenz haben, der Wirkwiderstand durch Stromverdrängung erheblich vergrößert wird. Gleichzeitig wird dabei auch die Induktivität verringert

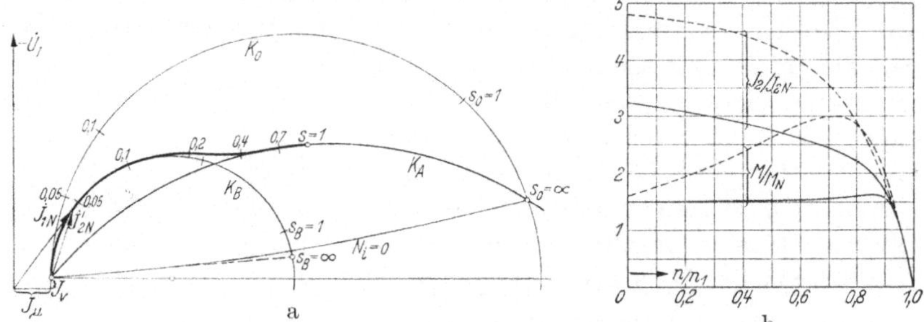

Bild 198 a u. b. a Ortskurve von J_1, b Strom und Drehmoment, gestrichelt stromverdrängungsfrei; $s_N \approx 0{,}04$.

[I, II M 1 c u. IV, J 1]. Bei Nennbetrieb (in der Nähe von $s = 0$) ist dagegen die Frequenz der Läuferströme so klein, daß praktisch nur der Gleichwiderstand in Betracht kommt. Um die radialen Abmessungen der Läufernuten zu verringern, werden die Nuten zuweilen nach Bild 197 b schräg gestellt oder die Leiter mit unten verstärktem Stabquerschnitt nach Bild 197 c ausgeführt. Diese Abänderungen haben bei gleicher Dicke a und gleichem Leiterquerschnitt praktisch keinen Einfluß auf die zusätzliche Stromwärme.

Die Ortskurve des primären und sekundären Stromes läßt sich angenähert durch zwei Kreise, dem Betriebskreis K_B, der für kleine Werte des Schlupfes, und dem Anlaufkreis K_A, der für große Schlupfwerte gilt, ersetzen (Bild 198 a). Im Bild sind die Kreise K_B und K_A und zum

Vergleich auch der Kreis K_0 des stromverdrängungsfreien Motors (Leiter-querschnitt an der oberen Leiterkante konzentriert gedacht) für einen praktischen Fall (Stabhöhe $h = 3$ cm, Nennschlupf $\approx 0{,}04$) aufgezeichnet. Die Schlupfwerte auf den Kreisen K_0 und K_B sind durch die Zeiger 0 und B unterschieden. Bis zu $s \approx 0{,}11$ gilt der Betriebskreis K_B, von $s \approx 0{,}45$ ab der Anlaufkreis K_A. Die stärker her-vorgehobene Kurve zeigt den genaueren Verlauf der Ortskurve. $s = 1$ kann auf dem Kreis K_A so gewählt werden, daß ein genügend kleiner Strom bei genügend großem Anzugsmoment auftritt. Die innere Leistung N_i wird durch den Ordinaten-abschnitt von der Kurve $N_i = 0$ bis zum End-punkt des Stromvektors $\dot{J}_1$ gemessen.

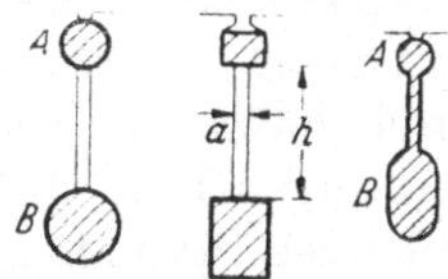

Bild 199. Stabformen des Doppelkäfigs.

In Bild 198 b ist für unser Beispiel der Verlauf des relativen Stromes (J_2/J_{2N}) und des relativen Moments (M/M_N) über der relativen Dreh-zahl (n/n_1) aufgetragen. Gestrichelte Kurven geben die entsprechen-den Größen beim stromverdrängungsfreien Motor an. [s. IV, J 3 u. 4].

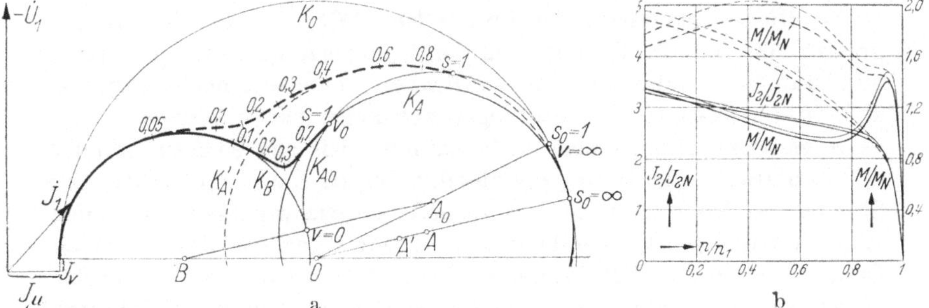

Bild 200a u. b. a Ortskurve von J_1 für zwei verschiedene $v = r_B/r_A$, voll aus-gezogen bzw. gestrichelt; b relatives Drehmoment M/M_N und relativer Strom J_2/J_{2N} für diese beiden Fälle; schwächere Kurven für $R_1 = 0$; $s_N \approx 0{,}02$.

Größere Werte des Widerstandsverhältnisses k lassen sich beim *Doppelkäfigläufer* erreichen. Die Anlaufwicklung (A) ist mit großem Wirkwiderstand und kleiner Streuinduktivität, die Betriebswicklung (B) mit kleinem Wirkwiderstand und großer Streuinduktivität ausgeführt. Die Bilder 199 stellen Ausführungsbeispiele der Läuferstäbe A u. B der beiden Käfigwicklungen dar; beim rechten Bild werden die Stäbe mit den Endringen aus Aluminium unter hohem Druck gegossen. Bei kleinen Drehzahlen führt die Betriebswicklung wegen der großen Streu-induktivität nur einen verhältnismäßig kleinen Strom, die Anlauf-wicklung mit kleinem Streublindwiderstand einen verhältnismäßig großen Strom, so daß der Motor mit großem Anzugsmoment anläuft. In der Nähe der synchronen Drehzahl verschwindet praktisch der Streu-blindwiderstand und der Läuferstrom verteilt sich nach Maßgabe der Gleichwiderstände auf die beiden Wicklungen.

Die Ortskurve des Stromes läßt sich wieder aus zwei Kreisen K_A und K_B zusammensetzen. In Bild 200a gilt der Kreis K_0 für den stromverdrängungsfreien Motor ($s_N = 0{,}02$); der Hilfskreis K_{A0} bestimmt den Anlaufpunkt ($s = 1$), dessen Lage auf diesem Kreis von dem Verhältnis v der Wirkwiderstände der Stäbe B und A abhängt. Neben dem voll ausgezogenen Kreis K_A ist noch der gestrichelte K_A' für ein größeres v, entsprechend größerem Anzugsmoment und Strom eingezeichnet. Für beide Fälle ist der genauere Verlauf der Ortskurve durch stärkere Linien hervorgehoben. Bild 200b zeigt relatives Drehmoment (M/M_N) und relativen Sekundärstrom (J_2/J_{2N}) über der Drehzahl. Die schwächeren Kurven gelten für $R_1 = 0$ und lassen den Einfluß von R_1 erkennen.

Mit Doppelkäfigläufer sind größere Anzugsmomente, und bei demselben Nennschlupf auch größere Verhältnisse von Anzugsmoment zu Strom, als beim Hochstabläufer erreichbar; sie haben aber den Nachteil, daß bei kleineren Anlaufströmen eine Einsattelung des Drehmoments auftritt (vgl. Bild 200a u. b). Bei allen Stromverdrängungsläufern wird die Überlastbarkeit und der Leistungsfaktor verschlechtert. [s. IV, J5].

11. Die Drehmomente der Oberwellen. Wir hatten bisher vorausgesetzt, daß nur die Grundwellen der Felderregerkurven vom Ständer und Läufer vorhanden sind. In Wirklichkeit treten auch noch Oberwellen auf, die bei Käfigläufern Störungen zur Folge haben können.

Asynchrone Drehmomente können nur zwischen solchen Ständer- und Läuferwellen auftreten, die dieselbe Polzahl haben und relativ zum Ständer bei jeder Drehzahl mit derselben Geschwindigkeit umlaufen. Wie die Grundwelle, so induziert auch jede Oberwelle des Feldes der Ständerwicklung in der Läuferwicklung einen Strom, der Feldwellen verschiedener Polzahl erregt. Die Läuferwelle, die nun dieselbe Polzahl hat wie die Ständerwelle, von der sie selbst erzeugt wird, läuft mit derselben Geschwindigkeit um wie diese Ständerwelle und bildet mit ihr ein asynchrones Oberwellenmoment.

In Bild 201 ist der Verlauf der Momente der Ordnungszahlen $v = 1$, 5 und 7 der Einzelwellen der Ständerwicklung und das resultierende Moment für einen praktischen Fall dargestellt. Mit wachsendem v rücken die Stellen des Nulldurchgangs (n_1/v) der Drehmomentkurven immer näher an die Drehzahl $n = 0$ ($s = 1$). Die Oberwellendrehmomente bewirken mehr oder weniger starke Einsattelungen der resultierenden Drehmomentkurve. Wenn die Differenz zwischen dem entwickelten Drehmoment und dem Belastungsmoment vor dem Erreichen der Betriebsdrehzahl Null wird, bleibt der Motor bei jener Drehzahl hängen und kann seine Betriebsdrehzahl nicht erreichen. Man bezeichnet diesen Vorgang als *Schleichen* des Motors.

Um schon die Oberwellen der Ständerwicklung möglichst zu unterdrücken, müssen die Verhältnisse $\xi_{1v}/\xi_{1,1}$ zwischen den Wicklungsfaktoren der Oberwellen und der Grundwelle klein sein (Verwendung von zweischichtigen Sehnenwicklungen). Bei Käfigläufern soll die Nutenzahl nicht wesentlich größer als die des Ständers sein ($N_2 \leq 1{,}25\,N_1$). Zur Unterdrückung der Oberwellenmomente höherer Ordnungszahl empfiehlt sich die Schrägstellung der Nutschlitze des Läufers gegenüber denen des Ständers (Bild 95). Einen ähnlichen Erfolg haben auch die Staffelläufer, wie sie in Bild 202 angedeutet sind. Durch die keilförmige Schrägstellung der Stäbe kann die bei einfacher Schrägung auftretende axiale Kraftkomponente unterdrückt werden.

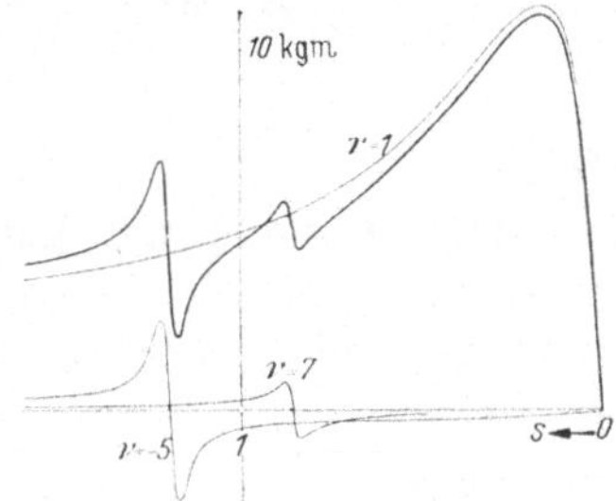

Bild 201. Asynchrone Momente.

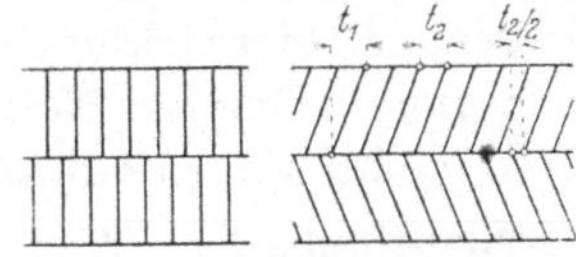

Bild 202. Staffelläufer.

Ein *synchrones* Drehmoment tritt auf, wenn der von einer Oberwelle der Ständerwicklung induzierte Läuferstrom ein Oberfeld erregt, dessen Polzahl mit der Polzahl einer *andern* Ständerwelle übereinstimmt. Es

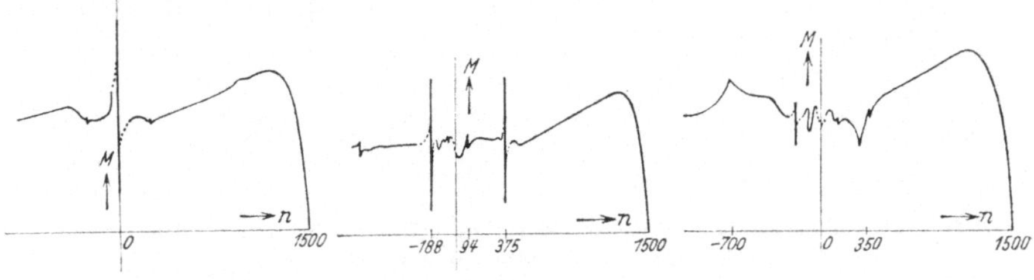

Bild 203a u. b. Synchrone Momente.
a Bei Stillstand, b bei Lauf.

Bild 204. Rüttelkräfte.

kann nicht asynchroner Art sein, weil es nur bei einer ganz bestimmten Drehzahl auftritt.

Am ungünstigsten ist es, wenn ein synchrones Moment bei Stillstand auftritt; der Motor kann dann am Anlauf verhindert werden, wenn das Moment genügend groß ist. In Bild 203 links ist hierfür eine experimentelle Aufnahme wiedergegeben. Bild rechts zeigt ein Beispiel, bei dem synchrone Momente bei Lauf mit -188, $+94$ und $+375$ U/min auftreten. Diese Momente durchläuft gewöhnlich der Motor, ohne dabei hängen zu bleiben, doch ist dieser Vorgang meist mit erheblicher Geräuschbildung verbunden. Um die synchronen Momente bei Stillstand zu unterdrücken, darf die Nutenzahl des Läufers kein ganzes Vielfaches von $6p$ sein, außerdem kommen dieselben Mittel in Frage, die wir zur Unterdrückung der asynchronen Momente angegeben haben.

Rüttelkräfte, die starke Geräuschbildung verursachen, können auftreten, wenn Induktionswellen, deren Ordnungszahl sich nur um 1, 2, 3 ... unterscheiden, Schwebungswellen verursachen. Die Drehmomentkurve zeigt dann resonanzartige Ausbuchtungen, wie sie z. B. in Bild 204 bei $n = -700$ und $n = +315$ U/min zu erkennen sind. Um Rüttelkräfte zu unterdrücken, sind bei ungeschrägten Nuten die Nutenzahlen $N_2 = 6\,p\,g \pm 1$, $6\,p\,g \pm 2\,p \pm 1$, $6\,p\,g \pm 2\,p \mp 1$ (g = ganze Zahl) zu vermeiden. [s. IV, H].

D. Anlaufschaltungen.

Wegen des großen Stromes, den der Induktionsmotor mit kurzgeschlossener Läuferwicklung dem Netz entnimmt, wenn seine Ständerwicklung unmittelbar ans Netz gelegt wird, ist dieses einfachste Anlaufverfahren nicht immer zulässig.

1. Schleifringläufer. Wenn die Läuferwicklung nicht in sich kurzgeschlossen, sondern zu Schleifringen geführt ist, über die während des

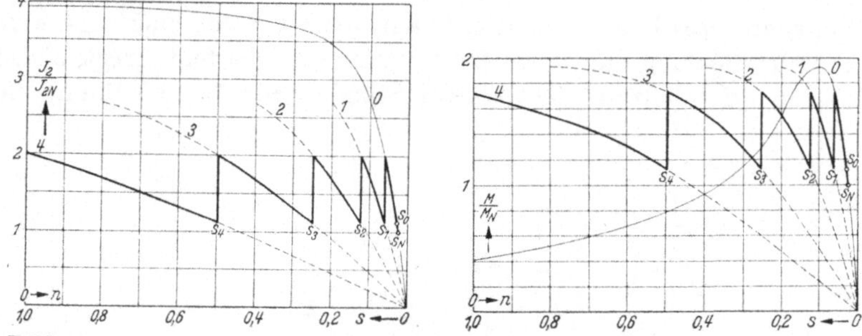

Bild 205. Abstufung der Anlaßwiderstände für gleiche Strom- (links) und Drehmomentspitzen (rechts).

Anlaufs Wirkwiderstände geschaltet werden, hat man es in der Hand, Strom und Drehmoment während des Anlaufs in weiten Grenzen zu regeln. Man kann bei vorgeschriebener Stufenzahl die Anlaßwiderstände so bemessen, daß entweder das Drehmoment nicht unter einen gewissen Wert sinkt, oder der Strom einen vorgeschriebenen Wert nicht übersteigt.

Zur Vereinfachung betrachten wir hier den bezogenen sekundären Strom und nicht den primären Strom, der sich vom sekundären nur durch den Magnetisierungsstrom J_μ und den Verluststrom J_v unterscheidet.

In Bild 205 stellen die mit 0 bezeichneten Kurven den nach den Gl. 245a u. c und 251a berechneten relativen Sekundärstrom und das relative Drehmoment über dem Schlupf s bzw. der Drehzahl n dar. Sie gelten für einen Motor von etwa 300 kW ($s_N = 2{,}65\%$, $R_1 = R_2'$, $\varepsilon = 0{,}1$). Die gestrichelten Kurven sind für verschiedene Vorschaltwiderstände im Sekundärkreis gezeichnet. Nach S. 161 vergrößern sich die von $s = 0$ aus gemessenen Abszissen der Kurven 0 im Verhältnis $(R_i + R_a)/R_i$, worin R_i der Widerstand der Wicklung und R_a der vorgeschaltete ist. Die Widerstände sind so abgestuft, daß der relative Sekundärstrom den Wert 2 nicht überschreitet; das Drehmoment schwankt dann zwischen $1{,}12\,M_N$ und $1{,}725\,M_N$. Bei s_4, s_3, s_2, s_1 wird auf die andere Widerstandsstufe umgeschaltet; wir erhalten die stark hervorgehobenen Kurven während des Anlaufs. Der zeitliche Verlauf hängt von dem Belastungsmoment ab. Wenn dieses während des Anlaufs unveränderlich gleich dem Nennmoment ist, stellt Bild 206 Strom und Drehmoment über der Zeit dar. [s. IV, K 1 u. 7].

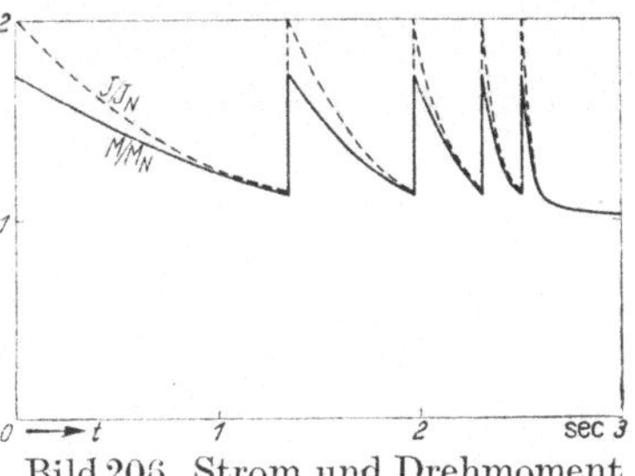

Bild 206. Strom und Drehmoment über der Zeit.

2. Selbsttätige Regelung im Läuferkreis. Die Widerstandsregelung im Läuferkreis kann auch bei im Läufer eingebauten Wirkwiderständen selbsttätig in einer oder mehreren Stufen durch einen mit dem Läufer verbundenen Fliehkraftschalter erfolgen. Auch ohne zusätzliche Widerstände ist eine solche Regelung möglich, wenn die Wicklung im Anlauf für kleinen Wicklungsfaktor, der einer Vergrößerung des Wirkwiderstandes R_i entspricht, geschaltet und dann durch den Fliehkraftschalter auf großen Wicklungsfaktor umgeschaltet wird. [s. IV; K 2].

3. Anlaßtransformator. Bei *Käfig*läufern muß die Anlaßschaltung im Ständerkreis liegen. Das einfachste Verfahren ist die Verringerung der dem Ständer zugeführten Spannung durch einen Anlaßtransformator, gewöhnlich nur in einer Stufe, der im Betrieb abgeschaltet wird. Der dem Netz entnommene Anlaufstrom wird dabei etwa im Verhältnis $(U/U_N)^2$ verringert, wenn U die Anlaufspannung ist; das bei großen Motoren mit Kurzschlußläufer schon kleine Drehmoment wird aber im selben Verhältnis verringert. Dieses Anlaßverfahren kommt deshalb nur bei Leeranlauf in Betracht. [s. IV, K 3 a].

4. Vorschaltwiderstand im Ständerkreis. Dieser Anlauf ist noch ungünstiger, weil der dem Netz im Anlauf entnommene Strom nur im Verhältnis U/U_N sinkt, das Anzugsmoment dagegen im Verhältnis $(U/U_N)^2$. Man verwendet jedoch bisweilen ein- bis dreiphasige Vorschaltwiderstände, um einen „Sanftanlauf" zu erhalten. [s. IV, K 3 b].

5. Stern-Dreieck-Umschaltung. Für Motoren mittlerer Leistung ist die Stern-Dreieck-Umschaltung das wichtigste Anlaufverfahren. Im Anlauf ist die Ständerwicklung in Stern geschaltet und wird bei Betrieb auf Dreieck umgeschaltet. Die Spannungen je Strang und die *Strangströme* verhalten sich dabei wie $1/\sqrt{3}$; bei Dreieckschaltung ist der

Netzstrom $\sqrt{3}$ mal dem Strangstrom. Sowohl der dem Netz entnommene Strom als auch das Drehmoment sinken also bei Anlauf auf $^{1}/_{3}$ der Werte beim Anlegen der Ständerwicklung in Betriebsschaltung ans Netz. Für den Motor, für den Kreisdiagramme und Betriebskurven in (*C 2* bis *8*) gelten, ist der Vorgang in Bild 207 erläutert. $J_\triangle$ und $M_\triangle$ stellen Strom und Drehmoment für die Betriebsschaltung, $J_\curlywedge$ und $M_\curlywedge$ für die Anlaufschaltung dar; ihre Ordinaten betragen $^{1}/_{3}$ von den Kurven $J_\triangle$ und $M_\triangle$. Links ist ein belasteter Anlauf angenommen, B stellt die Kurve des Belastungsmoments über der Drehzahl dar. Der Läufer läuft bis zum Schnittpunkt der Kurven $M_\curlywedge$ und B hoch. Wird er dann auf Betrieb umgeschaltet, so treten Sprünge

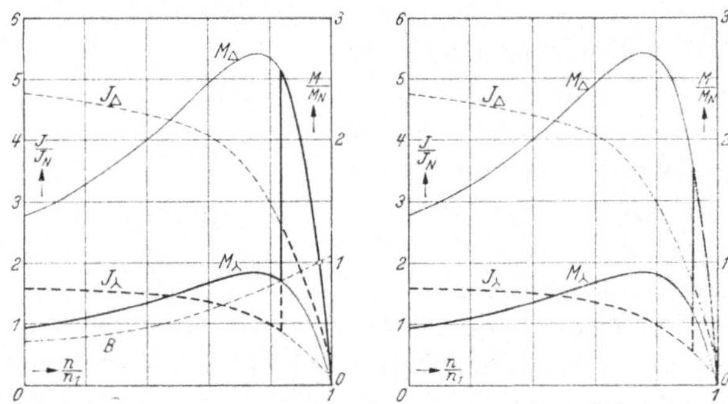

Bild 207.   **Anlauf mit Stern-Dreieck-Umschaltung; links belastet, rechts leer.**

im Strom und im Drehmoment auf; der Stromstoß bei der Umschaltung ist hier 2,6 J_N. Bild rechts stellt Leeranlauf dar, wobei die Umschaltung bei einer solchen Drehzahl vorausgesetzt ist, daß der auftretende Stromstoß gleich dem bei Stillstand ist (1,6 J_N). Das Drehmoment unmittelbar vor dem Umschalten beträgt hierbei nur 0,55 M_N. Strom und Drehmoment während des Anlaufs sind durch stärkere Linien hervorgehoben. [s. IV, K 3 c u. d].

6. Doppelständermotor. Er besteht aus zwei axial nebeneinander angeordneten Ständern mit getrennten Wicklungen und zwei auf derselben Welle sitzenden Läufern mit einer gemeinsamen Käfigwicklung. Die äußeren Endringe dieser Käfigwicklung haben einen möglichst kleinen Widerstand, während ein zwischen den beiden Läufern angeordneter Ring einen wesentlich höheren Widerstand aufweist. Wenn die von den Ständerwicklungen erregten Drehfelder gleichphasig sind, verhält sich der Doppelständermotor wie ein gewöhnlicher Motor; sind sie gegenphasig, so müssen die Läuferströme über den Zwischenring mit hohem Widerstand fließen. Durch allmähliches Verdrehen des einen Ständers oder durch einen zwischengeschalteten Drehtransformator erhält man einen stufenlosen Anlauf. Bei feststehenden Ständern läßt sich durch verschiedene Umschaltungen der Ständerwicklungen ein Stufenanlauf, ähnlich wie beim Schleifringläufer erreichen. [s. IV, K 3 e].

7. Anwurfmotor. Schaltet man die Primärwicklungen zweier mechanisch gekuppelter Induktionsmotoren in Reihe (Bild 208), so wird sich die Primärspannung auf die beiden Motoren nach Maßgabe ihrer Scheinwiderstände aufteilen. Hat der Läuferkreis des einen Motors (B mit Käfigläufer) einen sehr kleinen, der des andern (Anwurfmotor A) aber einen großen Wirkwiderstand, so wird der Motor A bei Stillstand den weitaus größten Teil der gesamten Primärspannung aufnehmen und bei kleiner Stromaufnahme ein hinreichendes Anwurfmoment entwickeln.

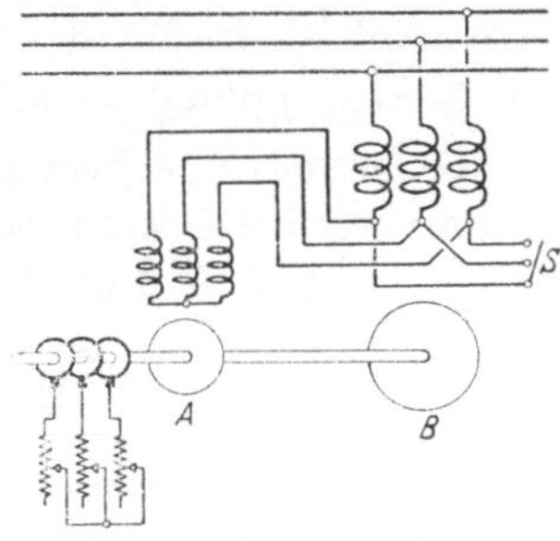

Bild 208. Anlauf mit Anwurfmotor.

Wenn nun die Polpaarzahl des Motors A kleiner ist als die des Motors B, so wird der Scheinwiderstand des Motors B mit zunehmender Drehzahl schneller anwachsen als der des Motors A. Der Motor B wird sich während des Anlaufs immer mehr und mehr an der Drehmomententwicklung beteiligen, während das Drehmoment des Motors A abnimmt. Der Maschinensatz strebt einer Drehzahl zu, die in der Nähe der synchronen des Motors B liegt. In diesem Betriebszustand nimmt der Motor B fast die ganze Netzspannung auf, so daß die Ständerwicklung des Motors A durch den Schalter S ohne merklichen Stromstoß kurzgeschlossen werden kann. [s. IV, K 3 f].

8. Motor mit zwei in Reihe geschalteten Ständerwicklungen. Auf dem Gedanken der Schaltung in Bild 208 hat der Verfasser auch Motoren für kleinen Anlaufstrom entwickelt, bei denen die Ständerwicklungen der beiden Motoren in demselben Ständer angeordnet werden. Die Läuferwicklung ist hierbei nicht als einfache Käfigwicklung ausgebildet, sondern als Kurzschlußwicklung mit mindestens zwei in Reihe geschalteten Stäben zwischen den Kurzschlußringen, so daß der Wicklungsfaktor für die Betriebspolzahl groß, für die Polzahl der Anlaufwicklung klein ist. Im übrigen sind das Verhalten sowie die Schaltung der Ständerwicklungen dieselben wie die des Maschinensatzes in Bild 208. Bild 209 zeigt den Verlauf von Strom J und Drehmomenten M_A und M_B der Anlauf- und der Betriebswicklung während des Anlaufs. Die Kurven gelten für einen Motor von 3,7 kW bei $n_1 = 1500$ U/min. Die Anlaufwicklung A kann auch im Betrieb ohne

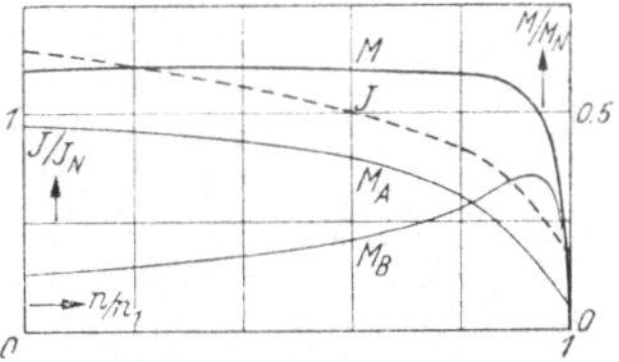

Bild 209. Strom und Drehmoment bei zwei in Reihe geschalteten Ständerwicklungen.

Unterbrechung des Stromkreises auf die Betriebspolzahl umgeschaltet werden. [s. IV, K 4].

9. Fliehkraftkupplungen. Für die Stern-Dreieckschaltung hat man Fliehkraftkupplungen entwickelt, die einen vollkommenen Leeranlauf in Sternschaltung sichern und erst beim Umschalten auf Dreieckschaltung die Welle des Motors allmählich mit der Riemenscheibe oder der Belastungsmaschine kuppeln und die Last dann ohne merklichen Stromstoß übernehmen. Am vollkommensten scheint in dieser Hinsicht die Albo-Kupplung zu arbeiten. [s. IV, K 5].

10. Brems- und Verzögerungsschaltungen. Im Kran- und Aufzugsbetrieb werden noch besondere Brems- und Verzögerungsschaltungen ausgeführt [IV, K 6 u. 7], auf die wir nicht näher eingehen können.

E. Drehzahlregelung.

Eine im wesentlichen verlustfreie Drehzahlregelung ist bei der Induktionsmaschine nur durch Ändern der primären oder sekundären Frequenz möglich. Alle andern stetigen Regelungsverfahren sind mit erheblichen Leistungsverlusten verknüpft, besonders wenn die Drehzahl in weiten Grenzen geregelt werden soll. Neben der stetigen Regelung kommt bei der Induktionsmaschine noch die sprunghafte Regelung in Frage, die ohne wesentliche Verluste gewisse Drehzahlen stufenweise einzustellen gestattet. [s. IV, L].

1. Wirkwiderstand im Läuferkreis. Der bei Schleifringläufern zum Anlassen verwendete Wirkwiderstand im Läuferkreis kann bei entsprechender Bemessung auch zur Drehzahlregelung dienen.

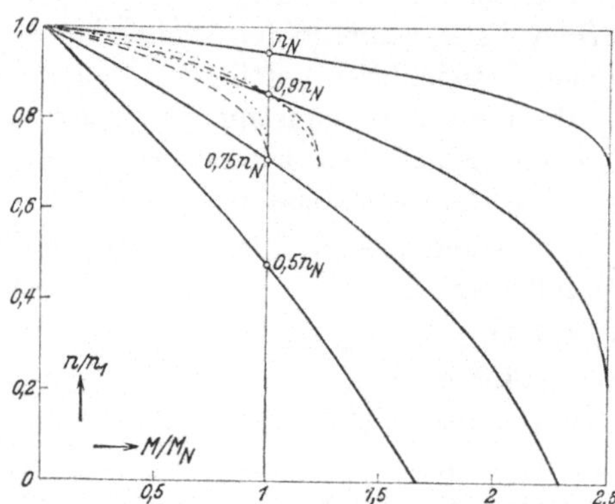

Bild 210. Drehzahlkennlinien, — Vorschaltwiderstand im Läufer, ··· im Ständer, --- verringerte Klemmenspannung.

Die erreichbare Drehzahl liegt natürlich immer unterhalb der synchronen. In den Gleichungen in (C) ist dann N_a gleich der Wärmeleistung, die in den Widerständen umgesetzt wird, die an die Schleifringbürsten angeschlossen sind. Die Regelung ist ebenso unwirtschaftlich wie die durch Vorschaltwiderstand im Ankerkreis bei Gleichstrommaschinen (*VII F 1*).

In Bild 210 sind für einen praktischen Fall (Motor für etwa 5 kW, $s_N = 0,056$, $\varepsilon = 0,243$, $ü = 2,5$) durch die vollausgezogenen Kurven einige Drehzahlkennlinien bei gewissen Vorschaltwiderständen im

Läuferkreis aufgezeichnet. Die Widerstände sind so eingestellt, daß bei Nennmoment die Drehzahlen $0,5\,n_N$, $0,75\,n_N$ und $0,9\,n_N$ auftreten. Alle Kurven streben bei Leerlauf der relativen Drehzahl 1 zu. [s. IV, L 1 a].

2. Verringerung der Klemmenspannung. In kleinen Grenzen kann die Drehzahl des Motors auch durch Ändern der Klemmenspannung, praktisch durch Vorschaltwiderstand im Ständerkreis, geregelt werden. Dabei sinkt auch das Kippmoment, das nach Gl. 248b etwa proportional dem Quadrat der Klemmenspannung ist. Das Verhältnis U/U_N, bei dem das Kippmoment gleich dem Nennmoment wird, ist $1/\sqrt{\ddot{u}}$, wenn $\ddot{u}$ die Überlastbarkeit bei U_N ist; die kleinste bei Nennmoment einstellbare Drehzahl ist $n_{\min} = (1 - s_K)\,n_1$. Nach Gl. 248a ist s_K unabhängig von der Klemmenspannung. In Bild 210 gelten die gestrichelten Kurven bei verringerter Netzspannung durch Transformator, die punktierten durch Vorschaltwiderstand. [s. IV, L b bis e].

3. Änderung der primären Frequenz. Die Aufgabe der Drehzahlregelung des Motors (mit Kurzschlußläufer) muß hierbei durch eine möglichst wirtschaftliche Regelung der Frequenz gelöst werden. Praktische Bedeutung hat die Regelung durch den *asynchronen Frequenzumformer.*

In Bild 211 ist U der Frequenzumformer, näm-

Bild 211 a u. b. a Frequenzumformer U, b Frequenzverhältnis über seiner Drehzahl.

lich eine Induktionsmaschine, deren Primärwicklung am Netz liegt, und dessen Sekundärwicklung mit dem zu regelnden Motor M verbunden ist; A ist der (regelbare) Antriebsmotor. Wenn der Läufer von U im Sinne des Drehfeldes mit synchroner Drehzahl ($n = n_1$) angetrieben wird, ist die Frequenz im Läufer Null und wächst mit abnehmender Drehzahl linear. Die Spannung ist dabei der Frequenz proportional, so daß die Induktion im Motor M bei der Regelung konstant bleibt. Läuft der Antriebsmotor A entgegen dem Drehfeld von U mit synchroner Drehzahl ($n = n_1$) um, so ist die sekundäre Frequenz $2f$. Wir erhalten für das Frequenzverhältnis $f_2/f_1 = (n_1 - n)/n_1$. In Bild 211 ist dieses Verhältnis über der Drehzahl n des Antriebsmotors dargestellt. Bezeichnen wir mit n_{M1} die der Netzfrequenz entsprechende synchrone Drehzahl des zu regelnden Motors M, so ist seine Leerlaufdrehzahl

$$n_M = n_{M1} \cdot f_2/f_1 = n_{M1} \cdot (n_1 - n)/n_1, \qquad (263)$$

gegen die er bei Belastung nach Maßgabe des Schlupfes zurückbleibt.

Mit den in Bild 211a eingezeichneten Zählpfeilen für die Energieströmung ist bei Vernachlässigung der Verluste im Umformer die dem

Motor zugeführte Leistung N_M gleich der Summe der Antriebsleistung N_A und der dem Umformer U vom Drehstromnetz zugeführten Leistung N_U,

$$N_M = N_U + N_A. \tag{264}$$

Bezeichnen wir mit M_M das Drehmoment des zu regelnden Motors M und mit M_U das im Frequenzumformer entwickelte Drehmoment, so ist

$$N_U = 2\pi n_1 M_U, \qquad N_A = -2\pi n M_U, \tag{264a u. b}$$
$$N_M = 2\pi n_M \cdot M_M = 2\pi (n_1 - n) M_U. \tag{264c}$$

Aus der letzten Gleichung erhalten wir mit Gl. 263 das für die Baugröße des Umformers und seines Antriebsmotors maßgebende Drehmoment

$$M_U = M_M \cdot n_{M1}/n_1. \tag{265}$$

In der Regel wird zum Antrieb des Umformers U nur ein *Drehstromnetz* zur Verfügung stehen. Um die Drehzahl des Umformers praktisch verlustlos und stetig zu regeln, könnte ein Stromwendermotor verwendet werden. Gewöhnlich bevorzugt man aber zum Antrieb einen polumschaltbaren Induktionsmotor, wobei man sich mit der Einstellung einzelner Drehzahlstufen begnügt. [s. IV, L 2 [1]].

4. Polumschaltung. Die praktisch wichtigste Stufenregelung ist die durch Änderung der Polpaarzahl. Es werden in dem Ständer mehrere Wicklungen verschiedener Polpaarzahl angeordnet oder eine oder mehrere polumschaltbare Wicklungen (*II B 3*). Jeder Polpaarzahl der Ständerwicklung entspricht dann bei fester Netzfrequenz eine synchrone Drehzahl, gegenüber der der Läufer nach Maßgabe der Schlüpfung bei Belastung zurückbleibt. Zwischen diesen Drehzahlstufen läßt sich noch eine stetige Regelung der Drehzahl durch Einschalten von Widerstand in den Läuferkreis (*1*) oder bei genügend großem Läuferwiderstand durch Änderung der primären Klemmenspannung (*2*) erreichen. Das erste Regelungsverfahren setzt voraus, daß auch die Läuferwicklung polumschaltbar eingerichtet ist oder der Läufer mehrere Wicklungen verschiedener Polzahl trägt. Damit hierbei die Umschaltung während des Betriebes vorgenommen werden kann, muß der Läufer eine größere Anzahl von Schleifringen erhalten, wodurch der Motor verteuert wird. Aus diesem Grunde verwendet man bei den polumschaltbaren Motoren für den Läufer meistens eine Kurzschlußwicklung, die für jede der in Frage kommenden Polzahlen geeignet ist, und verzichtet auf die stetige Regelung. [s. IV, L 3].

5. Motor mit Zwischenläufer. Um ohne Verwendung eines Frequenzumformers bei Speisung von einem Netz mit 50 Hz höhere Drehzahlen als 3000 U/min zu erhalten und verschiedene Drehzahlstufen einzustellen, kann man zwischen Ständer und Läufer des gewöhnlichen Induk-

---

[1] In Abb. 219, Bd. IV, ist die Spannung an den Bürsten *nicht* proportional der Frequenz, wie versehentlich im Text angegeben ist.

tionsmotors noch einen Zwischenläufer anordnen, der an seinem äußern und innern Umfang je eine Mehrphasenwicklung trägt. Eine derartige Anordnung ist in Bild 212 in der oberen Hälfte des Längsschnitts der Maschine dargestellt. S ist der feststehende Ständer, L der Läufer und Z der Zwischenläufer, der sowohl gegenüber dem Ständer S als auch gegenüber dem Läufer L drehbar gelagert ist (im Bild durch Kugellager angedeutet). Der äußere Umfang des Zwischenläufers Z trägt eine Käfigwicklung, so daß, wenn die Mehrphasenwicklung des Ständers vom Netz gespeist wird, der Zwischenläufer bei ideellem Leerlauf mit der synchronen Drehzahl n_1' des Drehfeldes der Ständerwicklung um-läuft. Am inneren Umfang des Zwischenläufers ist eine Dreiphasenwick-

lung angeordnet, die über Schleif-ringe s von demselben Netz wie der Ständer gespeist wird. Der Läufer L trägt eine Käfigwicklung, so daß er relativ zum Zwischen-läufer bei ideellem Leerlauf mit der synchronen Drehzahl n_1'' umläuft. Der auf der Welle a sitzende Läu-fer nimmt also, je nachdem die

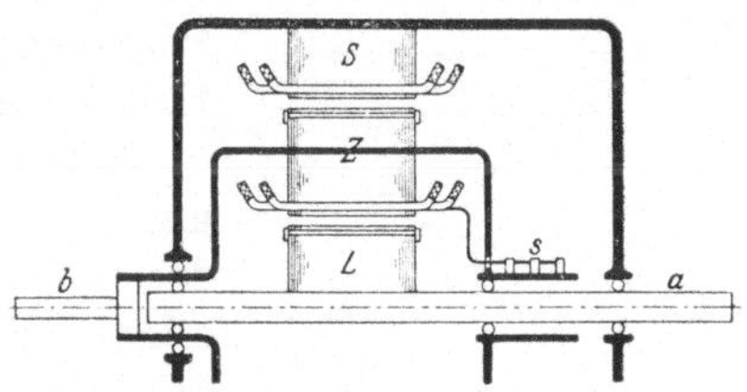

Bild 212. Motor mit Zwischenläufer.

Drehfelder, die von den beiden primären Wicklungen erregt werden, in demselben Sinne oder im entgegengesetzten Sinne umlaufen, bei ideellem Leerlauf die Drehzahl

$$n_0 = n_1' \pm n_1'' = \left(\frac{1}{p'} \pm \frac{1}{p''} \right) f_1 \tag{266}$$

an, wenn p' die Polpaarzahl des Ständers S und p'' die der inneren Wicklung des Zwischenläufers Z ist und wir n_1' und n_1'' als positive Größen einführen. Außer diesen beiden Leerlaufdrehzahlen n_0 stehen noch die Leerlaufdrehzahlen n_1' an der Welle b und n_1'' an der Welle a, wenn b festgebremst ist, zur Verfügung. [s. IV, L 4].

6. Kaskadenschaltung. Eine im wesentlichen verlustfreie Änderung der Drehzahl der Induktionsmaschine ist noch dadurch möglich, daß man die im äußern Kreis der Sekundärwicklung auftretende Leistung, die wir in $(C\,1)$ mit N_a bezeichnet haben, nutzbar verwertet, z. B. zum Antrieb eines zweiten Induktionsmotors, der mit dem ersten unmittelbar oder durch ein Vorgelege, etwa eine Riemenübersetzung, gekuppelt ist. Eine solche Schaltung bezeichnet man als Kaskadenschaltung (Bild 213). Die äußere elektrische Leistung des Läufers des Vordermotors V wird dem Hintermotor H zugeführt, wobei die Ständerwicklungen so ge-schaltet sind, daß sich die in beiden Maschinen entwickelten Dreh-momente unterstützen.

Die Drehzahl n der Kaskade erhalten wir aus der Bedingung, daß die Sekundärfrequenz $f_{V\,2}$ der Vordermaschine gleich der Primärfrequenz

f_{H1} der Hintermaschine sein muß. Bezeichnen wir mit n_{V1} und n_{H1} die Drehzahlen der Ständerfelder, mit p_V und p_H die Polpaarzahlen der Vorder- und Hintermaschine und mit $ü$ die mechanische Übersetzung von Hintermaschine zu Vordermaschine, so ist

$$f_{V2} = (n_{V1} - n)\, p_V \quad \text{und} \quad f_{H1} = ü\, n\, p_H. \qquad (267\,\text{a u. b})$$

Durch Gleichsetzen dieser beiden Frequenzen erhalten wir für $n = n_0$ die synchrone Drehzahl der Kaskade zu

$$n_0 = n_{V1}\, p_V/(p_V + ü\, p_H) = f_1/(p_V + ü\, p_H). \qquad (267)$$

Die synchrone Drehzahl der Kaskade ist also bei unmittelbarer Kupplung ($ü = 1$) durch die Summe der beiden Polpaarzahlen genau so bestimmt wie die einer Einzelmaschine durch die Polpaarzahl.

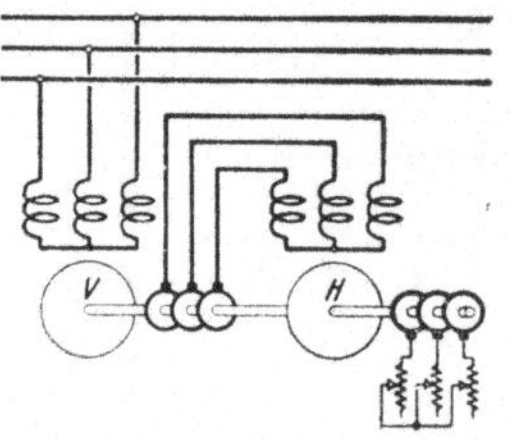

Bild 213. Kaskadenschaltung.

Nehmen wir beispielsweise an, daß $p_V = 4$ und $p_H = 6$ ist, so können wir drei Leerlaufdrehzahlen einstellen. Arbeitet die Maschine V allein, so ist die Drehzahl $n_{V1} = 750$ U/min, arbeitet die Maschine H allein, so ist $n_{H1} = 500$ U/min, und in Kaskadenschaltung bei unmittelbarer Kupplung der Maschinen ($ü = 1$) läuft der Maschinensatz mit 300 U/min.

Wenn die Hintermaschine mit Schleifringläufer ausgerüstet ist, kann die Kaskade durch Widerstand im Läuferkreis der Hintermaschine angelassen und in der Drehzahl durch diesen Widerstand geregelt werden. Besitzt dagegen die Hintermaschine einen Kurzschlußläufer, so müssen zum Anlassen zwischen den Schleifringen der Vordermaschine und dem Ständer der Hintermaschine die Anlaßwiderstände eingeschaltet werden, die beim Erreichen der synchronen Drehzahl der Kaskade kurzzuschließen sind. Wegen der Reihenschaltung der beiden Maschinen ist jedoch der Anlaufstrom auch ohne Anlaßwiderstände nicht groß.

Die Schleifringe des Läufers der Vordermaschine werden bei unmittelbarer Kupplung entbehrlich, wenn der Läufer der Hintermaschine die Primärwicklung, ihr Ständer die Sekundärwicklung trägt; es muß dann das Drehfeld der Hintermaschine, weil jetzt der Läufer die Primärwicklung trägt, relativ zum Läufer im entgegengesetzten Sinne umlaufen, wie das Drehfeld der Vordermaschine relativ zum Ständer. Diese an sich sehr einfache Schaltung hat aber den Nachteil, daß die Motoren nicht ohne weiteres getrennt verwendet werden können. [s. IV, L 5].

7. Doppeltgespeiste Induktionsmaschine. Als ,,doppeltgespeiste Induktionsmaschine" bezeichnet man die Schaltung, bei der sowohl Ständerwicklung als auch Läuferwicklung aus Wechselstromnetzen gespeist werden (Bild 214). Diese Benennung kennzeichnet jedoch nur die Schaltung, nicht aber die Wirkungsweise; denn die umlaufende doppeltgespeiste Induktionsmaschine verhält sich wie eine Synchronmaschine.

Die Schaltung ist nicht nur geeignet, zweipolige Motoren mit 6000 U/min aus einem Netz mit 50 Hz zu betreiben, sondern auch einen vollkommenen Gleichlauf [IV, L 7] verschiedener Maschinen zu erzwingen, wie es für manche Zwecke erforderlich ist. Die Maschine kann aber nicht von selbst auf die doppelte synchrone Drehzahl hochlaufen, sie muß durch besondere Hilfsmittel auf die doppelte synchrone Drehzahl gebracht werden. [s. IV, L 6].

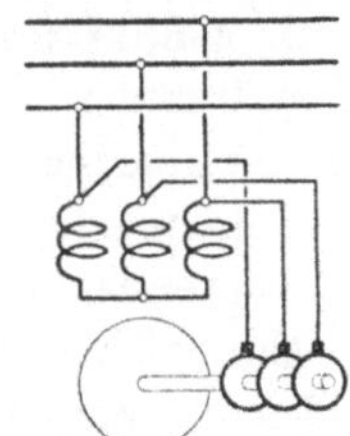

Bild 214. Doppeltgespeister Induktionsmotor.

Weitere Regelungsverfahren werden wir in ($XI\,E$) behandeln.

F. Einphasenmaschine.

1. Wirkungsweise. Die am Netz liegende einphasige Ständerwicklung erregt ein Wechselfeld, das wir nach ($III\,B\,2$) in zwei gegeneinander

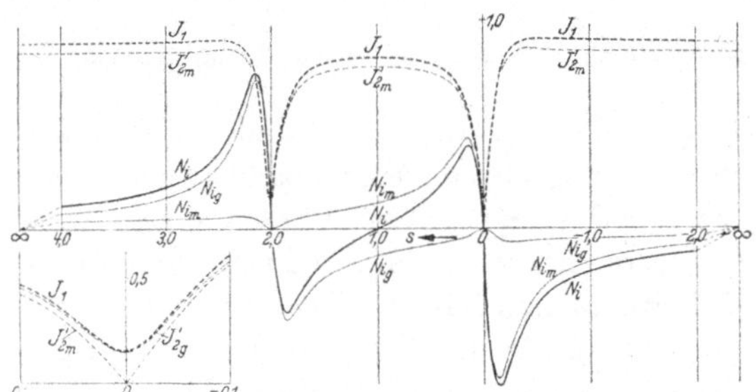

Bild 215. J_1, J'_{2m} und N_{im}, N_{ig}, N_i bei Abschaltung eines Strangs der Dreiphasenmaschine nach Bild 193a; bezogen auf $J'_{2\,max}$ bzw. N_{K+} der Dreiphasenmaschine (Bild 193a).

umlaufende Drehfelder zerlegen können. Für jedes dieser Drehfelder gelten die Gleichungen der Drehfeldmaschine. Dabei ist zu beachten, daß das gegen die Drehrichtung des Läufers umlaufende (gegenläufige) Drehfeld den Schlupf $s_g = 2 - s$ hat, wenn s der Schlupf für das mitlaufende Drehfeld ist, und daß die Drehmomente der beiden Drehfelder einander entgegenwirken. Unterbrechen wir einen Strang der Drehfeldmaschine, für die die Kurven in Bild 193a gelten, so erhalten wir über dem ganzen Schlupfbereich von $+\infty$ bis $-\infty$ des mitlaufenden Drehfeldes die in Bild 215 dargestellten Kurven (bezogen auf $J'_{2\,max}$ bzw. N_{K+} der Dreiphasenmaschine). J'_{2m} ist der (bezogene) Läuferstrom für das mitlaufende Drehfeld (J'_{2g} ist die an der Ordinate $s = 1$ gespiegelte Kurve J'_{2m}). N_{im} gilt für das mitlaufende, N_{ig} für das gegenlaufende

12*

Drehfeld. Die resultierende innere Leistung, der das Drehmoment nach Gl. 238a u. b proportional ist, ist $N_i = N_{i\,m} + N_{i\,g}$. [s. IV, C 1].

2. Anlaufvorrichtung. Für Motorbetrieb kommt der Schlupf zwischen 0 und 1 in Frage. Wir erkennen, daß bei $s = 1$ $(n = 0)$ $N_i = 0$ ist. Der einphasige Motor läuft also nicht von selbst an. Erst wenn er in dem einen oder dem andern Sinne angedreht wird, entwickelt sich ein resultierendes Drehmoment, das in diesem Sinne wirkt.

Ein solcher Antriebsimpuls kann auch durch Erzeugung eines Drehfeldes bei ruhendem Läufer erhalten werden. Ordnet man außer der Ständerwicklung (Hauptstrang) noch einen Hilfsstrang im Ständer an, der am Ankerumfang um eine halbe Polteilung gegen den Hauptstrang versetzt ist (wozu auch der eine Strang des dreiphasigen Motors dienen

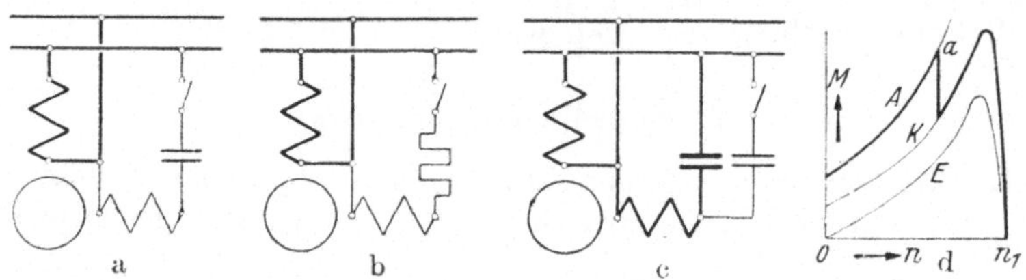

Bild 216a bis d. a und b Anlaufschaltungen; c Kondensatormotor, d Drehmomente.

kann), so wird, wenn dafür gesorgt wird, daß der Strom im Hilfsstrang gegen den im Hauptstrang phasenverschoben ist, ein mehr oder weniger gleichmäßiges Drehfeld erregt. Diese Phasenverschiebung erhält man für größere Anzugsmomente, indem man in den Hilfsstrang einen Kondensator (Bild 216a) einschaltet. Wenn nur kleine Anzugsmomente verlangt werden, kann auch ein Wirkwiderstand (Bild b) in den Hilfsstrang eingeschaltet werden. Nachdem der Motor hochgelaufen ist, wird der Hilfsstrang abgeschaltet. Bei Motoren mit Schleifringläufer kann zum Anlauf in den Hilfskreis auch eine Drosselspule geschaltet werden. Bei geeigneter Ausbildung des Hilfsstrangs können die zusätzlichen Widerstände entbehrt werden.

Auch bei den Einphasenmotoren läßt sich die Drehzahl durch Wirkwiderstand im Läuferkreis regeln, wobei aber das Kippmoment mit wachsendem Widerstand schnell sinkt. [s. IV, C 1e u. 3].

3. Kondensatormotor. Um dem Einphasenmotor ähnliche Eigenschaften wie dem Dreiphasenmotor zu verleihen, kann die Hilfswicklung mit Kondensator dauernd eingeschaltet bleiben, so daß die zweiphasige Ständerwicklung auch im Betriebe ein gutes Drehfeld erregt. Bei der Kapazität, für die der Kondensator im Betriebe zu bemessen ist, ist aber das Anlaufmoment sehr klein. Um kräftigere Anzugsmomente zu erreichen, muß im Anlauf noch eine zusätzliche Kapazität eingeschaltet werden, die bei hochgelaufenem Motor (etwa durch einen Fliehkraftschalter) abgetrennt wird (Bild 216c). In Bild d stellt für das Beispiel in Bild 215 E das Drehmoment des Einphasenmotors, K das des Kondensatormotors über der Drehzahl dar. A ist die Kurve des Anlaufmoments, wenn die zusätzliche Anlaufkapazität doppelt so groß ist, wie die des dauernd eingeschalteten Kondensators. Bei a wird z. B. die Anlaufkapazität abgeschaltet. [s. IV, C 2 bis 5].

G. Entwurf.

1. Hauptabmessungen. Beziehen wir in Gl. 113 für den scheinbaren mittleren Drehschub σ_s (bei Nennleistung) die ideelle Ankerlänge l_i auf

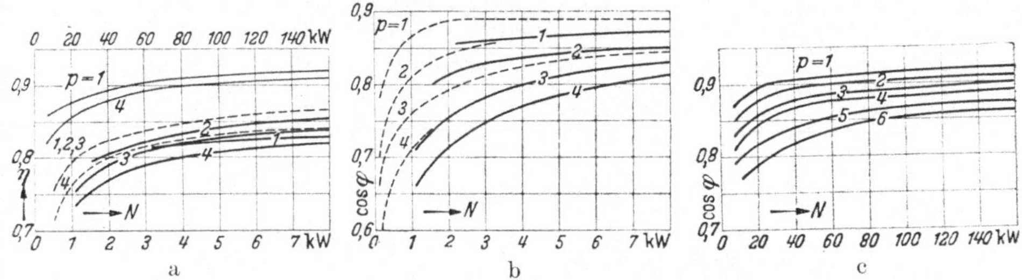

Bild 217a bis c. η und $\cos \varphi = \cos \varphi'$ für genormte Drehstrommotoren (gestrichelt für Kurzschlußläufer).

die Polteilung τ $(l_i = \lambda \tau)$ und ersetzen die Polteilung durch den Durchmesser $D = 2 p \tau / \pi$, so erhalten wir (mit $n = n_1$)

$$\sigma_s = \frac{2}{\pi^3 D^3} \cdot \frac{N_{si} p}{n_1 \lambda} \quad \text{mit} \quad \lambda = \frac{l_i}{\tau}. \qquad (268 \text{a u. b})$$

σ_s ergibt sich in J/cm³ (kJ/m³), wenn τ in cm (m), N_{si} in VA (kVA) und n_1 in Uml/sec eingesetzt werden. Die innere Scheinleistung N_{si} ist etwas kleiner als die äußere Scheinleistung $N_s = m U J$, die sich aus der Nennleistung N zu $N_s = N/\eta \cos \varphi$ ergibt. Wirkungsgrad η und Leistungsfaktor $\cos \varphi$ können für genormte Drehstrommotoren nach VDE 2650/51 etwa den Bildern 217a bis c entnommen werden, worin die Kurven für Kurzschlußläufer-Motoren gestrichelt sind; in Bild 217a gilt für die oberen Kurven $p = 1$ und 4 der obere Abszissenmaßstab. N_{si} kann geschätzt oder mit E_1 nach Gl. 274b berechnet werden.

Bei der Wahl des Durchmessers D ist zu berücksichtigen, daß ein gewisser Anteil des Bohrungsumfangs, also auch ein Teil ($\mathfrak{a}$) des Durchmessers, für die Isolierung der Wicklung in Anspruch genommen wird, der von der Klemmenspannung abhängt; den Rest können wir $\sqrt[3]{N_{si}\, p/n_1 \lambda}$ proportional setzen (vgl. Gl. 268a). Mit dem Ansatz

$$D = \mathfrak{a} + \mathfrak{b} \sqrt[3]{\frac{N_{si} p}{n_1 \lambda}} \text{ cm} \quad \text{wird} \quad \sigma_s = \frac{2}{\pi^3 \mathfrak{b}^3} \left(1 - \frac{\mathfrak{a}}{D}\right)^3 \frac{J}{\text{cm}^3}, \qquad (269 \text{a u. b})$$

wenn $N_{si} p/n_1 \lambda$ aus Gl. 268a in Gl. 269a eingesetzt wird. In den

Gl. 269a u. b sind D und a in cm, b in cm/J$^{1/3}$, N_s in W, n_1 in Uml/sec einzusetzen (1 J/cm^3 = 1000 kJ/m^3). Der Wert von b ist noch abhängig von der Polpaarzahl p, weil diese bei demselben Durchmesser die Polteilung und damit die Umfangsgeschwindigkeit bestimmt. Der kleinste Wert von b scheint bei $p = 2$ zu liegen; bei $p = 1$ ist b größer und für $p > 2$ wächst b dauernd mit p. Für mäßig belüftete Maschinen kann

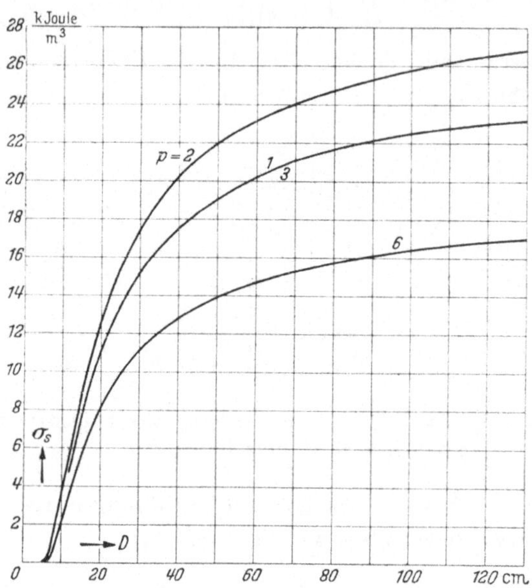

Bild 218. Mittlerer scheinbarer Drehschub σ_s über Bohrungsdurchmesser D.

man bei *Niederspannung* und Kurzschlußläufer, für größere Leistungen auch bei Schleifringläufer, etwa setzen

$$p = \quad 1 \qquad 2 \qquad 3 \qquad 6$$
$$a = 5\,\text{cm}, \quad b = 1{,}35 \quad 1{,}29 \quad 1{,}35 \quad 1{,}50\,\text{cm/J}^{1/3}. \qquad \Big\}\quad (269\,\text{c})$$

In Bild 218 ist der mit diesen Werten für a und b nach Gl. 269b berechnete scheinbare Drehschub σ_s über den Bohrungsdurchmesser D aufgetragen. Für höhere Spannungen ist a entsprechend größer einzusetzen, wobei σ_s (nach Gl. 269b) wesentlich kleiner wird, besonders bei kleinerem Durchmesser.

Das Verhältnis λ (Gl. 268b) wächst mit der Polpaarzahl und kann für zweipolige Maschinen zu etwa 0,6, für mehrpolige Maschinen zu $\lambda \approx \sqrt[8]{p}$ angenommen werden. Große Werte von λ verbilligen den Motor, verschlechtern aber den Leistungsfaktor.

Der Luftspalt (δ) wird mit Rücksicht auf einen möglichst kleinen Magnetisierungsstrom und guten Leistungsfaktor klein bemessen. Bei den genormten Motoren (bis $N = 250$ kW, VDE 2650/51) ist er für $p = 1$ $\delta \approx 0{,}25 + 0{,}1\,\sqrt{N}$ mm, wenn N in kW eingesetzt wird, bei

$p = 2$ bis 6 etwa 0,7 davon. Für Schwerbetrieb wird der Luftspalt um etwa 60% vergrößert. Auch bei Maschinen für größere Polpaarzahlen, etwa $p > 12$, muß der Luftspalt reichlicher bemessen werden, weil bei den kleinen Jochhöhen auf die Durchbiegung des Gehäuses Rücksicht zu nehmen ist; man kann hier etwa $0{,}0005 \leq \delta/D \leq 0{,}001$ annehmen, wobei die untere Grenze für kleinere, die obere für größere Durchmesser gilt.

Hiernach können die Hauptabmessungen des Motors für einen Entwurf festgelegt werden. [s. IV, O 1 a, b u. d].

2. Magnetische und elektrische Beanspruchungen. Der Höchstwert der Luftspaltinduktion B_1 liegt etwa zwischen 6000 und 9000 Gß, die kleinen Induktionen bei kleineren Maschinen.

Für die scheinbaren Induktionen im Eisen kann man etwa annehmen:

$$
\left.
\begin{array}{ll}
\text{Ständerkern (-joch)} \dots\dots\dots\dots\dots & 10 \text{ bis } 15000 \text{ Gß} \\
\text{Ständerzähne, größter Höchstwert } (B'_{Z\,max}) \dots & 15 \text{ bis } 21000 \text{ Gß} \\
\text{Ständerzähne, Höchstwert } (B'_{ZM}) \text{ in Zahnmitte} \,. & 13 \text{ bis } 17000 \text{ Gß} \\
\text{Läuferkern} \dots\dots\dots\dots\dots\dots\dots & 10 \text{ bis } 16000 \text{ Gß} \\
\text{Läuferzähne, größter Höchstwert } (B'_{Z\,max}) \dots & 16 \text{ bis } 22000 \text{ Gß} \\
\text{Läuferzähne, Höchstwert } (B'_{ZM}) \text{ in Zahnmitte} \,. & 14 \text{ bis } 18000 \text{ Gß}
\end{array}
\right\} \quad (270)
$$

Die zulässigen Stromdichten liegen bei mäßig belüfteten Maschinen etwa zwischen den Grenzen

$$
\left.
\begin{array}{ll}
\text{Ständerwicklung:} & 3\,\text{A/mm}^2 \leq G_1 \leq 7\,\text{A/mm}^2, \\
\text{Schleifringwicklung:} & 4\,\text{A/mm}^2 \leq G_2 \leq 7\,\text{A/mm}^2;
\end{array}
\right\} \quad (271)
$$

die höheren Werte gelten für kleinere Maschinen. Bei Käfigläufern mit blanken Stäben darf die Stromdichte noch höher bemessen werden Die Produkte aus Stromdichte und Strombelag (*III C 3*) liegen im Mittel für Ständer und Läufer zwischen den Grenzen

$$
1000\,\text{A/mm}^2 \cdot \text{A/cm} \leq G\,A \leq 2000\,\text{A/mm}^2 \cdot \text{A/cm}. \quad (272)
$$

Die oberen Werte gelten für sehr gut belüftete Maschinen. [s. IV, O 1 c].

3. Nutung und Wicklung. *a. Ständer.* Der Ständer wird bei kleinen und mittleren Maschinen mit Rücksicht auf einen möglichst kleinen Magnetisierungsstrom gewöhnlich mit halbgeschlossenen Nuten ausgeführt. Maschinen mit kleiner Bohrung erhalten oft parallele *Zahnflanken*, also trapezförmige Nuten (Bild 98 a), um den Nutenraum bei der noch zulässigen Zahninduktion $B'_{Z\,max}$ besser auszunutzen. Die Nutenzahl q_1 je Pol und Strang wird mit Rücksicht auf kleine Spaltstreuung nur bei kleinen Maschinen zu 2 gewählt, sonst größer als 2.

Die Nutteilung liegt etwa zwischen $t_1 = 0{,}6$ bis 4 cm, wobei die größeren Werte für größere Polteilungen und Hochspannung gelten. Für die Bemessung der Nutbreite ist die zulässige scheinbare Zahninduktion $B'_{Z\,max}$ maßgebend (Gl. 270). Bei parallelen Nutflanken tritt sie in der Nähe der Bohrung auf; wir erhalten deshalb die Nutbreite

$$a = \left(1 - \frac{l_i}{k_E\,l}\,\frac{B_L}{B'_{Z\,\text{max}}}\right) t_1, \tag{273}$$

worin $k_E\,l$ die gesamte reine axiale Eisenlänge ist und die Luftspaltinduktion unter Polmitte $B_L < B_1$ (2 u. 4) geschätzt werden kann. Die Nuttiefe h_1 liegt etwa zwischen 1 bis 6 cm.

Die Ständerwicklung wird in der Regel als Zweietagenwicklung oder als Zweischichtwicklung, wobei das Verhältnis von Spulenseite zu Polteilung zu etwa 0,82 gewählt wird, ausgeführt. Bruchlochwicklungen werden vermieden. Die Windungszahl

$$w_1 = E_1/2\,\sqrt{2}\,f_1\,\xi_1\,l_i\,\tau\,B_1 \tag{274a}$$

eines Strangs der Ständerwicklung (Gl. 89 u. 113a) ergibt sich mit Annahme der Induktion B_1 (2) und der Strang-EMK E_1. E_1 ist etwas kleiner als U_1, nämlich (Bild 187a u. 189)

$$\left.\begin{aligned}
E_1 &= U_1 - (R_1\,J_1\cos\varphi_1' + X_{1\sigma}\,J_1\sin\varphi_1') \\
&\approx [1 - (2\,R_1/X_{1\sigma}\cdot\cos\varphi_1' + \sin\varphi_1')/4\,\ddot{u}]\,U_1 \\
&\approx [1 - s_N\,R_1/R_2'\cdot\cos\varphi_1' - \sin\varphi_1'/4\,\ddot{u}]\,U_1,
\end{aligned}\right\} \tag{274b}$$

worin U_1 die Spannung eines Strangs, $\varphi_1' = 180° - \varphi_1$, s_N der Nennschlupf (Bild 219) und $\ddot{u}$ die Überlastbarkeit ist. Bei der Näherungsgleichung ist $X_{1\sigma} \approx X_\sigma/2$, $X_\sigma\,J_1/U_1 \approx J_2'/D \approx 1/2\,\ddot{u}$ gesetzt (vgl. Bild 189); mit den Gl. 248b, 247 und $N_i = N_K/\ddot{u}$ ist

$$\varepsilon \approx R_1/X_\sigma \approx 2\,\ddot{u}\,s_N\,R_1/R_2'. \tag{274c}$$

Die Leiterzahl je Nut erhalten wir zu $z_N = w_1/p\,q_1$. Der primäre Nennstrom J_N kann mit η und $\cos\varphi_1'$ aus Bild 217a bis c zu $J_N = U_1/m_1\,\eta\,\cos\varphi_1'$ geschätzt werden. Durch Annahme einer Stromdichte (Gl. 271) erhält man den Leiterquerschnitt $q = J_N/G_1$. Die Anordnung der Leiter und die Nutabmessungen lassen sich mit der Isolierung nach (*II C*) schließlich festlegen. Der Wirkwiderstand R_1 ist nach (*III F 4*), der Streublindwiderstand nach (*III G 4*) zu berechnen.

b. Läufer. Schleifringläufer werden in der Regel mit halbgeschlossenen Nuten ausgeführt. Um „Kleben" des Läufers infolge synchroner Momente (*C 11*) beim Anlauf zu verhindern, darf die Nutenzahl q_2 je Pol und Strang nicht gleich q_1 bemessen werden und ist oft um 1 größer als q_1. Die Nuttiefe h_2 liegt etwa zwischen 1,5 bis 4 cm. Mit dem geschätzten h_2 und dem nach Gl. 270 angenommenen Wert $B'_{Z\,\text{max}}$ erhalten wir die Nutbreite a am Nutengrund zu

$$a = \left(1 - \frac{2\,h_2}{D} - \frac{l_i}{k_E\,l}\,\frac{B_L}{B'_{Z\,\text{max}}}\right) t_2. \tag{275}$$

Die Spannung der Schleifringwicklung ist für Leistungen bis 250 kW genormt (VDE 2651). Bei kleinen Maschinen ergeben sich Spulenwicklungen, die gewöhnlich als Zweietagenwicklungen ausgeführt werden; Stabwicklungen werden nach Bild 85 b geschaltet. Bruchlochwicklungen sollten auch im Läufer nicht ausgeführt werden.

Der Leiterstrom bei Nennbetrieb ist nach Gl. 231 a

$$J_{2\,N} = N_{\text{mech}}/(1 - s_N)\, U\, m_2 \qquad (276\,\text{a})$$

mit
$$U = E_2 \cos \psi_2 = \frac{\xi_2\,\chi_2\,w_2}{\xi_1\,w_1}\, E_1 \cos \psi_2 \approx \frac{\xi_2\,w_2}{\xi_1\,w_1}\, E_1, \qquad (276\,\text{b})$$

wenn wir beachten, daß bei Nennbetrieb $\cos \psi_2 \approx 1$ und für die Grundwelle $\chi_2 \approx 1$ ist. Wir erhalten nach Gl. 276 a u. b

$$J_{2\,N} \approx \frac{N_{\text{mech}}}{m_2\,(1 - s_N)}\, \frac{\xi_1\,w_1}{\xi_2\,w_2\,E_1}. \qquad (277)$$

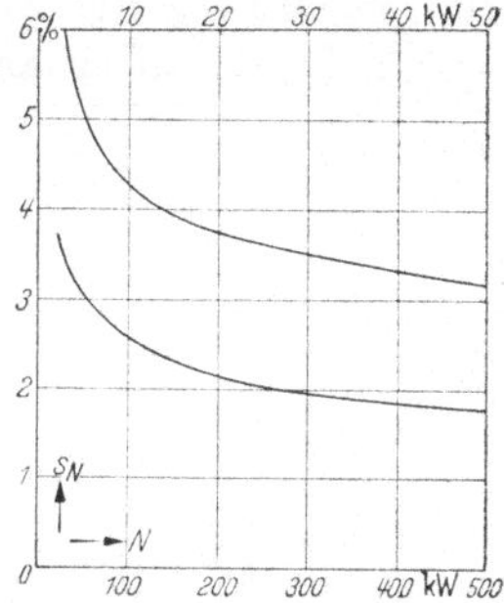

Bild 219. Nennschlupf vierpoliger Maschinen.

Der Nennschlupf s_N kann nach Bild 219, E_1 nach Gl. 274 b geschätzt werden. Bei Annahme von s_N ergibt sich nach Gl. 231 b u. 276 b der Widerstand R_2 und mit der mittleren Leiterlänge der Leiterquerschnitt. Nuten und Wicklungen können dann genauer festgelegt werden.

Kurzschlußläufer werden in den meisten Fällen mit kreisförmigen oder ovalen halb offenen, seltener mit ganz geschlossenen Nuten (Steghöhe 0,3 bis 0,5 mm) ausgeführt. Hochstabläufer erhalten offene, Doppelkäfigläufer halbgeschlossene Nuten. Die Stabzahl ist mit Rücksicht auf geräuschlosen Gang und geringe Oberwellenmomente zu wählen (*C 11*). In den meisten Fällen werden dabei die Nutschlitze des Läufers gegenüber denen des Ständers geschrägt.

Der Stabstrom berechnet sich nach Gl. 277, wobei m_2 gleich der Nutenzahl N_2, $\xi_2 = 1$ und $w_2 = 1/2$ einzusetzen ist (*III A 7*). Beim Doppelkäfigläufer ist der so berechnete Strom gleich der Summe der Ströme in den radial übereinander liegenden Stäben, deren Querschnitte noch so aufzuteilen sind, daß sich das gewünschte Anlaufmoment ergibt. Strom J_R im Kurzschlußring (Gl. 84) und Strangwiderstand R_2 (Gl. 85 a u. b) ergeben sich nach (*II B 5*), R_2' nach (*III A 7*, Gl. 103 a) und $X_{2\,\sigma}$ nach (*III G 4*). [s. IV, O 2 bis 4].

Wird eine bestimmte Überlastbarkeit ($ü \geq 1{,}6$, REM) und ein bestimmtes Verhältnis $a = M_A/M_N$ verlangt, so kann s_K nach Gl. 255a und damit der Wirkwiderstand R_2' nach Gl. 248a berechnet werden.

4. Magnetisierungsstrom. Bei der Mehrphasenmaschine ändert sich der Magnetisierungsstrom durch die gegenseitige Beeinflussung der Wicklungsstränge praktisch sinusförmig (im Gegensatz zum Transformator). Die Feldkurve, die die Luftspaltinduktion am Ankerumfang darstellt, muß deshalb flacher verlaufen. Die Amplitude der Grundwellen-Induktion, die für den Effektivwert der EMK E_1 im wesentlichen maßgebend ist, ist also größer als der Höchstwert B_L der Induktion im Luftspalt.

Die magnetische Kennlinie kann nach (*III E*) berechnet werden, wobei nur zu beachten ist, daß der primäre Teil dem Anker der Innenpolmaschine, der sekundäre dem Anker der Außenpolmaschine entspricht (Bild 175). Die Luftspaltspannung V_L und die Zahnspannungen V_{Z1} und V_{Z2} im primären und sekundären Teil fassen wir zusammen zu der *Verteilungsspannung* $V_V = (V_L + V_{Z1} + V_{Z2})$, die Ankerkernspannungen zu der gesamten Kernspannung $V_A = V_{A1} + V_{A2}$. Um die Verteilung der Luftspaltinduktion b am Ankerumfang, die Feldkurve $b_L(x)$, zu erhalten, berechnen wir zunächst die Kurven $b_L(2V_V)$

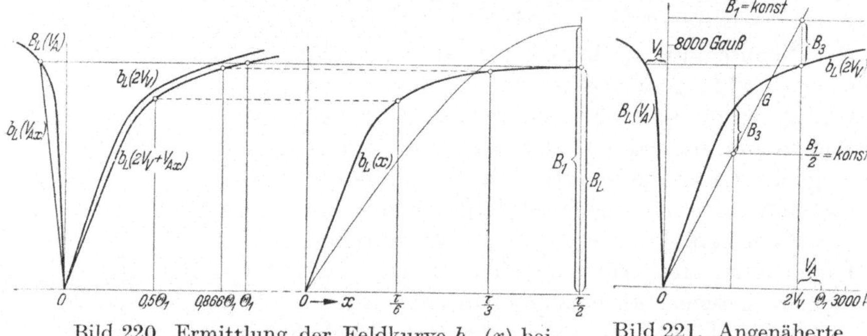

Bild 220. Ermittlung der Feldkurve b (x) bei sinusförmigem Magnetisierungsstrom.

Bild 221. Angenäherte Ermittlung des Magnetisierungsstroms.

und $B_L(V_A)$; in Bild 220 ist die erste über positive, die zweite über negative Abszissen aufgetragen. $b_L(2V_V)$ gilt für alle Stellen (x) am Ankerumfang, während $B_L(V_A)$ nur für einen Integrationsweg gilt, der den Luftspalt an den Stellen durchsetzt, wo die Feldkurve ihren Höchstwert hat $(x = \pm \tau/2)$. Für Integrationswege, die symmetrisch zur neutralen Zone $(x = 0)$ liegen und an den Stellen $\pm x$ durch den Luftspalt treten, gilt angenähert die Gerade $b_L(V_{Ax})$, die B_L mit 0 verbindet [II, II B 3 c u. D 1 a]. Bilden wir, ausgehend von einem Wert B_L, die Kurve $b_L(2V_V + V_{Ax})$, so ist die zu B_L gehörige Abszisse gleich der primären Magnetisierungsdurchflutung Θ_1. Da die Felderregerkurve sinusförmig verteilt ist, erhalten wir die Feldverteilung $b_L(x)$ über einer halben Polteilung, wie es in Bild 220 angedeutet ist. In dieser Feldkurve ist außer der Grundwelle noch die dritte Welle besonders ausgeprägt, die zugehörige Grundwelle mit der Amplitude B_1 ist schwach angedeutet.

Unter der Annahme, daß außer der Grundwelle nur noch die dritte Welle auftritt, kann man zur Ermittlung des Magnetisierungsstromes für eine vorgeschriebene EMK E_1 oder B_1 folgendes Näherungsverfahren einschlagen (Bild 221). Man legt eine durch den Koordinatenanfangspunkt gehende Gerade G so durch die Kurve $b_L(2V_V)$, daß ihr Schnittpunkt mit der Geraden $B_1 = $ const denselben Ordinatenunterschied gegenüber der Kurve $b_L(2V_V)$ aufweist wie der Schnittpunkt mit der Geraden $B_1/2 = $ const. Dieser Unterschied ist gleich der Induktionsamplitude B_3. Die Abszisse des Schnittpunktes der Geraden G und $B_1 = $ const ist die magnetische Spannung $2V_V$. Addieren wir dazu die magnetische Spannung V_A, so erhalten wir angenähert die Durchflutung Θ_1, aus der sich nach Gl. 109 der Magnetisierungsstrom ergibt zu

$$J_\mu = \frac{\pi}{2\sqrt{2}\,m_1} \frac{p}{\xi_1 w_1} \Theta_1. \tag{278}$$

Mit J_μ, $J_v = Q_{E1}/m_1 E_1$ und $D = U_D/X_\sigma$ (Gl. 234b) kann das Kreisdiagramm (Bild 191 u. 192) aufgezeichnet werden. Es können die Punkte a_1 und a_∞ (Gl. 236a u. b) auf dem Kreis bestimmt und alle Größen am Kreisdiagramm, z. B. Überlastbarkeit $h_K/h_{J_1=J_{1N}}$, relatives Anzugsmoment $h_{s=1}/h_{J_1=J_{1N}}$, nachgeprüft werden. Wenn die Ergebnisse nicht befriedigen, ist der Entwurf entsprechend abzuändern. [s. IV, E; Berechnungsbeispiel IV, O 4].

H. Messungen.

1. Leerverluste. Die Leerlaufmessung ist zur Ermittlung der Leerverluste erforderlich, mit denen nach § 58 der REM der Wirkungsgrad aus den Einzelverlusten berechnet wird (*III J 4*).

Ziehen wir von der Leistungsaufnahme N_0, die bei Speisung des leerlaufenden Motors mit Nennspannung und Nennfrequenz gemessen wird, die Stromwärmeverluste im Ständer und im Läufer

$$Q_{10} = m_1 R_1 J_0^2 \quad \text{und} \quad Q_{20} = m_2 R_2 J_{20}^2 \tag{279a u. b}$$

ab, so erhalten wir die Leerverluste nach § 58 der REM

$$Q_0 = N_0 - Q_{10} - Q_{20} = Q_{E1} + Q_{\text{mech}}. \tag{279}$$

In dieser Gleichung bedeuten Q_{E1} die vom Hauptfluß herrührenden Eisenverluste im Ständer und

$$Q_{\text{mech}} = Q_R + Q_L + Q_{Ez} \tag{279c}$$

die Verluste, die bei Leerlauf unmittelbar durch mechanische Leistung gedeckt werden. Zu Q_{mech} gehören die Reibungsverluste Q_R, die Lüftungsleistung Q_L und die zusätzlichen Eisenverluste Q_{Ez} durch die Nutung bei Leerlauf.

Die bei Leerlauf auftretenden Stromwärmeverluste Q_{10} im Ständer werden mit dem gemessenen primären Leerlaufstrom J_0 und dem Wirkwiderstand R_1 berechnet. Die Stromwärmeverluste Q_{20} des Läufers können bei Leerlauf wohl immer vernachlässigt werden. [s. IV, N 1 a u. b].

2. Zerlegung der Leerverluste. Die Leerverluste können wir in ihre Einzelverluste zerlegen, wenn wir den Läufer von außen antreiben,

z. B. durch einen Gleichstrommotor (vgl. *VII H 2*). Wir messen zuerst bei Erregung der Induktionsmaschine mit Nennspannung die Aufnahme des Antriebsmotors und die der Ständerwicklung der Induktionsmaschine beim Durchgang durch die synchrone Drehzahl n_1. Ziehen wir von der ersten die Verluste des Antriebsmotors, von der zweiten die in der Ständerwicklung ab, so erhalten wir in der Nähe der synchronen Drehzahl die Kurven $Q_{\text{mech}} \mp Q_{H2}$ und $Q_{E1} \pm Q_{H2}$ in Bild 222, die bei der synchronen Drehzahl n_1 einen Sprung aufweisen, der gleich dem Doppelten der Hystereseverluste im Läufer bei Stillstand ist. Daraus ergeben sich die Verluste Q_{mech} und Q_{E1}.

Trennen wir dann die Ständerwicklung der Induktionsmaschine vom Netz und messen wieder die Aufnahme des Antriebsmotors, so erhalten

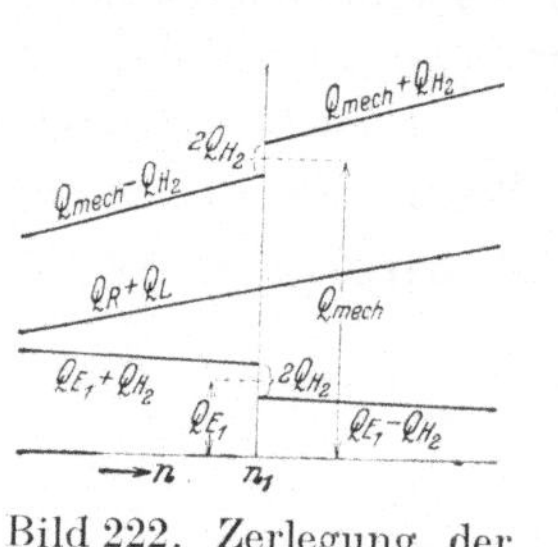

wir nach Abzug der Verluste im Antriebsmotor die Kurve $Q_R + Q_L$, die die Reibungs- und Lüftungsverluste in der Nähe der synchronen Drehzahl n_1 ergibt. Die Differenz $Q_{\text{mech}} - (Q_R + Q_L)$ sind die zusätzlichen Eisenverluste Q_{Ez} (bei offenem Läuferkreis und Leerlauf). [s. IV, 1c bis e].

Bild 222. Zerlegung der Leerverluste mit Hilfsmotor.

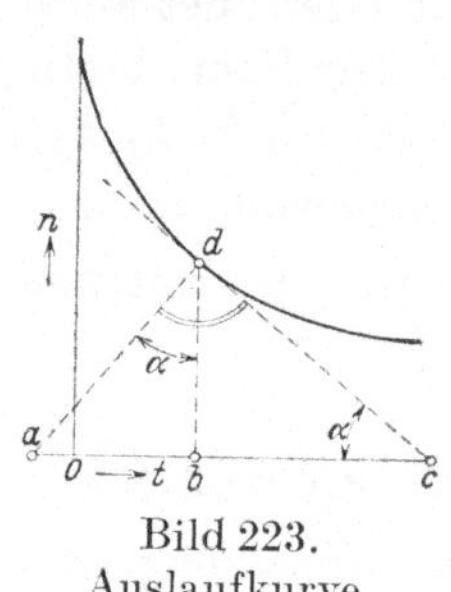

Bild 223. Auslaufkurve.

Zur Trennung der Leerverluste ist auch das *Auslauf*verfahren geeignet. Wenn die auf einen Läufer wirkende Antriebskraft abgeschaltet wird, so wird der Läufer allmählich seine Geschwindigkeit verlieren, und zwar um so schneller, je größer die bremsenden Widerstände und je kleiner seine kinetische Energie ist. Aus der *Auslaufkurve* (Bild 223), die die Geschwindigkeit des Läufers als Funktion der Zeit darstellt, kann man auf die bremsenden Widerstände schließen. Es muß in jedem Zeitpunkt die Summe aller im Läufer auftretenden Verluste, die ihn bremsen, gleich der zeitlichen Abnahme seiner kinetischen Energie U sein,

$$Q = - \,\mathrm{d}\,U/\mathrm{d}t. \tag{280a}$$

Bezeichnen wir mit Θ das polare Trägheitsmoment und mit Ω die jeweilige Winkelgeschwindigkeit des Läufers, so ist

$$U = \Theta\,\Omega^2/2 \quad \text{und} \quad Q = -\,\Theta\,\Omega\,\mathrm{d}\Omega/\mathrm{d}t = -\,4\,\pi^2\,\Theta\,n\,\mathrm{d}n/\mathrm{d}t. \tag{280b u. c}$$

Schreiben wir

$$Q = -\,C\,n\,\mathrm{d}n/\mathrm{d}t \text{ W}, \quad \text{so ist} \quad C = 9{,}81\,(\pi/30)^2\,\Theta \text{ J min}^2, \tag{281a u. b}$$

wenn die Drehzahl n in U/min, Θ in kg* m s^2 = 9,81 kg† m² und die Zeit t in sec eingesetzt werden. Wenn das Trägheitsmoment Θ bekannt ist, können wir aus der Auslaufkurve für jede Drehzahl die den Läufer bremsenden Verluste nach den Gl. 281a u. b bestimmen. Das Trägheitsmoment läßt sich durch einen Schwingungsversuch oder auf elektrischem Wege ermitteln. [s. IV, N 2].

3. Stromwärmeverluste bei Stillstand. Die gesamten Stromwärmeverluste bei Stillstand ergeben sich bei kurzgeschlossener Läuferwicklung aus der Leistungsaufnahme des Ständers. Die Eisenverluste sind dabei verschwindend klein. Wegen der bei Nennspannung auftretenden großen Ströme und Erwärmung wird man den Versuch bei verringerter Klemmenspannung ausführen, so daß nicht wesentlich höhere Ströme als bei Nennbetrieb auftreten. Man erhält dann gleichzeitig den Punkt a_1 des Kreisdiagramms (vgl. Bild 189 u. 191) und kann hiermit und auf Grund der Leerlaufmessung das Kreisdiagramm aufzeichnen, wie es für Ströme, die nicht wesentlich größer als bei Nennbetrieb sind, maßgebend ist. Bei diesem Versuch empfiehlt es sich, den Läufer mit geringer Geschwindigkeit, zweckmäßig gegen das Drehfeld, anzutreiben, weil sich bei ruhendem Läufer die Stromaufnahme mit der Stellung des Läufers etwas ändert. [s. IV, N 3 a. Über Blindwiderstand-, Drehmoment- und Geräuschmessungen s. IV, N 6, 7 u. 9].

4. Trennung der Stromwärmeverluste. Die Stromwärmeverluste der *Ständerwicklung* können aus dem mit Gleichstrom gemessenen Gleichwiderstand R_1 der Wicklungsstränge zu $Q_1 = m_1 R_1 J_1^2$ berechnet werden, wenn keine zusätzliche Stromwärme durch das Nutenquerfeld zu erwarten ist. Das ist bei Maschinen mit kleinen Leiterabmessungen, besonders Runddrähten, gewöhnlich der Fall. Will man den Einfluß der Stromverdrängung in der Wicklung und der Wirbelstromwärme in benachbarten Metallteilen kennen, so ist Q_1 gleich der Leistungsaufnahme des Ständers bei ausgebautem Läufer und Speisung mit Nennstrom der Netzfrequenz zu setzen.

Der Wirkwiderstand der *Läuferwicklung* ist im allgemeinen von der Frequenz der Läuferströme abhängig. In den meisten Fällen genügt es, diesen Widerstand bei Stillstand und bei Nennbetrieb zu kennen.

Die Stromwärmeverluste bei *Stillstand* ergeben sich am einfachsten aus der Differenz der gesamten Stromwärmeverluste bei Stillstand und den Stromwärmeverlusten in der Ständerwicklung.

Bei *Nennbetrieb* ist die Läuferfrequenz sehr klein und kann praktisch gleich Null gesetzt werden. An Schleifringläufern kann deshalb der Widerstand mit Gleichstrom gemessen werden. Für Kurzschlußläufer erhält man die Läuferstromwärme und daraus den Wirkwiderstand R_2' der Läuferwicklung durch Messung des Schlupfes (6). [s. IV, N 3 b bis e]. Es ist nach Gl. 231 b

$$Q_2 = m_1 R_2' J_2'^2 = s N_i - Q_{E2} \approx \frac{s N_2}{1-s} = \frac{N_W + Q_{\text{mech}}}{1-s} s. \qquad (282)$$

5. Wirkungsgrad nach REM. Für die direkte Messung des Wirkungsgrades kommt praktisch nur das Bremsverfahren in Frage. In den meisten Fällen, besonders bei großen Maschinen, wird die indirekte Messung des Wirkungsgrades bevorzugt, und zwar, da das Rückarbeitsverfahren (*VI G 3* u. *VII H 2 b*) hier schwer ausführbar ist, fast ausschließlich nach dem Einzelverlustverfahren (*III J 4*).

Die *Leerverluste* können nach (*1*) gemessen werden. Die *Lastverluste* ergeben sich als Summe aus den Stromwärmeverlusten der Ständer- und Läuferwicklung, den „Zusatzverlusten" im Sinne der REM und den Übergangsverlusten an Schleifringen, wenn solche von Laststrom durchflossen werden. Die Stromwärmeverluste werden nach § 61 der REM aus den mit Gleichstrom gemessenen Widerständen *berechnet;* für den Läufer können sie auch aus dem bei Nennbetrieb gemessenen Schlupf berechnet werden (*4*). Die Übergangsverluste sind aus dem Produkt von Schleifringzahl, Übergangsspannung und Schleifringstrom zu berechnen; die Übergangsspannung ist bei Kohlebürsten zu $V_1 = 1\,\mathrm{V}$, bei metallhaltigen Bürsten zu 0,3 V anzunehmen. Die Zusatzverluste sind nach § 63 der REM bei Motoren zu 0,5 % der Nennleistungsaufnahme einzusetzen. [s. IV, N 3 d u. e, 4].

6. Schlupfmessung. Bei den gewöhnlich vorliegenden kleinen Schlupfwerten ist die Bestimmung des Schlupfes aus der Differenz der Drehzahlen sehr ungenau; deshalb wird der Schlupf besser aus der Frequenz der Läuferströme berechnet.

Bei Schleifringläufern kann der Schlupf bei nicht zu hohen Werten mit einem in den Läuferkreis eingeschalteten Stromzeiger, der im Takte der Läuferfrequenz schwingen wird, gemessen werden. Man kann aber auch aus den Schwingungen einer Kompaßnadel, die in die Nähe der Läuferleitungen gebracht wird, die Läuferfrequenz ermitteln. Noch geeigneter ist ein Telephon, das auf eine Induktionsspule geschaltet wird, die in die Nähe der Läuferleitungen gebracht wird. Die Frequenz der Läuferströme ist dann gleich der halben Zahl der sekundlich gehörten Geräusche im Telephon. In dieser Weise läßt sich auch die sekundäre Frequenz einer Maschine mit Kurzschlußläufer bestimmen.

Sehr genau ist die *stroboskopische* Messung des Schlupfes. Eine Scheibe mit einer Marke, etwa in Form eines radialen Striches oder eines Kreissektors (Bild 224a) wird auf der Welle des Läufers befestigt und periodisch beleuchtet. Wenn der Läufer synchron umläuft, erfolgt die Beleuchtung immer in solchen Augenblicken, in denen die Scheibe sich um einen Winkel gedreht hat, der dem Bogen $2\,\tau\,f_1/f'$ des Motors entspricht, worin f_1 die Netzfrequenz und f' die „Frequenz der Lichtblitze" ist. Man hat den Eindruck eines stillstehenden Sternes mit $p\,f'/f_1$ mehr oder weniger scharf ausgebildeten Strahlen, wie es die Bilder 224b für $f_1/f' = 1$ und 224c für $f_1/f' = {}^1/_2$ bei $p = 1, 2$ und 3 Polpaaren andeuten. Dieses stroboskopische Bild dreht sich nun bei positivem Schlupf des Motors entgegen der wirklichen Drehrichtung der Scheibe, weil die Scheibe noch nicht die der synchronen Drehzahl entsprechende Lage eingenommen hat, wenn sie durch die Lichtblitze beleuchtet wird. Aus der Zahl der vorübergegangenen Strahlen des Bildes kann man den Schlupf berechnen.

Bezeichnen wir mit z die Anzahl der an einer im Raum feststehenden Marke vorübergegangenen Strahlen in T sec, so erhalten wir die Schlupfdrehzahl und den Schlupf zu

$$n_1 - n = \frac{z}{pT}\frac{f_1}{f'} \quad \text{und} \quad s = \frac{n_1 - n}{n_1} = \frac{z}{f'T} \,. \qquad \text{(283a u. b)}$$

Zur Beleuchtung der Scheibe eignet sich am besten eine Glimmlampe ($f'/f_1 = 2$, wenn die eine Elektrode nicht abgedeckt ist), weil

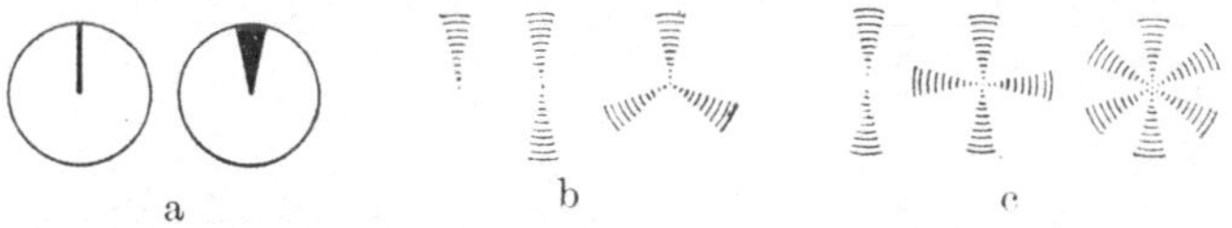

Bild 224a bis c. a Marken auf der Scheibe, b und c stroboskopische Bilder bei $p = 1$, 2 und 3; b $f_1/f' = 1$, c $f_1/f' = \frac{1}{3}$.

sie beim Durchgang des Stromes durch Null vollkommen dunkel ist. Die Aufnahme mit Glimmlampe ist daher auch bei Tageslicht möglich. [s. IV, N 5].

7. Erwärmungs- und Isolationsprobe. Bei der Erwärmungsprobe kann der Motor zur Belastung *abgebremst* werden. Ein Rückarbeitsverfahren ist möglich, aber sehr umständlich. Will man die große Leistungsvergeudung bei größeren Motoren vermeiden, so sind Kunstschaltungen erforderlich, auf die hier nicht eingegangen werden kann. [IV, N 8].

Die Isolationsprobe ist grundsätzlich in derselben Weise auszuführen wie beim Transformator (*IV G 5*).

VI. Synchronmaschine.

A. Grundsätzlicher Aufbau.

In der Regel werden die Synchronmaschinen als Innenpolmaschinen gebaut. Hierfür sind konstruktive Gründe maßgebend. Wenn der Anker den äußeren feststehenden Teil der Maschine bildet, braucht der Strom nicht über Schleifringe geleitet zu werden und die Ankerwicklung, die meistens für hohe Spannung bemessen werden muß, läßt sich auf dem feststehenden Teil betriebssicherer unterbringen. Dem rotierenden Feldmagneten muß dann allerdings der erregende Gleichstrom über Schleifringe zugeführt werden, doch sind dazu nur zwei

Schleifringe erforderlich. Die Außenpolmaschine kommt nur in gewissen Sonderfällen in Frage, z. B. bei den Umformern, wo eine gemeinsame Ankerwicklung für Gleich- und Wechselstrom Verwendung findet und der Anker umlaufen muß, um im Raume feststehende Bürsten zu erhalten.

Wenn die Wechselstromfrequenz und die Polzahl gegeben sind, kann die Drehzahl nicht mehr willkürlich gewählt werden. Wir haben in (*I B I*) gesehen, daß bei einer zweipoligen Maschine jeder Umdrehung des Ankers eine vollständige Periode des Wechselstroms entspricht. Soll also z. B. ein Wechselstrom von 50 Hz erzeugt werden, wie er heute in Deutschland in der Regel Verwendung findet, so muß die

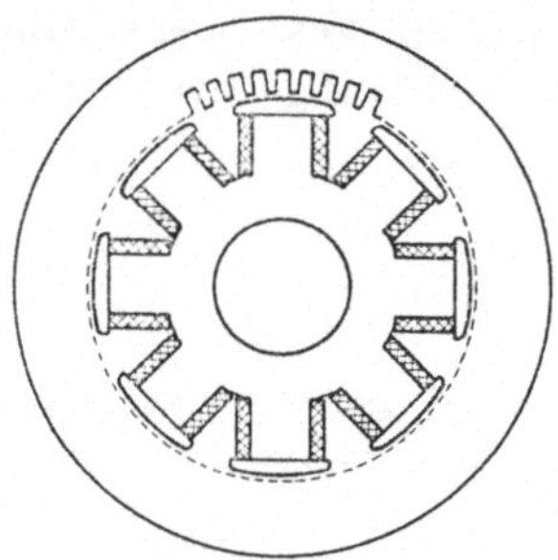

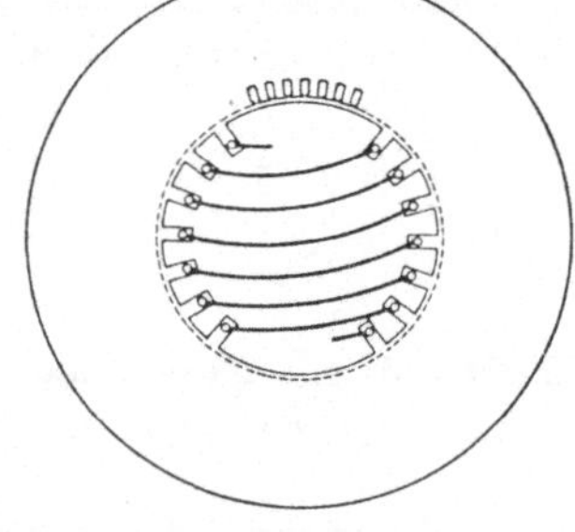

Bild 225. Schenkelpolmaschine, $p = 4$.   Bild 226. Vollpolmaschine, $p = 1$.

zweipolige Maschine 50 Uml/sec oder 3000 Uml/min machen. Bei einer vierpoligen Maschine muß die Drehzahl 1500 Uml/min betragen, weil bereits nach einer halben Umdrehung ein Punkt des Ankerumfangs die doppelte Polteilung durchlaufen hat. Allgemein besteht zwischen der Frequenz f in Hz, der Polpaarzahl p und der Drehzahl n die Beziehung

$$n = f/p \text{ Uml/sec} = 60 \, f/p \text{ Uml/min}. \qquad (284)$$

Die Polzahl wird also bei gegebener Frequenz des Wechselstromes durch die Drehzahl der Maschine bestimmt. Die höchste bei 50 Hz mögliche Drehzahl ist 3000 Uml/min.

Der Querschnitt einer achtpoligen Synchronmaschine mit ausgeprägten Polen, *Schenkelpolmaschine*, entsprechend einer Drehzahl von 750 Uml/min bei 50 Hz ist in Bild 225 dargestellt. Der Anker, der dauernd der Ummagnetisierung ausgesetzt ist, muß aus einzelnen Blechen aufgeschichtet werden, die bei größeren Maschinen aus Segmenten zusammengesetzt sind. Um die Wicklung vor dem Einlegen in die Nuten fertig herstellen zu können, werden die ganz offenen Nuten meistens den halb offenen vorgezogen.

Bei Generatoren mit Dampfturbinenantrieb, den sog. Turbogeneratoren, werden die Maschinen gewöhnlich zweipolig, für ganz große Leistungen vierpolig, entsprechend den Drehzahlen der Turbine von

3000 oder 1500 Uml/min bei Wechselstrom von 50 Hz ausgeführt. Mit Rücksicht auf die hierbei auftretenden großen Beanspruchungen durch die Fliehkräfte bildet man den Feldmagneten ähnlich dem Anker einer

Bild 227. Achtpolige Synchronmaschine der SSW für 110 kVA.

Gleichstrommaschine aus, d. h. man wählt keine ausgeprägten Pole, sondern einen zylindrischen Feldmagneten (Bild 226), *Vollpolmaschine*,

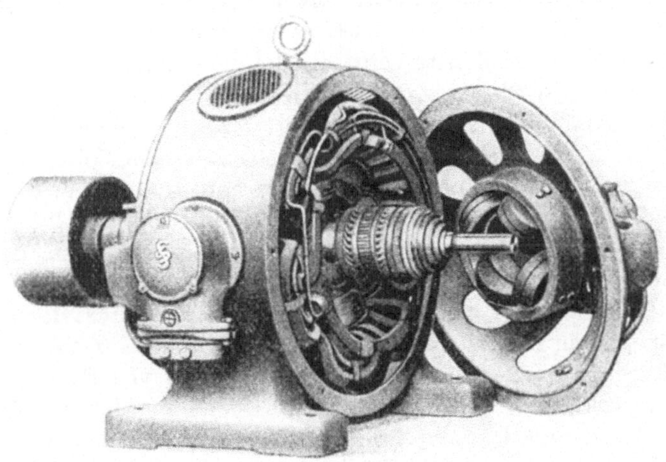

Bild 228. Achtpolige Synchronmaschine der SSW für 25 kVA mit eingebauter Erregermaschine.

und legt die Erregerwicklung in Nuten, die durch einen Metallkeil verschlossen werden.

Bild 227 zeigt die wichtigsten Teile einer dreiphasigen Schenkelpolmaschine der SSW für 110 kVA, 50 Hz, 750 Uml/min (Klemmenspannung 220 V). Das Gehäuse läßt das Blechpaket des Ankers mit drei radialen Lüftungskanälen und die in (offenen) Nuten gebettete Wicklung erkennen. Die rechte Seite des Bildes zeigt den achtpoligen Feldmagneten mit den beiden Schleifringen.

Wenn ein Gleichstromnetz zur Erregung des Feldmagneten (Fremderregung) nicht zur Verfügung steht, wird zu diesem Zweck ein besonderer Gleichstromgenerator mit der Synchronmaschine gekuppelt (Eigenerregung). Der Feldmagnet dieser Gleichstrommaschine wird dann zuweilen mit dem Lagerschild der Synchronmaschine vereinigt, wie es in Bild 228 zu erkennen ist, das eine dreiphasige Synchronmaschine für 25 kVA, 50 Hz bei 750 Uml/min (220 V) darstellt. [s. II, II L 4].

B. Ankerrückwirkung.

1. Amplitude der Felderregerkurve. Wenn die Ankerwicklung von Strom durchflossen wird, erzeugt diese ein magnetisches Feld, das auf das Feld des Feldmagneten zurückwirkt. Man bezeichnet diesen Vorgang als *Ankerrückwirkung*. Für praktische Zwecke braucht nur die Grundwelle der Felderregerkurve des Ankers berücksichtigt zu werden. Diese Amplitude V und die sie erzeugende resultierende Ankerdurchflutung $\Theta_A = 2V = gJ$ haben wir schon in (*III B 3*) ermittelt. Wir müssen nun noch untersuchen, welche Lage die Felderregerkurve des Ankers gegenüber dem Feldmagneten einnimmt. [s. II, II A 1 bis 3].

2. Lage zum Feldmagneten. Die vom Felde des Feldmagneten in einem Ankerleiter induzierte EMK hat ihren Höchstwert, wenn sich der Ankerleiter unter Polmitte befindet. Ist der Ankerstrom mit der induzierten EMK in Phase, so tritt auch der Höchstwert des Stromes in diesem Zeitpunkt auf. Die Felderregerkurve ist gegenüber dem Strombelag und daher auch ihre Amplitude gegenüber der Polmitte des Feldmagneten um eine halbe Polteilung verschoben, und zwar eilt sie dem Feldmagneten nach. Dieser Fall ist in Bild 229 c dargestellt, wobei eine Einlochwicklung angenommen und nur der Wicklungsstrang des Ankers angedeutet ist, in dem der Strom seinen Höchstwert hat. Der Feldmagnet soll sich von rechts nach links bewegen; die relative Bewegung der Ankerwicklung gegenüber dem ruhend gedachten Feldmagneten ist also von links nach rechts zu denken. Die Nordpole von Feldmagnet und Felderregerkurve sind durch senkrechte Pfeile angedeutet. Wir haben in Bild 229 c reine Querdurchflutung des Ankers, ähnlich wie bei einer Gleichstrommaschine, deren Bürsten in der geometrisch neutralen Zone stehen. Die Ankerrückwirkung äußert sich durch eine Feldverzerrung unter den Polschuhen (*VII B 1* u. *2*).

Im allgemeinen Falle ist der Strom gegen die vom fiktiven Felde des Feldmagneten induzierte EMK um den Winkel ψ phasenverschoben. Eine Nacheilung (ψ positiv) des Stromes um den Winkel ψ gegen die EMK hat zur Folge, daß der Höchstwert des Stromes um die Zeit

$t = \psi\, T/2\pi$ später auftritt, als die Spulenseite unter die Polmitte des Pols gelangt. Während dieser Zeit t hat sich der Feldmagnet um den Bogen $x = 2\,\tau\, t/T = \tau\,\psi/\pi$ bewegt. So erhalten wir für die Winkel $\psi = \pi/4$ und $\psi = \pi/2$ die in Bild 229d u. e eingezeichnete Lage der Anker-Felderregerkurve zum Feldmagneten. Bei Voreilung des Stromes gegen die EMK ist die Erregerkurve gegen ihre Lage bei Phasengleichheit zwischen Strom und EMK (Bild c) um den Bogen, der dem Voreilwinkel entspricht, voraus (Bild a u. b). In den Fällen Bild 229a u. e haben wir reine Längsdurchflutung des Ankers, die bei Phasenvoreilung (Bild a) im Sinne der Feldmagnetdurchflutung, bei Phasennacheilung (Bild e) im entgegengesetzten Sinne (Gegendurchflutung) wirkt.

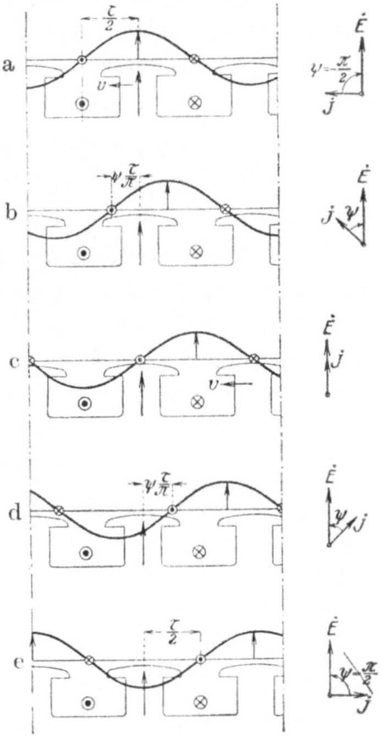

Die in Bild 229a bis e dargestellten Fälle entsprechen dem Generatorbetrieb. Bei Motorbetrieb ist der Strom entgegengerichtet; die Felderregerkurve des Ankers kehrt also ihr Vorzeichen um. [s. II, II A 4 u. 5].

Bild 229 a bis e. Lage der Anker-Felderregerkurve zum Feldmagneten bei verschiedenen ψ.

3. Längs- und Querdurchflutung. Bei Schenkelpolmaschinen ist es wegen der verschiedenen magnetischen Leitwerte in den Achsen der Pole und Pollücken zweckmäßig, die Ankerdurchflutung in zwei

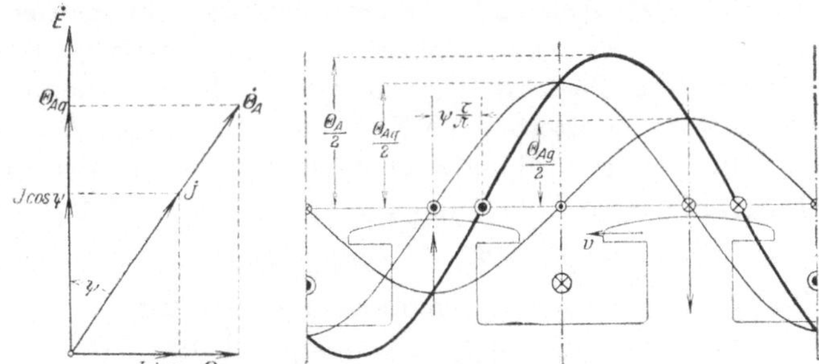

Bild 230. Zerlegung der Ankerdurchflutung (Θ_A) in Gegen- (Θ_{Ag}) und Querdurchflutung (Θ_{Aq}).

Komponenten, eine Querdurchflutung und eine Längsdurchflutung, zu zerlegen.

13*

Wir haben in (2) gesehen, daß die Lage der Felderregerkurve des Ankers zum Feldmagneten von der Phase abhängt, die der Strom gegenüber der vom Feld des Feldmagneten induzierten EMK hat. Zerlegen wir daher den Ankerstrom J in zwei Komponenten $J \cos \psi$ und $J \sin \psi$ (Bild 230), von denen die erste phasengleich mit der EMK $\dot{E}$ ist, so entsprechen diesen Stromkomponenten die Durchflutungskomponenten

$$\Theta_{Aq} = \Theta_A \cos \psi \quad \text{und} \quad \Theta_{Ag} = \Theta_A \sin \psi, \qquad (285\text{a u. b})$$

von denen die erste eine Querdurchflutung, die zweite eine Längsdurchflutung, und zwar bei positivem ψ eine *Gegen*durchflutung ist.

In Bild 230 ist die Lage der Amplituden der resultierenden Ankerdurchflutung, der Ankerquer- und der Ankerlängs-Durchflutung zum Feldmagneten durch • und × angedeutet. Die diesen Durchflutungen entsprechenden sinusförmigen Felderregerkurven sind ebenfalls eingezeichnet; sie sind gegen ihre Durchflutungen um eine halbe Polteilung verschoben, und ihre Amplituden sind halb so groß wie die entsprechenden Durchflutungen, die wir immer auf einen vollen magnetischen Kreis beziehen. [s. II, II A 6].

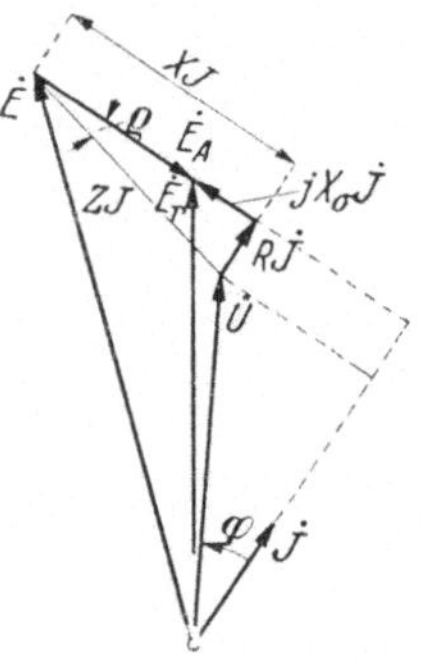

Bild 231. Spannungsdiagramm der Vollpolmaschine.

C. Die selbständige mehrphasige Synchronmaschine.

1. Klemmenspannung bei Belastung. Setzen wir, um einfache Beziehungen zu erhalten, eine Vollpolmaschine und eine geradlinige magnetische Kennlinie voraus, so ergibt sich für einen bestimmten Belastungszustand der Maschine (U, J, φ) das in Bild 231 dargestellte Spannungsdiagramm. Darin ist RJ der mit J phasengleiche Wirkspannungsverlust, $jX_\sigma J$ der um 90° gegen J verfrühte Streuspannungsverlust. Die Summe $\dot{U} + (R + j X_\sigma) J$ ist gleich der vom resultierenden Luftspaltfeld induzierten EMK $\dot{E}_r$. Diese setzt sich bei geradliniger magnetischer Kennlinie aus der fiktiven vom Feldmagneten induzierten EMK $\dot{E}$ und der vom fiktiven Ankerfeld induzierten EMK $\dot{E}_A$ (um 90° gegen J verspätet) zusammen. Mit dem Hauptblindwiderstand X_h der Ankerwicklung ist $E_A = X_h J$. Setzen wir zur Abkürzung $X = X_h + X_\sigma$, $Z = \sqrt{X^2 + R^2}$, so ist

$$\sin \varrho = R/Z, \qquad \cos \varrho = X/Z. \qquad (286\text{a u. b})$$

Aus Bild 231 lesen wir die algebraische Beziehung

$$\begin{aligned} E^2 &= (U \cos \varphi + RJ)^2 + (U \sin \varphi + XJ)^2 \\ &= U^2 + Z^2 J^2 + 2 U J (R \cos \varphi + X \sin \varphi) \end{aligned} \right\} \qquad (287\text{a})$$

ab. Dividieren wir durch E^2, so erhalten wir

$$1 = \frac{U^2}{E^2} + \frac{Z^2 J^2}{E^2} + 2 \frac{U}{E} \frac{J}{E} (R \cos \varphi + X \sin \varphi). \qquad (287\text{b})$$

Bei offenen Klemmen ist $E = U_0$ die *Leerlaufspannung* bei der einge-stellten Erregung und $E/Z = J_k$ der Strom bei kurzgeschlossenen Anker-klemmen und derselben Erregung, der *Kurzschlußstrom*. Gl. 287b geht mit Gl. 286a u. b über in

$$1 = \left(\frac{U}{U_0}\right)^2 + \left(\frac{J}{J_k}\right)^2 + 2\,\frac{U}{U_0}\,\frac{J}{J_k}\sin(\varphi + \varrho)\,. \tag{287}$$

Für irgendeinen konstanten Wert von φ ist Gl. 287 die Gleichung einer Ellipse. Für jeden Wert von φ erhält man eine besondere Ellipse; für

sin $(\varphi + \varrho) = 0$ entsteht ein Kreisbogen, für sin $(\varphi + \varrho) = \mp 1$ Geradenstücke (Bild 232).

Für den praktischen Betrieb kommt nur der Bereich von $J/J_k = 0$ bis 0,5 dieser Ellipsen in Frage. Wir ersehen daraus, daß die Phasenverschiebung einen entscheidenden Einfluß auf den Spannungsverlust hat. Dieser ist, da ϱ in praktischen Fällen verschwindend klein, bei rein induktiver Belastung am größten, geringer bei reiner Wirk-last und wird sogar negativ (Span-nungserhöhung) bei kapazitiver Be-lastung. In Wirklichkeit werden die

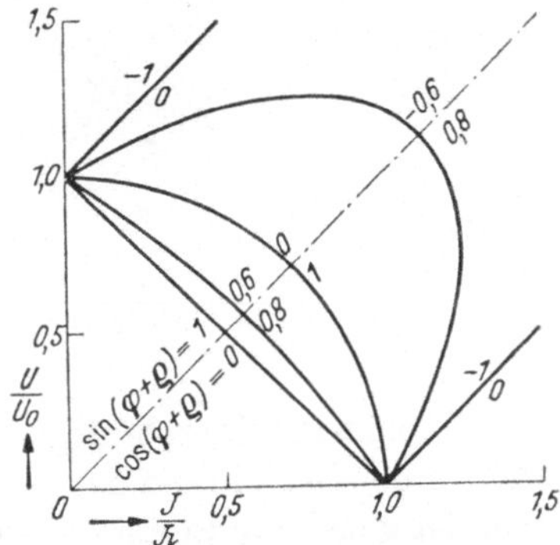

Bild 232. Belastungskennlinien bei $\cos\varphi \approx \cos(\varphi + \varrho) = \text{const}$ und fester Erregung.

in Bild 232 dargestellten, idealisierten Kurven durch die magnetische Spannung im Eisen etwas verzerrt. [s. II, II F 1].

2. Feldmagnetdurchflutung bei Vollpolmaschinen. Besonders einfach gestaltet sich die Ermittlung der Feldmagnetdurchflutung bei Belastung für die Vollpolmaschine, weil hierfür die Felderregerkurve des Feld-magneten nur wenig von der Sinusform abweicht, so daß die Durch-flutungen vektoriell zusammengesetzt werden dürfen. Für den in Bild 233 angegebenen Belastungsfall (U, J, φ) erhalten wir durch Addi-tion des Spannungsverlustes $(R + jX_\sigma)\,\dot{J}$ zur Klemmenspannung $\dot{U}$ die vom resultierenden Luftspaltfeld induzierte EMK $\dot{E}_r$. Der magnetischen Kennlinie in Bild 234 des Feldmagneten entnehmen wir mit E_r die resultierende Durchflutung Θ_r, die wir in Bild 233 um $\pi/2$ verfrüht gegen $\dot{E}_r$ antragen. In Phase mit $\dot{J}$ ist die Ankerdurchflutung $\Theta_A = g \cdot \dot{J}$ (Gl. 109a u. b). Da $\Theta_r = \Theta + \Theta_A$ ist, erhalten wir die Feldmagnet-durchflutung $\Theta = \Theta_r - \Theta_A$ nach Bild 233 und den Erregerstrom nach Gl. 145b zu $i = p\,\Theta/w_E$.

Nach § 72 der REM ist die auf die Klemmenspannung U bezogene Spannungsänderung, die bei Entlastung der Maschine auftritt, wenn Feldmagneterregung und Drehzahl der Maschine unverändert bleiben,

$$v = (E - U)/U\,, \tag{288}$$

worin E die zur Durchflutung Θ gehörige EMK in der Leerlaufkennlinie ist (vgl. Bild 234). Die Spannungsänderung soll nach den REM 50% bei $\cos\varphi = 0,8$ nicht überschreiten. [s. II, II C 2 bis 4].

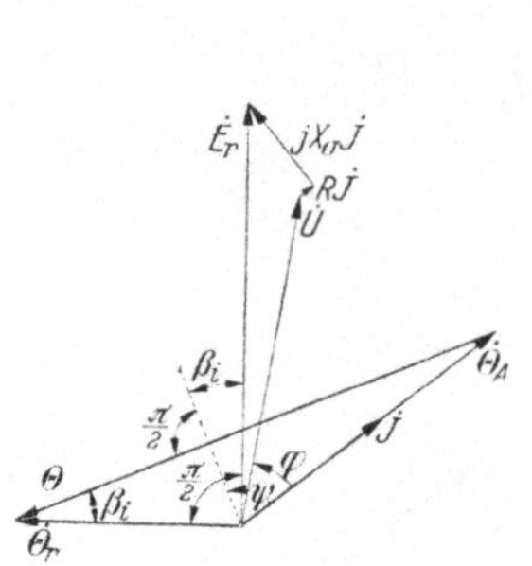

Bild 233. Ermittlung der Feldmagnetdurchflutung bei Belastung, Vollpolm.

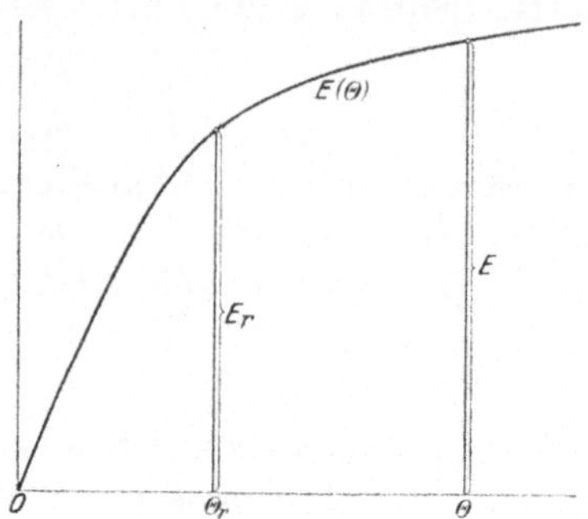

Bild 234. Ermittlung der Spannungsänderung.

3. Feldmagnetdurchflutung bei Schenkelpolmaschinen. Die EMK $\dot{E}_r$, die von der Grundwelle des resultierenden Feldes im Luftspalt induziert wird, ist gleich der Summe aus der Klemmenspannung $\dot{U}$ und dem Spannungsverlust $(R + j\,X_\sigma)\,J$ in der Ankerwicklung (Bild 235). $\dot{E}_r$ können wir in zwei Komponenten, die Längs-EMK $\dot{E}_l$ und die Quer-EMK $\dot{E}_q$

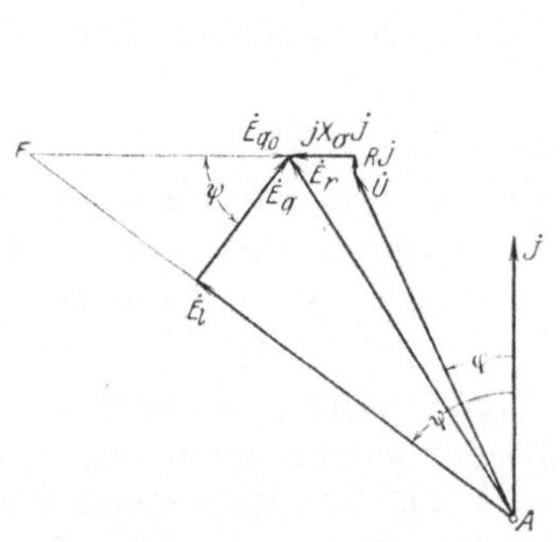

Bild 235. Spannungsdiagramm der Schenkelpolmaschine.

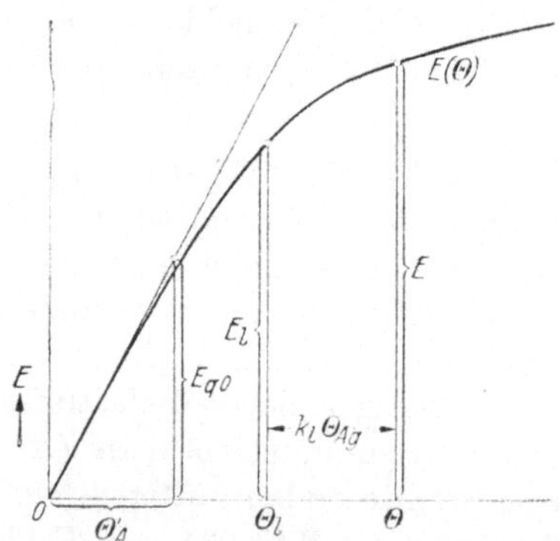

Bild 236. Ermittlung von E_{q0} und Feldmagnetdurchflutung Θ.

zerlegen, die gegeneinander um eine Viertelperiode phasenverschoben sind. $\dot{E}_l$ wird von der Grundwellenkomponente des Feldes induziert, die in der Mitte der Pollücken Null ist, $\dot{E}_q$ von der andern Komponente, die in der Mitte der Pole Null ist.

Das Längsfeld wird von der resultierenden Längsdurchflutung, das Querfeld von der *Quer*durchflutung

$$\Theta_{Aq} = \Theta_A \cos\psi \tag{289a}$$

erregt. Die Zerlegung der Ankerdurchflutung in Längs- und Quer-durchflutung setzt die Kenntnis des Winkels ψ voraus, der aber von der noch unbekannten Querfeld-EMK E_q, die von der Querdurchflutung Θ_{Aq} induziert wird, abhängt. Verlängern wir in Bild 235 $\dot{E}_l$ und $j\,X_\sigma\,J$ bis zum Schnittpunkt in F, so ist der Winkel bei F gleich $\pi/2 - \psi$, und wir erhalten $E_{q0} = E_q/\cos\psi$. Setzen wir für das Querfeld eine gerad-linige magnetische Kennlinie voraus, so ist E_q proportional $\cos\psi$, E_{q0} also unabhängig von ψ und gleich der EMK, die von der Querdurchflutung $\Theta_{Aq} = \Theta_A$, also bei $\psi = 0$, induziert wird. E_{q0} können wir auch dem unteren geradlinigen Teil der Leerlaufkenn-linie (oder seiner Verlängerung) entnehmen, wenn wir an Stelle der wirklichen Durchflutung Θ_A die „*wirksame*" Querdurchflutung bei $\psi = 0$

$$\Theta'_A = k_q\,\Theta_A \qquad (289\,\mathrm{b})$$

setzen (Bild 236). Darin führt der Faktor k_q die sinusförmig verteilte und bei $\psi = 0$ gegenüber der Feldmagnetdurchflutung um eine halbe Pol-teilung verschobene Ankerdurchflutung Θ_A auf eine in der Pollücke konzentrierte Durchflutung Θ'_A zurück, für die die Leerlaufkennlinie gilt.

Für die „*wirksame*" *Gegen*durchflutung können wir

$$\Theta'_{Ag} = k_l\,\Theta_A \sin\psi \qquad (290\,\mathrm{a})$$

schreiben, worin der Faktor k_l die Gegendurch-flutung $\Theta_{Ag} = \Theta_A \sin\psi$ auf die Leerlaufkennlinie zurückführt. Die resultierende Längsdurchflu-tung ist

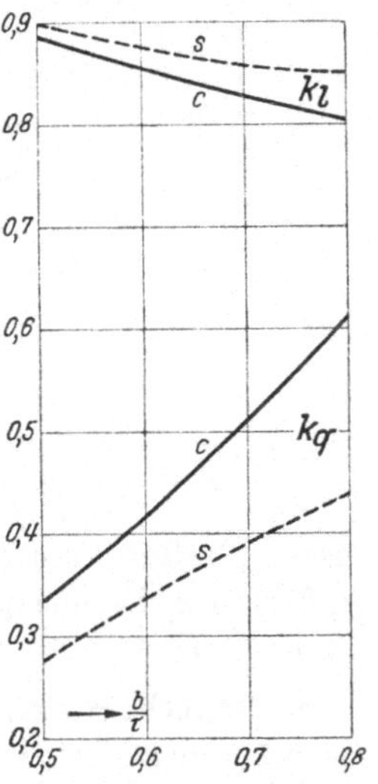

Bild 237. k und k_l über Polbogen zu Poltei-lung; c für $\delta = $ const, s für sinusförmiges Feld.

$$\Theta_l = \Theta - \Theta'_{Ag}, \qquad (290)$$

und wir erhalten die Feldmagnetdurchflutung Θ, indem wir zu der resultierenden Längsdurchflutung Θ_l, die zu E_l in der Leerlaufkennlinie gehört, die wirksame Gegendurchflutung Θ'_{Ag} (sofern sie positiv ist) addieren (Bild 236). Die Spannungsänderung kann dann nach Gl. 288 berechnet werden. [s. II, II D 2 u. F 3].

Zwei Ausführungen der Polschuhe sind üblich. Bei der einen ist die Luftspaltlänge δ längs des Polschuhbogens konstant, bei der andern wächst sie von der Mitte des Polschuhs nach seinen Enden, so daß bei Leerlauf annähernd sinusförmige Feldverteilung auftritt. Davon und von dem Verhältnis Polbogen zu Polteilung (b/τ) sind k_q und k_l abhängig. In Bild 237 gelten für den ersten Fall die Kurven c, für den zweiten die Kurven s. Im Durchschnitt liegt k_q bei etwa 0,44, k_l bei 0,85. Daß k_q wesentlich kleiner als k_l ist, liegt daran, daß für k_q der Höchstwert des Strombelags nicht in der Pollücke, sondern in der Pol-mitte auftritt. [s. II, II D 3].

Der Einfluß des Sättigungsgrades auf die Feldmagnetdurchflutung bei Belastung läßt sich angenähert folgendermaßen berücksichtigen (Bild 238). Von der aus dem Spannungsdiagramm ermittelten resultierenden EMK E_r in der Leerlaufkennlinie zieht man eine Gerade durch den Ursprung (Bild 238). Dieser Geraden entnimmt man mit $k_q\,\Theta_A$ die EMK E_{q0}, bestimmt in bekannter Weise (Bild 235) die Längs-EMK E_l und entnimmt der Geraden durch E_r in der Leerlaufkennlinie die zu E_l gehörige Durchflutung Θ_l'. Zu Θ_l' addiert man $k_l\,\Theta_{A\varrho}$ und erhält die Feldmagnetdurchflutung Θ. Bei positivem $\Theta_{A\varrho}$ ergibt dies eine etwas zu kleine Feldmagnetdurchflutung, weil bei Belastung die Streuung des Feldmagneten, für den nicht Θ_l, sondern Θ maßgebend ist, vergrößert wird.

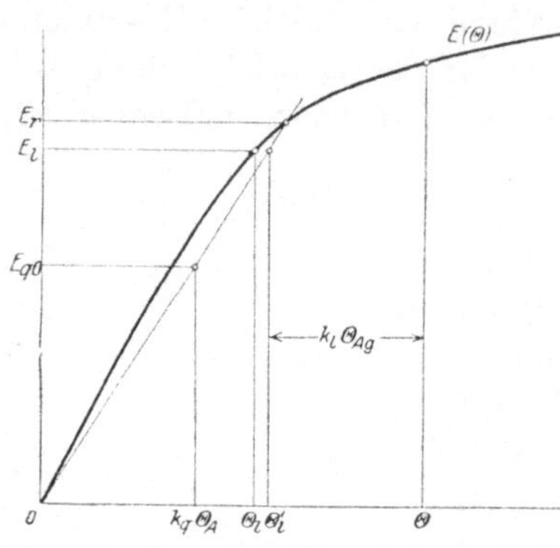

Bild 238. Genauere Bestimmung der Feldmagnetdurchflutung.

Diesen Einfluß kann man schätzungsweise durch Einführung eines vergrößerten k_l berücksichtigen, indem man an Stelle von k_l 1,0 bis 1,2 k_l setzt. [s. II, II D 4].

4. Dauerkurzschlußstrom und POTIERsches Dreieck. Schließen wir die Klemmen der Maschine kurz, so wird die Klemmenspannung Null

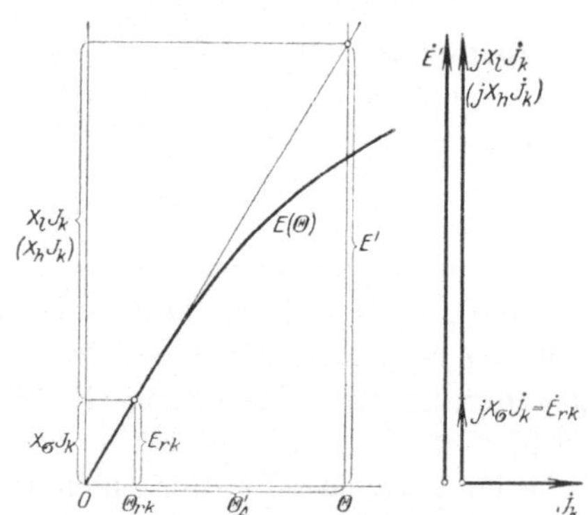

Bild 239. Spannungsdiagramm bei Kurzschluß ($R = 0$).

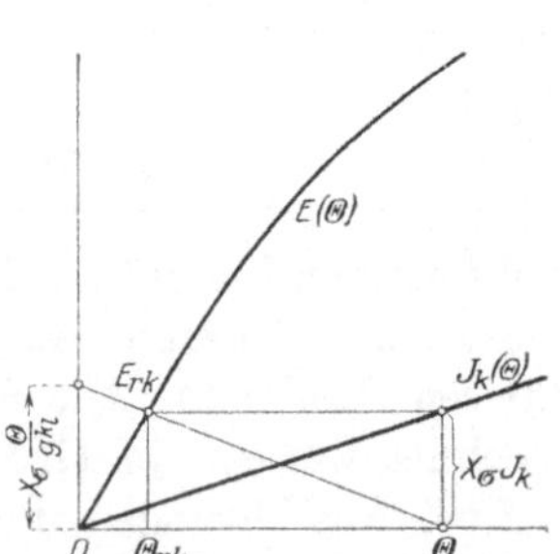

Bild 240. Ermittlung des Kurzschlußstromes $J_k\,(\Theta)$.

und wir erhalten das in Bild 239 dargestellte Vektordiagramm, wenn wir den sehr kleinen Wirkspannungsverlust $R\,J_k$ gegenüber E' vernachlässigen. E' ist dabei die fiktive vom Feldmagneten induzierte EMK, wenn die magnetische Kennlinie geradlinig wäre (Bild 239). J_k ist der Kurzschlußstrom, der sich im Dauerzustand einstellt. Mit

$X_l = E_l/J$ ist der Hauptblindwiderstand der Schenkelpolmaschine bezeichnet, wenn (wie im vorliegenden Fall) die Ankerdurchflutung eine reine Gegendurchflutung ist, mit X_h der Hauptblindwiderstand der Vollpolmaschine. Die vom resultierenden Luftspaltfluß induzierte EMK ist auf $E_{rk} = X_\sigma J_k$ gesunken.

Für eine gegebene Feldmagnetdurchflutung Θ bestimmen wir den Kurzschlußstrom aus der Leerlaufkennlinie auf folgende Weise. Tragen wir in Bild 240 auf der Ordinatenachse $X_\sigma \Theta/g\, k_l$ ab und verbinden

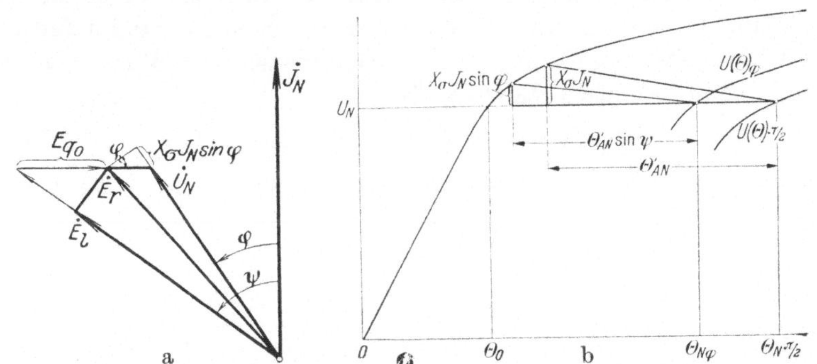

Bild 241 a u. b.   a Spannungsdiagramm; b Kennlinien bei $J = $ const, $U(\Theta)_{\pi/2}$ bei $\psi = \pi/2$ und $U(\Theta)_p$ bei $\varphi = $ const.

diesen Punkt mit der Feldmagnetdurchflutung Θ, für die der Kurzschlußstrom bestimmt werden soll, so ist

$$E_{rk} = X_\sigma \frac{\Theta'_A}{g\, k_l} = X_\sigma \frac{\Theta}{g\, k_l} \cdot \frac{\Theta - \Theta_{rk}}{\Theta} . \tag{291}$$

Hieraus erhält man den Kurzschlußstrom zu

$$J_k = (\Theta - \Theta_{rk})/g\, k_l , \tag{292}$$

der über Θ aufgetragen werden kann. Die Kurzschlußkennlinie $J_k(\Theta)$ $\sim X_\sigma J_k(\Theta)$ ist in praktischen Fällen eine Gerade, weil E_{rk} im unteren geradlinigen Teil der Leerlaufkennlinie liegt. Wir haben dabei den m-phasigen Kurzschluß vorausgesetzt. Bei einphasigem Kurzschluß ergibt sich angenähert derselbe Kurzschlußstrom.

Das rechtwinklige Dreieck $\Theta_{rk}\, \Theta\, E_{rk}$ in Bild 240 mit den Katheten $\Theta - \Theta_{rk} = \Theta'_A$ und $X_\sigma J_k$, bezeichnet man als Potiersches Dreieck. Es gilt für $\psi = \psi_k = \pi/2$, und seine Seiten sind dem Ankerstrom proportional.

Mit Hilfe des Potierschen Dreiecks können wir die Belastungskennlinie bei $J = $ const und dem Phasenwinkel $\varphi \approx \psi = \pi/2$ über der Feldmagnetdurchflutung aufzeichnen, indem wir das Dreieck, parallel zu sich selbst, auf der Leerlaufkennlinie verschieben. Die rechte Ecke des Dreiecks beschreibt dann die Kennlinie für $J = $ const, $\psi = \pi/2$, die in Bild 241b mit $U(\Theta)_{\pi/2}$ bezeichnet ist. Für einen beliebigen Phasen·

winkel können wir ein abgeändertes Dreieck verwenden. Nach Bild 241a ist die eine Kathete $X_\sigma J_N \sin\varphi$, die andere $\Theta'_{A\,N} \sin\psi$. Die hierfür geltende Belastungskennlinie ist mit $U(\Theta)_\varphi$ bezeichnet. Wegen der vergrößerten Feldmagnetstreuung bei positivem $\Theta'_{A\,N} \sin\psi$ erhält man die Feldmagnetdurchflutung etwas zu klein (3). [s. II, II E 1].

5. Der Stoßkurzschlußstrom. Die Feldmagnetwicklung laufe mit konstanter Drehzahl um. Die Ankerwicklung sei zunächst offen und werde dann kurzgeschlossen. Bezeichnen wir mit ψ den Augenblickswert des Spulenflusses, der mit der Wicklung verkettet ist, die im Zeitpunkt $t=0$ kurzgeschlossen wird, und vernachlässigen den Wirkwiderstand, so gilt nach erfolgtem Kurzschluß

$$\mathrm{d}\psi/\mathrm{d}t = 0, \qquad \text{also} \qquad \psi = \text{const} = \psi_0, \qquad (293\,\text{a u. b})$$

wobei ψ_0 den Augenblickswert des Spulenflusses unmittelbar vor dem

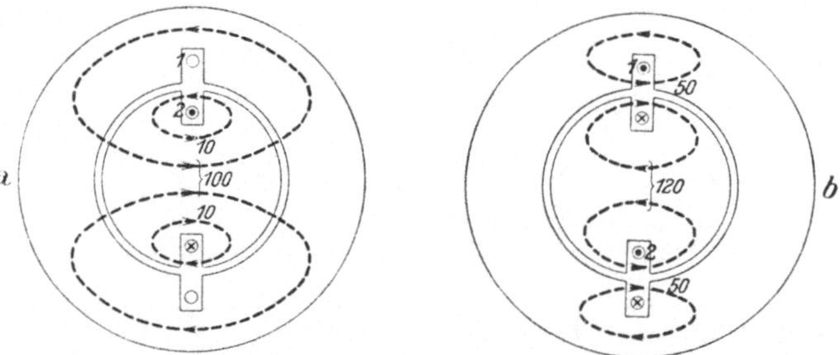

Bild 242a u. b. Ungünstigster Fall bei Kurzschluß. a $t=0$, b $t=T/2$.

Kurzschließen bedeutet. Dieses Grundgesetz des Kurzschlußvorganges führt bei Maschinen mit gegeneinander bewegten Wicklungen zu merkwürdigen Erscheinungen.

Wir wollen den physikalischen Vorgang zunächst an einer idealisierten Maschine mit nur je einer Spule im Feldmagneten und im Anker erläutern. Der ungünstigste Fall liegt vor, wenn im Augenblick des Kurzschließens die Achsen der beiden Spulen zusammenfallen (Bild 242a). Die Feldmagnetwicklung errege den Hauptfluß mit 100 Einheiten, der auch mit der Ankerspule verkettet ist, und den Streufluß von 20 Einheiten. Unmittelbar vor dem Kurzschließen fließt in der Ankerspule noch kein Strom. Beide Spulen suchen nun die mit ihnen verketteten Flüsse, die sich im wesentlichen auf dem Hauptwege ausbilden, festzuhalten. Eine halbe Periode nach erfolgtem Kurzschluß, wenn also der Feldmagnet sich um 180° gedreht hat (Bild 242b), würde der von der Magnetspule herrührende und mit der Ankerspule verkettete Fluß das entgegengesetzte Vorzeichen wie in der Ausgangsstellung (Bild 242a) haben; er wird aber durch den in der Ankerspule induzierten Strom im wesentlichen aufgehoben. Der resultierende Hauptfluß ist annähernd Null: beide Wicklungen müssen daher auf ihrem Streuwege fast den

vollen Leerlauffluß erregen. Wegen der geringen magnetischen Leitwerte der Streuwege sind dazu sehr große Ströme erforderlich. Das ist
der Augenblick der größten Stromspitze, die als *Stoßkurzschlußstrom*
bezeichnet wird.

In praktischen Fällen ist nun der Streublindwiderstand des Läufers,
der zusammen mit dem des Ständers den Stoßkurzschlußstrom bestimmt,
sehr klein, weil bei der plötzlichen Umlenkung der Felder diese von
Strömen in den massiven Teilen des Läufers abgedämpft werden,
besonders wenn der Läufer eine Dämpferwicklung (Käfigwicklung)
trägt. Maßgebend ist deshalb hauptsächlich der Streublindwiderstand X_σ der Ankerwicklung, und wir können für den Stoßkurzschlußstrom

$$i_{kr} = \varkappa \cdot \sqrt{2}\, E / X_\sigma \qquad (294)$$

schreiben, worin E die Klemmenspannung bei Leerlauf ist und in $\varkappa$ die
verschiedenen Ausführungsformen des Läufers berücksichtigt werden.
In $\varkappa$ ist auch eine gewisse Abdämpfung von i_{kr} durch den Wirkwiderstand
der Wicklung eingeschlossen. Für $\varkappa$ (< 2) kann etwa gesetzt werden:

Vollpolmaschine mit Dämpferwicklung $\varkappa = 1{,}85$,	$\varepsilon_{b\,min} = 0{,}13$	
Vollpolmaschine ohne ,, 1,65	0,115	(294a)
Schenkelpolmaschine mit ,, 1,6	0,112	
Schenkelpolmaschine ohne ,, 1,3	0,09	

Nach § 47 der REM soll der Stoßkurzschlußstrom eines bei Leerlauf
auf das 1,05-fache der Nennspannung erregten Generators das 15-fache
des Scheitelwertes vom Nennstrom nicht überschreiten. Bezeichnen
wir den auf Nennspannung bezogenen Streuspannungsverlust bei Nennstrom mit

$$\varepsilon_b = X_\sigma J_N / U_N, \qquad (295a)$$

so erhalten wir aus Gl. 294 mit $E = 1{,}05\,U_N$ die Bedingung

$$i_{kr} / \sqrt{2}\, J_N = 1{,}05\,\varkappa / \varepsilon_b \leq 15. \qquad (295)$$

Es muß also der relative Blindverlust $\varepsilon_b \geq \varkappa/14{,}3$ sein, um die Vor-
schrift der REM zu erfüllen. Der untere Grenzwert von ε ist also
$\varepsilon_{b\,min} = \varkappa/14{,}3$ und in Gl. 294a eingeschrieben.

Werden bei der in Stern geschalteten Wicklung nicht alle, sondern
nur zwei Klemmen kurzgeschlossen, so beträgt dieser ,,einphasig-
zweisträngige'' Kurzschlußstrom nur etwa 0,87, während beim Kurzschluß zwischen einer Klemme und Nullpunkt der ,,einphasig-ein-
strängige'' Kurzschlußstrom angenähert gleich dem dreiphasigen ist.
[s. II, II E 2 u. G].

D. Die Synchronmaschine am Netz mit fester Spannung.

1. Parallelschalten von Synchronmaschinen.
Um eine Synchron-
maschine mit einem unter Spannung stehenden Netz ohne Stromstöße

parallel schalten zu können, müssen die Effektivwerte, die Frequenzen und die Phasen von Maschinen- und Netzspannung übereinstimmen.

Gleiche Effektivwerte werden durch die Erregung der zuzuschaltenden Maschine erreicht und durch Spannungszeiger festgestellt. Dabei verwendet man zweckmäßig einen Doppelspannungsmesser, bei dem die Systeme zweier Spannungsmesser in einem gemeinsamen Gehäuse untergebracht sind und ihre Zeiger auf einer gemeinsamen Skala spielen, so daß sich die Gleichheit der Spannungen leicht ablesen läßt.

Annähernde Gleichheit der Frequenzen (Gleichlauf) läßt sich durch Einstellen der Antriebsmaschine erreichen und am bequemsten an einem Doppelfrequenzmesser feststellen, der ähnlich wie der Doppelspannungsmesser gebaut ist.

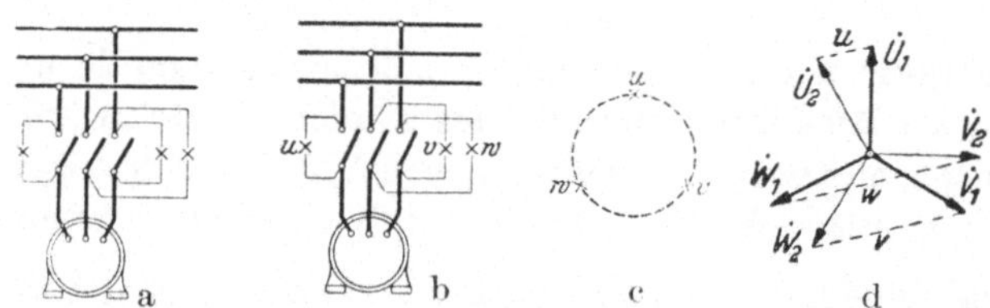

Bild 243 a bis d. a Dunkelschaltung, b bis d Schaltung für kreisende Lichterscheinung.

Die Gleichheit der Phasen erkennt man an dem Verlöschen oder Aufleuchten von Glühlampen oder an den Ausschlägen von Spannungszeigern. Bild 243 a zeigt die „Dunkelschaltung" der Phasenlampen für Dreiphasenstrom, wobei die Phasen der Maschinenspannung und des Netzes übereinstimmen, wenn alle Lampen erlöschen. Wenn die Frequenzen erheblich voneinander abweichen, brennen die Lampen fast gleichmäßig hell. Bei Annäherung an den Gleichlauf beginnen sie zu flackern, bis schließlich ein langsames Aufleuchten und Erlöschen auftritt. Beim Erlöschen der Lampen sind die Spannungen phasengleich, und die Maschine kann dann an das Netz geschaltet werden. Der Gleichlauf bleibt dann, wie wir in (5) zeigen werden, erhalten. Bei höheren Spannungen müssen die Phasenlampen über Meßwandler geschaltet werden. Dabei können dann die Wicklungsstränge der Meßwandler auch so geschaltet werden, daß bei Phasengleichheit von Maschinen- und Netzspannung die Lampen aufleuchten (Hellschaltung), was deutlicher in Erscheinung tritt als das Verlöschen.

Werden die Lampen zweier Phasen nach Bild 243 b kreuzweise geschaltet und so auf einem Kreisumfang angeordnet, wie es Bild 243 c andeutet, so wandert die größte Helligkeit auf dem Kreis von einer Lampe zur andern, und wir haben den Eindruck einer drehenden Lichterscheinung. Aus dem Drehsinn kann man erkennen, ob die zuzuschaltende Maschine zu schnell oder zu langsam läuft. Diese Erscheinung läßt sich leicht erklären, wenn man die gegenseitige Lage der Spannungssterne von Maschine und Netz aufzeichnet. Läuft der Stern der Maschinenspannung ($U_2 V_2 W_2$) links herum (Bild 243d), so ergibt sich der Umlaufsinn der größten Lampenhelligkeit in Bild 243c ebenfalls linksherum und umgekehrt.

Auf diesem Prinzip sind sog. Synchronoskope ausgebildet worden, bei denen ein Zeiger in dem einen oder andern Sinn umläuft, wenn die Frequenz der zuzuschaltenden Maschine von der des Netzes abweicht. Die Geschwindigkeit des Zeigers hängt von dem Frequenzunterschied ab und wird Null, wenn die Frequenzen gleich sind. Wenn auch die Phasen übereinstimmen, nimmt der stillstehende Zeiger eine ganz bestimmte Lage ein, die durch eine Marke am Synchronoskop bezeichnet ist.

Den Vorgang des Parallelschaltens in der hier erläuterten Weise bezeichnet man auch als *Synchronisieren* der Maschine, die Einrichtung dazu als Synchronisiervorrichtung.

Um die erforderlichen Maßnahmen beim Synchronisieren unabhängig von der Geschicklichkeit des Bedienungspersonals zu machen und schnell synchronisieren zu können, hat man selbsttätige Synchronisiervorrichtngen ersonnen. [s. II, II J].

2. Lastverteilung. Wenn wir den Wirkwiderstand R gegen den gesamten Blindwiderstand X (vgl. Bild 231, $\varrho \approx 0$) der Ankerwicklung vernachlässigen, so erhalten wir

$$\dot{U} = \dot{E} - j X \dot{J} \quad \text{oder} \quad \dot{J} = \frac{\dot{E} - \dot{U}}{j X} = j \frac{\dot{U} - \dot{E}}{X} . \qquad \text{(296a u. b)}$$

Im Augenblick nach dem erfolgten Synchronisieren ist, sofern dies vorschriftsmäßig stattgefunden hat, $\dot{U} = \dot{E}$, daher $\dot{J} = 0$ (Bild 244a); es fließt also (theoretisch) kein Strom in der Maschine.

Um die Maschine zu belasten, müssen wir den EMK-Vektor $\dot{E}$ von dem Netzvektor $\dot{U}$ verschieden machen, wie aus Gl. 296b hervorgeht. Wir wollen zunächst gleiche Phase von $\dot{E}$ und $\dot{U}$ beibehalten, aber den Betrag der vom Polrad induzierten EMK $\dot{E}$ vergrößern, indem wir den Erregerstrom verstärken (Bild 244b). Der entstehende Strom eilt der Spannung $\dot{U}$ um eine Viertelperiode nach. Die Maschine ist „übererregt" und gibt induktiven Blindstrom an das Netz ab, oder was das gleiche ist, nimmt kapazitiven Blindstrom aus dem Netz auf. In bezug auf das Netz wirkt sie also wie ein Kondensator.

Wir wollen nun den Erregerstrom schwächen und dadurch die EMK kleiner als $\dot{U}$ machen (Bild 244c). Der Strom ist wieder Blindstrom, der aber der Spannung $\dot{U}$ um eine Viertelperiode voreilt. Die Maschine ist „untererregt" und schickt kapazitiven Blindstrom in das Netz oder, was dasselbe ist, entnimmt dem Netz induktiven oder Magnetisierungsblindstrom wie eine Drossel.

Wir wollen jetzt den Betrag von $\dot{E}$ beibehalten, aber dem Vektor eine kleine zeitliche Voreilung geben, indem wir die Regulierung der Antriebsmaschine im Sinne „Drehzahl höher" beeinflussen. Das Polrad wird einen Ruck nach vorwärts ausführen. Der Strom J ist (Bild 244d) fast reiner positiver Wirkstrom, die Maschine gibt als Generator

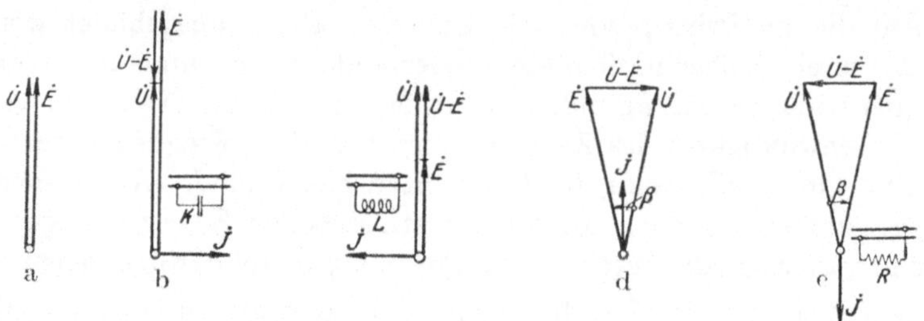

Bild 244 a bis e.   Einstellung verschiedener Belastungszustände.

Leistung in das Netz. Dadurch belastet sie gleichzeitig die Antriebsmaschine und verhindert, daß die Drehzahl tatsächlich größer wird als die synchrone des Netzes.

Wir wollen vom vorhergehenden Belastungsfall ausgehend die Regulierung der Antriebsmaschine auf „Drehzahl niedriger" einstellen. Das Polrad bleibt sofort etwas zurück, der EMK-Vektor $\dot{E}$ verliert seine Voreilung vor dem Netzvektor $\dot{U}$ wieder; die Maschine kann auf diese Weise wieder in den unbelasteten Zustand (Bild 244 a) zurückgeführt werden. Wir können aber auch die Synchronmaschine mit einem Moment belasten. Die Synchronmaschine entnimmt dann dem Netz fast reinen Wirkstrom und läuft als Motor mit synchroner Drehzahl (Bild 244 e); die elektrisch zufließende Leistung verhindert, daß die Drehzahl kleiner wird als die synchrone. Die Maschine verhält sich in bezug auf das Netz wie ein Wirkwiderstand.

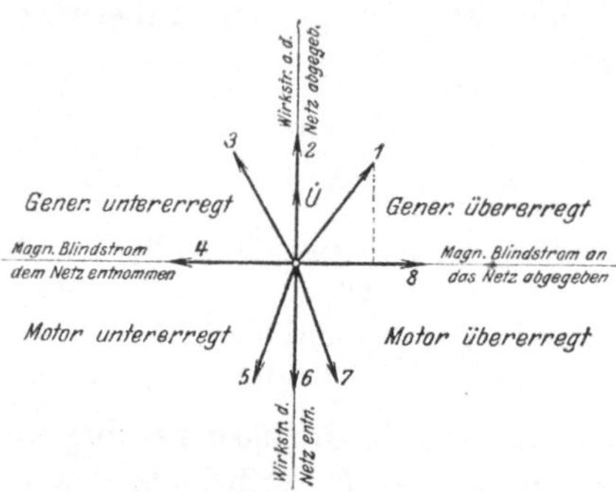

Bild 245. Mögliche Lage des Stromvektors J zur Klemmenspannung U.

Im allgemeinen ist $\dot{E}$ von $\dot{U}$ sowohl im Betrag als auch in der Phase verschieden und der Strom besitzt eine Wirk- und eine Blindkomponente. Die Wirkkomponente wird immer von der Welle, also beim Generator von der Antriebsmaschine aus, die Blindkomponente dagegen durch Ändern des Erregerstromes auf den gewünschten Wert eingestellt. Innerhalb der Grenzen der Maschinenleistung kann jede beliebige Wirkleistung mit jeder beliebigen Blindleistung kombiniert werden.

Bedeutet in Bild 245 U die Netzspannung, so kann der Stromvektor J in allen vier Quadranten liegen. Seine Lage entspricht dem jeweiligen Betriebszustand der Maschine. Um diesen zu erkennen, zerlegen wir den Stromvektor in seine Komponenten in Phase und senkrecht zu dem Spannungsvektor U. Aus den Richtungen der Komponenten erkennen wir den Charakter der Wirkleistung und der Blindleistung je für sich. Die vier Quadranten entsprechen vier charakteristischen Betriebszuständen; ihre Zuordnung ist durch die Schreibweise unserer Gleichungen eindeutig bestimmt und in Bild 245 eingeschrieben.

Punkt 1 entspricht z. B. einem Generator, der so weit übererregt ist, daß er neben dem Wirkstrom einen Magnetisierungsblindstrom von 75% des Wirkstromes ins Netz liefert, entsprechend einem Leistungsfaktor $\cos\varphi = 0{,}8$. Punkt 2 entspricht einem auf Blindstromabgabe Null ($\cos\varphi = 1$) erregten Synchrongenerator. Punkt 3 könnte einen untererregten Synchrongenerator oder einen Induktionsgenerator darstellen; beide entnehmen dem Netz Magnetisierungsblindstrom. Punkt 4 ist eine reine Drossel oder ein auf $\cos\varphi = 0$ untererregter Synchrongenerator oder -motor, Punkt 5 etwa ein Induktionsmotor, Punkt 6 etwa ein auf $\cos\varphi = -1$ eingestellter Synchronmotor oder auch ein gewöhnlicher Wirkwiderstand. Punkt 7 ist ein übererregter Synchronmotor, Punkt 8 stellt einen *Blindstromerzeuger* (synchronen Phasenschieber) dar, d. i. ein mechanisch unbelasteter, stark übererregter Synchronmotor, der dazu bestimmt ist, einen Teil der induktiven Blindlast des Netzes zu decken. [s. II, II F 2 a].

Über Anlaßverfahren der Synchronmaschine s. (*VIII C 1*).

3. Ortskurve bei fester Erregung. Wir behandeln zunächst die *Vollpolmaschine* und setzen dabei voraus, daß die magnetische Kennlinie eine Gerade durch den Ursprung ist ($E = E'$). Den Wirkwiderstand R der Ankerwicklung vernachlässigen wir gegenüber dem gesamten Blindwiderstand $X = X_h + X_\sigma$, was bei der Vollpolmaschine, die für größere Leistungen gebaut wird, berechtigt ist. In Bild 246 ist das Spannungsdiagramm für diesen Fall dargestellt. Bei festgehaltener Klemmenspannung U und fester Feldmagnetdurchflutung Θ erhalten wir dann für den geometrischen Ort des Endpunktes des Strahles $\overline{OF} = j(X_h + X_\sigma)\,J$ bei veränderlicher Belastung einen Kreis um den Anfangspunkt A mit dem Radius E'. Die Länge $\overline{OF}$ des Strahles $\overline{OF}$ ist ein Maß für den Strom J, seine Richtung ist um den Phasenwinkel $\pi/2$ gegen den Strom voraus. Verdrehen wir deshalb das Dreieck AOF im Sinne negativer Winkel um $\pi/2$ gegenüber der festgehaltenen Klemmenspannung U (Bild 247), so ist der Vektor $\overline{OF}$ in Phase mit dem Strom, und sein Betrag diesem proportional. Der Kreis in Bild 247 stellt also den geometrischen Ort für den Endpunkt des Stromvektors bei konstanter Feldmagnetdurchflutung Θ, entsprechend der EMK E', dar. Die im Spannungsmaß gemessene Strecke $\overline{OF} = (X_h + X_\sigma)\, J$ ist durch $X_h + X_\sigma$ zu dividieren, um den Strom selbst zu erhalten.

Die von der Maschine gelieferte elektrische (Wirk-)Leistung ist $N = m\, U J \cos\varphi = m\, U J_w$, wenn wir mit J_w den Wirkstrom bezeichnen; sie ist hier auch gleich der inneren Leistung N_i, weil wir $R = 0$ gesetzt haben. Die Wirkleistung wird, wie wir in (2) erläutert haben, durch das Antriebsmoment der Maschine geregelt. Mit wachsendem Antriebsmoment wird das Polrad ($\dot{E}'$) vorgerückt, der Auslenkwinkel β (in Polteilungsgraden, d. h. im p-fachen des räumlichen Auslenkwinkels) und damit J_w also vergrößert. Bei Motorbetrieb wird β negativ, und mit wachsendem Belastungsmoment bleibt der Vektor $\dot{E}$ immer mehr gegen $\dot{U}$ zurück und vergrößert die Leistungsabgabe als Motor.

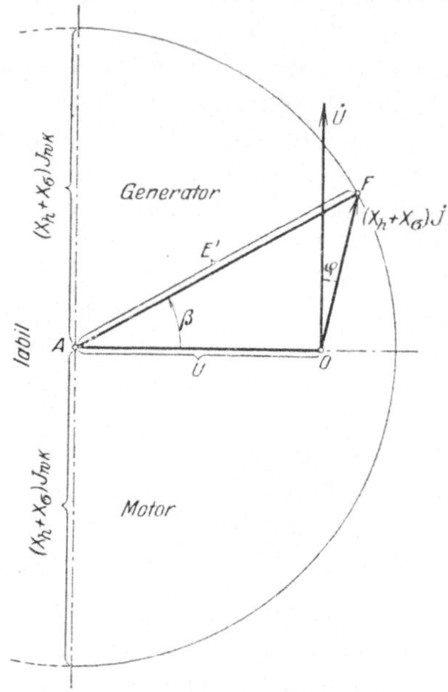

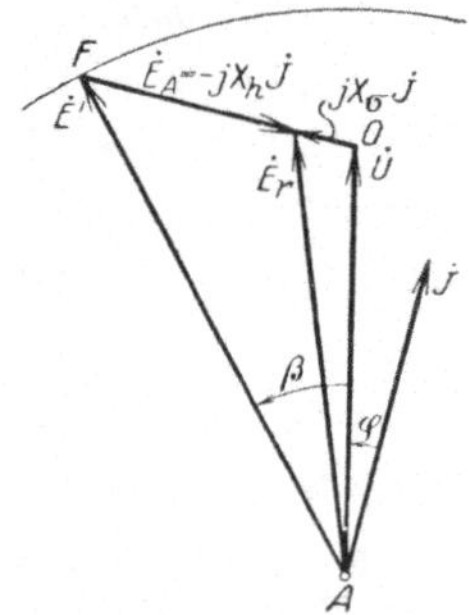

Bild 246. Spannungsdiagramm.

Bild 247. Ortskurve des Stromes J.

Der Höchstwert der inneren Leistung ist für die Grenze des stabilen Betriebs maßgebend. Der inneren Leistung entspricht das in der Maschine entwickelte Drehmoment, das bei Generatorbetrieb (obere Kreishälfte) bremsend, bei Motorbetrieb (untere Kreishälfte) treibend wirkt. Auf der linken Kreishälfte in Bild 247 sinkt mit wachsendem $|\beta|$ das bremsende Drehmoment beim Generator, das treibende beim Motor. Sobald deshalb beim Generator (Motor) die Differenz (Summe) aus der aufgenommenen (abgegebenen) mechanischen Leistung und den mechanischen Verlusten und Eisenverlusten den größten Betrag der inneren Leistung, die Kippleistung, überschreitet, gelangt die Maschine in den labilen Bereich; der Generator geht dann durch (der Motor kommt zum Stehen). Das Kippmoment ist der Feldmagnetdurchflutung Θ proportional.

Zur Berücksichtigung von R ist zu dem Betrag der elektrischen Leistung N bei Generatorbetrieb $m R J^2$ zu addieren, bei Motorbetrieb zu subtrahieren, um die innere Leistung N_i zu erhalten. Auf diese Weise kann auch das Kippmoment mit Berücksichtigung von R, das dann für Generator- und Motorbetrieb verschieden ist, berechnet werden.

Unter dem Einfluß der *Krümmung* der magnetischen Kennlinie wird der Kreis auf der rechten Seite etwas abgeflacht. So gelten z. B. die voll ausgezogenen Ortskurven in Bild 248 für einen Turbogenerator von 12000 kVA Scheinleistung (Übererregung) mit Berücksichtigung

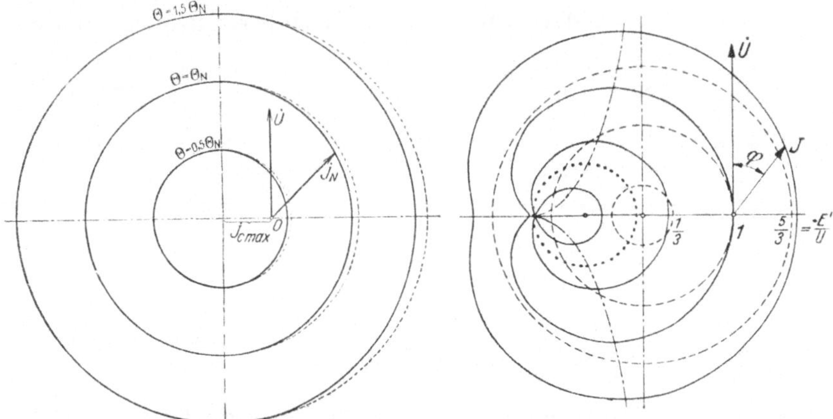

Bild 248. Einfluß der Krümmung der magnetischen Kennlinie auf die Ortskurve $\dot{J}$.

Bild 249. Ortskurven der Schenkelpol- (—) und der Vollpolmaschine (- - -); (···) Reaktionsmaschine.

der Krümmung der Kennlinie, während die gestrichelten für eine geradlinige Kennlinie gelten würden. Der Nennstrom J_N ist eingezeichnet. [s. II, II C 5 u. F 2 b].

Bei der *Schenkelpolmaschine* wird das Kippmoment durch den Anteil bei unerregtem Feldmagneten (Reaktionsmoment, $I\,C\,3$) vergrößert. In Bild 249 sind für verschiedene Leerlauferregungen bei Nennspannung (E'/U) die Ortskurven des Stromes für die Schenkelpolmaschine (voll ausgezogen) und die Vollpolmaschine (dünn gestrichelt) dargestellt. Die Ortskurve für $E'/U = 0$ ist für die Schenkelpolmaschine punktiert gezeichnet (Reaktionsmaschine, $|\cos\varphi|$ sehr klein); links von den strichpunktierten Linien ist der Betrieb unstabil. [s. II, II D 6 u. F 3].

4. Ortskurven bei fester Wirkleistung. Bei fester Wirkleistung muß der Wirkstrom J_w konstant bleiben. In dem Dreieck AOF in Bild 247 muß sich also bei $R = 0$ und veränderlicher Feldmagnetdurchflutung (E) der Endpunkt der Spannung $(X_h + X_\sigma)\dot{J}$, die dem Strom proportional ist, auf einer Senkrechten zum Spannungsvektor $\dot{U}$ bewegen, wie es in Bild 250a für Generator- und Motorbetrieb angedeutet ist. Durch Änderung der Erregung bei fester Wirkleistung wird also der *Blindstrom* geregelt. Tragen wir den Ankerstrom J über der vom Feldmagneten induzierten EMK E, die ein Maß für die Erregung ist, auf, so erhalten wir Kurven, die nach ihrer Form als V-Kurven bezeichnet werden. In Bild 250b sind solche Kurven dargestellt; sie gelten sowohl für Generator- als auch für Motorbetrieb. Dabei ist die EMK E auf die Klemmenspannung U, der Strom auf den Kurzschlußstrom $J_k = U/(X_h + X_\sigma)$ bezogen, der bei $E = U$ auftritt. $E/U < 1$ bedeutet Untererregung, $E/U > 1$ Übererregung. Diese Kurven sind symmetrisch zu der unter 45° gezogenen strichpunktierten Geraden; die praktisch nicht in Frage kommenden gestrichelten Äste liegen im unstabilen Bereich. Bei der

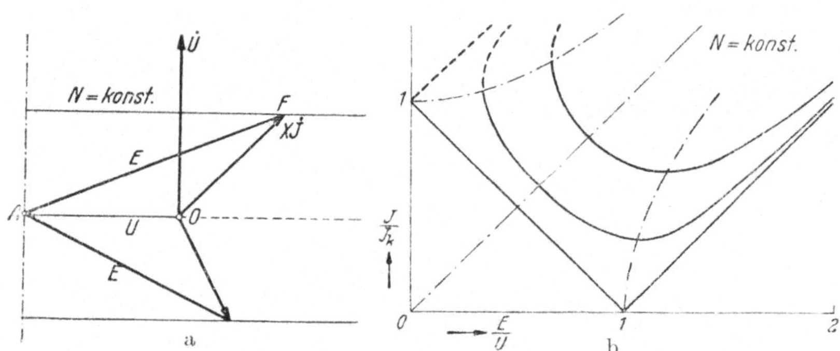

Bild 250 a u. b. a Ortskurven des Stromes $\overline{OF}$ bei konstanter Leistung N, b V-Kurven bei verschiedenen N = const.

Leistung $N = 0$ bewegt sich der Punkt F auf der Geraden $\overline{AO}$ und seiner Verlängerung (Blindleistungsmaschine, S. 207). Die Punkte der Kurven, für die Strom und Klemmenspannung phasengleich sind, sind durch die stärkere strichpunktierte Kurve miteinander verbunden; die Ordinaten dieser Kurve sind also ein Maß für die jeweils konstante Leistung. Rechts von der stärkeren strichpunktierten Kurve haben wir Stromnacheilung, links Voreilung.

Um den Wirkwiderstand R zu berücksichtigen, dividieren wir in Bild 231 die Spannungen durch $\dot{Z}$. Im Dreieck AOF der Bilder 247 und 250a rückt dann Punkt A um $U \sin \varrho$ nach unten, wenn die Lage von $\dot{U}$ erhalten bleibt; an Stelle von $X J$ tritt J. Wird nicht die Wirkleistung, sondern die innere Leistung N_i oder das Drehmoment konstant gehalten, so ergeben sich für die Ortskurven an Stelle der Geraden in Bild 250a Kreise, deren Mittelpunkt bei $- \dot{U}/2R$ (Radius sehr groß) liegt. Für $N_i = 0$ geht der Kreis durch die Punkte A und O. [s. II, II F 2b u. c].

5. **Die synchronisierende Kraft.** Wir betrachten den Fall der Belastung einer Synchronmaschine mit dem Phasenwinkel φ zwischen J und $\dot{U}$ und dem Auslenkwinkel β_0 des Polrades. Aus Bild 251a lesen wir bei Vernachlässigung des sehr kleinen Wirkwiderstandes R gegen-

über X ab (voll ausgezogenes Diagramm)

$$J \cos \varphi = \frac{E}{X} \sin \beta_0. \qquad\qquad (297\,\text{a})$$

Für das in der Maschine entwickelte Drehmoment können wir also

$$M \approx \frac{m}{2\pi n} \frac{UE}{X} \sin \beta_0 \qquad (297\,\text{b})$$

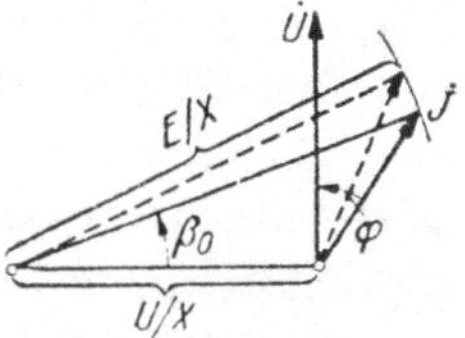

Bild 251 a. Diagramm bei konstanter Erregung.

schreiben. Wird das Polrad nun durch irgendeine auftretende Kraft, beispielsweise im Sinne einer Voreilung, angestoßen, so erhält man das in Bild 251 a gestrichelte Vektordiagramm. Die von der Maschine an das Netz abgegebene Leistung ist größer geworden, als der Antriebsleistung entspricht; sie sucht deshalb in den synchronen Gleichgewichtszustand zurückzukehren. Dabei bewegt sich das Polrad wegen seiner Massenträgheit über die synchrone Lage hinaus, d. h. das Polrad pendelt um die synchrone Gleichgewichtslage; unter dem Einfluß dämpfender Kräfte klingen die Pendelungen mehr oder weniger schnell ab. Es tritt also eine Kraft auf, die das Polrad in seine synchrone Gleichgewichtslage zurückführt. Man bezeichnet diese Rückstellkraft als „synchronisierende" Kraft.

In Bild 251 b ist das Drehmoment über dem Auslenkwinkel β durch den voll ausgezogenen Kurventeil für den stabilen Betrieb dargestellt. β_0 be-

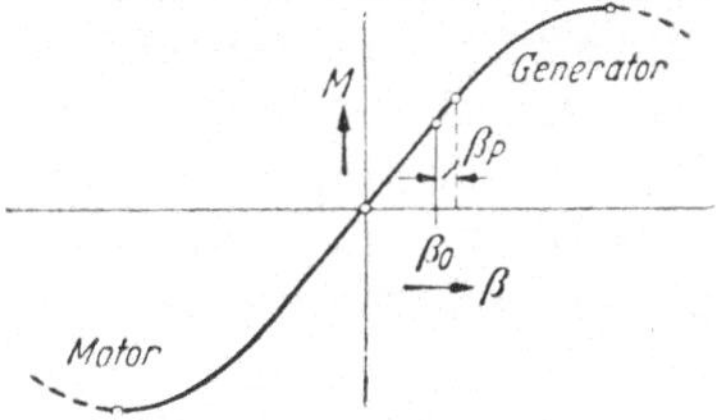

Bild 251 b. Drehmoment über dem Auslenkwinkel β.

zeichnet den synchronen Gleichgewichtszustand (in Polteilungsgraden, meist kleiner als 30°); β_P den Auslenkwinkel der Pendelung. Bilden wir

$$\sigma = \left|\frac{\mathrm{d}M}{\mathrm{d}\beta}\right|_{\beta=\beta_0} \approx \frac{m}{2\pi n} \frac{EU}{X} \cos \beta_0, \qquad (298\,\text{a})$$

so ist σ die Konstante des synchronisierenden Moments, und für kleine Schwingungen ist das synchronisierende Moment

$$M_P \approx \sigma \beta_P. \qquad\qquad (298)$$

Je größer β_P, desto größer ist das Drehmoment, das das Polrad in die synchrone Gleichgewichtslage zurückführt. Nur bei sehr großen Auslenkwinkeln $\beta_0 + \beta_P > \pi/2$ fällt die Maschine „außer Tritt". [s. II, II F 2 d u. e].

6. Die parallel geschaltete Maschine bei ungleichförmigem Antrieb. Beim Antrieb von parallel arbeitenden Synchrongeneratoren durch Kolbenmaschinen oder bei Belastung von Synchronmotoren mit einem ungleichförmigen Belastungsmoment treten besondere Erscheinungen auf, die mehr oder weniger störend auf den Betrieb wirken und ihn unter Umständen unmöglich machen können.

Das Drehmoment einer Kolbenmaschine setzt sich aus dem konstanten Moment M_0 und aus Einzelschwingungen $M_{P\nu} \cos(\nu \omega_P t + \varphi_\nu)$ zusammen, von denen die Grundschwingung ($\nu = 1$) besonders ausgeprägt ist. Ihre Frequenz ist z. B. bei Einzylinder-Zweitaktmaschinen gleich der Drehzahl, bei Einzylinder-Viertaktmaschinen gleich der halben Drehzahl. Das Drehmoment M_0 entspricht der elektrischen Leistungsabgabe (oder Aufnahme) der Synchronmaschine. Darüber lagern sich die Einzelschwingungen, die durch den ungleichförmigen Lauf der Kolbenmaschine hervorgerufen werden und eine Pendelung des Polrades mit dem veränderlichen Auslenkwinkel β_P (in Polteilungsgraden) über dem synchronen Lauf zur Folge haben. Wir betrachten *eine* solche Einzelschwingung des Drehmoments, für die wir schreiben können $M_P \cos \omega_P t$. Es lautet dann die Bewegungsgleichung für diese Einzelschwingung

$$\frac{\Theta}{p}\frac{\mathrm{d}^2\beta_P}{\mathrm{d}t^2} + \Delta \frac{\mathrm{d}\beta_P}{\mathrm{d}t} + \sigma \beta_P = M_P \cos \omega_P t. \tag{299}$$

Darin stellt das erste Glied das Beschleunigungsmoment (Θ = Trägheitsmoment, p = Polpaarzahl), das zweite das Dämpfungsmoment (Δ = Dämpfungskonstante) und das dritte Glied das elastische (synchrone) Moment (Gl. 298) dar. Zur Lösung der Differentialgleichung setzen wir $\beta_P = B'_P \sin \omega_P t + B''_P \cos \omega_P t$ an. Wir erhalten dann die Amplitude der Pendelbewegung des Polrades zu

$$B_P = \sqrt{B'^2_P + B''^2_P} = \frac{M}{\sqrt{(\omega_P^2\,\Theta/p - \sigma)^2 + (\omega_P \Delta)^2}}. \tag{299a}$$

Setzen wir in dieser Gleichung $\Delta = 0$, $\sigma = 0$, so erhalten wir die Amplitude B_{P0} der Pendelung bei der vom Netz abgeschalteten Maschine zu

$$B_{P0} = \frac{M}{\omega_P^2\,\Theta/p}. \tag{299b}$$

Das Verhältnis

$$\zeta = \frac{B_P}{B_{P0}} = \frac{\omega_P^2\,\Theta/p}{\sqrt{(\omega_P^2\,\Theta/p - \sigma)^2 + (\omega_P \Delta)^2}} \tag{299c}$$

gibt an, in welchem Maße die Pendelamplitude des Polrades beim Parallelbetrieb gegenüber der bei vom Netz abgeschalteter Maschine vergrößert wird; man nennt ζ den *Vergrößerungsfaktor*.

Bei Abwesenheit von Dämpfung ($\Delta = 0$) geht Gl. 299c über in

$$\zeta = \frac{\omega_P^2\,\Theta/p}{\omega_P^2\,\Theta/p - \sigma} = \frac{\omega_P^2}{\omega_P^2 - \omega_0^2}, \quad \text{worin} \quad \omega_0 = \sqrt{\frac{\sigma\,p}{\Theta}} \tag{300a u. b}$$

die Kreisfrequenz der Eigenschwingungen des Polrades ist. Im Resonanzfall ($\omega_0 = \omega_P$) würde $\zeta = \infty$ werden. Praktisch ist dies jedoch nicht möglich, weil die Maschine vorher den kritischen Wert $\beta \approx \pi/2$ überschreitet, damit in den unstabilen Bereich gelangt und außer Tritt fällt. Bei Berücksichtigung der Dämpfung hat ζ ein endliches Maximum, welches nicht genau bei $\omega_P/\omega_0 = 1$ auftritt, in praktischen Fällen aber in nächster Nähe davon liegt.

Die wichtige Erkenntnis ist also, daß es unter allen Umständen vermieden werden muß, daß die Frequenz der Eigenschwingung des Polrades mit der Frequenz einer erzwungenen Schwingung (des Antriebs) zusammenfällt. In vielen Fällen kann durch eine genügend starke Dämpfung (Käfigwicklung) die Pendelung des Polrades auf einen zulässigen Wert heruntergedrückt werden. Dieses Mittel ist aber für die *elektrischen* Leistungsschwankungen nicht immer wirksam, in manchen Fällen sogar schädlich. Um aus dem kritischen Bereich herauszukommen, muß die Eigenfrequenz des Polrades geändert werden. Das kann nach Gl. 300 b durch Änderung des Trägheitsmoments (Schwungrad) oder in kleineren Grenzen von σ (Gl. 298 a, Änderung von X) geschehen.

Auch für die mit andern Maschinen nicht parallel geschaltete Maschine ist häufig zur Verringerung des Ungleichförmigkeitsgrades der Antriebsmaschine eine Vergrößerung des Trägheitsmoments Θ erforderlich. Für feinere Betriebe (Lichtbetriebe) soll der Ungleichförmigkeitsgrad $\delta = (n_{max} - n_{min})/n_{mittel}$ nicht größer als 1/150, für rohe Betriebe (Hüttenwerke mit eigenem Netz) nicht größer als 1/70 sein. [s. II, II H].

7. Selbsterregte Pendelungen. In der Praxis wird oft beobachtet, daß unter gewissen Bedingungen Synchronmaschinen (oder Einankerumformer), die am Netz liegen, ohne äußeren Anlaß ins Pendeln kommen. Die Pendelungen wachsen zu erheblicher Stärke an und bleiben mit konstanter Amplitude bestehen, ohne daß die Maschine im allgemeinen außer Tritt fällt; der Ankerstrom pendelt dabei ebenfalls. Diese Schwingungen sind selbsterregte (freie) Schwingungen. Sie treten bei großem Wirkwiderstand R im Ankerkreis und starker Feldmagneterregung auf und sind um so mehr zu befürchten, je kleiner die Netzfrequenz ist. [s. II, II H 3].

E. Die Einphasenmaschine.

Bei Belastung der Einphasenmaschine ist die Felderregerkurve der Ankerwicklung eine stehende Wechselwelle, die wir nach (*III B 2*) in zwei mit synchroner Geschwindigkeit in entgegengesetztem Sinne umlaufende sinusförmige Felderregerkurven von halber Amplitude zerlegen können; die Oberwellen lassen wir, wie bei der Mehrphasenmaschine, außer acht. Die mitlaufende Welle ruht gegenüber dem Feldmagneten und äußert sich genau so wie bei der Mehrphasenmaschine. Neu hinzu kommt die Erscheinung der gegenlaufenden Welle, auf die wir noch eingehen müssen.

Wir setzen zunächst voraus, daß sich das von der gegenlaufenden Felderregerkurve erregte Drehfeld ungedämpft ausbilden kann. Es induziert dann in der Feldmagnetwicklung einen Wechselstrom doppelter Grundfrequenz. Dieser erregt nun ein gegenüber dem Feldmagneten ruhendes fiktives Wechselfeld, das mit der doppelten Grundfrequenz schwingt. Wir können es zerlegen in zwei umlaufende Drehfelder halber Amplitude, von denen das eine mitlaufend (im Sinne der Feldmagnetdrehung), das andere gegenlaufend ist, beide mit der doppelten Synchrongeschwindigkeit gegenüber dem Feldmagneten. Das vom Feldmagneten erregte gegenlaufende Feld doppelter Frequenz hat gegenüber der Ankerwicklung dieselbe Geschwindigkeit wie das gegenlaufende Ankerfeld, das den Strom doppelter Frequenz im Feldmagneten erregt, und wird dies mehr oder weniger abdämpfen. Das mitlaufende Feld hat aber gegenüber dem Anker die dreifache Synchrongeschwindigkeit und induziert in der Ankerwicklung einen Strom dreifacher Frequenz.

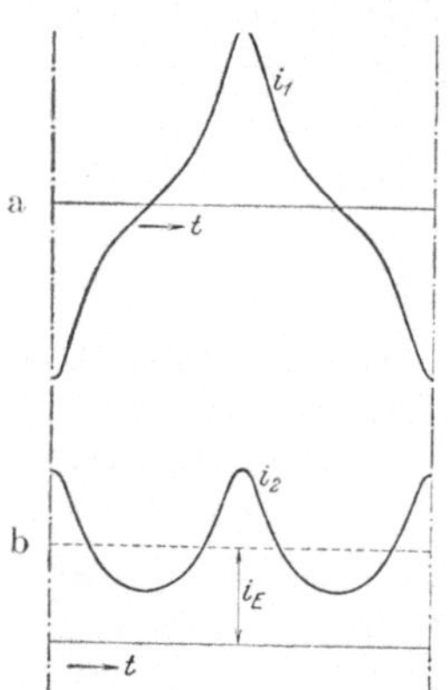

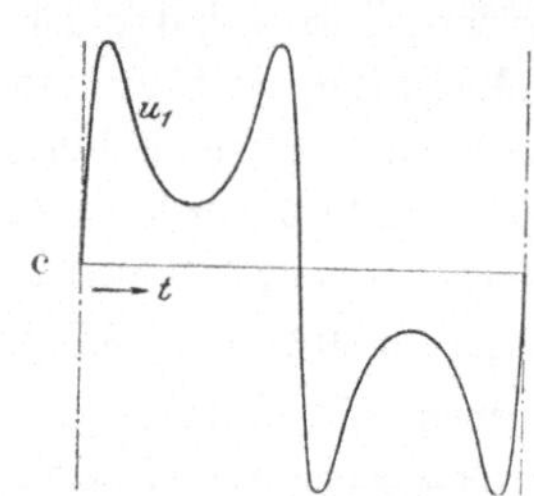

Bild 252 a bis c. a Ankerstrom i_1, b Erregerstrom i, c Klemmenspannung u, wenn keine Abdämpfung des gegenlautenden Feldes, $\sigma=0{,}3$.

Die stehende Wechselwelle, die der Strom dreifacher Frequenz in der Ankerwicklung erregt, zerlegen wir wieder in zwei in entgegengesetztem Sinne umlaufende Drehfelder, von denen das mitlaufende gegenüber dem Feldmagneten die doppelte Synchrongeschwindigkeit hat, also dieselbe Geschwindigkeit wie das den Ankerstrom dreifacher Frequenz erregende mitlaufende der Feldmagnetwicklung, auf das es zurückwirkt und es schwächt. Das gegenlaufende von der dritten Welle des Ankerstromes erregte Drehfeld hat gegenüber dem Feldmagneten die vierfache Synchrongeschwindigkeit und induziert in der Feldmagnetwicklung Strom von vierfacher Grundfrequenz.

Jede Welle des Stromes in einer der beiden Wicklungen von Feldmagnet und Anker ruft also in der andern Wicklung eine Welle von nächst höherer Ordnungszahl hervor, so daß in der Ankerwicklung alle Wellen ungerader und in der Feldmagnetwicklung alle Wellen gerader Ordnungszahl auftreten, deren Amplituden aber wegen der gegenseitigen Streuung und der Wirkwiderstände der beiden Stromkreise mit wachsender Ordnungszahl schnell abnehmen.

Durch die gegenseitige Beeinflussung der Ströme ergibt sich der in Bild 252 a u. b dargestellte zeitliche Verlauf von Ankerstrom i_1 und

Feldmagnetstrom i_2; der letzte ist die Summe aus dem Gleichstrom i_E und einem übergelagerten Wechselstrom im wesentlichen doppelter Netzfrequenz. Die Klemmenspannung u_1 der Ankerwicklung hat bei induktiver Belastung den in Bild 252c angegebenen Verlauf.

Für die Anforderungen der Praxis ist ein Generator, der keine annähernd sinusförmige Klemmenspannung liefert, nicht brauchbar. Einphasenmaschinen erhalten deshalb immer eine Dämpferwicklung, die als Käfigwicklung im Feldmagneten, bei Schenkelpolmaschinen in den Polschuhen mit *geschlossenen* Ringverbindungen, untergebracht wird. Sie dämpft das gegenlaufende Feld im wesentlichen ab, so daß die Klemmenspannung annähernd sinusförmig verläuft und im wesentlichen nur der Streublindspannungsverlust wirksam ist. [s. II, II A 3 u. F 4].

F. Entwurf.

1. Hauptabmessungen. Bei der Synchronmaschine gelten für den Bohrungsdurchmesser D und den scheinbaren mittleren Drehschub σ_s dieselben Gl. 268 und 269a u. b, wie wir sie für die Induktionsmaschine abgeleitet haben. *Generatoren* werden fast immer für Übererregung gebaut. σ_s ist dann hauptsächlich durch den Feldmagneten bestimmt; deshalb macht sich der Einfluß der Höhe der Klemmenspannung weniger bemerkbar als bei der Induktionsmaschine. Für die Werte a und b in Gl. 269a u. b können für *mehrphasige* Generatoren mit Übererregung bei $\cos\varphi \approx 0{,}7$, 50 Hz ($N_{s\,i} \approx 1{,}08\ N_s$) nachstehende Werte eingesetzt werden,

$$
\left.
\begin{array}{llll}
p = 1 & 2 \text{ bis } 3 & 10 \\
\mathsf{a} = 14 & 14{,}3 & 23\ \text{cm} \\
\mathsf{b} = 1{,}06 & 1{,}29 & 1{,}29\ \text{cm/J}^{1/3}
\end{array}
\right\}
\qquad (301)
$$

wobei $p = 1$ für Turbogeneratoren (Vollpolmaschinen) gilt. Der mit diesen Werten berechnete Drehschub σ_s ist in Bild 253 über dem Bohrungsdurchmesser aufgetragen. Für $p > 10$ ergibt sich bei derselben *Polteilung* (nicht Durchmesser) etwa der gleiche Wert von σ_s wie bei $p = 10$ [II, II L 1 b]. Mit den hier angegebenen Werten für a und b kann der Durchmesser nach Gl. 269a für den Entwurf berechnet werden. Für *Einphasen*-Generatoren ist D gleich dem einer Mehrphasenmaschine mit etwa 1,6-facher Nennleistung.

Das Verhältnis λ wächst bei zweipoligen Turbogeneratoren mit der Polteilung von etwa 1 bis 2. Bei mehrpoligen Maschinen vergrößert es sich für den wirtschaftlich günstigsten Entwurf mit der Polpaarzahl. Als Durchschnittswert kann man bei Schenkelpolmaschinen $\lambda \approx 0{,}5\ \sqrt{p}$ setzen (Abweichungen bis $\pm\ 30\%$). In Sonderfällen ist man gezwungen, von diesen Durchschnittswerten in dem einen oder andern Sinne wesentlich abzuweichen.

Bei *Wasserkraftmaschinen* wird gewöhnlich verlangt, daß sie den mechanischen Beanspruchungen auch bei 1,8-facher Nenndrehzahl gewachsen sind. Will man dann aus mechanischen Gründen keine höhere Umfangsgeschwindigkeit als 90 m/s zulassen, so darf die Polteilung bei 50 Hz nicht größer als 50 cm sein. Größere Leistungen lassen sich dann nur durch größere Ankerlängen erreichen.

Anderseits wird man bei *Schwungradmaschinen* die Polteilung mit Rücksicht auf das verlangte Schwungmoment größer wählen, als es sonst üblich ist; λ liegt dann bei Polen mit kreisförmigem Kernquerschnitt bei etwa 0,65, unabhängig von p. [s. II, II L 1, 2 u. 4].

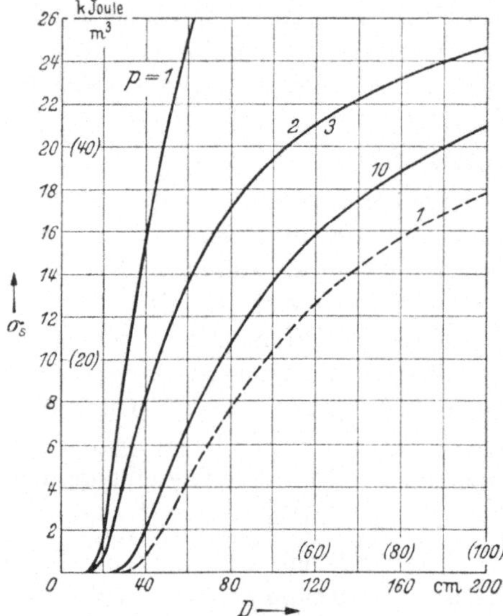

Bild 253. σ über Bohrungsdurchmesser D, $p = 1$ für Turbogeneratoren, $p = 2, 3, 10$ für Schenkelpolmaschinen; eingeklammerter Maßstab für - - -.

Synchron*motoren* werden gegenüber den Induktionsmotoren nur dann bevorzugt, wenn das Netz von Magnetisierungsströmen entlastet werden soll, also besonders bei Langsamläufern großer Leistung und für rauhe Betriebe, wo ein vergrößerter Luftspalt beim Induktionsmotor einen zu großen Leerlaufstrom ergeben würde. Gewöhnlich wird dieselbe Maschine, die als Generator bei Übererregung entworfen ist, als Motor mit derselben Scheinaufnahme wie die Scheinleistung des Generators verwendet. Zum Selbstanlauf erhält der Feldmagnet eine Käfigwicklung, deren Wirkwiderstand für das verlangte Anzugsmoment bemessen wird.

2. Magnetische und elektrische Beanspruchungen. Die Induktionsamplitude B_1 im Luftspalt liegt bei Schenkelpolmaschinen etwa zwischen den Grenzen 7000 und 9000 GB, die größeren Werte für größere Maschinen. [s. II, II L 3].

Für die Induktionen im *Eisen* kann man etwa annehmen

Ankerkern	10000—14000 GB	
Ankerzähne, größter Höchstwert	16000—18500 GB	
Höchstwert (B_{ZM}) in der Mitte des Zahnes	13500—15500 GB	
Polkern, Dynamoblech, Stahlguß	12000—15000 GB	
Läuferzähne bei Turbogeneratoren		(302 a)
im bewickelten Teil	$\leq$ 2400 GB	
im unbewickelten Teil	14000—16000 GB	
Joch, Stahlguß, Siemens-Martin-Stahl	10000—14000 GB	
Gußeisen	$\leq$ 7000 GB	

Die Stromdichte G der Wicklungen und das Produkt GA aus Stromdichte und Strombelag liegen etwa zwischen folgenden Grenzen:

Ankerwicklung $\qquad G = 2{,}5$ bis 4 A/mm²,

$\qquad\qquad\qquad\qquad GA = 1000$ bis 1900 A/mm² · A/cm, $\qquad$ (302b)

Feldmagnetwicklung $\qquad G = 2$ bis 4 A/mm².

3. Ankernutung und Wicklung. Die Nuten werden gewöhnlich ganz offen ausgeführt, um die fertig gewickelten und isolierten Spulen in die Nuten einlegen zu können. Bei Turbogeneratoren werden auch halbgeschlossene Nuten verwendet, wenn bei offenen Nuten die zusätzlichen Eisenverluste oder die Nutungsoberwellen zu groß werden würden. Wesentliche Abweichungen von den üblichen Nutformen kommen vor, wenn die Streuinduktivität mit Rücksicht auf den Stoßkurzschlußstrom künstlich vergrößert werden muß. In Bild 254 ist z. B. zu diesem Zweck die Steghöhe h_4 vergrößert.

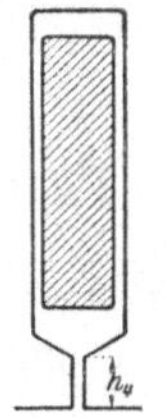

Die *Nutenzahl* q je Pol und Strang liegt bei dreiphasigen Schenkelpolmaschinen etwa zwischen 1,5 und 5, bei Turbogeneratoren zwischen 5 und 12, die *Nutteilung* t zwischen 2,5 und 6 cm. Einphasenmaschinen erhalten dieselben Nuten wie Dreiphasenmaschinen von 1,6-facher. Leistung; ein Drittel der Nuten bleibt unbewickelt. Die *Nutbreite* a ist wie bei der Induktionsmaschine nach

Bild 254.

Gl. 273 zu bemessen. Die gewöhnlich vorkommende *Nuttiefe* h liegt, je nach der Größe der Maschine, zwischen 3 und 16 cm und darüber.

Einschichtige, dreiphasige *Ankerwicklungen* werden gewöhnlich als Zweietagenwicklungen ausgeführt. Bei Maschinen größerer Leistung, besonders bei Turbogeneratoren, werden Wicklungen mit Spulen gleicher Weite bevorzugt, die meist als Zweischichtwicklung mit verkürzter Spulenweite ausgebildet sind. Zur Unterdrückung der Nutungsoberwellen werden oft die Polschuhkanten gegenüber den Ankernuten um eine Nutteilung schräg gestellt. In letzter Zeit ist man dazu übergegangen, für $p > 1$ in weitgehendem Maße Bruchlochwicklungen zu verwenden (*II B 2*).

Mit $E_r \approx 1{,}08\,U$ ($U = $ Strangspannung) und dem angenommenen Wert von B_1 (*2*) erhält man nach Gl. 274a die Windungszahl w je Strang und mit einer angenommenen Stromdichte (*2*) den Leiterquerschnitt, so daß der Ständer mit seiner Wicklung (Isolierung nach *II C*) festgelegt werden kann.

Nach (*III F 4*) berechnen wir den Wirkwiderstand R, nach (*III G 4*) den Streublindwiderstand X_σ und können aus dem Spannungsdiagramm (Bild 231 oder 235) E_r genauer ermitteln und erforderlichenfalls w abändern. Ebenfalls können wir feststellen, ob ε_b groß genug ist, um keinen zu großen Stoßkurzschlußstrom (*C 5*) zu erhalten. Sonst müssen Nutabmessungen und B_1 geändert werden. [s. II, II L 5 u. 6].

4. Luftspalt und Feldmagnet. Die Länge des Luftspalts wird mit Rücksicht auf eine noch zugelassene Feldverzerrung unter dem Polschuh bemessen. Diese hängt von dem Verhältnis A/B_1 aus Strombelag und Luftspaltinduktion sowie von der Polteilung τ ab. Bei Schenkelpolmaschinen muß man sich entweder für die einfachere Ausführung mit konstantem Luftspalt (δ_c) längs des Polschuhbogens oder für die günstigere, mit einer Verbreiterung des Luftspalts von Polschuhmitte (δ_0) nach den Enden (sinusförmige Feldverteilung) entscheiden. Für diese beiden Fälle können wir die Luftspaltlänge nach den Gleichungen

$$\delta_c/\tau \approx 0{,}8\, A/B_1 \quad \text{und} \quad \delta_0/\tau \approx 0{,}3\, A/B_1 \qquad \text{(303a u. b)}$$

annehmen, worin A in A/cm und B_1 in Gß einzusetzen sind. Bei vielpoligen Maschinen muß man aus mechanischen Gründen $\delta \geq 0{,}001\, D$ setzen ($V\,G\,1$). Für Turbogeneratoren ist

$$\delta/\tau \approx 0{,}25\, A/B_1. \qquad \text{(303c)}$$

Der Strombelag A ergibt sich mit B_1 und σ_s nach Gl. 114a u. b. [s. II, II L 7].

Kleine und mittlere Schenkelpolmaschinen erhalten Spulenwicklung. Bei größeren, ist man bestrebt, die Feldmagnetwicklung möglichst einlagig mit Hochkantkupfer auszuführen. Die einzelnen Windungen solcher Wicklung werden gegeneinander durch Papier- oder Mikanitzwischenlagen isoliert und bleiben am äußeren Umfang blank. Der Raumverlust durch Isolierung ist daher sehr gering; ferner ist bei dieser Wicklung wegen ihrer großen Betriebssicherheit eine um $10°$ C höhere Erwärmung zulässig als bei Drahtwicklung. Die Berechnung der Leiterquerschnitte bei gegebener Erregerspannung und gegebenem Wickelraum ist wie bei der Gleichstrommaschine ($VII\,G\,5$) auszuführen. Die Schenkelhöhe L_K liegt zwischen 8 und 24 cm, die kleinen Werte bei kleinen Polteilungen und kleinen Polpaarzahlen. [s. II, II L 8 u. I, III F 7 b].

Einphasenmaschinen und auch Mehrphasenmaschinen, bei denen einseitige Belastung zu erwarten ist, müssen zur Abdämpfung des gegenlaufenden Feldes eine Käfigwicklung im Feldmagneten erhalten.

5. Magnetische Kennlinie. Wir können jetzt die magnetische Kennlinie nach ($III\,E$) berechnen. Außendurchmesser d, sowie Polkern und Jochquerschnitt ergeben sich aus den angenommenen Induktionen. Mit dem aus dem Feldbild berechneten oder dem geschätzten Streufluß erhalten wir Polkern- und Jochfluß. Das Verhältnis B_1/B_L ergibt sich aus der Feldkurve; es wächst mit dem Verhältnis $b_P/\tau = 0{,}6$ bis $0{,}75$ von $1{,}05$ bis $1{,}2$, wenn δ längs des Polschuhbogens konstant, von $0{,}94$ bis $0{,}99$, wenn δ sich nach den Polschuhenden zu erweitert [II, II D 1 d]. Wir erhalten schließlich die Leerlaufkennlinie $B_1(\Theta) \sim E(\Theta)$. Daraus können wir die Feldmagnetdurchflutung bei Belastung und die übrigen Kennlinien ermitteln. Es ist noch zu prüfen, ob die Spannungsänderung kleiner als 50% ist. Um alle Größen zweckmäßig aufeinander abzustimmen, ist eine mehrfache Durchrechnung mit geänderten Annahmen nötig. [s. 11, 11 M, Berechnungsbeispiele].

G. Messungen.

1. Ermittlung des Wirkwiderstandes R. Die Gleichwiderstände der Wicklungen werden mit einer Meßbrücke oder aus Gleichspannung und Strom ermittelt. Um den Wirkwiderstand R der Ankerwicklung zu bestimmen, der durch Multiplikation mit dem Quadrat des Stromes J in der Ankerwicklung und der Strangzahl m die J^2 proportionalen Verluste ergibt, kann das Kurzschlußverfahren oder das Übererregungsverfahren angewendet werden.

Beim *Kurzschlußverfahren* wird der kurzgeschlossene Generator von einem Hilfsmotor, dessen Verluste bekannt sind, mit Nenndrehzahl angetrieben und die Leistungsaufnahme N_H des Antriebsmotors bei verschiedenen Erregerströmen i der Synchronmaschine gemessen. Tragen wir N_H als Funktion des Ankerstromes J auf und ziehen die Verluste Q_H des Antriebsmotors ab, so erhalten wir die gesamten Kurzschluß-verluste Q_k der Synchronmaschine, von denen der Abschnitt auf der Ordinatenachse die Summe Q_{RL} aus den Reibungsverlusten und der Lüftungsleistung darstellt, während der Rest $Q_k - Q_{RL}$ gleich der Summe aus den mit dem Quadrat des Stromes wachsenden Verlusten und den vom resultierenden Fluß bei Kurzschluß hervorgerufenen Eisenverlusten ist. Die letzteren sind hierbei verschwindend klein, so daß wir erhalten

$$R \approx (Q_k - Q_{RL})/m\,J^2. \tag{304}$$

Ohne Hilfsmotor lassen sich die dem Quadrat des Ankerstromes proportionalen Verluste bestimmen, indem man die Maschine als leerlaufenden *Synchronmotor mit Übererregung* betreibt. Es ist dann die Leistungsaufnahme

$$N = Q_{RL} + Q_E + m\,R\,J^2. \tag{305}$$

Die hierbei auftretende Eisenwärme des resultierenden Feldes von Nennfrequenz berechnet man aus der Eisenwärme Q_{EN} bei Leerlauf mit Nennspannung zu

$$Q_E \approx (E_r/U_N)^2\,Q_{EN}, \tag{305a}$$

worin E_r (vgl. Bild 235) aus dem Spannungsdiagramm bestimmt werden kann. Die Verluste durch Reibung und Lüftung Q_{RL} ergeben sich bei Erregung mit $|\cos\varphi| = 1$, indem man von der Leeraufnahme N_0 die Eisenverluste

$$Q_{E0} \approx (E_{r0}/U_N)^2\,Q_{EN} \tag{305b}$$

und die kleinen Verluste $m\,R\,J_0^2$ bei Leerlauf mit $|\cos\varphi| = 1$ abzieht.

Durch Einsetzen der Einzelverluste in Gl. 305 erhält man den Wirkwiderstand zu

$$R = \frac{1}{m\,(J^2 - J_0^2)}\left[N - N_0 - \frac{E_r^2 - E_{r0}^2}{U_N^2}\,Q_{EN}\right] \approx \frac{N - N_0}{m\,J^2}.\qquad(306)$$

[s. II, II K 2].

2. Ermittlung des Streublindwiderstandes X_σ. Aus der experimentell aufgenommenen Leerlaufkennlinie $U_0(\Theta)$ und der Kurzschluß-

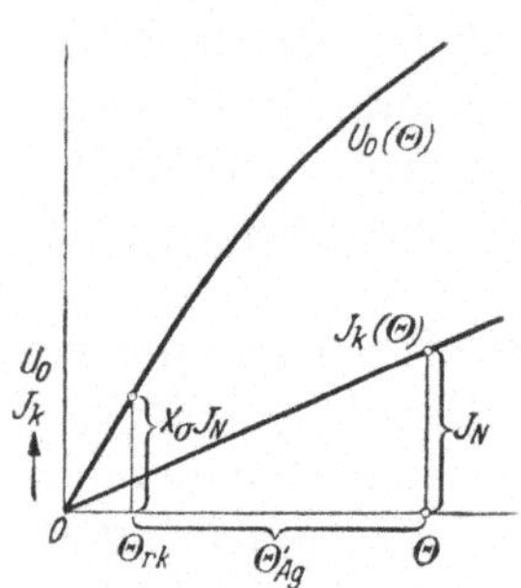

kennlinie $J_k(\Theta)$ können wir die zu J_N gehörige Feldmagnetdurchflutung $\Theta = i\,w_E/p$ entnehmen (Bild 255). Ziehen wir von Θ die wirksame Ankergegendurchflutung $\Theta'_{Ag} = k_l\,\Theta_{Ag} \approx k_l\,\Theta_A\sin\psi \approx k_l\,\Theta_A$ ab, so erhalten wir die resultierende Durchflutung Θ_{rk} und können aus der zugehörigen Ordinate der Leerlaufkennlinie $X_\sigma\,J_N$ entnehmen und daraus X_σ berechnen. Wegen der Kleinheit von Θ_{rk} können kleine Fehler beim Einsetzen von k_l einen erheblichen Einfluß auf die Genauigkeit von X_σ haben. Sehr ungenau ist auch die Ermittlung des Streublindwider-

Bild 255. Leerlauf und Kurzschlußkennlinie.

standes aus den Belastungskennlinien bei $\varphi = \mp\pi/2$ mit Hilfe des POTIERschen Dreiecks, vgl. Bild 241 b [II, II K 3 c].

Genauer erhalten wir den Streublindwiderstand, wenn wir bei ausgebautem Feldmagneten den gesamten Blindwiderstand X der Ankerwicklung messen und von X den Blindwiderstand X_B des Bohrungsflusses abziehen. X ergibt sich entweder aus $X = N_b/J^2$ (N_b = gemessene Blindleistung) oder aus $X = \sqrt{Z^2 - R^2}$ ($Z = U/J$ = gemessener Scheinwiderstand); X_B können wir mittels einer Probespule bestimmen, die an der Bohrung angebracht bei einer Ganzlochwicklung den Nuten einer Spulengruppe folgt, wie es in Bild 256 für $q = 3$ angedeutet ist. Bezeichnet dann E_P die an einer Probespule mit

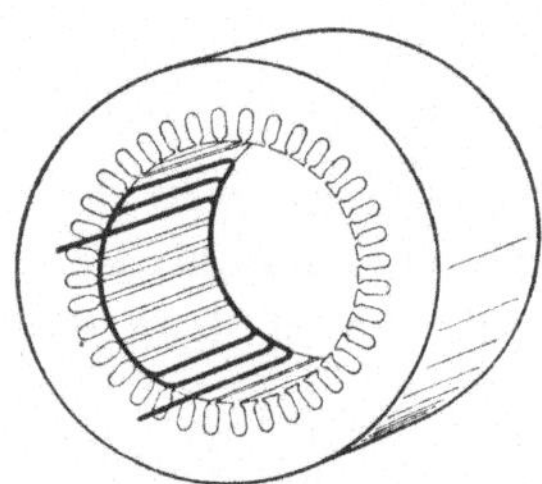

Bild 256. Probespule zur Messung von X_B.

w_P Windungen gemessene Spannung, so ist

$$X_B = w_E/w_P \cdot E_P/J \quad\text{und}\quad X_\sigma = X - X_B.\qquad(307\,\text{a u. b})$$

[s. II, II K 3].

3. Wirkungsgrad nach REM. Das Bremsverfahren und das Belastungsverfahren (vgl. *VII H 2*) kommen nur bei Maschinen kleiner und mittlerer Leistung in Frage. Am einfachsten ist die Ermittlung des Wirkungsgrades nach dem *Übererregungsverfahren*. Dazu ist keine

Hilfsmaschine erforderlich; die zu untersuchende Maschine wird mit Spannung von Nennfrequenz als leerlaufender Motor betrieben und die Erregung so eingestellt, daß Ankernennstrom fließt. Die elektrisch gemessene Aufnahme ist dann gleich den gesamten Verlusten im Ankerkreis; die Erregerverluste sind wie bei dem Einzelverlustverfahren zu ermitteln. Damit bei diesem Versuch auch ungefähr dieselben Eisenverluste wie bei Nennbetrieb auftreten, ist die Klemmenspannung $U \approx E_{rN} - X_\sigma J_N$ einzustellen, worin E_{rN} die resultierende EMK bei Nennbetrieb ist (Bild 235).

Die für das *Einzelverlustverfahren* erforderlichen *Leerverluste* können nach dem Motor-, nach dem Generatorverfahren oder auch nach dem Auslaufverfahren ($VH\,2$) gemessen werden.

Nach dem *Motor*verfahren wird die Synchronmaschine bei Nennspannung und Nennfrequenz leerlaufend als Motor betrieben und der Erregerstrom auf kleinsten Ankerstrom ($|\cos\varphi| = 1$) eingestellt. Es gilt dann die Aufnahme der Ankerwicklung abzüglich der geringen (berechneten) Stromwärmeverluste als Leerverluste.

Beim *Generator*verfahren wird die zu untersuchende Synchronmaschine von einem geeichten Hilfsmotor bei Leerlauf mit Nenndrehzahl angetrieben und auf Nennspannung erregt. Die Differenz aus der Leistungsaufnahme des Hilfsmotors und seinen Verlusten bis zur Welle der Synchronmaschine gilt als Leerverluste ($VII\,H\,2\,b$).

Die *Erregerverluste* werden am einfachsten aus dem Produkt $U_E\,i_N$ von Nennerregerspannung und Nennerregerstrom *berechnet*, weil die Erregerverluste bei Nennerregerspannung anzugeben und die Verluste im Regelwiderstand des Erregerkreises in den Wirkungsgrad der Maschine einzubeziehen sind.

Die *Lastverluste* werden bei Synchronmaschinen nach dem Kurzschlußverfahren oder dem Übererregungsverfahren gemessen. [s. II, II K 5].

4. Erwärmungs- und Isolationsprobe. Um bei der *Erwärmungsprobe* nicht die volle Leistung dem Netz zu entnehmen und zu vergeuden, sind die in (1 u. 3) beschriebenen Schaltungen zur Messung der Gesamtverluste im Ankerkreis nicht geeignet, weil bei ihnen die Erregerverluste von denen bei Nennbetrieb stark abweichen. Dagegen kann man die Maschine abwechselnd bei Leerlauf und im Kurzschluß betreiben, wobei die Spieldauer möglichst kurz bemessen wird. Das Verhältnis der Einschaltdauer sowie die Erregungen bei Leerlauf und Kurzschluß sind dabei so zu wählen, daß sowohl die mittleren Erregerverluste als auch die Verluste im Ankerkreis und die Eisenverluste über einer Spieldauer gleich denen bei Nennbetrieb sind. Die *Isolationsproben* sind nach den REM ähnlich auszuführen wie beim Transformator, wo wir sie näher behandelt haben. [s. II, II K 6 u. 7. Über andere Messungen s. II, II K 1 u. 4].

VII. Gleichstrommaschine.

A. Grundsätzlicher Aufbau.

Die Gleichstrommaschinen sind Außenpolmaschinen, d. h. der *Feld-magnet* bildet den äußeren ruhenden Teil, während der Anker mit dem Stromwender umläuft. Den Feldmagneten einer zweipoligen Maschine hatten wir schon in Bild 18 dargestellt. Bei den heutigen Maschinen werden jedoch die Joche, die die Polkerne magnetisch verbinden, kreis-förmig ausgeführt, um die bei kleinen und mittleren Maschinen ver-wendeten Lagerschilde bequem an das Joch anflanschen zu können. In der Regel erhält heute die Gleichstrommaschine mindestens vier Pole. Bild 257 stellt den Querschnitt durch eine vierpolige Maschine dar;

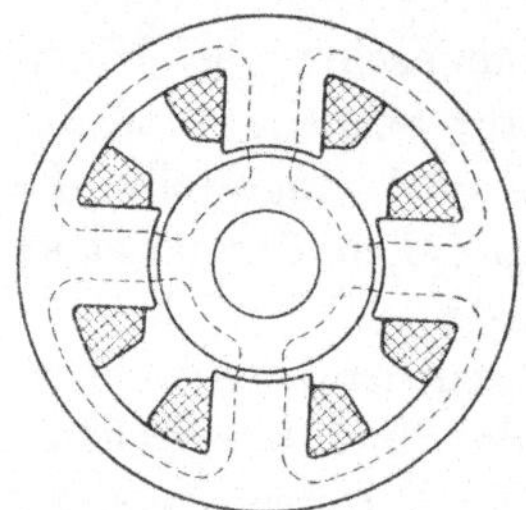

Bild 257. Vierpoliger Feldmagnet.

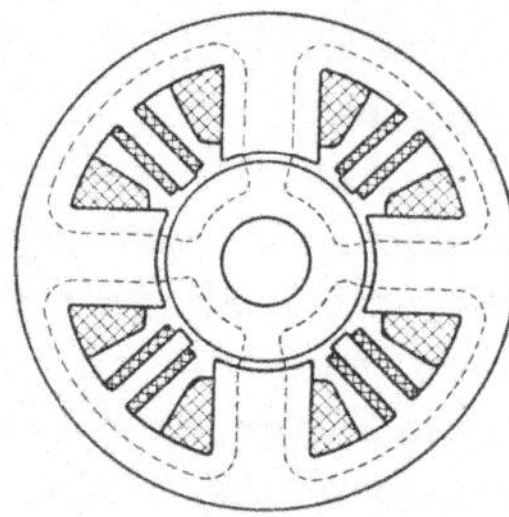

Bild 258. Feldmagnet mit Wendepolen.

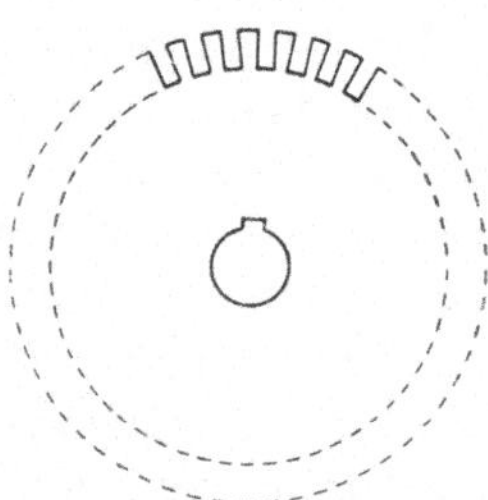

Bild 259. Ankerblech.

die Erregerwicklung ist schraffiert, der Weg des Induktionsflusses durch gestrichelte Linien angedeutet. Die Zahl der magnetischen Kreise ist gleich der Polzahl $2\,p$. Gewöhnlich werden jedoch (wie bei der Synchron-maschine) die Pole eingeschnürt, um mehr Raum für die Magnetwicklung zu gewinnen. Man bezeichnet dann den eingeschnürten Teil des Pols als Polkern, den Teil, der dem Anker gegenüberliegt, als Polschuh (Bild 103). Für größere Leistungen, besonders bei mäßigen Drehzahlen, kommen nur Maschinen mit mehr als 4 Polen in Frage, bis zu etwa 24 Polen. Früher waren noch andere Formen des Feldmagneten üblich, auf die wir hier nicht eingehen.

Der Feldmagnet ist nicht der Ummagnetisierung unterworfen; deshalb kann er aus massivem Eisen (Stahlguß, Walzstahl oder Gußeisen) hergestellt werden. Um bei genuteten Ankern die Wirbelströme an der Polschuhoberfläche (*III F 1*) zu unterdrücken, werden die Polschuhe häufig aus Blechen zusammengesetzt. Aus Herstellungsgründen wird dann gewöhnlich der ganze Pol aus Blechen hergestellt (Bild 261), wäh-rend das Joch massiv bleibt.

In der Regel werden außer den Hauptpolen noch bewickelte Hilfspole (Wendepole) an den Jochen des Feldmagneten angebracht, die zwischen den Hauptpolen liegen und die Aufgabe haben, das magnetische Feld in der geometrisch neutralen Zone bei Belastung so zu beeinflussen, daß Bürstenfeuer verhindert wird. Eine vierpolige Maschine mit Wendepolen ist in Bild 258 dargestellt. Durch gestrichelte Linien ist wieder der Induktionsfluß der Hauptpole angedeutet.

Der *Anker* wird heute immer genutet ausgeführt, um in den Nuten die Wicklung betriebssicher einbetten zu können und keinen zu großen Luftspalt zu erhalten. Um zu verhindern, daß im Eisenkörper des Ankers schädliche Ströme induziert werden, wird dieser aus Blechen

Bild 260. Gleichstrommaschine für 11 kW der SSW, auseinandergenommen.

zusammengesetzt, die durch Seidenpapier oder Lackanstrich elektrisch gegeneinander isoliert werden. Ein solches Ankerblech ist in Bild 259 dargestellt. Für große Maschinen wird der Anker aus Blechsegmenten hergestellt, deren Stoßfugen gegeneinander versetzt sind. Man verwendet meistens vollständig offene, zuweilen aber auch nur halb offene Nuten (*II C 2*).

Bild 260 zeigt die einzelnen Teile einer Gleichstrommaschine der SSW für 11 kW, 110 V bei 1000 U/min. Der Feldmagnet (oben Mitte) hat 4 Hauptpole und 4 Wendepole. Das Klemmenbrett, dessen Schutzkappe abgenommen ist, befindet sich seitlich am Gehäuse. An das Gehäuse sind die beiden Lagerschilde angelehnt. Unten links ist der Anker mit dem Stromwender. Zur Abführung der im Motor entwickelten Wärme trägt er auf der linken Seite einen Lüfter, der die Luft an der Stromwenderseite ansaugt und sie durch Öffnungen des Lagerschildes der Antriebsseite (oben links) wieder hinausdrückt. Das Blechpaket hat einen radialen Lüftungskanal, der die Luft durch axiale Kanäle im Innern des Ankers ansaugt und in den Gehäuseraum drückt, wo sie sich mit der vom Lüfter angesaugten Luft vereinigt und in den Außenraum abließt. Rechts unten befindet sich der vom Lagerschild (oben rechts) abgehobene Bürstenträger mit Bürsten

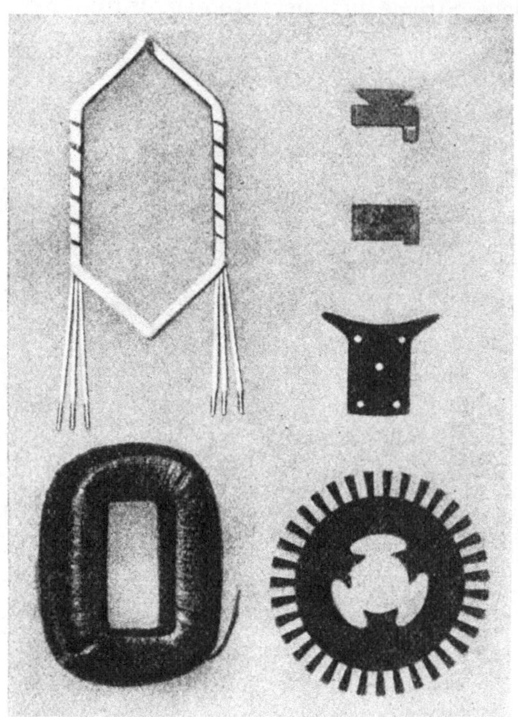

Bild 261. Einzelteile der Maschine in Bild 260.

und Verbindungsleitungen. In Bild 261 sind noch ein Ankerblech, ein Polblech, eine Feldmagnetspule, ein Stromwendersteg mit der noch nicht bearbeiteten Glimmerisolation und eine Spule der Ankerwicklung dargestellt. [s. I, II A 1].

B. Ankerrückwirkung.

1. Feldkurve bei Belastung. In (*III E*) haben wir bei der Berechnung der magnetischen Kennlinie vorausgesetzt, daß der Anker stromlos ist. Sobald die Maschine belastet wird, erregt auch die Ankerwicklung ein magnetisches Feld, das auf das vom Feldmagneten herrührende Feld zurückwirkt.

Bild 262 a möge die Feldkurve einer zweipoligen Maschine bei Leerlauf darstellen. Unter der Annahme, daß die Zahl der Stromwenderstege und Nuten unendlich groß ist und die Bürsten unendlich schmal sind,

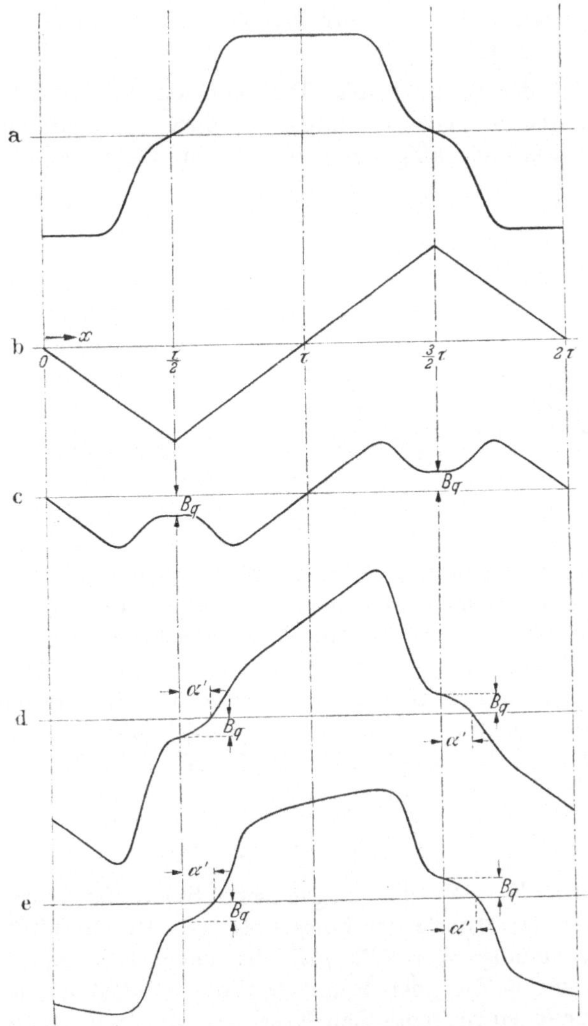

Bild 262 a bis e. a Feldkurve bei Leerlauf; b Felderregerkurve; c Feldkurve des Ankers; d Superposition von a und c; e Einfluß der Sättigungserscheinung.

ist die Felderregerkurve der Ankerwicklung dreieckförmig (Bild 262 b); die Höchstwerte liegen in der neutralen Zone des Feldmagneten (bei $\tau/2$ und $3\tau/2$). Unter dem Einfluß der Pollücken bildet sich etwa die in Bild 262 c dargestellte Feldkurve der Ankerwicklung aus.

Nehmen wir zunächst an, daß die Permeabilität im Eisen konstant sei, so erhalten wir die Feldkurve bei Belastung durch Addition der Kurven a und c, wie sie durch Bild 262d dargestellt ist. Durch Vergleich der Kurven in Bild a u. d erkennen wir, daß sich die Ankerrückwirkung auf zweierlei Weise äußert; erstens wird das Feld unter dem Polschuh verzerrt, zweitens wird die neutrale Zone am Ankerumfang verschoben (Bogen α'). [s. I, III A 1].

2. Einfluß der Permeabilität. Die Addition der Feldkurven ist für die Teile in der Pollücke berechtigt, weil dort die Induktionslinien nur über eine verhältnismäßig kurze Strecke im Eisen verlaufen, so daß

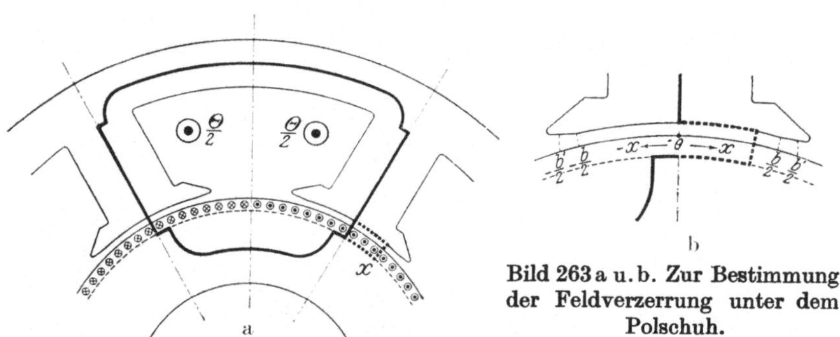

Bild 263 a u. b. Zur Bestimmung der Feldverzerrung unter dem Polschuh.

die magnetische Spannung längs des Eisenweges gegenüber der längs des Luftweges verschwindend klein ist. Das ist für den Bereich unter dem Polbogen nicht mehr der Fall. Wir betrachten einen magnetischen Kreis der Maschine, dessen Querschnitt in Bild 263a dargestellt ist. Für den durch dicke Linien hervorgehobenen Integrationsweg, der mit dem übereinstimmt, den wir zur Berechnung der magnetischen Kennlinie bei Leerlauf gewählt hatten (*III E*), ist die Durchflutung des Ankers Null und wir erhalten

$$2V_V(0) + V_A + V_F = \Theta, \tag{308}$$

worin $V_V(0) = V_L + V_Z$ die magnetische Spannung längs Luftspalt und Zahn in der Mittelebene eines Pols ($x = 0$ in Bild 263b), V_A die Ankerkernspannung, $V_F = 2V_K + V_J$ die magnetische Spannung längs des Weges im Feldmagneten und Θ die Durchflutung der Erregerwicklung für einen magnetischen Kreis ist. Ersetzen wir den Teil des Integrationsweges, der zwischen Polschuh und Ankerkern durch die Mittelebene des einen Pols (z. B. des rechten) geht, durch den in Bild 263 a u. b punktiert gezeichneten Weg, der in der Entfernung x von der Mittelebene des Pols den Ankermantel schneidet, so wird die (resultierende) Durchflutung des neuen Integrationsweges um xA vergrößert, wenn A der Strombelag des Ankers (Gl. 112 c) ist Für den neuen Integrationsweg, der beim rechten Pol an der Stelle x durch den Luftspalt geht, erhalten wir

$$V_V(0) + V_V(x) + V_A + V_F = \Theta + xA. \qquad (309\,\mathrm{a})$$

Darin ist $V_V(x)$ die magnetische Spannung längs Luftspalt und Zahn in der Entfernung x von der Mittelebene des Pols. Sie bestimmt die Verteilung der Induktion im Luftspalt und wird deshalb Verteilungsspannung genannt. Aus Gl. 308 u. 309 a folgt für die Verteilungsspannung

$$V_V(x) = V_V(0) + xA. \qquad (309)$$

Die der Verteilungsspannung $V_V(x)$ entsprechende Induktion im Luftspalt können wir innerhalb des Bereichs $-b/2 \leq x \leq +b/2$ am Ankerumfang, wo die Luftspaltlänge dieselbe ist wie unter Polmitte, dem Teil der Leerlaufkennlinie entnehmen, der die Luftspaltinduktion als Funktion der magnetischen Spannung $V_V = (V_L + V_Z)$ darstellt, Kurve $B(V_V)$ in Bild 264.

Der Teil $P_1 P_2$ der Kurve $B(V_V)$ zwischen den Abszissen $V_V(-b/2) = V_V(0) - A\,b/2$ und $V_V(b/2) = V_V(0) + A\,b/2$ stellt also die Verteilung der Normalkomponente am Ankerumfang unter dem Polschuhbereich dar, wo der Luftspalt derselbe wie unter Polmitte ist.

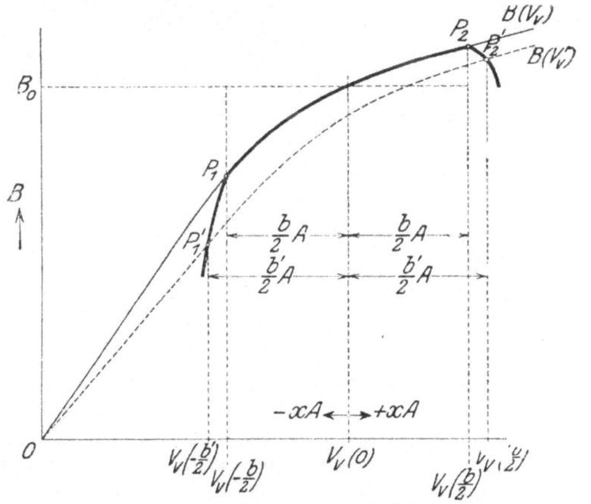

Bild 264. Ermittlung der Feldverzerrung.

An den Stellen, wo sich der Luftspalt vergrößert, sinkt die Induktion schnell ab, so erhalten wir z. B. für die Stellen $\mp b'/2$ des Ankerumfangs (Bild 263 b) die gestrichelte Kurve $B(V_V')$ in Bild 264. Es ergeben sich dann nach Gl. 309 die Ordinaten der Punkte P_1' und P_2' der Feldkurve. Für den vorliegenden Fall wird die Induktion unter dem Polbogen etwa durch die stark ausgezogene Kurve $P_1' - P_1 - P_2 - P_2'$ dargestellt; sie ist in Bild 262 e übertragen. [s. I, III A 2].

3. Nachteile der Feldverzerrung. Ein Blick auf die Kurve $P_1 - P_2$ in Bild 264, die die Feldverzerrung im Bereiche des Polschuhs darstellt, zeigt uns, daß der Strombelag des Ankers das Feld unter der einen Hälfte des Polschuhs im allgemeinen mehr schwächt, als er es unter der andern Hälfte verstärkt. Dadurch wird die mittlere Induktion unter dem Polschuh und damit die in der Ankerwicklung bei Belastung induzierte EMK etwas geringer als bei Leerlauf. Man bezeichnet diese Abnahme der EMK als *Spannungsverlust durch Feldverzerrung*.

Durch Ausplanimetrieren der Feldkurve bei Belastung und Leerlauf
über dem Abszissenteil zwischen den Spulenseiten einer von Bürsten
kurzgeschlossenen Ankerwindung läßt sich das Verhältnis der induzierten
EMKe bei Belastung und Leerlauf bestimmen.

Bei Gleichstrommaschinen ist nun gewöhnlich die Luftspaltlänge
über dem größten Teil (b) des Polbogens dieselbe. Der aus diesem Teil des
Bogens in den Ankermantel eintretende Induktionsfluß bildet dann den
weitaus größten Teil des für die induzierte EMK maßgebenden Flusses.
Deshalb begehen wir keinen großen Fehler, wenn wir, vgl. Bild 265,
in dem die EMK über der *doppelten* Verteilungsspannung aufgetragen ist, den Mittelwert der EMK nach der SIMPSONschen Regel berechnen:

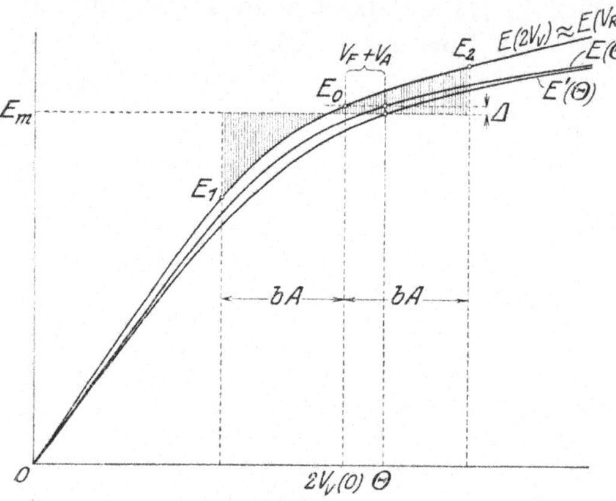

$$E_m = \frac{E_1 + 4E_0 + E_2}{6}. \tag{310}$$

Die Ordinatendifferenz $\Delta = E_0 - E_m$ stellt dann bei der Feldmagnetdurchflutung Θ den Spannungsverlust durch Feldverzerrung dar.

Bild 265. Spannungsverlust Δ durch
Feldverzerrung.

Führen wir diese Konstruktion für verschiedene Werte von $2V_V(0)$ aus, so erhalten wir die
Belastungskennlinie $E'(\Theta)$ für einen *festen Ankerstrom*, der dem Strombelag A entspricht.

Durch die Feldverzerrung werden ferner die *Eisenverluste* gegenüber Leerlauf *vergrößert*, weil die Zahninduktion bei Belastung ungefähr
in demselben Verhältnis wie die Induktion im Luftspalt zunimmt.

Die zwischen benachbarten Stromwenderstegen auftretende größte
Spannung ist bei Leerlauf

$$e_{s0} \approx \frac{z}{k} \frac{p}{a} l_i v_A B_L, \tag{311}$$

worin zp/ka die wirksame Leiterzahl des Wicklungteils zwischen
benachbarten Stromwenderstegen bedeutet (bei eingängiger Schleifenwicklung mit einer Windung je Spule ist $zp/ka = 2$). Durch die Feldverzerrung wird nun auch der Höchstwert der *Stegspannung* vergrößert.
Diese Spannung muß erfahrungsgemäß unter einem gewissen Wert
bleiben, um *Rundfeuer am Stromwender* zu verhindern. Der zulässige
Höchstwert der in dem Wicklungteil zwischen benachbarten Stromwenderstegen bei Belastung induzierten EMK hängt von dem Widerstand

des Spulenkurzschlußkreises ab. Bei großen Maschinen liegt er etwa bei 30 V, bei mittleren bei 35 V und wächst bei Kleinstmaschinen bis 60 V und darüber. Wenn daher die größte Spannung zwischen benachbarten Stromwenderstegen bei Leerlauf nicht wesentlich unter diesen Grenzen liegt, kann bei Belastung der Maschine durch Verzerrung des Feldes unter dem Polschuh Rundfeuer auftreten.

Das Rundfeuer wird durch den Kohlenstaub eingeleitet, der sich im Betrieb auf den isolierenden Zwischenlagen der Stromwenderstege ablagert und bei einer Stegspannung von 30 V bei größeren Maschinen die Bildung eines kleinen Lichtbogens zwischen den Stromwenderstegen ermöglicht. Die Entstehung eines solchen Lichtbogens wird bei feuernden Bürsten begünstigt, weil das Bürstenfeuer die Luft ionisiert und leitend macht. Dieser Lichtbogen bleibt dann auch noch bestehen, wenn die Spulen in den Bereich kleinerer Induktion am Ankerumfang kommen. Da immer neue Spulen in den Bereich der höchsten Induktion gelangen, bildet sich bald ein Kranz von kleinen Lichtbögen am Stromwender aus, der schließlich in einen einzigen großen Lichtbogen zwischen den Bürstenhaltern verschiedener Polarität übergeht. Durch das Rundfeuer entstehen Schmelzperlen an der Oberfläche des Stromwenders; dadurch wird der Betrieb dauernd gestört. Das zu einem einzigen Lichtbogen ausgeartete Rundfeuer schließt das ganze Netz kurz, weil der Widerstand des Lichtbogens sehr klein ist.

Bei der Wahl der Ankerwicklung ist deshalb in Grenzfällen auf die Feldverzerrung Rücksicht zu nehmen, durch die die höchste Stegspannung gegenüber Leerlauf vergrößert wird. [s. I, III A 3].

4. Verschiebung der neutralen Zone. Die Ankerrückwirkung äußert sich, wie wir in (*1*) gesehen haben, außer in der Verzerrung des Feldes unter dem Polschuh noch in der Verschiebung der neutralen Zone. Die von Bürsten kurzgeschlossenen Spulenseiten müssen deshalb bei Maschinen ohne Wendepole, wie wir sie zunächst noch voraussetzen, mit der Belastung verschoben werden, damit nicht in diesen Spulen eine EMK der Bewegung induziert wird, die Bürstenfeuer zur Folge haben kann.

Die in Bild 263a eingezeichnete Stromverteilung und die Feldkurven in Bild 262 entsprechen nach (*I A 12*) beim Generator einer Drehrichtung im Sinne des Uhrzeigers, in Bild 262 also im Sinne positiver Abszissen; beim Motor entsprechen sie einer Drehrichtung entgegen dem Uhrzeiger, in Bild 262 im Sinne negativer Abszissen. Die neutrale Zone verschiebt sich also beim Generator *im Sinne* der Drehrichtung, beim Motor *entgegen der Drehrichtung*. In diesem Sinne müssen auch die Bürsten verschoben werden, um wieder in eine feldfreie Zone zu gelangen. Dabei wird nach Bild 262e sowohl bei Generator- als bei Motorbetrieb der *Fluß* gegenüber Leerlauf (*a*) *geschwächt*.

Wenn die Bürsten um den Bogen α, gemessen am Ankerumfang, aus der Mitte der Pollücke verschoben sind, können wir die Durchflutung der Ankerwicklung in zwei Teile zerlegen, in eine Längsdurchflutung und eine Querdurchflutung. Die Längsdurchflutung (Bild 266) liegt

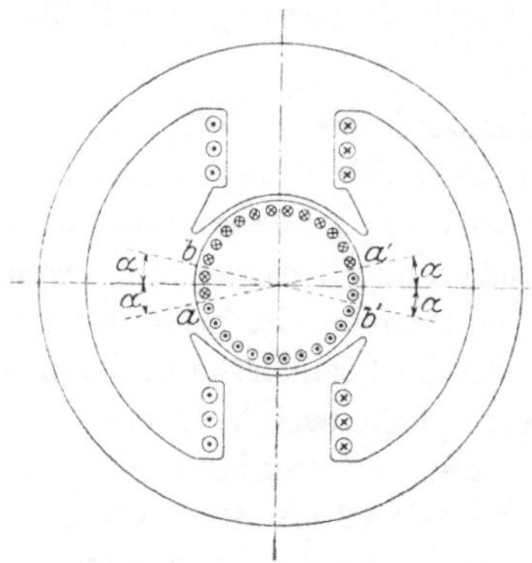

bei sehr schmalen Bürsten auf dem Bogen $a\,b\,(= a'\,b') = 2\,\alpha$ und ist gleich $2\,\alpha\,A$, wenn wir mit A den Strombelag bezeichnen. Die Querdurchflutung, die auf dem Bogen $b\,a'$ $(= b'\,a) = \tau - 2\,\alpha$ liegt, ist gleich $(\tau - 2\,\alpha)\,A$.

Da der Bogen $\tau - 2\,\alpha$ in praktischen Fällen immer größer als der Polbogen ist, so wird die Feldverteilung unter dem Polschuh bei derselben resultierenden Längsdurchflutung $\Theta - 2\,\alpha\,A$ durch die Verschiebung der Bürsten nicht geändert.

Bild 266. Ankerlängs- und -querdurchflutung.

Die Längsdurchflutung hat bei im richtigen Sinn verschobenen Bürsten immer das entgegengesetzte Vorzeichen wie die Feldmagnetdurchflutung, deshalb bezeichnet man sie auch als Gegendurchflutung.

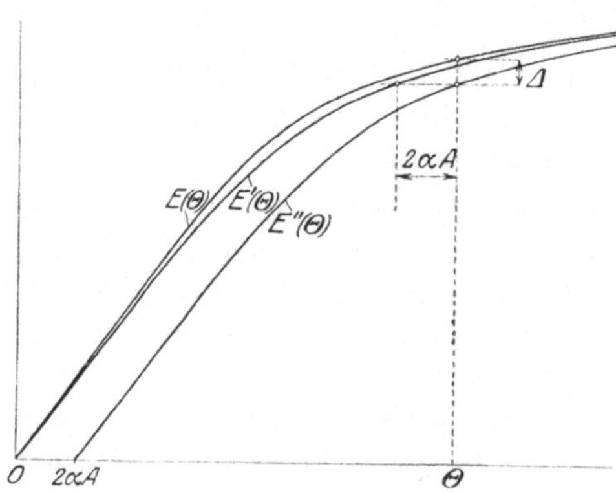

Verschieben wir die Kennlinie $E'(\Theta)$ in Bild 267 um die Gegendurchflutung $2\,\alpha\,A$ im Sinne positiver Abszissen, so erhalten wir die Belastungskennlinie $E''(\Theta)$ für einen Ankerstrom, der dem Strombelag A entspricht. $\varDelta$ ist der gesamte Spannungsverlust durch Ankerrückwirkung. Beim Motor kann die durch den Belastungsstrom verursachte Flußschwächung den Betrieb unstabil machen ($I\,C\,5$), was durch einige vom Ankerstrom durch-

Bild 267. Ermittlung der Kennlinie $E''(\Theta)$.

flossene flußverstärkende Windungen auf den Polen des Feldmagneten verhindert wird (vgl. S. 244 u. 254). [s. I, III A 4].

5. Wendepolwicklung. Wenn die Bürsten bei Belastung nicht aus der Leerlaufstellung verschoben werden, befinden sich die von ihnen überbrückten Spulen im Querfeld B_q (Bild 262d u. e). Dadurch wird in diesen Spulen eine EMK der Bewegung induziert, die mit der EMK gleichgerichtet ist, die durch die Stromwendung in der Spule induziert wird ($C\,3$). Um Bürstenfeuer zu unterdrücken, ist deshalb zunächst das von der AnkerWicklungerregte Querfeld aufzuheben, darüber hinaus aber noch ein Wendefeld zu erregen, jenem entgegenwirkt. Zur Erzeugung eines solchen Wendefeldes dienen die Wendepole zwischen den Hauptpolen. Ihre Durchflutung muß für den magnetischen Kreis immer etwas größer als die Ankerdurchflutung sein. Damit für alle Ankerströme das richtige Wendefeld erregt wird, muß die Wicklung der Wendepole mit der des Ankers in Reihe geschaltet werden und die Wendepolkennlinie geradlinig sein. Bild 268 zeigt eine solche Maschine im Querschnitt. Heute werden fast alle Gleichstrommaschinen mit Wendepolen ausgerüstet. [s. I, III A 5 b].

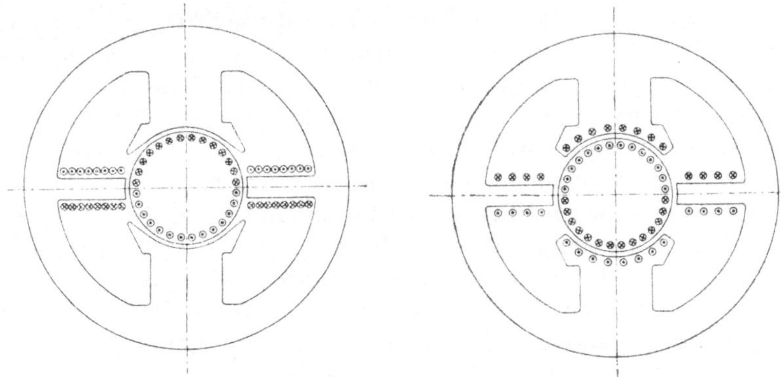

Bild 268. Maschine mit Wendepolen. (Feldmagnetwicklung nicht gezeichnet.)

Bild 269. Maschine mit Kompensationswicklung.

6. Kompensationswicklung. Um auch die Feldverzerrung unter den Polschuhen aufzuheben, verwendet man eine Wicklung, die in Nuten der Polschuhe angeordnet und so geschaltet ist, daß sie das vom Anker allein erregte magnetische Feld unter dem Polschuh im wesentlichen aufhebt. Gewöhnlich wird diese Wicklung, die man Kompensationswicklung nennt, zusammen mit der Wendepolwicklung verwendet, wie es in Bild 269 dargestellt ist. Sie ist so bemessen, daß ihre Durchflutung je Polschuh gleich dem Teil der Ankerdurchflutung innerhalb des Polschuhbogens ist. Um die Durchflutung der Kompensationswicklung ist dann die Wendepoldurchflutung kleiner zu bemessen als ohne Kompensationswicklung. Wie die Wendepolwicklung ist auch die Kompensationswicklung mit der Ankerwicklung in Reihe zu schalten. Die Kompensationswicklung verwendet man wegen der höheren Kosten nur in Sonderfällen. Gewöhnlich begnügt man sich mit der einfachen Wendepolwicklung und nimmt die Feldverzerrung unter den Polschuhen in Kauf. [s. I, III A 5 a u. b].

C. Stromwendung.

1. Widerstandsstromwendung. Wir setzen zunächst voraus, daß in der Wicklung auch bei umlaufendem Anker keine EMK induziert wird.

Der Strom in der kurzgeschlossenen Ankerspule wird dann lediglich durch die Widerstände im Kurzschlußkreis bestimmt. Man bezeichnet diesen Fall als *Widerstandsstromwendung*.

Zuerst wollen wir auch noch den Widerstand der Spulen der Ankerwicklung und der Verbindungsleitungen zwischen Wicklung und Stromwender gegenüber dem Übergangswiderstand zwischen Bürste und Stromwender vernachlässigen. In Bild 270 ist ein Teil der Ankerwicklung schematisch dargestellt, dem der konstante Strom J über die auf dem Stromwender schleifenden Bürsten von außen zugeführt wird. Wir wollen den Verlauf des Stromes i in der von Bürsten kurzgeschlossenen Spule, dessen willkürlich angenommene positive Richtung in Bild 270 angegeben ist, betrachten.

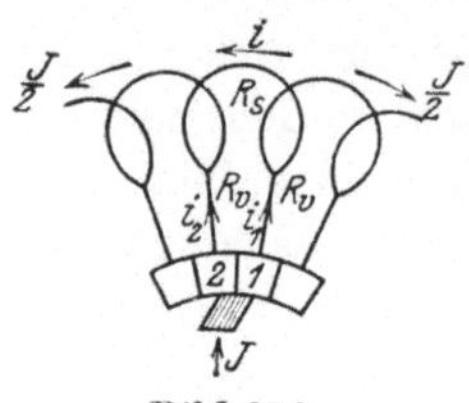

Bild 270.
Bezeichnungen.

Zur Zeit $t = 0$ (Bild 271a) möge die betrachtete Spule gerade in den Kurzschluß eintreten, zur Zeit $t = T$ (Bild 271c) möge die Stromwendung beendet sein. Bezeichnen wir mit v die konstante Umfangsgeschwindigkeit des Stromwenders, so ist $v\,t$ der von der sehr schmalen Isolierschicht zwischen den mit der betrachteten Spule verbundenen Stromwenderstegen 1 und 2 zurückgelegte Weg; dieser ist während der Dauer der Stromwendung einer Spule

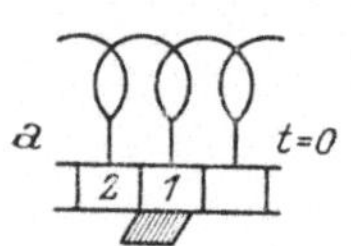

$$v\,T = b, \tag{312}$$

wenn b die Breite der Bürste in der Umfangsrichtung des Stromwenders bezeichnet. Zur Zeit t liegt dann die Bürste mit den Breiten

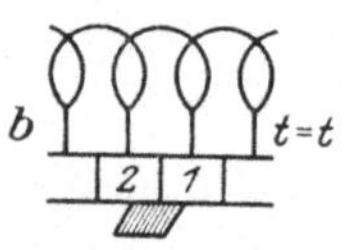

$$b_1 = v\,(T - t), \qquad b_2 = v\,t \tag{312a u. b}$$

auf den Stromwenderstegen 1 und 2 auf. Bezeichnen wir mit r den Übergangswiderstand der ganzen Bürste, so sind die Übergangswiderstände für die Stege 1 und 2

Bild 271a bis c.
Lage der Stege
zur Bürste.

$$r_1 = r\,\frac{b}{b_1} = r\,\frac{T}{T-t}\,, \qquad r_2 = r\,\frac{b}{b_2} = r\,\frac{T}{t}\,, \tag{313a u. b}$$

wenn wir die Übergangswiderstände unabhängig von der Stromdichte annehmen. Wir bilden die elektrische Umlaufspannung über den Stromkreis der kurzgeschlossenen Spule und setzen sie gleich Null, weil wir die induzierte EMK vernachlässigen. Wir erhalten

$$r_1\,i_1 - r_2\,i_2 = 0. \tag{314}$$

Für die Ströme i_1 und i_2 schreiben wir nach Bild 270

$$i_1 = \tfrac{1}{2}J + i, \qquad i_2 = \tfrac{1}{2}J - i. \tag{314a u. b}$$

Mit diesen Strömen und den Widerständen r_1 und r_2 in Gl. 313a u. b ergibt sich der Strom i in der kurzgeschlossenen Spule zu

$$i = \frac{J}{2}\left(1 - 2\frac{t}{T}\right). \qquad (315)$$

Der Kurzschlußstrom verläuft als Funktion der Zeit geradlinig (Bild 272); man spricht in diesem Fall von *geradliniger* Stromwendung.

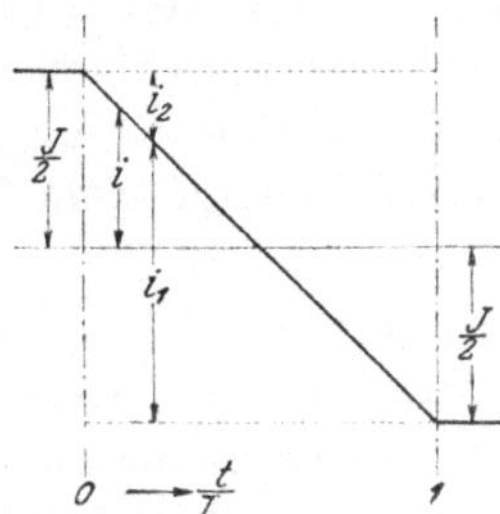

Bild 272. Geradlinige Stromwendung.

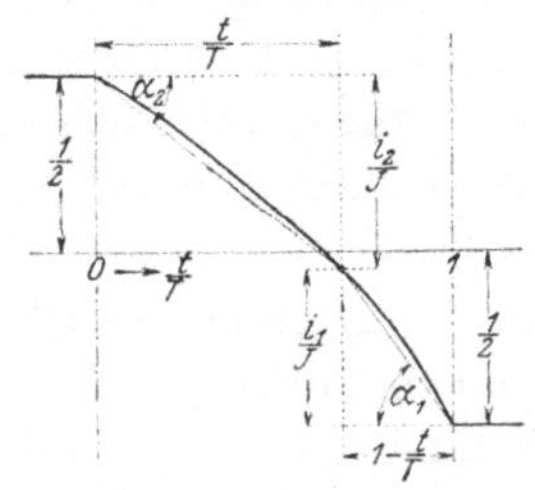

Bild 273. Beliebiger Verlauf des Kurzschlußstromes i.

Für die Stromdichte in den Teilen der Bürstenfläche, die die Stege 1 und 2 des Stromwenders bedecken, erhalten wir nach Gl. 312 und 312a u. b bei beliebigem Verlauf des Kurzschlußstromes (vgl. Bild 273)

$$g_1 = \frac{i_1 b}{F b_1} = \frac{1}{F}\frac{i_1}{1 - t/T} = g_0 \operatorname{tg}\alpha_1, \qquad g_2 = \frac{i_2 b}{F b_2} = \frac{1}{F}\frac{i_2}{t/T} = g_0 \operatorname{tg}\alpha_2, \qquad (316\text{a u. b})$$

wenn wir mit F die Auflagefläche der Bürste bezeichnen und mit

$$g_0 = J/F \qquad (316)$$

die mittlere Stromdichte in der Bürstenauflagefläche.

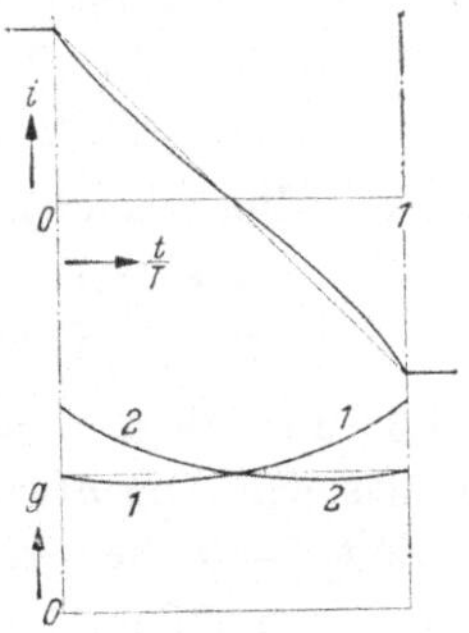

Bei geradliniger Stromwendung ist $\operatorname{tg}\alpha_1 = \operatorname{tg}\alpha_2 = 1$ und

$$g_1 = g_2 = g_0 = J/F; \qquad (317)$$

d. h. der Strom ist in diesem Falle in allen Bürstenstellungen gleichmäßig über die Auflagefläche der Bürste verteilt.

Wir wollen nun zeigen, welchen Einfluß der Widerstand R_s der Ankerspule und der Verbindungsleitung R_v auf den Kurzschlußstrom haben. Die elektrische Umlaufspannung ist dann

Bild 274.
Oben Strom i, unten Stromdichte unter den Stegen 1 u. 2.

$$r_1 i_1 + R_v i_1 + R_s i - R_v i_2 - r_2 i_2 = 0. \qquad (318)$$

Ersetzen wir in dieser Gleichung r_1 und r_2 durch Gl. 313a u. b und i_1 und i_2 durch Gl. 314a u. b, so können wir die Widerstände R_s und R_v zu

$$R = R_s + 2R_v \qquad (318\text{a})$$

zusammenfassen und erhalten

$$i = \varrho \, \frac{J}{2} \left(1 - 2\,\frac{t}{T} \right) \quad \text{mit} \quad \varrho = \frac{1}{1 + R/r \cdot [t/T - (t/T)^2]} \,. \qquad (318\,\mathrm{b\cdot u.\ c})$$

Der Kurzschlußstrom i weicht jetzt von dem geradlinigen Verlauf ab. In Bild 274 sind oben der Kurzschlußstrom i (stärkere ausgezogene Kurve), unten die Stromdichten g_1 und g_2 unter der ablaufenden 1 und der auflaufenden Bürstenfläche 2 als Funktion des Zeitverhältnisses t/T für $R/r = 1$ dargestellt. R/r ist bei Gleichstrommaschinen mit Kohlebürsten aber wesentlich kleiner als 1, so daß die Abweichung des Kurzschlußstromes vom geradlinigen Verlauf verschwindend klein ist. [s. I, III B 1].

2. Berücksichtigung der EMKe. Die Induktivität der Ankerspule wird sich darin äußern, daß sie die Änderung des Stromes, die sich, bei der Widerstandsstromwendung ergeben würde, zu verhindern sucht d. h. die Stromwendung wird verzögert (Bild 273). Unter dem Einfluß der Induktivität der Spule wird die Stromdichte in dem Teil der Bürste, der den auflaufenden Stromwendersteg bedeckt, verringert und die in dem ablaufenden Steg vergrößert. Zur Zeit $t = T$ ist die Stromdichte unter dem ablaufenden Steg proportional $\mathrm{d}i/\mathrm{d}t$ (vgl. Bild 273), und ihr proportional ist dann auch die EMK der Stromwendung $-L\,\mathrm{d}i/\mathrm{d}t$.

Außer dieser EMK tritt in der kurzgeschlossenen Ankerspule noch eine EMK der Bewegung im Felde der Wendezone auf, die wir mit e bezeichnen. Sie wirkt im Sinne der EMK der Stromwendung, wenn das von der Ankerwicklung erregte Feld allein vorherrscht.

Bilden wir die Umlaufspannung über den Stromkreis der kurzgeschlossenen Ankerspule und setzen diese gleich der in der Spule induzierten EMK, so erhalten wir

$$r_1\,i_1 + R_v\,i_1 + R_s\,i - R_v\,i_2 - r_2\,i_2 = -L\,\mathrm{d}i/\mathrm{d}t + e \qquad (319)$$

oder mit Berücksichtigung der Gl. 313 a u. b, 314 a u. b und 318 a

$$\frac{r\,T}{T-t} \left(\frac{J}{2} + i \right) + R\,i - \frac{r\,T}{t} \left(\frac{J}{2} - i \right) = -L\,\frac{\mathrm{d}i}{\mathrm{d}t} + e. \qquad (319\,\mathrm{a})$$

Für das Bürstenfeuer ist hauptsächlich die Spannung maßgebend, die zwischen dem ablaufenden Stromwendersteg und der Bürstenkante zur Zeit $t = T$ herrscht. Es ist dann $i = -J/2$, und es wird

$$\lim_{t \to T} \frac{J/2 + i}{T - t} = -\frac{\mathrm{d}i}{\mathrm{d}t} \,. \qquad (319\,\mathrm{b})$$

Bezeichnen wir noch mit e_T die EMK der Bewegung zur Zeit $t = T$, so geht Gl. 319 a gegen Ende der Stromwendung über in

$$-r\,T\,\mathrm{d}i/\mathrm{d}t - R\,J/2 - r\,J = -L\,\mathrm{d}i/\mathrm{d}t + e_T, \qquad (319\,\mathrm{c})$$

und es wird die EMK der Stromwendung

$$\lim_{t \to T} \left[-L\,\frac{\mathrm{d}i}{\mathrm{d}t} \right] = \frac{e_T + (2\,r + R)\,J/2}{T\,r/L - 1} \,. \qquad (320)$$

In Bild 275, in der zum Vergleich die schwächer ausgezogene Gerade die geradlinige Stromwendung andeutet, stelle die Kurve a den Kurzschlußstrom i für den Fall dar, daß die EMK der Bewegung Null oder positiv ist; die Stromwendung wird verzögert. Ist die EMK der Bewegung negativ, so wirkt sie der EMK der Stromwendung entgegen, beschleunigt also die Stromwendung (Kurven b, c u. d). Solange $e_T > -(2r + R)\,J/2$ ist, ändert sich das Vorzeichen der EMK der Stromwendung für $\lim t \to T$ nicht. Für $e_T = -(2r + R)\,J/2$ geht der Strom i mit $\operatorname{tg}\alpha_1 = 0$ (vgl. Bild 273) in den Zweigstrom $-J/2$ über (Kurve c in Bild 275); die EMK der Stromwendung wird also gleichzeitig mit dem Zähler der rechten Seite der Gl. 320 Null. Wenn $e_T < -(2r + R)\,J/2$ ist, wird die Stromwendung so beschleunigt (Kurve d in Bild 275), daß die EMK für $\lim t \to T$ negativ wird; sie wechselt also gleichzeitig mit dem Zähler der rechten Seite in Gl. 320 ihr Vorzeichen. Gl. 320 kann deshalb nur gelten, wenn $Tr/L \geq 1$ ist.

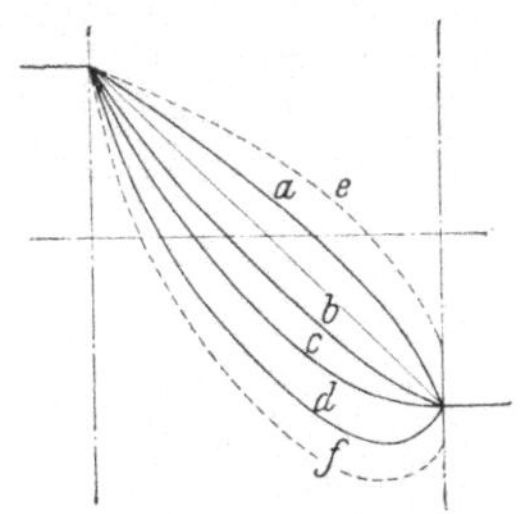

Bild 275.
Verschiedene Kurven
des Kurzschlußstroms i.

Für $Tr/L = 1$ wird nach Gl. 320 die EMK der Selbstinduktion unendlich. Bei noch kleinerem Tr/L kann der Kurzschlußstrom durch eine EMK der Bewegung nicht mehr so beeinflußt werden, daß er zur Zeit $t = T$ stetig in den Zweigstrom übergeht, wie es die Ableitung der Gl. 320 voraussetzt. Er muß dann bei Unterbrechung des Kurzschluß-kreises gewaltsam auf den Zweigstrom gebracht werden (Bild 275 Kurve e bei positivem e, Kurve f bei negativem e), so daß auch für $Tr/L < 1$ die EMK der Stromwendung beim Öffnen des Kurzschluß-kreises unendlich werden muß. Damit also die EMK am Ende der Stromwendung endlich bleibt, funkenfreie Stromwendung überhaupt möglich ist, muß die Bedingung $Tr/L > 1$ bestehen.

Wir wollen diesen Zusammenhang noch auf andere Weise verständlich machen. Wir nehmen zunächst unserer Voraussetzung gemäß an, daß die Bürstenkennlinie $V_1 = rJ = rg\,F$ eine Gerade sei (Bild 276a). Nach den Gl. 314a, 316a u. 319b ist die Stromdichte unter der ablaufenden Bürstenkante bzw. die EMK der Stromwendung

$$\lim_{t \to T} g_1 = -\frac{T}{F}\frac{di}{dt} \quad \text{bzw.} \quad \lim_{t \to T}\left[-L\frac{di}{dt}\right] = g_1 \frac{F}{T} L. \qquad (321\,\text{a u. b})$$

Damit ergibt sich die Stromdichte g_1 bei Öffnung des Bürstenkurzschluß-kreises als Schnittpunkt der Geraden V_1 und $e + g_1 F L/T$. Die Geraden können sich nicht schneiden, wenn $g_1 F L/T = V_1$ oder $L/T = r$ (gestrichelt in Bild 276a) ist.

In Wirklichkeit ist nun die Bürstenkennlinie V_1 von der Stromdichte abhängig ($III\,F\,3$) und hat für eine gegebene Bürstensorte etwa den in Bild 276b angegebenen Verlauf. Endliche Werte von g_1 und der EMK der Stromwendung für $t \to T$ sind deshalb nur zu erwarten, wenn die Gerade $e + g_1 F L/T$ die Kurve V_1 schneidet oder im Grenzfall tangiert. Bild 276b macht verständlich, daß Bürsten mit höherer Übergangsspannung zur Unterdrückung des Bürstenfeuers günstig sind.

Unendlich wird natürlich die Stromdichte und die EMK der Stromwendung niemals werden; denn bevor dies eintritt, wird die ablaufende Bürstenkante durch die hohe Stromdichte kurz vor Beendigung der Stromwendung zum Glühen kommen und verbrennen; die dabei auftretende Funkenbildung wird die Änderungsgeschwindigkeit des Kurzschlußstromes i verringern, so daß Stromdichte und EMK endlich bleiben.

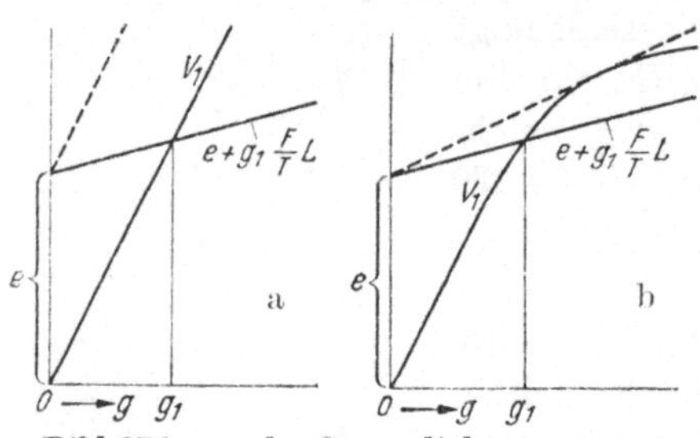

Bild 276 a u. b. Stromdichte g_1 unter Steg 1. a Geradlinige, b gekrümmte Bürstenkennlinie.

In der Praxis hat sich nun aber gezeigt, daß auch Maschinen praktisch funkenfrei laufen können, bei denen $Tr/L < 1$ ist. Das erklärt sich durch unsere Annahme bei der Ableitung der Gl. 320, daß die ablaufende Bürstenkante und die Kante des Stromwendersteges, der zur Zeit $t = T$ die Bürste verläßt, mathematisch genau parallel sind. Dies ist natürlich niemals erfüllt. Die genauere Untersuchung zeigt, daß schon bei geringer Schrägstellung der Bürsten, wie sie praktisch immer vorliegt, EMK und Stromdichte endlich bleiben. [s. I, III B 2 bis 4].

3. Berechnung der EMK der Stromwendung. Zur Berechnung der EMK der Stromwendung e_W setzt man geradlinige Stromwendung voraus, weil der wirkliche Verlauf des Kurzschlußstromes noch nicht bekannt ist und die Berechnung sich dabei besonders einfach gestaltet. Während der Kurzschlußdauer T ändert sich der Strom in jeder der von Bürsten kurzgeschlossenen Ankerspulen von $J/2a$ auf $-J/2a$. Es ist dann

$$\frac{\mathrm{d}i}{\mathrm{d}t} = -\frac{J}{aT} \quad \text{und} \quad e_W = \frac{L}{T}\frac{J}{a}. \qquad (322\text{a u. b})$$

Die Induktivität L der kurzgeschlossenen Spule setzt sich aus zwei Teilen zusammen, dem vom Nutenquerfeld und dem vom Felde der Stirnverbindungen. Der letzte Teil beträgt gewöhnlich nur einen kleinen Bruchteil des ersten. Die genauere Berechnung dieser Induktivitäten [I, III B 8 u. 9] ist umständlich. In der Praxis begnügt man sich gewöhnlich mit der Berechnung von e_W nach der Formel von PICHELMAYER

$$e_W = 2\,\zeta\,l\,A\,v_A\,w_{Sp} \cdot 10^{-6}\ \text{Volt.} \qquad (323)$$

Darin ist die Eisenlänge l des Ankers in cm, der Strombelag A in A/cm

(Gl. 112 c) und die Umfangsgeschwindigkeit v_A des Ankers in cm/s einzusetzen. w_{Sp} ist die Windungszahl einer Spule, ζ ein Erfahrungswert, der meistens zwischen 4 und 6 liegt und näherungsweise zu 5 eingesetzt werden kann. [s. I, III B 5 bis 11 u. Aw, I 18].

Mit e_W erhält man die zur Unterdrückung der EMK der Stromwendung erforderliche Induktion in der Wendezone zu

$$B_{WL} \approx \frac{e_W}{2 w_{Sp}\, l\, v_A}. \tag{324}$$

Bei Maschinen ohne Wendepole mit Stellung der Bürsten in der geometrisch neutralen Zone addiert sich die Bewegungs-EMK im Ankerquerfelde algebraisch zur EMK der Stromwendung. Die Summe dieser beiden darf zwischen benachbarten Stromwenderstegen 2,5 V nicht überschreiten, um praktisch funkenfreien Lauf zu ermöglichen. Die Stärke der Induktion des Querfeldes, mit der die Bewegungs-EMK berechnet werden kann, ergibt sich aus einem Feldbilde; im Durchschnitt kann etwa $B_q = 4A$ Gß geschätzt werden, wenn der Strombelag A in A/cm eingesetzt wird. [s. I, III A 1].

Die *Breite der Wendezone*, d. i. der Bereich, in dem sich die von Bürsten kurzgeschlossenen Spulenseiten bewegen und der die erforderliche Breite der Wendepolschuhe bestimmt, ergibt sich zu

$$b_{WZ} = b' + \left(1 + \delta - \frac{a}{u\,p}\right) t \quad \text{mit} \quad \delta = \left|\frac{N}{2p} - \frac{y_1}{u}\right|, \tag{325a u. b}$$

worin b' die auf den Ankerumfang bezogene Bürstenbreite, d. h. die im Verhältnis der Durchmesser von Anker und Stromwender vergrößerte wirkliche Bürstenbreite, t die Nutteilung, a die halbe Zahl der parallelen Ankerzweige, u die Zahl der in der Nut nebeneinander liegenden Spulenseiten ($u = k/N$), N die Nutenzahl, y_1 der Schritt, der die Spulenweite bestimmt, und p die Polpaarzahl ist. Der Wert von δ ist stets positiv einzusetzen. [s. Aw, I 16].

D. Der magnetische Kreis der Wendepole.

1. Überlagerung von Hauptfluß und Wendepolfluß. In Bild 277a sind die fiktiven Ankerflüsse (Nutzflüsse), die von der Hauptpolwicklung und von der Wendepol- und Ankerwicklung erregt werden, durch punktierte Linien angedeutet. Die der Wendepoldurchflutung entgegenwirkende Durchflutung der Ankerwicklung ist der Deutlichkeit wegen nicht eingezeichnet. Beide Flüsse überlagern sich in den Jochen und im Ankerkern, so daß in den Quadranten I und III die Differenz, in den Quadranten II und IV die Summe der beiden Flüsse auftritt. Bild 277b zeigt den Verlauf des resultierenden Flusses, wobei der Einfachheit wegen angenommen ist, daß der Fluß im Hauptpol nur dreimal so groß ist wie der im Wendepol. Durch die Joche fließen außerdem noch die Streuflüsse beider Wicklungen, die sich ebenso überlagern wie die Nutzflüsse.

Bezeichnen wir mit $\Phi_{WK}/2$ den fiktiven Fluß der Wendepole im Joch und mit $\Phi_K/2$ den der Hauptpole im Joch, dem die mittlere Induktion B_J im Joch entspricht (Gl. 144a), so erhalten wir die resultierenden Induktionen in den Jochteilen der Quadranten I und III bzw. II und IV zu

$$B'_J = \frac{\Phi_K - \Phi_{WK}}{\Phi_K} B_J \quad\text{bzw.}\quad B''_J = \frac{\Phi_K + \Phi_{WK}}{\Phi_K} B_J. \tag{326}$$

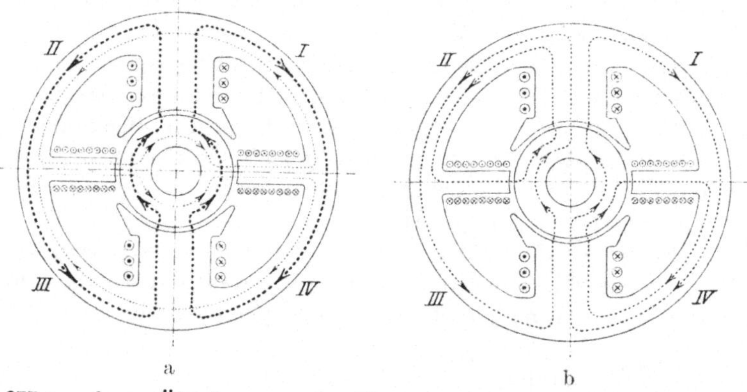

Bild 277 a u. b.   a Überlagerung der Flüsse von Haupt- und Wendepolkreis,
b resultierende Flüsse.

Entsprechende Gleichungen gelten für den Ankerkern, doch ist hier bei richtig eingestelltem Wendefeld der Fluß der Wendepole im Ankerkern so klein, daß wir ihn gleich Null setzen dürfen. [s. I, III C 1].

2. Magnetische Kennlinie. Die Berechnung der magnetischen Kennlinie gestaltet sich ähnlich wie die des Hauptpolkreises (*III E*). Beim Bilden der Umlaufspannung über den Kreis der Wendepole geht die Teilspannung im Quadranten I negativ ein, wenn sie im II. positiv ist, so daß wir für die gesamte Jochspannung

$$V_{WJ} = \frac{H''_J - H'_J}{2} L_J \tag{327}$$

erhalten ($L_J \approx d\pi/2p$, s. Bild 103). Der ideelle Polbogen des Wendepolschuhs ergibt sich wie bei den Hauptpolen aus einem Feldbild (Bild 278a u. b). Für Maschinen ohne Kompensationswicklung kann $b_{Wi} \approx b_W + b_L/2$ gesetzt werden, worin b_W die wirkliche Breite des Wendepolschuhs und b_L der Abstand von den Hauptpolschuhen ist (Bild 308); für Maschinen mit Kompensationswicklung ist $b_{Wi} \approx b_W + b_L$.

Der Streufluß Φ_{Ws} ergibt sich aus dem Feldbild der Anker- und Wendepoldurchflutung (einschließlich der etwa vorhandenen Kom-

pensationswicklung). Die ideelle axiale Tiefe der Feldröhren kann hier·
bei $l_{WP\,i} \approx l_{WP} + b_W$ gesetzt werden. Bei Maschinen ohne Kompen·

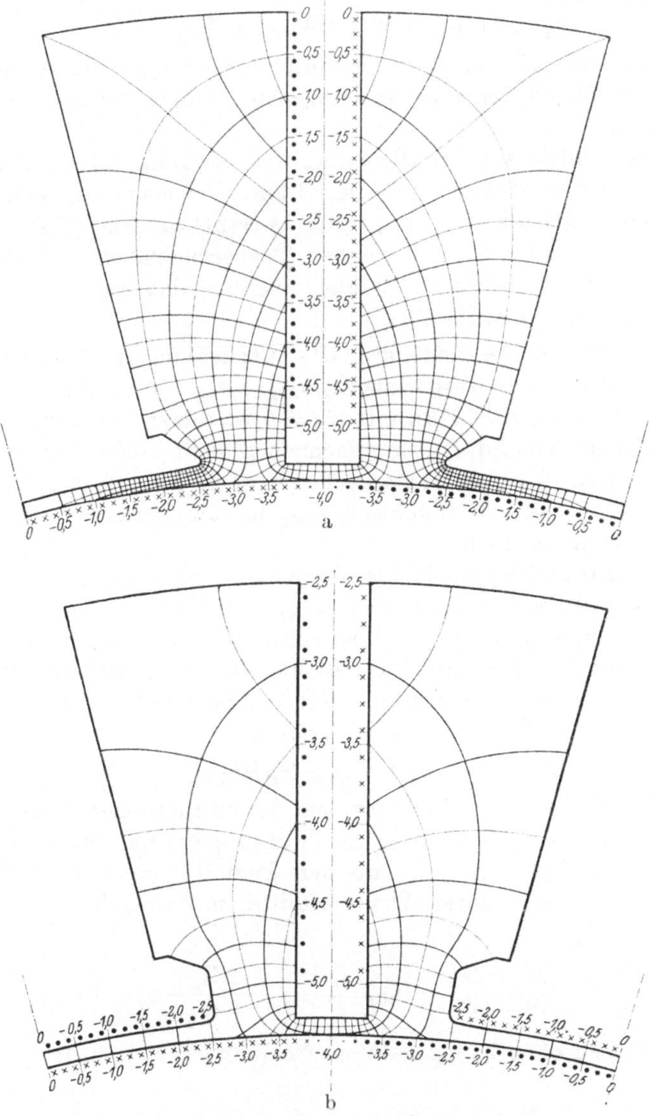

Bild 278 a u. b. Feldbilder des Wendepolkreises; a ohne,
b mit Kompensationswicklung.
$\Theta_W = 1{,}25\,\Theta_A$. Die Ziffern bedeuten die Potentiale (vgl. Bild 110).

sationswicklung ist der Wendepolstreufluß im allgemeinen ein Mehr·
faches vom Luftspaltfluß Φ_W (in Bild 278a das 2,8-fache, in b das

1,1-fache). Mit $\Phi_{WK} = \Phi_W + \Phi_{Ws}$ sind die magnetischen Spannungen im Wendepolkern und im Joch zu berechnen. V_{WA} ist praktisch Null.

Aus den Einzelspannungen des Wendepolkreises erhalten wir die Umlaufspannung

$$V_W = 2\,(V_{WL} + V_{WZ} + V_{WK}) + V_{WA} + V_{WJ}, \qquad (328)$$

die den Überschuß der Wendepoldurchflutung über die Ankerdurchflutung, abzüglich der etwa vorhandenen Kompensationsdurchflutung Θ_K, ergibt.

Das Wendefeld soll bei allen praktisch vorkommenden Belastungen proportional dem Ankerstrom sein. Damit die magnetische Kennlinie des Wendepolkreises $B_{WL}(V_W)$ nicht wesentlich von einer Geraden abweicht, müssen die magnetischen Beanspruchungen in den Eisenwegen des Wendepolkreises so klein bleiben, daß bei Nennbelastung $V_W \approx 2\,V_{WL}$ ist. [s. I, III C 2].

3. Umrechnung des Feldbildes. Die Aufzeichnung des Feldbildes wird erleichtert, wenn das Verhältnis $\Theta_A/(\Theta_W + \Theta_K - \Theta_A) \approx \Theta_A/2\,V_{WL}$ eine ganze Zahl ist (in Bild 278a mit $\Theta_K = 0$ ist dieses Verhältnis 4). Aus einem solchen Feldbild, das im allgemeinen nicht genau dem wirklichen Verhältnis $(\Theta_W + \Theta_K)/\Theta_A$ entsprechen wird, kann man den Wendepolstreufluß Φ_{Ws} und die Induktion B_{WL} im Luftspalt mit genügender Annäherung umrechnen.

Der Streufluß ist proportional der magnetischen Spannung zwischen den Polschuhen von Wende- und Hauptpolen, wenn letztere unerregt sind, also proportional $\Theta_W/2$. Entwerfen wir also das Feldbild für die Durchflutung $\Theta_{W0}/2$ an der Wendepolflanke und bezeichnen mit Φ_{Ws0} den daraus ermittelten Streufluß, so ist der Streufluß bei der wirklichen Durchflutung $\Theta_W/2$ an der Wendepolflanke

$$\Phi_{Ws} \approx \Phi_{Ws0} \cdot \Theta_W/\Theta_{W0}. \qquad (329)$$

Die Induktion B_{WL} ist proportional der magnetischen Spannung V_{WL} längs des Luftspalts, also sehr angenähert proportional $(\Theta_W + \Theta_K - \Theta_A)$. Bezeichnen wir mit B_{WL0} die aus dem Feldbilde mit $\Theta_{W0} + \Theta_K - \Theta_A$ ermittelte Induktion unter Wendepolmitte, so ist bei der Durchflutung $\Theta_W + \Theta_K - \Theta_A$

$$B_{WL} \approx \frac{\Theta_W + \Theta_K - \Theta_A}{\Theta_{W0} + \Theta_K - \Theta_A} \cdot B_{WL0} \approx \frac{2\,V_{WL}}{\Theta_{W0} + \Theta_K - \Theta_A} \cdot B_{WL0}. \qquad (330)$$

Bei Maschinen ohne Kompensationswicklung ist $\Theta_K = 0$. [s. I, III C 3].

E. Betriebseigenschaften der Generatoren.

1. Fremderregte Maschine. Bei der fremderregten Maschine liegt die Erregerwicklung E (Feldmagnetwicklung) mit dem Regelwiderstand r_s an einem besonderen Netz mit konstanter Spannung (U_E in Bild 279). Es ist somit der Strom i in der Erregerwicklung unabhängig von der

Klemmenspannung am Ankerzweig. Der Ankerzweig enthält die Ankerwicklung, mit der die etwa vorhandene Wendepolwicklung und gegebenenfalls auch die Kompensationswicklung in Reihe geschaltet ist.
Der Ankerstrom J_A ist gleich dem Strom J im äußeren Kreis[1].

In ($B\,3$) haben wir gesehen, daß bei Maschinen
ohne Kompensationswicklung, auch wenn die Bürsten in der geometrisch neutralen Zone stehen,
ein Spannungsverlust durch Feldverzerrung auftritt. Wir haben gesehen, wie wir aus der Leerlaufkennlinie $E(\Theta)$ oder auch $E(i)$ die Belastungskennlinie $E(i)$ erhalten, die die induzierte EMK bei
Belastung mit konstantem Ankerstrom J_A (und
Nenndrehzahl) darstellt, wenn die Bürsten in der
geometrisch neutralen Zone stehen. E' wird bei

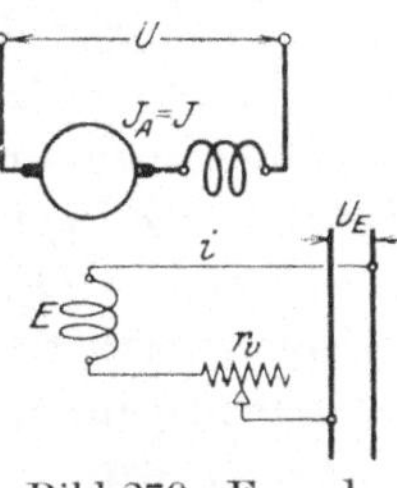

Bild 279. Fremderregung.

Vernachlässigung des remanenten Magnetismus mit i Null und weicht
im gekrümmten Teil der Leerlaufkennlinie $E(i)$ (Bild 280) von dieser
am stärksten ab. Wenn die Bürsten aus der geometrisch neutralen Zone
um den Bogen α, gemessen am Ankerumfang, im Sinne der Funkenunterdrückung verschoben sind, so wirkt die Längsdurchflutung des

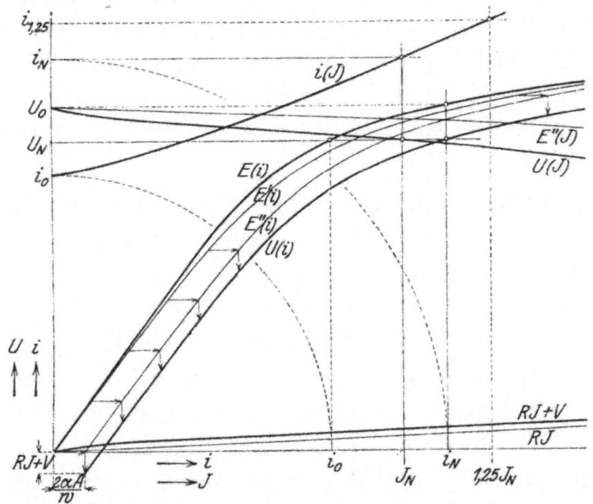

Bild 280. Kennlinien des fremderregten Generators bei konstanter Drehzahl n_N.

Ankers der Feldmagnetdurchflutung entgegen. Wir erhalten die
Belastungskennlinie $E''(i)$, indem wir die Kurve E' um $2\alpha\,A/w$ im
Sinne positiver Abszissen verschieben, worin $w = w_E/p$ die in Reihe
geschaltete Windungszahl zweier Pole der Erregerwicklung und A
der dem Ankerstrom entsprechende Strombelag ist. Aus der EMK

---

[1] Klemmenbezeichnung nach VDE: Anker A — B, Nebenschlußwicklung C—D,
Hauptschlußwicklung E—F, Wendepol- und Kompensationswicklung G—H,
fremderregte Wicklung I—K.

bei Belastung erhalten wir schließlich die Klemmenspannung $U(i)$ der Maschine bei konstantem Ankerstrom J_A, indem wir von der EMK den Ohmschen Spannungsverlust im Ankerzweig abziehen. Dieser setzt sich zusammen aus dem Spannungsverlust in den Wicklungen und Leitungen $RJ_A = RJ$ und der Übergangsspannung unter den Bürsten V. Wir erhalten also bei konstantem Ankerstrom J_A die Klemmenspannung als Funktion des Erregerstromes i, indem wir die Kurve $E'''(i)$ in Bild 280 im Sinne negativer Ordinaten um $RJ + V$ verschieben. Die Kurven $E'(i)$, $E'''(i)$ und $U(i)$ sind in Bild 280 beispielsweise für Nennstrom $J_A = J = J_N$ gezeichnet. Die Nenn-Klemmenspannung ist mit U_N, der Erregerstrom bei Nennleistung mit i_N bezeichnet. U_0 ist die Klemmenspannung bei Leerlauf und Nenn-Erregerstrom i_N; der Erregerstrom bei Leerlauf und Nenn-Klemmenspannung ist mit i_0 bezeichnet.

Tragen wir die für verschiedene Ankerströme J_A bestimmte EMK E'' und die Klemmenspannung U bei Nenn-Erregerstrom i_N als Funktion des Belastungsstromes $J = J_A$ auf, so erhalten wir die in Bild 280 eingezeichneten *Belastungskurven* $E''(J)$ und $U(J)$, die „äußeren" Kennlinien des fremderregten Generators. Mit zunehmender Belastung sinkt bei konstantem Widerstand des Erregerzweiges die induzierte EMK und noch mehr die Klemmenspannung. Der Unterschied zwischen der Klemmenspannung U_0 bei Leerlauf ($J = J_A = 0$, $U_0 = E$) und der induzierten EMK E'' stellt den Spannungsverlust durch Ankerrückwirkung dar.

Wenn die Bürsten in der geometrisch neutralen Zone stehen (Wendepolmaschinen), wird die Ankerrückwirkung nur durch die Quermagnetisierung verursacht, es ist dann $E'' = E'$. Besitzt die Maschine auch eine Kompensationswicklung, so verschwindet die Ankerrückwirkung; es ist dann $E'' = E$ und als Spannungsverlust bleibt nur $RJ + V$ übrig.

Um die Klemmenspannung U konstant zu halten, muß bei Belastung die Feldmagneterregung verstärkt, der Vorschaltwiderstand r_v also verringert werden. Aus den Kurven $U(i)$ für verschiedene Ankerströme $J_A = J$ können wir die einander zugehörigen Werte von J und i bei Nenn-Klemmenspannung, $U = U_N$, ablesen. Wir erhalten die „*Regulierkurve*" $i(J)$ der Maschine, die ebenfalls in Bild 280 dargestellt ist. Sie ist für die Bemessung des Regelwiderstandes r_v maßgebend.

Fremderregte Maschinen sind ohne weiteres geeignet, auf ein Netz mit konstanter Klemmenspannung parallel zu arbeiten, wenn sie mit konstanter Drehzahl angetrieben werden. Die Belastung der parallel arbeitenden Maschinen läßt sich durch den Erregerstrom i einstellen. [s. I, III D 1 a].

2. Nebenschlußmaschine. Die verbreitetste Gleichstrommaschine ist die Nebenschlußmaschine. Die Erregerwicklung E (Bild 281) liegt hier mit dem zur Änderung des Erregerstromes in Reihe geschalteten Vorschaltwiderstand r_v parallel zum Ankerzweig.

Der Nebenschlußgenerator erregt seinen Induktionsfluß selbst nach dem dynamoelektrischen Prinzip von WERNER VON SIEMENS. Im unerregten Feldmagneten besteht in der Regel noch ein gewisser Betrag von remanentem Magnetismus. Beim Antrieb der Nebenschlußmaschine induziert dieser Fluß im Stromkreis Ankerwicklung—Feldmagnetwicklung einen Strom. Dieser Strom erregt ein Magnetfeld, das je nach dem Anschlußsinn der Magnetwicklung im Sinne des remanenten Magnetismus oder ihm entgegenwirkt. Im letzten Falle wird der remanente Magnetismus geschwächt, so daß sich die Maschine nicht erregen kann. Vertauschen wir dann die Enden der Magnetwicklung, so unterstützt das erregte Feld den remanenten Magnetismus und der im Stromkreis (Ankerwicklung—Feldmagnetwicklung) induzierte Strom wächst. Durch die gegenseitige Beeinflussung würde Fluß und Strom ins Ungemessene anwachsen, wenn der Induktionsfluß proportional der Durchflutung wäre (geradlinige Leerlaufkennlinie). Da

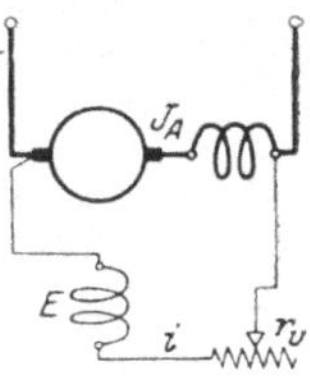

Bild 281.
Nebenschluß-
maschine.

aber die Kennlinie gekrümmt ist, wachsen Fluß und Strom immer langsamer, bis sich ein stationärer Zustand einstellt. Dieser Zustand ist bei Leerlauf durch die Gleichung

$$(R + r)\,i + V_i = E_0''(i) \approx E(i). \tag{331a}$$

gegeben. Darin ist R der Widerstand des Ankerzweigs, r der des Nebenschlußzweigs zwischen den Klemmen der Maschine, i der Strom in der Erregerwicklung, V_i die Bürstenübergangsspannung beim Ankerstrom $J_A = i$ und $E_0''(i)$ die in der mit dem Strom i belasteten Ankerwicklung induzierte EMK.

Aus Gl. 331a folgt

$$r\,i = E_0''(i) - (R\,i + V_i) = U_0(i), \tag{331}$$

worin $U_0(i)$ die Leerlaufkennlinie der Nebenschlußmaschine ist, die unmittelbar gemessen werden kann. $U_0(i)$ weicht nur wenige Tausendstel von der durch Fremderregung erhaltenen Kurve $E(i)$ ab.

In Bild 282 ist eine Leerlaufkennlinie $U_0(i)$ der Nebenschlußmaschine dargestellt, wobei der Deutlichkeit wegen der remanente Magnetismus übertrieben groß angenommen ist. Die Schnittpunkte a, b, c, d der Leerlaufkennlinie mit den über i und $-i$ aufgetragenen Geraden $r\,i$ und $-r\,i$, den *Widerstandsgeraden*, stellen die möglichen Gleichgewichtszustände bei Leerlauf dar, die die Maschine bei dem Widerstand r des Erregerzweiges (zwischen den Maschinenklemmen) annehmen kann. Bei richtig angeschlossener Erregerwicklung (Quadrant I in Bild 282) induziert der remanente Magnetismus einen Erregerstrom, dessen Fluß den remanenten Magnetismus unterstützt. Die

Maschine erregt sich bis zum Schnittpunkt a der Geraden ri und der Leerlaufkennlinie $U_0(i)$. Während des Erregervorgangs ist die Differenz $U_0 - ri$ gleich der durch Änderung des Erregerstromes in den Wicklungen induzierten EMK der Ruhe, die im stationären Zustand Null ist. Der Schnittpunkt a entspricht einem stabilen Gleichgewichtszustand, weil mit i sich U_0 langsamer als ri ändert. Wenn die Erregerwicklung so angeschlossen ist, daß der vom remanenten Magnetismus induzierte Erregerstrom jenen schwächt, so stellt der Schnittpunkt b im Quadranten II zwischen $-ri$ und $U_0(i)$ den Gleichgewichtszustand dar.

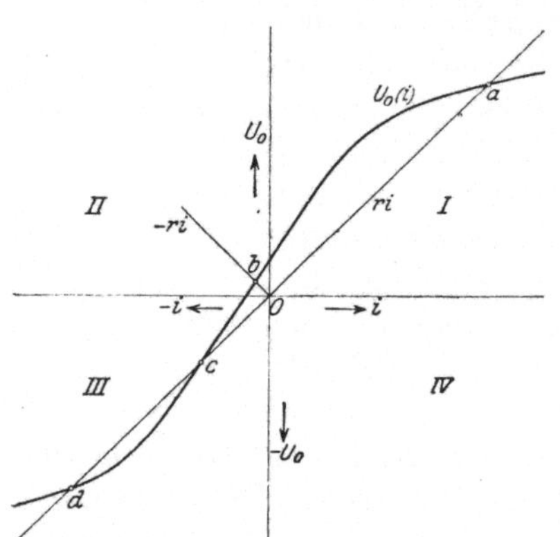

Bild 282. Schnittpunkte der Widerstandsgeraden ri mit der Leerlaufkennlinie $U_0(i)$.

Dieser ist wieder stabil, weil U_0 bei sinkendem $-i$ anwächst und umgekehrt. Schließlich erhalten wir noch im Quadranten III die Schnittpunkte c und d zwischen ri und U_0. Auf diesem Ast der Leerlaufkennlinie erregt sich aber die Maschine nicht von selbst, sondern nur dann, wenn die Maschine durch äußere Einwirkung bis zum Punkte c oder darüber hinaus magnetisiert wird. Die Maschine erregt sich dann bis zum Punkte d, der einem stabilen Gleichgewichtszustand entspricht, während Punkt c labil ist.

Auf den Ast der Kennlinie im Quadranten III kann die Klemmenspannung beim Entregen einer Maschine „umkippen", wenn die Bürsten ungenau eingestellt sind und der äußere Widerstand Induktivität aufweist. Die *Maschine polt sich dann um.* Durch einige flußverstärkende mit der Ankerwicklung in Reihe geschaltete Windungen auf den Hauptpolen läßt sich das Umpolen verhindern.

In Bild 283 sind unter Vernachlässigung des gewöhnlich nur schwachen remanenten Magnetismus die Geraden ri für verschiedene Widerstände r und ihre Schnittpunkte mit der Leerlaufkennlinie im ersten Quadranten, der für den stationären Betrieb in Frage kommt, dargestellt. Es ergibt sich für solche Widerstände r, die größer sind als die Neigung der Tangente vom Koordinatenanfangspunkt an die Leerlaufkennlinie, überhaupt kein Schnittpunkt. Auf dem unteren geradlinigen Teil der magnetischen Kennlinie kann die Maschine, wenn der remanente Magnetismus nicht künstlich vergrößert wird, etwa durch Einfügen permanenter Magnete (Oerstit-Platten) in den magnetischen Kreis, nicht stabil arbeiten; denn bei einer geringen Zunahme der Drehzahl oder Abnahme des Widerstandes r wächst die Spannung bis zur Krümmung der Leerlaufkennlinie; bei einer geringen Abnahme der Drehzahl oder Zunahme von r fällt sie praktisch bis auf Null.

Um den Stabilitätsbereich der Maschine zu vergrößern, kann auch die Leerlaufkennlinie schon in ihrem unteren Teil eine deutliche Krümmung erhalten (Bild 284). Diese Krümmung läßt sich erreichen, wenn kurze Strecken des magnetischen Kreises schon bei schwacher Erregung merklich gesättigt sind, wie z. B. bei a im Polkern nach Bild 285.

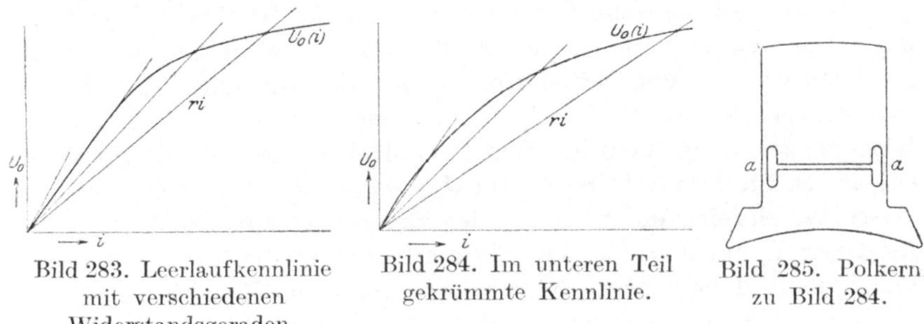

Bild 283. Leerlaufkennlinie mit verschiedenen Widerstandsgeraden.

Bild 284. Im unteren Teil gekrümmte Kennlinie.

Bild 285. Polkern zu Bild 284.

Die *äußeren Kennlinien*, die die Klemmenspannung als Funktion des Belastungsstromes $J = J_A - i$ bei konstantem Widerstand r des Nebenschlußzweiges darstellen, bestimmen wir auf folgende Weise:

In Bild 286 stellt die Kurve $U_0(i)$ die Leerlaufkennlinie dar. Sie wird von der Geraden ri im Punkte a geschnitten. Die Ordinate des

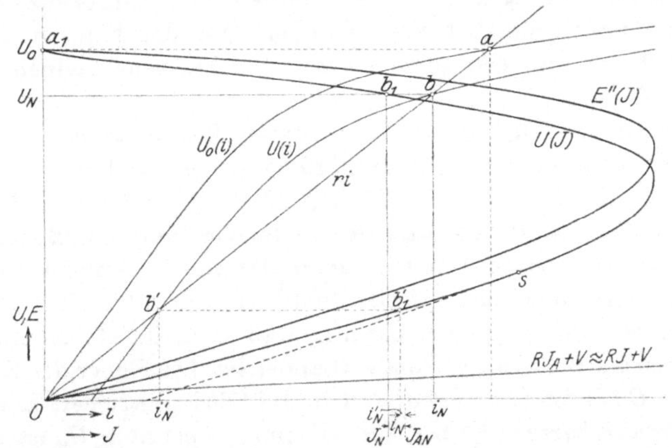

Bild 286. Ermittlung der äußeren Kennlinien $U(J)$ und $E''(J)$.

Punktes a stellt die Leerlaufspannung U_0 beim Widerstand r des Nebenschlußzweiges dar. Die Gerade schneidet die Leerlaufkennlinie außerdem noch im Koordinatenanfangspunkt 0. Klemmenspannung und Erregerstrom sind Null, die Maschine ist kurzgeschlossen und bei Vernachlässigung des remanenten Magnetismus ist auch der äußere Strom Null.

Bei Belastung mit konstantem Ankerstrom J_A ist der Gleichgewichtszustand durch die Gleichung $ri = U(i)$ gegeben, worin $U(i)$

die Klemmenspannung als Funktion des Erregerstromes bei konstantem Ankerstrom J_A darstellt. $U(i)$ bestimmen wir wie bei der fremderregten Maschine aus der EMK bei Leerlauf. In Bild 286 ist eine solche Belastungskennlinie $U(i)$ beispielsweise für den Nenn-Ankerstrom J_{AN}, dargestellt. Sie wird von der Geraden $r\,i$, wobei r beispielsweise so gewählt ist, daß bei Nenn-Klemmenspannung U_N der Nenn-Ankerstrom $J_{AN} = J_N + i_N$ auftritt, in den Punkten b und b' geschnitten. Subtrahieren wir von dem Ankerstrom J_A den Erregerstrom i, so erhalten wir den äußeren Strom $J = J_A - i$. Da der Schnittpunkt b der Nenn-Klemmenspannung entspricht und $U(i)$ für Ankernennstrom gezeichnet ist, so ist für Punkt b der Strom $J_{AN} - i_N = J_N$ der Nennstrom der Maschine. Bezeichnen wir mit i'_N den Erregerstrom für Punkt b', so ist für diesen Punkt $J = J_{AN} - i'_N$. Wir erhalten so die beiden Punkte b_1 und b'_1 in Bild 286, die die Klemmenspannung für die äußeren Ströme $J_{AN} - i_N$ und $J_{AN} - i'_N$ (im andern Abszissenmaßstab wie i) darstellen. Führen wir diese Konstruktion für verschiedene Ankerströme aus, so erhalten wir die Kurve $U(J)$ der *Klemmenspannung U als Funktion des Belastungsstromes $J = J_A - i$*. Sie hat zwei Äste und wird bei allmählicher Verringerung des Widerstands im äußeren Kreis von a_1 über b_1 und b'_1 nach 0 durchlaufen.

Addieren wir zur Klemmenspannung den Ohmschen Spannungsverlust im Ankerzweig $R\,J_A + V$, so erhalten wir die induzierte EMK E''. Praktische Bedeutung hat nur der obere Ast der Kurven $U(J)$ und $E''(J)$; auf den unteren gelangen wir nur bei sehr kleinem äußeren Widerstand.

Bei Vernachlässigung des remanenten Magnetismus ist also die Nebenschlußmaschine im Kurzschluß stromlos, während die fremderregte Maschine bei Kurzschluß den größten Strom hergibt. Daraus ist jedoch nicht zu schließen, daß der plötzliche Kurzschluß der Nebenschlußmaschine unschädlich sei; denn das im Augenblick des Kurzschlusses vorhandene magnetische Feld kann nur allmählich abklingen. Der remanente Magnetismus bewirkt, daß auch im stationären Kurzschluß noch ein Belastungsstrom vorhanden ist. Die Kurve der Klemmenspannung $U(J)$ ist für diesen Fall in Bild 286 gestrichelt angedeutet.

Die *Regulierkurve* $i(J_A)$ bei Nenn-Klemmenspannung U_N ist identisch mit der Regulierkurve des fremderregten Generators, die wir in Bild 280 dargestellt haben. Da beim Nebenschlußgenerator $J = J_A - i$ und i immer klein gegenüber J_A ist, so ist für den Nebenschlußgenerator
$$i(J) \approx i(J_A).$$
Der Parallelbetrieb von Nebenschlußgeneratoren am Netz mit konstanter Spannung unterscheidet sich nicht von dem der fremderregten Generatoren. [s. I, II D 2 a].

3. Reihenschlußmaschine. Wenn Erregerwicklung und Ankerkreis in Reihe geschaltet werden, erhalten wir die Reihenschlußmaschine oder

Hauptschlußmaschine (Bild 287). Da hier der Betriebsstrom durch die Erregerwicklung fließt, muß ihre Windungszahl gegenüber der Nebenschlußmaschine im Verhältnis i/J verringert werden, um dieselbe Feldmagnetdurchflutung zu erhalten. Die Windungszahl der Erregerwicklung der Reihenschlußmaschine beträgt also unter sonst gleichen Verhältnissen nur einige Hundertstel der der Nebenschlußmaschine.

Ähnlich wie der Nebenschlußgenerator erregt auch der Reihenschlußgenerator sein Magnetfeld selbst, wenn der Ankerkreis über einen genügend kleinen äußeren Widerstand geschlossen wird und die Erregerwicklung so geschaltet ist, daß der durch sie fließende Strom einen im Sinne des remanenten Magnetismus wirkenden Fluß erregt.

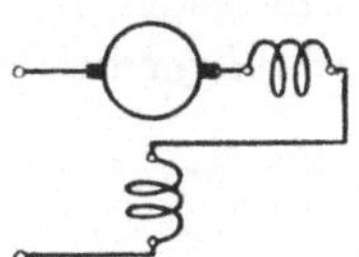

Bild 287. Reihenschlußmaschine.

Die *Leerlaufkennlinie* $E(J)$ ist wie bei der fremderregten Maschine zu berechnen; experimentell kann sie nur bei Fremderregung aufgenommen werden, da die Erregerwicklung bei Leerlauf stromlos ist.

Die in der Ankerwicklung bei Belastung induzierte EMK läßt sich aus der Leerlaufkennlinie in derselben Weise bestimmen, wie wir es in (*1*) für die Maschine mit Fremderregung gezeigt haben. Es ist nur zu beachten, daß bei der Reihenschlußmaschine jedem Punkte der Leerlaufkennlinie ein ganz bestimmter Belastungsstrom entspricht, da Erregerwicklung und Ankerwicklung in Reihe geschaltet sind und von demselben Strom, nämlich dem Belastungsstrom J, durchflossen werden.

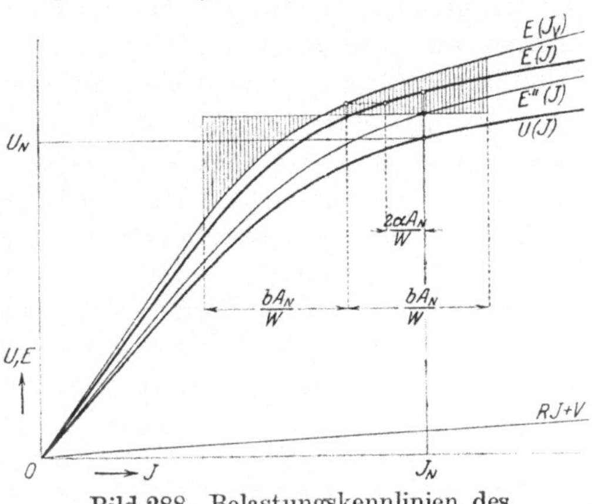

Bild 288. Belastungskennlinien des Reihenschlußgenerators.

In Bild 288 ist für den Nenn-Belastungsstrom J_N die Konstruktion der *Belastungskennlinie* angedeutet, wobei angenommen ist, daß die Bürsten im Sinne der Funkenunterdrückung bei wendepollosen Maschinen um den Bogen α, gemessen am Ankerumfang, aus der geometrisch neutralen Zone verschoben sind. Außer der Leerlaufkennlinie $E(J)$ ist noch die Kurve $E(J_V)$ aufgezeichnet, die der Kurve $E(2V_V)$ in Bild 265 entspricht. Es ist $J_V = 2V_V/W = 2V_V J/\Theta$, worin V_V die magnetische Verteilungsspannung (*B 2*), W die Zahl der in Reihe geschalteten Windungen zweier Pole und $\Theta = WJ$ die Durchflutung eines magnetischen Kreises der Erregerwicklung ist.

Reihenschlußgeneratoren sind nicht ohne weiteres geeignet, parallel auf ein gemeinsames Netz zu arbeiten. Die Vergrößerung des Stromes in einem der Generatoren, z. B. durch Zunahme der Drehzahl der Antriebsmaschine, hat eine Erhöhung der induzierten EMK zur Folge, die den Strom und damit die EMK dieser Maschine noch weiter anwachsen läßt. Die andern Maschinen werden dadurch entlastet und laufen schließlich als Motor. Schaltet man jedoch bei zwei gleichen Reihenschlußgeneratoren die Ankerwicklung der einen Maschine mit der

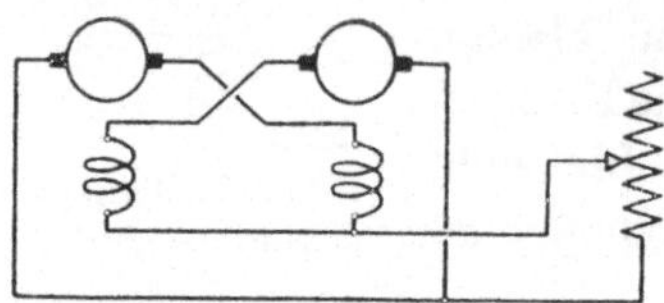

Bild 289. Kreuzschaltung zur Widerstandsbremsung.

Erregerwicklung der andern in Reihe und umgekehrt (vgl. Bild 289), so bewirkt eine Zunahme des Ankerstromes der einen Maschine auch eine Zunahme des Stromes der andern; der Parallelbetrieb ist dann stabil. Diese sog. „*Kreuzschaltung*" findet bei der Widerstandsbremsung von Fahrzeugen, die gewöhnlich mit zwei Motoren ausgerüstet sind, Anwendung; die Bremsenergie wird hierbei in Wirkwiderständen vernichtet. Der Reihenschlußgenerator hat keine große praktische Bedeutung. [s. I, III D 3 a].

4. Doppelschlußmaschine. Eine Gleichstrommaschine, die sowohl eine Nebenschluß- als auch eine Hauptschluß-Erregerwicklung trägt, bezeichnet man als Doppelschlußmaschine oder auch *Kompoundmaschine*. Der Nebenschlußzweig kann dabei entweder an den Klemmen der Maschine oder an den Klemmen der Ankerwicklung mit der in Reihe geschalteten Wendepolwicklung liegen. Beide Schaltungen zeigen im wesentlichen dasselbe Verhalten. Die erste Schaltung wird gewöhnlich bevorzugt (Bild 290).

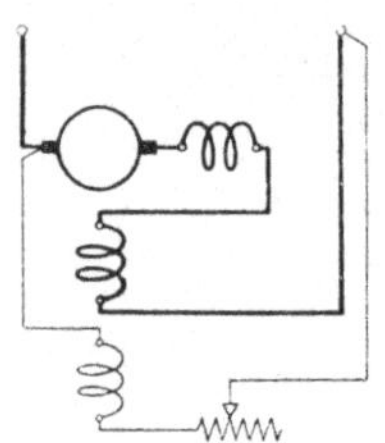

Bild 290. Doppelschlußmaschine.

Je nach dem Schaltsinn der Hauptschlußwicklung kann die Durchflutung dieser Wicklung die der Nebenschlußwicklung unterstützen oder ihr entgegenwirken. Im ersten Fall sinkt bei Belastung die Klemmenspannung weniger als bei der Nebenschlußmaschine, bleibt im wesentlichen konstant oder wächst mit der Belastung; man spricht von Unterkompoundierung, Kompoundierung oder Überkompoundierung. Im andern Falle sinkt die Klemmenspannung schneller als bei der Nebenschlußmaschine; man spricht von Gegenkompoundierung. Praktisch kommt gewöhnlich nur die Kompoundierung und die Überkompoundierung in Frage. Bei der Überkompoundierung soll die mit der Belastung wachsende Klemmenspannung den Spannungsverlust im Netz noch decken.

Die *Klemmenspannung* der Doppelschlußmaschine bestimmen wir auf folgende Weise. In Bild 291 stellt die Kurve $E(i)$ die in der Ankerwicklung bei Leerlauf und Nenndrehzahl induzierte EMK als Funktion des Stromes i in der Nebenschlußwicklung dar, wenn diese von einer besonderen Stromquelle gespeist wird (Fremderregung). $E'(i)$ ist die induzierte EMK bei Stellung der Bürsten in der geometrisch neutralen Zone und Fremderregung (ohne Hauptschlußwicklung), beispielsweise für Nenn-Ankerstrom. Bei Belastung wird die Längsdurchflutung der Maschine um $WJ_A - 2\alpha A$ erhöht, wenn WJ_A die Durchflutung der Hauptschlußwicklung eines magnetischen Kreises ist, die die Durchflutung wi der Nebenschlußwicklung unterstützt, und $2\alpha A$ die etwa

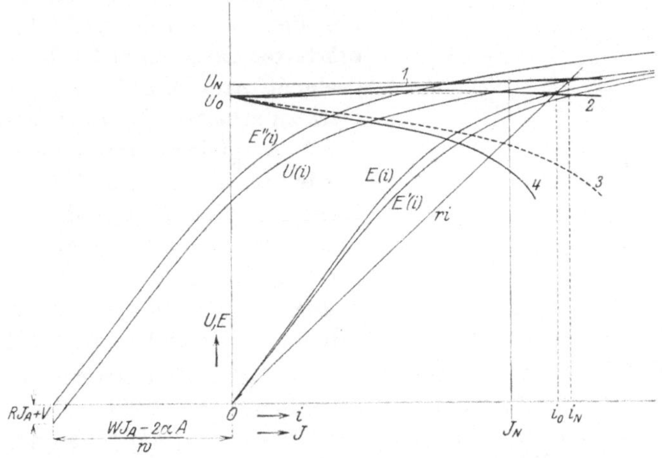

Bild 291. Ermittlung der äußeren Kennlinien des Doppelschlußgenerators.

vorhandene Gegendurchflutung der Ankerwicklung ist. Bei Gegenkompoundierung ist WJ_A negativ. Bei Stellung der Bürsten in der geometrisch neutralen Zone ist $2\alpha A$ gleich Null. Wir erhalten die Belastungskennlinie $E''(i)$ der kompoundierten Maschine, indem wir die Kurve $E'(i)$ im Sinne negativer Abszissen um $(WJ_A - 2\alpha A)/w$, und die Klemmenspannung $U(i)$, indem wir die Kurve $E''(i)$ im Sinne negativer Ordinaten um den Ohmschen Spannungsverlust im Ankerkreis $RJ_A + V$ verschieben. Für einen bestimmten Widerstand r des Nebenschlußzweiges gibt dann der Schnitt der Geraden ri mit der Kurve $U(i)$ die Klemmenspannung bei Belastung mit dem Ankerstrom J_A und dem Widerstand r an. Da in Bild 291 $U(i)$ für Nenn-Ankerstrom $J_A = J_{AN}$ gezeichnet ist, stellt der Schnittpunkt die Nenn-Klemmenspannung U_N der Doppelschlußmaschine dar, die bei der angenommenen Durchflutung WJ_A der Hauptschlußwicklung größer als die Leerlaufklemmenspannung U_0 ist. Führen wir diese Konstruktion für verschiedene Ankerströme aus und tragen die Klemmenspannung U als Funktion des Belastungsstromes $J = J_A - i$ auf, so erhalten wir die in Bild 291 mit 1 bezeichnete Kurve $U(J)$ der überkompoundierten Maschine.

Verringern wir die Windungszahl der Hauptschlußwicklung, so erhalten wir zunächst Kurve 2, die den Fall der Kompoundierung darstellt; die Klemmenspannung beim Nenn-Belastungsstrom J_N ist hier gleich der Klemmenspannung U_0 bei Leerlauf. Kurve 3 gilt für $W = 0$, stellt also den Fall der Nebenschlußmaschine dar. Für Kurve 4 ist Gegenkompoundierung angenommen ($W J_A$ negativ).

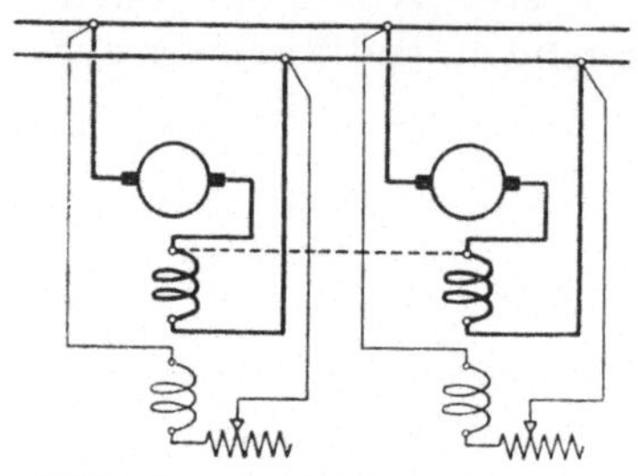

Bild 292. Ausgleichsverbindung bei parallel arbeitenden Maschinen.

Kompoundierte Generatoren sind aus den beim Reihenschlußgenerator erörterten Gründen nicht ohne weiteres geeignet, parallel auf ein gemeinsames Netz zu arbeiten. Bewirkt man jedoch durch Ausgleichsverbindungen (gestrichelte Linie in Bild 292), die die Hauptschlußwicklungen der Maschinen unmittelbar parallel schalten, daß die Stromänderung in je einem der Anker sich auf alle Hauptschlußwicklungen verteilt, so ist auch bei kompoundierten Generatoren ein Parallelbetrieb möglich. [s. I, III D 4 a].

5. Maschinen für konstanten Strom. Für viele Zwecke ist es erwünscht, daß die Maschine im wesentlichen konstanten Strom liefert, entweder bei konstanter Drehzahl und in weiten Grenzen veränderlichem Widerstand des Belastungskreises (Maschinen zur Speisung von Scheinwerfern und zum elektrischen Schweißen) oder bei veränderlicher Drehzahl und im wesentlichen konstantem äußern Widerstand (Zugbeleuchtungsmaschinen). Auf zwei einfache Beispiele wollen wir uns beschränken.

Die KRAEMERsche Maschine gibt im wesentlichen konstanten Strom bei konstanter Drehzahl

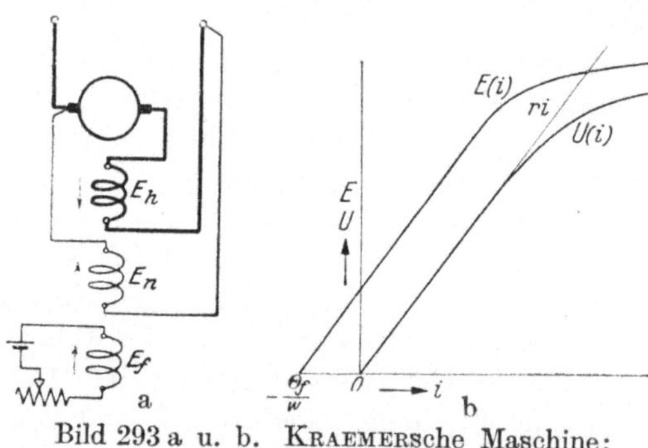

Bild 293 a u. b. KRAEMERsche Maschine; a Schaltung, b Kennlinien.

und veränderlichem äußern Widerstand. Der Feldmagnet trägt drei Wicklungen (Bild 293a), eine Nebenschlußwicklung E_n, eine fremderregte Wicklung E_f und eine Hauptschlußwicklung E_h. Die Durchflutungen der Wicklungen E_n und E_f wirken im gleichen Sinne, die der Wicklung E_h wirkt ihnen entgegen. In Bild 293b ist die Leerlaufkennlinie $E(i)$, die hier in weitem Bereich geradlinig verlaufen soll, als Funktion des Stromes i in der Nebenschlußwicklung dargestellt; Θ_f ist die Durchflutung der fremderregten Wicklung E_f und w die

Windungszahl 'der Nebenschlußwicklung. Die Kurve $U(i)$ stellt die Klemmenspannung bei konstantem Ankerstrom (z. B. Schweißstrom) dar; sie geht bei $i = 0$ (Kurzschluß) durch den Koordinatenanfangspunkt. Der Widerstand r des Nebenschlußzweiges ist so bemessen, daß die Gerade ri mit dem geradlinigen Teil von $U(i)$ zusammenfällt. Innerhalb des geradlinigen Teils von $U(i)$ bleibt dann bei veränderlichem äußern Widerstand der Ankerstrom und damit im wesentlichen auch der Belastungsstrom konstant, während die Klemmenspannung proportional dem äußern Widerstand (z. B. Länge des Lichtbogens) wächst. Oberhalb des geradlinigen Teils von $U(i)$ muß der Strom im äußern Zweig sinken; bei offenem Belastungszweig ist die Klemmenspannung der Maschine durch den Schnittpunkt der Widerstandsgeraden ri mit der Leerlaufkennlinie $E(i)$ gegeben. Die Größe des Belastungsstromes läßt sich durch die Durchflutung der Fremderregung einstellen.

Die ROSENBERGsche Maschine findet hauptsächlich für Zugbeleuchtung Verwendung, wo die Maschine von den Laufrädern des Fahrzeugs angetrieben wird und bei veränderlicher Drehzahl und konstantem Widerstand im Belastungszweig im wesentlichen konstanten Strom bei konstanter Spannung liefern soll. Die Schaltung der Maschine ist in Bild 294 dargestellt. Die Maschine hat zwei Bürstensätze. Die Bürsten b, b des einen Satzes liegen in den Pollücken, die des andern B, B unter den Polmitten. Die Bürsten B, B sind auf

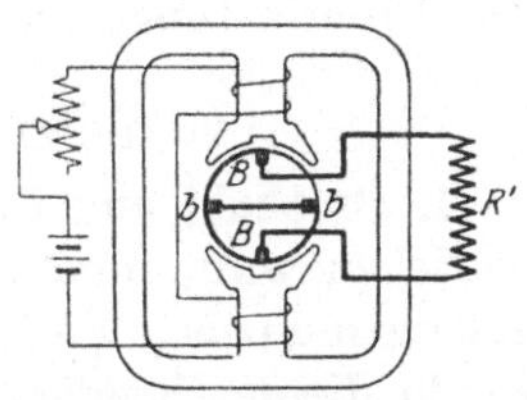

Bild 294. ROSENBERGsche Querfeldmaschine.

den äußern Belastungskreis mit dem Widerstand R' geschaltet, die Bürsten b, b sind kurzgeschlossen; die Feldmagnetwicklung wird von einer Akkumulatorenbatterie mit konstantem Strom gespeist.

Die Durchflutung der Feldmagnetwicklung und des durch die Bürsten B, B der Ankerwicklung fließenden Belastungsstromes J wirken einander entgegen; ihre Resultierende erregt den Längsfluß Φ_l. Durch Bewegung im Längsfeld wird der Strom J_q zwischen den Bürsten b, b induziert, der einen Querfluß Φ_q erregt, welcher sich über das Eisen der Polschuhe schließt und den Belastungsstrom J induziert. Durch die starke Rückwirkung dieses Belastungsstromes auf die Feldmagnetdurchflutung wird eine wesentliche Zunahme des Belastungsstromes mit wachsender Drehzahl verhindert.

Bezeichnet Θ die unveränderliche Durchflutung der Feldmagnetwicklung, W die wirksame Windungszahl der Ankerwicklung für einen magnetischen Kreis, Λ_l den magnetischen Leitwert des Längsflusses, Λ_q den des Querflusses, R den Ohmschen Widerstand des Ankers, R' den des äußern Zweiges, so ist der Strom in diesem Zweige

$$J = \frac{c\,\Theta\,n^2}{c\,W\,n^2 + (R + R')\,R} \quad \text{mit} \quad c = \Lambda_l\,\Lambda_q\,W \cdot \left(\frac{z\,p}{a}\right)^2. \quad (332\text{a u. b})$$

Mit wachsender Drehzahl strebt der Strom dem Grenzwert Θ/W zu und bleibt um so weniger unter diesem Grenzwert, je kleiner $(R+R')R$ gegenüber cWn^2 ist. Von einer gewissen Drehzahl ab wird deshalb der Belastungsstrom nur wenig mit der Drehzahl wachsen (Bild 295).

Bei der Zugbeleuchtung wird parallel zu den Bürsten B, B eine Akkumulatorbatterie geschaltet, von der dann auch die Feldmagnet-

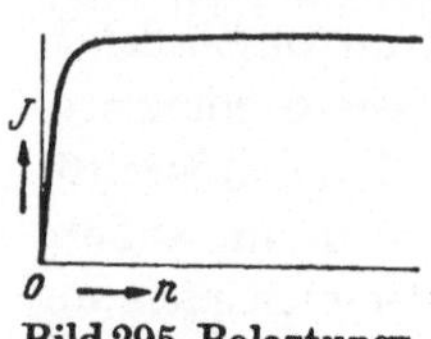

Bild 295. Belastungs-
strom J über
Drehzahl n.

wicklung gespeist wird. Wenn im Betrieb die Drehzahl so weit sinkt, daß die Klemmenspannung der Maschine gleich der Batteriespannung ist, wird der Ankerkreis selbsttätig unterbrochen, und die Batterie übernimmt allein die Speisung des Belastungskreises.

Bei Änderung der Drehrichtung ändert sich die Polarität der Bürsten b, b und damit die Richtung des Querfeldes. Da sich gleichzeitig auch die Drehrichtung ändert, ist die Stromrichtung im Belastungskreise unabhängig von der Drehrichtung. [s. I, III D 5].

F. Betriebseigenschaften der Motoren.

1. Drehzahl und Drehmoment. Wenn die Maschine als Motor be-betrieben wird, nimmt der Ankerzweig aus dem Netz Strom auf, so daß die induzierte EMK immer kleiner als die Netzspannung ist. Führen wir in diesem Sonderfalle alle Größen positiv ein, so ist

$$E'' = U - (RJ_A + V).\tag{333a}$$

Drehzahl (n) und induzierte EMK der Maschine sind nach Gl. 104 durch die Beziehung

$$E'' = z\,\frac{p}{a}\,n\,\Phi''_W = \frac{z}{2\pi}\,\frac{p}{a}\,\Omega\,\Phi''_W\tag{333b}$$

miteinander verknüpft, worin Φ''_W der mit der kurzgeschlossenen Anker-spule bei Belastung verkettete Windungsfluß ist. Wir erhalten aus Gl. 333 a u. b die Drehzahl zu

$$n = \frac{U - (RJ_A + V)}{\Phi''_W\,z\,p/a} = \frac{U - (RJ_A + V)}{E''_{n_N}}\,n_N,\tag{333}$$

worin E''_{n_N} die bei Nenndrehzahl n_N und dem Ankerstrom J_A induzierte EMK ist. E''_{n_N} kann, wie in $(E\,1)$ erläutert, aus der Leerlaufkennlinie $E_{n_N}(i)$, in Bild 280 mit $E(i)$ bezeichnet, ermittelt werden.

Wenn die Bürsten in der geometrisch neutralen Zone stehen und die Maschine mit einer Kompensationswicklung ausgerüstet ist, ist bei unveränderlicher Feldmagneterregung der Fluß Φ''_W unabhängig vom Ankerstrom J_A und gleich dem Fluß Φ_W bei Leerlauf. Die Drehzahl ist dann proportional $U - (RJ_A + V)$ und sinkt mit Belastung nur wenig, wenn im Ankerkreis kein Vorschaltwiderstand liegt, da dann

$R J_A + V$ gewöhnlich nur einige Hundertstel der Netzspannung U beträgt. Bei der kompensierten Maschine, aber nur bei dieser, ändert sich also beim Motorbetrieb mit konstanter Netzspannung die Drehzahl mit dem Ankerstrom in genau derselben Weise, wie beim Generator mit konstanter Drehzahl die Klemmenspannung mit dem Ankerstrom.

Für das Drehmoment des Gleichstrommotors können wir nach Gl. 333b schreiben:

$$M = \frac{E'' J_A}{2 \pi n} = \frac{E'' J_A}{\Omega} = \frac{z}{2 \pi}\, \frac{p}{a}\, J_A\, \Phi_W'' = \frac{J_A}{2 \pi} \cdot \frac{E'_{n_N}}{n_N}. \qquad (334)$$

Die Gleichungen gelten für alle Gleichstrommotoren.

2. Fremderregter Motor. Bei konstantem Induktionsfluß Φ_W'' ist das Drehmoment nur proportional dem Ankerstrom J_A, so daß sich beim Motor mit Kompensationswicklung die Drehzahl auch mit dem Drehmoment in derselben Weise ändert wie beim Generator die Klemmen-

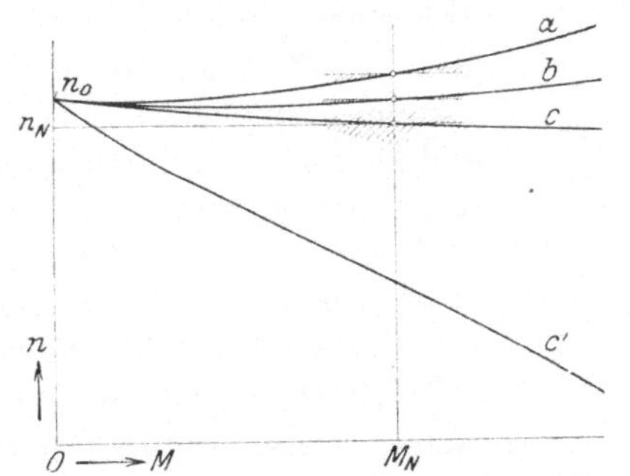

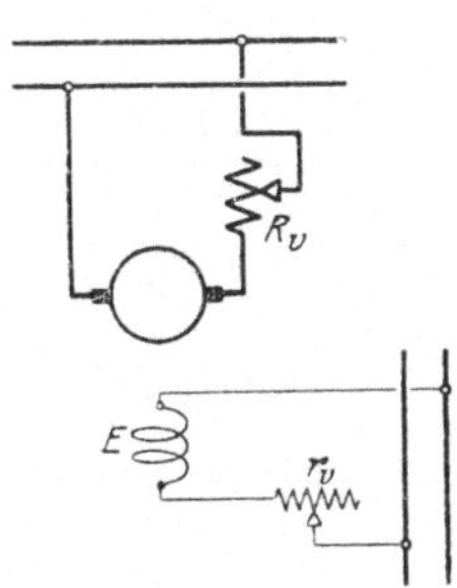

Bild 296. Drehzahl n über Drehmoment M; fremderregte oder Nebenschlußmaschine; c' mit Vorschaltwiderstand im Ankerzweig.

Bild 297. Anlaßschaltung.

spannung mit dem Anker- oder Belastungsstrom. Bei einem Motor ohne Kompensationswicklung wird bei Belastung der Induktionsfluß etwas geschwächt, und zwar, wenn die Bürsten in der geometrisch neutralen Zone stehen (Wendepole), allein durch die Feldverzerrung unter dem Polschuh, und wenn sie im Sinne der Funkenunterdrückung aus der geometrisch neutralen Zone verschoben sind, auch durch die Gegendurchflutung der Ankerwicklung. Durch die Schwächung des Induktionsflusses wird nach Gl. 333 die Drehzahl erhöht. Je nachdem nun dieser Einfluß oder der des Ohmschen Spannungsverlustes überwiegt, steigt (Kurve a in Bild 296) oder fällt (Kurve c) die Drehzahl mit der Belastung.

Die Gebiete, in denen die Äste der Kurve des Belastungsmoments M_b in der Nähe des Schnittpunktes mit dem entwickelten Moment liegen müssen, damit der Betrieb stabil ist, sind in Bild 296 für Nenndrehmoment M_N schraffiert (vgl. *I C 5*). Wenn die Drehzahl des Motors mit dem Drehmoment (Kurve a u. b in Bild 296) wächst, ist der stabile

Bereich gewöhnlich außerordentlich klein und in den meisten praktischen
Fällen ein stabiler Betrieb nicht möglich. Er läßt sich aber immer durch
hinreichende Vergrößerung des Ankerkreiswiderstandes erreichen oder
durch Anordnen einiger vom Ankerstrom durchflossener Feldmagnet-
windungen, die den Induktionsfluß mit zunehmender Belastung verstärken.

Zum *Anlassen* des fremderregten Motors muß im allgemeinen in den
Ankerkreis ein Vorschaltwiderstand (R_v in Bild 297) geschaltet werden,
der mit zunehmender Drehzahl verringert wird; denn bei Stillstand
wird in der Ankerwicklung noch keine EMK induziert, so daß der Strom
im Anker ohne Anlaßwiderstand meist unzulässig hoch werden würde.

Aus Gl. 333 für die Drehzahl erkennen wir, auf welche Weise die
Drehzahl des Motors *geregelt* werden kann.

Der nächstliegende Weg ist die *Änderung der Klemmenspannung U*.
Je größer U, desto größer ist die Drehzahl, und da gewöhnlich der
Spannungsverlust $R J_A + V$ im
Ankerkreis sehr klein ist gegen-
über der Klemmenspannung, so
besteht annähernd Proportio-
nalität zwischen Drehzahl und
Klemmenspannung.

Wenn ein besonderer Gene-
rator zur Speisung des Motors
zur Verfügung steht, läßt sich
die Klemmenspannung in einfacher Weise durch Änderung

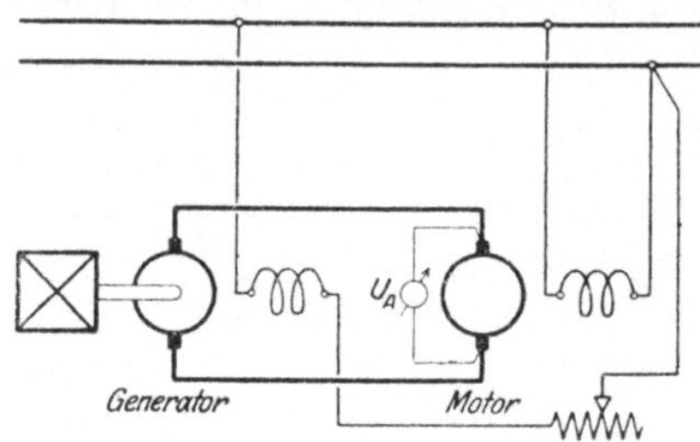

Bild 298. LEONARDsche Schaltung.

der Erregung des Generators nach der LEONARDschen Schaltung in
Bild 298 regeln. Bei konstantem Erregerstrom des Motors und konstanter Drehzahl des Generators wird dann die Leerlaufdrehzahl des
Motors eindeutig durch den Erregerstrom des Generators bestimmt und
ist proportional der Ankerspannung U_A des Motors. Die Motordrehzahl
ändert sich mit der Belastung nur wenig.

In den meisten Fällen liegt aber der Ankerkreis des Motors an
einem Netz mit konstanter Spannung. Die Ankerspannung des Motors
läßt sich in diesem Falle durch einen *Vorschaltwiderstand im Ankerkreis* (R_v in Bild 297) ändern. Diese Regelung ist aber sehr unwirtschaftlich, besonders wenn sie in weiten Grenzen erfolgen soll.
Bei halber Nenndrehzahl wird z. B. im Vorschaltwiderstand eine Leistung
in Wärme umgesetzt, die gleich der mechanischen Leistung ist. Hierzu
kommen noch die Verluste im Motor selbst.

Wenn der Vorschaltwiderstand mit der Belastung nicht geändert
wird, sinkt nach Gl. 333 die Drehzahl mit der Belastung wesentlich
schneller als beim Motor ohne Vorschaltwiderstand, was für viele
Betriebe unerwünscht ist. In Bild 296 stellt z. B. die Kurve c' die

Drehzahl als Funktion des Drehmoments dar, wenn der Vorschaltwiderstand so eingestellt ist, daß bei Nenndrehmoment die halbe Nenndrehzahl auftritt; c ist die Drehzahl beim Motor ohne Vorschaltwiderstand. Da der Spannungsverlust im Vorschaltwiderstand von der Belastung abhängig ist, muß zum Konstanthalten der Drehzahl bei wechselnder Belastung die Größe des Vorschaltwiderstandes in weiten Grenzen geregelt werden können.

Ein wesentlich wirtschaftlicheres Verfahren zur Regelung der Drehzahl ist die *Änderung des Induktionsflusses* Φ''_W, dem nach Gl. 333 die Drehzahl umgekehrt proportional ist, durch den Vorschaltwiderstand r_v im Erregerkreis. Bei dieser Regelung kann zwar der Motor nicht für alle Drehzahlen mit dem Induktionsfluß arbeiten, der dem günstigsten Wirkungsgrad entspricht, doch werden dadurch die Verluste des Motors gewöhnlich nur um Bruchteile der Verluste bei Nennbetrieb größer. Die im Vorschaltwiderstand r_v in Wärme umgesetzte elektrische Arbeit ist gering, da sie nur einem Teil des Verbrauchs der Erregerwicklung entspricht und dieser gewöhnlich nur einige Hundertstel der Maschinenleistung beträgt.

Die Drehzahlregelung durch Flußänderung ist nach unten beschränkt, weil zu diesem Zweck der Induktionsfluß verstärkt werden muß und die Sättigung des Eisens dieser Verstärkung bald eine Grenze setzt. Eine weitere Verringerung der Drehzahl kann dann bei konstanter Netzspannung nur durch Vorschaltwiderstand im Ankerkreis erfolgen. [s. I, III D 1 b].

3. Nebenschlußmotor. Die Drehzahl des Nebenschlußmotors als Funktion des Ankerstromes oder des Drehmoments hat bei konstanter Netzspannung und konstantem Widerstand des Erregerzweiges genau denselben Verlauf wie beim fremderregten Motor, wo der Feldmagnetkreis ebenfalls an konstanter Spannung liegt. Die Drehzahlregelung erfolgt wie beim fremderregten Motor. Um beim Anlassen des Nebenschlußmotors einen möglichst kleinen Anlaufstrom zu erhalten, darf der Anlaßwiderstand nicht

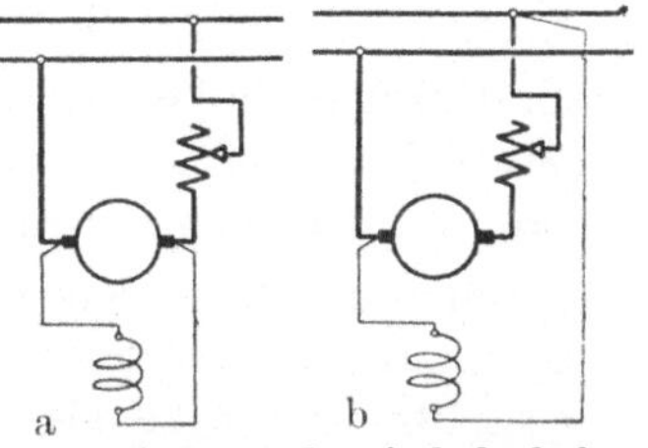

Bild 299 a u. b. Anlaßschaltungen; a ungünstig, b günstig.

vor den ganzen Motor, wie in Bild 299a, sondern muß in den Ankerkreis wie in Bild 299b geschaltet werden. [s. I, III D 2 b].

4. Reihenschlußmotor. Die Drehzahl des Reihenschlußmotors ergibt sich nach Gl. 333, wenn R der Widerstand des Ankerkreises, also einschließlich Erregerwicklung und eines etwa noch vorhandenen Vorschaltwiderstandes ist. Bei Vernachlässigung des Ohmschen Spannungsverlustes im Ankerkreis ist die Drehzahl als Funktion des Induktions-

flusses eine Hyperbel. Wenn der Induktionsfluß im ganzen Betriebsbereich proportional dem Ankerstrom $J_A = J$ wäre, würde auch die
Drehzahl als Funktion des Stromes J eine Hyperbel sein (Kurve 1 in
Bild 300). Da aber nach der magnetischen Kennlinie $\Phi_W''(J)$ in Bild 300
der Induktionsfluß langsamer wächst als der Strom, wird die Drehzahl
mit zunehmendem Strom langsamer sinken als nach einer Hyperbel
(Kurve 2 in Bild 300). Berücksichtigen wir noch den Spannungsverlust
im Ankerkreis, so wird die Drehzahl mit zunehmendem Strom im

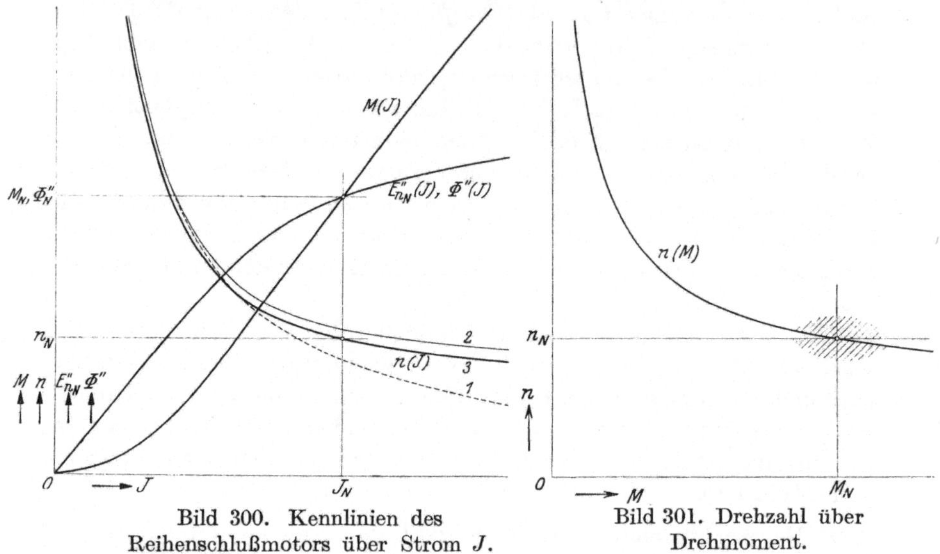

Bild 300. Kennlinien des
Reihenschlußmotors über Strom J.

Bild 301. Drehzahl über
Drehmoment.

Verhältnis $[U - (RJ + V)]/U$ wieder schneller sinken (Kurve 3 in
Bild 300), so daß die Drehzahl als Funktion des Belastungsstromes nicht
wesentlich von einer Hyperbel abweicht. Das Drehmoment M ist
proportional dem Produkt $\Phi_W'' J$ oder $E_{n_N}'' J$ und wird als Funktion des
Stromes durch die Kurve $M(J)$ in Bild 300 dargestellt. Unter Berücksichtigung dieser Kurve erhalten wir schließlich die in Bild 301 dargestellte Drehzahl als Funktion des Drehmoments bei konstanter
Klemmenspannung. Sie hat im wesentlichen auch noch den Verlauf einer
Hyperbel.

Bei theoretischem Leerlauf, d. h. $M = 0$, $J = 0$, $\Phi_W'' = 0$, wird die
Drehzahl nach Gl. 333 unendlich groß. Praktisch nimmt die Drehzahl
nur endliche, aber sehr hohe Werte an, da Lager- und Bürstenreibung,
Lüftungsleistung und Eisenwärme den Motor belasten. Im allgemeinen
ist der Motor in mechanischer Hinsicht nicht den bei Leerlauf auftretenden Drehzahlen gewachsen; deshalb sind im Betrieb Vorkehrungen
zu treffen, um ein Überschreiten der zulässigen größten Drehzahl zu
verhindern.

Für die praktisch gewöhnlich vorkommenden Betriebe ist der Reihenschlußmotor stabil. In Bild 301 sind die Gebiete schraffiert, in denen die beiden Äste der Kurve, die das Belastungsdrehmoment als Funktion der Drehzahl darstellt, liegen müssen, damit sie die Kurve des im Motor entwickelten Drehmoments bei der Nenndrehzahl n_N stabil schneiden.

Auch beim Reihenschlußmotor ist im allgemeinen zum Anlassen ein *Vorschaltwiderstand* erforderlich, der auch zur Geschwindigkeitsregelung dienen kann (R_v in Bild 302). Diese Regelung ist zwar sehr bequem, aber ebenso unwirtschaftlich wie die des fremderregten Motors oder des Nebenschlußmotors durch Widerstand im Ankerkreis. Es findet deshalb zuweilen auch die wirtschaftlichere Rege-

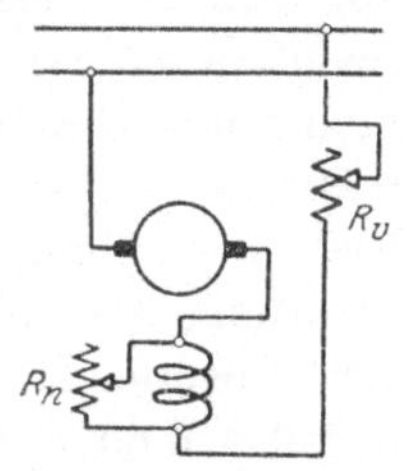

Bild 302. Drehzahlregelung.

lung durch einen parallel zur Erregerwicklung geschalteten *Nebenschlußwiderstand* (R_n in Bild 302) Anwendung, durch den der Erregerstrom geschwächt werden kann. Dieser Nebenschlußwiderstand kann aber, wenn er induktionsfrei ist, die Ursache von Betriebsstörungen werden. So wird z. B. im Bahnbetrieb der Motorstromkreis beim Abschleudern des Stromabnehmers vom Fahrdraht kurzzeitig unterbrochen. Beim Wiedereinschalten des Stromkreises wird dann der Strom wegen der Induktivität der Erregerwicklung zunächst fast vollständig über den Nebenschlußwiderstand gedrängt; der Erregerfluß und die von ihm in der Ankerwicklung induzierte EMK ist dann so gering, daß das Wiedereinschalten des Motorkreises fast einem Kurzschluß des Netzes gleichkommt. Um diese Störung zu verhindern, wird der Nebenschlußwiderstand häufig als Drosselspule ausgebildet, so daß seine Zeitkonstante annähernd mit der der Erregerwicklung (L_E/R_E) übereinstimmt.

Bei Vorschaltwiderstand im Ankerkreis verlaufen die Drehzahlkennlinien wesentlich steiler; sie können wieder nach Gl. 333 berechnet werden, wenn in R der Vorschaltwiderstand eingeschlossen wird. Zur Verringerung der Verluste im Vorschaltwiderstand werden bei Fahrzeugen mit zwei Motoren diese beim Anlauf und bei kleinen Drehzahlen in Reihe, bei größeren Drehzahlen parallel geschaltet.

Der Reihenschlußmotor hat eine von dem fremderregten Motor und dem Nebenschlußmotor wesentlich abweichende Drehzahlkennlinie. Während sich bei den letzten beiden Motoren die Drehzahl nur wenig mit dem Drehmoment ändert, nimmt sie beim Reihenschlußmotor mit wachsendem Drehmoment schnell ab. Diese Eigenschaft des Reihenschlußmotors ist für gewisse Betriebe, z. B. Hebezeuge und Fahrzeuge, erwünscht. Bei großen Drehmomenten, z. B. im Bahnbetrieb auf Steigungen, läuft der Motor selbsttätig langsamer und schützt das Netz vor zu großer Belastung. Er ist insofern unempfindlich gegen

Spannungsschwankungen, als er im Gegensatz zum Nebenschlußmotor auch bei stark verringerter Klemmenspannung noch ein kräftiges Drehmoment entwickeln kann. Ein weiterer Vorteil des Reihenschlußmotors ist, daß er seinen Fluß den jeweiligen Belastungen anpaßt. Da Anker- und Erregerwicklung in Reihe geschaltet sind, wächst der Erregerfluß mit dem Ankerstrom. Das Drehmoment ist aber dem Produkt beider Größen proportional.

Der an einem Netz mit konstanter Spannung liegende Reihenschlußmotor kann nicht durch äußern Antrieb zur Stromlieferung an das Netz veranlaßt werden. Bei Erhöhung der Drehzahl der als Motor laufenden Reihenschlußmaschine nimmt der Betriebsstrom allmählich ab, wird aber erst bei der Drehzahl ∞ Null (Bild 301). Der Reihenschlußmotor ist deshalb zum Zurückarbeiten auf das Netz (Nutzbremsung) nicht ohne weiteres geeignet. Durch Speisung der Erregerwicklung von einer fremden Stromquelle (Hilfsgenerator) wird die Reihenschlußmaschine zur fremderregten und ermöglicht die Nutzbremsung. Bei Fahrzeugen wird zuweilen einer der Reihenschlußmotoren als Erregergenerator für die übrigen verwendet. In den meisten Fällen begnügt man sich jedoch beim Reihenschlußmotor mit der bei allen Gleichstrommaschinen möglichen Widerstandsbremsung, bei der die Maschine als Generator auf einen äußern Widerstand geschaltet ist. Beim Generatorbetrieb müssen dann die Anschlußpunkte der Erregerwicklung vertauscht werden, damit sich die Maschine selbst erregt. [s. I, III D 3 b].

5. Doppelschlußmotor. Beim Motor kommt nur eine Überkompoundierung in Frage, weil bei der Gegenkompoundierung der Fluß mit der Belastung geschwächt wird, die Drehzahl also mit zunehmender Belastung anwachsen würde, in diesem Falle aber ein stabiler Betrieb gewöhnlich nicht möglich ist (vgl. *I C 5*). Bei der Überkompoundierung liegen die Betriebseigenschaften des Motors zwischen denen des Nebenschlußmotors und des Reihenschlußmotors.

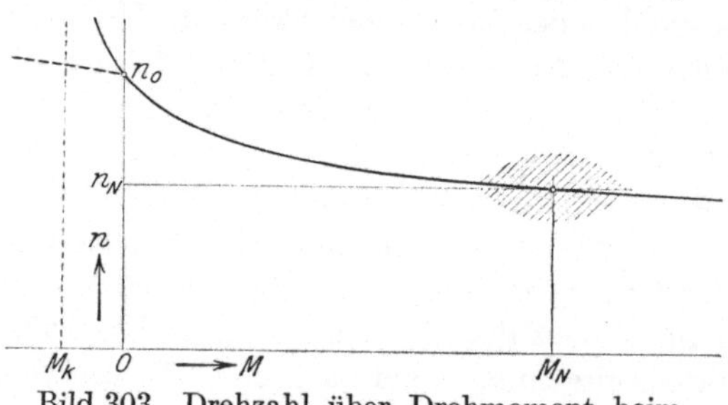

Bild 303. Drehzahl über Drehmoment beim Doppelschlußmotor.

Durch die Nebenschlußerregung nimmt der Motor bei Leerlauf nur eine endliche Drehzahl an, die aber bei Belastung, je nach der Größe des Einflusses der Hauptschlußwicklung, mehr oder weniger schnell, jedenfalls aber schneller als beim Nebenschlußmotor, abfällt, wie es z. B. die Kurve in Bild 303, die für konstante Netzspannung gilt, darstellt.

Wenn wir den am Netz mit konstanter Spannung liegenden Doppelschlußmotor von außen antreiben, so nimmt mit zunehmender Drehzahl der Belastungsstrom allmählich ab. Bei der Leerlaufdrehzahl werden Strom und Drehmoment Null und ändern bei weiterer Steigerung der Drehzahl ihr Vorzeichen; der Doppelschlußmotor wird zum Generator und arbeitet auf das Netz zurück. Jetzt wirkt aber die Hauptschlußwicklung flußschwächend, so daß je nach der Größe ihrer Windungszahl, bei einem mehr oder weniger kleinen Antriebsmoment das in der Maschine entwickelte Gegenmoment wieder sinkt. Dies ist in Bild 303 bei $M = M_k$ der Fall. Wird das Antriebsmoment größer als M_k, so geht die Maschine durch. Es muß deshalb beim Übergang vom Motor- zum Generatorbetrieb die Hauptschlußwicklung kurzgeschlossen werden. Die Maschine verhält sich dann wie ein Nebenschlußgenerator (gestrichelte Kurve in Bild 303). [s. I, III D 4 b].

G. Entwurf.

1. Hauptabmessungen. In Übereinstimmung mit den Gl. 268 und 269 a u. b, die wir für die Induktionsmaschine abgeleitet haben, schreiben

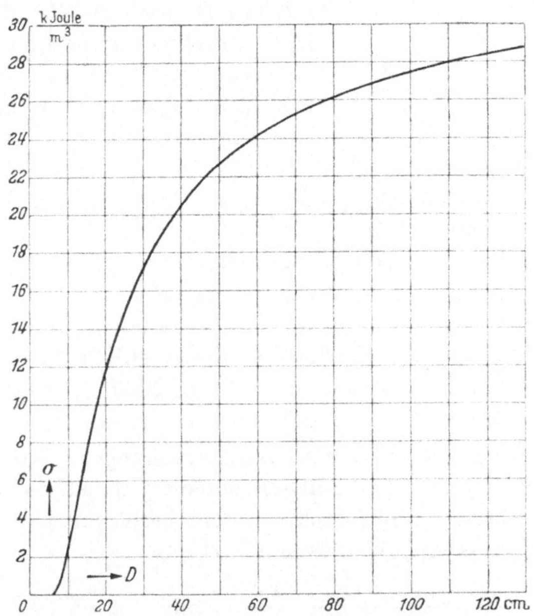

Bild 304. Drehschub über Ankerdurchmesser; günstigste Drehzahl.

wir für den Ankerdurchmesser, den mittleren Drehschub σ und das Verhältnis λ zwischen Ankerlänge l_i und Polteilung τ

$$D = a + b \sqrt[3]{\frac{N_i\, p}{n\, \lambda}}\ \text{cm}, \quad \sigma = \frac{2}{\pi^3\, b^3}\left(1 - \frac{a}{D}\right)^3 \frac{J}{\text{cm}^3}, \quad \lambda = \frac{l_i}{\tau}. \qquad (335a\ \text{bis c})$$

17*

Darin sind a und D in cm, N_i in W, b in cm/J$^{1/3}$ und n in Uml/sec einzusetzen. Bei der Gleichstrommaschine kann die Polpaarzahl unabhängig von der Drehzahl gewählt werden; in der Regel wird die Maschine für die günstigste Drehzahl und Polzahl entworfen. Bis zu etwa 5000 kW Leistung kann man die Drehzahl zu etwa $n = 6000/\sqrt{N}$ annehmen, worin N in kW einzusetzen ist. Hierfür liegt die Ankerumfangsgeschwindigkeit etwa zwischen den Grenzen $v_A = 10$ und 20 m/s, wobei die kleinen Werte für kleine, die größeren für größere Maschinen gelten. Abweichungen von $\pm 30\%$ von der günstigsten Drehzahl oder Umfangsgeschwindigkeit haben keinen wesentlichen Einfluß auf σ. Maschinen großer Leistung (6) werden für wesentlich größere Anker-

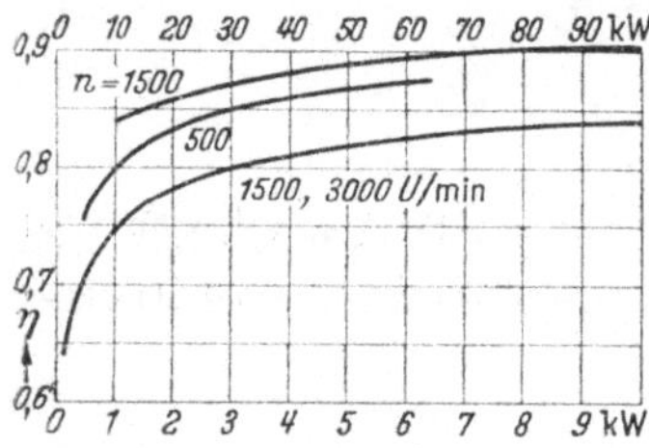

Bild 305. Wirkungsgrad η normaler Gleichstrommaschinen; obere Kurven, oberer Maßstab.

umfangsgeschwindigkeit bemessen. Für gut belüftete Maschinen mit den üblichen Niederspannungen kann man etwa annehmen:

$$a = 5 \text{ cm}, \quad b = 1{,}26 \text{ cm/J}^{1/3}. \qquad (335\,\mathrm{d\ u.\ e})$$

Mit diesen Werten ist in Bild 304 der mittlere Drehschub (Gl. 335b) über dem Ankerdurchmesser dargestellt.

λ liegt gewöhnlich zwischen 0,5 und 1,0. Die Polpaarzahl wächst mit dem Durchmesser; sie ist bis $D \approx 45$ cm $(N/n \approx 160 \text{ Wmin})$ $p = 2$, bis $D \approx 75$ cm $(N/n \approx 1000)$ $p = 3$, bis $D \approx 130$ cm $(N/n \approx 3000)$ $p = 4$, bis $D \approx 160$ $(N/n \approx 5000)$ $p = 5$ und wächst dann weiter mit D.

Die innere Leistung N_i ist bei Generatoren gleich der Summe aus Nutzleistung und gesamten Stromwärmeverlusten im Ankerkreis, bei Motoren gleich der Summe aus Nutzleistung, Reibungsverlusten, Lüftungsleistung und Eisenverlusten. Einen Anhalt für den Wirkungsgrad normaler Gleichstrommaschinen (VDE 2000) geben die Kurven in Bild 305. [s. I, III F 1].

2. Magnetische und elektrische Beanspruchungen. Das Produkt aus Luftspaltinduktion B_L und Ankerstrombelag A ist bei einem angenommenen Drehschub σ nur noch von dem Verhältnis ideeller Polbogen zu Polteilung (α) abhängig. Nach Gl. 112 ist

$$\sigma = \alpha \frac{A}{100} \frac{B_L}{1000} \frac{\text{kJ}}{\text{m}^3} \quad \text{mit} \quad \alpha = \frac{b_i}{\tau}, \qquad (336\,\mathrm{a\ u.\ b})$$

wenn B_L in Gß und A in A/cm eingesetzt werden. α liegt bei Wendepolmaschinen zwischen 0,6 und 0,75, bei wendepollosen Maschinen etwas darüber. Mit Rücksicht auf kleinen Strombelag (Gl. 323) wird B_L möglichst groß gewählt; es wächst mit dem Durchmesser und kann bei $D = 15$ cm zu etwa 6000, $D = 20$ zu 7500, $D = 60$ zu 9000, $D = 140$ cm zu 10000 Gß angenommen werden. Damit A nach Gl. 336a.

Für die magnetischen Beanspruchungen im Eisen gelten etwa folgende Grenzwerte:

$$
\left.
\begin{array}{lr}
\text{Ankerkern} & \text{bis } 15\,000 \text{ G}\beta \\
\text{Zähne, scheinbarer Höchstwert } (B'_{Z\,max}) & 20 \text{ bis } 25\,000 \text{ G}\beta \\
\quad \text{bei parallelen Zahnflanken} & 17 \text{ bis } 19\,000 \text{ G}\beta \\
\text{Hauptpolkern} & 12 \text{ bis } 17\,000 \text{ G}\beta \\
\text{Wendepolkern} & \text{bis } 12\,000 \text{ G}\beta \\
\text{Joch, Blech oder Stahlguß} & \text{bis } 14\,000 \text{ G}\beta \\
\text{Gußeisen} & \text{bis } 7\,000 \text{ G}\beta .
\end{array}
\right\} \quad (337)
$$

Das Produkt AG, dem nach (*III, C 3*) die auf die Oberflächeneinheit des Ankermantels bezogenen Stromwärmeverluste der Ankerwicklung proportional sind, liegt etwa bei

$$
\left.
\begin{aligned}
AG = {}& 1500 \text{ bis} \\
& 2000 \text{ A}^2/\text{cm mm}^2.
\end{aligned}
\right\} \quad (338\,\text{a})
$$

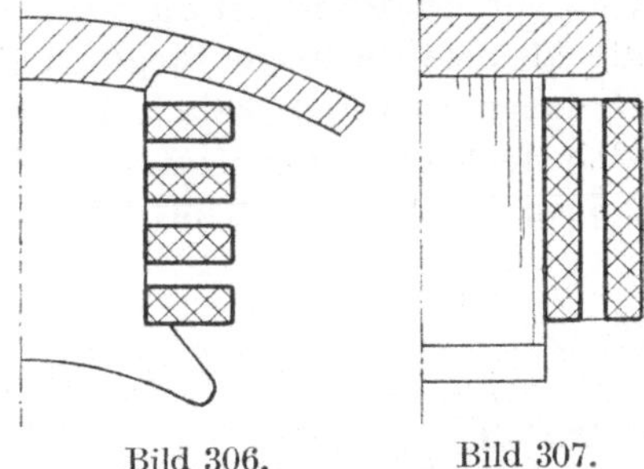

Bild 306.   Bild 307.

Bild 306 u. 307. Erregerwicklung mit axialen bzw. radialen Lüftungskanälen.

Die Stromdichten G von Kupferwicklungen, wobei die höheren Werte für kleine und gut belüftete Maschinen gelten, betragen etwa

$$
\left.
\begin{array}{lr}
\text{Ankerwicklung} & 4 \text{ bis } 7 \text{ A}/\text{mm}^2 \\
\text{Wendepolwicklung} & 3 \text{ bis } 4 \text{ A}/\text{mm}^2 \\
\text{Erregerwicklung, ohne Lüftungskanäle} & 1,2 \text{ bis } 2,5 \text{ A}/\text{mm}^2 \\
\text{Erregerwicklung, mit Lüftungskanälen} & 3 \text{ bis } 4 \text{ A}/\text{mm}^2
\end{array}
\right\} \quad (338\,\text{b})
$$

Die *Lüftungskanäle* der Erregerwicklung werden bei axialer Belüftung nach Bild 306, bei radialer nach 307 ausgeführt. [s. I, III F 2 u. 7].

3. Nutung, Ankerwicklung und Stromwender. Bei Maschinen über etwa 25 cm Ankerdurchmesser sollte das Verhältnis $N/2p$ aus *Nutenzahl* und Polzahl, besonders mit Rücksicht auf geräuscharmen Lauf, nicht kleiner als 12 sein. Bei kleinen Maschinen ($D < 16$ cm) wählt man das Verhältnis $N/2p$ häufig bis herunter zu 8, um die Maschine zu verbilligen. Die Nuttiefe wächst mit dem Durchmesser und liegt bei $D = 20$ bis 40 cm etwa zwischen 2,5 und 3 cm, bei größeren Durchmessern bis zu 4,5 cm. Beim Entwurf der Nutung wird man die Nuttiefe zunächst schätzen. Man erhält dann nach Gl. 133 mit $D_z = D - 2h$ und einem angenommenen $B'_{Z\,max}$ die *Nutbreite*

$$
a = \frac{\pi D}{N}\left(1 - \frac{2h}{D} - \frac{l_i}{k_E\,l}\,\frac{B_L}{B'_{Z\,max}}\right). \qquad (339)
$$

Um magnetisches Geräusch zu verringern, werden zuweilen die Ankernuten gegen die Polschuhkanten schräg gestellt.

Gewöhnlich wird die *Ankerwicklung* so gewählt, daß der Nutenraum möglichst gut ausgenutzt wird. Man wird deshalb zunächst versuchen, die Ankerwicklung als eingängige Wellenwicklung auszuführen. Das ist bei den gewöhnlich in Frage kommenden Drehzahlen und bei 500 V bis etwa 250 kW, bei 220 V bis etwa 90 kW möglich. Bei größeren Leistungen ist entweder eine eingängige Schleifenwicklung oder eine mehrgängige Wellenwicklung zu wählen, worüber die angenommene Polpaarzahl entscheidet. Isolierung nach (*II C*).

Für das Verhalten der Maschine ist eine möglichst große Strom-wenderstegzahl günstig. Der Durchmesser des *Stromwenders* ($D_K < D$) wird mit Rücksicht auf die noch zulässige Umfangsgeschwindigkeit und die kleinste zulässige Stegteilung des Stromwenders bemessen. Die Umfangsgeschwindigkeit sollte möglichst kleiner als 35 m/s sein; die kleinste Stegteilung liegt etwa bei 0,4 cm und ist im Durchschnitt 0,5 cm. [s. I, III F 3 bis 5 u. Aw, I 17].

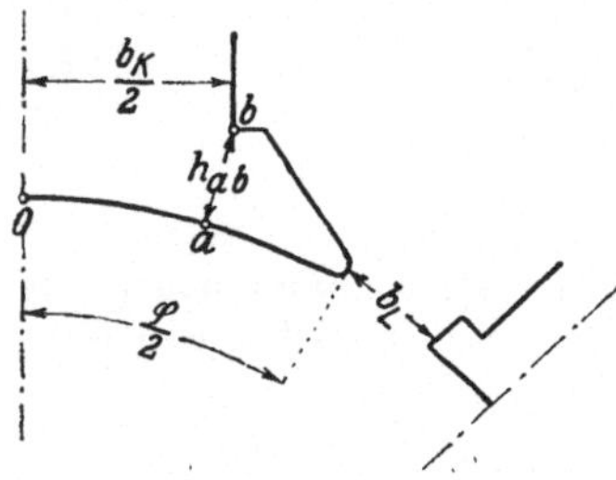

Bild 308. Polschuhform.

4. Polschuhform und Luftspalt. Der Teil b (Bild 263 b) des Polschuhbogens, längs dessen die Luftspaltlänge δ konstant ist, beträgt bei Wendepolmaschinen ohne Kompensationswicklung etwa 0,45 τ. Die Länge und Form der Polschuhenden, Polhörner, ist so zu entwerfen, daß der Streufluß nicht zu groß wird. Setzen wir in Bild 308 $b_L = \gamma\,(\tau - b_W)$, worin b_W die Breite des Wendepolbogens ist, so hängt γ von der Induktion B_K im Polkern ab; es ist bei $B_K = 13000$ bis 17000 Gß $\gamma = 0,07$ bis 0,14. Die Abmessung h_{ab} in Bild 308 muß $\geq b_K\,\Phi_{ab}/\Phi_K$ sein; worin Φ_{ab} der durch den Querschnitt ab tretende Fluß ist.

Die Luftspaltlänge δ ist mit Rücksicht auf nicht zu große Feldverzerrung unter dem Polschuh zu bemessen. Man kann etwa setzen bei Maschinen mit bzw. ohne Wendepole

$$\delta \approx 0,36\,\tau\,A/B_L\ \text{cm} \qquad \text{bzw.} \qquad \delta \approx 0,5\,\tau\,A/B_L\ \text{cm}, \qquad (340\text{a u. b})$$

worin τ in cm, A in A/cm, B_L in Gß einzusetzen sind. Bei Maschinen mit Kompensationswicklung kann δ wesentlich kleiner bemessen werden. [s. I, III F 6].

5. Nebenschlußerregerwicklung. Bei Nebenschlußwicklungen und fremderregten Wicklungen ist gewöhnlich nicht der Strom, sondern die Erregerspannung U_E gegeben. Der Leiterquerschnitt kann deshalb nicht aus der Stromdichte bestimmt werden, sondern muß so bemessen werden, daß die größte erforderliche Felderregerdurchflutung eingestellt werden kann. Bezeichnen r_n den Widerstand der Nebenschlußwicklung (ohne Vorschaltwiderstand), U_m die mittlere Windungslänge, ϱ den spezifischen

Widerstand des Wicklungsmetalls, w_E die Windungszahl der Erregerwicklung, p die Polpaarzahl, i den Strom der Nebenschlußwicklung und U_E ihre Spannung, so erhalten wir aus den beiden Gleichungen

$$r_n = \varrho\, U_m\, w_E/q \quad \text{und} \quad r_n\, i = U_E \qquad \text{(341a u. b)}$$

den Querschnitt

$$q = \varrho\, U_m\, w_E\, i/U_E = \varrho\, p\, U_m\, \Theta/U_E \qquad \text{(341)}$$

eines Leiters, worin $\Theta = w_E\, i/p$ die erforderliche Durchflutung eines Kreises der Nebenschlußwicklung ist. Man kann nun entweder die Stromdichte G annehmen oder den gesamten Leiterquerschnitt f einer Spulenseite der Erregerwicklung. Im ersten Falle erhält man

$$i = q\, G \quad \text{und} \quad w_E/2p = \Theta/2i \qquad \text{(342a u. b)}$$

und kann feststellen, ob der Wickelraum ausreicht.

Im zweiten Falle erhält man

$$w_E/2p = f/q \quad \text{und} \quad i = p\, \Theta/w_E \qquad \text{(343b u. c)}$$

und kann feststellen, ob die Stromdichte angemessen ist. Wegen der Kleinheit von q werden die Leiter der Nebenschlußwicklung bei kleinen und mittleren Maschinen gewöhnlich aus Runddrähten hergestellt. Bezeichnen wir mit d' den Durchmesser des isolierten Drahtes und mit f' den zur Verfügung stehenden Wicklungsraum eines Spulenseitenquerschnitts nach Abzug des Raumbedarfs für die äußere Isolierung der ganzen Spule, so ist die Windungszahl einer Spule, der Strom im Nebenschlußkreis und der Widerstand der Nebenschlußwicklung

$$w_E/2p = f'/d'^2, \qquad i = p\, \Theta/w_E, \qquad r_n = U_E/i. \qquad \text{(344a bis c)}$$

Die Stromdichte kann dann kontrolliert werden. Ist sie zu hoch, so ist der Wicklungsquerschnitt zu vergrößern, erforderlichenfalls durch Verlängerung der Polkerne in radialer Richtung.

In Gl. 341a ist ϱ für die betriebswarme Maschine einzusetzen, und zwar mit einem Sicherheitszuschlag, also bei Kupferwicklungen $\varrho \approx 0{,}024\ \Omega\ \text{mm}^2/\text{m}$. Beim Einsetzen der Größen Θ und U_E müssen wir zwischen Generatoren und Motoren unterscheiden.

Als *Generator* muß nach § 65 der REM die Maschine bei Nenndrehzahl und Nennleistung die 1,05-fache Nennspannung entwickeln können, und nach § 69 muß die Maschine bei Nenndrehzahl und Nennspannung noch das 1,25-fache des Nennstromes erzeugen können. Das größte Verhältnis Θ/U_E, das man bei kleinen und mittleren Maschinen gewöhnlich nach der Bedingung des § 69 erhält, ist für die Bemessung der Feldmagnetwicklung maßgebend. Der größte Vorschaltwiderstand im Nebenschlußkreis ist dann so zu bemessen, daß bei *kalter* Wicklung ($\varrho \approx 0{,}0175$) noch die kleinste betriebsmäßig vorkommende Durchflutung, das ist gewöhnlich die Leerlaufdurchflutung bei Nennklemmenspannung, erregt werden kann.

Beim *Motor* kommt bei unveränderlicher Feldmagneterregung nur abnehmende Drehzahl mit zunehmendem Drehmoment in Frage. Soll dann die Maschine ohne Vorschaltwiderstand im Nebenschlußkreis Verwendung finden, so ist in Gl. 341a für Θ die Durchflutung bei Nennbelastung einzusetzen. Soll dagegen die Drehzahl genau eingestellt werden können, so ist für Θ die Durchflutung bei Leerlauf und Nenndrehzahl einzusetzen; bei Nennleistung ergibt sich dann der Vorschaltwiderstand aus der Bedingung, daß bei kalter Feldmagnetwicklung der Strom in der Nebenschlußwicklung so geschwächt werden kann, daß bei Nennbelastung die Nenndrehzahl auftritt. Bei Motoren mit Drehzahlregelung ist zur Bemessung der Feldmagnetwicklung in Gl. 341a die größte betriebsmäßig vorkommende Feldmagnetdurchflutung Θ und die kleinste vorkommende Klemmenspannung U_E einzusetzen. [s. I, III F 7 b].

6. Maschinen großer Leistung. Mit der mittleren Stegspannung

$$e_{sm} = U \cdot 2p/k \qquad\qquad (345\,\text{a})$$

und Gl. 112c für den Strombelag A ergibt sich die Leistung einer Maschine zu

$$N = UJ = \pi \frac{k}{z} \frac{a}{p} DA\,e_{sm} = \frac{\pi}{2} \frac{a}{p} \frac{DA\,e_{sm}}{w_{Sp}} = \frac{1}{2w_{Sp}} \frac{a}{p} \frac{A\,v_A\,e_{sm}}{n}. \qquad (345\,\text{b})$$

Bei großen Maschinen wird man immer auf Schleifenwicklung mit nur einer Windung je Ankerspule ($w_{Sp} = 1$) geführt; dabei wird gewöhnlich die eingängige Wicklung bevorzugt. Der Höchstwert der Stegspannung darf mit Rücksicht auf Rundfeuergefahr nicht größer als 30 V sein. Bei Maschinen mit Kompensationswicklung darf dann e_{sm} nicht größer als $e_{s0}\,\alpha \approx 30 \cdot 0,67 \approx 20$ V, bei solchen ohne Kompensationswicklung nicht größer als etwa $20 \cdot 0,8 = 16$ V sein. Damit erhalten wir bei eingängiger Schleifenwicklung mit einer Windung je Spule

$$N \approx 3\,DA \quad \text{kW} \approx 58\,A\,v_A/n \quad \text{kW} \qquad\qquad (345\,\text{c})$$

bzw.
$$N \approx 2,5\,DA \quad \text{kW} \approx 48\,A\,v_A/n \quad \text{kW}, \qquad\qquad (345\,\text{d})$$

wenn Ankerdurchmesser D in m, Ankerumfangsgeschwindigkeit v_A in m/s, Strombelag A in A/cm und Drehzahl n in Uml/min eingesetzt werden. Sobald die Stegspannung den zulässigen oberen Grenzwert erreicht hat, ist also die Leistung nur noch proportional A und D oder dem Verhältnis v_A/n. Der größte Strombelag liegt etwa bei 500 A/cm, die größte Umfangsgeschwindigkeit etwa bei 40 m/s (mit $D = 6\,m$, $n = 127$ U/min wird $N \approx 9000$ bzw. 7500 kW). Die Leistung kann nur noch durch Verkleinerung der Drehzahl gesteigert werden. [s. I, III F 1 c].

7. Kurzer Gang der Berechnung. Schätzung von N_i, des Verhältnisses λ und der Polpaarzahl nach (*1*). Mit $N_i\,p/n\,\lambda$ ergibt sich nach Gl. 336a der Ankerdurchmesser D und damit die Hauptabmessungen der Maschine. Berechnung der Leiterzahl z der Ankerwicklung nach Gl. 104 mit $E \approx 1,05$ U beim Generator oder $E \approx 0,95$ U beim Motor.

Wahl der Nutung und der Ankerwicklung nach (*3*). Kontrolle der Stegspannung nach (*B 3*), erforderlichenfalls Änderung der Ankerwicklung. Bestimmung der Luftspaltlänge δ und der Polschuhform nach (*4*) und mit den angenommenen Induktionen nach (*2*) der Abmessungen der Eisenquerschnitte. Berechnung der magnetischen Kennlinie nach (*III E*). Bestimmung der erforderlichen Feldmagnetdurchflutung Θ; Entwurf der Nebenschlußerregerwicklung (*5*); Berechnung der EMK der Stromwendung und des Wendepolkreises nach (*C 3 u. D*). Nachprüfung aller Größen und erforderlichenfalls Abänderungen. [s. I, III F 8].

H. Messungen.

1. Widerstände und Bürstenstellung. Bei der Messung des *Widerstandes der Ankerwicklung* ist der Spannungszeiger nicht an die Bürsten, sondern an die von den Bürsten bedeckten Stromwenderstege zu legen (Bild 309), um nicht den bei Stillstand in weiten Grenzen schwankenden Spannungsverlust unter den Bürsten mitzumessen. Damit der Strom sich möglichst gleichmäßig auf die parallel geschalteten Bürstenbolzen verteilt, empfiehlt es sich, besonders bei mehrgängigen Wicklungen, die Kohlenbürsten durch gut aufliegende Metallkontakte zu ersetzen, durch die der Strom der Ankerwicklung zugeführt wird.

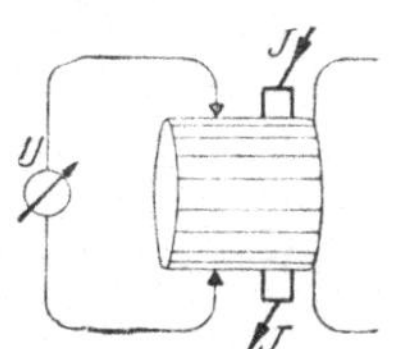

Bild 309. Messung des Ankerwiderstandes.

Besondere Sorgfalt ist auf die Messung des Ankerwiderstandes zu verwenden, wenn aus dieser die Erwärmung der Ankerwicklung bestimmt werden soll (*III J 2*). Da der Widerstand in allen Stellungen des Ankers gewöhnlich nicht genau derselbe ist, muß der Widerstand bei kalter und warmer Maschine zwischen denselben Stromwenderstegen gemessen werden, die man durch Körner an der Stirnfläche bezeichnet.

Die richtige *Stellung der Bürsten* für Wendepolmaschinen und bei Leerlauf für wendepollose Maschinen (Polmitte bei symmetrischen Querverbindungen) bestimmt man am einfachsten so, daß beim Ein- oder Ausschalten der Feldmagnetwicklung keine Spannung an den Bürsten des ruhenden Ankers gemessen wird.

Man kann auch die Maschine als Motor belasten und die Bürsten so einstellen, daß bei derselben Klemmenspannung und demselben Drehmoment sowie derselben Erwärmung die Drehzahl in beiden Drehrichtungen dieselbe ist. Die Bürsten müssen dabei für beide Drehrichtungen gleich gut eingeschliffen sein. [s. I, III E 1].

2. Wirkungsgrad nach REM. *a. Direkte Messung.* Neben dem Bremsverfahren kommt das *Belastungs*verfahren in Frage. Letzteres kann sowohl bei Generatoren als bei Motoren Anwendung finden. Die dabei zur Verwendung kommende Hilfsmaschine wird mit der zu untersuchenden Maschine gekuppelt und arbeitet bei der Untersuchung eines

Generators als Motor, bei der eines Motors als Generator. Als Hilfsmaschine wird zweckmäßig eine Gleichstrom-Nebenschlußmaschine
verwendet. Die Schaltung der Maschine ist z. B. für einen zu untersuchenden Nebenschlußgenerator in Bild 310 dargestellt. Der Strom i
in der Nebenschlußwicklung der als Motor laufenden Hilfsmaschine wird
auf einen konstanten Wert eingestellt, für den die Verluste der Hilfsmaschine, die vom Ankerkreis gedeckt werden (also ohne Verluste
im Nebenschlußkreis), bei verschiedenen Ankerströmen und Nenndrehzahl des zu untersuchen-
den Generators bekannt oder
durch eine besondere Messung
ermittelt sind. Die Nenndrehzahl des Generators wird durch
den Vorschaltwiderstand R_v der
Hilfsmaschine eingestellt. Bezeichnen wir dann für die Hilfsmaschine mit J_A den Ankerstrom,
mit U_A die Spannung am Ankerzweig (ausschließlich R_v) und mit
Q_A die Verluste (ausschließlich

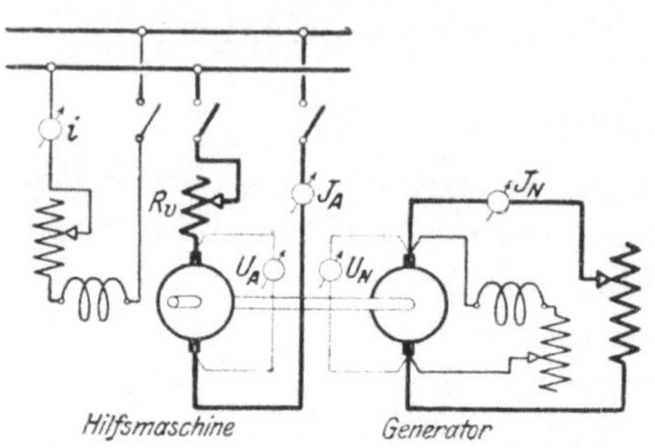

Bild 310. Belastungsverfahren für einen
Nebenschlußgenerator.

Nebenschlußkreis) beim Ankerstrom J_A, und für die zu untersuchende
Maschine mit U_N die Nennspannung und mit J_N den Nennstrom, so ist
der Wirkungsgrad des zu untersuchenden Generators

$$\eta = J_N U_N/(J_A U_A - Q_A) \tag{346}$$

Das vom Hilfsmotor auf den Generator übertragene Drehmoment
kann direkt gemessen werden, wenn man das Gehäuse des Motors drehbar
anordnet und das Drehmoment mechanisch mißt, das erforderlich ist,
um das Gehäuse im Gleichgewicht zu halten, ,,*Pendelmaschine*''. Die
Hilfsmaschine braucht in diesem Falle nicht geeicht zu werden.

b. Indirekte Messung. Der Wirkungsgrad wird hierbei nicht aus
dem Verhältnis Abgabe zu Aufnahme, sondern aus den gemessenen
Verlusten berechnet. Zwei Verfahren sind hier üblich, das Rückarbeitsverfahren und das Einzelverlustverfahren.

Das *Rückarbeitsverfahren* setzt zwei genau gleiche Maschinen voraus,
die so aufeinander geschaltet sind, daß die eine als Motor, die andere
als Generator arbeitet, wobei die Verluste beider Maschinen gemessen
werden. Diese Verluste können den Maschinen elektrisch oder mechanisch zugeführt werden. Bild 311 erläutert das Verfahren, wenn die
Verluste *elektrisch* zugeführt werden. Man treibt die Maschine 1 vom
Netz aus als Motor mit der Nenndrehzahl an, erregt die Maschine 2 auf
die Netzspannung und schließt den Schalter im Ankerkreis, nachdem
der Anlasser R_{v1} kurzgeschlossen und durch den Spannungszeiger U'
festgestellt ist, daß an den Klemmen des offenen Schalters nicht die

Summe, sondern die Differenz der Spannungen beider Maschinen auftritt. Die Ströme J_{A1} und J_{A2} sind durch die Widerstände in den fremd zu erregenden Nebenschlußkreisen so einzustellen, daß die gesamte Ankerstromwärme in beiden Maschinen dieselbe ist wie beim Betrieb mit Nennstrom J_{AN}, also

$$J_{A1} + J_{A2} \approx 2\,J_{AN}. \qquad (347\,\mathrm{a})$$

Damit beim Versuch auch die Eisenverluste beider Maschinen dieselben sind wie bei ihrem Nennbetrieb, muß die Spannung

$$U \approx U_N \pm (R\,J_{AN} + V) \qquad (347\,\mathrm{b})$$

eingestellt werden, wobei das $+$-Zeichen gilt, wenn die Maschinen im Nennbetrieb Generatoren, das $-$-Zeichen, wenn sie Motoren sind.

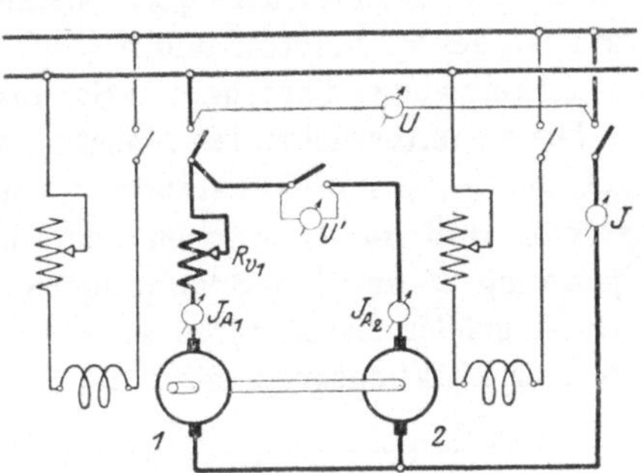

Bild 311. Rückarbeitsverfahren zweier Nebenschlußmaschinen; elektrisch zugeführte Verlustleistung.

Die Verluste im Erregerkreis werden nicht gemessen, sondern ergeben sich zu $2\,U_N\,i_N$, wenn i_N der bei Nenn-Klemmenspannung, -Drehzahl und -Leistung (N_N) erforderliche Erregerstrom ist, der durch Versuch zu bestimmen ist. Unter der Annahme, daß beide Maschinen

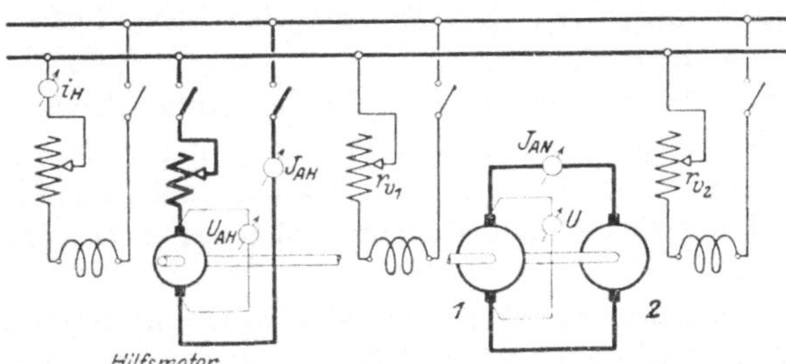

Bild 312. Rückarbeitsverfahren; mechanisch zugeführte Verlustleistung.

denselben Wirkungsgrad haben, erhalten wir den Wirkungsgrad einer Maschine zu

$$\eta = \frac{2\,N_N}{2\,(N_N + U_N\,i_N) + U\,J}, \qquad (348)$$

worin J der aus dem Netz zur Deckung der Verluste entnommene Strom ist (Bild 311).

Bild 312 erläutert das Verfahren bei *mechanischer* Deckung der Verluste. Die mechanische Leistung wird hier den zu untersuchenden Maschinen (beispielsweise Nebenschlußmaschinen 1 und 2) durch einen

Hilfsmotor zugeführt, dessen Verluste bekannt sind. Da bei dem Rückarbeitsverfahren nur die Verluste den Hauptmaschinen zugeführt werden, ist der Hilfsmotor klein, und es genügt hier eine angenäherte Bestimmung der Verluste des Hilfsmotors. Diese ergeben sich aus der Summe der Leerverluste Q_{H0} bei dem konstant zu haltenden Erregerstrom i_H des Hilfsmotors und Nenndrehzahl und der aus dem Widerstand des Ankerzweiges berechneten Stromwärmeverluste $(R_{AH} J_{AH} + V) J_{AH}$.

Die zu untersuchenden Maschinen werden zweckmäßig fremd erregt und die Vorschaltwiderstände r_{v1} und r_{v2} bei Nenndrehzahl so eingestellt, daß im Ankerkreis der Ankernennstrom J_{AN} fließt und die Spannung U um den Spannungsverlust eines Ankerzweiges bei Generatoren größer, bei Motoren kleiner als die Nennspannung U_N (Gl. 347 b) ist. Der Wirkungsgrad ist dann

$$\eta = \frac{2 N_N}{2(N_N + U_N i_N) + U_{AH} J_{AH} - Q_{H0} - (R_{AH} J_{AH} + V) J_{AH}}, \quad (349)$$

wobei der Erregerstrom i_N für den Nennbetrieb durch Versuch bei Motor- oder Generatorbetrieb, je nach der Verwendung der Maschine, zu bestimmen ist.

Das Rückarbeitsverfahren, bei dem die Verluste durch mechanische Arbeit gedeckt werden (Bild 312), hat gegenüber dem andern (Bild 311) den Vorteil, daß die Spannung des Netzes, aus dem die Verluste gedeckt werden, nicht regelbar zu sein braucht. Es ist besonders vorteilhaft bei der Untersuchung von Reihenschlußmaschinen.

c. Einzelverlustverfahren. Zur Messung der *Leerverluste* werden zwei Verfahren empfohlen.

Nach dem *Motorverfahren* wird die Maschine (fremderregt) leerlaufend bei Nenndrehzahl und Klemmenspannung U nach Gl. 347 b als Motor betrieben. Werden von der gemessenen elektrischen Leistung UJ die Stromwärmeverluste im Ankerzweig abgezogen, so erhält man die Leerverluste.

Nach dem *Generatorverfahren* wird die Maschine durch einen Hilfsmotor (Schaltung wie Bild 312) bei Nenndrehzahl angetrieben und auf die Spannung U (Gl. 347 b) erregt. Nach Abzug der Verluste im Ankerzweig des Hilfsmotors von der aufgenommenen Leistung $U_{AH} J_{AH}$ (Bild 312) erhält man die Leerverluste.

Die *Erregerverluste* ergeben sich rechnerisch zu $U_N i_N$, also einschließlich des etwa noch eingeschalteten Widerstandes.

Lastverluste sind die Stromwärmeverluste in den Wicklungen des Ankerzweiges $(R J_{AN}^2)$, die Stromwärmeverluste am Stromwender $(2 J_{AN}$ bzw. $0,6 J_{AN})$ und die noch hinzukommenden Zusatzverluste. Die Lastverluste werden nach § 61 u. 63 der REM *rechnerisch* ermittelt, wobei die Zusatzverluste für Maschinen ohne Kompensationswicklung zu 1%, für solche mit Kompensationswicklung zu 0,5% der elektrischen Aufnahme bzw. Abgabe einzusetzen sind. [s. I, III E 2 u. 3].

3. Stromwendung. *a. Kurzschlußversuch.* Zur Beurteilung großer Maschinen, die im Prüfraum nicht voll belastet werden können, kann man die Maschine bei kurzgeschlossenem Ankerkreis als fremderregten Generator betreiben und den Ankerstrom der Maschine durch die Erregung einstellen. Bei demselben Ankerstrom wird sich die Maschine mit Wendepolen im Kurzschluß hinsichtlich des Bürstenfeuers im wesentlichen ebenso verhalten wie bei Nennspannung, da das von der Magnetwicklung erregte Feld innerhalb der Wendezone keinen wesentlichen Einfluß auf die in einer Ankerspule induzierte EMK hat. Der Kurzschlußversuch gestattet natürlich kein Urteil darüber, ob die Maschine auch gegen Rundfeuer unempfindlich ist, weil der Höchstwert der Stegspannung bei Nennbetrieb wesentlich größer ist.

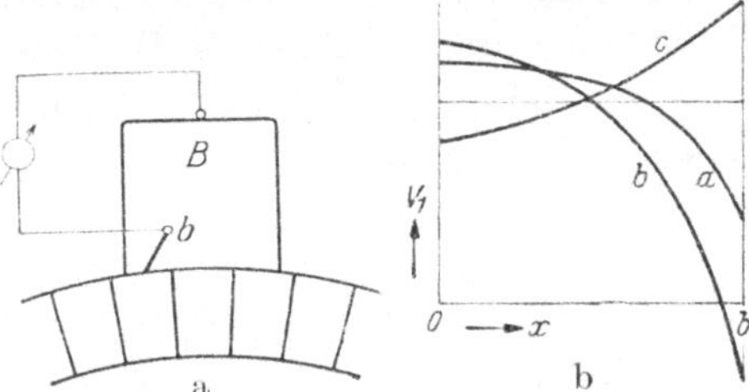

Bild 313 a u. b. a Messung der Bürstenspannungskurve, b verschiedene Kurven.

b. Bürstenspannungskurve. Die Beurteilung des Bürstenfeuers durch subjektive Beobachtung ist unsicher und läßt auch nicht ohne weiteres erkennen, ob verzögerte oder beschleunigte Stromwendung vorliegt, d. h. ob das Wendefeld zu schwach oder zu stark bemessen ist. Um hierüber Aufschluß zu gewinnen, messen wir die Spannung zwischen gegenüberliegenden Punkten von Bürste und Stromwender längs der Bürstenbreite. Wegen des geringen elektrischen Widerstandes des Bürstenmaterials können wir auch die Spannung zwischen einem festen Punkte der Bürste B (Bild 313 a) und einem längs der Bürstenbreite veränderlichen Punkte am Stromwenderumfang messen, den wir durch eine schmale metallene Hilfsbürste b, die auf dem Stromwender schleift und im Bereich der Breite der Auflagefläche verschoben werden kann, erhalten. Bei gleichmäßiger Stromverteilung unter der Bürste (geradlinige Stromwendung) ist die Bürstenspannungskurve eine Parallele zur Abszissenachse. In Bild 313 b stellt die Kurve a leichte (im allgemeinen erwünscht), b starke Überstromwendung (Wendefeld zu stark), c Unterstromwendung (Wendefeld zu schwach) dar. [s. I, III E 4 u. 5].

4. Erwärmung und Isolierfestigkeit. Wenn bei großen Maschinen die *Erwärmung (III J 2)* in den Werkstätten des Herstellers ermittelt wird, wird man zur Stromersparnis das Rückarbeitsverfahren anwenden, wobei die Belastungsmaschine nicht gleich der zu untersuchenden Maschine zu sein braucht.

Von den Prüfungen auf *Isolierfestigkeit (III J 3)* kommt nur die Wicklungsprobe in Frage, wenn die Klemmenspannung, wie in der Regel, ≤ 2500 V ist. Diese Probe haben wir in *(IV G 5)* näher besprochen. [s. I, III E 6].

VIII. Einankerumformer.

A. Übersetzungen, Stromwärme.

Von den Einankerumformern hat nur der aus einem Dreiphasennetz gespeiste praktische Bedeutung. Die Zahl der Schleifringe wird dabei aus Gründen, die wir in (4) erkennen werden, im allgemeinen größer als die Phasenzahl des Netzes gewählt, was mit Hilfe des Transformators, der im allgemeinen zwischen Netz und Umformer erforderlich ist, möglich ist (*IV C 2*). Schließen wir den praktisch unwichtigen Fall des einphasigen Umformers aus, so ist die Schleifringzahl m' gleich der Phasenzahl m in der Sekundärwicklung des den Umformer speisenden Transformators (*IV C 2*). [s. II, III A 1].

1. Verhältnis der EMKe. Als Übersetzung bezeichnen wir das Verhältnis der EMK auf der Gleichstromseite (E_G) und der des verketteten Effektivwertes (E_W) auf der Wechselstromseite. Wenn die Feldkurve sinusförmig ist, können wir dieses Verhältnis aus dem Spannungskreis (Bild 314 a u. b) ablesen. Die Gleichspannung ist dabei gleich $2R$, der Effektivwert der Wechselspannung gleich der durch $\sqrt{2}$ geteilten Sehne $2R\sin\pi/m$. Damit erhalten wir die Übersetzung $\sqrt{2}/(\sin\pi/m)$. Im allgemeinen müssen wir dieses Verhältnis noch mit Φ_W/Φ_1 multiplizieren, worin Φ_W der mit einer von Bürsten kurzgeschlossenen Ankerwindung verkettete Fluß und Φ_1 der Fluß der Grundwelle ist, weil die Gleich-EMK dem Fluß Φ_W und die Wechsel-EMK mit genügender Annäherung dem Fluß Φ_1 proportional ist. Wir erhalten die Übersetzung

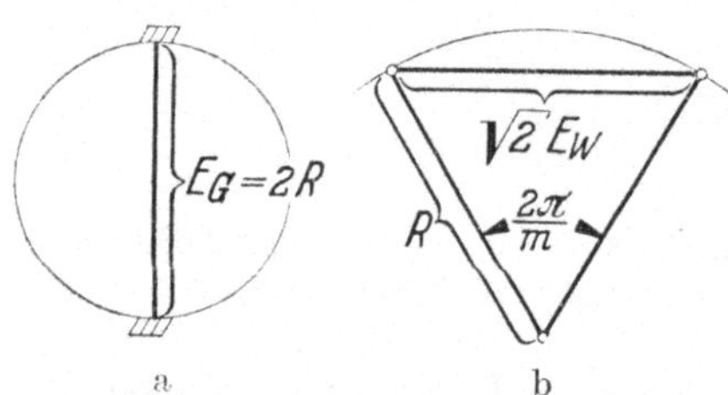

Bild 314a u. b. Spannungen beim Einankerumformer.

$$\ddot{u}_E = \frac{E_G}{E_W} = \frac{\sqrt{2}}{\sin\pi/m} \cdot \frac{\Phi_W}{\Phi_1}. \tag{350}$$

In Zahlentafel 5 ist $\ddot{u}_E\,\Phi_1/\Phi_W$ für verschiedene Phasen- oder Schleifringzahlen m eingetragen. Φ_1/Φ_W ist gewöhnlich einige Hundertstel größer als 1. [s. II, III A 2 a].

Zahlentafel 5. *Übersetzung der EMKe und Ströme.*

$m' = m =$	3	4	6	12	∞
$\ddot{u}_E \cdot \Phi_1/\Phi_W$	1,633	2,000	2,828	5,465	∞
$\ddot{u}_{Ji} \cdot (1_{(\pm)}\varrho)/\cos\psi \cdot \Phi_W/\Phi_1$	0,919	1,000	1,061	1,098	1,111
$\ddot{u}_J \cdot (1_{(\pm)}\varrho)/\cos\psi \cdot \Phi_W/\Phi_1$	1,838	2,000	2,122	2,196	2,222
$\ddot{u}_{Js} \cdot (1_{(\pm)}\varrho/\cos\psi \cdot \Phi_W/\Phi_1$	1,061	1,414	2,122	4,243	∞

2. Verhältnis der Ströme. Bezeichnen wir den Gleichstrom in jedem der $2a$ parallelen Ankerzweige mit J_{Gi} und den Wechselstrom in einem der a parallelen Zweige jedes Wicklungsstranges mit J_{Wi}, so ist die innere Gleichstromleistung $2a\,E_{Gi}\,J_{Gi}$ und die innere Wechselstromleistung $m\,a\,E_W\,J_{Wi}\cos(\dot{E}_W, \dot{J}_{Wi})$, worin E_G und E_W die bei Belastung induzierten EMKe bedeuten. Wir werden in ($B\,1$) sehen, daß das Querfeld des Mehrphasen-Umformers mit Stellung der Bürsten in der geometrisch neutralen Zone sehr klein ist ($E_q \approx 0$). Der Winkel $\dot{E}_W, \dot{J}_{Wi}$ ist dann nach Bild 235 sehr angenähert gleich dem Winkel ψ zwischen Längs-EMK $\dot{E}_l$ und Strom $\dot{J}$.

Je nachdem die Umformung von Wechselstrom in Gleichstrom oder umgekehrt erfolgt, muß nach dem Energieprinzip die Wechselstromleistung gleich der Summe oder Differenz aus der Gleichstromleistung und der in mechanische Leistung umgewandelten Leistung sein. Zu dieser mechanischen Leistung Q_{mech} gehören beim Einankerumformer die gesamten Reibungsverluste, die Lüftungsleistung und die Eisenverluste, die durch mechanische Leistung gedeckt werden. Sie beträgt nur wenige Hundertstel der Gleichstrom-Nennleistung. Beziehen wir Q_{mech} auf die innere Gleichstromleistung und schreiben

$$\varrho = Q_{\mathrm{mech}}/2a\,E_G\,J_{Gi}, \qquad\qquad (351\,\mathrm{a})$$

so erhalten wir nach dem Energieprinzip

$$2a\,E_G\,J_{Gi}(1 \underset{(\pm)}{} \varrho) = a\,m\,E_W\,J_{Wi}\,|\cos\psi|, \qquad\qquad (351)$$

worin das $+$-Zeichen für die Umformung von Wechselstrom in Gleichstrom, das $-$-Zeichen für die Umformung von Gleichstrom in Wechselstrom gilt. Gewöhnlich kommt die erste Umformung in Frage, deshalb ist das $-$-Zeichen eingeklammert. Aus Gl. 351 ergibt sich mit der Übersetzung $\ddot{u}_E$ nach Gl. 350 das Verhältnis des *inneren* Gleichstroms zum inneren Wechselstrom

$$\ddot{u}_{Ji} = \frac{J_{Gi}}{J_{Wi}} = \frac{m\sin\pi/m \cdot |\cos\psi|}{2\sqrt{2}\,(1 \underset{(\pm)}{} \varrho)} \cdot \frac{\Phi_1}{\Phi_W}. \qquad\qquad (352)$$

Der gesamte durch den Stromwender fließende (äußere) Gleichstrom ist

$$J_G = 2a\,J_{Gi}, \qquad\qquad (353\,\mathrm{a})$$

der gesamte Wechselstrom eines Wicklungs*strangs*

$$J_W = a\,J_{Wi}; \qquad\qquad (353\,\mathrm{b})$$

damit erhalten wir das Stromverhältnis

$$\ddot{u}_J = \frac{J_G}{J_W} = 2\ddot{u}_{Ji} = \frac{m\sin\pi/m \cdot |\cos\psi|}{\sqrt{2}\,(1 \underset{(\pm)}{} \varrho)} \cdot \frac{\Phi_1}{\Phi_W}. \qquad\qquad (353)$$

Der durch einen Schleifring fließende (äußere) Wechselstrom ist gleich der Differenz zweier Strangströme; diese haben den Effektivwert $J_W = a\,J_{Wi}$ und sind in der Phase um den Winkel $2\,\pi/m$ verschoben (Bild 315). Wir erhalten daher den Schleifringstrom zu

$$J_S = 2\sin \pi/m \cdot J_W = 2a\sin \pi/m \cdot J_{Wi}. \tag{354a}$$

Bilden wir das Verhältnis zwischen Stromwender- und Schleifringstrom, also der *Netzströme*, so erhalten wir

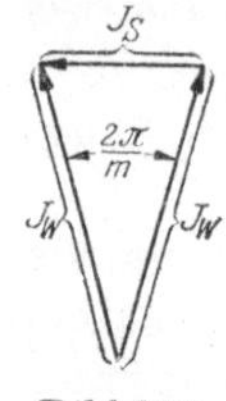

$$\ddot u_{JS} = \frac{J_G}{J_S} = \frac{1}{\sin \pi/m}\,\ddot u_{Ji} = \frac{m\,|\cos\psi|}{2\sqrt{2}\,(1_{\,(\pm)}\,\varrho)} \cdot \frac{\Phi_1}{\Phi_W}. \tag{354}$$

In Zahlentafel 5 sind die mit $(1_{\,(\pm)}\,\varrho)/\cos\psi\,|\cdot\Phi_W/\Phi_1$ multiplizierten Stromübersetzungen eingeschrieben; sie stellen z. B. die Stromverhältnisse eines verlustlosen Umformers unter der Voraussetzung dar, daß $\Phi_1 = \Phi_W$ und die Erregung des Umformers auf reinen Wirkstrom ($\psi = 0$ oder π) eingestellt ist. [s. II, III A 2 b].

Bild 315.

3. Der resultierende Strom in einem Ankerleiter. In jedem Ankerleiter überlagern sich Gleichstrom und Wechselstrom. Ihre Summe, der resultierende Strom i, hängt von dem Phasenwinkel zwischen EMK und Strom im Wicklungsstrang ab und ist für die Leiter der einzelnen Ankerspulen im allgemeinen verschieden, weil der Wechselstrom in allen Leitern eines Wicklungsstranges derselbe ist, der Gleichstrom aber nicht in allen Spulen des Stranges gleichzeitig, sondern nacheinander gewendet wird.

In einem Wicklungsstrang, dessen Spulenbreite dem Winkel $2\,\pi/m$ entspricht (Bild 316a), wird eine Wechsel-EMK induziert, deren Augen-

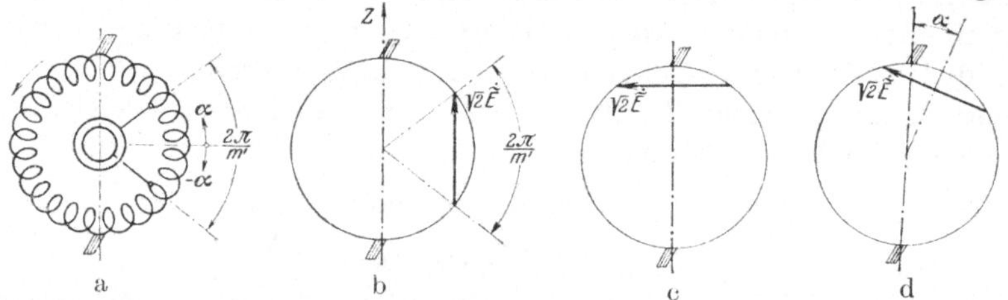

Bild 316 a bis d. Zusammenwirken von Gleich- und Wechselstrom. $m = m'$.

blickswert der Grundwelle wir einem Spannungsdiagramm entnehmen können (Bild 316b), in dem der Höchstwert $\sqrt{2}\,E$ der Strang-EMK gleich der zu dem Zentriwinkel $2\,\pi/m$ gehörigen Sehne eines Kreises ist. Der Durchmesser des Kreises ist gleich der von der Grundwelle des Feldes induzierten Gleich-EMK, wenn die Bürsten in der neutralen Zone stehen. Die Projektion der Sehne auf die im Raum feststehende Zeitlinie Z stellt dann bei umlaufendem Diagramm den Augenblickswert der induzierten Wechsel-EMK dar. Sie hat ihren Höchstwert, wenn, wie in Bild 316b, die Sehne parallel zur Zeitlinie Z liegt. Dies gilt auch für den Wechselstrom J_{Wi}, wenn dieser phasengleich mit der EMK $\dot E$

ist ($\psi = 0$, die Gleichstromseite des Umformers ist die primäre) oder
um 180° in der Phase verschoben ist ($\psi = \pi$, die Wechselstromseite ist
die primäre). EMK und Strom sind dann Null, wenn die Sehne senkrecht zur Zeitlinie steht (Bild 316c). In diesem
Augenblick wird der Gleichstrom in der Spule,
die in der Mitte des Wicklungsstranges liegt,
gewendet. Gleichstrom und Wechselstrom gehen
bei $\psi = 0$ bzw. $\psi = \pi$ für die in der Mitte des
Wicklungsstranges liegende Spule gleichzeitig
durch Null (Bild 318 oben links). In beiden
Fällen sind sie um eine halbe Periode in der
Phase verschoben; denn wenn die Wechselstromseite Generator ist, ist die Gleichstromseite Motor,
und umgekehrt. Für eine Spule, die um den
Phasenwinkel α (entsprechend dem räumlichen

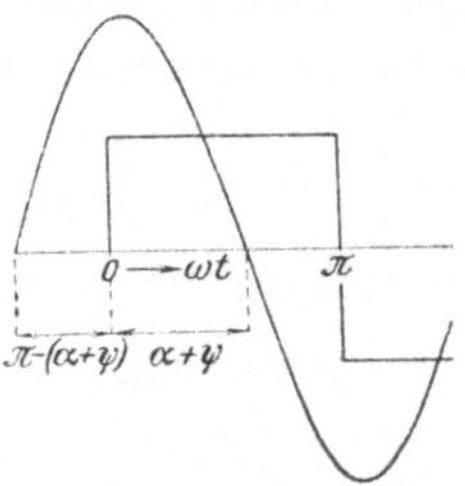

Bild 317. Gleich- und
Wechselstrom in
einem Ankerleiter.

Winkel α/p) in der Drehrichtung voraus (Bild 316d) oder zurück ist,
wird der Gleichstrom um die Zeit $T\,\alpha/2\,\pi$ früher oder später gewendet,
als der Wechselstrom durch Null geht (vgl. Bild 318b u. c links).

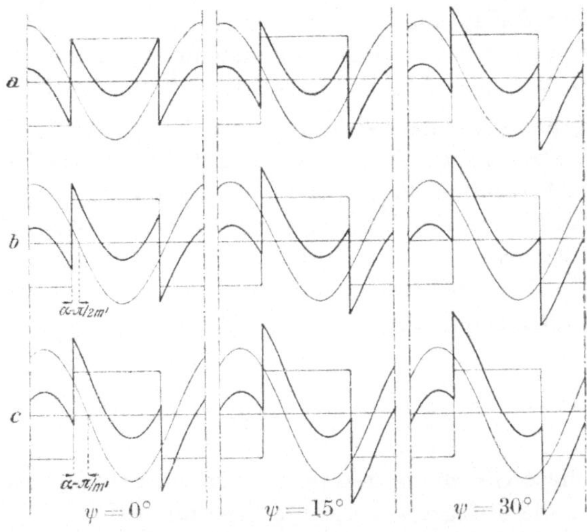

Bild 318 a bis c. Gleich- und Wechselstrom (dünn) und resultierender Strom in
einem Ankerleiter über ωt beim Sechsphasenumformer bei $\psi = 0°$, 15° und 30°.
a $\alpha = 0$, b $\alpha = \pi/12$, c $\alpha = \pi/6$.

Wenn nun der Wechselstrom nicht phasengleich mit der EMK ist,
wie wir es bisher vorausgesetzt haben, sondern der EMK um den Phasen-
winkel ψ vor- oder nacheilt, so wird er für $\alpha = 0$ um die Zeit $t = T\,\psi/2\,\pi$
früher oder später Null, als der Gleichstrom gewendet wird. Die relative
Phase zwischen Gleichstrom und Wechselstrom in einem Ankerleiter,
der um den Winkel α von der Mitte des Wicklungsstranges im Sinne

der Drehrichtung entfernt ist, ist also durch Bild 317 gegeben. Darin ist für voreilende Ströme ψ negativ; für Spulen, die gegenüber der Mitte des Wicklungsstranges in der Drehrichtung zurückliegen, ist α negativ einzusetzen. Der Phasenwinkel zwischen den beiden Stromwellen ist also $\pi - (\alpha + \psi)$.

Setzen wir den Wechselstrom sinusförmig voraus, so ist der resultierende Strom i im Ankerleiter

$$\text{für } 0 \leq \omega t \leq \pi: \qquad i \doteq J_{Gi} - \sqrt{2}\, J_{Wi} \sin(\omega t - \psi - \alpha) \qquad (355a)$$

oder mit Gl. 352

$$\frac{i}{J_{Gi}} = 1 - \frac{4\,(1 \underset{(\pm)}{} \varrho)}{m \sin \pi/m \cdot |\cos \psi|} \cdot \frac{\Phi_W}{\Phi_1} \sin(\omega t - \psi - \alpha). \qquad (355)$$

In Bild 318 ist beispielsweise für einen Sechsphasenumformer $(m = 6)$ der Gleichstrom, der Wechselstrom und der resultierende Strom bei den Phasenwinkeln ψ gleich $0°$, $15°$ und $30°$ dargestellt. Die Bilder a gelten für einen Leiter in der Mitte des Wicklungsstranges, c für einen Leiter in unmittelbarer Nähe der Anzapfung, wo die größte Strombeanspruchung auftritt, und b in der Entfernung $^1/_4$ der Spulenbreite von jener Anzapfung.

Wir erkennen die mit wachsendem ψ zunehmende ungünstige Strombeanspruchung, die in der einen Endspule auftritt. [s. II, III A 3a].

4. Stromwärme der Ankerwicklung. Die Stromwärmeleistung der Ankerwicklung des Umformers wollen wir auf die Stromwärmeleistung bei reinem Gleichstrombetrieb beziehen. Vernachlässigen wir dabei die zusätzliche Stromwärme durch Stromverdrängung, so ist das Verhältnis zwischen den Stromwärmen bei Umformer- und Gleichstrombetrieb in einer Ankerspule gleich dem Quadrat des Verhältnisses aus dem Effektivwert J des resultierenden Stromes zum Gleichstrom J_{Gi}, also

$$v = \left(\frac{J}{J_{Gi}}\right)^2 = \frac{1}{\pi} \int\limits_0^T \left(\frac{i}{J_{Gi}}\right)^2 d\omega t. \qquad (356a)$$

Setzen wir in diese Gleichung den resultierenden Strom i nach Gl. 355 ein und führen die Integration aus, so erhalten wir

$$v = 1 + \frac{1}{\ddot{u}_{Ji}^2} - \frac{4\sqrt{2}}{\pi \ddot{u}_{Ji}} \cos(\psi + \alpha) = 1 + A\,(1 \underset{(\pm)}{} \varrho)^2 \left(\frac{\Phi_W}{\Phi_1}\right)^2 - B\,(1 \underset{(\pm)}{} \varrho)\frac{\Phi_W}{\Phi_1}, \quad (35$$

worin zur Abkürzung gesetzt ist

$$A = \frac{8}{m^2 \sin^2 \pi/m \cdot \cos^2 \psi} \quad \text{und} \quad B = \frac{16 \cos(\psi + \alpha)}{\pi\, m \sin \pi/m \cdot |\cos \psi|}. \qquad (356b \text{ u. c})$$

Wie zu erwarten war, ist die Stromwärme für die einzelnen Spulen im Wicklungsstrang nicht gleich groß. ϱ beträgt bei Nennleistung nur wenige Hundertstel. Unter der Annahme, daß $\varrho = 0$ und $\Phi_W/\Phi_1 = 1$, ist in Bild 319 a u. b für drei- und sechsphasige Umformer das Verhältnis v für die Phasenwinkel ψ gleich $0°$, $15°$ und $30°$ als Funktion von $\alpha\,m/\pi$, der Lage der Spule im Wicklungsstrang, dargestellt. Zu beachten ist, daß die Ordinatenmaßstäbe verschieden sind. Für negative ψ ergeben sich die Spiegelbilder in bezug auf die Ordinatenachse. Der Höchstwert der Stromwärme tritt immer in einer Endspule, also an der Anzapfstelle des Umformers auf. In Bild 319 c ist das Verhältnis $v_{\max}$ (voll ausgezogene Kurven) für verschiedene Phasenwinkel ψ noch als Funktion der Schleifringzahl m des Umformers aufgetragen.

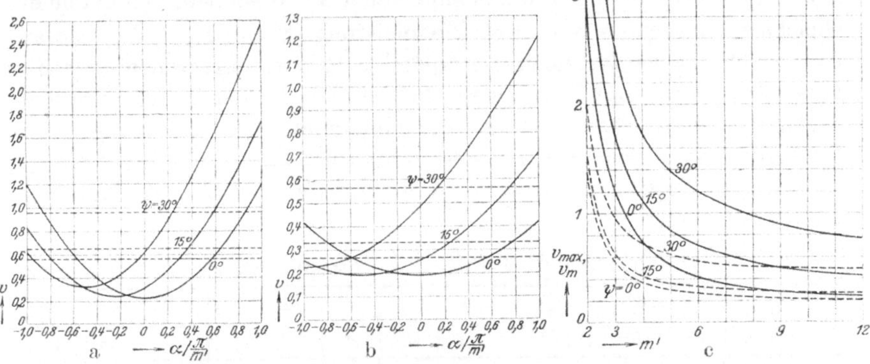

Bild 319 a bis c. Stromwärmeverhältnis v (—) und mittleres v_m (- - -) bei verschiedenen ψ. a ($m = m' = 3$), b ($m = m' = 6$) über der Lage der Spule im Strang, c $v_{\max}$ (——) und v_m (- - -) über Schleifringzahl $m = m'$.

Die auf die Stromwärme bei reinem Gleichstrombetrieb mit demselben Gleichstrom J_G bezogene *mittlere* Stromwärmeleistung in der ganzen Ankerwicklung des Umformers ist

$$v_m = \frac{m}{2\pi}\int\limits_{-\pi/m}^{+\pi/m} v\,\mathrm{d}x = 1 + A\,(1\,\underset{(\pm)}{}\,\varrho)^2\left(\frac{\Phi_W}{\Phi_1}\right)^2 - \frac{16}{\pi^2}\,(1\,\underset{(\pm)}{}\,\varrho)\,\frac{\Phi_W}{\Phi_1}. \tag{357}$$

v_m ist in den Bildern 319 a bis c ebenfalls (gestrichelt) eingezeichnet.

Das Verhältnis $v_{\max}$ ist für die Erwärmung einer Spule neben der Anzapfstelle der Ankerwicklung im wesentlichen maßgebend. Damit die Stromwärmeentwicklung in einer solchen Spule nicht größer ist als in einer Spule bei reinem Gleichstrombetrieb, darf der Gleichstrom J_G beim Umformerbetrieb $1/\sqrt{v_{\max}}$ des Nennstromes der Gleichstrommaschine mit demselben Anker und derselben Wicklung nicht überschreiten.

Das Verhältnis v_m ist für den Wirkungsgrad des Umformers maßgebend. Damit die gesamte Ankerstromwärme beim Umformerbetrieb dieselbe ist wie bei reinem Gleichstrombetrieb, muß der Gleichstrom J_G beim Umformerbetrieb $1/\sqrt{v_m}$ des Nennstromes der Gleichstrommaschine betragen.

In Zahlentafel 6 sind für verschiedene Umformer und Phasenwinkel ψ die Verhältnisse v_{max} und v_m, sowie ihre Wurzeln und die reziproken Werte davon zusammengestellt; es ist wieder $(1_{(\pm)}\varrho)\,\Phi_W/\Phi_1 = 1$ gesetzt. Für den theoretischen Grenzfall der unendlich großen Phasenzahl ist die Stromwärme in allen Ankerspulen dieselbe. $\sqrt{v_{max}}$ stellt das Verhältnis zwischen der Nennleistung N_G der Gleichstrommaschine und der Nenn-Umformerleistung N_U dar, wenn die Stromwärmeleistung einer Ankerspule der Gleichstrommaschine dieselbe ist, wie die größte Stromwärmeleistung einer Ankerspule beim Umformerbetrieb. Die Abmessungen des Umformerankers sind daher so zu wählen, wie bei einer Gleichstrommaschine von der Nennleistung $N_G = \sqrt{v_{max}} \cdot N_U$, deren Ankerwicklung gerade noch die zulässige Erwärmungsgrenze erreicht. Dies setzt voraus, daß keine wesentliche Ableitung der in der heißesten Endspule entwickelten Wärme zu Nachbarspulen stattfindet. An den Endspulen ist in jedem Falle eine verhältnismäßig große Erwärmung zu erwarten. Deshalb müssen die Anzapfstellen sorgfältig vernietet und verlötet sein.

Zahlentafel 6. Verhältnis der Stromwärmen v.

$m =$	3			6			12			∞		
$\psi =$	0°	15°	30°	0°	15°	30°	0°	15°	30°	0°	15°	30°
v_{max}	1,21	1,75	2,58	0,42	0,71	1,21	0,25	0,42	0,77	}0,19	0,25	0,46
v_m	0,56	0,65	0,96	0,27	0,33	0,56	0,21	0,27	0,48			
$\sqrt{v_{max}}$	1,10	1,32	1,61	0,65	0,84	1,10	0,50	0,65	0,86	}0,44	0,50	0,68
$\sqrt{v_m}$	0,75	0,81	0,98	0,52	0,58	0,75	0,46	0,52	0,70			
$1/\sqrt{v_{max}}$	0,91	0,76	0,62	1,54	1,19	0,91	2,00	1,54	1,16	}2,27	2,00	1,47
$1/\sqrt{v_m}$	1,33	1,23	1,02	1,92	1,72	1,33	2,18	1,92	1,43			

Darf die gesamte Ankerstromwärme beim Umformer dieselbe sein wie bei der Gleichstrommaschine, so gibt die Zeile für $\sqrt{v_m}$ an, mit welchem Faktor die Umformerleistung zu multiplizieren ist, um die Leistung der Gleichstrommaschine zu erhalten, für die der Anker des Umformers zu bemessen ist.

Die Wahl der Abmessungen des Umformers ist damit auf die der Gleichstrommaschine zurückgeführt.

Aus der Zusammenstellung der Zahlentafel 6 erkennen wir, daß die Stromwärmeverluste mit zunehmender Zahl der Schleifringe schnell sinken. Dabei ist das Produkt aus Zahl der Schleifringe und Strom eines Schleifringes (vgl. Gl. 354) bei demselben äußeren Gleichstrom, also derselben Umformerleistung, von der Zahl m der Schleifringe unabhängig. Je größer die Zahl der Schleifringe ist, desto länger und teurer wird aber der Umformer. Für Umformer, die aus Dreiphasennetzen gespeist werden, stellt gewöhnlich die Anordnung mit 6 Schleifringen den wirtschaftlich günstigsten Entwurf dar.

Die Werte in Zahlentafel 6 berücksichtigen nur den Gleichwiderstand der Ankerwicklung; unter dem Einfluß der Stromverdrängung nähern sich die Werte für $v_{\max}$ und v_m um ein Geringes der Zahl 1. [s. II, III A 3b bis d).

B. Ankerrückwirkung, Stromwendung, Spannungsverlust.

1. Ankerrückwirkung. Der in der Ankerwicklung fließende Wechselstrom erzeugt wie bei der Synchronmaschine ein gegenüber dem Feldmagneten ruhendes Feld. Ebenso ist auch das vom Gleichstrom der

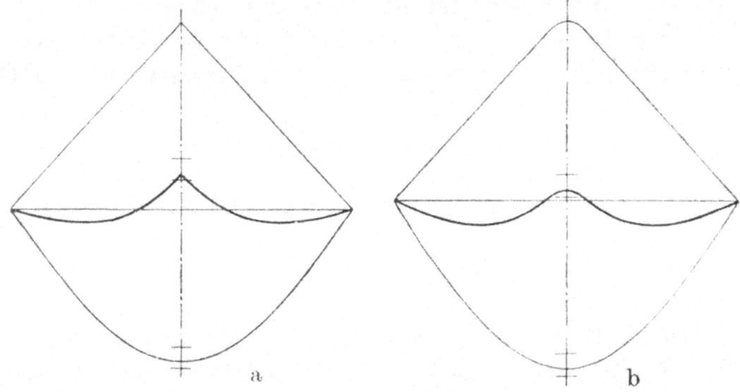

Bild 320 a u. b. Ankerquerfeld des Gleich-, Wechsel- und resultierenden Stromes.
a $b' = 0$, $\varrho = 0$, $\Phi_{\mathrm{W}} = \Phi_1$, b $b' = 0,1\,\tau$, $\varrho = 0,05$, $\Phi_{\mathrm{W}} = 1,05\,\Phi_1$.

Ankerwicklung erregte Feld gegenüber dem Feldmagneten im wesentlichen in Ruhe und ein reines Querfeld, wenn die Bürsten in der geometrisch neutralen Zone stehen, wie es beim Umformer, der gewöhnlich mit Wendepolen ausgerüstet wird, der Fall ist.

Wie bei der Synchronmaschine können wir die Ankerrückwirkung, herrührend vom Wechselstrom, in eine Längs- und eine Querwirkung zerlegen. Die Felderregerkurve der Anker-Querdurchflutung des Wechselstromes setzt sich mit der Felderregerkurve des Gleichstroms im Anker zu einer resultierenden Felderregerkurve zusammen, die das resultierende von der Ankerwicklung herrührende Querfeld erregt. Anderseits setzt sich die Felderregerkurve der Anker-Längsdurchflutung des Wechselstromes mit der Feldmagnetdurchflutung zu einer resultierenden Felderregerkurve zusammen, die das resultierende Längsfeld genau wie bei der Synchronmaschine erregt.

Wir betrachten nun die resultierende Felderregerkurve des Ankerquerfeldes. Der *Gleichstrom* erzeugt die in Bild 320a dargestellte dreieckförmige Felderregerkurve, wenn wir der Einfachheit wegen einen glatten Anker mit unendlich großer Zahl von Stromwenderstegen und unendlich schmalen Bürsten voraussetzen. Die Höhe des Dreiecks ist

$$V_{G0} = \frac{z}{4p}\,J_{Gi} = \frac{z}{8ap}\,J_G. \qquad (358a)$$

Bei Berücksichtigung der Bürstenbreite und geradliniger Stromwendung geht die Spitze des Dreiecks in eine parabolische Kuppel über. Dadurch wird die Amplitude der Gleichstrom-Felderregerkurve etwas verringert. Wir erhalten sie zu

$$V_G = \frac{z}{4\,p}\,\eta\,J_{Gi} = \frac{z}{8\,a\,p}\,\eta\,J_G \quad \text{mit} \quad \eta \approx 1 - \frac{b'}{2\,\tau}, \qquad \text{(358b u. c)}$$

worin τ die Polteilung und b' die auf den Ankerumfang bezogene Bürstenbreite bezeichnet. Für den Durchschnittswert $b' = 0,1\,\tau$ oder $\eta = 0,95$ ist in Bild 320b die Felderregerkurve aufgezeichnet.

Die Amplitude der Grundwelle der Felderregerkurve der Anker-Querdurchflutung $\Theta_{Aq} = \Theta_A \cos\psi$ des *Wechselstromes* ist nach Gl. 107a

$$V_{Wq} = \frac{\sqrt{2}\,m}{\pi}\,\frac{\xi\,w}{p}\,a\,J_{Wi}\,|\cos\psi|. \qquad \text{(359a)}$$

Mit $w = z/2\,a\,m$, $\xi = (\sin\pi/m)/(\pi/m)$ und Gl. 352 erhalten wir

$$V_{Wq} = \frac{2}{\pi^2}\,\frac{z}{p}\,(1_{(\pm)}\varrho)\,\frac{\Phi_W}{\Phi_1}\,J_{Gi} = \frac{8}{\pi^2}\,(1_{(\pm)}\varrho)\,\frac{\Phi_W}{\Phi_1}\,V_{G0}. \qquad \text{(359b)}$$

Beachten wir, daß die Grundwelle V_{G01} der Dreieckkurve gleich dem $8/\pi^2$-fachen des Höchstwertes V_{G0} ist, dann können wir Gl. 359b auch schreiben

$$V_{Wq} = (1_{(\pm)}\varrho)\,\frac{\Phi_W}{\Phi_1}\,V_{G01}. \qquad \text{(359)}$$

Für einen mechanisch unbelasteten Einankerumformer ($\varrho = 0$) mit sinusförmiger Feldkurve ($\Phi_W = \Phi_1$) ist die Grundwelle der resultierenden Felderregerkurve der Querdurchflutung der Ankerwicklung Null. Für solchen idealen Umformer ist in Bild 320a die Felderregerkurve der Anker-Querdurchflutung des Wechselstromes eingezeichnet; Bild 320b stellt die entsprechende Kurve für die Durchschnittswerte $\varrho = 0,05$ und $\Phi_W = 1,05\,\Phi_1$ dar, wobei vorausgesetzt ist, daß die Umformung von Wechselstrom in Gleichstrom erfolgt. Die Ordinaten sind negativ, weil wir die Felderregerkurve des Gleichstromes positiv angenommen haben, beide Kurven aber entgegengesetztes Vorzeichen haben müssen. Bilden wir die resultierende Felderregerkurve, so erhalten wir die in Bild 320a u. b durch stärkere Linien hervorgehobenen Kurven. Wir erkennen, daß beim Einankerumformer die Ankerrückwirkung des Gleichstromes und die der Querdurchflutung des Wechselstromes sich bis auf einen kleinen Rest aufheben. Die Feldverzerrung unter dem Polschuh ist also beim Umformer im Vergleich zur Gleichstrom- und zur Synchronmaschine sehr gering, und der Spannungsverlust durch Feldverzerrung unter dem Polschuh ist zu vernachlässigen.

Wir haben bei diesen Betrachtungen nur die Grundwelle der Felderregerkurve des Wechselstromes berücksichtigt. In Wirklichkeit schwankt der Höchstwert dieser Kurve zeitlich um den Höchstwert der

Grundwelle wie die Summe der Projektionen der Strangströme mit der jeweiligen Lage der Zeitlinie. Für den Dreiphasen- und Sechsphasen-Umformer erhalten wir die Grenzwerte, wenn einmal die Zeitlinie mit einem Strangstrom zusammenfällt, das andere Mal, wenn sie senkrecht zu einem Strangstrom liegt (t_1 und t_2 in Bild 321 bei $m = 3$). Diese Grenzwerte sind in Bild 320a u. b durch kurze horizontale Striche, sowohl für die Felderregerkurve des Wechselstromes als auch für die resultierende Felderregerkurve angedeutet. Die auf die Amplitude der Gleichstrom-Felderregerkurve bezogene Schwankung der resultierenden Felderregerkurve in der Neutralen, nämlich 11,4% in Bild 320a und 12% in Bild 320b ist bei drei- und sechsphasigen Umformern von der Größenordnung des auf die Ankerdurchflutung bezogenen Überschusses der Wendepoldurchflutung über die Ankerdurchflutung bei gewöhnlichen Gleichstrommaschinen. Um den Einfluß dieser Schwankung auf die Stromwendung möglichst unschädlich zu machen, wird beim Umformer die Luftspaltlänge im Bereich der Wendepole *wesentlich größer* als bei Gleichstrommaschinen bemessen. Der zusätzliche Luftspalt wird häufig

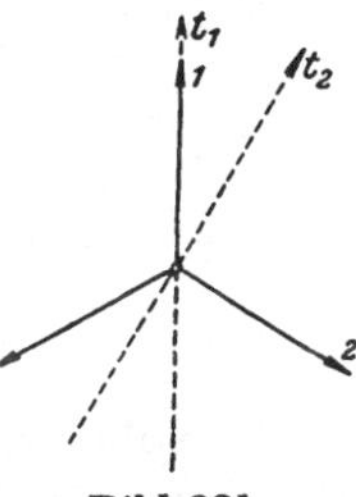

Bild 321.

nicht unmittelbar am Ankerumfang, sondern in den Wendepolkern eingeschaltet. Beim neun- und zwölfphasigen Umformer sind die Schwankungen nur gering, sie betragen etwa 1,3 und 2,8% der Amplitude der Gleichstrom-Felderregerkurve. [s. II, III B 1 u. 4b].

2. Stromwendung. Die Stromwendung bei Einankerumformern unterscheidet sich nur unwesentlich von der bei Gleichstrommaschinen. Beim Einankerumformer ändert sich zwar während der Dauer der Stromwendung auch der Wechselstrom in den von Bürsten kurzgeschlossenen Spulen; diese Änderung ist aber so klein, daß sie vernachlässigt werden darf. Bei Wendepolmaschinen treten jedoch noch gewisse zusätzliche Erscheinungen auf, auf die wir hier nicht eingehen können. [s. II, III B 4].

3. Rundfeuer. Bei plötzlichen Belastungsstößen auf der Gleichstromseite gerät der Umformer ins Pendeln, wobei die Felderregerkurve des Gleichstroms nicht mehr durch die des Wechselstroms im wesentlichen aufgehoben wird. Der Einankerumformer neigt deshalb sehr zu Rundfeuer und zwar um so mehr, je größer die Netzfrequenz ist. Das wirksamste Mittel, Einankerumformer vor Rundfeuer zu schützen, ist die Verwendung von Schnellschaltern, die innerhalb 0,01 bis 0,02 sec den Kurzschluß unterbrechen, bevor er sich voll entwickelt hat. Um Pendelungen zu unterdrücken, wird der Umformer mit einer Kurzschluß-käfigwicklung ausgerüstet (*VI D 7*). [s. II, III B 4 c].

4. Spannungsverlust. Der vom resultierenden Strom in der Anker-wicklung herrührende Wirkspannungsverlust ist so klein, daß er im allgemeinen vernachlässigt werden darf. Es tritt deshalb bei dieser Vernachlässigung auf der Gleichstromseite nur der Spannungsverlust der Bürsten, auf der Wechselstromseite der Spannungsverlust der Bürsten und des Streublindwiderstandes auf, der wie bei der Synchronmaschine zu berechnen ist. Das Spannungsdiagramm für einen Wicklungsstrang der primären Wechselstromseite ist in Bild 322 aufgezeichnet. Da der Schleifringstrom gleich der Differenz der Strangströme ist, ergibt sich der auf den Wicklungsstrang bezogene Spannungsverlust der Bürsten zu $\dot{V}\sin\pi/m$, wenn $\dot{V}$ die Übertrittsspannung zweier in Reihe geschalteter Bürsten, in Phase mit dem Strangstrom J_W, ist. [s. II, III B 2 u. 3].

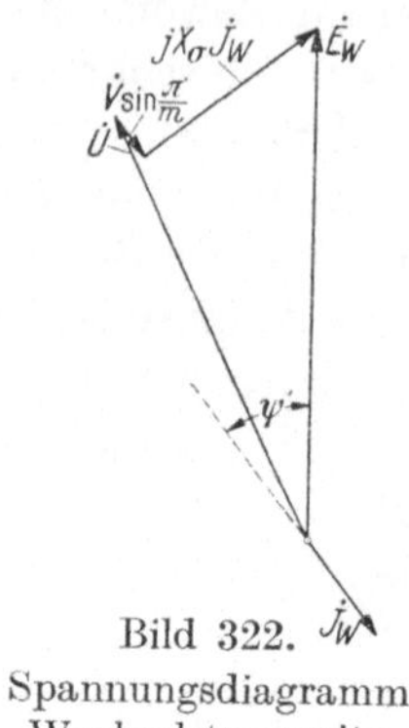

Bild 322. Spannungsdiagramm, Wechselstromseite.

C. Betrieb des Umformers.

1. Anlassen. Wenn vor Inbetriebsetzung des Umformers eine Gleichstromquelle zur Verfügung steht, kann dieser wie ein gewöhnlicher Gleichstrommotor angelassen, auf Nenndrehzahl hochgefahren und mit einer Synchronisiervorrichtung ($VI\,D\,1$) an das Wechselstromnetz geschaltet werden.

Wenn eine geeignete Gleichstromquelle zum Anlassen fehlt, kann der Umformer durch einen Anwurfmotor, beispielsweise durch einen Induktionsmotor, dessen Polpaarzahl um 1 kleiner ist als die des Umformers, durch Widerstände im Läuferkreis auf die synchrone Drehzahl eingestellt und in der üblichen Weise synchronisiert werden. Nach erfolgter Synchronisierung kann der Anwurfmotor vom Umformer abgekuppelt werden. Dieses Verfahren ist auch zur Inbetriebsetzung von synchronen Blindleistungsmaschinen ($VI\,D\,2$) geeignet.

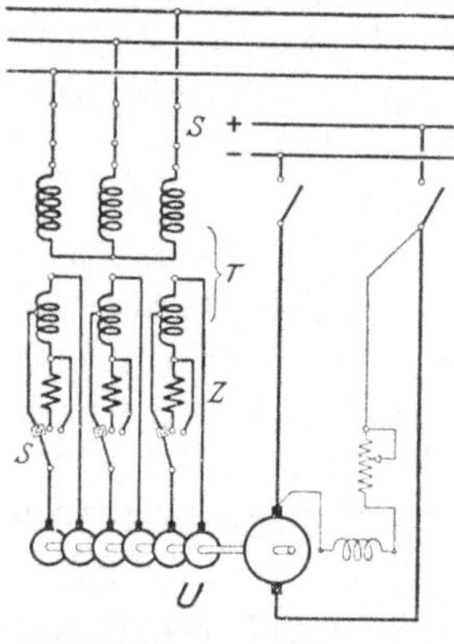

Bild 323. Schaltung für asynchrones Anlassen.

Das einfachste und verbreitetste Anlaßverfahren für Einankerumformer (und auch Synchronmotoren) ist der asynchrone Anlauf mit Kurzschluß-Käfigwicklung (Dämpferwicklung) im Feldmagneten.

In Bild 323 ist hierfür die Schaltung eines Sechsphasenumformers dargestellt. Auf der ersten Stufe des Schalters S wird der Umformer an einen Teil der Sekundärwicklung des Transformators T geschaltet, dessen Spannung ausreicht, um den Umformer bis in die Nähe der synchronen Drehzahl zu beschleunigen. Hierauf wird der Umformer auf der Gleichstromseite entsprechend einem Leistungsfaktor $|\cos\varphi| = 1$ bei Nennspannung erregt, wobei der Umformer in Synchronismus gezogen wird. Die Schleifringe können dann durch den Schalter S an die volle Sekundärspannung gelegt werden. Damit hierbei kein unzulässig großer Stromstoß auftritt, erfolgt die Umschaltung über einen Schutzwiderstand Z, der als induktionsfreier oder induktiver Widerstand ausgebildet werden kann.

Beim asynchronen Anlauf von Einankerumformern oder Synchronmotoren hat das von der Wechselstromseite erregte Drehfeld bei Stillstand die volle synchrone Geschwindigkeit gegenüber der Feldmagnetwicklung. Bei zunehmender Drehzahl nimmt die relative Geschwindigkeit ab und ist bei synchroner Drehzahl Null. Während des Anlaufs wird deshalb in der Feldmagnetwicklung eine EMK induziert, die bei Stillstand (im Augenblick des Anlaufs) und besonders bei Maschinen ohne Dämpferwicklung mehrere tausend Volt erreicht, denn die Windungszahl der Feldmagnetwicklung ist sehr groß. Um die hohen Spannungen in der Erregerwicklung einzuschränken, die nicht nur die Maschine, sondern auch das *Leben des Betriebspersonals gefährden*, wird die Erregerwicklung während des Anlaufs entweder in eine größere Anzahl offener Zweige unterteilt oder in sich geschlossen. Da bei vollkommen kurzgeschlossener Feldmagnetwicklung der asynchrone Anlauf erschwert wird, schließt man die Erregerwicklung über einen induktionsfreien Widerstand, der zweckmäßig dauernd parallel zur Erregerwicklung bleibt. Dieser Widerstand soll nach § 50 (Anmerkung zu Tafel V) der REM höchstens das Zehnfache des Wirkwiderstandes der Erregerwicklung betragen. In Bild 323 ist der Feldmagnetregler so geschaltet, daß der Stromkreis der Erregerwicklung nicht unterbrochen werden kann.

Wenn nach erfolgtem Anlauf die Polarität auf der Gleichstromseite nicht die richtige ist, sie hängt vom Zufall ab, kann man vor dem Umschalten auf volle Transformatorspannung die Erregung des Umformers kurzzeitig unterbrechen, so daß er um eine Polteilung schlüpft und die richtige Polarität annimmt. [s. II, III C 1].

2. Spannungsreglung. Da das Verhältnis der EMKe zwischen Gleichstrom- und Wechselstromseite praktisch festliegt, kann die Spannung auf der Gleichstromseite bei fester Schleifringspannung nicht durch die Erregung geändert werden.

Wenn eine stetige Regelung der Gleichstromspannung in weiteren Grenzen verlangt wird, kann zur Änderung der Schleifringspannung ein *Drehtransformator* verwendet werden. In Bild 324 ist eine hierfür geeignete Schaltung dargestellt. $U_1' = U_2$ ist die primäre (U_1 in Bild 180a), U_2' die sekundäre Spannung (U_2 in Bild 180a) des Drehtransformators und U_S die geregelte Schleifringspannung (U in Bild 180a). Es ist beispielsweise ein Umformer zur Speisung eines Dreileiter-Gleichstromnetzes vorausgesetzt, wobei je eine Hälfte der Wendepolwicklung von den Strömen der Außenleiter gespeist werden muß.

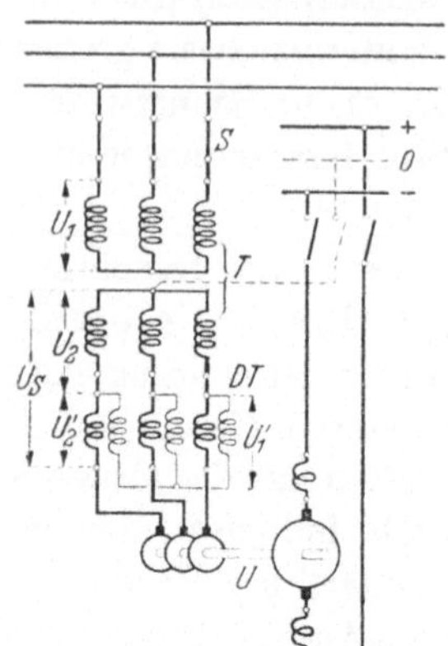

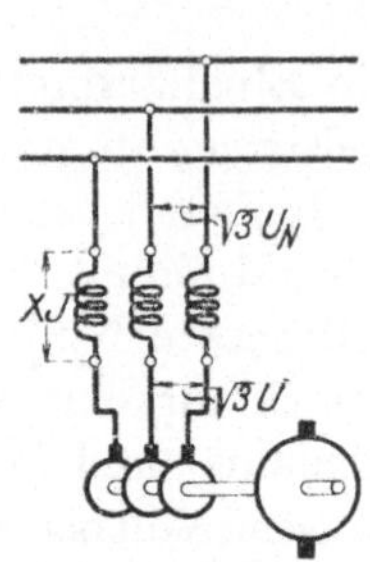

Wenn *zwischen den Schleifringen* des Umformers *und Netz Blindwiderstände* geschaltet werden (Bild 325), läßt sich die Schleifringspannung und damit die Spannung auf der Gleichstromseite auch durch Änderung der Erregung in gewissen Grenzen regeln. Hierbei ändert sich aber auch der Phasenwinkel ψ zwischen der Wechsel-EMK des Umformers und dem Strom und damit nach (*A 4*) auch die Stromwärme im Umformer.

Bild 324. Spannungsregelung mit Drehtransformator; Gleichstromnetz mit Nulleiter.

Bild 325. Regelung mit Vorschaltdrossel.

Die Bilder 326a bis c erläutern diese Regelung, beispielsweise bei konstantem Wirkstrom J_w auf der Wechselstromseite, entsprechend dem Nennstrom J_G auf der Gleichstromseite. U_N bedeutet die Netzspannung, U_S die Schleifringspannung. Bild b stellt den Fall der Normal-

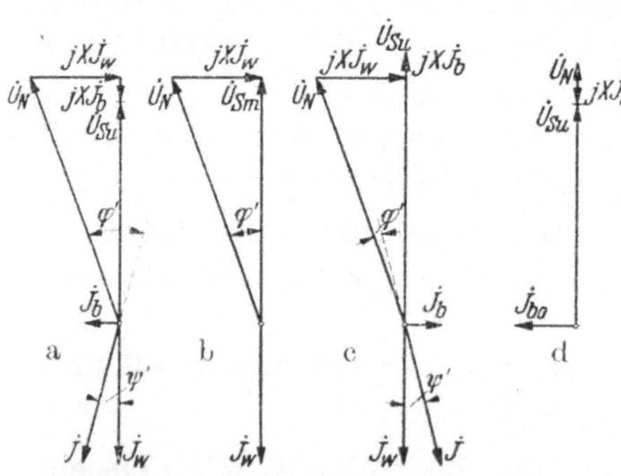

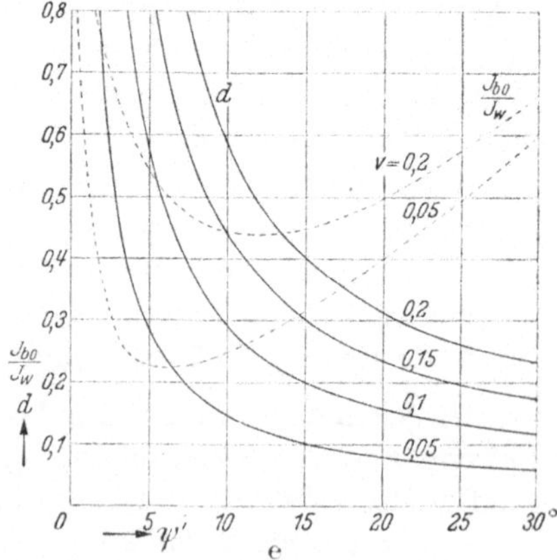

Bild 326 a bis e. a bis c Regelung nach Bild 325 bei konstantem Wirkstrom J_w, d Leerlauf, e Drosselleistung d und Leerlaufstrom $J_{b\,0}$ über ψ' bei verschiedenen v.

erregung ($J_b = 0$) dar, a den der Untererregung und c den der Übererregung. Die Schleifringspannungen ergeben sich für diese drei Fälle zu

$$U_{Sm} = \sqrt{U_N^2 - (X\,J_w)^2}, \tag{360a}$$

$$U_{Su}/U_{Sm} = 1 - X\,J_b/U_{Sm}, \qquad U_{Sa}/U_{Sm} = 1 + X\,J_b/U_{Sm}. \tag{360b u. c}$$

Führen wir noch das Verhältnis der Leistung in den vorgeschalteten Blindwiderständen X zur Umformerleistung bei mittlerer Schleifringspannung U_{Sm} ein,
$$d = X J^2 / U_{Sm} J_w , \tag{361}$$
so erhalten wir
$$U_{Su}/U_{Sm} = 1 - d \sin \psi' \cdot \cos \psi', \quad U_{S\ddot{u}}/U_{Sm} = 1 + d \sin \psi' \cdot \cos \psi'. \tag{361 a u. b}$$

Die gesamte auf die mittlere Schleifringspannung U_{Sm} bezogene Spannungsänderung ist
$$v = (U_{S\ddot{u}} - U_{Su})/U_{Sm} = 2 d \sin \psi' \cdot \cos \psi' = d \sin 2\psi'. \tag{362}$$

Die Bilder 326a bis c sind für $v = 0{,}2$ und $\psi' = 15°$ gezeichnet. Bild d stellt das Spannungsdiagramm bei Leerlauf dar, wenn hierbei die kleinste Schleifringspannung U_{Su} eingestellt werden soll.

In Bild 326e ist die auf die Nennleistung des Umformers bei der mittleren Schleifringspannung U_{Sm} bezogene Drosselspulenleistung (Gl. 361) als Funktion des Phasenwinkels ψ' im Umformer bei verschiedenen Parametern v in voll ausgezogenen Kurven aufgetragen. In dem praktisch in Frage kommenden Bereich für ψ' sinkt die

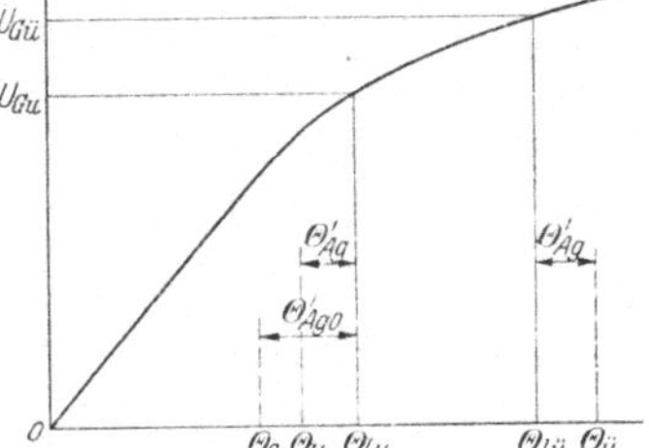
Bild 327. Grenzerregungen Θ_0 und $\Theta_{\ddot{u}}$.

Drosselspulenleistung mit wachsendem ψ', und zwar anfangs sehr schnell. Die noch zulässige Grenze von ψ' wird durch wirtschaftliche Erwägungen bestimmt, da mit wachsendem ψ' die Drosselspule kleiner, der Umformer aber größer wird. Gestrichelte Kurven stellen den auf den Wirkstrom J_w bezogenen Leerlaufstrom J_{b0} bei kleinster Schleifringspannung dar.

Die Bestimmung der Feldmagnetdurchflutung ergibt sich wie bei der Synchronmaschine aus der Leerlaufkennlinie. In Bild 327 bedeuten Θ_{lu} und $\Theta_{l\ddot{u}}$ die resultierenden Längsdurchflutungen bei Unter- und Übererregung für Nenn-Wirkstrom, Θ'_{Ag} die dabei auftretende wirksame Anker-Längsdurchflutung, Θ'_{Ag0} die wirksame Anker-Längsdurchflutung bei Leerlauf und $\Theta_u, \Theta_{\ddot{u}}$ und Θ_0 die einzustellenden Feldmagnetdurchflutungen. Die Feldmagnetdurchflutung muß also von Θ_0 bis $\Theta_{\ddot{u}}$ regelbar sein. U_{Gu} und $U_{G\ddot{u}}$ sind die auf die Gleichstromseite bezogenen Schleifringspannungen.

Durch eine vom Ankergleichstrom durchflossene Kompoundwicklung läßt sich, wenn vor die Schleifringe nach Bild 325 eine Drossel geschaltet ist, die Spannung *selbsttätig* wie bei der Gleichstrommaschine regeln (*VII E 4*). [s. II, III C 2].

3. Parallelbetrieb. Einankerumformer, die untereinander auf der Gleichstromseite und an den Schleifringen der Wechselstromseite parallel geschaltet sind (Bild 328), ermöglichen keinen einwandfreien Parallelbetrieb. Ungleichheiten in den Bürstenübergangswiderständen auf der Gleichstromseite können bewirken, daß ein Teil des Gleichstroms von den negativen Bürsten des einen Umformers über die Schleifringe zum andern Umformer und von den positiven Gleichstrombürsten dieses Umformers zum Gleichstromnetz fließt, wie es in Bild 328 durch Pfeile angedeutet ist.

Werden dagegen die Umformer auf der Wechselstromseite nicht unmittelbar, sondern über die vorgeschalteten Transformatoren parallel geschaltet, so ist dem Gleichstrom der Weg über die Schleifringe abgeschnitten. Einankerumformer sind dann wie Gleichstrom-Nebenschlußmaschinen zum Parallelbetrieb geeignet. Zur besseren Lastverteilung kann ein vergrößerter Spannungsverlust durch Gegenkompoundierung und durch vergrößerte Streuung des Transformators oder durch eine vor die Schleifringe geschaltete Drossel erreicht werden. Parallel arbeitende kompoundierte Umformer müssen wie die Gleichstrom-Doppelschlußmaschine (Bild 292) Ausgleichsleitungen erhalten. [s. II, III C 3, andere Betriebserscheinungen II, III C 4 u. 5].

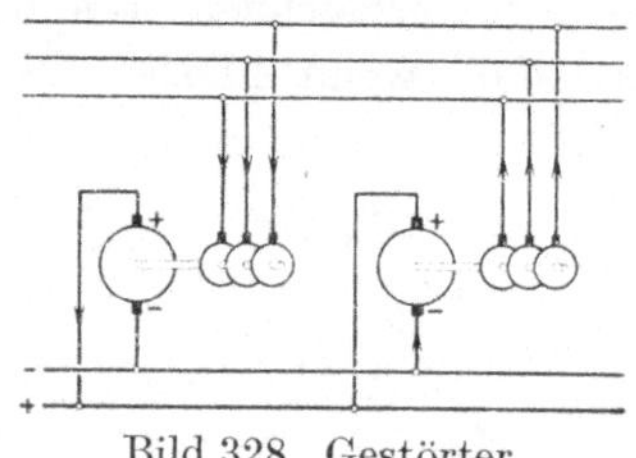

Bild 328. Gestörter Parallelbetrieb.

4. Gleichstrom-Wechselstrom-Umformer. Nur in seltenen Fällen wird der Einankerumformer zur Umwandlung von Gleichstrom in ein- oder mehrphasigen Wechselstrom verwendet. Man bezeichnet ihn dann auch als umgekehrten Umformer.

Arbeitet dieser Umformer als einzige Synchronmaschine auf ein Wechselstromnetz, so ist die Drehzahl des Umformers im wesentlichen durch die dem Anker vom Gleichstromnetz zugeführte, gewöhnlich konstante Ankerspannung und den Erregerfluß bestimmt. Dieser Fluß wird aber bei konstanter Gleichstromerregung durch induktive Belastung auf der Wechselstromseite geschwächt, so daß bei fester Drehzahl die Erregung nachgeregelt werden muß. Tritt die induktive Belastung plötzlich auf, so wird die Drehzahl des Umformers zunehmen, und es besteht die Gefahr, daß der Umformer durchgeht. [s. II, III D; dort auch andere Sonderausführungen].

D. Entwurf.

1. Hauptabmessungen. In (*A 4*) haben wir die Hauptabmessungen eines Einankerumformers auf die einer Gleichstrommaschine zurückgeführt. Lediglich mit Rücksicht auf die Erwärmung der Ankerwicklung könnte deshalb der Anker und die Ankerwicklung des Umformers für die Gleichstromleistung N_G ebenso entworfen werden, wie bei einer

Gleichstrommaschine für die Leistung

$$N = \sqrt{v_{\max}} \cdot N_G, \tag{363}$$

worin $\sqrt{v_{\max}}$ der Zahlentafel 6 (S. 276) entnommen werden kann. Bei größeren Sechs- und Mehrphasenumformern empfiehlt es sich, den Umformer reichlicher zu bemessen als nach Gl. 363. Man kann dann die Leiterquerschnitte entsprechend schwächer wählen als bei der Gleichstrommaschine, so daß die Nuten flacher werden, was der Funkenunterdrückung zugute kommt.

Im übrigen gelten etwa dieselben Beanspruchungen wie bei der Gleichstrommaschine. Daß die Luftspalte im Wendepolkreis wesentlich größer als bei der Gleichstrommaschine zu bemessen sind, haben wir schon in (*B 1*) gezeigt.

Zur Unterdrückung von Pendelungen erhält der Umformer eine Käfigdämpferwicklung; Gesamtquerschnitt etwa 0,25 bis 0,5 des der Ankerwicklung. Ferner wird der Umformer mit einem Fliehkraftschalter ausgerüstet, der ihn beim Überschreiten der Nenndrehzahl vom Netz trennt. [s. II, III F 1 a u. 2].

2. Polzahl und größte Leistung. Wie bei der Synchronmaschine ist auch beim Einankerumformer das Produkt aus Polpaarzahl und Drehzahl gleich der Frequenz des Wechselstromes. Es kann deshalb bei gegebener Frequenz die Polpaarzahl noch willkürlich gewählt werden. Einen Anhalt für die Wahl der Drehzahl gibt uns die in (*VII G 6*) abgeleitete Beziehung 345b zwischen Gleichstromleistung und Drehzahl, worin $p\,n = f$ die Netzfrequenz ist. Wegen der größeren Rundfeuergefahr bei Umformerbetrieb ist $e_{sm} = 16$ V wie bei der Gleichstrommaschine *ohne* Kompensationswicklung einzusetzen. Die größte bei einer gewissen Drehzahl $n = f/p$ ausführbare Leistung kann nach Gl. 345 d berechnet werden. Setzen wir in diese Gleichung die größten etwa zulässigen Werte von $A = 500$ A/cm und $v_A = 50$ m/s ein, so erhalten wir

$$N_{\max} \approx 1200 \frac{1000}{n} \ \text{kW}, \tag{364}$$

worin n in U/min einzusetzen ist. [s. II, III F 1 b].

3. Größte erreichbare Spannung U_G. Lösen wir Gl. 345a nach $U = U_G$ auf, so erhalten wir mit

$$k = \frac{2\,p\,\tau_K}{t_K} = \frac{v_K}{n\,t_K} : \qquad U_G = \frac{v_K}{t_K} \frac{e_{sm}}{2f}. \tag{365 a u. b}$$

Setzen wir die größten etwa zulässigen Werte für $v_K = 40$ m/s, $t_K = 5$ mm und $e_{sm} = 16$ V, so ergibt sich bei $f = 50$ Hz $U_{G\,\max} \approx 1280$ V. [s. II, III F 1 c].

E. Kaskadenumformer.

1. Schaltung. Beim Kaskadenumformer (K U) wird die Sekundärwicklung eines Induktionsmotors (J) auf die Wechselstromseite eines mit ihm gekuppelten Einankerumformers (H) geschaltet.

Das grundsätzliche (zweipolige) Schaltbild ist in Bild 329 dargestellt. S ist die primäre am Wechselstromnetz liegende Ständerwicklung, L die Läuferwicklung von J; A ist der Gleichstromanker der „Hintermaschine" H; seine Wicklung ist mit der Strangzahl der Läuferwicklung

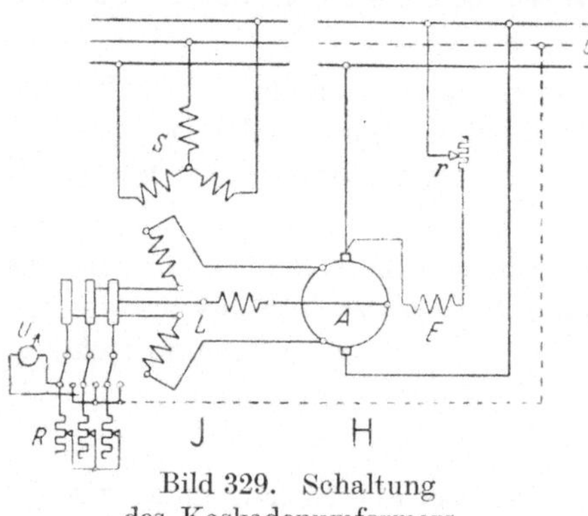

Bild 329. Schaltung
des Kaskadenumformers.

von J angezapft und mit dieser in Reihe geschaltet. Auf der Gleichstromseite ist in Bild 329 beispielsweise ein Netz mit Nulleiter vorausgesetzt.

Für den Entwurf von H erhält man günstigere Bedingungen als beim selbständigen Einankerumformer, weil die Frequenz von H kleiner als die Netzfrequenz ist. Außerdem ist der Transformator, der beim Einankerumformer im allgemeinen noch erforderlich ist, bei Wechselstromspannungen bis zu etwa 15000 V entbehrlich.

2. Drehzahl und Leistungsverteilung. Die Frequenz der Läuferströme von J, die dem Gleichstromanker zugeführt werden, ist $f_2 = s\,f$, wenn s die Schlüpfung von J und f die Netzfrequenz bedeutet. Bezeichnen wir ferner mit p_J die Polpaarzahl von J, mit p_G die von H und mit n_1 die Drehzahl des Drehfeldes im Ständer von J, so müssen für die Drehzahl des K U die Gleichungen

$$n = (1 - s)\,n_1 = (1 - s)\,f/p_J \quad \text{und} \quad n = f_2/p_G = s\,f/p_G \qquad \text{(366a u. b)}$$

gelten. Durch Gleichsetzen der beiden Ausdrücke erhalten wir die Schlüpfung von J und die Drehzahl des K U zu

$$s = p_G/p \quad \text{und} \quad n = n_1\,p_J/p = f/p \quad \text{mit} \quad p = p_J + p_G. \qquad \text{(367a bis c)}$$

Die Drehzahl stellt sich also so ein, wie beim ideellen Leerlauf eines Induktionsmotors mit der Polpaarzahl $p = p_J + p_G$ und ist nach Gl. 366a u. b unabhängig von der Belastung des Kaskadenumformers.

Die Differenz N_i aus der dem Wechselstromnetz entnommenen Leistung und den Verlusten im Ständer wird auf den Läufer von J übertragen und teilweise in mechanische, teilweise in elektrische Leistung

$$N_{\text{mech}} = (1 - s)\,N_i = N_i\,p_J/p \quad \text{und} \quad N_U = N_i\,p_G/p \qquad \text{(368)}$$

umgesetzt. Die mechanische Leistung wird im Generatorteil, die elektrische im Umformerteil von H in Gleichstromleistung umgewandelt. Nur für den letzten Teil fällt die Ankerrückwirkung wie beim Einankerumformer weg.

3. Anlauf und Regelung. Der KU kann wie der Einankerumformer von der Gleichstromseite angelassen und synchronisiert werden. Die Schleifringe in Bild 329 fallen dann weg, und die Läuferwicklung von J wird verkettet ausgeführt. Gewöhnlich wird der KU aber von der Wechselstromseite angelassen; die Läuferwicklung muß dann über Schleifringe auf Anlaßwiderstände geschaltet werden (Bild 329). Bei mehr als drei Strängen im Läufer werden dann aber nur drei an die Schleifringe angeschlossen, während die übrigen beim Anlauf unverkettet sind und erst nach erfolgtem Anlauf bis zur Drehzahl n des KU mit den andern im Sternpunkt verbunden werden. Bei Anschluß der Erregerwicklung E an die Ankerklemmen erregt sich die Gleichstrommaschine mit wachsender Drehzahl und hält den KU in seiner Drehzahl $n = f/p$ fest, während er sonst der Drehzahl $n_1 = f/p_J$ zustreben würde, wenn die Widerstände kurzgeschlossen werden. Beim Beobachten des an den Schleifringen liegenden Spannungszeigers U in Bild 329 läßt sich eine Überschreitung der Drehzahl f/p beim Anlauf vermeiden.

Die Spannungsregelung erfolgt wie beim Einankerumformer mit vorgeschalteter Drossel, doch kann letztere beim KU gewöhnlich entbehrt werden, wenn die Streublindwiderstände von J ausreichen.

4. Anwendung. Das Anwendungsgebiet des KU ist sehr beschränkt. Wenn ein Einankerumformer betriebssicher ausführbar ist, wird dieser immer billiger als der KU, der aus zwei Maschinen besteht. Wenn eine sehr weitgehende Spannungsregelung verlangt wird, kommt nur ein Motorgenerator in Frage, bei dem die beiden Maschinen elektrisch voneinander unabhängig sind. Bei höheren Spannungen werden auch Gleichrichter bevorzugt, mit denen Einankerumformer oder gar KU wirtschaftlich schwer in Wettbewerb treten können. Der KU wird deshalb heute nur noch selten ausgeführt.

IX. Einphasen-Stromwendermaschinen.

Der einfache Induktionsmotor ist an die synchrone Drehzahl mehr oder weniger gebunden, und eine praktisch verlustfreie Drehzahlregelung ist bei ihm ohne besondere Hilfsmaschinen nicht möglich. Zur Drehzahlregelung sind deshalb Wechselstrommaschinen mit Stromwender — kurz Stromwendermaschinen genannt — entwickelt worden. Die Stromwendermotoren haben auch bei Einphasenstrom die sehr wichtige Eigenschaft, ein kräftiges Anzugsmoment zu entwickeln.

A. Der Anker mit Stromwender im Wechselfelde.

1. EMKe in der Ankerwicklung. In der Ankerwicklung wird zunächst, wie bei der Gleichstrommaschine, vom Erregerfluß φ, dessen Achse im zweipoligen Schaltbild (vgl. S. 45) senkrecht zur Verbindungslinie der Bürsten liegt, eine EMK der Bewegung induziert, die bei der Wechselstrommaschine in jedem Augenblick durch dieselbe Gleichung gegeben ist wie für die Gleichstrommaschine (Gl. 104). Ersetzen wir in dieser Gleichung den Fluß durch seinen Effektivwert Φ_{eff}, so erhalten wir den Effektivwert der EMK. Es gelten also die Gleichungen

$$e = e_B = \mp z\frac{p}{a}\,n\varphi \quad \text{und} \quad E = E_B = z\frac{p}{a}\,n\,\Phi_{\text{eff}} = 4\,p\,n\,w\,\Phi_{\text{eff}}. \tag{369a u. b}$$

Ändert sich der Fluß zeitlich sinusförmig, so ist

$$E = E_B = z\frac{p}{a}\,n\,\frac{\Phi}{\sqrt{2}} = 2\,\sqrt{2}\,p\,n\,w\,\Phi. \tag{369}$$

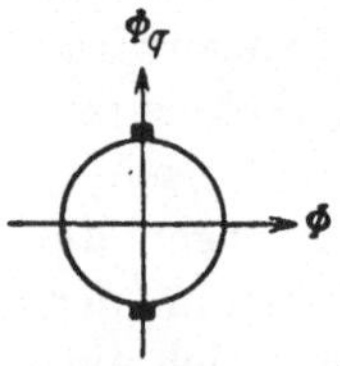

Bild 330.

Für den *Erregerfluß* Φ ist hier und in den Gleichungen von (*IX*) der Fluß einzusetzen, der mit einer Ankerwindung verkettet ist, die von Bürsten überbrückt wird. Den Zeiger W, der dies in Gl. 104 zum Ausdruck bringt, haben wir der kürzeren Schreibweise wegen, und weil bei den Einphasenmaschinen gewöhnlich praktisch der ganze Erreger-Polfluß mit der Ankerwindung verkettet ist, weggelassen.

Zur Bezeichnung der Bewegungs-EMK, die in der ganzen Ankerwicklung induziert wird, werden wir gewöhnlich den Zeiger B weglassen, also an Stelle von E_B einfach E setzen.

Wenn außer dem Erregerfluß Φ in der Maschine noch ein *Querfluß* Φ_q auftritt, dessen Symmetrieachse mit der der Ankerwicklung, also im zweipoligen Schaltbild mit der Verbindungslinie der Bürsten, zusammenfällt (Bild 330), so wird bei der Wechselstrommaschine in der Ankerwicklung noch eine EMK der Ruhe

$$e_R = -w\,\xi\,\frac{d\varphi_q}{dt} \tag{370}$$

induziert, worin ξ ein Wicklungsfaktor ist, der bei sinusförmiger Verteilung der Induktion B_q am Ankerumfang und Durchmesserwicklung $\xi \approx 2/\pi$ ist. Schreiben wir für den Fluß $\varphi_q = \Phi_q \sin(\omega t - \gamma)$, so ist Augenblickswert und Effektivwert der Ruhe-EMK

$$e_R = -\omega\,w\,\xi\,\Phi_q \cos(\omega t - \gamma), \quad E_R = \sqrt{2}\,\pi\,f\,w\,\xi\,\Phi_q = \frac{\pi}{2\sqrt{2}}\,f\,\frac{z}{a}\,\xi\,\Phi_q. \tag{370a u}$$

2. EMKe zwischen benachbarten Stromwenderstegen. Ebenso wie in der ganzen Ankerwicklung werden EMKe in dem Wicklungsteil zwischen benachbarten Stromwenderstegen induziert, der von Bürsten überbrückt wird (Bürstenfeuer!). Da die magnetische Achse dieses Kurzschluß-kreises senkrecht zu der der Ankerwicklung steht, ist hier für die Ruhe-EMK der Fluß φ maßgebend, der in der Ankerwicklung die Bewegungs-EMK induziert, während für die Bewegungs-EMK die Induktion des Querflusses φ_q in der Wendezone maßgebend ist. Um die EMKe in den kurzgeschlossenen Ankerspulen von denen in der ganzen Ankerwicklung auffällig durch das Formelzeichen zu unterscheiden, verwenden wir für jene eine andere Schriftart ($\mathfrak{e}$, $\mathfrak{E}$).

Ändern sich die Felder zeitlich sinusförmig, so erhalten wir für die Effektivwerte der EMKe mit

$$w_k \approx \frac{z}{2k} \frac{p}{a} \tag{371}$$

$$\mathfrak{E}_R = \sqrt{2}\,\pi\,w_k\,f\,\Phi \quad \text{und} \quad \mathfrak{E}_B = 2w_k\,\frac{B_q}{\sqrt{2}}\,l_i\,v = 2\sqrt{2}\,w_k\,B_q\,l_i\,\tau\,p\,n, \tag{371 a u. b}$$

worin B_q die Induktionsamplitude in der Wendezone ist. Für eingängige Schleifenwicklungen mit nur einer Windung je Spule ist $w_k = 1$.

3. Beziehung zwischen E und $\mathfrak{E}_R$. Bilden wir das Verhältnis $E/\mathfrak{E}_R$ und ersetzen wir darin die Stegzahl k durch die Umfangsgeschwindigkeit v_K und die Stegteilung t_K des Stromwenders, so erhalten wir

$$\text{mit} \quad k = \frac{v_K}{t_K\,n} \qquad\qquad E = \frac{\mathfrak{E}_R}{\pi\,f} \cdot \frac{v_K}{t_K}\,. \tag{372 a u. b}$$

Nach dieser grundlegenden Beziehung ist die EMK der Ankerwicklung proportional der EMK $\mathfrak{E}_R$. Diese darf aber, um nicht heftiges Bürstenfeuer befürchten zu müssen, einen gewissen Wert nicht überschreiten, der im Anlauf etwa bei 3,5 V, im Lauf bei 2,5 bis 3 V liegt. E ist außerdem von dem Verhältnis aus Umfangsgeschwindigkeit und Stegteilung des Stromwenders abhängig, und umgekehrt proportional der Frequenz. Wir erkennen, warum man für den Vollbahnbetrieb die sonst übliche Frequenz von 50 Hz auf $50/3 = 16^2/_3$ Hz herabgesetzt hat, um nämlich unter sonst gleichen Verhältnissen einen großen Wert für E, also einen kleinen Ankerstrom und damit kleinen Stromwender zu erhalten. [s. V, I A 1 bis 3].

4. Drehmoment. In jedem Augenblick ist das Drehmoment proportional dem Produkt aus Ankerstrom i und Fluß φ, der mit einer von Bürsten kurzgeschlossenen Ankerwindung verkettet ist. Es ist also der Augenblickswert des Drehmoments (Gl. 334) $\dot m = (zp/2\pi\,a)\,i\,\varphi$. Schreiben wir für Ankerstrom und Fluß

$$i = \sqrt{2}\,J\sin\omega t \quad \text{und} \quad \varphi = \Phi\sin(\omega t - \varepsilon), \tag{373 a u. b}$$

so ist der Augenblickswert des Drehmoments

$$m = \frac{zp}{2\pi\,a}\,i\,\varphi = \frac{zp}{2\pi\,a}\,J\,\frac{\Phi}{\sqrt{2}}\,[\cos\varepsilon - \cos(2\omega t - \varepsilon)]\,. \tag{373 c}$$

Das Drehmoment schwankt also wie die Leistung eines Wechselstromes (Gl. 54 und Bild 34) mit der doppelten Frequenz des Wechselstromes um einen Mittelwert

$$M = \frac{z\,p}{2\,\pi\,a}\,J\,\Phi_{\text{eff}}\cos\varepsilon \quad\text{oder}\quad M = \frac{1}{9,8}\,\frac{z\,p}{2\,\pi\,a}\,J\,\Phi_{\text{eff}}\cos\varepsilon \ \text{kgm}, \quad (373\,\text{d u. e})$$

wenn in der letzten Gleichung J in A und Φ_{eff} in Vs eingesetzt werden.
Die Gl. 373c bis e gelten auch hinreichend genau für nicht sinus-
förmige Änderung von i und φ, wenn für ε der Phasenwinkel der
Grundschwingung eingesetzt wird. [s. V, I A 4].

5. Die magnetische Kennlinie für Wechselstrom. Für die Augenblickswerte von Erregerstrom i oder Erregerdurchflutung $\vartheta = w_E\,i/p$

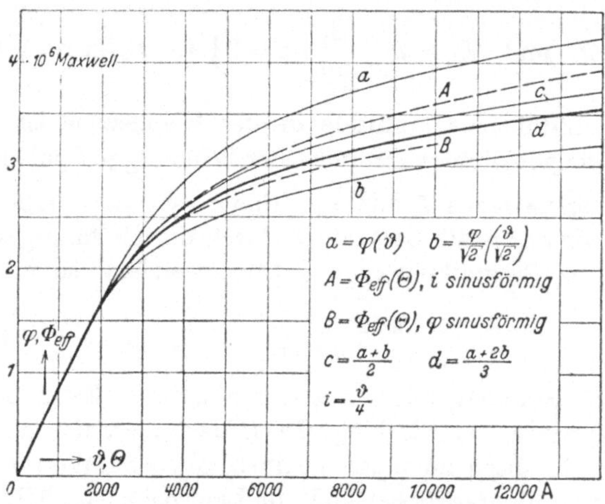

Bild 331. Magnetische Kennlinien. a Gleichstromkennlinie, d maßgebende
Wechselstromkennlinie $\Phi_{\text{eff}}(\Theta)$.

und Erregerfluß φ ist die magnetische Kennlinie genau wie bei Gleichstrom zu berechnen (*III E*). Für den Vollbahnmotor, für den die Betriebskurven in Bild 337 gelten ($w_E/p = 4$), ergibt sich die „Gleichstromkennlinie" a in Bild 331. Je nachdem, ob für den Strom (*V G 4*) oder
für den Fluß (*IV D 1*) der zeitliche Verlauf sinusförmig angenommen
wird, erhalten wir, aufgetragen über dem Effektivwert Θ der Erregerdurchflutung, die gestrichelte Kurve A oder B. Zwischen diesen Grenzwerten muß die Wechselstromkennlinie $\Phi_{\text{eff}}(\Theta)$ liegen. Dividiert man
die Ordinaten φ der Gleichstromkennlinie a durch $\sqrt{2}$ und trägt sie über
der ebenfalls durch $\sqrt{2}$ dividierten Abszisse $\vartheta/\sqrt{2}$ auf, so erhält man die
Kurve b. Die Kurven A und B liegen zwischen den Kurven a und b. Da in
den meisten Fällen der Fluß sich mehr der Sinusform nähert als der Strom,
legen wir als *maßgebende Wechselstromkennlinie* die Kurve d zugrunde,
die sich zu $d = (a + 2b)/3$ ergibt. [s. V, I A 5 u. 6; ferner über Vorgänge in
den von Bürsten überbrückten Spulen A 7 u. 8 und Eisenverluste A 9].

B. Reihenschlußmotor.

1. Grundsätzlicher Aufbau. Der wichtigste Stromwendermotor für Einphasenstrom ist der Reihenschlußmotor, weil dieser zum Betrieb von Vollbahnlokomotiven verwendet wird. Beim Einphasenmotor sind wie beim Gleichstrom-Reihenschlußmotor Ankerwicklung und Feldmagnetwicklung in Reihe geschaltet. Da der Erregerfluß ein Wechselfluß ist, muß nicht nur der Anker, sondern auch der ganze Feldmagnet aus Blechen zusammengesetzt werden. Außer dem auch bei Gleichstrommotoren auftretenden Wirkspannungsverlust in den Wicklungen und den Bürstenauflageflächen treten beim Wechselstrom-Reihenschlußmotor noch induktive Spannungsverluste in der Ankerwicklung und der Feldmagnetwicklung auf, die den Leistungsfaktor

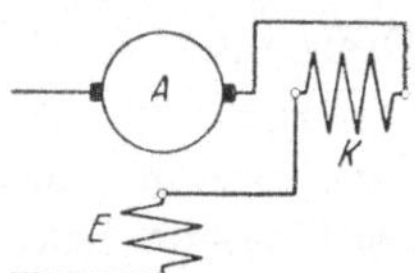

Bild 332. Reihenschlußmotor.

verschlechtern. Um die induktive Spannungskomponente der Ankerwicklung zu verringern, erhält der Feldmagnet eine Kompensationswicklung (K in Bild 332), wie sie auch bei Gleichstrommaschinen zur Unterdrückung der Feldverzerrung unter den Polschuhen verwendet wird (*VII B 6*). Es bleibt dann nur noch die Streuspannung zwischen Anker und Kompensationswicklung übrig, die verhältnismäßig klein ist.

Der Erregerfluß muß sich in voller Stärke ausbilden können, denn ihm proportional ist das im Motor entwickelte Drehmoment. Wir können aber die induktive Spannung der Erregerwicklung einschränken, wenn wir den Luftspalt zwischen Polschuh und Anker möglichst klein halten. Die Windungszahl der Erregerwicklung wird dadurch wesentlich kleiner als beim Gleichstrommotor und kann mit der Wendepolwicklung in einer vergrößerten Nut des Ständerblechs untergebracht werden. Der Feldmagnet erhält dadurch im Schnitt senkrecht zur Welle eine wesentlich

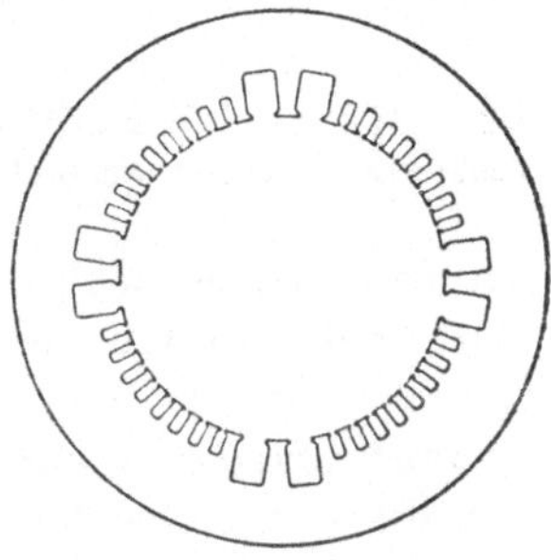

Bild 333. Ständerblech eines Reihenschlußmotors.

andere Gestalt als bei der Gleichstrommaschine mit den großen Lücken zwischen Haupt- und Wendepolen. In Bild 333 ist beispielsweise das Ständerblech eines vierpoligen Einphasenmotors dargestellt. Die Wendepole sind dabei zu Wendezähnen mit verhältnismäßig kleinen Abmessungen geworden. [s. V, I B 1].

2. Phasenwinkel zwischen Ankerstrom und Erregerfluß. Wir denken uns zunächst den Anker ruhend, die Bürsten abgehoben und an die Erregerwicklung eine Wechselspannung U_E gelegt. Die Erregerwicklung verhält sich dann wie eine Drossel oder ein leerlaufender Transformator, und es gilt das Vektordiagramm in Bild 334a, worin $X_{E\sigma}$ der Streublindwiderstand der Erregerwicklung und $\dot{E}_{Eh}$ die vom Ankermantelfluß induzierte EMK in der Erregerwicklung ist. Der Strom J ist gleich der Summe aus dem Magnetisierungsstrom J_μ zur Erregung des Flusses Φ und dem Verluststrom J_v, der durch Multiplikation mit der EMK $\dot{E}_{Eh}$ die Eisenverluste im Ständer und Läufer bei Stillstand bestimmt.

Wenn der *stromlose* Anker von außen angetrieben wird, ändern sich die Eisenverluste, die von der Erregerwicklung aus gedeckt werden, nur sehr wenig, d. h. der Winkel ε' ist praktisch unabhängig von der Drehzahl.

Legen wir nun die Bürsten auf, so verhalten sich die durch die Bürsten kurzgeschlossenen Ankerspulen wie eine in sich kurzgeschlossene Sekundärwicklung eines Transformators, dessen Primärwicklung die Erregerwicklung ist. Die zur Erregung des Flusses Φ erforderliche Durchflutung Θ ist gleich der Summe aus der Durchflutung Θ_E der Erregerwicklung und der Durchflutung Θ_k der kurzgeschlossenen Ankerwindungen für je einen magnetischen Kreis (Bild 334 b). Mit der Durchflutung Θ_E ist der Strom J in der Erregerwicklung,

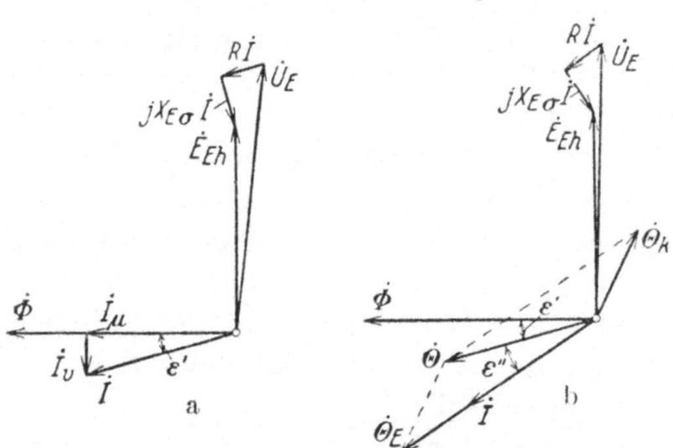

Bild 334 a u. b. Vektordiagramme der Erregerwicklung. a Abgehobene, b aufliegende Bürsten.

der beim Reihenschlußmotor gleich dem Ankerstrom ist, in Phase. Unter dem Einfluß der kurzgeschlossenen Ankerspulen wird also der Strom weiter aus der Phase des Flusses gedrängt als bei abgehobenen Bürsten, und damit wird bei denselben Werten von Fluß und Strom das mittlere Drehmoment geschwächt. Der Winkel ε'' zwischen Θ und Θ_E, der der Rückwirkung der kurzgeschlossenen Ankerspulen entspricht, wird mit zunehmender Drehzahl sehr schnell kleiner, weil sich die Kurzschlußströme dann nicht mehr in voller Stärke ausbilden können.

Das Drehmoment ist proportional $\cos \varepsilon = \cos(\varepsilon' + \varepsilon'')$. Der Winkel ε' ist sehr klein, etwa von der Größenordnung 1°. Der Winkel ε'' soll bei guten Motoren wegen der Rückwirkung der Ströme in den von Bürsten überbrückten Ankerspulen schon bei ruhendem Anker klein sein und ist es dann erst recht bei umlaufendem Anker. Wir werden deshalb in den folgenden Abschnitten $\cos \varepsilon = \cos(\varepsilon' + \varepsilon'') = 1$ setzen, also $\varepsilon \approx 0$. [s. V, I B 2].

3. Schaltung und Spannungsdiagramm. In Bild 335 ist die Schaltung des Reihenschlußmotors dargestellt, mit den Stromrichtungen in den Wicklungen und mit den magnetischen Wicklungsachsen. Da die Regelung der Drehzahl gewöhnlich durch Ändern der Klemmenspannung erfolgt, ist auch der hierzu geeignete Stufentransformator dargestellt, von dem wir in späteren Bildern nur die Sekundärwicklung zeichnen werden. Die Wendepolwicklung W dient zur Erzeugung eines Wendefeldes zur Unterdrückung der EMK der Stromwendung, die genau so zu berechnen ist wie bei der Gleichstrommaschine (Gl. 323). Wir entnehmen der Schaltung zunächst die Drehrichtung des Motors im Sinne des Uhrzeigers (*I A 12*).

Bei Aufstellung der Spannungsgleichung, nach der die Summe aus Klemmenspannung $\dot{U}$ und den Spannungsverlusten gleich der induzierten EMK ist, zählen wir die negativ genommene EMK der Ruhe $\dot{E}_{Eh}$,

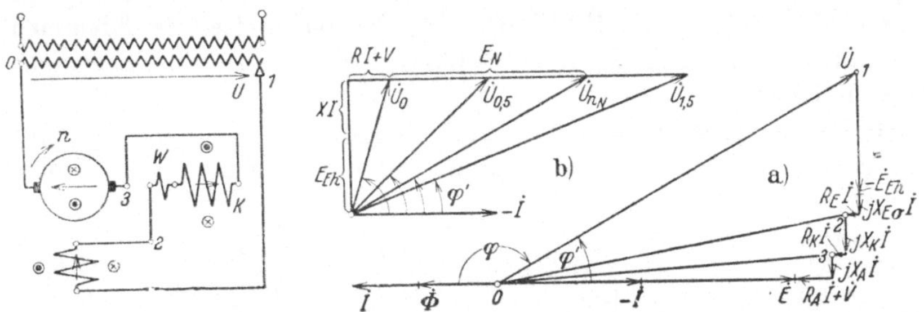

Bild 335 a und b. Schaltung und Spannungsdiagramme des Reihenschlußmotors. a) Grundsätzliches Diagramm, b) bei festem Drehmoment.

die in der Erregerwicklung vom Ankermantelfluß induziert wird, als Spannungsverlust $j\,X_{Eh}\,J = -\dot{E}_{Eh}$, weil sie eine unerwünschte Spannung ist. X_{Eh} sinkt mit wachsendem Strom nach Maßgabe der magnetischen Kennlinie. Wir bezeichnen ferner mit $X_{E\sigma}$ Streublindwiderstand, mit R_E Wirkwiderstand der Erregerwicklung, mit X_K, R_K bzw. X_A, R_A Blind- und Wirkwiderstand der Kompensationswicklung (einschließlich Wendewicklúng W) bzw. der Ankerwicklung, mit $\dot{V}$ den mit dem Strom J phasengleichen Spannungsverlust unter den Bürsten und mit $\dot{E} \equiv \dot{E}_B$ die vom Fluß Φ in der Ankerwicklung induzierte Bewegungs-EMK, die in Gegenphase zum Erregerfluß Φ ist. Die Spannungsgleichung lautet

$$\dot{U} - \dot{E}_{Eh} + [j\,X_{E\sigma} + R_E + j\,X_K + R_K + \ X_A + R_A]\,\dot{J} + \dot{V} = \dot{E}. \quad (374)$$

Bei vollständiger Kompensation sind X_K und X_A *Streub*lindwiderstände. Gewöhnlich überwiegt aber die Durchflutung der Kompensationswicklung gegenüber der Ankerwicklung, wenigstens innerhalb der Wendezone, so daß dann die Blindwiderstände X_K und X_A auch die Induktivität enthalten, die dem Ankermantelfeld in der Ankerachse entspricht.

Der Gl. 374 entspricht das Spannungsdiagramm in Bild 335a. Die der Messung zugänglichen Punkte sind durch die Zahlen 0 bis 3 hervorgehoben. $\varphi' = 180° - \varphi$ ist der Phasenwinkel zwischen dem negativen Strom $-\dot{J}$ und der Klemmenspannung $\dot{U}$.

Um die Drehzahlregelung bei *unveränderlichem* Drehmoment zu überblicken, zeichnen wir das Spannungsdiagramm in anderer Reihenfolge der Spannungsverluste auf, wobei wir die Wirkwiderstände und die Blindwiderstände zu $R = R_E + R_K + R_A$ und $X = X_{E\sigma} + X_K + X_A$ zusammenfassen, wie es Bild 335b zeigt. $\hat{U}_0$ ist die Klemmenspannung bei Stillstand. Bei unveränderlichem Drehmoment sind auch J und Φ unveränderlich; die EMK E ist nach Gl. 369 dann nur noch proportional der Drehzahl. Aus dem Diagramm können wir entnehmen, wie die Klemmenspannung abzustufen ist, um verschiedene Drehzahlen einzustellen. Mit wachsender Drehzahl wird der Phasenwinkel φ' zwischen dem negativen Strom und der Klemmenspannung kleiner, der Leistungsfaktor also besser. In Bild 335b sind beispielsweise die Klemmenspannungen für die Drehzahlen 0, $0{,}5\,n_N$, n_N und $1{,}5\,n_N$ eingetragen. [s. V, I B 3 a].

4. Kreisdiagramm. Für den Fall, daß die magnetische Kennlinie der Erregerwicklung eine Gerade ist, ist die Ortskurve des Stromes

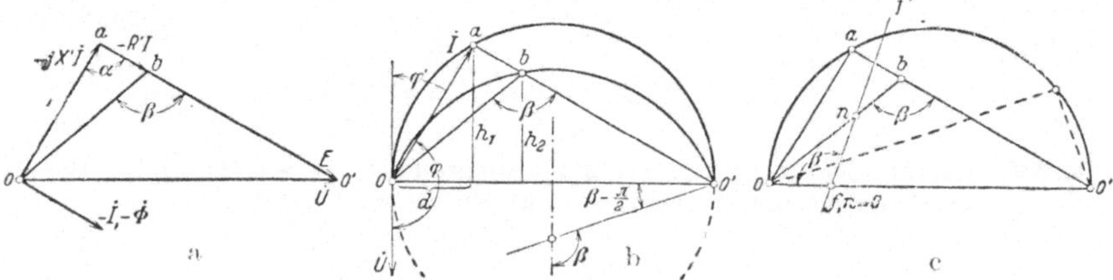

Bild 336a bis c. a Spannungsdiagramm, b Kreisdiagramm für den Strom bei fester Klemmenspannung, c Darstellung der Drehzahl.

bei fester Klemmenspannung $\hat{U}$ und veränderlichem Strom oder Drehmoment ein Kreis. Dieses Diagramm gibt aber nur einen ungefähren Anhalt über das Verhalten des Motors, weil die magnetische Kennlinie der Erregerwicklung bei gut ausgenutzten Motoren wesentlich von der Geraden abweicht, E_{Eh} also nicht mehr dem Strom J proportional ist.

Bezeichnen wir mit X' den gesamten induktiven Blindwiderstand (einschließlich X_{Eh}) und mit R' den gesamten Wirkwiderstand (einschließlich V/J), so erhalten wir das Diagramm in Bild 336a. In diesem Diagramm sind die Winkel α und β unveränderlich. α ist ein rechter, β ergibt sich aus tg$(\pi - \beta) = X'/R'$. Die Punkte a und b wandern deshalb bei fester Klemmenspannung $\hat{U}$ auf Kreisen, der Punkt a auf einem Halbkreis über $\overline{OO'}$; der Mittelpunkt des Kreises b liegt auf der Mittelsenkrechten zu $\overline{OO'}$.

Dividieren wir in diesem Diagramm alle Spannungsgrößen durch $-jX'$, so erhalten wir das Stromdiagramm in Bild 336b mit dem Durchmesser $\overline{OO'} = U/X'$. Um die Phase des Stromes J gegen die Klemmenspannung $\hat{U}$ zu erkennen, muß $\hat{U}$ aus der Lage in Bild 336a um 90° im Sinne des Uhrzeigers gedreht werden. Der gestrichelte Teil des Kreises entspricht dem Betrieb als Generator, der aber keine große praktische Bedeutung hat, weil dabei meist Selbsterregung mit Gleichstrom auftritt.

Die Leistungen des Motors lassen sich wie beim Induktionsmotor durch Lote h_1 und h_2 von den Punkten a und b auf den Durchmesser $\overline{O\,O'}$ darstellen. Die mechanische Leistung des Motors verhält sich zur aufgenommenen Leistung wie $\overline{O'b} : \overline{O'a}$. Wir erhalten also

$$N_1 = U\,h_1 \quad \text{und} \quad N_{\text{mech}} = U\,h_2, \qquad (375\text{a u. b})$$

worin h_1 und h_2 im Strommaßstab zu messen sind. Das Drehmoment ist proportional $\overline{O\,a}^2 = d \cdot \overline{O\,O'}$ (Bild 336b). Da $\overline{O\,O'}$ unveränderlich ist, ist das Drehmoment $M = C \cdot d$, wobei sich der Maßstabsfaktor C nach Gl. 373e ergibt.

Die Drehzahl ist nach Gl. 369 proportional E/Φ, also proportional $\overline{O'b}/\overline{O\,b}$. Ziehen wir durch einen Punkt f auf dem Durchmesser $\overline{O'O}$ eine Gerade $\overline{ff'}$, die den Winkel β mit $\overline{O'O}$ einschließt (Bild 336c), so ist die Strecke $\overline{fn} = \overline{Of} \cdot \overline{O'b}/\overline{O\,b}$, die der Strahl $\overline{Ob}$ auf der Geraden $\overline{ff'}$ abschneidet, ein Maß für die Drehzahl. In Punkt f ist die Drehzahl Null; der Maßstab ergibt sich aus Gl. 369. [s. V, I B 3 b u. F].

5. Berechnung der Betriebskurven. Wenn die magnetische „Wechselstromkennlinie" $\Phi_{\text{eff}}(J)$ ($A\,5$) bekannt ist und der Phasenwinkel ε zwischen Strom und Fluß gleich Null gesetzt wird, können wir die Betriebskurven des Motors, die die Drehzahl n, Strom J und Leistungsfaktor $\cos\varphi'$ über dem Drehmoment M bei fester Klemmenspannung U darstellen, auf einfache Weise ermitteln.

Wir gehen bei der gegebenen Klemmenspannung U von einem Motorstrom J aus und entnehmen der Wechselstromkennlinie ($A\,5$) den zugehörigen Fluß Φ_{eff}. Damit erhalten wir nach Gl. 373e das Drehmoment und die in der Erregerwicklung induzierte EMK zu

$$E_{Eh} = 2\pi f\,w_E\,\Phi_{\text{eff}}, \qquad (376\text{a})$$

worin w_E die Zahl der gesamten in Reihe geschalteten Windungen der Erregerwicklung ist. Die gesamte Blindspannungskomponente des Motors ist $E_{Eh} + XJ$, die Wirkkomponente also

$$U_w = \sqrt{U^2 - (E_{Eh} + X\,J)^2}. \qquad (376\text{b})$$

Ziehen wir von dieser Spannung den Wirkspannungsverlust ab, so ist die in der Ankerwicklung induzierte EMK

$$E = U_w - (R\,J + V), \qquad (376\text{c})$$

mit der wir nach Gl. 369b die Drehzahl n erhalten. Der Leistungsfaktor ist

$$\cos\varphi' = U_w/U. \qquad (376\text{d})$$

Indem wir so von verschiedenen Strömen bei der festen Klemmenspannung U ausgehen, können wir punktweise die Kurven $n(M)$, $J(M)$ und $\cos\varphi'(M)$ ermitteln.

In Bild 337 sind die so berechneten Kennlinien eines Vollbahnmotors mit 400 kW Dauerleistung für 6 gleiche Spannungsstufen (1, 2, ... 6) von 60 bis 360 V dargestellt. Die betriebsmäßig vorkommende höchste Drehzahl und das Anlaufmoment sind durch strichpunktierte Geraden abgegrenzt; der Dauerbetrieb ist durch einen kleinen Kreis angedeutet. Die Drehzahlkennlinien zeigen im wesentlichen dasselbe Verhalten wie bei einem Gleichstromreihenschlußmotor. Die Stromkurve $J(M)$ gilt für alle Klemmenspannungen U. [s. V, I B 3 c].

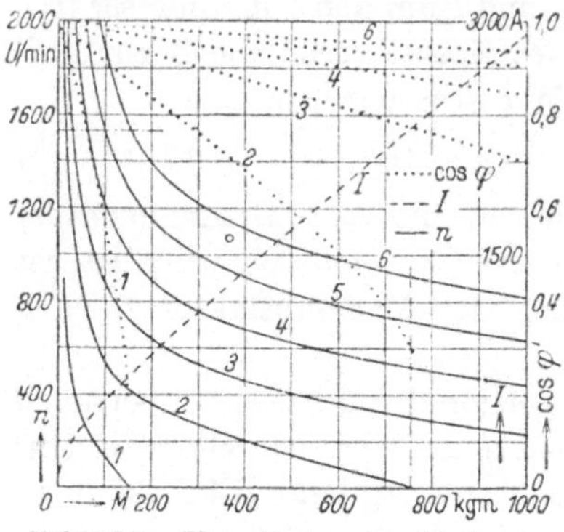

Bild 337. Kennlinien des Reihenschlußmotors bei verschiedenen Klemmenspannungen.

6. Bremsschaltungen. Zum Abbremsen des Reihenschlußmotors sind verschiedene Schaltungen möglich. Man unterscheidet Widerstandsbremsung und Nutzbremsung.

Bei der *Widerstands*bremsung wird die beim Abbremsen der Maschine anfallende Energie in Widerständen vernichtet. Die Maschine wird dazu im einfachsten Falle auf Wirkwiderstände geschaltet; sie erregt sich mit Gleichstrom, und die Bremsenergie wird in den Widerständen in Wärme umgesetzt (*VII E 3* u. *F 4*).

Bei der *Nutz*bremsung wird elektrische Leistung an das Netz zurückgegeben. Dazu ist die Maschine auf Fremderregung (C) umzuschalten (vgl. Bild 342). Die Kennlinie, die das Bremsmoment über der Drehzahl darstellt, verläuft ähnlich wie beim Gleichstrom-Nebenschlußgenerator, d. h es wächst mehr oder weniger schnell mit der Drehzahl.

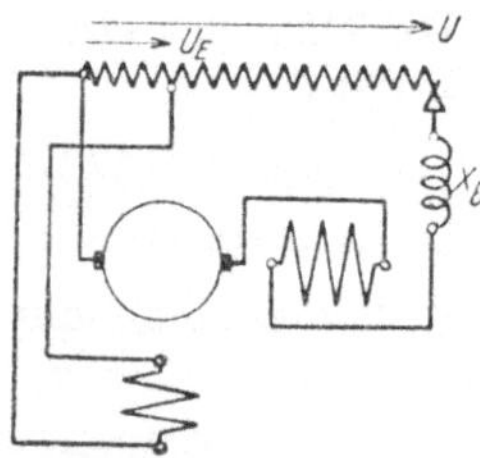

Bild 338. Schaltung für Nutzbremsung der M. F. Oerlikon.

Von der *M. F. Oerlikon* wird seit Jahren die in Bild 338 dargestellte Schaltung zur Nutzbremsung verwendet, wobei die Erregerwicklung unmittelbar an der Sekundärwicklung des Netztransformators liegt, während in den Ankerkreis eine starke Drossel eingeschaltet ist, durch die erreicht wird, daß sich der Ankerstrom der Phase des Erregerflusses nähert. Die Spannung an der Drossel beträgt etwa das $\sqrt{2}$-fache der Bewegungs-EMK; der Phasenwinkel zwischen Erregerfluß und Ankerstrom ist dann etwa $1/\sqrt{2} \approx 0,7$. Leistungsfaktor und Wirkungsgrad sind recht ungünstig, die Schaltung hat aber den Vorteil, daß sie selbsterregungsfrei ist [V, I F]. Bei dieser Schaltung steigt das Drehmoment mit wachsender Drehzahl schwach an. [s. V, I G].

7. Der Reihenschlußmotor mit phasenverschobenem Wendefeld. Wenn der Motor umläuft, läßt sich neben der EMK der Stromwendung auch die Ruhe-EMK $\mathcal{E}_R$ durch eine Bewegungs-EMK $\mathcal{E}_B$ unterdrücken. Die hierzu erforderliche Wendefeldkomponente muß in Phase mit $\mathcal{E}_R$ oder $\dot{E}_{Ek}$, also um ungefähr 90° gegen den Motorstrom J phasenverschoben

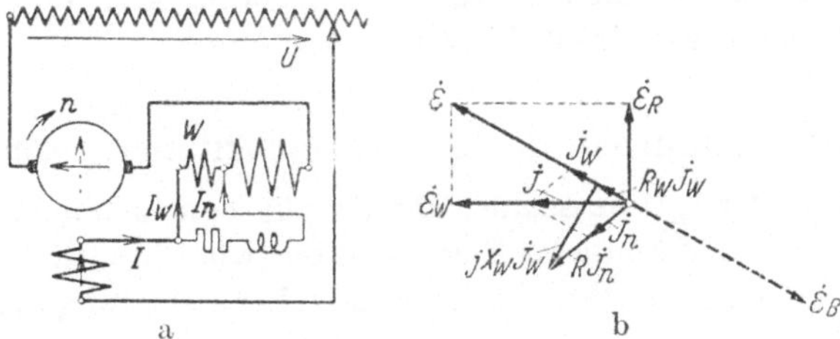

a   b

Bild 339a u. b. Widerstand parallel zur Wendewicklung. b Vektordiagramm für die EMKe in einer von Bürsten überbrückten Ankerspule.

sein. Zur Erzeugung dieser Wendefeldkomponente sind verschiedene Schaltungen bekannt, von denen für Vollbahnmotoren die wichtigste in der Parallelschaltung eines Wirkwiderstandes zur Wendepolwicklung besteht. Die Phase des Stromes J_W in der Wendewicklung W wird dabei gegen die des Stromes in der Anker- und der Erregerwicklung so verschoben, daß für eine gewisse Drehzahl neben der EMK der Stromwendung $\mathcal{E}_W$ auch die der Ruhe $\mathcal{E}_R$ durch eine Bewegungs-EMK aufgehoben wird. In Bild 339a ist hierfür die Schaltung und in Bild 339b das Vektordiagramm aufgezeichnet unter der Voraussetzung, daß die Kompensationswicklung die Ankerwicklung vollständig kompensiert, die Wendewicklung also allein das Wendefeld erregt, und daß der zur genaueren Einstellung verwendete Blindwiderstand im Nebenschlußzweig

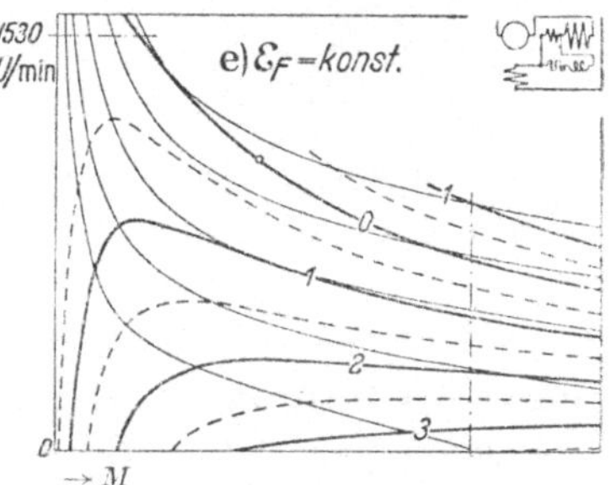

Bild 340. Kurven konstanter Funken-EMK $\mathcal{E}$ über M für Motor nach Bild 337 u. 339.

vernachlässigt ist. $\mathcal{E}_W$ ist in Phase mit J, $\mathcal{E}_R$ um eine Viertelperiode gegen J phasenverspätet, ihre Resultierende ist $\mathcal{E}$. Phasengleich mit $\mathcal{E}$ muß der Strom J_W in der Wendewicklung W sein, damit $\mathcal{E}$ durch eine Bewegungs-EMK $\mathcal{E}_B$ aufgehoben werden kann. Bezeichnen R_W und X_W Wirk- und Blindwiderstand der Wendewicklung, so ist $(R_W + jX_W)J_W = RJ_n$ die Spannung an der Wendewicklung. Die Windungszahl W der Wendewicklung muß so bemessen werden, daß die Durchflutung WJ auch die richtige *Stärke* des Wendefeldes erregt.

Die Ruhe-EMK kann nur für eine bestimmte Drehzahl aufgehoben werden und tritt bei Stillstand eines Reihenschlußmotors, wo sie ihren größten Wert hat, in voller Stärke auf. Für den Vollbahnmotor, für den die Kennlinien in Bild 337 gelten, sind in Bild 340 die Kurven konstanter *Funken*-EMK $\mathfrak{E}_F = |\dot{\mathfrak{E}}_{IV} + \dot{\mathfrak{E}}_R + \dot{\mathfrak{E}}_B|$ durch stärkere, zum Teil gestrichelte Kurven dargestellt, Parameter in V. Dünnere Kurven deuten die aus Bild 337 übertragenen Drehzahlkennlinien an. Ohne Unterdrückung von $\mathfrak{E}_R$ würde bei Dauerbetrieb, der in den Bildern 337 u. 340 durch einen kleinen Kreis angedeutet ist, die Ruhe-EMK $\mathfrak{E}_R = 2{,}8$ V betragen. [s. V, I A 8 u. B 4].

C. Einphasenmaschine mit Nebenschlußeigenschaften.

1. Die fremderregte Maschine. Die Einphasenmaschine läßt sich auch so schalten, daß sie ähnliche Eigenschaften wie die Gleichstromnebenschlußmaschine erhält, ihre Drehzahl also bei Belastung als Motor sich

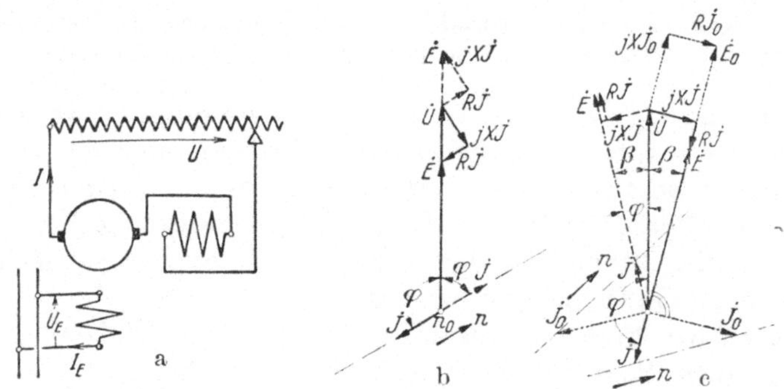

Bild 341a bis c. a Schaltung der fremderregten Maschine,
b u. c Vektordiagramme bei Motor (———) und Generatortrieb (·····).

nur wenig ändert und sie durch Vergrößerung der Drehzahl oder der Stärke der Erregung als Generator arbeitet. Hierbei muß die Phase der Erregerspannung $\dot{U}_E$ (Bild 341a) entsprechend eingestellt werden. Damit bei vollkommenem Leerlauf der Ankerstrom Null wird, muß die in der Ankerwicklung induzierte Bewegungs-EMK $\dot{E}$ in Phase mit der Ankerzweigspannung sein. Die Erregerspannung $\dot{U}_E$ muß also ungefähr um eine Viertelperiode gegen $\dot{U}$ verfrüht sein. In Bild 341b sind Vektordiagramme bei Belastung als Motor und (gestrichelt) als Generator dargestellt, worin R den Wirkwiderstand, X den Blindwiderstand im Ankerzweig bedeutet. Bei fester Erregung (Φ) ist E/U ein Maß für die Drehzahl. Bei Regelung der Ankerzweigspannung U wandert der Endpunkt von $\dot{J}$ auf der strichpunktiert gezeichneten Geraden. Das Drehmoment ist $\cos\varphi = R/\sqrt{R^2 + X^2}$ proportional. Die Maschine ist um so schlechter ausgenutzt, je größer X/R ist. Durch künstliche Vergrößerung von R läßt sich die Ausnutzung verbessern, der günstigste Wirkungsgrad ergibt sich bei $R = X$; es ist dann $\cos\varphi = 0{,}707$,

Günstigere Verhältnisse bei Belastung erhalten wir durch Verdrehen des Spannungsvektors $\dot{U}_E$ und damit $\dot{E}$ gegen $\dot{U}$, so daß bei Motorbetrieb $\dot{E}$ gegen $\dot{U}$ phasenverspätet, bei Generatorbetrieb phasenverfrüht ist (Bild 341c). Für einen bestimmten Belastungszustand ergibt sich dann J beim Motor in Gegenphase, beim Generator in Phase mit $\dot{E}$, entsprechend der günstigsten Bedingung für die Bildung des Drehmoments. Bei Leerlauf $(J = J_0)$ muß $E J \cos (\dot{E}, J) = 0$ sein, wobei sich ein großer Leerlaufstrom ergibt. Das Diagramm ist hierfür bei Motorbetrieb punktiert angedeutet. Die Drehzahl des Motors wächst dabei im Verhältnis E_0/E gegenüber Nennbetrieb. Die Ortskurven des Ankerstromes sind in Bild 341c für Motor- und Generatorbetrieb durch strichpunktierte Geraden angegeben. Günstigere Verhältnisse erhält man auch hier durch Vergrößerung von R. [s. V, I E 1a bis c].

2. Verbesserung des Betriebs. Alle Nachteile im Betrieb (großer Leerlaufstrom, große Drehzahländerung) sind auf den Blindwiderstand X zurückzuführen und lassen sich ganz beseitigen, wenn dieser unterdrückt wird. Das einfachste Mittel ist bei konstanter Frequenz die Einschaltung eines Kondensators, zweckmäßig über einen Transformator, in den Ankerkreis. Man kann aber auch, wenn die Drehzahl nicht zu klein ist, mit Hilfe eines kleinen Reihentransformators zwischen Anker- und Erregerkreis in den letzteren eine EMK einfügen, die mit der Belastung die Phase von $\dot{E}$ verdreht. [s. V, I E 1c u. d].

3. Speisung der Erregerwicklung aus dem Einphasennetz. Um die erforderliche Phase der Erregerspannung $\dot{U}_E$, die ungefähr um eine Viertelperiode gegen $\dot{U}$ verfrüht sein muß, einzustellen, sind verschiedene Schaltungen üblich. So kann z. B. ein Einphasen-Induktionsmotor mit Kurzschlußwicklung im Läufer als Phasen-

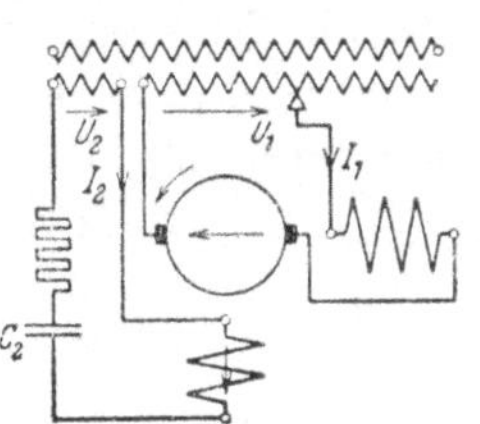

Bild 342. Nebenschlußmaschine mit Kondensator (C_2) im Erregerkreis.

umformer verwendet werden, der an der Spannung $\dot{U}$ liegt und im Ständer noch eine zweite Wicklung trägt, die gegenüber der Primärwicklung versetzt angeordnet ist und die verlangte Erregerspannung $\dot{U}_E$ liefert. Eine andere Schaltung ist in Bild 342 dargestellt. Der Erregerzweig wird hier vom Haupttransformator gespeist. Damit der Erregerstrom angenähert in Phase mit dem Ankerstrom ist, muß in den Kreis der Erregerwicklung ein Kondensator C_2 geschaltet werden, der die Induktivität der Erregerwicklung im wesentlichen aufhebt. Außerdem ist noch ein zusätzlicher Wirkwiderstand erforderlich, der den schädlichen Einfluß von Frequenzschwankungen im Netz mildert und die Selbsterregung mit Strömen netzfremder Frequenz unterdrückt. [s. V, I E u. F].

D. Der Repulsionsmotor.

1. Schaltung. Bei den Repulsionsmotoren ist der Ankerkreis in sich geschlossen, so daß der Ankerwicklung die Spannung nicht unmittelbar, sondern durch Induktion über die Ständerwicklung zugeführt wird. Die Repulsionsmotoren werden in der Regel nur für kleine und mittlere Leistungen ausgeführt, wie sie hauptsächlich im Kranbetrieb verlangt werden. Die Bilder 343a u. b stellen Schaltungen mit besonderer Erregerwicklung im Ständer dar, die in Bild a vom Läuferstrom, in b vom Ständerstrom durchflossen ist.

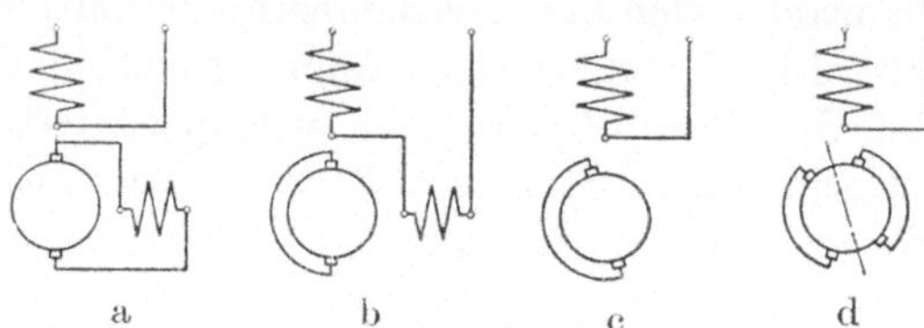

Bild 343a bis d. Schaltungen von Repulsionsmotoren. c u. d Regelung durch Bürstenverschieben.

Die Drehzahl kann bei feststehenden Bürsten durch Ändern der Spannung am Ständerzweig, z. B. mit Stufentransformator, in gewissen Grenzen erfolgen. Ohne Verwendung eines Regeltransformators ist aber die Regelung durch Verschieben der Bürsten möglich; der Ständer erhält dann nur *eine* Wicklung (Bild 343c). Zuweilen wird auch der Motor mit Doppelbürstensatz (Bild d) ausgeführt, um eine Felderregerkurve der Ankerwicklung zu erhalten, die sich mehr der Sinuskurve nähert als beim einfachen Bürstensatz in Durchmesserstellung; die Verbindungslinien der kurzgeschlossenen Bürsten stellen dann im zweipoligen Schaltbild Sehnen dar. Die früher übliche Ausführung mit Doppelbürstensatz, wobei nur je die eine der Bürsten jedes Kurzschlußkreises verschoben wird, die andere aber fest in der Achse der Ständerwicklung verbleibt, hat man zugunsten der einfacheren Ausführung, bei der *alle* Bürsten zur Regelung verschoben werden, verlassen. Auf diesen Fall wollen wir uns auch beschränken. [s. V, I D 1, 5 u. 6].

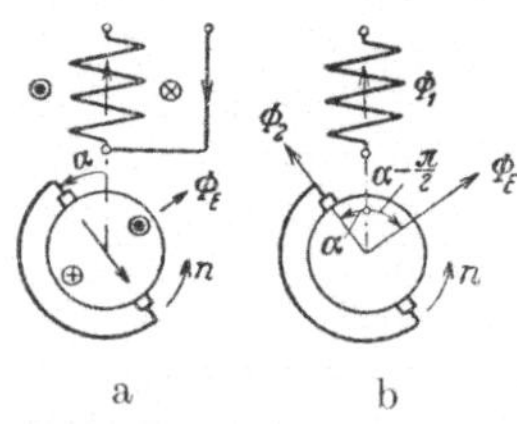

Bild 344a u. b. a Ermittlung der Drehrichtung, b Bezeichnung der Flüsse.

2. Spannungsgleichungen; Ströme und Drehmoment. In Bild 344a sind die Ströme in der Ständer- und Läuferwicklung durch $\times$ und $\bullet$ angedeutet. Die Durchflutungskomponente der Läuferwicklung in Richtung der Ständerachse wirkt wie beim Drehtransformator ($V\,B\,1$) der Ständerdurchflutung entgegen. Aus den eingezeichneten magnetischen Wicklungsachsen erkennen wir, daß der Motor im Sinne der Verschiebung der Bürsten aus der Achse der Ständerwicklung, der „Kurzschlußstellung", anläuft. Wegen der großen Ströme, die der Motor in der Kurzschlußstellung aufnimmt, werden aber die Bürsten zum Anlassen aus der „*Leerlaufstellung*", das ist beim zweipoligen Motor die Stellung senkrecht zur Achse der Ständerwicklung, verschoben. Der Motor läuft dann *entgegen* der Bürstenverschiebung an.

Bezeichnen ξ_1, ξ_2 und w_1, w_2 Wicklungsfaktoren und Windungszahlen der Ständer- und Läuferwicklung, f die Netzfrequenz und $\nu = n/n_1$ die auf die synchrone Drehzahl $n_1 = f/p$ bezogene Drehzahl, so sind mit den Zählpfeilen in Bild 344b und der Drehrichtung nach Bild 344a die Ruhe-EMKe

$$\dot{E}_1 = -j\sqrt{2}\,\pi\,\xi_1\,w_1\,f\,\Phi_1, \qquad \dot{E}_2 = -j\sqrt{2}\,\pi\,\xi_2\,w_2\,f\,\Phi_2 \qquad (377\,\text{a u. b})$$

und nach Gl. 369 mit Φ_E statt Φ, $n = \nu f/p$ und $\xi_2 = 2/\pi$ (Durchmesserwicklung) die Bewegungs-EMK

$$\dot{E} = 2\sqrt{2}\,w_2\,\nu\,f\,\Phi_E = \sqrt{2}\,\pi\,\xi_2\,w_2\,\nu\,f\,\Phi_E. \qquad (377\,\text{c})$$

Mit der Übersetzung
$$\ddot{u} = \xi_2\,w_2/\xi_1\,w_1 \qquad (378)$$

ergeben sich die *fiktiven* Hauptflüsse Φ_S der Ständer- und Φ_L der Läuferwicklung (nach Gl. 176 u. 172c)

$$\Phi_S = \frac{X_{1h}\dot{J}_1}{\sqrt{2}\,\pi\,f\,\xi_1\,w_1} = \frac{X_{2h}}{\sqrt{2}\,\pi\,f\,\xi_2\,w_2}\cdot\frac{\dot{J}_1}{\ddot{u}}, \qquad (379\,\text{a})$$

$$\Phi_L = \frac{X_{2h}\dot{J}_2}{\sqrt{2}\,\pi\,f\,\xi_2\,w_2} = \frac{X_{1h}}{\sqrt{2}\,\pi\,f\,\xi_1\,w_1}\cdot\ddot{u}\,\dot{J}_2. \qquad (379\,\text{b})$$

Berücksichtigen wir noch die aus Bild 344b folgenden Beziehungen

$$\Phi_1 = \Phi_S + \Phi_L\cos\alpha, \quad \Phi_2 = \Phi_L + \Phi_S\cos\alpha, \quad \Phi_E = \Phi_S\sin\alpha, \qquad (380\,\text{a bis c})$$

so können wir für die Gl. 377a bis c auch schreiben

$$\dot{E}_1 = -j\,X_{1h}(\dot{J}_1 + \ddot{u}\,\dot{J}_2\cos\alpha), \quad \dot{E}_2 = -j\,X_{2h}(\dot{J}_1/\ddot{u}\cdot\cos\alpha + \dot{J}_2), \qquad (381\,\text{a u. b})$$

$$\dot{E} = \nu\,X_{2h}\,\dot{J}_1/\ddot{u}\cdot\sin\alpha. \qquad (381\,\text{c})$$

Sind R_1 und R_2 (einschließlich Bürstenübergangswiderstand) die Wirkwiderstände, $X_{1\sigma}$ und $X_{2\sigma}$ die Streublindwiderstände von Ständer- und Läuferwicklung, so lauten die *Spannungsgleichungen* für Ständer und Läufer

$$\dot{U} + (R_1 + j\,X_{1\sigma})\,\dot{J}_1 = \dot{E}_1 \quad \text{und} \quad (R_2 + j\,X_{2\sigma})\,\dot{J}_2 = \dot{E}_2 + \dot{E}. \qquad (382\,\text{a u. b})$$

Der Magnetisierungsstrom in der Ständerwicklung zur Erzeugung des Flusses Φ_1 ist
$$\dot{J}_\mu = \dot{J}_1 + \ddot{u}\,\dot{J}_2\cos\alpha. \qquad (382\,\text{c})$$

Aus den Gl. 382a u. b lassen sich nach Einsetzen der Gl. 381a bis c *Ständerstrom* $\dot{J}_1$ und *Läuferstrom* $\dot{J}_2$ berechnen. Mit den Abkürzungen

$$X_1 = X_{1h} + X_{1\sigma}, \quad X_2 = X_{2h} + X_{2\sigma}, \quad r_1 = R_1/X_1, \qquad (383\,\text{a bis c})$$

$$r_2 = R_2/X_2, \quad \sigma_1 = X_{1\sigma}/X_{1h}, \quad \sigma_2 = X_{2\sigma}/X_{2h}, \qquad (383\,\text{d bis f})$$

$$\sigma = 1 - X_{1h}X_{2h}/X_1 X_2 = 1 - 1/(1 + \sigma_1)(1 + \sigma_2), \qquad (383\,\text{g})$$

$$a = (r_1 r_2 - \sin^2\alpha - \sigma\cos^2\alpha), \quad b = r_1 + r_2 + \nu(1 - \sigma)\sin\alpha\cdot\cos\alpha \qquad (383\,\text{h u. i})$$

erhält man

$$J_2 = \frac{v r_2 \sin\alpha - \cos\alpha}{1 + r_2^2} \cdot \frac{J_1}{\ddot{u}(1+\sigma_2)} - j \frac{v \sin\alpha + r_2 \cos\alpha}{1 + r_2^2} \cdot \frac{J_1}{\ddot{u}(1+\sigma_2)} , \quad (384\,\mathrm{a})$$

$$J_1 = -\frac{a r_2 + b}{a^2 + b^2} \cdot \frac{U}{X_1} - j \frac{a - b r_2}{a^2 + b^2} \cdot \frac{U}{X_1} , \quad J_1 = \sqrt{\frac{1+r_2^2}{a^2+b^2}} \cdot \frac{U}{X_1} \quad (384\,\mathrm{b\ u.\ c})$$

und den primären Leistungsfaktor $|\cos\varphi_1| = J_{1w}/J_1$. [s. V, I D 2].

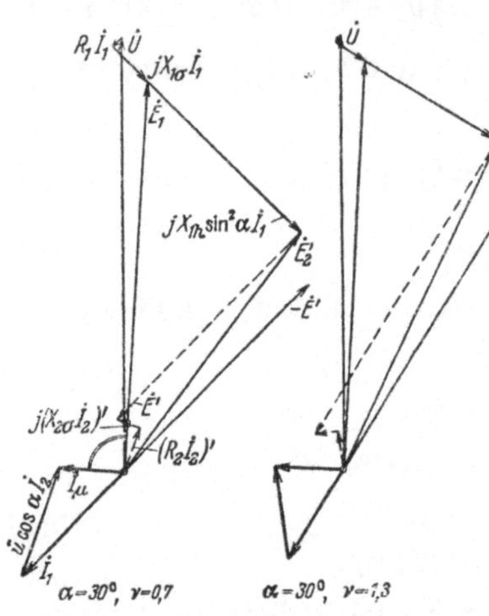

Bild 345. Vektordiagramme für zwei Betriebszustände.

In Bild 345 sind für ein praktisches Beispiel (Nennleistung 2 kW, 50 Hz, $n_1 = 1500$ U/min) Vektordiagramme dargestellt (vgl. Gl. 382a bis c). Dabei sind die sekundären Spannungsgrößen der Übersichtlichkeit wegen mit dem Verhältnis $(\cos\alpha)/\ddot{u}$ multipliziert und durch einen Beistrich bezeichnet. Mit Gl. 381a u. b ergibt sich durch einfache Umformung

$$\left.\begin{aligned} \dot{E}_2' &= (\cos\alpha)/\ddot{u} \cdot \dot{E}_2 \\ &= \dot{E}_1 + X_{1h} J_1 \sin^2\alpha. \end{aligned}\right\} \quad (385)$$

Das im Motor entwickelte *Drehmoment* erhalten wir aus der Wirkleistung $E J_2 \cos(\dot{E}, J_2) = E J_2 \cos(J_1, J_2)$ und der Bewegungs-EMK (Gl. 381c). $J_2 \cos(J_1, J_2)$ ist gleich der mit J_1 phasengleichen Wirkkomponente von J_2 nach Gl. 384a. Ersetzen wir noch J_1 nach Gl. 384c und beachten Gl. 383g, so erhalten wir das Drehmoment zu

$$\left.\begin{aligned} M &= -\frac{p}{2\pi f} \frac{E J_2 \cos(\dot{E}, J_2)}{v} \\ &= \frac{p}{2\pi f} \cdot \frac{(\cos\alpha - v r_2 \sin\alpha)(1-\sigma)\sin\alpha}{a^2 + b^2} \cdot \frac{U^2}{X_1}. \end{aligned}\right\} \quad (386)$$

3. Die Ortskurve des Stromes. Der Endpunkt des Zeitvektors J_1 wandert unter Annahme fester Widerstände mit der Änderung der Drehzahl bei festem Bürstenwinkel α auf einem Kreis durch den Ursprung. Mittelpunktskoordinaten und Halbmesser R ergeben sich aus Gl. 384b zu

$$x_m = -\frac{1}{2a} \frac{U}{X_1}, \qquad y_m = \frac{r_2}{2a} \frac{U}{X_1}, \qquad R = \frac{\sqrt{1+r_2^2}}{2a} \frac{U}{X_1}. \quad (387)$$

In Bild 346 sind die Kreise für den Fall von Bild 345 bei verschiedenen Bürstenwinkeln α aufgezeichnet. Kleine Kreise auf den Ortskurven bezeichnen die Punkte für $v = 1$ und $v = 0$. Alle Kreise laufen durch den Ursprung, dem unabhängig von α die Drehzahl ∞ entspricht. Für jeden Endpunkt des primären Stromvektors läßt sich zeichnerisch die Drehzahl leicht bestimmen. Die Drehzahlwerte sind auf einer Geraden, die senkrecht zu $\overline{\infty\,m}$ steht (Bild 346, in der der Maßstab von v auf dieser Geraden für $\alpha = 30°$ angegeben ist), gleichmäßig verteilt. Die Gerade $\overline{\infty\,a_1}$ schneidet auf der Drehzahlgeraden den Wert $v = n/n_1 = 1$ und die Gerade $\overline{\infty\,a_0}$ den Wert $v = 0$ ab. Damit ist der Maßstab gegeben. [s. V, I D 3 d u. e].

4. Betriebskurven. Einen Überblick über das Verhalten des Repulsionsmotors gewinnen wir schon, wenn wir die *Spannungsverluste vernachlässigen*, d. h. wenn wir in den Gleichungen in (2) $r_1 = r_2 = \sigma_1 = \sigma_2 = \sigma = 0$ setzen. Beziehen wir außer der Drehzahl auch die Ströme und das Drehmoment auf die entsprechenden Größen bei Nennbetrieb,

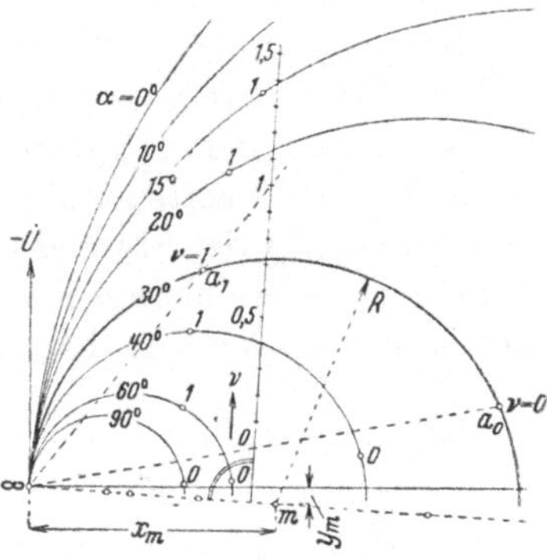

Bild 346. Ortskurven des Primärstromes bei verschiedenen Bürstenwinkeln α.

so sind die Betriebsgrößen nur noch von dem Bürstenwinkel α und dem Drehzahlverhältnis $v = n/n_1$ abhängig, haben also *allgemeine Gültigkeit*. Unter „Nennbetrieb" verstehen wir die Größen bei synchroner Drehzahl ($v = 1$) und dem Bürstenwinkel α_N, dem das entwickelte Nenn-Drehmoment bei $v = 1$ entspricht.

Wir erhalten nach einfachen Umformungen aus Gl. 384c den relativen Ständerstrom

$$\iota_1 = \frac{J_1}{J_{1N}} = \frac{\sin\alpha_N}{\sin\alpha} \cdot \frac{1}{\sqrt{\sin^2\alpha + v^2\cos^2\alpha}}, \tag{388a}$$

aus Gl. 384a den relativen Läuferstrom

$$\iota_2 = \frac{J_2}{J_{2N}} = \sqrt{v^2\sin^2\alpha + \cos^2\alpha} \cdot \iota_1 = \frac{\sin\alpha_N}{\sin\alpha}\sqrt{\frac{v^2\sin^2\alpha + \cos^2\alpha}{\sin^2\alpha + v^2\cos^2\alpha}}, \tag{388b}$$

aus Gl. 386 das relative (entwickelte) Drehmoment und aus Gl. 384b den Leistungsfaktor $\cos\varphi_1' = \cos(\varphi_1 - 180°)$

$$m = \frac{M}{M_N} = \frac{\operatorname{tg}\alpha_N \cdot \operatorname{ctg}\alpha}{\sin^2\alpha + v^2\cos^2\alpha}, \qquad \cos\varphi_1' = \frac{v\cos\alpha}{\sqrt{\sin^2\alpha + v^2\cos^2\alpha}}. \tag{388c u. d}$$

Das Nennmoment tritt bei synchroner Drehzahl gewöhnlich bei einem Bürstenwinkel $\alpha_N \approx 15°$ auf. Auf diesen Betriebszustand bezogen sind in Bild 347a die relative Drehzahl v (stärkere voll ausgezogene Kurven), die relativen Ströme ι_1 (schwächer voll ausgezogen) und ι_2 (gestrichelt), sowie der Leistungsfaktor $\cos\varphi_1'$ (punktiert) über dem relativen Drehmoment m bei verschiedenen Bürstenwinkeln α aufgetragen. Man erkennt, daß der Repulsionsmotor bei fester Bürstenstellung sich ähnlich wie der Reihenschlußmotor verhält, und daß sich die Drehzahl durch Verschieben der Bürsten regeln läßt.

Setzen wir $v = 0$, so erhalten wir die relativen Größen bei Stillstand des Motors, die in Bild 347 b über dem Bürstenwinkel α aufgetragen sind.

Die Bilder 348a u. b zeigen den Verlauf der Kurven mit Berücksichtigung sämtlicher Spannungsverluste für den Motor, für den die Bilder 345 u. 346 gelten; für X_{1h} ist dabei der Punkt der magnetischen Kennlinie $U_1(J_\mu)$ der Ständerwicklung zugrunde gelegt, der $E_1 \approx 0{,}8\,U_1$ entspricht. Abweichungen von den allgemein geltenden Kurven in Bild 347 a ergeben sich hauptsächlich bei den unwichtigen kleinen

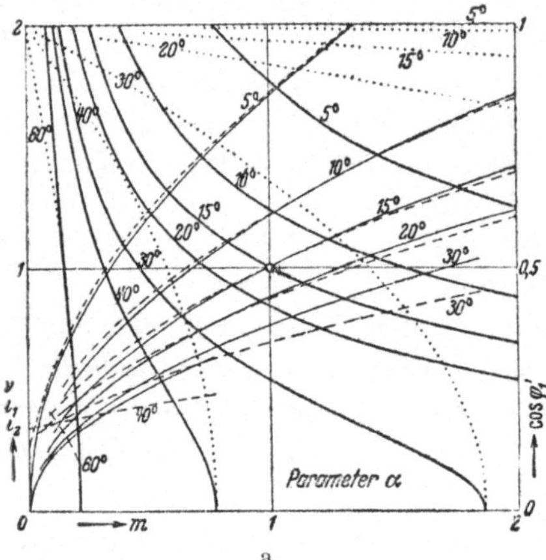

a

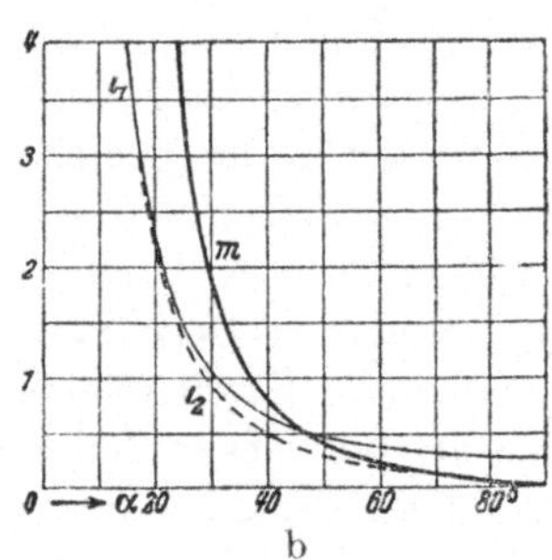

b

Bild 347 a u. b. Wie Bild 348 a u. b, aber Spannungsverluste vernachlässigt, also allgemein gültig.

Bürstenwinkeln und beim Leistungsfaktor, bei den Kurven in Bild 347 b bei kleinen Winkeln α, die aber für den Anlauf (Bürstenverschiebung aus der Stellung $\alpha = 90°$) praktisch nicht in Frage kommen.

Die mit Berücksichtigung der Spannungsverluste berechneten Betriebskurven stimmen bei *synchroner* Drehzahl gut mit den gemessenen Werten überein, und zwar nicht nur für die relativen, sondern auch für die wirklichen Größen. Dagegen ergeben sich bei unter- und übersynchronen Drehzahlen, besonders für den Leistungsfaktor, Abweichungen von den gemessenen Werten, die um so größer sind, je mehr die Drehzahl von der synchronen verschieden ist. Hierfür sind die Kurzschlußströme in den von Bürsten überbrückten Läuferspulen verantwortlich, die wir in unsern Gleichungen vernachlässigt haben. Sie verbessern den Leistungsfaktor bei untersynchronen und verschlechtern ihn bei übersynchronen Drehzahlen.

Aus den Kurven in Bild 348a können wir die in Bild 348c ableiten, die die relative Drehzahl v und den relativen Strom i_1 und $\cos\varphi_1'$

über dem Bürstenwinkel α darstellen. Wir erkennen aus Bild 348c, daß sich ein bestimmter Betriebszustand (m, v) bei zwei verschiedenen Bürstenwinkeln erreichen läßt, wobei dem kleineren Winkel immer ein wesentlich größerer Strom entspricht als dem größeren. Praktische Bedeutung haben deshalb nur die größeren Winkel α.

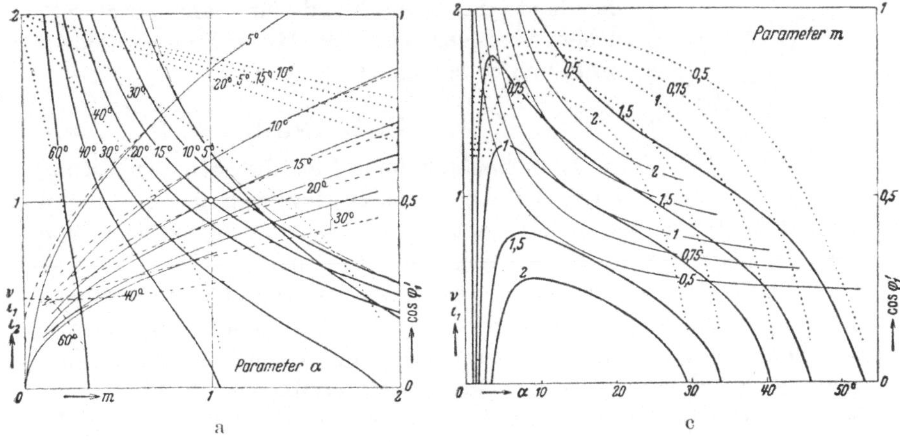

a   c

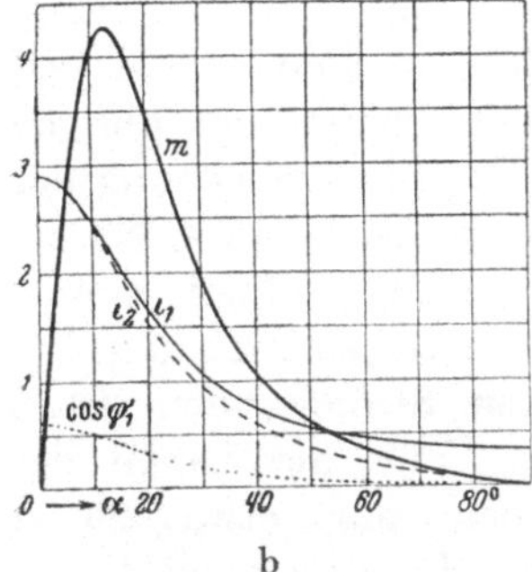

b

Bild 348a bis c. a Relative Drehzahl v (——), relativer Ständerstrom ι_1 (——), Läuferstrom ι_2 (- - - -) und $\cos\varphi_1'$ (· · · ·) über dem relativen Drehmoment m bei verschiedenen Bürstenwinkeln α, c über dem Bürstenwinkel α bei den Drehmomenten $m = 0{,}5,\ 0{,}75,\ 1,\ 1{,}5,\ 2$; b wie a aber bei Stillstand über α. Motor für 2 kW bei synchroner Drehzahl $n = 1500$ U/min. Spannungsverluste sind berücksichtigt.

Um den Motor vor den Kurzschlußströmen unter den Bürsten, die besonders bei Stillstand und in der Leerlaufstellung ($\alpha = 90°$) dem Motor gefährlich werden können, zu schützen, wird die Bürstenverstellvorrichtung mit dem Schalter, der die Primärwicklung ans Netz legt, so gekuppelt, daß diese beim Verschieben aus der Leerlaufstellung ($\alpha = 90°$) erst bei einem solchen Winkel α (etwa 40°) eingeschaltet wird, bei dem der Motor ein zum Anlauf hinreichendes Drehmoment entwickelt. Im Betriebe sind größere übersynchrone Drehzahlen mit Rücksicht auf die Funkenunterdrückung zu vermeiden. [s. V, I D 3].

5. Doppeltgespeister Motor. Führt man dem Läuferkreis des Repulsionsmotors noch eine Spannung von außen zu, so erhält man den doppeltgespeisten Motor, der auch als *Reihenschluß-*

Repulsionsmotor bezeichnet wird. Aus der Schaltung in Bild 343a ergibt sich z. B. die in Bild 349, wobei zur Regelung der Drehzahl einer der Anschlußpunkte 0, 1 oder 2 an der Sekundärwicklung des Transformators verschoben werden kann. Der doppeltgespeiste Motor wurde früher zuweilen für Vollbahnen verwendet. Bei der heute in Deutschland für Bahnbetrieb üblichen Frequenz von $16^2/_3$ Hz wird der Reihenschlußmotor bevorzugt. [s. V, I C].

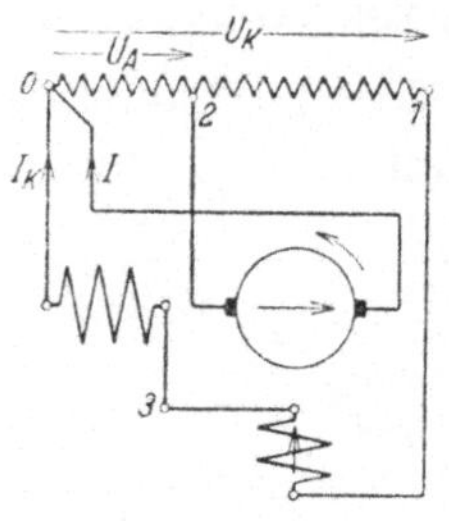

Bild 349. Doppeltgespeister Motor.

E. Entwurf.

1. Vollbahnmotor. Für die Stundenleistung (etwa 1,1 der Dauerleistung) von gut belüfteten Vollbahnmotoren mit Zahnradantrieb und einer Netzfrequenz von $16^2/_3$ Hz liegt der mittlere Drehschub etwa bei $\sigma \approx 15$ kJ/m³ und bei besonders gut ausgenutzten, belüfteten und sorgfältig entworfenen Motoren kann er etwa 20 kJ/m³ erreichen. Der äußere Durchmesser des Ständers ist durch den zur Verfügung stehenden Einbauraum gegeben, die axiale Länge des Blechpakets ergibt sich dabei zu etwa 34 cm. Beim Anfahren kann $\mathfrak{E}_R \approx 3,5$ V angenommen werden. Es ist dann bei Stundenleistung $\mathfrak{E}_R \approx 3$ V. Damit ist der Polfluß zu $\Phi \approx 0,0405$ Vs festgelegt, und es ergeben sich mit Annahme einer Luftspaltinduktion (B_L zwischen 7000 und 8500 Gß) Polpaarzahl und die anderen Hauptabmessungen. Auf die Einzelheiten des übrigen Entwurfs kann nicht näher eingegangen werden, die Berechnung der Gleichstrommaschine bietet hierfür einen Anhalt. [s. V, I J u. K].

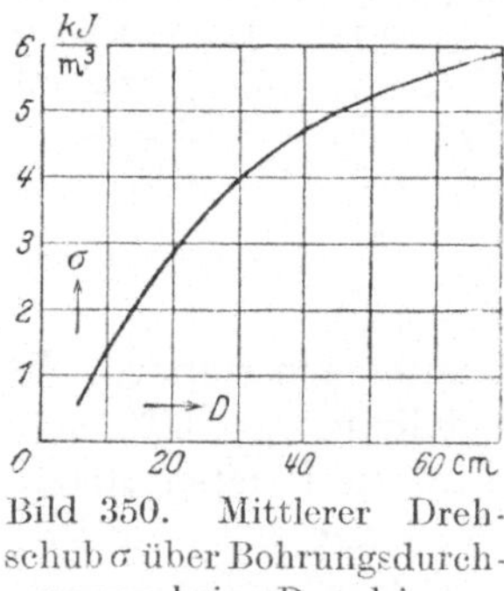

Bild 350. Mittlerer Drehschub σ über Bohrungsdurchmesser beim Repulsionsmotor.

Die Leistung eines Vollbahnmotors für 50 Hz ist bei denselben Einbaumaßen wegen des längeren Stromwenders ($A\,3$) wesentlich kleiner. Für die Länge des Blechpakets bleiben nur etwa 26 cm übrig. Bei größeren Leistungen wird man mit Rücksicht auf den noch zulässigen Wert von $\mathfrak{E}_R$ auf zweigängige Schleifenwicklungen im Läufer geführt. Die Leistung bei 50 Hz kann zu etwa 0,8 von der bei $16^2/_3$ Hz geschätzt werden.

2. Repulsionsmotor. Der mittlere Drehschub von Repulsionsmotoren für kurzzeitigen Betrieb, oder bei starker Belüftung auch für Dauerbetrieb, wird als Funktion des Ankerdurchmessers D etwa durch Bild 350 veranschaulicht. Die von der Ständerwicklung erregte Luftspaltinduktion liegt etwa zwischen 4500 und 7000 Gß; die größte ausgeführte Leistung je Polpaar scheint etwa bei $N/p = 20$ kW zu liegen.

X. Dreiphasen-Stromwendermaschinen.

A. Der Läufer mit Stromwender im Drehfeld.

1. Der Stromwender als Frequenzwandler. Wir denken uns in den Ständer eines gewöhnlichen zweipoligen Induktionsmotors einen Gleichstromanker mit Stromwender eingebaut. Im Ständer erregen wir, beispielsweise mit einer in Stern geschalteten Wicklung, ein Drehfeld und legen auf den Stromwender 3 gleichmäßig am Umfang verteilte Bürsten auf (Bild 351). Treiben wir den Läufer von außen an, so werden durch das Drehfeld in den einzelnen Leitern am Umfang des Läufers EMKe induziert, deren Effektivwert und deren Frequenz proportional der Schlüpfung sind. Die Welle dieser EMKe längs des Läuferumfanges ($V\,C\,2$) läuft also gegenüber dem *Läufer* mit der Winkelgeschwindigkeit $s\Omega_1$ um, wenn s die Schlüpfung und Ω_1 die Winkelgeschwindigkeit des Drehfeldes ist. Da nun der Läufer selbst mit der Geschwindigkeit $(1-s)\,\Omega_1$ im Raume umläuft, so ist die Winkelgeschwindigkeit

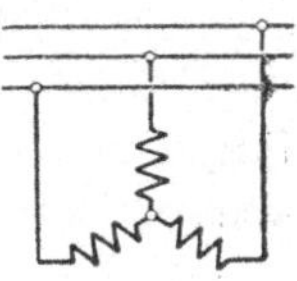
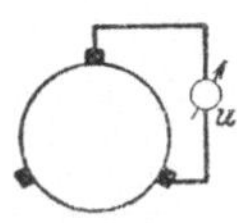

Bild 351. Stromwender als Frequenzwandler.

der Welle der EMKe in der Läuferwicklung gegenüber den festen *Bürsten* gleich $s\,\Omega_1 + (1-s)\,\Omega_1 = \Omega_1$, also gleich der Geschwindigkeit des Drehfeldes, so daß wir an den Bürsten dreiphasige Spannungen messen (u in Bild 351), die wieder die Frequenz des Netzes haben.

Der Stromwender wandelt also die in der Läuferwicklung induzierten EMKe und Ströme der Frequenz sf in die Netzfrequenz f um, wobei der Effektivwert proportional der Schlüpfung ist. Diese Eigenschaft des Stromwenderläufers im Drehfeld gestattet die Speisung des Läufers über die Bürsten aus demselben Netz, an dem die Ständerwicklung liegt, und die Regelung der Drehzahl ohne besonderen Frequenzumformer, lediglich durch Ändern des Effektivwertes der Läuferbürstenspannung bei festem Drehfeld oder durch Ändern der Stärke des Drehfeldes bei fester Läuferspannung.

2. Die Bürstenschaltungen. Die Zahl der Bürsten je Polpaarteilung des Stromwenders kann ≥ 3 sein. Je größer sie ist, desto kleiner

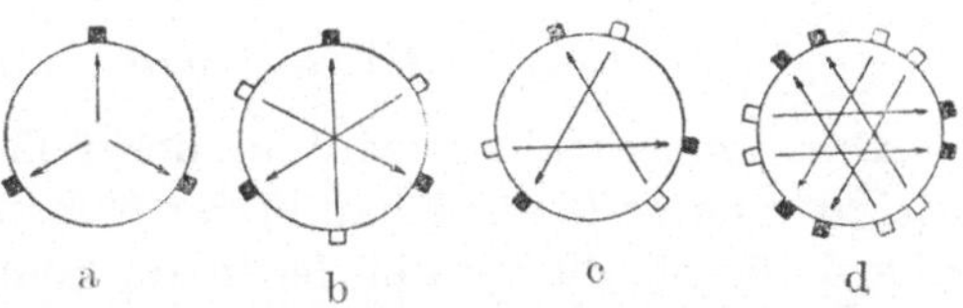

Bild 352 a bis d. a Dreibürstenschaltung; b Sechsbürstenschaltung mit Durchmesserbürsten; c Sehnenbürsten; d Zwölfbürstenschaltung.

ist die EMK der Stromwendung und desto weniger ist Bürstenfeuer durch die Stromwendung zu befürchten. Die wichtigsten Bürstenschaltungen, bezogen auf eine zweipolige Maschine, sind in Bild 352 a bis d dargestellt. Bild **a** bezeichnet man als *Dreibürstenschaltung*, sie setzt voraus, daß die Bürsten mit verketteten Wicklungssträngen verbunden werden. Bild b und c stellt *Sechsbürstenschaltungen* dar; bei b befinden sich die Bürsten in Durchmesserstellung, „*Durchmesserbürsten*", bei c in Sehnenstellung, „*Sehnenbürsten*". Die Bürsten von Bild c *müssen*, die von b werden gewöhnlich mit unverketteten Wicklungssträngen verbunden. Bild d stellt schließlich die *Zwölfbürstenschaltung* dar, die auch als Schaltung mit Doppelsehnenbürsten bezeichnet wird.

Die Läuferwicklung wird wie bei der Gleichstrommaschine in der Regel mit nur wenig verkürzter Spulenweite ausgeführt, so daß wir unsern Betrachtungen Durchmesserwicklung zugrunde legen wollen.

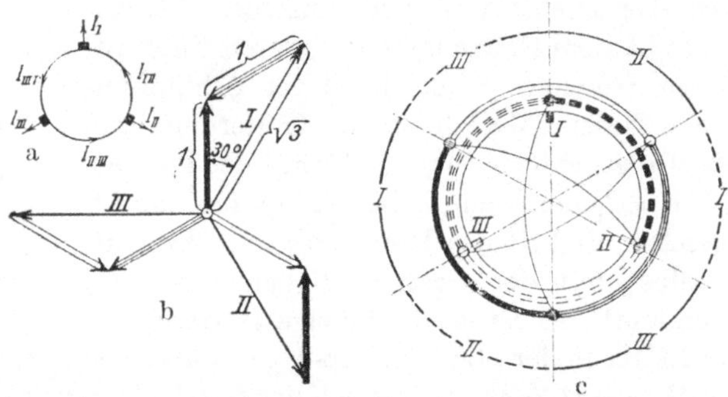

Bild 353 a bis c. Dreibürstenschaltung. a u. b Ströme; c Stromverteilung, äußerer Kreis resultierende, Durchmesserwicklung.

Bei der *Dreibürstenschaltung* ergeben sich die Bürstenströme J_I, J_II, J_III aus den Strangströmen $J_\mathrm{I\,II}$, $J_\mathrm{II\,III}$, $J_\mathrm{III\,I}$ nach Bild 353 a als Differenz je zweier Strangströme. In Bild 353 b sind die Phasen der in den Wicklungssträngen fließenden Ströme durch verschiedene Stricharten unterschieden. Zwischen den Effektivwerten des Stromes J_i in einem Leiter und des Bürstenstromes J, sowie des Strangstromes $J_{Str} = a\,J_i$ und des Bürstenstromes bestehen nach Bild 353 a u. b die Beziehungen

$$J_i = J/\sqrt{3}\,a \quad \text{und} \quad J_{\mathrm{Str}} = J/\sqrt{3}. \qquad (389\,\text{a u. b})$$

Die Ankerwicklung wird in der üblichen Weise als Zweischichtwicklung ausgeführt, so daß in der Nut immer zwei Spulenseiten übereinanderliegen, die verschiedenen Wicklungssträngen angehören. Wenn im Querschnitt senkrecht zur Welle des Läufers in der Oberschicht eines Stranges die Ströme in die Zeichenebene hineinfließen, fließen sie in der Unterschicht desselben Stranges aus der Zeichenebene heraus. Wir erhalten die in Bild 353 c angegebenen Strombeläge, wobei die Phase der (positiven) Ströme in der Oberschicht durch dieselbe Strichart dargestellt ist wie die der Ströme in Bild 353 b, während die Phase der (negativen) Ströme in der Unterschicht durch die entsprechende Strichart gestrichelt angedeutet ist. Die Bürste I ist schwarz ausgefüllt, die

Bürste II schraffiert und die Bürste III weiß; in derselben Weise sind die entsprechenden Spulenseiten (kleine Kreise) der von Bürsten kurzgeschlossenen Spulen angedeutet.

Die Ströme in Unter- und Oberschicht sind nach Bild 353 b u. c um je 60° gegeneinander phasenverschoben und ergeben die mit den Phasen der Bürstenströme übereinstimmenden und am äußern Kreis von Bild 353 c angegebenen resultierenden Strombeläge I, II und III, wobei negative Ströme wieder gestrichelt angedeutet sind.

Die Läuferwicklung mit Durchmesserspulen in Dreibürstenschaltung hat nach Bild 353 c dieselbe resultierende Stromverteilung wie eine gewöhnliche dreiphasige Spulenwicklung mit der Spulenbreite $\tau/3$, die von den Bürstenströmen gespeist wird; sie kann also durch eine solche ersetzt werden. Der Bürstenstrom in einem Leiter der (einschichtigen) Ersatzwicklung ist gleich dem resultierenden Strom zweier übereinanderliegender Leiter der Läuferwicklung. Deshalb muß die Zahl der in Reihe geschalteten Windungen eines Stranges der Ersatzwicklung genau halb so groß sein wie die eines Stranges der Läuferwicklung. Da diese $z/6a$ beträgt, wenn z die gesamte Zahl der Ankerleiter und a die halbe Zahl der parallelen Ankerzweige

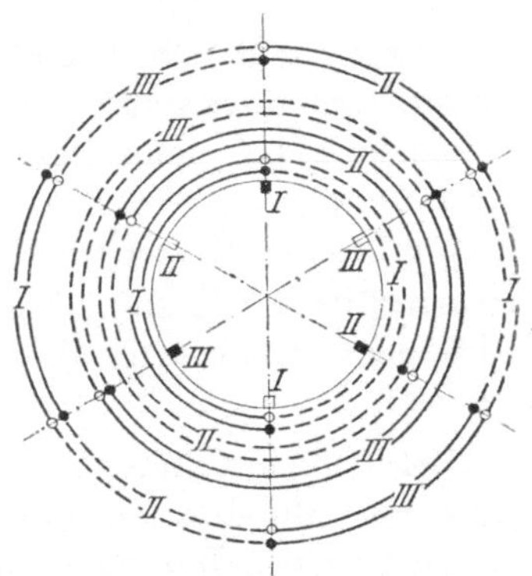

Bild 354. Stromverteilung bei Sechsbürstenschaltung, Durchmesserwicklung und -bürsten.

als *Gleichstrom*wicklung (*II A*, Gl. 74 bzw. 78) bezeichnet, so ist die Windungszahl der Ersatzwicklung je Strang

$$w_L = z/12a. \tag{389c}$$

Für die *Sechsbürstenschaltung* mit Durchmesserbürsten sind in Bild 354 die Strombeläge, die jeder der drei durch die Bürsten fließenden Ströme in Unter- und Oberschicht der Ankerwicklung erzeugt, durch Kreisbögen und römische Ziffern angedeutet; es sind dies die unmittelbar über dem Stromwenderkreis liegenden drei Doppelkreise, wobei jeder Leiter den *halben* Bürstenstrom führt. Der äußerste Doppelkreis stellt die resultierenden Strombeläge in Unter- und Oberschicht dar, wie sie sich durch Überlagerung der drei Ströme ergeben, wobei jeder Kreis dem *vollen* Bürstenstrom (*J*) entspricht.

Auch die Läuferwicklung in Bild 354 läßt sich also durch eine gewöhnliche Dreiphasenwicklung ersetzen, deren Spulenseiten je ein Drittel der Polteilung einnehmen und von Bürstenströmen gespeist werden. Der resultierende Strom in einem Leiter der Stromwenderwicklung ist *doppelt* so groß wie bei einphasiger Speisung,

$$J_i = 2\,J/2\,a = J/a; \tag{390a}$$

zwei übereinanderliegende Leiter ergeben also den Strom $2\,J/a$, während sie bei der Dreibürstenschaltung nach Gl. 389a (Bild 353b) nur J/a ergeben. Die Zahl der in Reihe geschalteten Windungen der *Ersatzwicklung*, die die Stromwenderwicklung durch eine gewöhnliche mit Bürstenströmen gespeiste Dreiphasenwicklung ersetzt, ist also doppelt so groß wie bei der Dreibürstenschaltung (Gl. 389c), nämlich

$$w_L = z/6\,a. \tag{390b}$$

Unter- und Oberschicht führen hier immer Ströme gleicher Phase, im Gegensatz zu der Dreibürstenschaltung. Deshalb verhalten sich bei demselben resultierenden Strombelag (Bürstenstrom bei 6 Bürsten halb so groß wie bei 3) die Stromwärmen in den Wicklungen bei Dreibürstenschaltung und Sechsbürstenschaltung mit Durchmesserbürsten wie $(2/\sqrt{3})^2 = 4:3$, d. h. die Dreibürstenschaltung ergibt 33 % mehr Stromwärme als die Sechsbürstenschaltung mit Durchmesserbürsten.

Bei Sehnenstellung der Bürsten verschieben sich, wenn wir die schwarzen Bürsten festhalten, die weißen, unausgefüllten Spulenseiten mit den weißen Bürsten, und da nach jeder kurzgeschlossenen Spulenseite ein Wechsel der Stromrichtung am Ankerumfang stattfindet, läßt sich ohne weiteres für beliebige Bürstenstellungen die Stromrichtung am Ankerumfang angeben. [s. V, II A 1 bis 3].

3. Läuferersatzwicklung. Bei der rechnerischen Behandlung der Vorgänge kann man sich die Stromwenderwicklung durch eine in Stern verkettete oder unverkettete Wicklung ersetzt denken, die von Bürstenströmen durchflossen wird. Für die Dreibürstenschaltung ist in Bild 355a die in Stern verkettete Ersatzwicklung unmittelbar in den Stromwenderkreis eingezeichnet, für die Sechs- und Zwölfbürstenschaltung sind in Bild 355b bis d die Ersatzwicklungen mit ihren Wicklungsachsen angedeutet. In (2) haben wir die *Windungszahlen* w_L der Läuferersatzwicklung für Drei- (Gl. 389c) und Sechsbürstenschaltung (Gl. 390b) abgeleitet. Die zugehörigen *Wicklungsfaktoren* sind bei Durchmesserwicklung im Läufer $3/\pi$, bei Sehnenwicklung $3\varsigma/\pi$, worin ς den Spulenfaktor der Läuferwicklung bezeichnet. Bei Sehnenbürsten (Sechs- und Zwölfbürstenschaltung, Bild 355c u. d) sind diese Faktoren noch mit $\cos\alpha$ zu multiplizieren. Wir erhalten also für Drei- bzw. Sechs- und Zwölfbürstenschaltung die Wicklungsfaktoren der Ersatzwicklung zu

$$\xi_L = 3\,\varsigma/\pi \quad \text{bzw.} \quad \xi_L = 3\,\varsigma/\pi \cdot \cos\alpha. \tag{391a u. b}$$

Den *Wirkwiderstand* der Ersatzwicklung beziehen wir auf den Gleichwiderstand R_D bei Durchmesserstellung der Bürsten (Gl. 154b). Der
Widerstand eines Strangs bei *Dreibürstenschaltung* (Bild 356b) ist dann
$4/3 \cdot R_D$ und der der Ersatzwicklung (Sternschaltung)

$$R_L = R_D \cdot 4/9. \tag{392a}$$

Bei *Sechsbürstenschaltung und Durchmesserbürsten* ist nach Bild 354
der Effektivwert des Stromes in einem Leiter doppelt so groß wie bei
einphasiger Speisung mit demselben Bürstenstrom, die gesamte Strom-

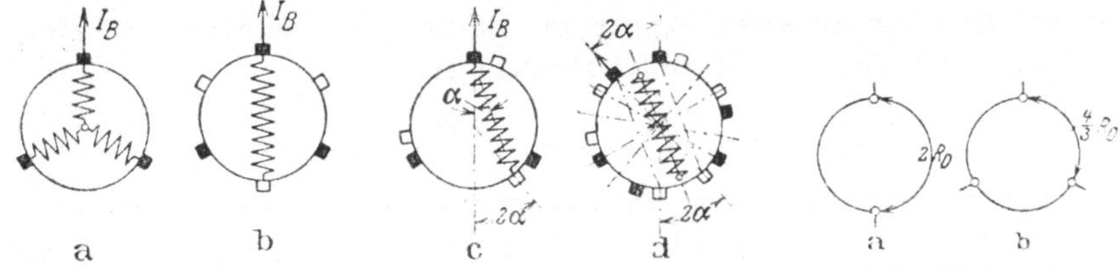

Bild 355a bis d. Ersatzwicklungen; vgl. Bild 352a bis d.   Bild 356a u. b.
Wirkwiderstände.

wärme also 4mal so groß. Wir erhalten aus der 4-fachen Stromwärme
aller Stränge je Strang

$$R_L = R_D \cdot 4/3. \tag{392b}$$

Bei Sehnenbürsten- und Zwölfbürstenschaltung verringert sich R_L mit
wachsendem 2α etwa proportional $\cos\alpha$ bis auf Null bei $2\alpha = 180°$.
Der Streublindwiderstand ändert sich ähnlich. [s. V, II A 4].

4. Durchflutung und Strombelag. Die Amplitude der Ankerdurchflutung können wir nach Gl. 109a u. b aus der Ersatzwicklung berechnen; wir erhalten für Dreibürstenschaltung ($m = 3$, $w = z/12a$,
$\xi = 3\varsigma/\pi$)

$$\Theta = \frac{3}{\sqrt{2}\,\pi^2} \frac{z\,\varsigma}{a\,p} J, \tag{393a}$$

für Sechs- und Zwölfbürstenschaltung mit Durchmesser- bzw. Sehnenstellung der Bürsten und einer Bürstenverschiebung um 2α aus der
Durchmesserstellung ($m = 3$, $w = z/6a$, $\xi = 3\varsigma/\pi$ bzw. $3\varsigma/\pi \cdot \cos\alpha$)

$$\Theta = \frac{3\sqrt{2}}{\pi^2} \frac{z\,\varsigma}{a\,p} J \quad \text{bzw.} \quad \Theta = \frac{3\sqrt{2}}{\pi^2} \frac{z\,\varsigma}{a\,p} J \cos\alpha. \tag{393b u. c}$$

Der mittlere effektive Strombelag ergibt sich nach Gl. 107b für
Dreibürstenschaltung bzw. Sechs- und Zwölfbürstenschaltung zu

$$A = \frac{z}{4p\,\tau} \frac{J}{a} \quad \text{bzw.} \quad A = \frac{z}{2p\,\tau} \frac{J}{a}. \tag{394a u. b}$$

Der wirkliche, für die *Erwärmung* maßgebende Strombelag ist bei der Dreibürstenschaltung $2/\sqrt{3}$ mal so groß, weil die Strombeläge von Unter- und Oberschicht phasenverschoben sind. [s. V, II A 5].

5. Die EMKe. Beziehen wir die in der Läuferersatzwicklung induzierte EMK auf die bei Durchmesserstellung (Zeiger D) der Bürsten und beachten, daß diese EMK dem Schlupf s proportional ist,

$$E_D = z\,\frac{p}{a}\,s\,n_1\,\frac{\varsigma\,\Phi}{\sqrt{2}}\,,\qquad(395)$$

so erhalten wir für einen Strang der Dreibürstenschaltung bzw. einen Strang bei Sechs- und Zwölfbürstenschaltung

$$E = E_D\cdot\sqrt{3}/2\quad\text{bzw.}\quad E = E_D\cdot\cos\alpha.\qquad\text{(395 a u. b)}$$

Für die *Drehfeld-EMK*, die zwischen benachbarten Stromwenderstegen vom Drehfeld induziert wird, können wir mit w_k nach Gl. 371 schreiben

$$\mathfrak{E}_R = \sqrt{2}\,\pi\,w_k\,s\,f\,\varsigma\,\Phi \approx \frac{\pi}{\sqrt{2}}\,\frac{p}{a}\,\frac{z}{k}\,s\,f\,\varsigma\,\Phi.\qquad(396)$$

Die Stromänderung in einer von Bürsten überbrückten Läuferspule ist nach den Bildern 353 u. 354 gleich der Differenz zweier Strangströme und diese gleich dem *Bürstenstrom*. Die *EMK der Stromwendung* kann deshalb auch bei den Mehrphasenmaschinen nach der PICHELMAYERschen Formel (Gl. 323) berechnet werden mit den Strombelägen nach Gl. 394a bzw. b. Zu beachten ist, daß bei denselben Strombelägen der Bürstenstrom J der Sechs- oder Zwölfbürstenschaltung halb so groß ist wie der der Dreibürstenschaltung. Für Dreibürstenschaltung und für Sechsbürstenschaltung mit Durchmesserstellung kann etwa $\zeta \approx 8$, für Sechsbürstenschaltung mit Sehnenwicklung oder Sehnenbürsten $\zeta \approx 5$, für Zwölfbürstenschaltung $\zeta \approx 3{,}5$ gesetzt werden. [s. V, II A 6—10].

6. Beziehung zwischen E_D und $\mathfrak{E}_R$. Auch für die Dreiphasenwicklung gilt nach Gl. 395 u. 396 die für Einphasenmaschinen abgeleitete Gl. 372b, wenn wir für v_K die Umfangsgeschwindigkeit des Stromwenders bei synchroner Drehzahl n_1 und für E die EMK E_D bei Durchmesserstellung der Bürsten einsetzen.

Führen wir die Umfangsgeschwindigkeit $v_{K\,\text{max}}$ bei der größten betriebsmäßig vorkommenden Drehzahl n_max ein, so wird

$$\frac{E_D}{\mathfrak{E}_R} = \frac{1}{\pi f}\,\frac{v_{K\,\text{max}}}{t_K}\,\frac{n_1}{n_\text{max}}.\qquad(397)$$

Nehmen wir die größte Umfangsgeschwindigkeit zu $v_{K\,\text{max}} = 2500\,\text{cm/s}$ an, und die kleinste technisch ausführbare Stegteilung zu 0,4 cm, wobei die Bürstenbreite dann etwa 0,8 cm betragen darf, so erhalten wir nach Gl. 397 mit $f = 50\,\text{Hz}\;\; E_D = 39{,}8\,\mathfrak{S}_R\, n_1/n_{\max}$.

Die in der Läuferwicklung induzierte EMK E, die bei Sechsbürstenschaltung mit Durchmesserbürsten E_D, bei Dreibürstenschaltung $0{,}866\,E_D$ ist, soll immer möglichst groß sein, um einen möglichst kleinen Stromwender zu erhalten, der bei den Stromwendermaschinen für Wechselstrom zum großen Teil die Kosten des Motors bestimmt. Der größte im Betrieb auftretende Wert $\mathfrak{S}_R$ ist mit Rücksicht auf das Bürstenfeuer beschränkt und darf erfahrungsgemäß höchstens 2,5 V zwischen benachbarten Stromwenderstegen betragen, wenn die Bürsten nicht mehr als zwei Stromwenderstege bedecken. Da bei den ständergespeisten Maschinen $\mathfrak{S}_R$ von der Schlüpfung abhängt, tritt bei diesen Maschinen der größte Wert von $\mathfrak{S}_R$ bei dem größten betriebsmäßig vorkommenden Betrag der Schlüpfung auf; beim Herabregeln durch Ändern der Läuferspannung bis auf Null tritt er also im Stillstand ($s = 1$) auf, sofern die größte Drehzahl nicht größer als die doppelte synchrone Drehzahl ist. Da $n_1/n_{\max}$ für einen gegebenen Betrieb festliegt und die Netzfrequenz f, gewöhnlich 50 Hz, auch gegeben ist, kann $E_D/\mathfrak{S}_R$ nur durch das Verhältnis $v_{K\,\max}/t_K$ möglichst groß bemessen werden. [s. V, II A 11].

7. Drehmoment. Das in der Maschine entwickelte Drehmoment erhalten wir aus der inneren Leistung des Läufers $m_2\, s\, E_{20}\, J_2 \cos\psi_2$ (E_{20} EMK bei Stillstand) durch Division mit der Winkelgeschwindigkeit $s\,\Omega = s\,\omega/p$ zwischen Läufer und Drehfeld zu

$$M = \frac{p\,m_2\,s\,E_{20}\,J_2 \cos\psi_2}{s\,\omega} = \frac{p\,m_1\,E_1\,J'_{2w}}{\omega}, \qquad (398)$$

worin $J'_{2w} = J'_2 \cos\psi_2$ die auf die Primärwicklung bezogene Stromkomponente in Phase mit $\dot{E}_1$ ist.

Außer diesem Drehmoment entwickeln bei ständergespeisten Motoren noch die Ströme in den von Bürsten überbrückten Läuferwindungen ein (zusätzliches) Drehmoment, das bei untersynchronen Drehzahlen im Sinne des Hauptmomentes, bei übersynchronen diesem entgegenwirkt. Es kann recht beträchtliche Werte annehmen. [s. V, II A 12].

B. Reihenschlußmotor.

1. Schaltung. Der dreiphasige Reihenschlußmotor wird wie der Repulsionsmotor durch Verstellen der Bürsten geregelt, und zwar heute wohl ausnahmslos durch Verstellen *aller* Bürsten. Um die Spannung der Läuferwicklung, die mit Rücksicht auf die Funkenunterdrückung für niedrige Spannung bemessen werden muß, der Netzspannung anzupassen, wird ein *Zwischentransformator* verwendet, der zwischen

Ständerwicklung S und Läuferwicklung L geschaltet ist, wie es die Dreibürstenschaltung Bild 357 a darstellt, bei der auch die Reihenfolge von Ständerwicklung und Primärwicklung des Transformators umgekehrt sein kann.

Bei Sechsbürstenschaltung wird die Wicklung unverkettet ausgeführt, wie es in Bild 357 b, beispielsweise für Durchmesserbürsten, dargestellt ist. [s. V, II B 1].

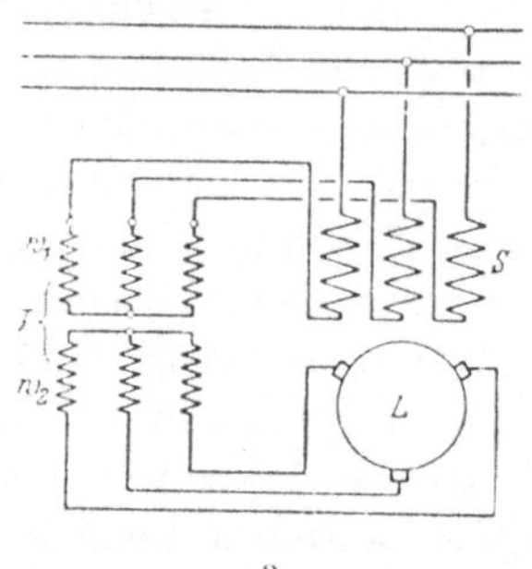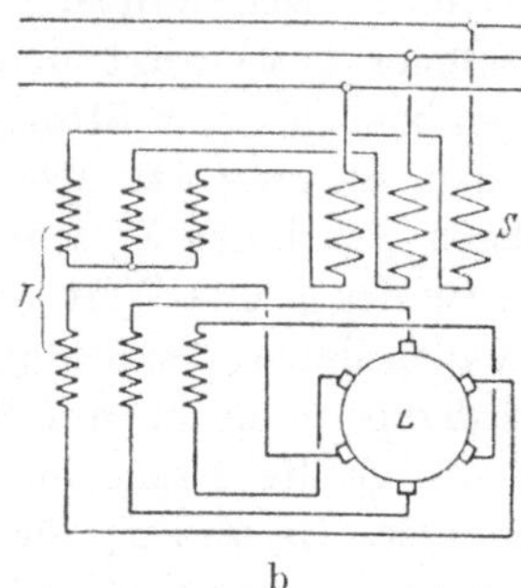

a   b

Bild 357 a u. b. Drei- und Sechsbürstenschaltung mit Zwischentransformator.

2. Durchflutung und Drehrichtung.

Für die resultierende Durchflutung der Ständer- und die der Läuferwicklung erhalten wir nach Gl. 109 a u. b (mit $m_L = m_S$)

$$\Theta_S = \frac{2\sqrt{2}}{\pi}\,\frac{m_S\,\xi_S\,w_S}{p}\,J_S \quad \text{und} \quad \Theta_L = \frac{2\sqrt{2}}{\pi}\,\frac{m_S\,\xi_L\,w_L}{p}\,J_L. \qquad \text{(399 a u. b)}$$

Bezeichnen wir mit w_1 die Windungszahl der primären (mit der die Ständerwicklung in Reihe geschaltet ist) und mit w_2 die der sekundären Wicklung des Zwischentransformators, so erhalten wir bei Vernachlässigung des Magnetisierungsstromes im Zwischentransformator für die Übersetzung der Durchflutungen von Läufer zu Ständer

$$\ddot{u} = \frac{\Theta_L}{\Theta_S} = \frac{\xi_L\,w_L\,J_L}{\xi_S\,w_S\,J_S} = \frac{\xi_L}{\xi_S}\,\frac{w_L}{w_S}\,\frac{w_1}{w_2}. \qquad (399)$$

Diese Übersetzung ist gleich dem Produkt aus der Übersetzung $\ddot{u}_M$ der Maschine und der des Transformators $\ddot{u}_T$:

$$\ddot{u}_M = \xi_L\,w_L/\xi_S\,w_S, \qquad \ddot{u}_T = w_1/w_2, \qquad \ddot{u} = \ddot{u}_M \cdot \ddot{u}_T. \qquad \text{(399 a bis c)}$$

Die in der ruhenden Läuferwicklung induzierte EMK E_{L0} und der Läuferstrom J_L, sowie die auf den Ständerkreis bezogenen Größen E'_{L0} und J'_L sind

$$E_{L0} = \ddot{u}_M\,E_S, \quad J_L = \ddot{u}_T\,J_S, \quad E'_{L0} = \ddot{u}_T\,E_{L0} = \ddot{u}\,E_S, \quad J'_L = J_S. \qquad \text{(400 a bis d)}$$

Zur Untersuchung der Betriebseigenschaften können wir den Transformator außer acht lassen und unsern Betrachtungen die einfache Reihenschaltung in Bild 358b zugrunde legen. Wir denken uns also die Übersetzung der Maschine gleich $\ddot{u}$ und die des Transformators gleich 1.

Besonders herausheben können wir noch die Leerlaufstellung der Bürsten (Bild 358a), bei der $\alpha = 180°$ ist, die magnetischen Achsen der Wicklungen also zusammenfallen, und die Kurzschlußstellung der Bürsten in Bild 358c, bei der $\alpha = 0$ ist und die magnetischen Achsen der beiden Wicklungen einander entgegengerichtet sind.

Rechts von den Schaltungen in Bild 358a bis c ist die räumliche Zusammensetzung der Durchflutungen Θ_S und Θ_L (für festen Strom)

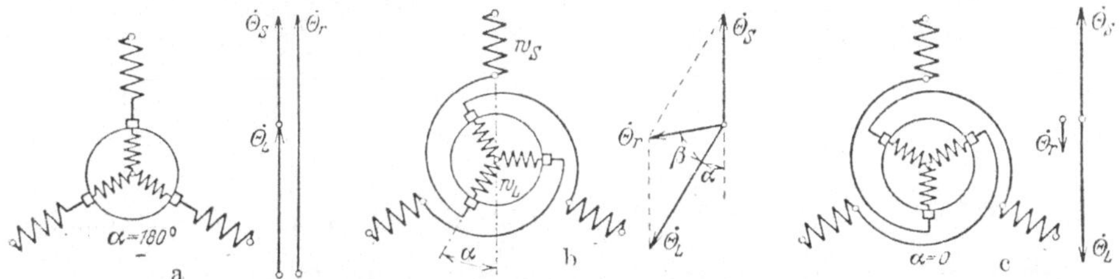

Bild 358a bis c. Bürstenstellungen und Durchflutungsdiagramme. a Leerlauf-, b Betriebs-, c Kurzschlußstellung.

gezeigt; sie ist unabhängig von der Drehrichtung des in der Maschine umlaufenden Drehfeldes, die durch Vertauschen zweier vom Netz zur Ständerwicklung führender Leitungen geändert werden kann. In der Betriebsstellung sind die Durchflutungen um den Winkel $180° - \alpha$ gegeneinander verschoben; ihre geometrische Summe ergibt die resultierende Durchflutung Θ_r (je Polpaar). In der Leerlauf- und der Kurzschlußstellung setzen sich die Durchflutungsamplituden algebraisch zusammen. Den Bürstenverschiebungswinkel haben wir von der Kurzschlußstellung aus gezählt, weil er dann in Betriebstellung spitz ist (etwa 30° bei Nennbetrieb).

Durch Anwendung des cos-Satzes erhalten wir nach Bild 358b mit $\Theta_L = \ddot{u}\,\Theta_S$

$$\Theta_r = \Theta_S \sqrt{1 + \ddot{u}^2 - 2\,\ddot{u}\cos\alpha}. \tag{401}$$

Diese resultierende Durchflutung können wir in bekannter Weise (vgl. z. B. Bild 135a) in zwei senkrecht zueinanderliegende Komponenten zerlegen, die proportional dem Verluststrom J_V und dem Magnetisierungsstrom J_μ sind. Der Verluststrom J_V berücksichtigt außer den Eisenverlusten noch die Leistungsverluste der Ströme in den von Bürsten überbrückten Läuferspulen. Da J_V in der Regel klein ist gegenüber J_μ, ist $\Theta_\mu \approx \Theta_r$. Θ_μ erregt das im Luftspalt umlaufende resultierende Drehfeld.

Aus der magnetischen Kennlinie ($V\,G\,4$), die den Fluß Φ_1 der Grundwelle des Drehfeldes als Funktion der Magnetisierungsdurchflutung Θ_μ je Polpaar darstellt (Bild 359), können wir den zu jeder Polpaardurchflutung Θ_μ gehörenden Fluß Φ_1 entnehmen.

Die Drehrichtung des Motors bestimmen wir entweder nach der Handregel (S. 16) oder der in ($I\,A\,12$) angegebenen Regel, wonach sich die magnetische Achse der Läuferwicklung auf dem kürzesten Wege in die Achse des Flusses Φ_1 oder der Durchflutung $\Theta_\mu \approx \Theta_r$ im Raumdiagramm einzustellen sucht. Wir erhalten bei der in Bild 360 eingezeichneten Bürstenstellung die Drehrichtung im Uhrzeigersinn (Pfeil n); bei

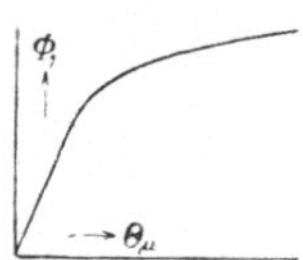

Bild 359. Magnetische Kennlinie.

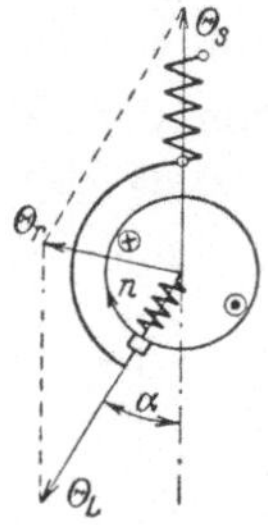

Bild 360. Ermittlung des Drehsinnes.

der entgegengesetzten Bürstenverschiebung aus der Kurzschlußstellung würde sich auch die entgegengesetzte Drehrichtung ergeben. Der Motor läuft also, und zwar unabhängig von der Drehrichtung des im Motor umlaufenden Drehfeldes, in der Richtung an, in der die Bürsten aus der Kurzschlußstellung verschoben sind. Mit Rücksicht auf die Funkenunterdrückung kommt nur der Lauf im Sinne des Drehfeldes in Frage. Die Kurzschlußstellung der Bürsten wird man aber nicht als Anlaßstellung der Bürsten wählen, weil hierbei die Stromaufnahme am größten wäre. Anlaßstellung ist die *Leerlaufstellung*. Wenn die Bürsten aus dieser Stellung verschoben werden, läuft also der Motor *entgegen* der Bürstenverschiebung an (wie beim Repulsionsmotor). Das Drehmoment ist nach Gl. 398 zu berechnen. [s. V, II B 2].

3. Kreisdiagramm der EMKe. Bei ruhendem Läufer induziert das Luftspaltfeld in den Wicklungssträngen von Ständer und Läufer EMKe, die wie die Wicklungsachsen um den Winkel $\pi - \alpha$ gegeneinander verschoben sind. Um diesen Phasenwinkel ist, vom Ständer aus betrachtet, die Läufer-EMK verfrüht, wenn das Drehfeld im Sinne des entwickelten Drehmoments umläuft (vgl. Bild 361 a u. b). Der Strom $J \equiv J_S$ ist bei Stillstand und Vernachlässigung der Verluste im Motor ein reiner Magnetisierungsstrom und deshalb gegen $\dot{E}$ um eine Viertelperiode verfrüht.

Das Verhältnis der Effektivwerte der EMKe ist bei Stillstand gleich der Übersetzung

$$\ddot{u} = E'_{L0}/E_S. \tag{402a}$$

Bei festem Bürstenwinkel α bewegt sich bei ruhendem Läufer der Endpunkt von $\dot{E}_S$ auf einem Kreis, der die resultierende EMK $\dot{E}$, die sich von der Klemmenspannung $\dot{U}$ nur um den Spannungsverlust in den Wicklungen unterscheidet, als Sehne hat. In Bild 362 sind z. B. die Fälle $\ddot{u} = 0{,}8$, $\ddot{u} = 1$ und $\ddot{u} = 1{,}2$ für gleiche Bürstenwinkel α dargestellt.

Auch beim umlaufenden Läufer bleibt bei demselben Bürstenwinkel der Phasenwinkel $\pi - \alpha$ zwischen den beiden EMKen der Ständer- und Läuferwicklung erhalten; der Endpunkt von $\dot{E}_S$ bewegt sich also auf demselben

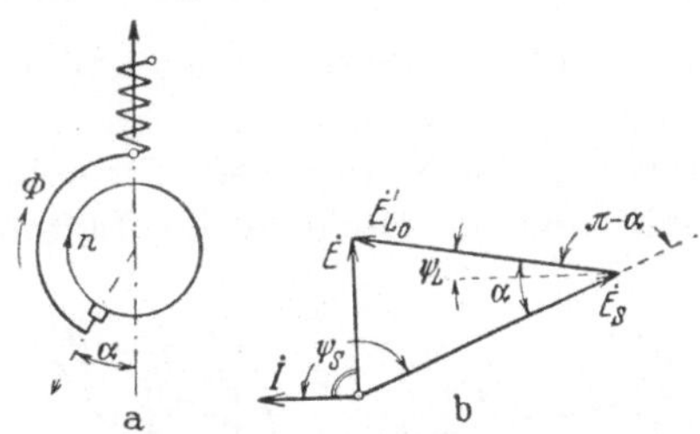

Bild 361 a u. b. Drehfeld und Drehrichtung gleichsinnig.

Kreis wie bei Stillstand mit veränderlichem $\ddot{u}$. Die Verteilung der Schlüpfung s auf dem Kreis hängt von $\ddot{u}$ ab; es ist

$$s = E_L/E_{L0} = E'_L/E'_{L0} = E'_L/E_S\,\ddot{u}. \tag{402}$$

In Bild 363, das für $\ddot{u} = 1$ gilt, sind einige Schlupfwerte s an den Kreis angeschrieben. Der Kreisbogen von $s = 1$ über $s = 0$ nach $s = -\infty$ gilt für den Lauf des Motors im Sinne des Drehfeldes, der Bogen von $s = 1$ über $1{,}5$ nach $s = +\infty$ für den praktisch unwichtigen Lauf gegen

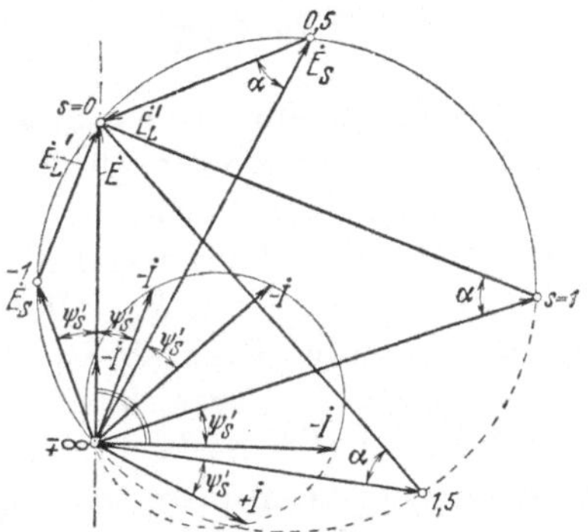

Bild 363.
Kreisdiagramm bei Lauf. $\ddot{u} = 1$.

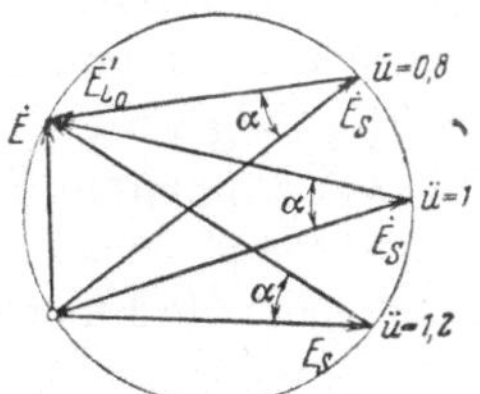

Bild 362.
Stillstand bei verschiedenen $\ddot{u}$.

das Drehfeld und ist deshalb gestrichelt. Bei der synchronen Drehzahl ($s = 0$) ist auch die im Läufer induzierte EMK Null, weil die Relativbewegung zwischen Drehfeld und Läufer fehlt, und es ist $\dot{E}_S = \dot{E}$. Die in einer Läuferspule induzierte EMK $\mathfrak{E}_R$ ist bei Synchronismus ebenfalls Null und bei andern Drehzahlen proportional der Schlüpfung. Für andere Werte von α ergeben sich andere Kreise, die alle $\dot{E}$ als Sehne haben. [s. V, II B 3 a].

Mit dem cos-Satz erhält man nach Bild 364b $(E'_L = s\,\ddot{u}\,E_S)$ die resultierende EMK zu

$$E = E_S\sqrt{1 + s^2\ddot{u}^2 - 2s\,\ddot{u}\cos\alpha} \quad \text{mit} \quad E_S = \sqrt{2}\,\pi\,\xi_S\,w_S\,f\,\Phi. \qquad \text{(403a u. b)}$$

4. Phasenwinkel ψ_L, ψ_S und ψ. Der Winkel ψ_S zwischen Strom und Ständer-EMK ist unabhängig von der Drehzahl des Motors, weil die relative Lage zwischen Strombelag der Ständerwicklung und resultierendem Drehfeld im Luftspalt bei demselben Bürstenwinkel α für jede Drehzahl dieselbe ist. Wir erhalten also nach Bild 364a u. b unabhängig von der Drehzahl

$$\psi'_S = \pi - \psi_S = \alpha - \psi_L. \qquad (404)$$

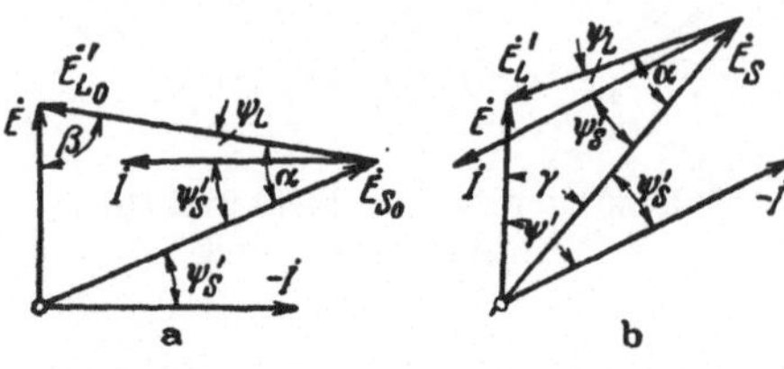

Bild 364a u. b. Winkelbezeichnung.
a Ruhender, b umlaufender Läufer.

Für jeden Winkel α ist deshalb auch ψ_L unabhängig von der Drehzahl, und wir können die Winkel ψ_L und ψ'_S wie bei ruhendem Läufer berechnen,

$$\cos\psi_L = \frac{E_{S0}}{E}\sin\alpha = \frac{\sin\alpha}{\sqrt{1 + \ddot{u}^2 - 2\ddot{u}\cos\alpha}}, \qquad (404\,\text{a})$$

$$\cos\psi'_S = \frac{\ddot{u}\sin\alpha}{\sqrt{1 + \ddot{u}^2 - 2\ddot{u}\cos\alpha}}. \qquad (404\,\text{b})$$

In Bild 363, das für $\ddot{u} = 1$ gilt, ist $\psi'_S = \alpha/2$. In diesem Bild ist zu den Spannungsdiagrammen noch der zugehörige negative Strom $(-\dot{J})$ eingezeichnet, dessen Ortskurve bei konstanten Blindwiderständen ein Kreis (8) ist. Der Phasenwinkel $\psi' = \pi - \psi$ zwischen $-\dot{J}$ und $\dot{E}$ ändert sich mit der Phase von $\dot{E}_S$. Mit sinkender Schlüpfung wird er kleiner; für die synchrone Drehzahl ist $\psi' = \psi'_S = \alpha/2$, bei doppeltem Synchronismus ist $\psi' = 0$. Für noch höhere Drehzahlen würde ψ' negativ werden, doch kommen so hohe Drehzahlen mit Rücksicht auf die Funkenunterdrückung praktisch nicht in Frage.

Für den Leistungsfaktor $\cos\psi' = \cos(\gamma + \psi'_S)$ des Motors (Bild 364b) erhalten wir

$$\cos\psi' = \frac{\ddot{u}\sin\alpha}{\sqrt{1 + \ddot{u}^2 - 2\ddot{u}\cos\alpha}} \cdot \frac{1 - s}{\sqrt{1 + s^2\ddot{u}^2 - 2s\,\ddot{u}\cos\alpha}}. \qquad (405)$$

Der Leistungsfaktor des Drehstrom-Reihenschlußmotors ist verhältnismäßig günstig; er kann bei kleinen Drehzahlen noch dadurch verbessert werden, daß die Übersetzung etwas größer als 1 gewählt wird. Dies läßt sich an Hand von Bild 360 leicht erklären. Je größer die Übersetzung, desto größer ist die mit der resultierenden Durchflutung Θ phasengleiche Komponente der Läuferdurchflutung $\Theta_L = \ddot{u}\,\Theta_S$, desto mehr beteiligt sich also der Läufer an der Magnetisierungsdurchflutung.

Da nun aber die im Läufer verbrauchte Magnetisierungsblindleistung dem Schlupf proportional ist, wird diese um so kleiner, je kleiner die Schlüpfung ist, und bei negativer Schlüpfung sogar negativ. Mit der Vergrößerung der Übersetzung wird aber die Stabilität (6) des Motors verringert. [s. V, II B 3 b].

5. Relatives Drehmoment und Ströme. Das wesentliche Verhalten des Drehstrom-Reihenschlußmotors können wir schon überblicken, wenn wir die Spannungsverluste, die Eisenverluste und die Ströme in den von Bürsten kurzgeschlossenen Läuferspulen, sowie den Magnetisierungsstrom des Zwischentransformators vernachlässigen und annehmen, daß die magnetische Kennlinie $E_S(\Theta_\mu)$ des Motors eine Gerade sei. Es ist dann, wenn wir mit $C_1, C_2, \ldots$ Konstanten des Motors bezeichnen, $J(=J_S) = C_1 \Theta_S$, $E_S = C_2 \Phi = C_3 \Theta_r = C_4 J \sqrt{1 + \ddot{u}^2 - 2\ddot{u}\cos\alpha}$ (Gl. 401). Das Drehmoment M ist nach Gl. 398 proportional $E_1 J'_{2w} = E_S J'_L \cos\psi'_S = E_S J \cos\psi'_S$. Mit Gl. 404b für $\cos\psi'_S$ erhalten wir dann

$$M = C_5 J^2 \ddot{u} \sin\alpha. \tag{406a}$$

Drücken wir J durch E_S und E_S durch E (Gl. 403a) aus, so erhalten wir

$$M = C_6 \frac{\ddot{u}\sin\alpha}{(1 + \ddot{u}^2 - 2\ddot{u}\cos\alpha)(1 + s^2\ddot{u}^2 - 2s\ddot{u}\cos\alpha)} E^2, \tag{406b}$$

also in Abhängigkeit von der resultierenden EMK E, die mit unsern Vernachlässigungen gleich der Klemmenspannung U des Motors ist.

Beziehen wir das Drehmoment auf das Nennmoment, das bei der synchronen Drehzahl ($s = 0$) auftritt, wenn der Bürstenwinkel α_N eingestellt wird, so erhalten wir für das relative Drehmoment

$$m = \frac{M}{M_N} = \frac{\sin\alpha}{\sin\alpha_N} \cdot \frac{1 + \ddot{u}^2 - 2\ddot{u}\cos\alpha_N}{(1 + \ddot{u}^2 - 2\ddot{u}\cos\alpha)(1 + s^2\ddot{u}^2 - 2s\ddot{u}\cos\alpha)}. \tag{407a}$$

Für den Fall, daß $\ddot{u} = 1$ ist, vereinfacht sich dieser Ausdruck zu

$$m = \frac{\mathrm{tg}\,\alpha_N/2}{\mathrm{tg}\,\alpha/2} \cdot \frac{1}{1 + s^2 - 2s\cos\alpha}. \tag{407b}$$

Beziehen wir den Strom auf Nennstrom, d. h. auf den bei Nennmoment auftretenden Strom, so erhalten wir nach Gl. 406a

$$\iota = \frac{J}{J_N} = \sqrt{\frac{m\sin\alpha_N}{\sin\alpha}}, \tag{408a}$$

für $\ddot{u} = 1$:
$$\iota = \frac{\sin\alpha_N/2}{\sin\alpha/2} \cdot \frac{1}{\sqrt{1 + s^2 - 2s\cos\alpha}}. \tag{408b}$$

In Bild 365a u. b sind für $\ddot{u}$ gleich 0,8 und 1 und für den Fall, daß das Nennmoment bei $\alpha_N = 30°$ auftritt, die relative Drehzahl $v = n/n_1 = 1 - s$ durch stärkere Linien und der (nicht bezogene) Leistungsfaktor $\cos\varphi'$

gestrichelt über dem relativen Drehmoment m (bezogen auf das Drehmoment bei $\alpha = 30°$ und $s = 0$) bei verschiedenen Bürstenwinkeln α
aufgetragen. In Bild 365b ist auch der relative Strom (schwächer voll

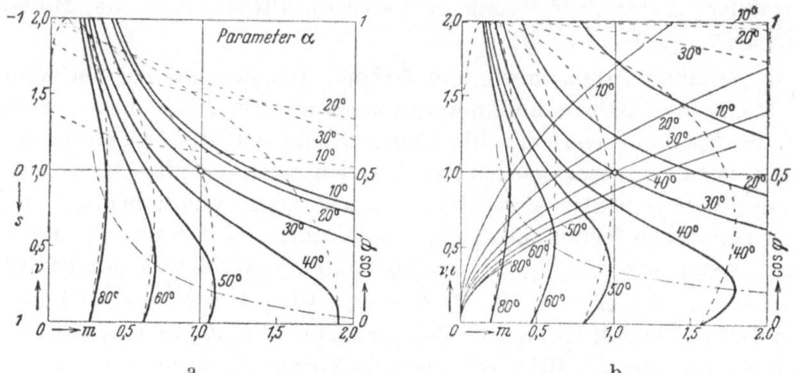

a   b

Bild 365a u. b. Betriebskurven bei Vernachlässigung der Spannungsverluste und
bei geradliniger magnetischer Kennlinie über m. a $\ddot{u} = 0,8$, b $\ddot{u} = 1$.

ausgezogene Kurven) aufgetragen; er ist nach Gl. 408a bei demselben
relativen Drehmoment für alle Übersetzungen derselbe. Für jede Übersetzung gelten die in Bild 365b dargestellten Ströme natürlich nur bis

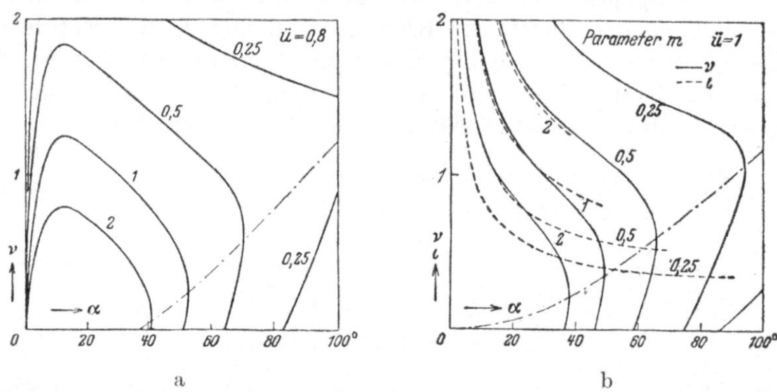

a   b

Bild 366a u. b. Wie Bild 365, aber über α bei festem rel. Drehmoment m.

zu dem größten jeweils auftretenden Drehmoment (Kippmoment), das
von $\ddot{u}$ abhängt.

In Bild 366a u. b ist die relative Drehzahl auch über dem Bürstenwinkel α bei verschiedenen festen Drehmomenten ($m = 0,25$, $0,5$, 1, 2)
aufgezeichnet; gestrichelte Kurven geben in Bild 366b die dabei auftretenden Ströme an, die von der Übersetzung unabhängig sind. Die
Kurven erhält man aus den Bildern 365a u. b. Für $\ddot{u} \leqq 1$ läßt sich die
Drehzahl bei zwei verschiedenen Bürstenwinkeln erreichen, von denen

der kleinere aber wegen des dabei auftretenden großen Stromes keine praktische Bedeutung hat. Bei $\ddot{u}=1$ ergibt sich zu jeder Drehzahl nur ein Bürstenwinkel, weil wir die Spannungsverluste vernachlässigt haben, und deshalb bei $\alpha = 0$ der Strom unendlich wird. Die Abbildungen lassen erkennen, daß sich die Drehzahl bei festem Drehmoment innerhalb verhältnismäßig weiter Grenzen durch Bürstenverschiebung regeln läßt.

Schließlich ist noch für $\ddot{u}=1$ in Bild 367 der relative Anlaufstrom $\iota_A = J_A/J_N$ und das relative Anzugsmoment $m_A = M_A/M_N$ über dem Bürstenwinkel dargestellt. Das Drehmoment wächst mit dem Bürstenverschiebungswinkel $180° - \alpha$ aus der Leerlaufstellung ($\alpha = 180°$) anfangs nur sehr langsam und erreicht erst bei etwa 48° das Nennmoment. Bei $\alpha = 0$ werden ι_A und m_A unendlich, weil wir die Spannungsverluste vernachlässigt haben. Die entsprechenden Kurven für $\ddot{u}=0,8$ sind nicht eingezeichnet, weil sie in dem dargestellten Bereich fast mit denen für $\ddot{u}=1$ zusammenfallen. [s. V, II B 4 a].

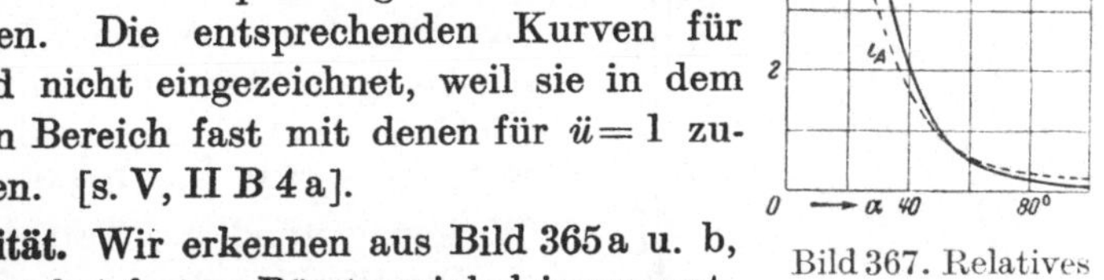

Bild 367. Relatives Anzugsmoment m_A und Strom ι_A über α.

6. Stabilität. Wir erkennen aus Bild 365a u. b, daß der Motor bei festem Bürstenwinkel im wesentlichen die Eigenschaften eines Gleichstrom-Reihenschlußmotors hat. Im Gegensatz zum Gleichstrom-Reihenschlußmotor haben die Kurven aber im allgemeinen bei Drehzahlen größer als Null ein Kippmoment. Wir erhalten den Kippschlupf aus $dm/ds = 0$ zu

$$s_K = (\cos \alpha)/\ddot{u}. \tag{409}$$

In den Bildern 365 u. 366a u. b ist die dem Kippschlupf entsprechende Drehzahl über dem relativen Drehmoment m bzw. Bürstenwinkel α durch die strichpunktierte Kurve dargestellt. Diese Kurve stellt die Grenze des stabilen Betriebes dar, wenn das Belastungsmoment unabhängig von der Drehzahl ist. Für viele andere Betriebsarten ergeben sich aber gewöhnlich stabile Schnittpunkte zwischen den Betriebskurven des Motors und den Kurven des Belastungsmoments als Funktion der Drehzahl, so z. B. wenn das Belastungsmoment einfach oder mit dem Quadrat der Drehzahl wächst ($I\,C\,5$). Die Stabilitätsgrenze bei konstantem Belastungsmoment ist unabhängig von der magnetischen Beanspruchung im Eisen, da Bürstenwinkel α und Übersetzung $\ddot{u}$ davon unabhängig sind. Sie läßt sich erweitern, wenn die Übersetzung kleiner als 1 gewählt wird. Das geht auch aus dem Spannungsdiagramm Bild 362 hervor. Wenn bei Stillstand E_S Durchmesser des Kreises ist, sinkt beim Anlaufen im Sinne des Drehfeldes $s = E_L'/E_S$ vom Stillstand aus dauernd; es ist dann $\cos \alpha = \ddot{u}$, d. h. der Kippschlupf tritt bei Stillstand auf. Durch die Verkleinerung der Übersetzung wird aber der Leistungsfaktor verschlechtert. Stabilität und guter Leistungsfaktor widersprechen also einander. Nun wird aber durch das zusätzliche Drehmoment der Kurzschlußströme und auch durch einen künstlich vergrößerten Magnetisierungsstrom des Zwischentransformators die Stabilität des Motors, besonders bei den großen Bürstenwinkeln, wesentlich verbessert (vgl. Bild 370a u. b mit 365b), so daß man in praktischen Fällen zugunsten eines guten Leistungsfaktors auf eine Übersetzung $\ddot{u} < 1$ verzichten kann. [s. V, II B 4 c u. 7].

7. Einfluß der Vernachlässigungen. Wir wollen nun zeigen, wie sich die in (5) gemachten Vernachlässigungen berücksichtigen lassen.

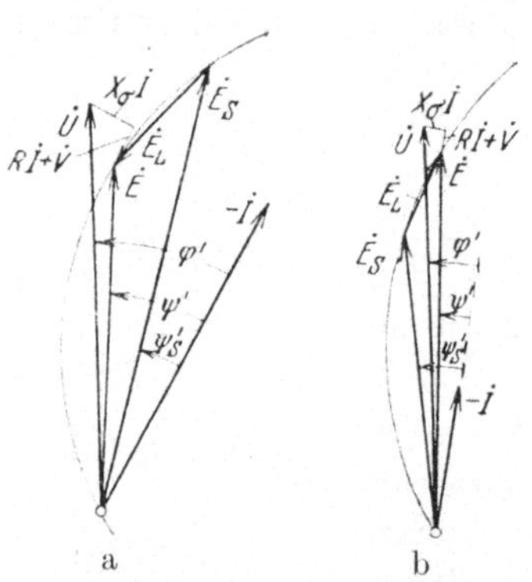

Bild 368 a u. b. Berücksichtigung der Spannungsverluste, $\alpha = 30°$. a $s = 0{,}3$, b $s = -0{,}3$.

a. Spannungsverluste. Die Wirkwiderstände der Wicklungen können wir zu dem resultierenden

$$R = R_S + R'_L + R_1 + R'_2 \qquad (410\,\text{a})$$

zusammenfassen, worin $R'_L = (w_1/w_2)^2\, R_L$ der bezogene Wirkwiderstand der Ersatzwicklung des Läufers, R_1 der primäre und $R'_2 = (w_1/w_2)^2\, R_2$ der bezogene sekundäre Wirkwiderstand des Transformators ist.

Die Streublindwiderstände je Strang fassen wir zusammen zu

$$X_\sigma = X_{S\sigma} + X'_{L\sigma 0} + s\,X'_{L\sigma v} + {} \\ {} + X_{1\sigma} + X'_{2\sigma}. \qquad \Big\} (410\,\text{b})$$

Darin ist $X_{S\sigma}$ der Streublindwiderstand eines Stranges der Ständerwicklung, $X'_{L\sigma 0} + s\,X'_{L\sigma v} = (w_1/w_2)^2\,(X_{L\sigma 0} + s\,X_{L\sigma v})$ der auf den Ständerkreis bezogene Streublindwiderstand eines Stranges der Läuferwicklung, der sich nach $(C\,2)$ aus einem von der Schlüpfung unabhängigen $(X_{L\sigma 0})$ und einem vom Schlupf abhängigen Teil $(s\,X_{L\sigma v})$ zusammensetzt; $X_{1\sigma}$ und $X'_{2\sigma}$ sind die Streublindwiderstände des Transformators.

Außer den Spannungsverlusten in den Widerständen R und X_σ ist noch der Spannungsverlust unter den Bürsten zu berücksichtigen, der in Phase mit dem Bürstenstrom des Läufers ist. Bei Dreibürstenschaltung können wir hierfür bei Kohlebürsten etwa 1 V, bei Sechs- und Zwölfbürstenschaltung etwa 2 V setzen. Beziehen wir diesen Spannungsverlust auf den Ständerkreis, so erhalten wir für die Drei- bzw. Sechsbürstenschaltung $V' \approx (w_1/w_2)$ Volt bzw. $V' \approx 2\,(w_1/w_2)$ Volt.

Das Spannungsdiagramm des Motors haben wir jetzt durch die Spannungsverluste zu ergänzen. Für den Motor, dessen Betriebskurven Bild 370a zeigt, sind die ergänzten Spannungsdiagramme in Bild 368a bei dem Schlupf $s = 0{,}3$, in Bild b bei $s = -0{,}3$ aufgezeichnet. Beide Diagramme gelten für den Bürstenwinkel $\alpha = 30°$; die Eisenverluste und die Ströme in den von Bürsten überbrückten Läuferspulen sind vernachlässigt. Wir erkennen aus Bild 368a u. b, daß der Leistungsfaktor $\cos\varphi'$

mit Berücksichtigung der Spannungsverluste nicht wesentlich kleiner ist als bei ihrer Vernachlässigung (cos ψ'). [s. V, II B 5 a].

b. Magnetische Kennlinie. Um bei der Berechnung der Kennlinien des Motors neben den Spannungsverlusten auch den Verlauf der magnetischen Kennlinie des Motors zu berücksichtigen, können wir folgendermaßen verfahren. Wir nehmen eine bestimmte Drehzahl n und damit den Schlupf s an und schätzen E (etwas kleiner als U, vgl. Bild 368 a u. b). Aus E berechnen wir nach Gl. 403 a E_S und entnehmen der magnetischen Kennlinie $E_S(J_\mu)$ (vgl. Bild 359 und Gl. 278 u. 399 a) den Magnetisierungsstrom J_μ. Mit $\Theta_\mu \approx \Theta_r$ erhalten wir dann in erster Annäherung den Strom

$$J = J_\mu / \sqrt{1 + \ddot{u}^2 - 2\ddot{u}\cos\alpha}. \tag{411}$$

Der Winkel ψ' zwischen $\dot{E}$ und $-\dot{J}$ ist nach Gl. 405 oder dem Spannungsdiagramm bekannt, und wir können nach Abzug der Spannungsverluste von der Klemmenspannung $\dot{U}$ (je Strang) den verbesserten Wert von E gewinnen und mit E_S der magnetischen Kennlinie J_μ entnehmen.

Die Kennlinien, die relative Drehzahl, relativen Strom und Leistungsfaktor über dem relativen Drehmoment mit Berücksichtigung der Spannungsverluste und der magnetischen Kennlinie darstellen, haben für die praktisch in Frage kommenden Bereiche im wesentlichen denselben Verlauf wie die allgemein geltenden bei Vernachlässigung der Spannungsverluste und bei geradliniger magnetischer Kennlinie (Bilder 365 bis 367). Um die *nicht*bezogenen Werte zu erhalten, müssen die Spannungsverluste und die magnetische Kennlinie berücksichtigt werden.

Der Einfluß der Ströme in den von Bürsten kurzgeschlossenen Ankerspulen, die wir vernachlässigt haben, äußert sich wie beim Repulsionsmotor, mit dem der Drehstrom-Reihenschlußmotor viel gemeinsam hat. Unter dem Einfluß der Kurzschlußströme wird $\cos\varphi'$ bei untersynchronen Drehzahlen verbessert, bei übersynchronen verschlechtert (vgl. Bild 370 a mit 365 b). [s. V, II B 5 b].

c. Zwischentransformator. Der Magnetisierungsstrom im Zwischentransformator hat zur Folge, daß $\dot{J}_L'$ gegen $\dot{J}_S$ bei untersynchronen Drehzahlen verspätet, bei übersynchronen verfrüht auftritt, weniger oder mehr. je nach der Größe des Magnetisierungsstromes. Diese zeitliche Phasenverschiebung wirkt sich aber nicht auf die Phasenbeziehung der im Ständer und im Läufer induzierten EMKe aus, die nur durch die Lage der Wicklungsachsen von Ständer und Läufer, also durch den Winkel α bestimmt wird.

Die Phasenverfrühung von $\dot{J}_L'$ hat eine Zunahme, die Verspätung eine Abnahme des resultierenden Flusses im Motor zur Folge, so daß die Drehzahlkennlinie gestreckt wird, wie es die gestrichelte Kurve in Bild 369 andeutet. Dadurch wird bei künstlicher Vergrößerung des Magnetisierungsstromes $J_{\mu T}$ im Transformator die Drehzahl bei Leerlauf begrenzt und die Stabilität des Motors bei kleinen Drehzahlen vergrößert.

Um den Einfluß des Zwischentransformators mit künstlich vergrößertem Magnetisierungsstrom auf die Kennlinie des Motors zu zeigen, sind in Bild 370 a u. b die aus der Messung gewonnenen relativen

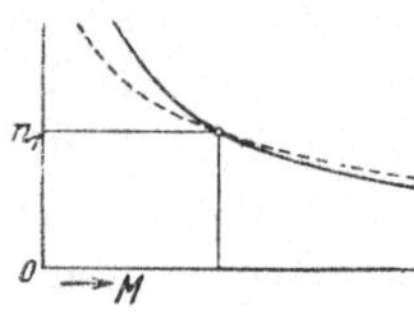

Bild 369. Einfluß
von $J_{\mu T}$.

Größen von Drehzahl, Strom (schwach) und Leistungsfaktor (gestrichelt) über dem relativen Drehmoment (m_W) an der *Welle* (zu beachten beim Vergleich mit Bild 365 b) eines Motors für 5,5 kW Leistung bei 1300 U/min dargestellt. Bild 370 a gilt bei unmittelbarer Reihenschaltung vom Ständer und Läufer, Bild b mit Zwischentransformator der Übersetzung $w_2/w_1 = 1$ und künstlich vergrößertem hohen Magnetisierungsstrom. [s. V, II B 4 c bis e, 7 u. 8].

Der Drehstrom-Reihenschlußmotor ist auch zur *Nutzbremsung* befähigt, wenn ein genügend großer Wirkwiderstand in den Motorkreis eingeschaltet wird, der die Selbsterregung mit netzfremder Frequenz unterdrückt. [s. V, II G].

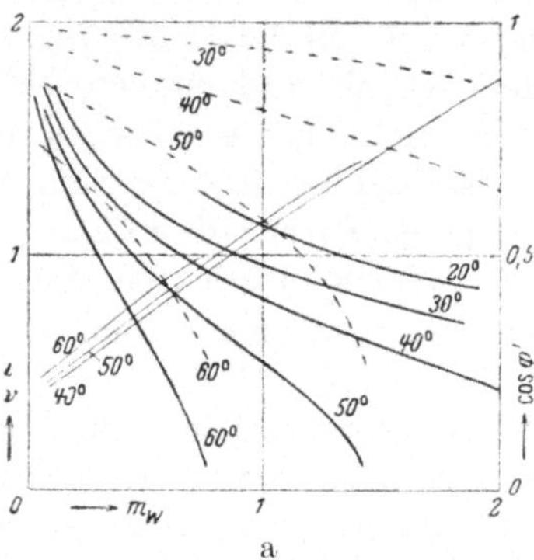

a

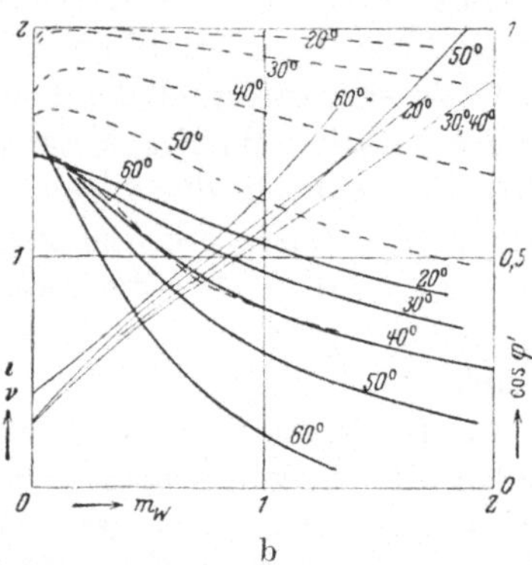

b

Bild 370 a u. b. Gemessene Betriebskurven. a Ohne, b mit Zwischentransformator großen Magnetisierungsstroms. Motor für 5,5 kW bei 1300 U/min, $p = 2$.
Vgl. Bild 365 b.

8. Ortskurve des Stromes. Wenn man die Blindwiderstände als unabhängig vom Strom annimmt, sind die Ortskurven der Ströme Kreise, die wie beim Repulsionsmotor (Bild 346) durch den Koordinatenanfangspunkt gehen, und deren Durchmesser mit wachsendem Bürstenwinkel α abnimmt. Unter dem Einfluß der Krümmung der magnetischen Kennlinie werden diese Kreise stark verzerrt. [s. V, II B 6].

C. Ständergespeiste Nebenschlußmaschine.

1. Grundsätzliche Schaltung. Wir haben in (*A 1*) gezeigt, daß die Drehzahl der mehrphasigen Stromwendermaschine, deren Ständerwicklung am Netz liegt, durch die an die Bürsten des Stromwenders

gelegte Spannung von Netzfrequenz geregelt werden kann. Eine solche
Maschine bezeichnet man zum Unterschied von den Maschinen, bei
denen die Läuferwicklung über Schleifringe am Netz liegt (*D*), als
„*ständergespeiste*" Nebenschlußmaschine. In Bild 371 ist die grundsätzliche Schaltung einer solchen Maschine *M* in einfachster Form,
beispielsweise für die Dreibürstenschaltung, dargestellt, wobei zur
Regelung der Drehzahl ein Stufentrans-
formator *T* angenommen ist. Zur Platzersparnis werden wir in der Regel nur
je einen Strang der Wicklungen andeuten,
die Schaltung in Bild 371 wird dann
durch Bild 372 veranschaulicht.

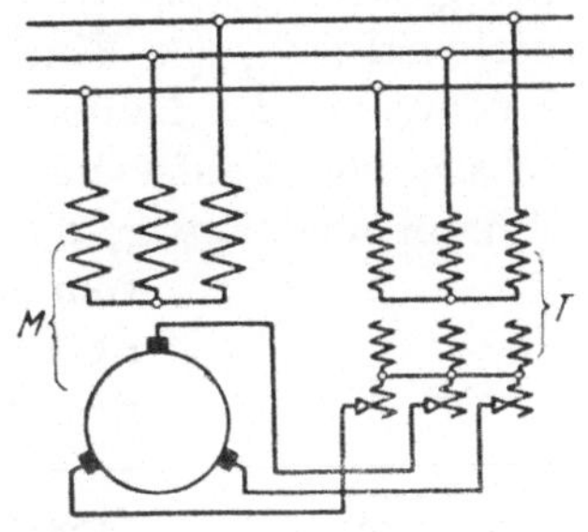

Die den Bürsten zugeführte Spannung
kann auch einer im Ständer angeordneten
Regelwicklung *R* entnommen werden, wie
es im vereinfachten Schaltbild 373a für
die Dreibürstenschaltung, in b für die
Sechsbürstenschaltung ·angedeutet ist.
Heute verwendet man aber bei der stän-

Bild 371. Grundsätzliche
Schaltung der ständergespeisten Nebenschlußmaschine.

dergespeisten Nebenschlußmaschine wohl immer einen besonderen
Regeltransformator, wie wir es im folgenden auch voraussetzen.

Um für jeden Belastungszustand die günstigste Phase zwischen EMK
und Strom im Läufer zu erhalten, müßte wie bei der einphasigen Nebenschlußmaschine (*IX C 2*) entweder der Blindspannungsverlust aufgehoben oder die Phase der Läuferspannung gegenüber der Ständerspannung mit dem Belastungszustand der Maschine geändert werden.

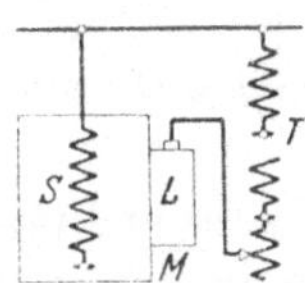

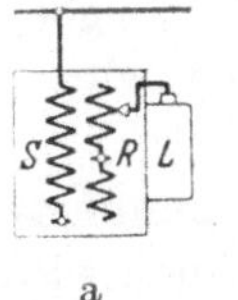

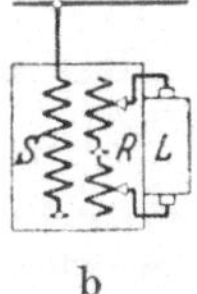

a   b

Bild 372. Vereinfachtes Schaltbild für
Bild 371, Dreibürstenschaltung.

Bild 373a u. b. Regelwicklung *R* im
Ständer. a Drei-, b Sechsbürstenschaltung.

Da dies nicht mit einfachen Mitteln möglich ist, begnügt man sich,
die *günstigste Phase* der Läuferspannung etwa *für Nennmoment* einzustellen, und nimmt bei Abweichungen vom Nennmoment die Blindströme in Kauf. [s. V, II C 1, 4 bis 7; E u. F].

2. Streublindwiderstand. Die Vorgänge bei der mehrphasigen Nebenschlußmaschine sind grundsätzlich gleicher Art wie bei der Einphasenmaschine; hier kommt aber als zusätzliche Erscheinung die Veränderlichkeit des Streublindwiderstandes im Läuferkreis mit der Schlüpfung

(oder Drehzahl) und die Abhängigkeit des gesamten Streublindwiderstandes von der Bürstenstellung hinzu.

Der *Streu*blindwiderstand der Läuferwicklung

$$X_{L\sigma} = s\, X_{L\sigma v} + X_{L\sigma 0} \qquad (412)$$

setzt sich bei der ständergespeisten Maschine aus zwei Teilen zusammen. Der größte Teil ist wie bei der Induktionsmaschine dem Schlupf proportional ($s\,X_{L\sigma v}$). Ein kleiner Teil ($X_{L\sigma 0}$, etwa 0,15 des Streublindwiderstands der Läuferwicklung bei Stillstand, wenn die Wicklungsachsen von Läufer und Ständer zusammenfallen) ist dagegen vom Schlupf unabhängig; dazu kommt im allgemeinen noch der ebenfalls vom Schlupf unabhängige Streublindwiderstand des Regeltransformators. Dasselbe gilt auch für den Reihenschlußmotor (*B 6*), doch hat der Streublindwiderstand dort nicht den Einfluß auf den Phasenwinkel zwischen Fluß und Läuferstrom wie beim Nebenschlußmotor (*IX B 7 a*).

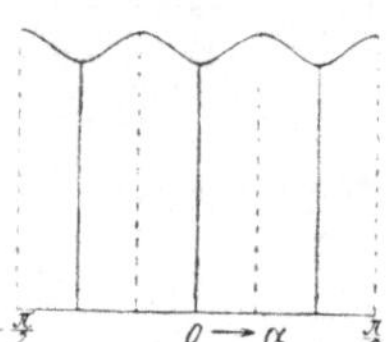

Bild 374. Einfluß der Bürstenstellung auf den Streublindwiderstand.

Der *gesamte* Streublindwiderstand der Maschine schwankt etwas mit der Bürstenstellung um einen Mittelwert (Bild 374). Letzterer ist bei Stillstand ($s = 1$) wie bei der Induktionsmaschine zu berechnen. Wenn die Wicklungsachsen von Ständer und Läufer zusammenfallen, I. *Hauptstellung* der Bürsten, ist der Streublindwiderstand etwas kleiner, wenn die Bürsten aus dieser Stellung um 30° (bezogen auf die zweipolige Maschine) verschoben sind, II. Hauptstellung der Bürsten, entsprechend größer als der Mittelwert. Außerdem machen sich in der II. Hauptstellung die Oberwellen des Drehfeldes, die wir im allgemeinen vernachlässigen, auf das Bürstenfeuer störend bemerkbar. Die I. Hauptstellung wird deshalb in der Regel bevorzugt. [s. V, II A 8 bis 10].

3. Aufbau des Spannungsdiagramms. Statt bei fester Bürstenstellung in der Achse der Ständerwicklung die Spannung an der Läuferwicklung gegen die Ständerspannung zu verdrehen (vgl. *IX C 1*), können auch bei Phasengleichheit von Ständer- und Regelspannung die Bürsten um den entsprechenden Phasenwinkel (aber im entgegengesetzten Sinne) gegen die Ständerachse verschoben werden. Wir wollen beide Fälle betrachten. Die Läuferwicklung ersetzen wir durch eine gleichwertige, in Stern geschaltete Wicklung (Ersatzwicklung, *A 3*); die Eisenverluste und die Ströme in den von Bürsten überbrückten Läuferspulen vernachlässigen wir. Es bezeichnet J_S den Ständerstrom, J_L den Läuferstrom, J_1 den Strom in der primären, am Netz liegenden Transformatorwicklung, J_2 den sekundären und J den gesamten dem Netz entnommenen Strom, ferner

$$\ddot{u}_M = \xi_L w_L / \xi_S w_S \qquad (413\,\text{a})$$

das Verhältnis der Produkte aus Wicklungsfaktor und Windungszahl der Läuferersatzwicklung und der Ständerwicklung je Strang.

Zunächst betrachten wir die übersichtlichere Schaltung Bild 375, bei der die Wicklungsachsen von Ständer- und Läuferwicklung zusammenfallen (I. Hauptstellung). Die Läuferwicklung denken wir uns der besseren Anschaulichkeit wegen von einem Drehtransformator gespeist. Die Strangspannung $U_S = U$ und die Ströme J_L und J_S seien für einen bestimmten Belastungszustand als Motor, beispielsweise $s = 0,75$, nach dem Diagramm in Bild 375 gegeben. Addieren wir $R_S J_S + j X_{S\sigma} J_S$ zu U,

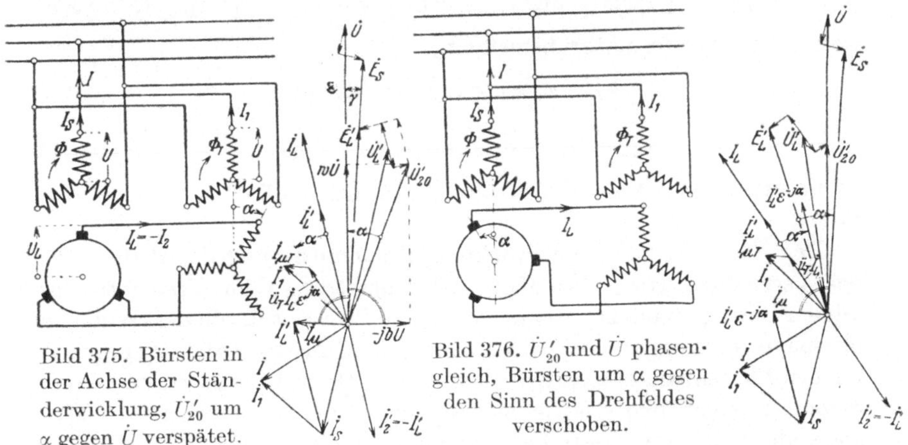

Bild 375. Bürsten in der Achse der Ständerwicklung, U_{20}' um α gegen U verspätet.

Bild 376. U_{20}' und U phasengleich, Bürsten um α gegen den Sinn des Drehfeldes verschoben.

so erhalten wir die vom Luftspaltdrehfeld in der Ständerwicklung induzierte EMK E_S. Bezeichnen wir die in der ruhenden Läuferersatzwicklung induzierte EMK mit E_{L0}, so ist die auf die Ständerwicklung bezogene EMK bei umlaufendem Läufer

$$E_L' = s\,E_{L0}/\ddot{u}_M \equiv s\,E_S.\qquad(413\,\mathrm{b})$$

Um eine Viertelperiode phasenverfrüht ist der Magnetisierungsstrom J_μ der Maschine, der gleich der Summe aus J_S und J_L' ist,

$$J_\mu = J_S + J_L' \quad\text{mit}\quad J_L' = \ddot{u}_M J_L;\qquad(414\,\mathrm{a\ u.\ b})$$

in Bild 375 ist $\ddot{u}_M = 0,6$ angenommen. Ziehen wir von E_L' den auf die Ständerwicklung bezogenen Spannungsverlust $(R_L' + j X_{L\sigma}')\,J_L'$ ab, so erhalten wir die auf die Ständerwicklung bezogene Läuferspannung $U_L' = U_L/\ddot{u}_M$. Bei Untersynchronismus ist $\sphericalangle E_L', J_L'$ spitz, und bei größeren Abweichungen vom Synchronismus auch $\sphericalangle U_L', J_L'$, d. h. die Läuferwicklung gibt Leistung an die Sekundärwicklung des Transformators ab (umgekehrt ist es bei Übersynchronismus).

Die sekundäre Seite des Transformators ist also Verbraucher, d. h. wir müssen, wenn wir die Phase der Klemmenspannung U_L' auch für den Transformator beibehalten (I B 6), den Transformatorstrom $J_2' = -J_L'$

setzen, damit $\not< U_L'$, J_2' einem Verbraucher entsprechend stumpf ist. J_2' ist wieder auf die Ständerwicklung bezogen (Gl. 414b). Zur Vereinfachung nehmen wir beim Transformator an, daß der gesamte Spannungsverlust in der Sekundärwicklung auftritt; dann ist die vom Hauptfluß des Transformators in seiner Sekundärwicklung induzierte EMK gleich U_{20}'. Wir erhalten die auf die Ständerwicklung bezogene Spannung U_{20}' des Transformators, indem wir zu U_L' den gesamten auf die Ständerwicklung bezogenen Spannungsverlust $(R_T' + j X_{\sigma T}') J_2'$ des Transformators addieren. Es ist

$$R_T' = (R_{2\,T} + R_{1\,T}\,\ddot{u}_T^2)/\ddot{u}_M^2 \quad \text{und} \quad X_{\sigma T}' = (X_{2\,\sigma\,T} + X_{1\,\sigma\,T}\,\ddot{u}_T^2)/\ddot{u}_M^2, \qquad (415\,\text{a u. b})$$

worin die Transformatorübersetzung

$$\ddot{u}_T = w_2/w_1 = U_{2s}/U = U_{20}'\,\ddot{u}_M/U \qquad (416\,\text{a})$$

ist oder

$$U_{20}' = \ddot{u}\,U\,\varepsilon^{-j\alpha} \quad \text{mit} \quad \ddot{u} = \ddot{u}_T/\ddot{u}_M. \qquad (416\,\text{b u. c})$$

In unserm Fall ist $\ddot{u} = U_{20}'/U = 0{,}6$, also $\ddot{u}_T = 0{,}6 \cdot 0{,}6 = 0{,}36$ einzustellen.

Den Strom in der Primärwicklung des Transformators erhalten wir bei Vernachlässigung des Magnetisierungsstromes im Transformator seinem Betrage nach zu $J_1 = \ddot{u}_T\,J_L$, seiner Phase nach um den Winkel α phasenverfrüht gegen $-J_2' = J_L'$, wenn, wie in unserm Falle, U_{20}' gegen U um den Phasenwinkel α verspätet ist (vgl. $VB\,2$). Addieren wir zu diesem Strom $\ddot{u}_T\,J_L\,\varepsilon^{j\alpha}$ den Magnetisierungsstrom des Transformators $J_{\mu\,T}$, angenähert um eine Viertelperiode phasenverfrüht gegen U, so ergibt sich der wirkliche Primärstrom des Transformators zu

$$J_1 = \ddot{u}_T\,J_L\,\varepsilon^{j\alpha} + J_{\mu\,T}. \qquad (417)$$

Addieren wir J_S und J_1, so erhalten wir den Strom J, den der Motor mit Transformator dem Netz entnimmt.

In der Schaltung nach Bild 376 sind die in den Wicklungen des Transformators vom Hauptfluß induzierten EMKe phasengleich angenommen, die Bürsten aber aus der I. Hauptstellung um den räumlichen Phasenwinkel α entgegen dem Drehsinn des Drehfeldes verschoben. Da jetzt die vom Luftspaltfeld in der Läuferwicklung induzierte EMK gegen die in der Ständerwicklung um den Zeitwinkel α phasenverfrüht ist, muß der Strom J_L gegen J_L in Bild 375 um denselben Phasenwinkel α verfrüht sein, damit wir denselben Belastungszustand wie in Bild 375 erhalten. Um die auf die Ständerwicklung bezogene Magnetisierungsdurchflutung zu ermitteln (vgl. $V\,B\,2$), können wir uns die Bürsten in die Achse der Ständerwicklung gedreht und den Läuferstrom um den Zeitwinkel α verspätet denken (Bild 376). Der Magnetisierungsstrom J_μ der Maschine ist jetzt also gleich der Summe aus J_S und $J_L'\,\varepsilon^{-j\alpha}$. Ebenso wie der Läuferstrom sind jetzt auch alle Spannungen im Läuferkreis um den zeitlichen Phasenwinkel α gegenüber Bild 375 verfrüht. Der

Strom in der Primärwicklung des Transformators ist bei Vernachlässigung des Magnetisierungsstromes in Phase mit $\dot{J}_L$, also gleich $\ddot{u}_T \dot{J}_L$ und ergibt mit dem Magnetisierungsstrom des Transformators wieder den Strom $\dot{J}_1$ nach Stärke und Phase wie in Bild 375.

Wir sehen also, daß sich eine Verschiebung der Bürsten um den räumlichen Phasenwinkel α entgegen dem Drehsinn des Drehfeldes ebenso auswirkt wie eine zeitliche Phasenverspätung der Spannung $\dot{U}'_{20}$ gegen $\dot{U}$ um den Zeitwinkel α. Im folgenden werden wir in der Regel voraussetzen, daß die Bürsten in der I. Hauptstellung verbleiben und nur die Phase der Bürstenspannung geändert wird. Schließen wir den Wirkwiderstand R'_T und den Streublindwiderstand $X'_{\sigma T}$ des Transformators (Gl 415a u. b) in die entsprechenden Größen R'_L und $X'_{L\sigma\theta}$ des Läufers ein, so können wir $\dot{U}'_L$ und $\dot{J}'_2$ ganz außer acht lassen und schreiben (in Bild 375 gestrichelt angedeutet)

$$\dot{E}'_L = \dot{U}'_{20} + (R'_L + j\,X'_{L\sigma})\,\dot{J}'_L. \tag{418}$$

Für die Leerlaufspannung $\dot{U}'_{20}$ des Transformators schreiben wir

$$\dot{U}'_{20} = \ddot{u}\,\dot{U}\,\varepsilon^{-j\alpha} = \ddot{u}\,(\cos\alpha - j\sin\alpha)\,\dot{U} = (w - jb)\,\dot{U}, \tag{419}$$

worin $\ddot{u}$ durch Gl. 416c gegeben und

$$w = \ddot{u}\cos\alpha, \qquad b = \ddot{u}\sin\alpha \tag{419a u. b}$$

ist (Bild 375). Für den praktisch in Frage kommenden Betrieb der Maschine als Motor ist $\dot{U}'_{20}$ bei untersynchroner Drehzahl gegen $\dot{U}$ phasenverspätet einzustellen; es ist dann also b positiv. Durch w wird die Leerlaufdrehzahl, durch b der Blindstrom geregelt.

Die Diagramme in den Bildern 375 u. 376 sind für Motorbetrieb und Untersynchronismus aufgezeichnet, bei Übersynchronismus ändert $\dot{E}_L$ das Vorzeichen. Der Winkel $\dot{E}'_L$, $\dot{J}_L$ wird stumpf, d. h. der Läufer nimmt Leistung vom Transformator auf. Während bei Untersynchronismus die Primärwicklung des Transformators Generator ist, ist sie bei Übersynchronismus Verbraucher. Die Drehzahl ergibt sich zu

$$n = (1 - s)\,n_1 = (1 - E'_L/E_S)\,n_1, \tag{420}$$

worin n_1 die synchrone Drehzahl ist. [s. V, II C 1 b u. c].

4. Ortskurven der Ströme. Wegen des Einflusses der Ströme in den von Bürsten kurzgeschlossenen Läuferspulen und des vom Läuferstrom abhängigen Übergangswiderstandes der Bürsten, die wir auf einfache Weise nicht berücksichtigen können, ist es bei der ständergespeisten Nebenschlußmaschine noch mehr als bei der Induktionsmaschine berechtigt, bei der Darstellung der Ortskurven den vereinfachten Ersatzstromkreis wie bei der Induktionsmaschine (Bild 188b) zugrunde zu legen; er ist für den Läuferstrom in Bild 377 dargestellt. Darin sind die Läuferwiderstände auf die Ständerwicklung bezogen, also durch $\ddot{u}_M^2$

(Gl. 413 a) dividiert, der Wirkwiderstand R'_T des Transformators (Gl. 415 a) ist in dem Läuferkreiswiderstand R'_L und der Streublindwiderstand $X'_{\sigma T}$ (Gl. 415 b) in dem vom Schlupf unabhängigen Widerstand $X'_{L\sigma 0}$ enthalten, $X'_{L\sigma v}$ ist der Teil des bezogenen Läufer-Streublindwiderstandes, der dem Schlupf proportional ist; U'_{20} ist die auf die Ständerwicklung bezogene Leerlaufspannung an der Sekundärwicklung des Transformators (Gl. 419).

Die Spannungsgleichung für den vereinfachten Ersatzstromkreis lautet also

$$\dot{U} + [R_S + R'_L/s + j(X_{S\sigma} + X'_{L\sigma v} + X'_{L\sigma 0}/s)] \cdot (-\dot{J}'_L) = \dot{U}'_{20}/s, \quad (421\,\mathrm{a})$$

woraus sich mit Gl. 419 der negativ genommene Strom $\dot{J}'_L$ zu

$$-\dot{J}'_L = -\frac{-w + jb + s}{R'_L + j X'_{L\sigma 0} + s[R_S + j(X_{S\sigma} + X'_{L\sigma v})]}\,\dot{U} \qquad (421)$$

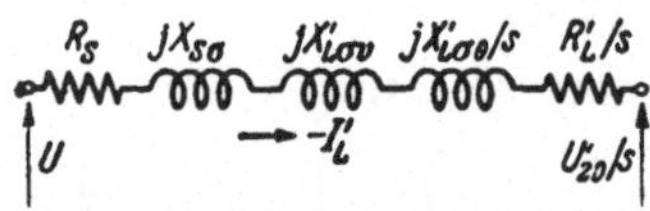

Bild 377. Ersatzstromkreis der ständergespeisten Nebenschlußmaschine.

ergibt. Die Ortskurve ist ein Kreis, dessen Bestimmungsstücke wir nach den Gl. 188 a bis c berechnen können. Legen wir $\dot{U}$ in die negative Ordinatenachse (d. h. multiplizieren die rechte Seite in Gl. 421 mit $-j$), so erhalten wir für die Mittelpunktskoordinaten und den Radius des Kreises

$$x_m = [R'_L + w R_S - b(X_{S\sigma} + X'_{L\sigma v})]\,U/2N, \qquad (422\mathrm{a})$$

$$y_m = -[X'_{L\sigma 0} + w(X_{S\sigma} + X'_{L\sigma v}) + b R_S]\,U/2N, \qquad (422\mathrm{b})$$

$$R = \sqrt{x_m^2 + y_m^2 + b\,U^2/N}, \quad N = R'_L(X_{S\sigma} + X'_{L\sigma v}) - R_S X'_{L\sigma 0}. \quad (422\mathrm{c\,u.\,d})$$

In Bild 378 sind für ein praktisches Beispiel (Motor für 3,6 kW Leistung bei $U = 110/\sqrt{3} = 63{,}5$ V) mit $R_S = 0{,}09$, $X_{S\sigma} = 0{,}23$, $R'_L = 0{,}208$ (einschl. Transformator), $X'_{L\sigma v} = 0{,}2$ und $X'_{L\sigma 0} = 0{,}0425\ \Omega$ (einschl. Transformator) einige Ortskurven des Stromes $-\dot{J}'_L$ dargestellt; Bürsten in der I. Hauptstellung.

Die *gestrichelten* Kreise gelten für $b = 0$, zeigen also den Einfluß der drehzahlregelnden Komponente von $\dot{U}'_{20}$ allein. Zum Vergleich ist die Ortskurve I der Induktionsmaschine mit den Widerständen der Nebenschlußmaschine bei Stillstand eingezeichnet. Zur Beurteilung der jeweiligen Drehzahl sind einige Werte der relativen Drehzahl $1 - s$ auf den Kreisen angegeben. Unter dem Einfluß der drehzahlregelnden Komponente $w\,\dot{U}$ von $\dot{U}'_{20}$ wird bei positivem w (untersynchrone Drehzahl, gestrichelter Kreis N_u) im Motorbetrieb und bei negativem w (übersynchrone Drehzahl, gestrichelter Kreis $N_{\ddot{u}}$) im Generatorbetrieb die über die Ständerwicklung dem Netz als Magnetisierungsstrom entnommene Blindkomponente von $-\dot{J}'_L$ gegenüber der der Induktionsmaschine vergrößert, die Überlastbarkeit, die in grober Annäherung dem größten Wirkstrom von $-J'_L$ proportional gesetzt werden kann, verkleinert. Bei gleichen Widerständen der Nebenschlußmaschine ist diese Verschlechterung des Betriebes um so größer, je größer $|w|$ ist, je mehr also die jeweilige Leerlaufdrehzahl von der synchronen abweicht.

Die voll ausgezogenen Kreise N_u und $N_{\ddot{u}}$ zeigen den Einfluß der Komponente $-jb\,\dot{U}$ von $\dot{U}'_{20}$, N_u gilt für positives w ($n_0/n_1 \approx 0{,}5$), $N_{\ddot{u}}$ für negatives w ($n_0/n_1 \approx 1{,}5$); in beiden Fällen ist $b = 0{,}0445$ positiv angenommen. Wir erkennen, daß im Leerlauf bei positivem b die Blindkomponente von $-J'_L$ Magnetisierungsstrom über die Ständerwicklung an das Netz abgibt. Unter dem Einfluß eines positiven Wertes von b wird auch die Überlastbarkeit vergrößert. Durch passende Einstellung

von b kann für einen bestimmten Belastungszustand jede gewünschte Phase von $-J'_L$ gegenüber $\dot{U}$ erhalten werden. Mit der Belastung ändert sich aber die Blindkomponente von J'_L sehr stark, so daß beim Betrieb mit untersynchronen Leerlaufdrehzahlen, wenn b für eine günstige Phase von $-J'_L$ bei Nennmoment eingestellt ist, sich sehr große Leerlaufblindströme des Läufers ergeben.

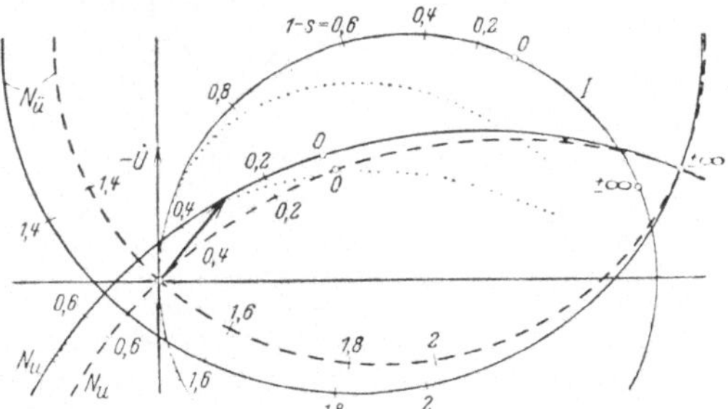

Bild 378. Ortskurven von J'_L für I. Hauptstellung. N_u für $w = 0{,}506$, $N_{\ddot{u}}$ für $w = -0{,}506$. $---$ $b = 0$, $\underline{\quad}$ $b = 0{,}0455$, I Induktionsmaschine. Motor für 3,6 kW bei 1500 U/min, $p = 2$.

Diese Blindströme sind um so größer, je mehr die Leerlaufdrehzahl von der synchronen abweicht.

Die in Bild 378 punktiert gezeichneten Kurven stellen die dem Drehmoment proportionale innere Leistung N_i für die voll ausgezogenen Ortskurven I und N_u dar. Für die voll ausgezogene Ortskurve N_u ist der bei etwa Nennmoment auftretende Läuferstrom $-J'_L$ eingetragen; für die andern Ortskurven ergibt sich bei Nennmoment angenähert dieselbe Wirkkomponente des Stromes. Um Phasengleichheit zwischen J'_L und $\dot{U}$ zu erhalten, müßte bei untersynchroner Drehzahl b noch wesentlich größer, bei übersynchroner b sogar negativ eingestellt werden.

Den Strom in der *Ständerwicklung* erhalten wir aus $-J'_L$ durch Anfügen des Magnetisierungsstromes J_μ und des Verluststromes J_V vor den Anfangspunkt des Stromvektors $-J'_L$. Der gesamte dem Netz entnommene Strom (einschl. Transformator) ergibt sich mit J_1 nach Gl. 417 zu $J = J_S + J_1$ (Bild 375). Dabei können wir näherungsweise annehmen, daß der Magnetisierungsstrom des Transformators gegen $\dot{U}$ um eine Viertelperiode voraus, sein Verluststrom in Gegenphase zu $\dot{U}$ ist. Auch für den Gesamtstrom ist die Ortskurve ein Kreis. [s. V, II C 2].

5. Rechnerische Ermittlung der Kennlinien. Mit den Abkürzungen

$$R = R'_L + s\,R_S \quad \text{und} \quad X = X'_{L\sigma 0} + s\,(X_{S\sigma} + X'_{L\sigma v}) \qquad \text{(423 a u b)}$$

wird nach Gl. 421, wenn wir den Strom J'_L in seine rechtwinkligen Komponenten zu U zerlegen,

$$J'_L = J'_{Lw} + J'_{Lb} = \frac{(s-w)\,R + b\,X}{R^2 + X^2}\,\dot{U} + j\,\frac{b\,R - (s-w)\,X}{R^2 + X^2}\,\dot{U}. \qquad (423)$$

Damit erhalten wir die vom Ständer aufgenommene Leistung $N_1 = m\,U\,J'_{Lw}$ und die vom Ständer auf den Läufer übertragene Leistung (bei Vernachlässigung der Eisenverluste und mit $J_S \approx J'_L$)

$$\left.\begin{aligned}
N_i \approx N_1 - m\,R_S\,{J'_L}^2 &= m\left[\frac{(s-w)\,R + b\,X}{R^2 + X^2} - R_S\left(\frac{J'_L}{U}\right)^2\right]U^2 \\
&= m\,\frac{(s-w)\,R + b\,X - [(s-w)^2 + b^2]\,R_S}{R^2 + X^2}\,U^2.
\end{aligned}\right\} \qquad (424)$$

Der Leerlaufschlupf ergibt sich, wenn wir $N_i = 0$ setzen. Vernachlässigen wir dabei den Wirkwiderstand R_S im Ständer, so erhalten wir mit Gl. 423a u. b den Leerlaufschlupf

$$s_0 \approx \frac{w\,R'_L - b\,X'_{L\sigma 0}}{b\,(X_{S\sigma} + X'_{L\sigma v}) + R'_L}. \qquad (425)$$

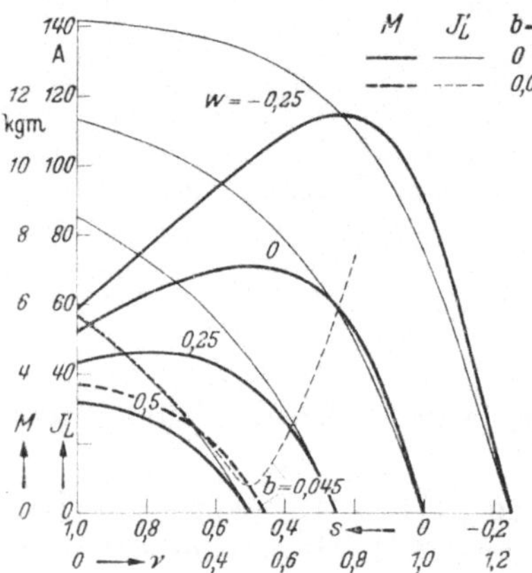

Bild 379. Kennlinien des ständergespeisten Nebenschlußmotors über der rel. Drehzahl. $M_N \approx 3\,\mathrm{kgm}$, $U = 63{,}5\,\mathrm{V}$.

Mit den Wirk- und Blindwiderständen (S. 330) des Motors, für den die Ortskurven in Bild 378 gelten, ist in Bild 379 der bezogene Läuferstrom nach Gl. 423 in Amp und das Drehmoment nach Gl. 424 und Gl. 238a u. b in kgm über dem Schlupf s bzw. der relativen Drehzahl v aufgetragen. Die voll ausgezogenen Kurven gelten für $b = 0$ und $w = 0{,}5$, 0,25, 0 und $-0{,}25$, stärkere für das Drehmoment, schwächere für den Strom. $w = 0$ entspricht dem über Bürsten kurzgeschlossenen Motor, die Drehzahl bei ideellem Leerlauf ist wie beim Induktionsmotor die synchrone; das verhältnismäßig große Anzugsmoment ist dem großen Übergangswiderstand der Bürsten bei der niedrigen Läuferspannung zuzuschreiben. Bei größeren untersynchronen Leerlaufdrehzahlen ($w = 0{,}5$) macht sich ein starker Abfall der Drehzahl mit der Belastung bemerkbar; größere Drehmomente lassen sich nicht mehr im Motorbetrieb erreichen.

Die gestrichelten Kurven in Bild 379 gelten bei $w = 0{,}5$ für $b = 0{,}0445$. Die (schwächere) Kurve für J'_L gilt für Motorbetrieb nur bis zur Leerlaufdrehzahl, darüber für Generatorbetrieb. Alle übrigen Kurven sind nur für Motorbetrieb (N_i pos.) gezeichnet.

Aus $\dot{J}'_L$ erhalten wir nach ($C\,3$) den Strom $\dot{J}_S$ und den gesamten dem Netz entnommenen Strom mit Regeltransformator. Es sei nochmal

hervorgehoben, daß der Einfluß der Ströme in den von Bürsten kurzgeschlossenen Läuferspulen, die ein zusätzliches Drehmoment erzeugen, das bei untersynchronen Drehzahlen das Hauptmoment unterstützt, bei übersynchronen schwächt, vernachlässigt wurde; für große Schlupfwerte kann es recht beträchtlich sein. Wegen dieser Vernachlässigung kann man ohne großen Fehler auch $X'_{L\sigma0} = 0$ und $X'_{L\sigma v}$ gleich $X'_{L\sigma0} + X'_{L\sigma v}$ bei Stillstand setzen. [s. V, II C 3a u. b].

6. Günstige Ortskurve für $\dot{U}'_{20}$. Wenn die auf Netzfrequenz bezogenen Einzelwiderstände auf allen Schaltstufen denselben Wert haben, ist die günstige Ortskurve der einzustellenden Leerlaufspannung $\dot{U}'_{20}$ des Regeltransformators eine Gerade. In Bild 380 links sind für den in (4 u. 5) als Beispiel behandelten Motor zwei solcher Ortsgeraden strichpunktiert dargestellt. Die Gerade a setzt voraus, daß bei der Regelung der Magnetisierungsstrom vom Läuferkreis gedeckt wird. Das ist mit Rücksicht auf guten Leistungsfaktor erwünscht, weil die vom Läuferkreis gedeckte Ma-

Bild 380a u. b. Günstige Ortskurven a u. b von $\dot{U}'_{20}$ bei Nennmoment. a u. b Vektordiagramme bei $s = 0{,}5$ und $s = -0{,}5$ für die Geraden a u. b.

gnetisierungsleistung dem Schlupf s proportional ist, bei synchroner Drehzahl also Null, bei übersynchroner sogar negativ wird (daher Neigung der Ortsgeraden gegen $\dot{U}$). Die Ortsgerade b gilt für den weniger günstigen Fall, daß der Magnetisierungsstrom vom Ständerkreis gedeckt wird. Der Abstand der strichpunktierten Geraden vom Koordinatenanfangspunkt ist gleich $X'_{L\sigma0}\,J'_L$, wenn der

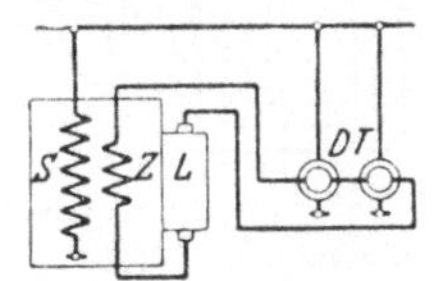

Bild 381. Schaltung des Nebenschlußmotors der Schorchwerke. Sechsbürstenschaltung.

Magnetisierungsstrom vom Ständer gedeckt wird, im andern Falle entsprechend größer. Durch Schaltung des Transformators lassen sich diese Geraden erreichen. In Bild 380 sind für diese Ortsgeraden (a und b) je zwei Strom- und Spannungsdiagramme aufgezeichnet, je eines für $s = 0{,}5$ $(n = 0{,}5\ n_1)$ und gestrichelt für $s = -0{,}5$ $(n = 1{,}5\ n_1)$. J_u bezeichnet den gesamten Netzstrom bei $s = 0{,}5$, J_u' den bei $s = -0{,}5$. In a ist der gesamte dem Netz entnommene Magnetisierungsblindstrom

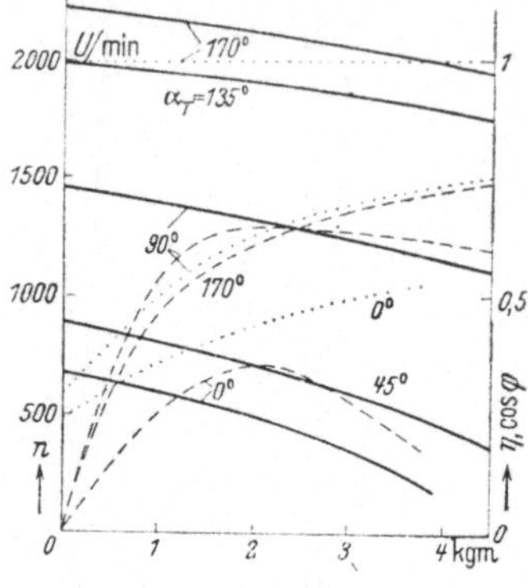

Bild 382. Drehzahl (—), Wirkungsgrad (- - - -), Leistungsfaktor (. . . .) über dem Drehmoment. Schorchmotor für 7,2 kW bei 2000 U/min.

wesentlich kleiner als in b. [s. V, II C 3 c u. d u. 4].

7. Regelung mit Drehtransformator.

Zur stetigen Regelung verwenden die *Schorchwerke* einen Doppeldrehtransformator. Die grundsätzliche Schaltung dafür ist bei Sechsbürstenschaltung für je einen Wicklungsstrang in Bild 381 angedeutet. S ist die Ständerhauptwicklung, Z eine Hilfswicklung, die etwa um $1/2$ Polteilung gegen S versetzt im Ständer untergebracht ist, um die Verschiebung der Ortskurve von $\dot{U}_{20}'$ in Bild 380 gegen den Koordinatenanfangspunkt zu erhalten. Die Teile des Doppeldrehtransformators DT sind durch Kreise angedeutet. Bei der üblichen Schaltung des Doppeldrehtransformators (Bild 180 b) ist dann bei der Verdrehung des Läufers gegen den Ständer die Sekundärspannung ungefähr in Phase mit der Netzspannung. Um ihr eine Neigung zu erteilen, können die beiden Läufer des Doppeldrehtransformators etwas versetzt auf die gemeinsame Welle aufgekeilt werden. In Bild 382 sind für einen

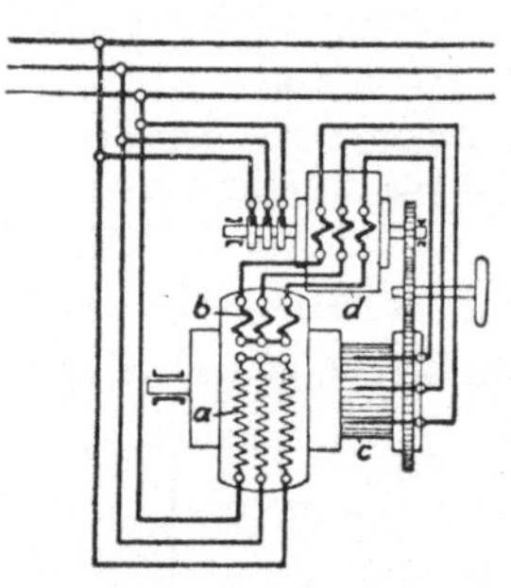

Bild 383. Nebenschlußmotor der AEG.

solchen vierpoligen Motor, der zwischen den Drehzahlen 670 und 2000 U/min bei konstantem Drehmoment 2,4 bis 7,2 kW leistet, für verschiedene Einstellwinkel des Transformators ($\alpha_T = 0°$, 45°, 90°, 135°, 170°) die gemessenen Kennlinien dargestellt. Voll ausgezogene Kurven geben die Drehzahl, gestrichelte den Wirkungsgrad, punktierte den Leistungsfaktor an, und zwar einschließlich Transformator.

Bei einem *Motor der AEG* wird die zweckmäßige Phase von $\dot{U}_{20}$ mit einem *einfachen* Drehregler dadurch erhalten, daß mit der Verdrehung des Reglers auch die Bürsten verschoben werden. Die Bürstenbrücke ist deshalb über einen Zahnradantrieb mit dem Drehregler gekuppelt. Der Drehregler ist unmittelbar über dem Motor angeordnet und in einem gemeinsamen Gehäuse mit ihm vereinigt, wie es Bild 383 erkennen läßt, das auch die räumliche Anordnung wiedergibt. Die Wicklung a ist die Ständerhauptwicklung (S in Bild 381), die Wicklung b die zusätzliche Wicklung

(Z in Bild 381) und d ist die Sekundärwicklung des Drehreglers.
[s. V, II C 5 u. 7].

D. Läufergespeiste Nebenschlußmaschine.

1. Schaltung. Führt man in der Schaltung des ständergespeisten
Nebenschlußmotors nach Bild 373 b die Regelwicklung R als geschlossene
Gleichstromankerwicklung mit (ruhendem!) Stromwender aus und greift
von dieser Wicklung durch Bürsten die Regelspannung ab, so erhält
man durch Verschieben der Bürsten eine praktisch stetige Regelung,
die aber durch einen zweiten Stromwender mit Bürsten erkauft wird.
Diese Überlegung hat den Verfasser auf den Gedanken gebracht, primär
und sekundär zu vertauschen, so daß die umlau-
fende Stromwenderwicklung der ständergespeisten
Maschine als ruhende Spulenwicklung ausgeführt
werden kann. Die Regelwicklung ist dann allerdings eine umlaufende Stromwenderwicklung, die
aber, je nach der Größe des Regelbereichs, für
kleinere Leistung zu bemessen ist. In diesem Falle
muß der Primärwicklung im Läufer die Netzspannung über Schleifringe zugeführt werden.

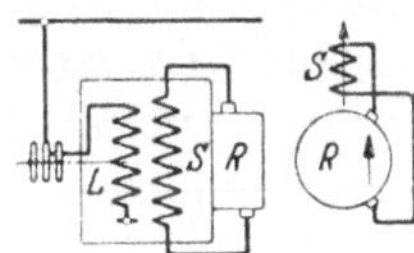

Bild 384. Läufer-
gespeiste Neben-
schlußmaschine.

Man bezeichnet eine solche Maschine als *läufergespeiste* Nebenschlußmaschine (auch unter den Namen *Schrage*-Motor und *Richter*-Motor
bekannt). In dem vereinfachten Schaltbild 384 ist L die am Netz liegende
und im Läufer angeordnete Primärwicklung, die der Wicklung S in
Bild 373 b entspricht; R ist die ebenfalls im Läufer untergebrachte
Regelwicklung mit Stromwender, die der Wicklung R in Bild 373 b
entspricht, und S die im Ständer angeordnete stromwenderlose Sekundärwicklung, die der Stromwenderwicklung L in Bild 373 b entspricht.

In der eingezeichneten Bürstenstellung wirken die EMKe in der
Ständerwicklung und in dem durch die Bürsten abgegriffenen Wicklungsteil im wesentlichen einander entgegen, die Bürstenstellung entspricht
also einer untersynchronen Drehzahl. Wenn die zu den einzelnen Wicklungssträngen der Ständerwicklung gehörigen Bürsten, die beim Übergang von unter- zu übersynchronen Drehzahlen aneinander vorbeibewegt werden müssen, auf denselben Stromwenderstegen aufliegen,
ist die der Sekundärwicklung zugeführte Spannung Null; die Leerlaufdrehzahl der Maschine ist die synchrone. Werden nun die Bürsten
im gleichen Sinne weiterverschoben, so ändert die den Bürsten entnommene Spannung ihr Vorzeichen und der Motor läuft übersynchron.

Der ständergespeiste (Bild 373 b) und der läufergespeiste Motor
(Bild 384) müssen im wesentlichen dasselbe Verhalten zeigen. Ein Unterschied besteht nur darin, daß beim ständergespeisten Motor die Läuferströme und -spannungen von Schlupffrequenz auf die Netzfrequenz
umgeformt werden, während beim läufergespeisten Motor die Umformung im umgekehrten Sinne erfolgt, d. h. durch den Stromwender

werden die Ströme und Spannungen von Netzfrequenz auf die Schlupffrequenz der Sekundärwicklung umgeformt. Außerdem fällt der vom
Schlupf unabhängige sekundäre Streublindwiderstand ($X'_{L\sigma0}$) weg, weil
der Regeltransformator fehlt und die Sekundärwicklung ruht. Dadurch
ergeben sich auch andere Werte für die Drehfeld-EMK $\mathfrak{E}_R$ zwischen
benachbarten Stromwenderstegen. Während diese bei der ständergespeisten Maschine dem Schlupf proportional ist, ist sie bei der läufergespeisten vom Schlupf unabhängig, weil die Regelwicklung gegenüber
der Primärwicklung ruht.

Die Übersetzung von Stromwenderwicklung und Ständerwicklung
richtet sich nach dem Regelbereich. Wenn die Drehzahl bis zum Stillstand herabgeregelt werden soll, muß bei Durchmesserstellung der
Bürsten die Übersetzung 1 sein. Wird als kleinste Drehzahl $n_u = (1 - s_u)\, n_1$
verlangt, und als höchste Drehzahl $n_o \leq (1 + s_u)\, n_1$, so muß bei Durchmesserstellung der Bürsten die Übersetzung etwa s_u sein. [s. V, II D 1].

2. Bürsteneinstellvorrichtung. Wir hatten schon erwähnt, daß die
auf die einzelnen Wicklungsstränge der sekundären Ständerwicklung

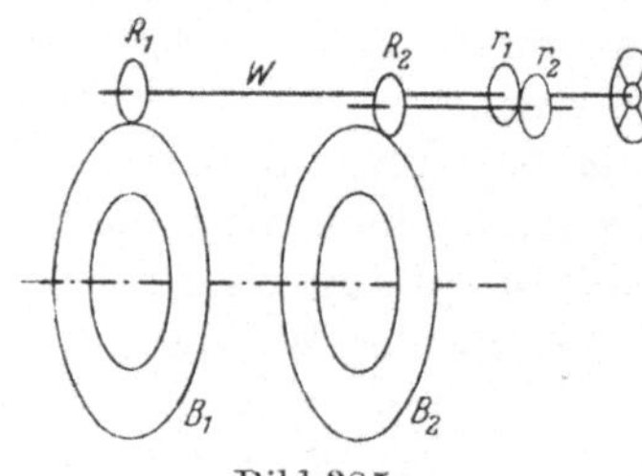

Bild 385.
Bürsteneinstellvorrichtung.

geschalteten Bürsten der Regelwicklung
*gegen*einander bewegt werden. Eine Einrichtung dafür ist in Bild 385 angedeutet. B_1 und B_2 sind die beiden Bürstenträger, die am Umfang je einen Zahn-
kranz erhalten, in den die Ritzel R_1 und
R_2 eingreifen. R_1 ist auf der Welle W,
durch deren Drehung die Bürsten ver-
stellt werden, aufgekeilt, während das
Ritzel R_2 über die Umkehrritzel r_1 und
r_2 von der Welle W angetrieben wird.

Fallen die Bürsten in der einen Endstellung, die der kleinsten untersynchronen Drehzahl entspricht, in die Achse der Ständerwicklung, so
bleibt, wenn die Übersetzung von Welle W auf Bürstenträger B_2 dieselbe
ist wie von W auf B_1, die Verbindungslinie der Bürsten parallel zur
Achse der Ständerwicklung, und es ist die blindstromregelnde Komponente der in der Regelwicklung induzierten EMK Null. In vielen Fällen,
hauptsächlich bei kleinen Motoren, nimmt man den Wegfall dieser Komponente in Kauf, besonders wenn der Motor oft mit sehr kleinen Drehmomenten belastet ist. Kommen jedoch bei kleinen Drehzahlen größere
Drehmomente längere Zeit vor, so ist es zur Einschränkung der dabei
auftretenden Blindströme nötig, eine blindstromregelnde Komponente
in den Sekundärkreis einzufügen, die besonders bei kleinen Drehzahlen
wirksam sein muß. Um dies zu erreichen, wird die eine der beiden Bürsten
in der Endstellung (kleinste Drehzahl) um einen kleinen Winkel verdreht,
so daß die Verbindungslinie der Bürsten gegenüber der Achse der
Ständerwicklung gegen die Drehrichtung des Läufers, also im Sinne des

Drehfeldes, verschoben ist (Bild 386). Zuweilen erhalten auch die beiden Bürstenträger verschiedene Übersetzungen, so daß sich der Winkel α mit der eingestellten Drehzahl ändert. [s. V, II D 2].

3. Spannungsgleichungen. Mit α bezeichnen wir den Winkel, den die Verbindungslinie gleichphasiger Bürsten mit der Achse der Ständerwicklung, Wicklung 2, einschließt; α ist bei untersynchronen Leerlaufdrehzahlen spitz (Bild 386), bei übersynchronen stumpf, weil dann die Bürsten ihre Lage am Stromwender vertauschen.

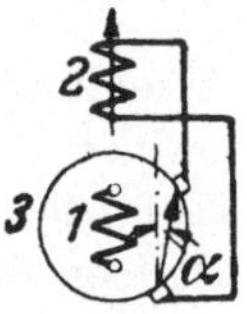

Denken wir uns die Achse der Regelwicklung (3 in Bild 386) in die Achse der Sekundärwicklung 2 gedreht, so müssen wir nach ($VB\,2$) im Zeit-Durchflutungsdiagramm den Strom in der Wicklung 3 mit $-J_2\,\varepsilon^{j\alpha}$ einführen und erhalten damit die Durchflutungsgleichung

Bild 386.
Sehnenstellung
der Bürsten.

$$\xi_1 w_1 (J_\mu + J_V) = \xi_1 w_1 J_1 + \xi_2 w_2 J_2 - \xi_3 w_3 J_2 \varepsilon^{j\alpha}. \qquad (426\,\mathrm{a})$$

Setzen wir in Übereinstimmung mit den Gl. 413 a u. 416 a u. c

$$\ddot{u}_M = \frac{\xi_2 w_2}{\xi_1 w_1}, \qquad \ddot{u}_T = \frac{\xi_3 w_3}{\xi_1 w_1}, \qquad \ddot{u} = \frac{\ddot{u}_T}{\ddot{u}_M} = \frac{\xi_3 w_3}{\xi_2 w_2} \qquad (426\,\mathrm{b\ bis\ d})$$

und beziehen den Sekundärstrom J_2 auf die Primärwicklung 1,

$$J_2' = \ddot{u}_M J_2, \qquad (426\,\mathrm{e})$$

so lautet die aus Gl. 426 a gewonnene Stromgleichung

$$J_\mu + J_V = J_1 + (1 - \ddot{u}\,\varepsilon^{j\alpha}) J_2' = J_1 + (1 - w) J_2' - j\,b\,J_2', \qquad (427\,\mathrm{a})$$

worin zur Abkürzung gesetzt ist (Gl. 419 a u. b)

$$w = \ddot{u}\cos\alpha, \qquad b = \ddot{u}\sin\alpha. \qquad (427\,\mathrm{b\ u.\ c})$$

Bei Aufstellung der Spannungsgleichungen der beiden Stromkreise ist zu berücksichtigen, daß sich die Streublindwiderstände der Wicklungen 1 und 3 gegenseitig beeinflussen. Wir bezeichnen mit X_{13} den Blindwiderstand der gegenseitigen Induktion zwischen den Wicklungen 1 und 3 bei Gleichachsigkeit der Wicklungen. Die vom Strom $-J_2$ im positiven Sinne durchflossene Wicklung 3 ist nun im Drehfeldsinne um den räumlichen Phasenwinkel α verdreht, das von ihr erregte Streufeld, das wir als Drehfeld auffassen können, kommt also zur Wicklung 1 um den Zeitwinkel α früher als zur Wicklung 3. Deshalb können wir für den gesamten Streuspannungsverlust der Wicklung 1 $j\,(X_{1\sigma} J_1 - X_{13} J_2 \varepsilon^{j\alpha})$ schreiben. Mit der Bezeichnung $X_{13}' = X_{13}/\ddot{u}_T$ wird der Blindspannungsverlust der Primärwicklung 1

$$j\,(X_{1\sigma} J_1 - \ddot{u} X_{13}' J_2' \varepsilon^{j\alpha}) = j\,(X_{1\sigma} J_1 - w X_{13}' J_2') + b\,X_{13}' J_2'. \qquad (428\,\mathrm{a})$$

Entsprechend können wir für den Blindspannungsverlust der Wicklung 3 $j\,(X_{3\sigma} J_2 - X_{13} J_1 \varepsilon^{-j\alpha})$ schreiben. Setzen wir $X_{3\sigma}' = X_{3\sigma}/\ddot{u}_T^2$ und beziehen den Blindspannungsverlust in der Wicklung 3 auf die Primärwicklung, indem wir ihn durch $\ddot{u}_M$ dividieren, so erhalten wir

$$j\,(\ddot{u}^2\,X'_{3\sigma}\,\dot{J}'_2 - \ddot{u}\,X'_{13}\,\dot{J}_1\,\varepsilon^{-j\alpha}) = j\,(\ddot{u}^2\,X'_{3\sigma}\,\dot{J}'_2 - w\,X'_{13}\,\dot{J}_1) - b\,X'_{13}\,\dot{J}_1. \qquad (428\,\mathrm{b})$$

Die in der Wicklung 3 vom Luftspaltfeld induzierte EMK ist $\dot{E}_3 = \ddot{u}_T\,\dot{E}_1\,\varepsilon^{-j\alpha}$. Beziehen wir sie auf die Ständerwicklung, d. h. dividieren sie durch $\ddot{u}_M$, so erhalten wir

$$\dot{E}'_3 = \ddot{u}\,\dot{E}_1\,\varepsilon^{-j\alpha} = w\,\dot{E}_1 - j\,b\,\dot{E}_1. \qquad (428\,\mathrm{c})$$

Die Wicklung 3 wird gewöhnlich in den Nuten über der Wicklung 1 angeordnet. Um einfachere Gleichungen zu erhalten, wollen wir annehmen, daß sie in der Nut *nebeneinander* angeordnet sind. Dann ist mit beiden Wicklungen derselbe Streufluß verkettet, und es ist $X'_{3\sigma} = X'_{13} = X_{1\sigma}$. Für diesen Fall können wir also die Spannungsgleichungen

$$\dot{U}_1 + R_1\,\dot{J}_1 + j\,X_{1\sigma}\,(\dot{J}_1 - w\,\dot{J}'_2) + b\,X_{1\sigma}\,\dot{J}'_2 = \dot{E}_1, \qquad (429\,\mathrm{a})$$

$$[R'_2 + j\,(s\,X'_{2\sigma} + \ddot{u}^2\,X_{1\sigma})]\,\dot{J}'_2 - (b + j\,w)\,X_{1\sigma}\,\dot{J}_1 = (s-w)\,\dot{E}_1 + j\,b\,\dot{E}_1 \qquad (429\,\mathrm{b})$$

schreiben, wobei R'_2 *der gesamte Wirkwiderstand des Sekundärkreises* (Wicklungen 2 und 3 und Bürstenübergangswiderstand) ist. [s. V, II C 3].

4. Berechnung der Kennlinien. Wie beim vereinfachten Kreisdiagramm der Induktionsmaschine (*V C 4*) vernachlässigen wir zunächst den Magnetisierungsstrom J_μ und den Verluststrom J_V. Ersetzen wir in den Gl. 429a u. b den primären Strom $\dot{J}_1$ durch den bezogenen sekundären Strom $\dot{J}'_2$ (Gl. 427a mit $J_\mu = J_V = 0$) und berücksichtigen den Spannungsverlust, den der Magnetisierungsstrom in der Primärwicklung hervorruft, durch Einführung von $U_D = U_1 - X_{1\sigma}\,J_\mu$ an Stelle von U_1, so gehen die Gl. 429a u. b $(\ddot{u}^2 = w^2 + b^2)$ über in

$$\dot{U}_D - [(1-w)\,R_1 + j\,(X_{1\sigma} - b\,R_1)]\,\dot{J}'_2 = \dot{E}_1, \quad \dot{U}_D = (U_1 - X_{1\sigma}\,J_\mu)\,\dot{U}_1/U_1, \qquad (430\,\mathrm{a\,u}$$

$$[(R'_2 + b\,X_{1\sigma}) + j\,(s\,X'_{2\sigma} + w\,X_{1\sigma})]\,\dot{J}'_2 = [(s-w) + j\,b]\,\dot{E}_1. \qquad (430\,\mathrm{c})$$

Lösen wir diese nach $\dot{J}'_2$ auf, so erhalten wir mit den Abkürzungen

$$R = R'_2 + [(1-w)\,(s-w) + b^2]\,R_1, \quad X = (1-s)\,b\,R_1 + s\,(X'_{2\sigma} + X_{1\sigma}) \qquad (431\,\mathrm{a\,u}$$

$$\dot{J}'_2 = \dot{J}'_{2w} + \dot{J}'_{2b} = \frac{(s-w)\,R + b\,X}{R^2 + X^2}\,\dot{U}_D - j\,\frac{(s-w)\,X - b\,R}{R^2 + X^2}\,\dot{U}_D. \qquad (431)$$

Für den primären Strom erhalten wir nach Gl. 427a

$$\dot{J}_1 - \dot{J}_\mu - \dot{J}_V = -\;\frac{[(1-w)\,(s-w) + b^2]\,R + b\,(1-s)\,X}{R^2 + X^2}\,\dot{U}_D + \left. \begin{array}{c} \\ +\,j\,\dfrac{[(1-w)\,(s-w) + b^2]\,X - b\,(1-s)\,R}{R^2 + X^2}\,\dot{U}_D. \end{array}\right\} \quad (431')$$

In Bild 387 ist das Vektordiagramm, wie es sich nach den Gl. 430a bis c aufbaut, für eine untersynchrone Drehzahl aufgezeichnet. Das Bild gilt für einen Motor mit 7,5 kW bei 1500 U/min und $J_\mu = 22$, $J_V = 3,2$ A; $w = 0,543$, $b = 0,1$, $s = 0,75$; $R_1 = 0,058$, $R'_2 = 0,12$, $X_{1\sigma} = 0,139$.

$X'_{2\sigma} = 0{,}0845\,\Omega\,;\ U = 120/\sqrt{3} = 69{,}3,\ U_D = 66{,}2\,\text{V}$. Aus diesem Bild lesen wir ab

$$E_1\,J'_2 \cos\psi_2 = [U_D \cos\chi_2 - (1-w)\,R_1\,J'_2]\,J'_2\,, \qquad (432\,\text{a})$$

womit sich das Drehmoment nach Gl. 398 (mit J'_{2w} nach Gl. 431!)

$$M = \frac{p}{\omega}\,m_1\,[U_D\,J'_{2w} - (1-w)\,R_1\,J'^{\,2}_2] \qquad (432)$$

ergibt. Für $X_{1\sigma}$ und $X'_{2\sigma}$ können angenähert dieselben Streublind-widerstände wie bei der Induktionsmaschine (also ohne Rücksicht auf die Regelwicklung 3) eingesetzt werden. Der primäre Strom J_1 ist hier zugleich der dem Netz entnommene Strom, da ein Regel-transformator nicht vorhanden ist. Der Verlauf der Kennlinien über dem Drehmoment ist ähn-lich wie beim ständergespeisten Nebenschlußmotor (z.B. Bild 382).

Um den Zusammenhang mit der Darstellung in Bild 375 er-kenntlich zu machen, ist rechts in Bild 387 $s\dot{E}_1$ (entsprechend $\dot{E}'_L$ in Bild 375) und $\dot{E}_3 = w\dot{E}_1 - jb\dot{E}_1$ (entsprechend $\dot{U}'_{20}$ in Bild 375)

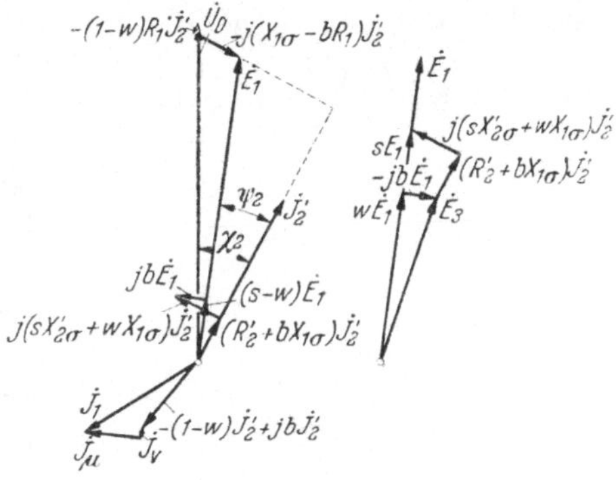

Bild 387. Vektordiagramm nach Gl. 430a bis c und Gl. 427a.

aufgezeichnet; $s\dot{E}_1 - \dot{E}_3$ ergibt den Spannungsverlust im Sekundärkreis.

Der läufergespeiste Motor hat den Vorzug, daß er lediglich durch Verschieben der Bürsten geregelt werden kann, und daß der Strom-wender nur für die Regelleistung bemessen zu werden braucht, während beim ständergespeisten Motor dafür die ganze Motorleistung maßgebend ist. Ein Nachteil ist, daß der Primärwicklung die Spannung über Schleifringe zugeführt wird, bei höheren Netzspannungen also noch ein Transformator erforderlich ist. [s. V, II D 3 bis 6].

E. Entwurf.

1. Hauptabmessungen. Wir beziehen die in der Maschine entwickelte Leistung N_i auf die synchrone Drehzahl, d. h. wir führen die Leistung N_0 ein, die sich aus dem größten bei irgendeiner Drehzahl n vorkommenden Moment mit der synchronen n_1 ergibt, schreiben also

$$N_0 = n_1 \cdot (N_i/n)_{\text{max}}\,. \qquad (433\,\text{a})$$

Den mittleren Drehschub σ beziehen wir bei der Stromwendermaschine zweckmäßig nicht auf den Durchmesser, sondern auf die Polteilung, weil mit dieser der für die Drehfeld-EMK in den von Bürsten kurz-geschlossenen Läuferspulen maßgebende Fluß dann leichter überblickt werden kann. Ersetzen wir in Gl. 111 den Bohrungsdurchmesser

$D = 2\,p\,\tau/\pi$ durch die Polteilung τ, und $n\,p = n_1\,p$ durch die Netzfrequenz f, so erhalten wir

$$\sigma = \frac{1}{2f\,\tau^3}\,\frac{N_0}{2p\,\lambda} \quad \text{mit} \quad \lambda = \frac{l_i}{\tau}. \qquad (433\,\text{b u. c})$$

Für die Hauptabmessungen der Maschine ist zwar die innere Scheinleistung maßgebend; der Einfachheit wegen legen wir aber die innere Leistung ($N_i = N_0$) zugrunde.

Bezeichnen wir mit a den Anteil, der von der Isolierung der Wicklung innerhalb einer Polteilung beansprucht wird, so erhalten wir den Drehschub σ mit dem Ansatz

$$\tau = a + b\sqrt[3]{\frac{N_0}{2p\,\lambda}}\ \text{cm} \quad \text{zu} \quad \sigma = \frac{1}{2f\,b^3}\left(1 - \frac{a}{\tau}\right)^3 \frac{J}{\text{cm}^3}, \qquad (434\,\text{a u. b})$$

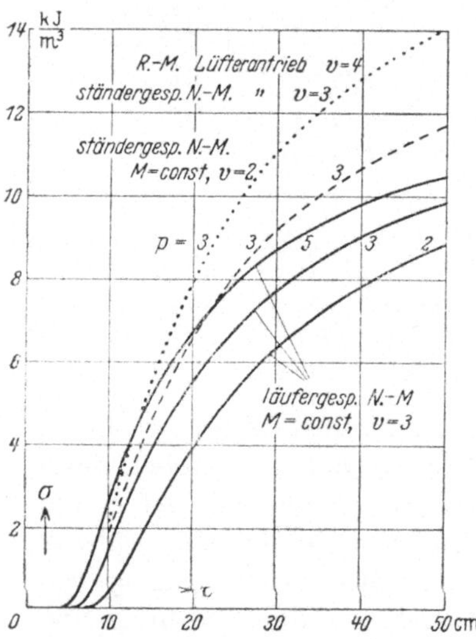

Bild 388.   Mittlerer Drehschub σ
über der Polteilung τ.
$$v = n_{\text{max}}/n_{\text{min}}.$$

wenn a in cm, b in cm/W$^{1/3}$, N_0 in W eingesetzt werden.

Der mittlere Drehschub ist außer von der Betriebsdauer noch abhängig von dem größten betriebsmäßig auftretenden Drehzahlverhältnis (Regelbereich) und von der Änderung des Drehmoments mit der Drehzahl. Bei kleineren Drehzahlen wird die Belüftung schlechter, wodurch der zulässige mittlere Drehschub kleiner wird; sinkt bei demselben Drehzahlverhältnis das verlangte Drehmoment mit der Drehzahl, so kann der mittlere Drehschub größer bemessen werden, weil dann die Stromwärmeverluste mit sinkender Drehzahl kleiner werden.

In Bild 388 sind einige Kurven des mittleren Drehschubs σ für Reihenschlußmotoren ($R.\text{-}M.$), ständer- und läufergespeiste Nebenschlußmotoren ($N.\text{-}M.$) für verschiedene Drehzahlverhältnisse $v = n_{\text{max}}/n_{\text{min}}$ und Polpaare p über der Polteilung τ dargestellt. Für kleinere Drehzahlverhältnisse ergeben sich erheblich größere Drehschübe. Werden bei größeren Maschinen große Drehmomente bei sehr kleinen Drehzahlen dauernd verlangt, so wird auch zusätzliche Belüftung angewendet, etwa durch einen Lüfter, der von einem kleinen Kurzschlußmotor mit fester Drehzahl angetrieben wird und auch in die Maschine eingebaut werden kann.

Bei den Gl. 433 b u. 434 a ist noch zu beachten, daß die ideelle Ankerlänge l_i nicht wie bei der Synchronmaschine und der Induktionsmaschine unabhängig von der Polteilung angenommen werden darf, sondern daß das Verhältnis λ (Gl. 433 c) durch den höchsten betriebsmäßig noch zulässigen Wert der Drehfeld-EMK $\mathfrak{E}_R$ *zwischen benachbarten Stromwenderstegen*, der Stromwenderwicklung und der Grundwellenamplitude B_1 der Luftspaltinduktion bestimmt wird. Den zulässigen Wert von $\mathfrak{E}_R$ beziehen wir auf den bei synchroner Relativgeschwindigkeit zwischen Drehfeld und Stromwenderwicklung auftretenden Wert $\mathfrak{E}_{R0}$.

In einer Spule der Stromwenderwicklung mit w_{Sp} Windungen und dem Spulenfaktor ς wird bei synchroner Relativgeschwindigkeit von der Grundwelle des Drehfeldes die EMK

$$\frac{a}{p}\,\mathfrak{E}_{R0}=\pi\sqrt{2}\,f\,\varsigma\,w_{Sp}\,\Phi, \qquad (435\,\mathrm{a})$$

mit

$$\Phi=\frac{2}{\pi}\,\tau\,l_i\,B_1 \qquad (435\,\mathrm{b})$$

induziert. Daraus erhalten wir

$$C=\tau\,l_i=\frac{a}{p}\,\frac{\mathfrak{E}_{R0}\,10^8}{2\sqrt{2}\,f\,\varsigma\,w_{Sp}\,B_1}\ \mathrm{cm}^2 \qquad (436\,\mathrm{a})$$

und

$$\lambda=\frac{C}{\tau^2}, \qquad (436\,\mathrm{b})$$

worin $\mathfrak{E}_{R0}$ in V, τ und l_i in cm, f in Hz und B_1 in Gß einzusetzen sind; a ist die halbe Zahl der parallelen Zweige der Stromwenderwicklung (nicht zu verwechseln mit a in den Gl. 434 a u. b). Führen wir den Wert für λ in Gl. 434 a ein und lösen nach $\sqrt[3]{N_0/2\,p\,C}$ auf, so erhalten wir

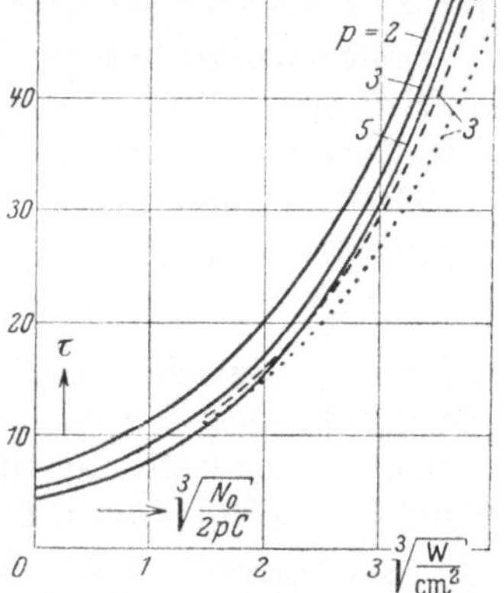

Bild 389.   Polteilung τ über $\sqrt[3]{N_0/2\,p\,C}$. Vgl. Bild 388.

$$\sqrt[3]{\frac{N_0}{2\,p\,C}}=\frac{\tau-\mathsf{a}}{\mathsf{b}\,\tau^{2/3}} \qquad (437)$$

und können, wenn a und b gemäß dem Drehschub nach Gl. 434 b gegeben sind, für jedes τ den zugehörigen Wert von $\sqrt[3]{N_0/2\,p\,C}$ berechnen. Für den Drehschub, für den die Kurven in Bild 388 gelten, ist in Bild 389 die Polteilung τ über $\sqrt[3]{N_0/2\,p\,C}$ aufgetragen.

Die Luftspaltlänge δ wird bei der Nebenschlußmaschine etwas ($\approx 50\%$) reichlicher bemessen als bei der Induktionsmaschine derselben Leistung ($V\,G\,1$). Bei der Reihenschlußmaschine bestimmt δ den Bürstenwinkel α_N, der bei synchroner Drehzahl und Nennmoment auftritt. Um nicht zu kleine Winkel α_N zu erhalten, wird δ gewöhnlich noch etwas reichlicher als bei den Nebenschlußmaschinen gewählt. [s. V, II J 1 u. b und 4 b].

2. Länge der Schleiffläche des Stromwenders. Mit der Summe J_B aller gleichphasigen Bürstenströme, der Zahl der Bürstenbolzen B der gleichphasigen und gleichpoligen Bürsten, der Bürstenbreite b in Richtung des Stromwenderumfangs und der zugelassenen Stromdichte G erhält man die axiale Länge der Schleiffläche für einen Bürstenbolzen zu

$$l_{K1} = J_B/b\,BG. \tag{438}$$

Bei Drei- und Sechsbürstenschaltung ist $B = p$, bei Zwölfbürstenschaltung $B = 2\,p$. Die Bürstenbreite wird gewöhnlich zu 8 mm gewählt; die zulässige Stromdichte beträgt etwa 7 bis 9 A/cm². Da bei der läufergespeisten Maschine die Bürsten zweier Bürstenbolzen aneinander vorbeibewegt werden müssen, muß die axiale Länge der Schleiffläche des Stromwenders bei dieser Maschine $2\,l_{K1}$ sein.

' **3. Reihenschlußmotor.** Der Reihenschlußmotor wird häufig zum Antrieb von Lüftern verwendet, wobei das Drehmoment proportional dem Quadrat der Drehzahl ist. In den Gl. 434a u. b können dann für ein Drehzahlverhältnis $v = n_{max}/n_{min} = 3$ bis 4 bei $p = 3$, 50 Hz und Dauerbetrieb die Werte a und b zu etwa

$$a = 5,2\ \text{cm}, \qquad b = 0,8\ \text{cm/W}^{1/3} \tag{439a u. b}$$

angenommen werden. Hierfür gilt die punktierte Kurve in den Bildern 388 u. 389. Nach der heutigen Praxis scheint auch für andere Polpaarzahlen als 3 ungefähr dieselbe Kurve maßgebend zu sein. Sie gilt angenähert auch für festes Drehmoment bei einem Drehzahlverhältnis $v = n_{max}/n_{min} = 2$. Der Reihenschlußmotor wird auch für solche Antriebe verwendet, die große Anzugsmomente verlangen, wie z. B. Hebezeuge. Da die hohen Anzugsmomente dann aber nicht dauernd, sondern nur kurzzeitig auftreten, können auch für diesen Fall etwa die punktiert gezeichneten Kurven in den Bildern 388 u. 389 zugrunde gelegt werden.

Zur Berechnung von C nach Gl. 436a kann bei synchroner Drehzahl B_1 zu etwa 5000 bis 7000 Gß angenommen werden; die größeren Werte für größere Maschinen. Der noch zulässige Wert der Drehfeld-EMK $\mathfrak{E}_R$ zwischen benachbarten Stromwenderstegen liegt bei etwa 2,5 V. Er tritt für Lüfterantrieb bei einer mittleren Drehzahl auf, die erst angegeben werden kann, wenn die magnetische Kennlinie und die Drehzahlkennlinien berechnet sind. Der in Gl. 436a einzusetzende Wert $\mathfrak{E}_{R0}$ hängt von dieser Drehzahl ab. Beträgt sie $0,55\,n_1$, so ergibt sich $\mathfrak{E}_{R0} = 2,5/(1-0,55) = 5,55$ V. Das Verhältnis n_{max}/n_1 muß beim Reihenschlußmotor für Lüfterantrieb kleiner gewählt werden als bei dem ständergespeisten Nebenschlußmotor (4), weil ja der Induktionsfluß mit wachsendem Drehmoment wächst. Häufig nimmt man $n_{max}/n_1 = 1,1$ an. Stromdichte im Durchschnitt 3 A/mm². [s. V, II J 4].

4. Ständergespeister Nebenschlußmotor. Die Nebenschlußmotoren werden häufig für ein Drehzahlverhältnis $v = n_{max}/n_{min} = 3$ bei festem Drehmoment und Dauerbetrieb entworfen. In den Gl. 434a u. b können dann bei $p = 3$ und 50 Hz die Werte a und b zu etwa

$$a = 5{,}2 \text{ cm}, \qquad b = 0{,}85 \text{ cm/W}^{1/3} \qquad\qquad (440\text{a u. b})$$

angenommen werden. Hierfür gilt die gestrichelte Kurve in den Bildern 388 u. 389, die ungefähr auch für andere Polpaarzahlen maßgebend zu sein scheint.

Für die Festlegung von C nach Gl. 436a kann B_1 zu etwa 5000 bis 7500 GB, bei kleineren Regelbereichen sogar bis zu 8500 GB angenommen werden. Wegen der Oberschwingungen in der Drehfeld-EMK $\mathfrak{E}_R$, die sich besonders bei den übersynchronen Drehzahlen bemerkbar machen, wo auch die EMK der Stromwendung am größten ist, verschiebt man bei der ständergespeisten Nebenschlußmaschine den Regelbereich nach den untersynchronen Drehzahlen, und zwar um so mehr, je größer die Leistung ist, weil sich mit wachsender Maschinenleistung die EMK der Stromwendung immer stärker bemerkbar macht. Für festes Drehmoment und ein Drehzahlverhältnis $v = n_{\max}/n_{\min} = 3$ kann man bei kleinen Maschinen ein Verhältnis $n_{\max}/n_1 = 1{,}3$ zwischen größter und synchroner Drehzahl zulassen; bei größeren Maschinen geht man bis auf $n_{\max}/n_1 \approx 1{,}1$ herunter. Der größte Betrag des Schlupfes tritt also bei einer untersynchronen Drehzahl auf. Bezeichnen wir ihn mit s_u, so ist die auf den Schlupf $s = 1$ bezogene Drehfeld-EMK

$$\mathfrak{E}_{R0} = \mathfrak{E}_R/s_u, \qquad\qquad (441)$$

worin $\mathfrak{E}_R$ die beim Schlupf s_u auftretende Drehfeld-EMK ist, die zur Unterdrückung des Bürstenfeuers nicht größer als 2,5 V sein sollte. Damit erhält man C nach Gl. 436a und kann die Polteilung nach Bild 389 festlegen.

Um die Oberschwingungen der Drehfeld-EMK $\mathfrak{E}_R$ möglichst zu unterdrücken, empfiehlt es sich, die primäre Ständerwicklung als Zweischichtwicklung mit Sehnenspulen auszuführen. [Über Dämpferwicklungen s. V, II A 9 b].

Bei einem Drehzahlverhältnis $v = n_{\max}/n_{\min} = 3$ und festem Drehmoment kann man für Maschinen mittlerer Größe die Stromdichte in den Wicklungen zu etwa 3 A/mm² annehmen. [s. V, II J 3].

5. Läufergespeister Nebenschlußmotor. Für ein Drehzahlverhältnis $v = n_{\max}/n_{\min} = 3$ bei festem Drehmoment und Dauerbetrieb können wir bei 50 Hz für die Werte a u. b in den Gl. 434a u. b und 436a etwa setzen

$$\left.\begin{array}{l} p = 2 \quad 3 \quad 5 \\ a = 6{,}8 \quad 5{,}2 \quad 4{,}2 \text{ cm}, \qquad b = 0{,}9 \text{ cm/W}^{1/3}. \end{array}\right\} \qquad (442)$$

Hierfür gelten die voll ausgezogenen Kurven in den Bildern 388 u. 389.

Für die Festlegung von C kann die Induktion B_1 zu etwa 4500 bis 6000 GB angenommen werden, noch geringer für sehr kleine Maschinen. Die Relativgeschwindigkeit zwischen Drehfeld und Stromwenderwicklung ist hier gleich der synchronen Geschwindigkeit, also $\mathscr{C}_R = \mathscr{C}_{R0}$. Mit Rücksicht auf die Unterdrückung des Bürstenfeuers und Einschränkung der Kurzschlußverluste darf $\mathscr{C}_{R0}$ einen gewissen Höchstwert nicht überschreiten. Dieser liegt etwa bei 2,4 V. Um die Regelwicklung möglichst voll auszunutzen, wählt man die Polpaarzahl so, daß der Schlupf bei der kleinsten Drehzahl gleich dem Betrag des Schlupfes bei der größten Drehzahl ist, sofern diese nicht größer als $1,5\, n_1$ ist. Bei höheren Drehzahlen machen sich nämlich die Oberwellen des Drehfeldes auf die Funkenunterdrückung störend bemerkbar [V, II A 8].

Die Regelwicklung wird so gewählt, daß das Verhältnis λ (Gl. 433 c) in angemessenen Grenzen bleibt (etwa $0{,}75 \leq \lambda \leq 2$). Die Windungszahl einer Spule der Regelwicklung ist, von ganz kleinen Maschinen abgesehen, $w_{Sp} = 1$, der Spulenfaktor $\varsigma \approx 1$, wenn nicht zur Unterdrückung der Oberwellen oder um größere Leistungen je Polpaar zu erreichen, die Spulenweite verkürzt wird.

Die Windungszahl der im Ständer untergebrachten Sekundärwicklung wird durch den Betrag des größten auftretenden Schlupfes $s_{\max}$ bestimmt. So muß die in der Sekundärwicklung beim Schlupf $s_{\max}$ induzierte EMK $s_{\max}\,\dot{E}_{20}$ gleich der mit ihr phasengleichen Komponente der EMK $\dot{E}_3$ der Regelwicklung sein. Befinden sich die Bürsten hierbei in Durchmesserstellung und schließt im zweipoligen Schaltbild die Verbindungslinie der Bürsten mit der Achse ihrer Ständerwicklung den Winkel α ein (vgl. Bild 386), so gilt

$$E_{20}\, s_{\max} = E_{3D} \cos\alpha . \tag{443}$$

Wenn die gegeneinander verschiebbaren Bürsten auf demselben Stromwendersteg aufliegen, ist der Strom J_2 in der Sekundärwicklung wie beim gewöhnlichen Induktionsmotor zu berechnen. Dieser Strom gilt bei konstantem Drehmoment angenähert auch für andere Bürstenstellungen und ist gleich dem Bürstenstrom J_B, mit dem nach Gl. 438 die Länge der Schleiffläche des Stromwenders je Bürstenbolzen berechnet werden kann.

Bei mittleren Maschinen kann die Stromdichte der Wicklungen zu etwa 3 bis 4 A/mm² angenommen werden. [s. V, II J 2].

XI. Die Regelsätze.
A. Begriff und Aufgaben.

Unter dem Begriff „Regelsätze" fassen wir die Schaltungen von *Induktionsmaschinen* zusammen, bei denen die Läuferwicklung im Betriebe nicht in sich kurzgeschlossen, sondern auf den Stromkreis einer Hilfsmaschine geschaltet ist. Diese Maschine ist eine solche mit Stromwender; sie kann entweder mit der Induktionsmaschine, der Hauptmaschine, mechanisch gekuppelt oder mechanisch getrennt von der

Hauptmaschine aufgestellt werden (vgl. *E 2*). Die Hauptmaschine wird auch als Vordermaschine, die Hilfsmaschine als Hintermaschine bezeichnet. Da die Vordermaschine immer eine Induktionsmaschine ist, wollen wir für sie die Abkürzung IM (oder in den Bildern einfach J), für die Hintermaschine die Abkürzung HM (oder einfach H) einführen.

Die HM kann der IM ähnliche Eigenschaften verleihen wie sie die selbständige Mehrphasenmaschine mit Stromwender hat. Durch die Regelung der HM lassen sich aber gewünschte Betriebsbedingungen in weit vollkommenerem Maße erreichen als bei der selbständigen Maschine mit Stromwender.

Die Aufgaben, die die Regelsätze erfüllen sollen, sind verschiedener Art. Wir können drei Gruppen von Regelsätzen unterscheiden, solche zur *Blindleistungs*regelung (Phasenkompensation), zur *Drehzahl*regelung und zur *Leistungs*regelung. In allen Fällen kann der IM durch zusätzlichen, mit der Belastung wachsendem Schlupf auch Kompoundverhalten verliehen werden. Mit der Drehzahlregelung wird gewöhnlich auch eine Phasenkompensation verbunden.

Die Regelsätze kommen für große Leistungen der IM in Frage (etwa über 150 kW), für die die selbständige Maschine mit Stromwender nicht, oder nur mit hohen Kosten ausführbar ist. In der Bemessung der Hintermaschine besteht größere Freiheit als bei der selbständigen Maschine, weil diese für die Netzfrequenz, jene aber nur für die Schlupffrequenz der IM zu bemessen ist.

B. Hilfsmaschinen.

Als Hilfsmaschinen werden neben den Mehrphasenmaschinen in (X) und den mehrphasig geschalteten Einphasenmaschinen in (IX) noch besondere Hilfsmaschinen verwendet, die wir zunächst kurz beschreiben wollen.

1. Eigenerregter Phasenschieber. Speisen wir einen Läufer mit Stromwenderwicklung, der sich in einem unbewickelten Ständer befindet, über die feststehenden Bürsten mit mehrphasigen, beispielsweise dreiphasigen Strömen (Bild 390a), so wird ein Drehfeld erregt, das im Raume, also gegenüber den feststehenden Bürsten, mit der synchronen Drehzahl umläuft. Bei ruhendem Läufer stellt die Wicklung im wesentlichen einen induktiven Blindwiderstand dar. Wird der Läufer nun im Sinne des umlaufenden Drehfeldes angetrieben, so verringert sich der Blindwiderstand nach Maßgabe der Schlüpfung gegenüber dem Drehfeld. Bei synchroner Drehzahl wird er mit der Schlüpfung Null und ändert bei übersynchroner Drehzahl das Vorzeichen; die Maschine verhält sich dann im wesentlichen wie ein Kondensator (vgl. Bild 138 c). Da bei fester Bürstenspannung die Phase des Stromes mit der Drehzahl verschoben wird, bezeichnet man die Maschine als Phasenschieber, und zwar als *eigenerregten* Phasenschieber, weil das Drehfeld nur von den eigenen Bürstenströmen erregt wird.

Da der äußere Teil hier nur zur Verringerung des Widerstandes des magnetischen Kreises dient, kann er auch mit dem Läufer umlaufen.

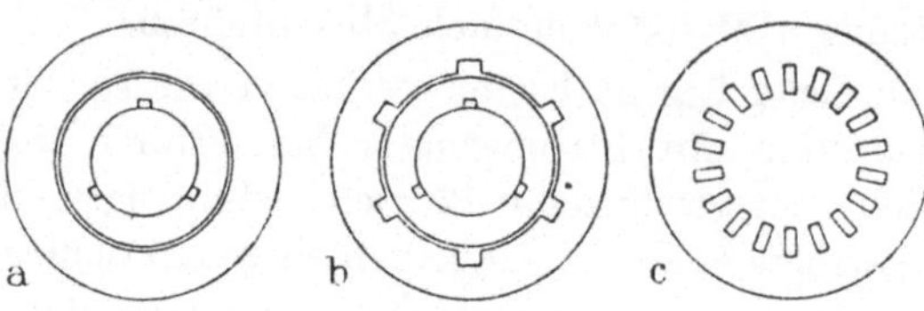

Bild 390a bis c.   Eigenerregter Phasenschieber.
b Mit Kommutierungsnuten, c Blechschnitt ohne Luftspalt.

Der Luftspalt zwischen den beiden Teilen kann sogar wegfallen und die Wicklung in eisengeschlossenen Nuten untergebracht werden (Bild 390c). Um die vom Drehfeld in den kurzgeschlossenen Spulen induzierte EMK zu unterdrücken, erhält bei *feststehendem* äußeren Teil dieser in den Wendezonen Aussparungen, „Kommutierungsnuten" (Bild 390b). [s. V, III A 1 u. 2].

2. Fremderregter Frequenzwandler (FW). Dieser unterscheidet sich von dem eigenerregten Phasenschieber (*1*), der auch ein Frequenzwandler ist, nur dadurch, daß die Stromwenderwicklung mehrphasig angezapft und zu Schleifringen geführt ist. Diese Schleifringe werden

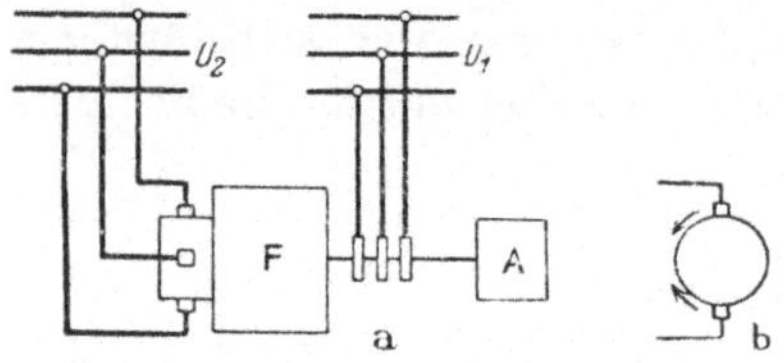

Bild 391 a u. b.   Frequenzwandler.

an eine feste Spannung gelegt, so daß das Drehfeld praktisch unabhängig von den Bürstenströmen des Stromwenders ist.

In seiner einfachsten Form ist der fremderregte FW in Bild 391a dargestellt. Der Ständer trägt keine Wicklung und kann auch, wie beim eigenerregten Phasenschieber, mit dem Läufer umlaufen. Die Schleifringe sind an die Netzspannung U_1 mit der Frequenz f_1 geschaltet. Zur Spannungsregelung kann ein regelbarer Transformator zwischen Primärnetz und Schleifringe geschaltet oder es können auf dem Stromwender Doppelbürsten angeordnet werden, die wie beim läufergespeisten Nebenschlußmotor (*D 1*) gegeneinander verschoben werden (Bild 391b).

Bei Leerlauf des FW wird dem Primärnetz nur der Leerlaufstrom entnommen, der sich aus dem Magnetisierungsstrom und dem Verluststrom, der den Eisenverlusten entspricht, zusammensetzt. Bei Belastung auf der Sekundärseite treten entsprechende Ströme auch auf der Primärseite auf (genau wie beim Transformator), und dem Primärnetz wird die vektorielle Summe aus Leerlaufstrom und Belastungsstrom entnommen.

Ordnet man im Ständer eines fremderregten FW eine mehrphasige in sich geschlossene Wicklung an, so wird er zur *selbständigen* Maschine, die keinen Fremdantrieb A benötigt. Schleifringwicklung und Ständerwicklung verhalten sich wie Primär- und Sekundärwicklung beim gewöhnlichen Induktionsmotor. Der FW kann über Widerstände im Ständerkreis (Bild 392) angelassen und seine Drehzahl, und damit auch die Sekundärfrequenz, durch diese Widerstände geregelt werden. Spannung und Ströme auf der Sekundärseite haben wie die der Ständerwicklung Schlupffrequenz und sind deshalb geeignet, Motoren, die normalerweise mit hoher Drehzahl laufen, vorübergehend mit sehr kleiner Drehzahl zu betreiben. Solche kleine Drehzahlen werden z. B. benötigt beim Einziehen von Kalandern, Feineinstellen von Aufzügen, Füllen von Zentrifugen.

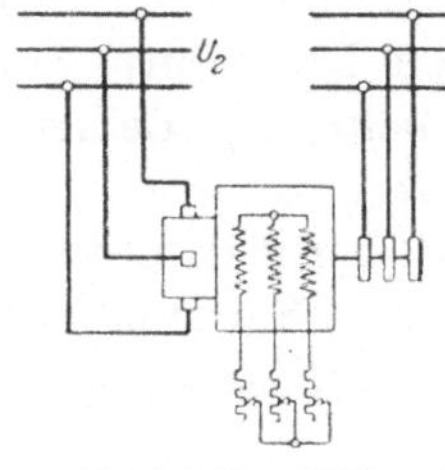

Bringt man bei vorhandenem Ständer in diesem eine Wicklung an, die die magnetische Wirkung der Stromwenderwicklung aufhebt (Bild 393), so führen die Schleifringe nur noch den verhältnismäßig kleinen Magnetisierungsstrom. Man bezeichnet diesen FW als *kompensierten* FW.

Bild 392. FW als selbständige Maschine.

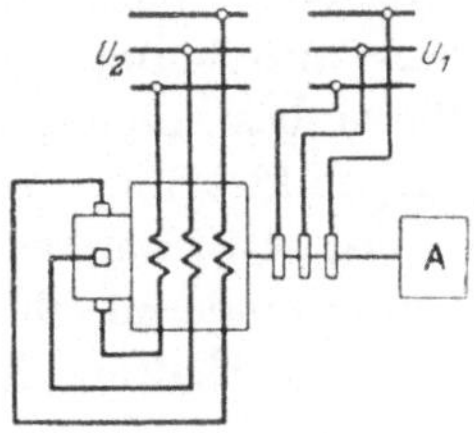

Bild 393. Kompensierter FW.

Während beim FW ohne Ständerwicklung (mit $m_2 = m_1$) die auf der Sekundärseite induzierte EMK $E_2 = E_1$ ist, ist sie beim kompensierten FW $E_2 = (1 - s) E_1$, weil in der Ständerwicklung noch die EMK $- s E_1$ induziert wird. [s. V, III A 3].

3. Maschinen ohne Drehfeldeigenschaften. Um der mehrphasigen Stromwendermaschine Eigenschaften zu verleihen, die im wesentlichen mit denen der einphasigen Stromwendermaschine übereinstimmen, kann die Erregerwicklung so ausgeführt werden, daß sich die Spulen der einzelnen Wicklungsstränge nicht überlappen. Die wichtigste Maschine dieser Art ist die von LYDALL, die von SCHERBIUS für die Zwecke der Regelsätze besonders ausgebildet wurde und als SCHERBIUS-Maschine bezeichnet wird.

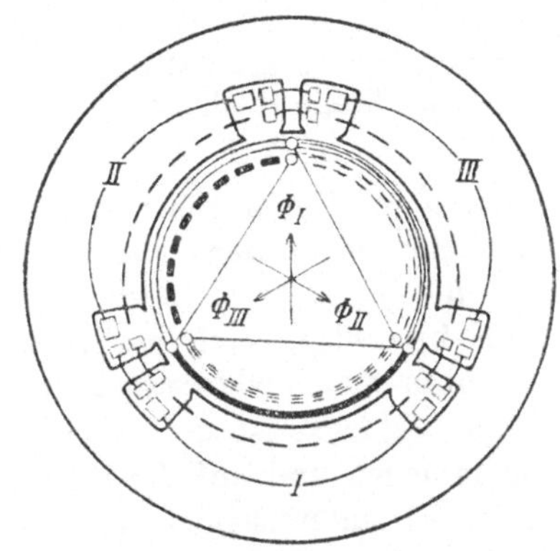

Bild 394. SCHERBIUS-Maschine.

In Bild 394 ist die Maschine mit einem „Polsatz" d. h. mit drei Strangpolen dargestellt, entsprechend einer zweipoligen Drehfeldmaschine. Die Läuferwicklung ist mit einer Spulenweite ausgeführt, die $^2/_3$ der Polteilung der zweipoligen Drehfeldmaschine beträgt. In der Läuferwicklung sind die Strombeläge in Unter- und Oberschicht durch verschiedene Stricharten dargestellt und die kurzgeschlossenen Spulenseiten durch kleine Kreise wie in Bild 353 c angedeutet, in der aber Durchmesserwicklung vorausgesetzt wurde. Der resultierende Strombelag ergibt sich dabei nach Bild 353 b in Phase mit je einem Bürstenstrom. Die Läuferwicklung wird durch eine Wicklung im Ständer kompensiert, von der der resultierende Strombelag durch gestrichelte Kreisbögen angedeutet ist. Jeder Hauptpol ist von einer Erregerwicklung umschlungen, deren Durchflutungen Betrag und Phase der Polflüsse bestimmen; sie kann als Reihen- oder Nebenschlußwicklung ausgebildet und geschaltet werden.

Jeder Strang verhält sich bei dieser Maschine wie eine einphasige Stromwendermaschine. Die SCHERBIUS-Maschine ersetzt also drei in Stern geschaltete Einphasenmaschinen. [s. V, III A 4].

C. Die Ortskurve des Stromes der IM.

1. Ersatzstromkreis. Im vereinfachten Ersatzstromkreis der Induktionsmaschine hatten wir die Abhängigkeit des Magnetisierungsstromes J_μ

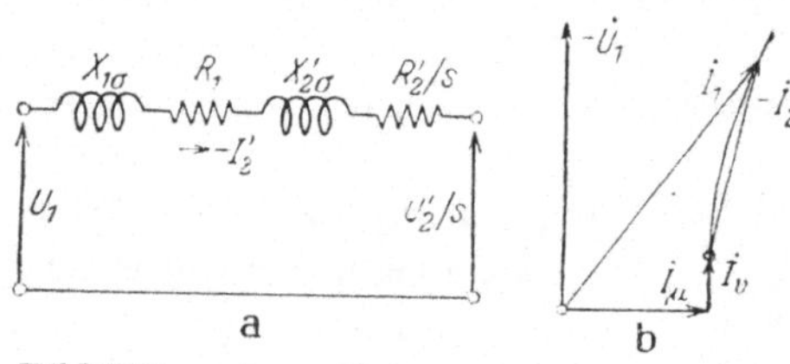

Bild 395 a u. b. a Ersatzstromkreis der IM mit HM, b Ortskurve von J_1.

und des den Eisenverlusten entsprechenden Verluststromes J_v von der vom Luftspaltfeld in der Primärwicklung induzierten EMK $\dot{E}_1$ vernachlässigt. Wir konnten dann den auf die Primärwicklung bezogenen Sekundärstrom J_2' allein betrachten und nachträglich den Magnetisierungsstrom J_μ und den Verluststrom J_v anfügen (Bild 395 b). Für große Induktionsmaschinen, wie sie für die Regelsätze in Frage kommen, sind die vereinfachenden Annahmen für den Ersatzstromkreis erst recht berechtigt, weil der Anteil des primären Widerstandes R_1 am gesamten Scheinwiderstand mit der Größe der Maschine sinkt.

In Bild 395 a ist der vereinfachte Ersatzstromkreis für den negativ genommenen und auf die Primärwicklung bezogenen Strom J_2' dargestellt. Er unterscheidet sich von dem in Bild 188 b dadurch, daß noch die Spannung $\dot{U}_2'/s$ eingefügt ist. $\dot{U}_2'$ ist die auf die Primärwicklung bezogene Schleifringspannung der IM; es ist $\dot{U}_2' = \dot{U}_2\, \xi_1\, w_1/\xi_2\, w_2$, wobei sich die Zeiger 1 auf die Primärwicklung, die Zeiger 2 auf die Sekundärwicklung der IM beziehen.

Nach Bild 395 a erhalten wir die Spannungsgleichung für die IM, wenn wir noch mit s multiplizieren,

$$s\,\dot{U}_1 - \dot{U}_2' = \{R_2' + s\,[R_1 + j\,(X_{1\sigma} + X_{2\sigma}')]\}\,J_2'. \qquad (444)$$

Das Gesetz, dem die Spannung $\dot{U}_2'$ folgt, wird durch das Verhalten der HM bestimmt. [s. V, III B 1].

2. Drehzahl der HM vom Schlupf der IM unabhängig. In vielen praktisch wichtigen Fällen kann die Spannung $\dot{U}_2'$ sowohl eine feste $\dot{U}_{2c}'$ als auch eine vom Strom $\dot{J}_2'$ abhängige Spannungskomponente haben,

$$\dot{U}_2' = \dot{U}_{2c}' + \dot{U}_{2v}'. \tag{445}$$

$\dot{U}_{2c}'$ zerlegen wir in die Komponenten zu $\dot{U}_1$ und schreiben, entsprechend der Spannung $\dot{U}_{20}'$ bei der selbständigen Nebenschlußmaschine (Gl. 419),

$$\dot{U}_{2c}' = (w - j\,b)\,\dot{U}_1. \tag{445a}$$

Ferner zerlegen wir $\dot{U}_{2v}'$ in ihre Komponenten nach dem Strom $\dot{J}_2'$

$$\dot{U}_{2v}' = (K_w' + j\,K_b' + j\,s\,K_{bs}')\,\dot{J}_2'. \tag{445b}$$

In der letzten Gleichung sind K_w', K_b', K_{bs}' Widerstandsgrößen, die zwar durch Multiplikation mit $\dot{J}_2'$ Komponenten von $\dot{U}_2'$ ergeben, aber nicht nur von den Wirk- und Blindwiderständen in den Wicklungen der HM, sondern vor allem *von EMKen herrühren können, die in der umlaufenden HM induziert werden*. Sie können je nach der verwendeten HM und ihrer Schaltung positiv oder negativ sein. Mit Gl. 445a u. b können wir Gl. 444 schreiben

$$(s - w + j\,b)\,\dot{U}_1 = \{(R_2' + K_w') + j\,K_b' + s\,[R_1 + j\,(X_{1\sigma} + X_{2\sigma}' + K_{bs}')]\}\,\dot{J}_2'. \tag{446A}$$

Beziehen wir alle Widerstandsgrößen auf den Hauptblindwiderstand X_{1h} der Primärwicklung der IM, so erhalten wir mit den Widerstandsverhältnissen

$$r_1 = R_1/X_{1h}, \quad r_2 = R_2'/X_{1h}, \quad \sigma_1 = X_{1\sigma}/X_{1h}, \quad \sigma_2 = X_{2\sigma}'/X_{1h}, \tag{446a bis d}$$

$$k_w = K_w'/X_{1h}, \qquad k_b = K_b'/X_{1h}, \qquad k_{bs} = K_{bs}'/X_{1h} \tag{446e bis g}$$

den Strom

$$-\dot{J}_2' = -\frac{-w + j\,b + s}{(r_2 + k_w) + j\,k_b + s\,[r_1 + j\,(\sigma_1 + \sigma_2 + k_{bs})]} \cdot \frac{\dot{U}_1}{X_{1h}}. \tag{447A}$$

Durch w wird der Schlupf und damit die Drehzahl der IM schon bei Leerlauf beeinflußt, positiven Werten entsprechen untersynchrone, negativen übersynchrone Leerlaufdrehzahlen, und durch b erhält der Läuferstrom eine feste Magnetisierungsblindstrom-Komponente, durch die das primäre Netz auch bei Leerlauf von Magnetisierungsblindströmen entlastet werden kann. Ein positiver Wert von k_w vergrößert den Wirkwiderstand der Läuferwicklung (Vergrößerung des Belastungsschlupfes), durch einen negativen Wert von k_{bs} kann der Streublindwiderstand der IM verringert oder aufgehoben werden, und ein negativer Wert von k_b verhält sich wie eine in den Läuferkreis der IM geschaltete Kapazität.

Die Ortskurve des Stromes $-\dot{J}_2'$ ist bei *festen Werten* der Widerstandsverhältnisse nach (*III H*) ein Kreis, der für $b = 0$ durch den Anfangspunkt von $-\dot{J}_2'$ geht. Für $k_{bs} = 0$ haben alle Kreise den Punkt $s = \infty$ mit dem Kreis K_0 gemeinsam, der für $\dot{U}_2' = 0$ gilt.

Legen wir den Spannungsvektor $\dot U_1$ in die Richtung negativer Ordinaten, so müssen wir die rechte Seite von Gl. 447 A mit $-j$ multiplizieren, um die Mittelpunktskoordinaten und den Halbmesser R des Kreises aus Gl. 188a bis d berechnen zu können. Wir erhalten dafür

$$x_m = \frac{(r_2 + k_w) + w\,r_1 - b\,(\sigma_1 + \sigma_2 + k_{b\,s})}{2\,[(r_2 + k_w)\,(\sigma_1 + \sigma_2 + k_{b\,s}) - k_b\,r_1]} \cdot \frac{U_1}{X_{1h}}, \qquad (447\,\text{a})$$

$$y_m = -\frac{k_b + w\,[(\sigma_1 + \sigma_2 + k_{b\,s}) + b\,r_1]}{2\,[(r_2 + k_w)\,(\sigma_1 + \sigma_2 + k_{b\,s}) - k_b\,r_1]} \cdot \frac{U_1}{X_{1h}}, \qquad (447\,\text{b})$$

$$R^2 = x_m^2 + y_m^2 + \frac{b}{(r_2 + k_w)\,(\sigma_1 + \sigma_2 + k_{b\,s}) - k_b\,r_1} \cdot \left(\frac{U_1}{X_{1h}}\right)^2. \qquad (447\,\text{c})$$

Gewöhnlich ist ein Teil der Komponenten von $\dot U_2'$ Null. [s. V, III B 2 a].

3. $\dot U_2'$ von der Drehzahl der IM abhängig. Nicht immer kann die Spannung an den Klemmen der HM durch den Ansatz nach Gl. 445a u. b dargestellt werden. Wird beispielsweise die HM nicht mit fester Drehzahl angetrieben, sondern mit einer Drehzahl, die der Drehzahl der IM proportional ist, wie bei Kupplung der HM mit der IM, so ist $\dot U_2'$ der relativen Drehzahl $1 - s$ der IM proportional. Schreiben wir in diesem Falle

$$\dot U_{2c}' = (1-s)\,(w - j\,b)\,\dot U_1, \quad \dot U_{2v}' = (1-s)\,(K_w' + j\,K_b' + j\,s\,K_{b\,s}')\,\dot J_2', \qquad (448\,\text{a u. b})$$

so erhalten wir mit den Widerstandsverhältnissen nach den Gl. 446a bis g

$$-\dot J_2' = -\frac{-w + j\,b + s\,[(1 + w) - j\,b]}{(r_2 + k_w) + j\,k_b + s\,[(r_1 - k_w) + j\,(\sigma_1 + \sigma_2 - k_b + k_{b\,s})] - j\,s^2 k_{t\,s}} \frac{\dot U_1}{X_{1h}}. \qquad (449$$

Die Ortskurven von $-\dot J_2'$ haben mit dem Kreis K_0, der für $\dot U_2' = \dot U_{2c}' + \dot U_{2v}' = 0$ gilt, den Punkt $s = 1$ gemeinsam; sind aber nur dann bei festen Widerstandsverhältnissen Kreise, wenn $k_{b\,s} = 0$ ist; für $b = 0$ schneiden sie noch bei $s = w/(1 + w)$ den Punkt $s = 0$ auf dem Kreis K_0. Die Bestimmungsstücke dieser Kreise ergeben sich zu

$$x_m = \frac{(r_2 + k_w) + w\,(r_1 + r_2) - b\,(\sigma_1 + \sigma_2)}{2\,[(r_2 + k_w)\,(\sigma_1 + \sigma_2) - k_b\,(r_1 + r_2)]} \cdot \frac{U_1}{X_{1h}}, \qquad (449\,\text{a})$$

$$y_m = -\frac{k_b + w\,(\sigma_1 + \sigma_2) + b\,(r_1 + r_2)}{2\,[(r_2 + k_w)\,(\sigma_1 + \sigma_2) - k_b\,(r_1 + r_2)]} \cdot \frac{U_1}{X_{1h}}, \qquad (449\,\text{b})$$

$$R^2 = x_m^2 + y_m^2 + \frac{b}{(r_2 + k_w)\,(\sigma_1 + \sigma_2) - k_b\,(r_1 + r_2)} \cdot \left(\frac{U_1}{X_{1h}}\right)^2. \qquad (449\,\text{c})$$

[s. V, III B 2 b].

D. IM mit blindstromerzeugender HM.

Von den zahlreichen Möglichkeiten der Anwendung verschiedener HM wollen wir nur zwei Beispiele betrachten.

1. Eigenerregter Phasenschieber als HM. In der Schaltung nach Bild 396 werde der eigenerregte Phasenschieber P von einem Hilfsmotor A mit fester Drehzahl n_A angetrieben. Der Wirkwiderstand R

dient zum Anlassen der IM und wird im Betriebe abgeschaltet oder kurzgeschlossen.

Wir bezeichnen mit X_P den Blindwiderstand des Phasenschiebers bei Stillstand bezogen auf die Netzfrequenz f_1 der IM. Da er aber mit Strömen der Schlupffrequenz $s f_1$ der IM gespeist wird, ist der Blindwiderstand des Phasenschiebers im Stillstand $s X_P$. Bei umlaufendem Phasenschieber ist $s X_P$ noch mit dem Schlupf s_P des Phasenschiebers gegen sein Drehfeld zu multiplizieren. Der Blindwiderstand ist also $s s_P X_P$.

Bezeichnen wir mit n_{P1} die synchrone Drehzahl des Phasenschiebers bei der Frequenz $s f_1$ und mit n_A die Antriebsdrehzahl $n_A = f_A/p_P$, worin f_A die Frequenz des Antriebs bezogen auf die Polpaarzahl p_P des Phasenschiebers ist, so erhalten wir

$$s_P = \frac{n_{P1} - n_A}{n_{P1}} = 1 - \frac{v}{s}, \qquad (450\,\text{a})$$

worin

$$v = \frac{f_A}{f_1} \qquad (450\,\text{b})$$

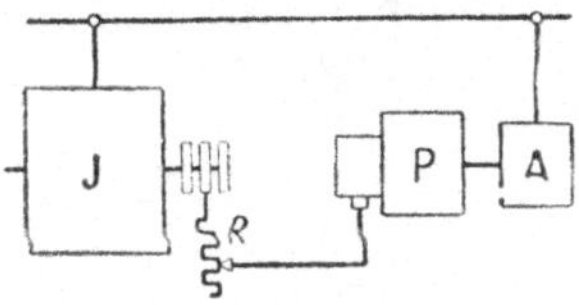

Bild 396. IM mit eigenerregtem Phasenschieber.

das Verhältnis aus Antriebsfrequenz und Netzfrequenz ist. Damit ergibt sich die in den Sekundärkreis der IM eingefügte und auf die Primärwicklung der IM bezogene Spannung

$$\dot{U}_2' = (R_P' + j s X_P' - j v X_P')\, \dot{J}_2', \qquad (450)$$

wenn noch R_P' und X_P' die bezogenen Widerstände des Phasenschiebers sind. In Gl. 445a u. b ist also $w = b = 0$, $K_w' = R_P'$, $K_b' = - v X_P'$, $K_{bs}' = X_P'$. Dividieren wir alle Widerstände durch X_{1h} der IM und bezeichnen sie dann mit den entsprechenden kleinen Buchstaben (ohne Beistrich), so ist in Gl. 447A für $-\dot{J}_2'$ und in Gl. 447 a bis c für die Bestimmungsstücke des Ortskreises $w = b = 0$, $k_w = r_P$, $k_b = - v x_P$, $k_{bs} = x_P$ zu setzen.

In Bild 397a sind solche Ortskurven für eine IM mit Nennschlupf 0,024, $\sigma_1 = \sigma_2 = 0,05$, $r_1 = r_2 = r_P = 0,004$ bei $v = 1$ (z. B. Antrieb des Phasenschiebers durch einen Synchronmotor derselben Polzahl wie der Phasenschieber) und verschiedenen x_P aufgezeichnet. Für $v = 1$ haben alle Kreise den Punkt $s = 1$ mit dem Kreis K_0, der für $x_P = 0$ gilt, gemeinsam. Der Strom $-\dot{J}_2'$ hat seinen Anfangspunkt in O; durch Anfügen des Magnetisierungsstromes erhalten wir den Punkt O', Anfangspunkt des Primärstromes J_1 der IM. Einige Schlupfwerte sind durch kleine Kreise, die auf den gestrichelten Kreisen liegen, angedeutet.

Wir erkennen aus Bild 397a, daß bei Belastung der IM als Motor der dem Netz entnommene Blindstrom verringert wird und bei genügend großem x_P sogar Magnetisierungsblindstrom an das Netz geliefert wird.

Um auch bei kleinen Belastungen eine größere Entlastung des Netzes
von Blindströmen zu erhalten, wird der Phasenschieber in der Ausführung nach Bild 390 c mit hoher Zahninduktion ausgeführt. Für die
im rechten Teil von Bild 397 b dargestellte Kennlinie $x_P\,J_2'$ ergibt sich

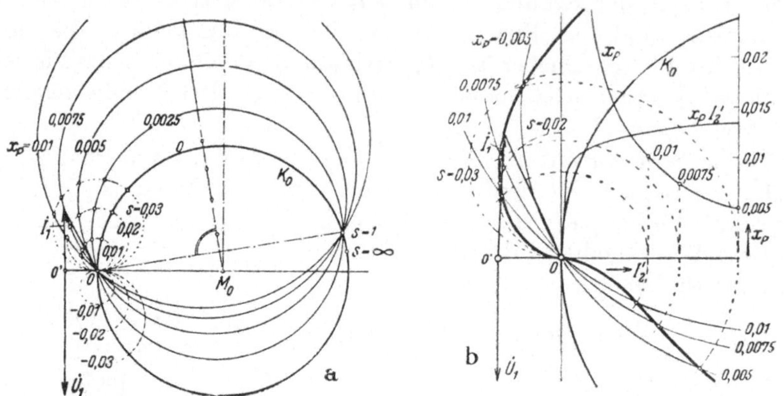

Bild 397 a u. b. Ortskurven von $\dot J_1$ und $\dot J_2$ der IM in Bild 396.
a Mit, b ohne Luftspalt bei hoher Zahninduktion in P.

dann die stark hervorgehobene Ortskurve der Ströme (in doppeltem
Maßstab wie Bild 397 a). Die Konstruktion ist für 3 Punkte angedeutet.
[s. V, III C 1].

2. Frequenzwandler (FW) als HM. Der Phasenschieber ist einfach,
hat aber den Nachteil, daß ohne Änderung der Drehrichtung des Drehfeldes oder des Antriebs der HM Leistungsfaktor und Überlastbarkeit
der IM entweder nur bei Motor- oder nur bei Generatorbetrieb verbessert werden können, und daß die Phasenkompensation bei Leerlauf
unwirksam ist. Diese Nachteile werden beim FW als HM vermieden.

Wenn ein FW als HM verwendet wird, muß die Frequenz f_F der
Wechselstromgrößen an den Stromwenderbürsten gleich der Schlupf-
frequenz $f_2 = s\,f_1$ der IM sein. Daraus folgt, wenn die Schleifringe des
FW am Netz mit der Frequenz f_1 liegen, für die Antriebsfrequenz

$$f_A = (1 - s)\,f_1.\tag{451a}$$

Bezeichnet p die Polpaarzahl der IM und n_1 ihre synchrone Drehzahl,
so ist $f_1 = n_1\,p$ und wir erhalten für die Antriebsdrehzahl des FW

$$n_A = \frac{f_A}{p_F} = (1 - s)\,\frac{p}{p_F}\,n_1.\tag{451b}$$

Wenn die Polpaarzahl p_F des FW gleich der der IM ist, kann der
FW mit dieser unmittelbar gekuppelt werden. Die Schaltung hierfür
ist in Bild 398 beispielsweise für einen FW mit Kompensationswicklung
angedeutet. Wenn die Polpaarzahlen der beiden Maschinen voneinander

verschieden sind, muß die Kupplung über Zahnräder erfolgen mit der Übersetzung p_F/p. Durch Verschieben des Kontaktes am Transformator T kann die dem Sekundärkreis des IM eingeführte Spannung dem Betrage nach geändert werden. Die Phase, die das Verhältnis b/w (vgl. Gl. 445a) bestimmt, läßt sich beim FW ohne Kompensationswicklung durch Verschieben der Bürsten regeln, beim FW mit Kompensationswicklung muß die Kupplung entsprechend eingestellt werden.

Die Spannung U_2 des FW, die den Schleifringen der IM über den Stromwender aufgezwungen wird, ist im wesentlichen durch die Schleifringspannung des FW bestimmt und praktisch unabhängig vom Belastungsstrom J_2. Sie ist bei Vernachlässigung der geringen Spannungsverluste im FW für einen solchen ohne Kompensationswicklung

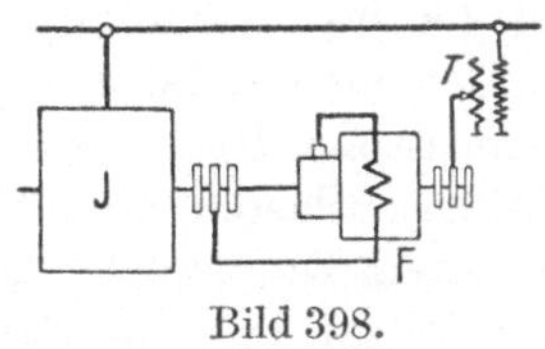

Bild 398.

IM mit Frequenzwendler F (mit Kompensationswicklung) als HM.

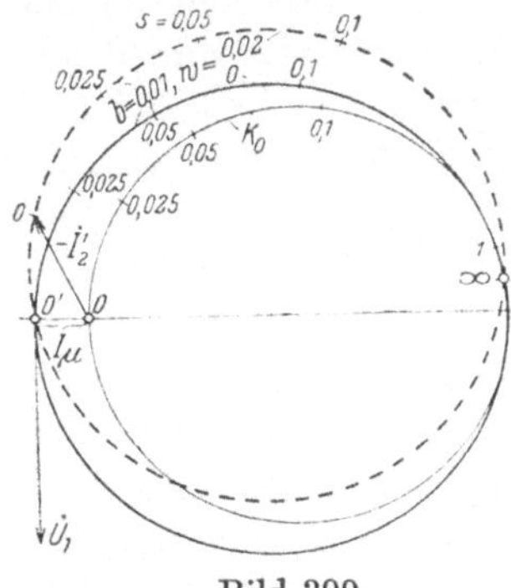

Bild 399.

Ortskurven von $\dot{J}_1$ und $\dot{J}_2'$ für IM mit FW ohne Kompensationswicklung.

eine feste Spannung; für den kompensierten FW ist sie $(1-s)$ proportional, also für den bei $w \approx 0$ in Frage kommenden kleinen Schlupf s der IM praktisch ebenfalls unveränderlich.

Vernachlässigen wir den kleinen vom Strom J_2 abhängigen Spannungsverlust $\dot{U}_{2v}$ des FW (vgl. Gl. 445 bzw. 448b) oder schließen ihn in $(R_2 + j\,s\,X_{2\sigma})\,\dot{J}_2$ der IM ein, so können wir für die auf die Primärwicklung der IM bezogene Spannung am Stromwender des FW ohne bzw. mit Kompensationswicklung

$$\dot{U}_2' = (w - j\,b)\,\dot{U}_1 \qquad \text{bzw.} \qquad \dot{U}_2' = (1-s)\,(w - j\,b)\,\dot{U}_1 \qquad (452\,\text{a u. b})$$

schreiben (vgl. Gl. 445a u. b bzw. 448a u. b). Mit den Widerstandsverhältnissen nach den Gl. 446a bis d und $k_w = k_b = k_{bs} = 0$ erhalten wir dann nach Gl. 447A bzw. 449B den Strom $-\dot{J}_2'$ und nach den Gl. 447a bis c bzw. 449a bis c die Bestimmungsstücke der Ortskreise.

Für die Schaltung mit FW beispielsweise ohne Kompensationswicklung, ist in Bild 399 die Ortskurve des Stromes $-\dot{J}_2'$ für $w = 0$ und $b = 0{,}01$ durch den stärkeren voll ausgezogenen Kreis dargestellt. Er gilt mit denselben Werten für r_1, r_2, σ_1 und σ_2 wie die Ortskurven in (1). Dabei ist beispielsweise angenommen, daß die IM bei vollkommenem Leerlauf dem Netz keinen Blindstrom entnimmt; für den Primärstrom $\dot{J}_1$ ist also O' Anfangspunkt. Zum Vergleich ist auch der Kreis K_0

eingezeichnet, der sich für $U_2 = 0$ ergibt. Man erkennt die Verbesserung des Leistungsfaktors sowohl bei Motor- als auch bei Generatorbetrieb, wobei in beiden Fällen auch die Überlastbarkeit vergrößert wird; einige Schlupfwerte sind angeschrieben.

Will man für Motor- oder Generatorbetrieb die Überlastbarkeit noch mehr vergrößern, so muß die Spannung $\dot{U}_2$, die wir zunächst um eine Viertelperiode phasenverspätet gegen $\dot{U}_1$ angenommen hatten, noch eine Wirkkomponente in Phase oder in Gegenphase zu $\dot{U}_1$ erhalten. Für beispielsweise $w = 0{,}02$ und $b = 0{,}01$ erhalten wir den gestrichelten Kreis in Bild 399. Mit den angenommenen Werten von w und b für den gestrichelten Kreis wird das primäre Netz, an dem die IM liegt, sowohl bei Leerlauf als auch bei Motornennbetrieb der IM von Blindströmen entlastet. Aus den angeschriebenen Schlupfwerten erkennt man, daß die IM bei etwa Nennmoment synchron umläuft; der Leerlaufschlupf ist $s_0 = -0{,}0175$. [s. V, III C 2].

3. Schaltungen für zusätzlichen Schlupf (Kompoundierung). Um die kinetische Energie von Schwungmassen, die mit der IM gekuppelt sind, dazu auszunutzen, kurzzeitige Belastungsstöße der IM zu übernehmen und so das Netz von diesen möglichst zu entlasten, muß die IM mit wachsender Belastung stärker gegenüber ihrem Drehfeld schlüpfen, als es bei kurzgeschlossenen Schleifringen der Fall ist, d. h. die IM muß mit einem zusätzlichen Schlupf arbeiten (Kompoundverhalten). Betriebe dieser Art mit starken Belastungsstößen sind z. B. Walzenstraßen und Förderanlagen, bei denen die IM zum Antrieb eines Generators dient, der den Fördermotor mit stark wechselnder Belastung speist.

Den zusätzlichen Schlupf kann man durch Einschalten von Wirkwiderständen in den Sekundärkreis der IM erhalten, womit aber beträchtliche Verluste in dem zusätzlichen Widerstand verbunden sind. Verwendet man dagegen eine HM, die an die Schleifringe der IM eine dem sekundären Strom J_2 proportionale Spannung anlegt, so kann die zusätzliche Schlupfleistung über eine mit der HM gekuppelte Maschine an das Netz zurückgegeben werden. Diese Aufgabe erfüllt z. B. eine Reihenschlußmaschine als HM, oder ein FW, der über seine Schleifringe und einen Reihenschlußtransformator in den Primärkreis der IM geschaltet ist, oder eine ständergespeiste Nebenschlußmaschine mit Kompoundwicklung. [s. V, III C 3].

E. Drehzahlregelung.

1. Aufgabe. Regelsätze, bei denen die Leerlaufdrehzahl ungefähr die synchrone ist, haben wir schon in (D) behandelt. Hier sollen die Regelsätze besprochen werden, bei denen der IM durch die HM *verschiedene* Leerlaufdrehzahlen aufgezwungen werden können, wobei die IM im wesentlichen Nebenschlußverhalten zeigt. Als Motor betrieben sinkt die Drehzahl der IM mit wachsender Belastung nur wenig, und beim

Antrieb der IM mit einer Drehzahl, die größer als die Leerlaufdrehzahl
ist, arbeitet sie als Generator. Die IM verhält sich also gegenüber ihrer
durch die HM eingestellten Leerlaufdrehzahl ähnlich wie die gewöhnliche
IM gegenüber der synchronen Drehzahl.

Durch Einfügen einer zusätzlichen, dem Läuferstrom proportionalen
Spannung in den Läuferkreis der IM kann ihre Schlüpfung beeinflußt
und der IM Kompoundverhalten verliehen werden, wie wir es schon
in (*D 3*) für die synchrone Leerlaufdrehzahl gezeigt haben. Mit der Drehzahlregelung wird gewöhnlich auch eine Phasenkompensation verbunden
(*D 1* u. *2*).

2. Antrieb der HM. Daß die HM entweder mit der IM mechanisch
gekuppelt oder mechanisch getrennt von der IM aufgestellt werden kann,
haben wir schon in (*A*) erwähnt. Bei den Maschinensätzen zur Drehzahl-

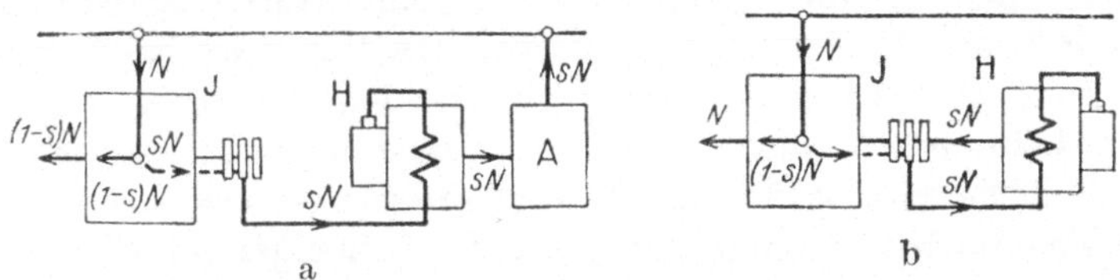

Bild 400a u. b. Leistungsfluß. a Getrennter Antrieb, b Kupplung der HM mit
der IM.

regelung ist jedoch noch einiges zu beachten, wenn wir den Frequenzwandler ohne Kompensationswicklung als HM ausschließen, bei dem
die Schlupfleistung, ähnlich wie beim Transformator, unmittelbar dem
Netz entnommen wird. Dieser Frequenzwandler kommt aber als HM
für die hier zu behandelnden Regelsätze mit HM größerer Leistung kaum
in Frage.

Bei untersynchroner Drehzahl der IM wird ihre zusätzliche Schlupfleistung der HM zugeführt, die sie bei *getrennter* Aufstellung über eine
Antriebsmaschine an das Netz, bei mechanischer *Kupplung* mit der IM
aber wieder an die Welle der IM abgibt. In den Bildern 400a u. b ist
bei Vernachlässigung der Verluste in den Maschinen angedeutet, wie bei
untersynchroner Drehzahl der IM die Leistung N, die die IM dem Netz
entnimmt, durch die Maschinen fließt, wobei der elektrische Leistungsfluß in der IM gestrichelt angedeutet ist. Läuft die IM übersynchron,
so muß durch die HM die Schlupfleistung der IM zugeführt werden, die
die HM bei getrennter Aufstellung über eine Antriebsmaschine dem Netz,
bei mechanischer Kupplung mit der IM der Welle der IM entnimmt.
In den Bildern 400a u. b wechselt dann s das Vorzeichen.

Für festen Läuferwirkstrom $\dot{J}_{2w}$ (bezogen auf $\dot{E}_1$) der IM steht deshalb
an der Welle der IM bei getrennter Aufstellung der HM eine der Drehzahl proportionale Leistung, bei mechanischer Kupplung der HM mit
der IM eine von der Drehzahl unabhängige, praktisch feste Leistung,

23*

zur Verfügung. Im ersten Falle ist also das nutzbare Drehmoment der IM unabhängig von der Drehzahl, im zweiten Falle ist es umgekehrt proportional der Drehzahl. In den meisten Fällen wird die HM getrennt von der IM aufgestellt. Ihre Drehzahl kann dann unabhängig von der der IM gewählt werden. [s. V, III D 1].

3. Ortskurve von $-\dot{J}_2'$. In $(C\,2\,\text{u.}\,3)$ hatten wir zwei Fälle für die Spannung $\dot{U}_2'$, die die HM den Schleifringen der IM aufzwingt, unterschieden. Die Spannung $\dot{U}_2'$ ist im Falle A durch Gl. 445, im Falle B durch Gl. 448 gegeben. Diese beiden Fälle wollen wir hier nebeneinander verfolgen. •

Von den Komponenten der Spannung $\dot{U}_2'$ ist die Komponente $w\,\dot{U}_1$ bzw. $(1-s)\,w\,\dot{U}_1$ die Spannung, die die Leerlaufdrehzahl der IM beeinflußt. Wir wollen zunächst annehmen, daß diese Komponente von $\dot{U}_2'$ allein wirksam sei, also in Gl. 447 A bzw. 449 B $b=0$ und $k_w=k_b=k_{b\,s}=0$ ist. Die Kreise für den Endpunkt des Stromvektors $-\dot{J}_2'$ haben dann mit dem Kreis K_0, der für $\dot{U}_2'=0$ gilt, den Punkt $s=\infty$ bzw. $s=1$ gemeinsam. Außerdem ist auch $s=0$ auf dem Kreise K_0 ein Punkt der Kreise für $w\gtrless 0$, wenn $b=0$ ist; und zwar entspricht diesem Punkte nach Gl. 447 A bzw. 449 B der Schlupf $s=w$ bzw. $s=w/(1+w)$. Es liegen also die Mittelpunkte der Kreise für beliebiges w im Falle A auf der Mittelsenkrechten zu der Verbindungslinie der Punkte $s=0$ und $s=\infty$, im Falle B auf der Mittelsenkrechten zu der Verbindungslinie der Punkte $s=0$ und $s=1$ des Kreises K_0 (strichpunktierte Gerade in den Bildern 401 A u. B).

In den Bildern 401 A u. B stellen die voll ausgezogenen Kreise den hier zunächst betrachteten Fall dar, daß $b=0$ und $k_w=k_b=k_{b\,s}=0$ ist, und zwar für $w=0$, $w=\pm\,0{,}05$ und $w=\pm\,0{,}1$. Der Kreis K_0, der für die IM bei kurzgeschlossenen Schleifringen gilt, ist mit 0 bezeichnet. Es sind dieselben Werte für $r_1=r_2=0{,}004$ und $\sigma_1+\sigma_2=0{,}1$ zugrundegelegt, wie in Bild 399. Wenn $b=0$ und $k_b=k_{b\,s}=0$ ist, ergibt sich in beiden Fällen, A und B, der Schlupf $s=0$ im Schnittpunkt der Kreise mit der Ordinatenachse; sie sind wie die Punkte $s=\infty$ in Bild 401 A und $s=1$ in Bild 401 B durch kleine Kreise angegeben. Durch kleine Querstriche sind auf allen Kreisen in Bild 401 A auch die Schlupfwerte $s=s_0\pm\,0{,}025$ (nach S. 351 ist der Nennschlupf der IM $s_N=0{,}024$ bei $s_0=0$) angedeutet. Den Leerlaufschlupf s_0 erhalten wir, wenn wir $-\dot{J}_2'=0$ setzen, nach Gl. 447 A bzw. 449 B zu $s_0=w$ bzw. $s_0=w/(1+w)$.

Aus den voll ausgezogenen Kreisen erkennen wir, daß die Lage der Ortskurve des Stromes $-\dot{J}_2'$ durch die Spannungskomponente $w\,\dot{U}_1$ bzw. $(1-s)\,w\,\dot{U}_1$ wesentlich ungünstiger wird, wie wir es auch bei der Drehstrom-Nebenschlußmaschine festgestellt haben.

Der Grund der Verschlechterung der Verhältnisse liegt an der großen Mittelpunktskoordinate y_m, die nach Gl 447 b bzw. 449 b für den Fall, daß $b=0$ und $k_b=k_{b\,s}=0$ ist, sich zu $y_m=-w\,U_1/2\,X_{1\,h}\,(r_2+k_w)$

ergibt. Man kann also durch eine Spannungskomponente $K_w' \dot{J}_2'$ bzw.
$(1-s)\,K_w'\,\dot{J}_2'$ in $\dot{U}_2'$ die Verhältnisse verbessern. $K_w' = R_2'$ oder $k_w = r_2$
würde einem Wirkwiderstand im Läuferzweig der HM entsprechen, der
gleich dem der Läuferwicklung der IM ist (wir hatten den Widerstand
der HM bisher vernachlässigt). Für diesen Fall sind mit $w = \pm\,0,05$
die Ortskreise gestrichelt gezeichnet; für $w = \pm\,0,1$ würden sie mit den
voll ausgezogenen Kreisen für $w = \pm\,0,05$ zusammenfallen, aber andere
Schlupfverteilung ergeben. Die Schlupfwerte $s_0 \pm 0,025$ sind in Bild 401 A

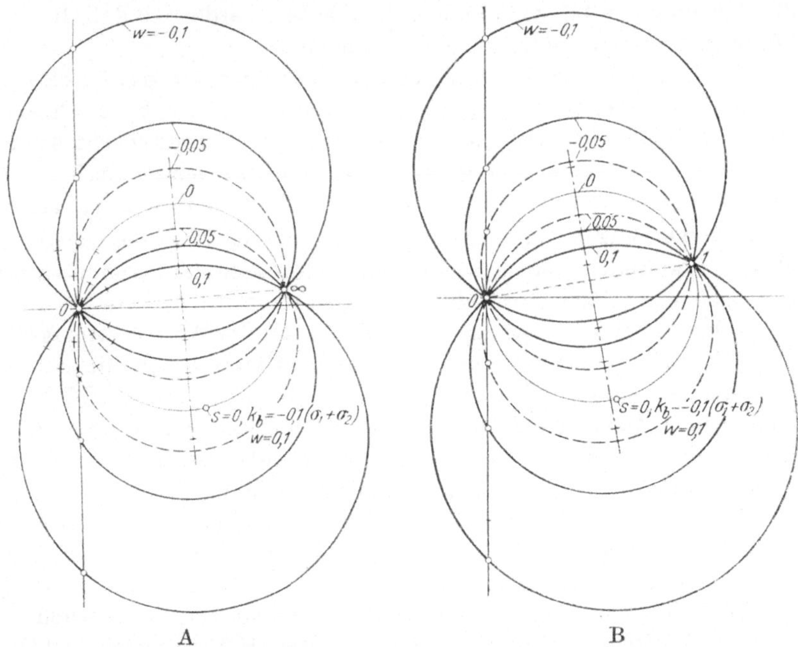

Bild 401 A u. B. Ortskurven von $-\dot{J}_2$ für $b = 0$ und $w = 0$, $\pm\,0,05$, $\pm\,0,1$.
A Getrennter Antrieb, B Kupplung der HM mit der IM. Widerstände s. S. 351.

auch für die gestrichelten Kreise durch kleine Querstriche angedeutet.
Man erkennt die günstigere Lage der Ortskurve unter dem Einfluß eines
positiven Wertes von k_w, und daß sich dabei ein zusätzlicher Belastungs-
schlupf ergibt.

Durchgreifender und ohne Vergrößerung des zusätzlichen Schlupfes
ist aber ein negativer Wert von k_b, durch den nach Gl. 447 A u. 449 B y_m
praktisch beliebig beeinflußt werden kann. Wählt man z. B. bei $b = 0$
und $k_w = k_{b\,s} = 0$, $k_b = -w\,(\sigma_1 + \sigma_2)$, so fällt die Ortskurve bei beliebigen Werten von w mit dem Kreis 0 zusammen, wobei sich aber,
dem jeweiligen Wert von w entsprechend, eine andere Schlupfverteilung
ergibt. Der Schlupf $s = 0$ fällt jetzt nicht wie beim Kreis 0 in den
Koordinatenanfangspunkt; er ist für $w = 0,1$ durch einen kleinen Kreis

angedeutet. Der Leerlaufschlupf s_0 muß natürlich für $b = 0$ immer in den Koordinatenanfangspunkt O fallen. Die Schlupfwerte $s = s_0 + 0{,}025 = 0{,}125$ und $s = s_0 - 0{,}025 = 0{,}075$ liegen in der Nähe der durch Querstriche angedeuteten Schlupfwerte $s = -0{,}025$ und $s = 0{,}025$ auf dem Kreis 0 bei kurzgeschlossenen Schleifringen.

Der Einfluß von k_{bs}, der nur für den Fall A in Frage kommt, wenn wir uns auf den *Kreis* als Ortskurve beschränken, äußert sich darin, daß er bei positivem Wert wie eine vergrößerte, bei negativem Wert wie eine verkleinerte Streuung wirkt. Im letzten Falle könnte theoretisch die Streuung der IM vollkommen aufgehoben werden, so daß die Ortskurve mit der Ordinatenachse zusammenfiele.

Wir haben bisher $b = 0$ gesetzt; b bestimmt die gewünschte bei Leerlauf auftretende Blindkomponente von $-J_2'$, so daß der Ortskreis von $-J_2'$ nicht mehr durch den Koordinatenanfangspunkt O geht, sondern bei positivem b in Richtung der negativen Abszissenachse verschoben ist, wie wir es in ($D\,2$) an Hand von Bild 399 gezeigt haben. [s. V, III D 2].

4. Bemerkungen zur Regelung. Bei größeren Regelbereichen wird als HM gewöhnlich eine ständergespeiste Nebenschlußmaschine verwendet, meistens in der Ausführung nach Scherbius.

Während bei Verwendung eines FW als HM die Wechselstromgrößen des FW auf der Stromwenderseite ohne weiteres schon die Schlupffrequenz der IM aufweisen, muß bei der ständergespeisten HM die Erregung dieser Maschine mit Strömen der Schlupffrequenz der IM erfolgen. Erregerströme dieser Frequenz erhalten wir entweder über einen Hilfsfrequenzwandler oder von den Schleifringen der IM.

Der induktive Widerstand der Erregerwicklung ändert sich mit dem Schlupf der IM und damit auch die Phase des Erregerstromes und der in der HM induzierten EMK. Um diese Einflüsse möglichst unschädlich zu machen, sind besondere Maßnahmen erforderlich.

Bei der Regelung mit ständergespeister HM unterscheidet man einseitige und doppelseitige Drehzahlregelung. Bei der einseitigen kann die Drehzahl der IM nur im untersynchronen, bei der doppelseitigen im unter- *und* übersynchronen Bereich geregelt werden. [s. V, III D 3—6].

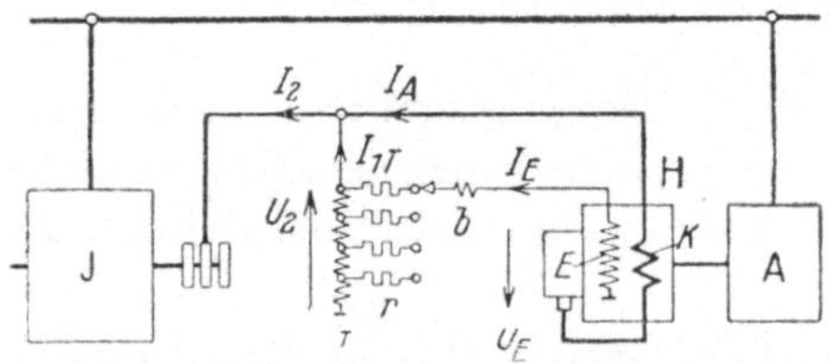

Bild 402. Schaltung für einseitige Drehzahlregelung mit ständergespeister HM.

5. Beispiel für einseitige Regelung. In Bild 402 ist eine Schaltung angedeutet, bei der die Erregerwicklung E der HM von einem gewöhnlich in Sparschaltung ausgeführten Stufentransformator T gespeist wird, dessen Primärwicklung an den Schleifringen der IM liegt. Auf den einzelnen Regelstufen sind zwischen Anzapfungen des Transformators und Regelkontakt Widerstände r eingeschaltet, durch die

die günstigste Phase des Stromes in der Erregerwicklung der HM in Abhängigkeit vom Leerlaufschlupf, der jeder Stufe des Transformators
entspricht, eingestellt wird. Außerdem ist in den Erregerzweig noch die
Wicklung b eingeschaltet, die auf den Kernen des Transformators T
angeordnet und so geschaltet ist, daß sie eine zusätzliche EMK in den
Erregerzweig einfügt, die um etwa eine Viertelperiode gegen die Schleifringspannung U_2 phasenverfrüht ist und zur Phasenkompensation der IM
dient. Die HM ist mit einer Kompensationswicklung K ausgerüstet. Bei
der eingezeichneten Stellung des Kontaktes am Transformator strebt die
IM der kleinsten untersynchronen Drehzahl zu, da die in der HM induzierte EMK ihren größten Wert hat. Auf den andern Stufen ist die Leerlaufdrehzahl größer, weil die in der HM induzierte EMK kleiner wird.
Auf der untersten Stufe, im Nullpunkt des Transformators, sind die
Schleifringe kurzgeschlossen, die Leerlaufdrehzahl ist die synchrone.

In der einfachen Schaltung nach Bild 402 läßt sich die IM nicht auf
eine übersynchrone Leerlaufdrehzahl einstellen. Die leerlaufende IM
bleibt auch bei Umkehrung des Wicklungssinnes der Sekundärwicklung
des Transformators bei der synchronen Drehzahl hängen. [s. V, III D 4].

6. Beispiele für doppelseitige Regelung. Wir haben gesehen, daß die
in (5) behandelte Schaltung (Bild 402) nicht für doppelseitige Drehzahlregelung, d. h. sowohl für unter- als auch für übersynchrone Drehzahlen,
geeignet ist. Die doppelseitige Regelung ist aber besonders bei größeren
Regelbereichen erwünscht, weil die HM dann bei demselben Regelbereich
nur für den halben Schlupf und die halbe Leistung bemessen zu werden
braucht.

Um die Regelung der Leerlaufdrehzahl über die synchrone Drehzahl
hinaus und einen Übergang von der übersynchronen durch die synchrone
zur untersynchronen bei Motorbelastung zu ermöglichen, muß in der
HM eine EMK wirksam sein, die in der Nähe der synchronen Drehzahl
nicht verschwindet und bei der synchronen eine Gleichstrom-EMK ist,
so daß die IM vorübergehend auch als Synchronmaschine arbeiten
kann. Eine solche EMK kann durch einen FW als HM erzeugt werden.
Um auch bei *ständergespeisten* HM den Durchgang durch den Synchronismus zu ermöglichen, wird dem Erregerzweig der HM in Bild 402 eine
im wesentlichen feste Spannung durch einen Hilfsfrequenzwandler eingefügt, der hier aber nur für die kleine (Gleichstrom-)Erregerleistung
der HM zu bemessen ist, so daß dafür ein einfacher FW (ohne Kompensationswicklung) genügt. Der Hilfsfrequenzwandler kann mit der IM
gekuppelt werden.

Der Erregertransformator kann entbehrt werden, wenn die *ganze*
Erregerleistung über einen FW dem primären Netz entnommen wird.
Der FW wird dann wegen der größeren Leistung zweckmäßig mit
Kompensationswicklung ausgeführt. Eine solche Schaltung ist in Bild 403,
beispielsweise für stetige Regelung mit Doppeldrehtransformatoren

dargestellt. Den Schleifringen des FW F, der die Erregerwicklung E der HM speist, wird über zwei Doppeldrehtransformatoren DT_1 und DT_2, die im Bild der Einfachheit wegen nur durch einfache Kreise angedeutet sind, die Erregerspannung zugeführt. Der eine der beiden Doppeldrehtransformatoren, etwa DT_1, dient zur Einstellung der Leerlaufdrehzahl und führt dem FW eine mit der Netzspannung phasengleiche Komponente $w\dot{U}_1$ zu. Die Sekundärspannung $-jb\dot{U}_1$ des andern Doppeldrehtransformators ist gegen die Netzspannung $\dot{U}_1$ um eine Viertelperiode phasenverspätet und ist auf jeder Regelstufe so einzustellen, daß die gewünschte Blindkomponente J_{20} in der IM fließt.

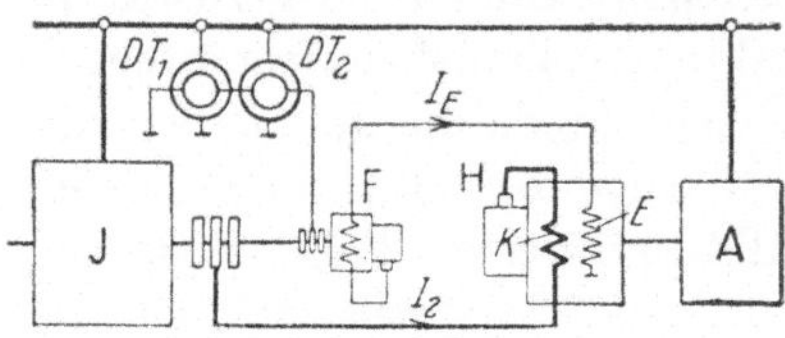

Bild 403. Schaltung für doppelseitige Drehzahlregelung.

Der Doppeldrehtransformator, durch den die Blindkomponente des Stroms eingestellt wird, kann durch Relais so gesteuert werden, daß sie selbsttätig einem Gesetz folgt, etwa derart, daß immer $|\cos\varphi_1| = 1$ ist. [s. V, III D 5 u. 6].

F. Leistungsregelung.

1. Begriff und Anwendung. Bei der Drehzahlregelung der IM wurde ihren Schleifringen durch die HM eine solche Spannung aufgezwungen, die eine von der synchronen Drehzahl abweichende Leerlaufdrehzahl einzustellen gestattete. Die Drehzahlkennlinien $n(M)$ der IM (voll ausgezogenen in Bild 404 a) konnte auf diese Weise gehoben oder gesenkt werden, so daß die Kennlinie der IM z. B. in eine der gestrichelten Kennlinien in Bild 404 a überging. Durch Einfügen einer

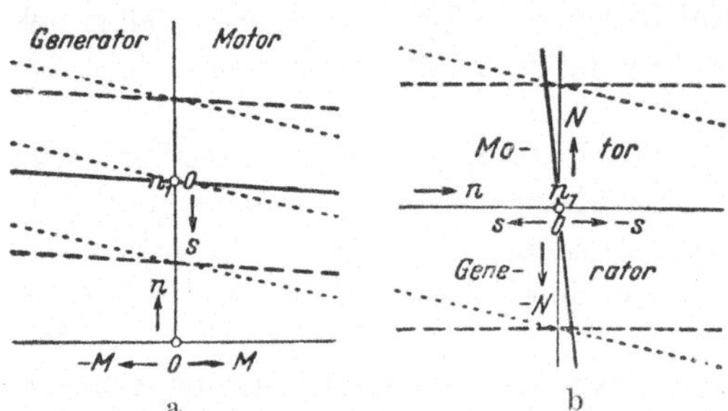

Bild 404 a u. b. a Kennlinien der Drehzahlregelung über M, b der Leistungsregelung über s bzw. n.

geeigneten Spannungskomponente, die dem Schlupf proportional ist, konnte ferner die Neigung der Drehzahlkennlinie noch vergrößert werden (punktiert in Bild 404 a), wie es auch bei der IM ohne HM durch Einschalten von Wirkwiderstand in den Läuferkreis möglich ist, aber nur mit vergrößerten Verlusten. Eine Leistungsänderung ergab sich dabei ebenfalls, aber doch nur nach Maßgabe der jeweils eingestellten Drehzahlkennlinie.

Unter dem Begriff der „Leistungsregelung" verstehen wir dagegen eine Regelung, die unabhängig von dem jeweiligen Schlupf der IM ist oder einem gewünschten Gesetz in Abhängigkeit vom Schlupf folgt. In Bild 404 b stellt die voll ausgezogene Kurve die Leistung als Funktion der Drehzahl, $N(n)$, oder des Schlupfes, $N(s)$, bei der IM ohne HM dar; sie ist bei kleinen Schlupfwerten eine Gerade. Bei der Leistungsregelung soll nun die IM von dieser ihr anhaftenden Leistungskennlinie befreit werden, so daß die willkürlich einstellbare Leistung der IM von ihrem Schlupf unabhängig wird oder einem gewünschten Gesetz folgt. Zwei Kennlinien für konstante Leistung sind in Bild 404 b gestrichelt gezeichnet; punktierte Linien deuten eine Drehung dieser Kennlinien, beispielsweise um die Leistung bei dem Schlupf $s = 0$, an. Die wichtigsten Anwendungen dieser Leistungsregelung sind die *elastische* Kupplung zweier Wechselstromnetze verschiedener Frequenz bei bestimmter Leistungsregelung und die Regelung auf konstante Leistung bei Betrieben mit stark schwankender Belastung, wobei der Induktionsmotor mit einem Schwungrad gekuppelt ist, um Belastungsstöße vom Netz fernzuhalten.

Um die willkürliche Leistungsregelung zu ermöglichen, muß den Schleifringen der IM eine Spannung aufgezwungen werden, die alle vom Schlupf abhängigen Spannungen der IM aufhebt, so daß in ihr nur noch der Wirkwiderstand des Läuferkreises wirksam ist. Durch eine weitere Spannungskomponente der HM kann dann, und zwar unabhängig von der Drehzahl der IM, jeder Strom eingestellt werden, der die gewünschte Wirk- und Blindleistung der IM ergibt. [s. V, III E 1 u. 2].

2. Beispiel. Die selbsttätige Leistungsregelung kann auf elektromagnetischem Wege innerhalb der Maschine erfolgen [V, III E 2]. Die

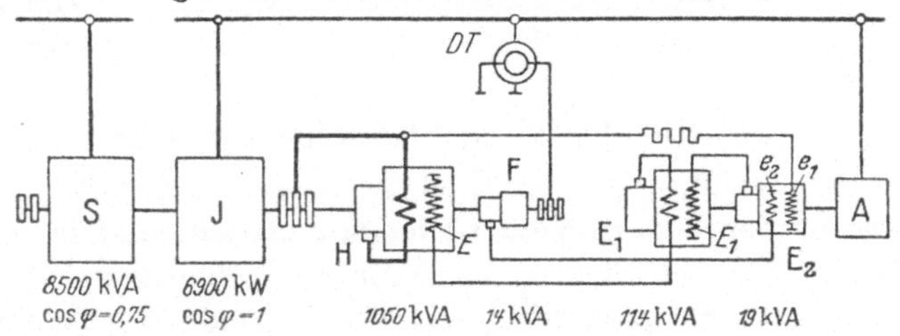

Bild 405. Elastische Kupplung zweier Netze für $16^2/_3$ und 50 Hz.

Forderung nach größerer Genauigkeit und nach Vereinfachung der Hilfsmaschinen führte jedoch dazu, auf die selbsttätige elektromagnetische Regelung innerhalb der Maschinen zu verzichten und sie besondern mechanischen Reglern (außerhalb der Maschinen), die von Relais gesteuert werden, zu übertragen.

Eine der ersten Anlagen dieser Art ist die Umformeranlage im Bernischen Kraftwerk Mühleberg von BBC. Die Schaltung der Maschinen ist in Bild 405 dargestellt. S ist eine einphasige an das Bahnnetz für $16^2/_3$ Hz Netzfrequenz angeschlossene Synchronmaschine. Mit ihr sind die am Industrienetz für 50 Hz Nennfrequenz liegende IM J, die HM H und der FW F gekuppelt. Die HM wird von einer getrennt angetriebenen Erregermaschine E_1 erregt, die selbst wieder von einer mit ihr gekuppelten Hilfserregermaschine E_2 erregt wird. Die Ströme der beiden Erregerwicklungen e_1 und e_2 der Hilfsmaschine E_2 liefern über die Erregermaschinen E_2 und E_1 und die HM die Komponenten $\dot{E}_{H1}$ und $\dot{E}_{H2}$ der EMK der HM. Zur Erzeugung der Komponente $\dot{E}_{H1}$, die die dem Schlupf proportionalen Spannungen der IM aufheben soll, wird die Erregerwicklung e_1 von den Schleifringen der IM gespeist; zur Erzeugung der Komponente $\dot{E}_{H2}$, durch die die Leistung der IM geregelt wird, dient die vom FW F gespeiste Erregerwicklung e_2. Es ist hier nur ein einziger Doppeldrehtransformator DT zur Regelung verwendet, der nach denselben Grundsätzen hinsichtlich Regelung und Sicherheit gesteuert wird wie ein neuzeitlicher Turbinensatz. Ein Nulleistungsregler, der auf Leistung Null arbeitet, stellt den Doppeldrehtransformator zunächst so ein, daß die Netze vollkommen entkoppelt sind. Darüber lagert sich die Verstellung des Doppeldrehtransformators in Abhängigkeit von der einzustellenden Leistung, und durch einen Pendelregler können schließlich alle Belastungskennlinien eingestellt werden, wie sie eine neuzeitliche Turbinenregelung aufweist. Auf die einzelnen Ausführungen der Regler können wir hier nicht näher eingehen. Um zu zeigen, daß, von der HM abgesehen, die übrigen Hilfsmaschinen nur für eine sehr kleine Leistung zu bemessen sind, sind in Bild 405 die Dauerleistungen der einzelnen Maschinen, wie sie für die Anlage Mühleberg erforderlich sind, angeschrieben. Die Vollast ist dabei für eine Frequenzänderung in den Grenzen von 1,5 bis 8 % der Nennfrequenz möglich. Die HM und die Erregermaschinen sind als SCHERBIUS-Maschinen ausgeführt. [s. V, III E 3 u. 4].

G. Regelsatz mit Gleichstrom-HM.

Die älteste Ausführung mit HM ist die KRAEMER-Schaltung, bei der die HM eine mit der IM gekuppelte Gleichstrommaschine ist, in Schaltung nach Bild 406. Die Schleifringe der IM sind mit denen eines frei (ohne Antrieb) umlaufenden „Zwischenumformers" U leitend verbunden, der gleichstromseitig auf den Ankerzweig der HM H geschaltet ist. Die Drehzahl des Umformers wird durch die Schlupffrequenz $s\,f$ der IM bestimmt; der Umformer (im folgenden kurz U genannt) läuft also bei kleinen Schlupfwerten ganz langsam um. Die Spannung auf der Gleichstromseite des U ist durch die Schleifringspannung und die Zahl der Schleifringe bestimmt. Die Leerlaufdrehzahl der IM kann durch den Widerstand r_H im Erregerkreis der HM, die Blindleistungslieferung an das Netz, an dem die Primärwicklung der IM liegt, durch den Widerstand r_U im Erregerkreis von U eingestellt werden.

Die HM kann auch getrennt von der zu regelnden IM aufgestellt und mit einer besonderen Belastungsmaschine gekuppelt werden, die

die von der IM an den U abgegebene Schlupfleistung an das Netz zurück-
gibt. Die wesentlichen Unterschiede der beiden Schaltungen haben wir
schon in (*E 2*) erläutert. In der Regel wird die HM mit der IM unmittelbar oder (bei langsamlaufender IM) über Riemen gekuppelt. Im letzten
Falle erhält die HM noch einen Fliehkraftschalter, der bei abfallendem
Riemen den Ankerstromkreis der HM unterbricht, um die HM vor zu
hoher Drehzahl zu schützen.

Die Kupplung der HM mit der IM ergibt bei konstanter Leistungs-
lieferung des Netzes wachsendes Drehmoment mit sinkender Drehzahl,
wie es der Antrieb von Walzwerken,
wofür der Regelsatz mit Gleichstrom HM oft verwendet wird, verlangt. Auch zur Kupplung von
Wechselstromnetzen kann die
Schaltung in Bild 406 verwendet
werden. Mit der IM wird dann die
Synchronmaschine mechanisch gekuppelt, die an dem andern Netz
liegt, mit dem das erste „elastisch‟
gekuppelt werden soll. Die Schal-

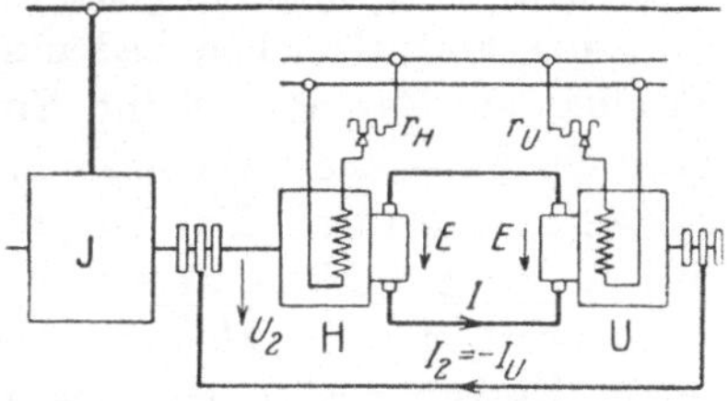

Bild 406. Regelsatz mit Gleichstrom-
HM und frei umlaufendem
Umformer U.

tung auf der Seite der IM ist dann dieselbe wie in Bild 406, die Art der
Regelung haben wir schon in (*F*) besprochen.

Der Regelsatz wird gewöhnlich nur für untersynchronen Betrieb der
IM ausgeführt. In der Nähe der synchronen Drehzahl neigt der Umformer zum Pendeln und fällt leicht außer Tritt. Das ist bei Vollast
etwa bei 2,5 Hz am U zu befürchten, also bei einem Schlupf $s = 0{,}05$,
wenn die Netzfrequenz 50 Hz ist. Im übersynchronen Bereich ist zwar
die Regelung möglich, aber in der Nähe der synchronen Drehzahl fällt
der Regelbereich zwischen $s \approx 0{,}05$ und $s \approx -\,0{,}05$ aus. Die Regelung
im unter- und übersynchronen Bereich ermöglicht zwar eine kleinere
HM; die IM muß dann aber für eine kleinere synchrone Drehzahl
bemessen werden, so daß die gesamten Anschaffungskosten nicht
wesentlich geringer werden. Man beschränkt sich deshalb auf den
lückenlosen Regelbereich bei untersynchronen Drehzahlen.

Der Regelsatz mit Gleichstrom-HM wird häufig denen in (*E* u. *F*)
behandelten mit Drehstrom-HM besonderer Bauart vorgezogen, weil
er sich aus Maschinen der allgemein üblichen Bauart zusammensetzt.
[s. V, III F]

Bemerkungen über die Schreibweise der Gleichungen und Einheiten.

Die Gleichungen sind in derselben Form wie im Hauptwerk geschrieben, nämlich im allgemeinen als Größengleichungen (DIN 1313), d. h. die Formelzeichen bedeuten die physikalische Größe, also das Produkt aus Zahlenwert und Einheit. Bei solchen Gleichungen brauchen die Einheiten der einzelnen Formelzeichen nicht demselben Maßsystem anzugehören. Für den *praktischen Gebrauch* sind die Gleichungen wie im Hauptwerk so angeschrieben, daß links die Größe, rechts der Zahlenwert und in kleinem Abstand davon die Einheit steht. In dieser Einheit erhält man die auf der linken Seite stehende Größe, wenn für die Formelzeichen auf der rechten Seite die Maßzahlen in den Einheiten eingesetzt werden, wie sie unmittelbar vor oder hinter der Gleichung angegeben sind. Solche „Mischgleichungen" werden in DIN 1313 zwar nicht empfohlen, sind aber für den praktischen Gebrauch sehr übersichtlich.

Zur Platzersparnis werden häufig schräge Bruchstriche benutzt, wobei zur eindeutigen Schreibweise zuweilen Klammern und Punkte verwendet werden müssen (DIN 1338). So ist z. B.

$$a/b = \frac{a}{b}, \qquad a/(a+b) = \frac{a}{a+b}, \qquad a/b + c = \frac{a}{b} + c,$$

$$a/(b+c) + d = \frac{a}{b+c} + d, \qquad a/b\,c = \frac{a}{b\,c}, \qquad a/b \cdot c = \frac{a}{b}\,c.$$

$$\sin(\alpha/b) = \sin\frac{\alpha}{b}, \qquad (\sin\alpha)/b = \frac{\sin\alpha}{b}, \qquad \sin\alpha \cdot b = (\sin\alpha)\,b,$$

$$(\sin\alpha)/b \cdot c = \frac{\sin\alpha}{b}\,c.$$

Es bedeutet: $\equiv$ identisch gleich, $\approx$ angenähert, $\sim$ proportional, $\gtrless$ größer oder kleiner, $\vec{U}/U =$ Richtung von $\vec{U}$, $|\cos\varphi| =$ Betrag von $\cos\varphi$, $j = \sqrt{-1}$, $\varepsilon = 2,718\ldots$ (Basis der natürlichen Logarithmen), $\varepsilon^{j\alpha} = \cos\alpha + j\sin\alpha$, $\varepsilon^{-j\alpha} = \cos\alpha - j\sin\alpha$.

Für die Einheitsbezeichnungen, die in steilen Buchstaben geschrieben werden, sind folgende Abkürzungen verwendet: V für Volt, A oder Amp für Ampere, Ω für Ohm, sec oder s für Sekunde, J für Joule = Wattsec = VAsec, H für Henry, Gß für Gauß, Hz für Hertz = Perioden/sec, Uml/min oder U/min für Umläufe/Minute.

Bei der Umrechnung häufig gebrauchter Einheiten ist zu beachten: $1\ \Omega\text{sec} = 1\ \text{H}$, $1\ \text{GB} = 10^{-8}\ \text{Vsec/cm}^2$, $1\ \text{Maxw} = 10^{-8}\ \text{Vsec}$, $1\ \text{J/cm}^3 = 10^{-3}\ \text{kJ/cm}^3 = 1000\ \text{kJ/m}^3$, $1\ \text{kgm} = 9{,}80\ \text{J} = 9{,}80\ \text{Wsec}$, $1\ \text{PS} = 735\ \text{W} = 0{,}735\ \text{kW}$.

Abgesehen vom Abschnitt I A, wo auch die veränderlichen Größen in großen Buchstaben geschrieben sind, bedeuten in der Regel kleine Buchstaben Augenblickswerte der veränderlichen Größen, *große Buchstaben* der *elektrischen* Größen *Effektivwerte* und große Buchstaben der *magnetischen* Größen *Höchstwerte*. Mit kleinen Buchstaben sind auch die *örtlich* veränderlichen Größen am Ankerumfang bezeichnet (z. B. S. 186).

In den meisten Bildern der Abschnitte IX, X, XI, die Band V der „Elektrischen Maschinen" entnommen sind, ist für den Strom das Zeichen I verwendet, während er im Text und bei den übrigen Bildern mit J bezeichnet ist.

Bedeutung der verwendeten Formelzeichen.

Hinweise auf Seitenzahl, Gleichung oder Bild in Klammern;
Abkürzungen s. S. 377.

$A =$ Strombelag (3,75), $\overline{A} =$ mittlerer Effektivwert über dem Ankerumfang, bei Mehrphasenstrom gewöhnlich $\overline{A} = A$ (73), mehr-
phasiger Stromwenderwicklung (311).

$A =$ mechanische Arbeit (13).

$a =$ Nutbreite (83), $a_4 = s =$ Nutschlitzbreite (102, 82); $a_1, a_2 =$ Spulenbreite oder -höhe Tr (128, 129).

$a =$ halbe Zahl der parallelen Ankerzweige bei Gleichstrom- oder
einphasiger Speisung (46, 50, 309); $a = M_A/M_N =$ relatives Anzugsmoment (162); $a =$ Abkürzung (301).

$\mathsf{a} =$ zur Bestimmung der Hauptabmessungen IM (182), SM (215),
GM (260), MM (340).

$B, b =$ Induktion, $\mathfrak{B}$ als physikalischer Vektor, $B_n =$ Normalkomponente, $B_t =$ Tangentialkomponente (2); $B_A =$ örtlich mittlere, zeitlich höchste im Ankerkern (81), $B_K =$ im Polkern (86), im Kern Tr
(133), $B_J =$ im Joch (87), $B'_J, B''_J =$ resultierende (238), $B_L =$ im
Luftspalt unter Polmitte (81), zeitlich und örtlich größte (186),
$b_L =$ an beliebiger Stelle des Ankerumfangs (186); $B_Z =$ im Zahn,
$B'_Z =$ scheinbare (83), $B'_{Z\,\mathrm{max}} =$ größte (183), $B_M =$ in Zahnmitte
(89); $B_{WA}, \ldots B_{WZ} =$ im Wendepolkreis (238), $B_{WL} =$ resultierende in der Wendezone (237); $B_1 =$ Amplitude der Grundwelle,
$B_3 =$ die 3. Welle (186).

$b =$ Polbogen (199), $b =$ Teil konstanten Luftspalts (227), $b_i =$ ideeller
(82); $b_W =$ der Wendepole, $b_{Wi} =$ ideeller (238); $b_L =$ kleinster
Abstand zwischen Haupt- und Wendepolschuh (262); $b_{WZ} =$
Breite der Wendezone (237); $b =$ der Bürsten (232, 269), $b' =$ auf
Ankerdurchmesser bezogen (237). $b =$ Spulenbreite bzw. -höhe Tr
(128, 129); $b =$ Leiterbreite quer zur Nut (94); $b =$ Nutschrägung
auf Ankerlänge (69).

$b = \ddot{u} \sin \alpha =$ Faktor der Blindkomponente $- j\,b\,\dot{U}$ der Regelspannung
$\dot{U}'_{20}$, bezogen auf Netzspannung $\dot{U}$ MNst (329), $- j\,b\,\dot{E}_1$ der Regel
EMK $\dot{E}_3$, bezogen auf $\dot{E}_1$ MNl (337, 338), der HM $- j\,b\,\dot{U}_1$ der
Regelspannung $\dot{U}'_{2c}$, bezogen auf Primärspannung der IM RS
(349). $b =$ Abkürzung (301).

$\mathsf{b} =$ zur Bestimmung der Hauptabmessungen (181, 215, 259, 340).

$C = \tau\, l_i$ (341); $C=$ Faktor für Kernquerschnitt Tr (132); $C_2=$ Kondensator (299).

$c =$ Zahnbreite (83).

$D, d =$ Durchmesser, $D, D', d =$ der Maschine (Bild 103), $D_z =$ der Kreisumfänge längs Zahn (83), $D_K=$ des Stromwenders (262); $D=$ des Heylandkreises (153); $d=$ des blanken, $d'=$ des isolierten Drahtes (63).

$d =$ relative Drosselleistung (283).

$\mathfrak{E}=$ Vektor der elektrischen Feldstärke, $\mathfrak{E}_e=$ der eingeprägten (5).

$E, e =$ elektromotorische Kraft, EMK, $E_e=$ eingeprägte (6); $E=$ Effektivwert, $E_m=$ Mittelwert (65); $E_1=$ der Grundwelle, $E_\nu=$ der ν-ten Einzelwelle (66); $E_B=$ der Bewegung (9), $E_R=$ der Ruhe (8), $E \equiv E_B$ (288); $E^0=$ Amplitude (22), $E_0=$ Amplitude (25).

$E_{11}, E_{22}=$ EMK der primären, sekundären Selbstinduktion, $E_{21}, E_{12}=$ der Gegeninduktion, $E_{1h}, E_{2h}=$ fiktive vom Haupt- oder Mantelfeld (97), $E_1, E_2=$ vom resultierenden Hauptfeld (99), $E'_2=$ auf primär bezogen (70, 99), $E_{1\sigma}, E_{2\sigma}=$ der Streuung (99).

$E_A =$ EMK vom Ankerfeld (196), $E_l=$ vom resultierenden Längsfeld, $E_q=$ vom Querfeld, $E_r =$ vom resultierenden Feld (198); $E_{r0}=$ bei Leerlauf, $E_{rN}=$ bei Nennbetrieb (219), $E_{rk}=$ bei Kurzschluß (201), $E=$ vom Erregerfeld (198), $E'=$ auf geradlinige Kennlinie bezogen (200). $E'=$ bei Feldverzerrung (228), $E''=$ bei verschobenen Bürsten (230), $E''_{n_N}=$ bei Belastung bezogen auf Nenndrehzahl (252). $E_G=$ der Gleichstrom-, $E_W=$ der Wechselstromseite EU (270).

$e_{s0}=$ Stegspannung bei Leerlauf (228), $e_{sm}=$ mittlere (264); $e_W=$ der Stromwendung (236).

$E_B \equiv E, \ e_B \equiv e=$ EMK der Bewegung, $E_R, e_R=$ der Ruhe in der ganzen Ankerwicklung EM (288); $E_0=$ der Bewegung bei Leerlauf EN (299); $E_{Eh}=$ vom Erregermantelfeld ER (293); $E_1, E_2=$ der Primär-, Sekundärwicklung, $E=$ der Bewegung, $E'_2=(\cos \alpha)/\ddot{u} \cdot E_2$ Rep (301); $E_D=$ in Durchmesserstellung der Bürsten, $E=$ zwischen den Bürsten, $E_1=$ der Primärwicklung, $E_{20}=$ der Sekundärwicklung bei Stillstand MM (312, 313); $E_S=$ im Ständer, $E_L=$ im Läufer, $E_{L0}=$ bei Stillstand, $E'_{L0}=$ auf Ständerkreis bezogen, $E=$ resultierende MR (314, 317); $E_S=$ im Ständer, $E_L=$ im Läufer, $E'_L=$ auf Ständer bezogen MNst (327); $E_1=$ Primär-, $E_2=$ Sekundärwicklung, $E_3=$ die Regelwicklung, $E'_2, E'_3=$ auf Primärwicklung bezogen MNl (338), $E_{20}=$ bei Stillstand, $E_{3D}=$ bei Durchmesserstellung der Bürsten MNl (344); $E_H=$ der Hintermaschine, $E_{H1}=$ zur Aufhebung der dem Schlupf proportionalen Spannungen, $E_{H2}=$ zur Leistungsreglung RS (362).

$\mathfrak{E}_B$, $\mathfrak{e}_B =$ EMK der Bewegung, $\mathfrak{E}_R$, $\mathfrak{e}_R =$ der Ruhe, $\mathfrak{E}_W$, $\mathfrak{e}_W =$ der Strom-wendung zwischen benachbarten Stegen, $\mathfrak{E}_F = \mathfrak{E}_W + \mathfrak{E}_R + \mathfrak{E}_B =$ Funken-EMK EM (289, 297, 298); $\mathfrak{E}_R =$ der Ruhe, $\mathfrak{E}_{R0} =$ bezogen auf $s = 1$ MM (341).

$F =$ Bürstenauflagefläche (90, 233).

$f =$ gesamter Leiterquerschnitt einer Spulenseite, $f' =$ mit Leiter-isolierung (283).

$f =$ Frequenz (19); $f_1 =$ primäre, $f_2 =$ sekundäre, $f_{mech} =$ der Drehzahl entsprechend (148); $f_1 =$ des Netzes, $f_A =$ des Antriebs RS (351); $f' =$ der Lichtblitze (190).

$f(x) =$ Felderregerkurve (72).

G, $g =$ Stromdichte, $\mathfrak{G}$ als physikalischer Vektor (3, 76); G_o, $G_u =$ der Ober-, Unterspannungswicklung (134); g_1, $g_2 =$ der ablaufenden, auflaufenden Bürstenfläche, $g_0 =$ bei geradliniger Stromwendung (233). $G =$ Effektivwert unter der Bürste (342).

$g = \Theta_A/J$ (74, Gl. 109b).

H, $h =$ magnetische Feldstärke, $\mathfrak{H}$ als physikalischer Vektor, $H_n =$ Normalkomponente, $H_t =$ Tangentialkomponente (2); $H_M =$ in Zahn-mitte, $H_0 =$ an der Zahnwurzel, $H_h =$ am Zahnkopf (85); H'_J, $H''_J =$ im Joch bei Wendepolen (238); h, h_K, h_J, $h_L =$ Augenblickswerte Tr (128, 121).

$h =$ Nuthöhe (83), h_1, h_2, ... Teile davon (102), h_1, $h_2 =$ im primären, sekundären Teil (184); $h =$ Leiterhöhe (94).

h, h_1, $h_2 =$ Lote (154, 156, 294).

$I =$ Strom in den meisten Bildern der Abschn. IX, X, XI; im Text und den übrigen Bildern J.

J, $i =$ Strom (3, 26); $J_N =$ Nennstrom (105); $J_R =$ im Ring der Käfig-wicklung (62); J_1, $J_2 =$ in der primären, sekundären Wicklung (98), $J'_2 =$ auf primär bezogen (70, 99); $J_\mu =$ Magnetisierungsstrom, $J_o =$ Verluststrom, $J_0 =$ Leerlaufstrom (110, 153), $J_{\varrho'} =$ ideeller (154). J_{1w}, $J_{2w} =$ Wirk-, J_{1b}, $J_{2b} =$ Blindkomponente (159); J_o, $J_u =$ in Ober-, Unterspannungswicklung (117, 134); i_I, i_{II}, $i_{III} =$ in den Strängen I, II, III, $i_0 =$ im Nulleiter (125); $J_k =$ Dauerkurzschluß-strom (129, 197), J_{kr}, $i_{kr} =$ Stoßkurzschlußstrom (130, 203). $J_{2max} = D =$ Durchmesser des Heylandkreises (159).

$J =$ Belastungsstrom, $J_A =$ Ankerstrom, J_N, $J_{NA} =$ bei Nennbetrieb (245), $i =$ in der Gleichstromerregerwicklung (87, 245), $i_N =$ bei Nennbetrieb, $i_0 =$ bei Leerlauf (242). $i =$ in der kurzgeschlossenen Ankerspule (232). $J_G =$ Gleichstrom, $J_W =$ Wechselstrom im Strang, J_{Gi}, $J_{Wi} =$ in einem Ankerleiter (271), $J_S =$ Schleifringstrom (272), $i =$ resultierender in einem Leiter EU (274).

$J =$ Bürstenstrom, J_W der Wendepole, $J_n =$ im Nebenschluß ER (297); J_1, $J_2 =$ der Primär-, Sekundärwicklung, $J_\mu =$ Magnetisierungsstrom der Ständerwicklung Rep (301); $J =$ Bürstenstrom, $J_{\mathrm{Str}} =$ im Strang, $J_i =$ in einem Leiter, $J_{2w}' = J_2' \cos \psi_2 =$ sekundäre Wirkkomponente MM (308, 313); J_S, $J_L =$ im Ständer, Läufer, $J_L' = J_S =$ auf Ständerkreis bezogen, $J_\mu =$ Magnetisierungsstrom bezogen auf Ständerwicklung, $J_V =$ Verluststrom mit Berücksichtigung der Kurzschlußströme MR (314 bis 324); J_S, $J_L =$ im Ständer, Läufer, J_1, $J_2 =$ im Regeltransformator, $J =$ gesamter dem Netz entnommen, $J_\mu =$ Magnetisierungsstrom der Maschine, $J_{\mu T} =$ des Tr MNst (327 bis 331); $J_\mu =$ Magnetisierungsstrom, J_1, $J_2 =$ der Primär-, Sekundärwicklung, J_{2w}', $J_{2b}' =$ Wirk-, Blindkomponente MN1 (337, **338**); $J_B =$ aller gleichphasigen und gleichpoligen Bürsten (342). J_1, $J_2 =$ primärer, sekundärer der IM, J_2' auf Primärwicklung bezogen RS.

$j = \sqrt{-1}$, Verdrehung um 90° im positiven Winkelsinne (30).

$k =$ Stromwenderstegzahl, Spulenzahl (41); $k_E =$ Verhältnis zwischen reiner Eisenlänge und Blechpaketlänge ohne Lüftungskanäle (81), $k_C =$ Carterscher Faktor (82), $k_Z = Q_N/Q_Z$ (83); $k_H =$ Faktor für Hysterese-, $k_W =$ für Wirbelstromverluste (88); $k =$ Widerstandsverhältnis (93, 96), $k_N =$ innerhalb der Nut, $k_{Np} =$ in der p-ten Schicht (94), $k_S =$ in der Querverbindung (96); $k =$ Korrektionsfaktor (128, 129); k_1, $k_q =$ Faktor für Ankerlängs-, -querdurchflutung (199).

$k =$ Breite der Lüftungskanäle (81).

K_w', K_b', $K_{bs}' =$ Widerstandsgrößen der HM, k_w, k_b, k_{bs} auf X_{1h} der IM bezogen RS (349, Gl. 446 e bis g).

$L =$ Weglänge, $L_A =$ Ankerkern (81), $L_K =$ Polkern (87), Kern Tr (121), $L_J =$ Joch (87), Tr (121), $L_E =$ gesamte Länge des Eisenwegs (121, 133).

$l_A =$ Ankerlänge, $l =$ ohne Lüftungskanäle, $l_i =$ ideelle, $l_P =$ axiale Polschuhlänge (83); $l_{iK} =$ ideelle Polkerntiefe (86), $l_{K1} =$ axiale der Schleiffläche eines Bürstenbolzens (342). $l_m =$ mittlere Leiterlänge (92), $l_S =$ außerhalb der Nut (96, 103).

$L =$ Induktivität (10). $L_N =$ der Nut (103); L_1, $L_2 =$ Selbstinduktivität, L_{1h}, $L_{2h} =$ des Haupt- oder Mantelfeldes, $L_{1\sigma}$, $L_{2\sigma}$ des Streufeldes (97), $L_{12} = L_{21} = M =$ Gegeninduktivität (11).

$M =$ Drehmoment (74), IM (146), $M_A =$ Anzugsmoment (147), $M_K =$ Kippmoment, $M_{K+} =$ bei Motorbetrieb (161); SM (209), GM (253) EM (290), Rep (302), MM (313). $m =$ Augenblickswert (289), $M =$ Mittelwert (290).

$M =$ Gegeninduktivität (11).

$m =$ Gangzahl der Gleichstromankerwicklung (46, 50); $m =$ Strangzahl (25), m_S, $m_L =$ im Ständer, Läufer (314); $m =$ im Strang, $m_1 =$ in der Primärwicklung (339); $m =$ Phasenzahl (55), $m' =$ Zahl der Anzapfpunkte (53), der Schleifringe, $m' = m$ bei $m > 2$, (270); $m =$ Lagenzahl (94); $m =$ Zahl der Einheitsröhren (82), $m_s =$ des Streuflusses, $m_K =$ der aus dem Polkern, $m_P =$ der aus dem Polschuh austretrenden (86). $m = M/M_N =$ relatives Drehmoment (162, 303, 319), $m_A = M_A/M_N =$ relatives Anzugsmoment (321).

$N =$ Leistung, $N_i =$ innere (74, 147), $N_S =$ Scheinleistung (26), $N_{si} =$ Innere (75), $N_N =$ Nennleistung; $N_s' =$ Eigenleistung (118); $N_s^1 =$ Leistung eines Kerns (131); $N_2 =$ sekundäre (155), $N_{mech} =$ mechanische (147), $N_W =$ an der Welle (148), $N_K =$ innere Kippleistung (159), $N_{K+} =$ bei Motorbetrieb (161); $N_a =$ im äußern Kreis (147). $N_0 =$ Leeraufnahme (219); $N_0 =$ größte auf synchrone Drehzahl bezogen (339).

$N =$ Nutenzahl (41, 55), $N' =$ bewickelte (55). $N =$ Abkürzung für Nenner (104).

$n =$ Drehzahl (65), $n_1 =$ synchrone (148), $n_0 =$ bei Leerlauf (253), $n_N =$ Nenndrehzahl (252). $n_u =$ kleinste, $n_o =$ größte (336), n_{max}, $n_{min} =$ größte, kleinste (342). $n_A =$ des Antriebs, $n_{P1} =$ synchrone des Phasenschiebers (351).

$n =$ Zahl der nebeneinander liegenden Leiter (94).

$O =$ Oberfläche, $O_S =$ für Strahlung, $O_L =$ Leitung und Konv. (137).

$P =$ Kraft (15, 130); $P_A =$ Gewicht des Ankerkerns (88), $P_Z =$ der Zähne (89); $P_\delta^1 =$ radiale Stromkraft je cm Umfang der Zylinderwicklung, $P_\delta =$ axiale bei Scheibenwicklung (130).

$p =$ Druck (90).

$p =$ Polpaarzahl (19), $p_V =$ der Vorder-, $p_H =$ der Hintermaschine (178); $p_J =$ der IM, $p_G =$ des EU, $p = p_J + p_G$ (286); $p =$ der IM, $p_P =$ des Phasenschiebers, $p_F =$ des Frequenzwandlers RS (351, 352).

$p =$ Leiterlage (94).

$Q =$ Verluste, Stromwärmeverluste, $Q_W =$ bei Wechselstrom, $Q_G =$ bei Gleichstrom (93); $Q_2 =$ im Läufer IM (147, 189), $Q_k =$ dem Quadrat des Stromes proportionale SM (219), $Q_k =$ gesamte Kurzschlußverluste Tr, Q_o, $Q_u =$ der Ober-, Unterspannungswicklung (133); $Q_E =$ Eisenverluste Tr (110, 133), Q_{E1}, $Q_{E2} =$ Eisenverluste primär, sekundär (148, 189), $Q_A =$ im Ankerkern, $Q_Z =$ in den Zähnen (88); $Q_{mech} =$ mechanische Verluste (148), $Q_R =$ Reibungsverluste (187), $Q_B =$ der Bürsten (90), $Q_L =$ der Lüftung (187), $Q_{RL} =$ gesamte Reibungs- und Lüftungsverluste (90), $Q_{Ez} =$ zusätzliche Eisenverluste (187).

$Q =$ Querschnitt, $Q_Z =$ des Zahns, $Q_N =$ der Nebenwege (83), $Q_K =$ des Kerns (86), $Q_J =$ des Jochs (87); q, $q_K =$ des Kerns Tr (131); $q =$ der Leiterquerschnitte (92), q_o, $q_u =$ der Ober-, Unterspannungswicklung (134); $q =$ Luftspaltquerschnitt (98).

$Q = N/2pm =$ Nutenzahl je Pol und Strang (58, 68), $q = N'/2pm =$ der bewickelten Nuten (55); $q =$ Zahl der vollen primären oder sekundären Spulen Tr (128).

R, $r =$ elektrischer Widerstand (27, 93), $R_W =$ Wirkwiderstand der Wicklung (27), $R =$ der SM (219); $R_G =$ Gleichwiderstand (27, 92), $R_e =$ Echtwiderstand (27), R_1, $R_2 =$ der Primär-, Sekundärwicklung, $R_2' =$ auf primär bezogen, $R = R_1 + R_2'$ (111); $R_{a\,0} =$ fiktiver Läuferwiderstand (151).

$R_A =$ Wirkwiderstand der Ankerwicklung, $R_E =$ der Erregerwicklung, $R_K =$ der Kompensationswicklung einschließlich Wendewicklung, $R = R_E + R_K + R_A$, $R' = R + V/J$ ER (293, 294); $R =$ im Ankerzweig EN (298); $R_1 =$ der Ständer-, $R_2 =$ der Läuferwicklung einschließlich Bürstenübergangswiderstand, $r_1 = R_1/X_1$, $r_2 = R_2/X_2$ Rep (301); $R_L =$ der Läuferersatzwicklung, $R_D =$ in Durchmesserstellung der Bürsten MM (311); $R = R_S + R_L' + R_1 + R_2' =$ gesamter auf Ständerwicklung bezogen je Strang MR (322); $R_{1\,T}$, $R_{2\,T} =$ der Primär-, Sekundärwicklung des Regeltransformators, $R_T =$ gesamter auf Ständerwicklung bezogen MNst (328), $R = R_L' + s\,R_S$ MNst (332); $R_1 =$ der Primär-, $R_2' =$ der Sekundärwicklung und der Regelwicklung einschließlich Bürstenübergangswiderstand bezogen auf Primärwicklung, $R =$ Abkürzung MN1 (338); R_1, $R_2 =$ der Primär-, Sekundärwicklung der IM, $R_2' =$ bezogen auf Primärwicklung, $r_1 = R_1/X_{1h}$, $r_2 = R_2/X_{2h} = R_2'/X_{1h}$ RS (348, 349), $R_P =$ des Phasenschiebers, $R_F =$ des Frequenzwandlers (351, 352).

$R =$ magnetischer Widerstand, $r =$ einer Feldröhre (4), $r_1 =$ einer Einheitsröhre (5).

$R =$ Radius (270), des Ortskreises (104).

$r =$ Rückenhöhe des Ankerblechs (Bild 103).

$S =$ Spulenbreite in Nutteilungen (55); $s =$ Nutschlitzbreite (82).

$S =$ Zahl der Spulen einer Gruppe (67).

$s =$ spezifisches Gewicht (89).

$s =$ Schlupf (148, 317), $s_0 =$ bei Leerlauf (331). $s_N =$ Nennschlupf (184), $s_K =$ Kippschlupf (159, 321); $s_{max} =$ größter (344); $s =$ der IM, s_P des Phasenschiebers gegen sein Drehfeld RS (351).

$T =$ Periodendauer (19, 65), $T =$ Kurzschlußdauer (232).

$t =$ Nutteilung (82), t_1, $t_2 =$ im primären, sekundären Teil (184); $t_K =$ Stegteilung des Stromwenders (289, 312).

$=$ Zeit (6).

Richter, Kurzes Lehrbuch. 24a

$U =$ Klemmenspannung (6, 29), $U_N =$ Nennspannung (105), $U_k =$ Kurzschlußspannung (140), $U_1, U_2 =$ primäre, sekundäre (98), $U_2' =$ auf primär bezogen (111), $U_o, U_u =$ Ober-, Unterspannung (117); $U =$ fiktive IM (151), $U_D = U_1 - X_{1\sigma} J_\mu$ (153); $U_0 =$ bei Leerlauf, $U =$ bei Belastung (197, 241), $U_E =$ an der Erregerwicklung (241); $U_{Sm}, U_{Su}, U_{Su} =$ mittlere, bei Unter-, Übererregung (282).

$U_E =$ Spannung an der Erregerwicklung, $U =$ Klemmenspannung, $U_w =$ Wirkspannung bezogen auf Strom EM (291, 293, 295, 298); $U_S = U =$ der Ständer-, $U_L =$ der Läuferwicklung, $U_L' =$ bezogen auf Ständer (327), $U_{20} =$ an der Sekundärwicklung des Regeltransformators, U_{20}' bezogen auf Primärkreis MNst (329); $U_D = U_1 - X_{1\sigma} J_\mu$ MN1 (338); U_1 der Primär-, U_2' der Sekundärwicklung bezogen auf Primärwicklung, $U_{2c}' =$ Komponente vom Strom unabhängig, $U_{2v}' =$ vom Strom abhängig RS (349).

$U =$ kinetische Energie (188).

$U_m =$ mittlere Windungslänge (92, 128, 263).

$u = k/N =$ halbe Zahl der Spulenseiten je Nut (41).

$\ddot{u} =$ Überlastbarkeit (162, 184), $\ddot{u}_a =$ Abkürzung (162).

$\ddot{u} =$ Übersetzung, $\ddot{u} = w_1/w_2$ Tr (109, 129), $\ddot{u} = 2 w_1/\sqrt{3} w_2$ Zickzackschaltung (115); $\ddot{u} = \xi_1 w_1/\xi_2 w_2$ IM (145). $\ddot{u}_E = E_G/E_W$ der EMKe, $\ddot{u}_{Ji} =$ der Leiterströme, $\ddot{u}_J =$ Gleich- zu Wechselstrom im Strang, $\ddot{u}_{JS} =$ Gleich- zu Schleifringstrom EU (270 bis 272).

$\ddot{u} =$ Übersetzung Läufer zu Ständer Rep (301, Gl. 378); $\ddot{u} = \ddot{u}_M \ddot{u}_T =$ der Durchflutungen von Läufer und Ständer, $\ddot{u}_M =$ der Maschine, $\ddot{u}_T =$ des Zwischentransformators MR (314); $\ddot{u}_M = \xi_L w_L/\xi_S w_S$, $\ddot{u}_T =$ des Regel-Tr, $\ddot{u} = \ddot{u}_T/\ddot{u}_M$ MNst (326, 328); $\ddot{u}_M =$ der Sekundär- zur Primärwicklung, $\ddot{u}_T =$ der Regelwicklung zur Primärwicklung, $\ddot{u} = \ddot{u}_T/\ddot{u}_M$ MN1 (337).

$V, v =$ magnetische Spannung (3, 121), $V_A =$ längs Ankerkern, $V_L =$ Luftspalt unter Polmitte (81), $V_Z =$ Zahn (85), $V_K =$ Polkern, $V_J =$ Joch, $V_R + 2 (V_L + V_Z)$, $V_F = 2 V_K + V_J$ (86, 87), $V_P =$ zwischen benachbarten Hauptpolschuhen (86), $V_V =$ Verteilungsspannung (186, 226), $V_{Ax} =$ Ankerkern für beliebige Stellen am Ankerumfang (186), $V_W =$ Umlaufspannung im Wendepolkreis, $V_{WL}, \ldots =$ längs Luftspalt, $\ldots$ (240). $V =$ Amplitude der Felderregerkurve, bei Einphasenstrom *einer* der beiden gegeneinander umlaufenden Wellen (73).

$V =$ Verlustziffer, $V_{10} =$ bei 10000 GB, $V_{15} =$ bei 15000 GB (80), V_H, $V_W =$ spezifische Hysterese-, Wirbelstromverluste (79).

$V =$ Bürstenübergangsspannung für 2 Bürsten in Reihe (92, 268, 293), $V' =$ bezogen auf Ständerkreis beim MR (322), $V_1 =$ für *eine* Bürste (235), $V_i =$ bei Leerlauf der Nebenschlußmaschine (243).

$v =$ Geschwindigkeit, Umfangsgeschwindigkeit (9), $v =$ des Ankers (90, 289), $v_A =$ des Ankers (236), $v =$ des Stromwenders (232), $v_K =$ des Stromwenders (90, 285, 289).

$v =$ Spannungsänderung Tr (111), SM (200), $v =$ Verhältnis der Stromwärmen (274), $v_{\max} =$ größtes, $v_m =$ mittleres EU (275); $v =$ Regelbereich EU (283). $v = n_{\max}/n_{\min}$ (343), $v = f_A/f_1$ (351, Gl. 450 b).

$W =$ magnetische Energie, $W_{12} =$ der gegenseitigen Induktion (12).

$W =$ Spulenweite (42, 67).

$w =$ Windungszahl (3, 65), $w_1, w_2 =$ primäre, sekundäre, in Reihe (97), $w_o, w_u =$ der Ober-, Unterspannungswicklung (117, 134); $w_E =$ der Erregerwicklung (87, 197), $w = w_E/p$ (241); $w_N =$ je Nut (102), $w_{Sp} =$ einer Spule (236, 341); $W =$ Windungszahl je Polpaar der Reihenschlußwicklung (247); $W = \xi\, w/p =$ wirksame der Ankerwicklung je Polpaar (145).

$w =$ Windungszahl in Reihe, $w_k =$ maßgebende zwischen benachbarten Stromwenderstegen, $w_E =$ der Erregerwicklung EM (289, 293); $w_1, w_2 =$ der Ständer-, Läuferwicklung Rep (301); $w_L =$ der Läuferersatzwicklung MM (309); $w_S, w_L =$ im Ständer, Läufer, $w_1, w_2 =$ in der Primär-, Sekundärwicklung des Zwischen-Tr MR (314); $w_S, w_L =$ im Ständer, Läufer MNst (326).

$w = \ddot{u} \cos \alpha =$ Faktor der drehzahlregelnden Komponente $w\dot{U}$ der Regelspannung $\dot{U}_{20}'$ bezogen auf $\dot{U}$ (329), $w\dot{E}_1$ der Regel-EMK $\dot{E}_3$ bezogen auf $\dot{E}_1$ (337, 338), der HM $w\dot{U}_1$ der Regelspannung $\dot{U}_{2c}'$ bezogen auf Primärspannung der IM RS (349).

$X =$ Blindwiderstand (27, 30); $X_1, X_2 =$ gesamter primärer, sekundärer (97), $X_2' =$ bezogen auf Primärwicklung (70), $X_{1h}, X_{2h} =$ primärer, sekundärer Hauptblindwiderstand herrührend vom Mantelfeld (97), $X_{2h}' = X_{1h}$ bezogen auf Primärwicklung, $X_{1\sigma}, X_{2\sigma} =$ Streublindwiderstand, $X_{2\sigma}' =$ bezogen auf Primärwicklung, $X_\sigma = X_{1\sigma} + X_{2\sigma}'$ (111, 128, 152), $X_{\sigma z} =$ zusätzlicher bei Zickzackschaltung (129); $X_\sigma = X_{1\sigma}$, $X = X_h + X_\sigma$ SM (196); $X_{1o}, X_{2o} =$ der Spaltstreuung (100), $X_N, X_{1N}, X_{2N} =$ der Nutstreuung, $X_S, X_{1S}, X_{2S} =$ der Stirnstreuung, $X_S = X_{1S} + X_{2S}' =$ gesamter auf Primärwicklung bezogen (100 bis 103). $X_B =$ des Bohrungsflusses (220).

$X_{Eh} =$ Blindwiderstand des Mantelfeldes der Erregerwicklung, $X_{E\sigma} =$ des Streufeldes, $X_A =$ des Ankers, $X_K =$ der Kompensationswicklung einschließlich Wendewicklung, $X = X_{E\sigma} + X_K + X_A$, $X' = X_{Eh} + X$ ER (293, 294); $X =$ im Ankerzweig EN (298); $X_{1h}, X_{2h} =$ der Ständer, Läuferwicklung, $X_{1\sigma}, X_{2\sigma} =$ der Streuung, $X_1 = X_{1h} + X_{1\sigma}, X_2 = X_{2h} + X_{2\sigma}$ Rep (301); $X_\sigma = X_{S\sigma} + X_{L\sigma 0}' + s\, X_{L\sigma v} + X_{1\sigma} + X_{2\sigma}'$ der gesamte Streuwiderstand eines Stranges bezogen auf Ständerkreis MR (322); $X_{L\sigma} = s\, X_{L\sigma v} + X_{L\sigma 0} =$ Läuferblindwiderstand, $X_{L\sigma v} =$ vom Schlupf abhängig, $X_{L\sigma 0} =$ unabhängig (326); $X_{1\sigma T}$,

$X_{2\sigma T}$ = der Primär-, Sekundärwicklung des Regel-Tr, $X_{\sigma T}$ = gesamter bezogen auf Ständerkreis MNst (328), $X = X'_{L\sigma 0} + s\,(X_{S\sigma} + X'_{L\sigma v})$ MNst (332).

$X_{1\sigma}, X_{2\sigma}, X_{3\sigma}$ = Streublindwiderstand der Primär-, Sekundär-, Regelwicklung, $X'_{2\sigma}, X'_{3\sigma}$ = bezogen auf Primärwicklung, X_{13} = der Gegeninduktion zwischen Primär- und Regelwicklung, X'_{13} = auf Primärwicklung bezogen MN1 (337, 338); X_{1h}, X_{2h} = Hauptblindwiderstände, $X_{1\sigma}, X_{2\sigma}$ = Streublindwiderstände der IM, $X'_{2\sigma}$ = bezogen auf Primärwicklung, X_P = des Phasenschiebers, X'_P = bezogen auf Primärwicklung der IM, $x_P = X'_P/X_{1h}$ RS (349, 351).

x_m = Abszisse des Kreismittelpunktes (104, 164).

y = resultierender Wicklungsschritt, y_1 = Schritt der Spulenweite, y_2 = Schaltschritt, in nebeneinander liegenden Stromwenderstegen oder Spulenseiten (43); y_v = Schritt der Ausgleichsverbindungen (49, 52).

y_m = Ordinate des Kreismittelpunktes (104, 164).

Z = Scheinwiderstand (27), Verlustscheinwiderstand (196).

z = gesamte Zahl der Ankerleiter (71).

α = Winkel, Phasenwinkel (33, 62), $\alpha = \omega t$ (19); α = Bogen am Ankerumfang, um den die Bürsten aus der neutralen Zone verschoben sind (230); α = Spulenlage EU (272); α = Bürstenverschiebungswinkel aus der Kurzschlußstellung (301, 315), α_N = bei Nennbetrieb (319).

α = Temperaturkoeffizient (92).

$\alpha = b_i/\tau$ (75), $\alpha = 2\pi\,\sqrt{\dfrac{n\,b}{a}\,\dfrac{f}{\varrho\,10^5}}$ (94, Gl. 158b).

β = räumlicher Phasenwinkel (145); β = zeitlicher Phasenwinkel (294, 318); 2β = Spulenverkürzungswinkel (67); β = Polradauslenkung in Polteilungsgraden (208), β_0 = im Gleichgewichtszustand (211), β_P = Pendelwinkel um β_0 (211).

γ = Phasenwinkel (94, 288, 318); γ = Breite der Spulenseite zu Nutteilung (68); γ = zur Berechnung des Carterschen Faktors (82).

$\varDelta$ = Dämpfungskonstante (212); $\varDelta$ = Blechstärke (79).

δ = Phasenwinkel (115).

δ = Luftspaltlänge (82, 98), δ_0 = in Polmitte (81, 218), $\delta' = k_C\,\delta$ (82), δ'' = ideelle, fiktive, die der Nutung und der magnetischen Spannung im Eisen Rechnung trägt (98, 99), δ_c = konstante längs Polbogen (218), δ_s = bei Verbreiterung nach den Polschuhenden (199); δ = Abstand zwischen Primär- und Sekundärwicklung, δ' = zwischen den beiden Lagen der Zickzackwicklung (128, 129).

$\varepsilon, \varepsilon', \varepsilon'' =$ Phasenwinkel, $\varepsilon = \sphericalangle \Phi, J$ (292).

$\varepsilon =$ Konstante für Hystereseverluste (79); $\varepsilon = |s_K| R_1/R_2'$ (Gl. 251 b).

$\varepsilon_w =$ relativer Wirk-, $\varepsilon_b =$ Blindspannungsverlust, $\varepsilon_k =$ relative Kurzschlußspannung (111, 129, 203).

$\varepsilon = 2{,}718 \ldots =$ Basis der natürlichen Logarithmen (145).

$\zeta =$ Vergrößerungsfaktor (212); $\zeta =$ Faktor in der PICHELMAYERschen Formel (236, 312).

$\eta =$ Wirkungsgrad, IM (181), GM (260); $\eta_1 =$ Spulenweite in Nutteilungen (43); $\eta =$ Abkürzung EU (278).

$\Theta =$ Durchflutung (3, 290), $\Theta_o, \Theta_u =$ der Ober-, Unterspannungswicklung (134); $\Theta =$ der Feldmagnetwicklung (87, 198), $\Theta_A =$ der Ankerwicklung, $\Theta_r =$ resultierende (198), $\Theta_A =$ Amplitude der Ankerwicklung, $\Theta_{A\,\mathrm{einph}} =$ der Einphasen-, $\Theta_{A\,\mathrm{mehrph}} =$ der Mehrphasenwicklung (74, 196); $\Theta_1 =$ der Primärwicklung (187); $\Theta_{Aq} =$ Ankerquer-, $\Theta_{Ag} =$ Gegendurchflutung (196), $\Theta_A' = k_q \Theta_A =$ wirksame Querdurchflutung bei $\psi = 0$, $\Theta_{Ag}' = k_l \Theta_A \sin \psi =$ wirksame Gegendurchflutung (199), $\Theta_r =$ resultierende Durchflutung, $\Theta_{rk} =$ bei Kurzschluß (201), $\Theta_l =$ resultierende Längsdurchflutung (199); $\Theta_K =$ Durchflutung der Kompensationswicklung, $\Theta_W =$ der Wendepolwicklung (240). $\Theta_L =$ der Läufer-, $\Theta_S =$ der Ständerwicklung (314), $\Theta_r =$ resultierende, $\Theta =$ Magnetisierungsdurchflutung (315), $\Theta =$ resultierende EM (292), $\Theta =$ der mehrphasigen Stromwenderwicklung MM (311).

$\Theta =$ Trägheitsmoment (188, 212).

$\vartheta =$ Erwärmung (105, 137).

$\iota = J/J_N$ (319), $\iota_1 = J_1/J_{1N} =$ relativer Primärstrom, $\iota_2 = J_2/J_{2N}$ relativer Sekundärstrom (303), $\iota_A =$ relativer Anlaufstrom (321).

$\varkappa =$ Konstante der Eisenverluste (80); $\varkappa =$ Verhältniszahl (128, 129); $\varkappa =$ Faktor für Stoßkurzschlußstrom (203).

$\Lambda =$ magnetischer Leitwert (4), $\Lambda_1 =$ der Selbstinduktion, $\Lambda_{12}, \Lambda_{21} =$ der Gegeninduktion (11); $\Lambda_l, \Lambda_q =$ Längs-, Querleitwert (251); $\lambda_1 =$ einer Einheitsröhre (5); $\Lambda_N =$ der Nut (102).

$\lambda_N =$ Leitwertzahl der Nut (102), $\lambda_S =$ der Stirnstreuung (103); $\lambda = l_S/l$ (Gl. 163 b). $\lambda = l_i/\tau$ (Gl. 268 b).

$\mu =$ relative Permeabilität, $\mu_0 = \Pi_0$ (2); $\mu =$ Reibungsziffer (90); $\mu_v =$ Faktor für verkettete Spannung (69).

$\nu =$ Ordnungszahl der Einzelwellen (66), $\nu = n/n_1 = 1 - s =$ relative Drehzahl (301).

$\xi =$ Wicklungsfaktor (53, 67, 288), $\xi_1, \xi_2 =$ der Primär-, Sekundärwicklung (70, 145, 301, 337), $\xi_3 =$ der Regelwicklung (337); $\xi_1 =$ der Grundwelle, $\xi_\nu =$ der ν-ten Welle, $\xi_{1\nu} =$ der Primärwicklung

(66); ξ_L, $\xi_S =$ der Läufer-, Ständerwicklung (314, 326); $\xi_E =$ Formfaktor (65).

$\xi = \alpha\, h =$ reduzierte Leiterhöhe (94).

$\Pi =$ absolute Permeabilität, $\Pi_0 =$ im Vakuum und in Luft (2).

$\varrho =$ Phasenwinkel (196), ϱ, ϱ', $\varrho_1 =$ Phasenwinkel (152).
$\varrho =$ spezifischer elektrischer Widerstand (92).
$\varrho =$ Umrechnungsfaktor (70); $\varrho =$ Faktor für Stromwendung (234); $\varrho =$ Verhältnis der mechanischen Verluste zur Gleichstromleistung EU (271).

$\sigma =$ mittlerer Drehschub, $\sigma_s =$ scheinbarer (75).
$\sigma =$ gesamte Streuziffer (97, 163), σ_1, $\sigma_2 =$ primäre, sekundäre (97, 163, 301), σ_{10}, $\sigma_{20} =$ der Spaltstreuung (100).
$\sigma =$ Scheitelfaktor (123); $\sigma =$ Konstante des synchronisierenden Moments (211), der Wirbelstromwärme (79).

ς, $\varsigma_s =$ Spulenfaktor (67, 311).

$\tau =$ Polteilung (82, 289), τ_1, τ_2 des primären, sekundären Teils.

$\varphi =$ Phasenwinkel benachbarter Spulen (67), zwischen Strom und Klemmenspannung (196), $\varphi' = 180 - \varphi$ (31).
Φ, $\varphi =$ Fluß (4, 7), φ_1, $\varphi_2 =$ gesamter primärer, sekundärer, φ_{1h}, $\varphi_{2h} =$ primärer, sekundärer Hauptfluß, vom Mantelfeld, $\varphi_{1\sigma}$, $\varphi_{2\sigma} =$ Streufluß, $\varphi_r =$ resultierender, gemeinsamer (96, 97), $\Phi =$ Polfluß (66, 312), $\Phi_W =$ mittlerer Windungsfluß (8, 65), $\Phi_W'' =$ bei Belastung (252); $\varphi_W = \varphi$ in (IX); $\Phi_Z =$ wirklicher, $\Phi_Z' =$ scheinbarer Zahnfluß (83); $\Phi_s =$ Streufluß (86), $\Phi_K =$ Fluß im Polkern (86); $\Phi_q =$ Querfluß (288); $\Phi_W =$ Luftspaltfluß in der Wendezone (239), $\Phi_{WK} =$ im Wendepolkern (240); $\Phi_1 =$ der Grundwelle (270); Φ_E, Φ_1, Φ_2 Rep (Bild 344 b), Φ_S, $\Phi_L =$ fiktive (301); $\Phi_{\text{eff}} =$ Effektivwert (288).
$\varphi(\xi) =$ (Gl. 157 a).

$\chi_2 =$ Phasenwinkel (339); $\chi_2 =$ Nutschrägungsfaktor (69).

$\psi =$ Phasenwinkel zwischen Strom und EMK (198, 317), $\psi' = 180 - \psi$ (317), bei SM und EU zwischen Strom und Längs-EMK (198), $\psi_2 =$ zwischen J_2 und $\dot E_2$ (146), $\psi_S =$ zwischen Strom und Ständer-EMK $\dot E_S$, $\psi_L =$ zwischen Strom und Läufer-EMK $\dot E_L$ (317), $\psi_S' = 180° - \psi_S$, $\psi_L' = 180° - \psi_L$.
Ψ, $\psi =$ Spulenfluß (7), $\psi_0 =$ Schaltfluß (202).
$\psi(\xi) =$ (Gl. 157 b).

$\Omega =$ Winkelgeschwindigkeit (19, 74), $\Omega_1 =$ des Drehfeldes, $\Omega_{\text{mech}} =$ des Läufers, $\Omega_2 =$ des Läufers gegen Drehfeld (148).
$\omega = 2\pi f =$ Kreisfrequenz (19), $\omega_P =$ der Pendelungen (212), $\omega_0 =$ der Eigenschwingungen (212).